PIC 18F4520 微控制器

林偉政　編著

全華圖書股份有限公司

Microchip Technology Taiwan
12F, No.4 ,Sec. 3 , Minchuan E. Road, Taipei, 104, Taiwan, R.O.C.
TEL: 886-2-25006610 FAX: 886-2-25080102

授權同意書

茲同意 **全華圖書股份有限公司 林偉政** 先生撰寫之” *PIC 18F 微控制器(附範例光碟)*“ 一書，其內容所引用自美國 Microchip data books / sheets 的資料，已經由 Microchip 公司授權。

有關 Microchip 公司所規定之註冊商標及專有名詞之聲明，必須敘述於所出版之中文書內。為保障消費者權益，其內容若與 Microchip data books/sheets 中有相異之處，則以 Microchip data books/sheets 內容為基準。

此致

全華圖書股份有限公司

授權人： 美商 Microchip Technology Taiwan
代表人： 大中國區 總經理
陳 永 豐

中 華 民 國 九十九 年 七 月 二十三 日

再版序

工欲善其事，必先利其器

Microchip 提供非常好的開發工具來學習 MCU。除了開發環境都可以免費下載使用之外，Microchip 還提供了非常多的文件與程式碼，來學習不同領域的各種應用，例如:有線通訊(RS232、LIN、CAN、USB、Ethernet、EtherCAT)、無線通訊(藍芽、紅外線、ZibBee、MiWi、LoRa、WiFi)、馬達控制、3D 懸浮觸控、智能電源、物聯網與其他傳統的應用。

學得早，不如學得巧

傳統學習 MCU 必須了解微控制器的原理與特性，還須自行撰寫程式碼。對於初學者而言，常會因爲語法或語意錯誤而造成學習 MCU 難度增加，而裹足不前。爲了減低學習難度，本書第三篇特別介紹 MPLAB® X IDE Code Configurator (簡稱 MCC)，是一種使用圖形化介面選用需要的功能，並能產生程式的整體架構(產生程式碼)，且提供許多內建函式，讓使用者輕鬆選用，大幅縮短開發時間。建議先從第三篇開始學習最新的開發環境 XIDE 與 MCC，並習慣使用它們來開發程式，降低學習難度與提升學習效能。若有疑問再回到第二篇與第一篇，找尋解答。目的就是簡化學習 MCU 的難度，提供一條捷徑。

掌握趨勢

104 年工科賽數位電子職類已全面使用 PIC18F 系列 MCU，足見未來的趨勢就是:使用 Microchip 提供免費且強大的整合性開發環境與多樣性的應用，解決未來的問題。第三篇範例七 104 年工科賽數位電子參考解答，就是使用 MCC 搭配 PIC18F45k22 完成所有功能。早期生產 PIC18F 系列 MCU 並不支援 MCC，只有後期 PIC18F K 系列才有支援此功能。站在巨人的肩膀上，除了讓你看得更遠外，也能讓你飛得更快，而筆者認爲這個巨人就是 Microchip。

林偉政

序言

微控制器(Microcontroller Unit，MCU)又可稱爲單晶片(Single Chip Microcontroller)：是將電腦基本的五大單元與常用週邊功能(如：ADC、USART、I^2C、SPI、TIMER、WDT…)實作在一個晶片中，亦即此晶片包含了電腦的基本功能，只是功能、效能與記憶體容量不似電腦強大，故其適用於較小型或特殊的場合，可將其視爲一小型電腦。它的優點爲體積小與功能齊全，能夠輕易將其嵌入在中小型電器設備中，就能以最低的成本來提升產品的附加價值。

微控制器因其內部處理資料量大小的不同可分爲：64、32、16 與 8 位元的單晶片，位元數越高代表其效能越高(同樣時間內能處理的位元數較多)，成本也較高。在大部分產品應用中，使用 8 位元的微控制器已綽綽有餘，故本書以介紹美國微控制製造商 Microchip 生產的 8 位元 PIC18F4520 微控制器爲主。

8 位元 PIC 系列微控制器的包裝腳位可從 8 至 40(PDIP 包裝)，提供使用者選擇適當的微控制器，應用於不同的場合。此種方式使得成本控管更加精準，又因爲其多樣化的週邊功能，使得企業界大多使用 PIC 系列微控制器完成各種商品。通常包裝腳位越少代表可使用的資源(如：程式記憶體、資料記憶體與週邊功能)越少，售價也越低，因此本書將介紹組合語言與 C 語言。組合語言因其佔用較少程式記憶體空間特性，適合開發使用較少腳位的系統中；反之，C 語言因其結構化與高階化的特性，適合開發複雜及大型的系統。

Microchip 除了提供多樣性的微控制器之外，也提供免費整合性發展軟體 MPLAB-IDE。在此整合性發展軟體中，可使用組合語言與 C 語言來撰寫程式，並可使用軟體模擬器，進行純軟體除錯；若再購買 Microchip 除錯器(如：PICkit、ICD3..)便可直接在系統中進行在線式除錯與燒錄，就如同擁有簡易硬體模擬器，可直接進行單部執行與觀察記憶體的內容。在線式(In-Circuit)的優點爲：設計系統時，只要預留 3 個腳位給除錯器，就可以在直接在系統運作時進行除錯或燒錄。

Microchip 同時也提供相當多的線上資源，只要連上 Microchip 的臺灣及美國網站，就可找到許多微控制的說明及使用範例(包含完整電路圖與程式碼)。學校單位也可從臺灣網站下載樣品申請單，向 Microchip 申請不同型號的微控制器。

本書編排架構從組合語言篇出發，介紹 PIC18F4520 微控制器的原理與特性，使用 MPLAB-IDE 整合性發展軟體循序漸進、由簡入繁完成各個範例；C 語言篇中將介紹 C 語言樣版，並完成難度較高的週邊功能。學習 PIC 微控制器最大的困難點在於記憶體架構的使用與特殊暫存器設定，只要能夠完全瞭解 PIC 微控制器的運作方式，相信就能輕易地使用 PIC 微控制器完成各種系統。

本書得以順利完成，必須感謝全華圖書蕭名宇協理的推薦，編輯部林美秀小姐的慧眼識英雄，編輯部曾嘉宏先生在潤校文稿上的細心切實，及全華全體編輯美工群的辛勞，作者一併衷心感謝。本書倉促付梓，疏漏之處在所難免，尚祈先進，不吝賜教指正。

林偉政

編輯部序

「系統編輯」是我們的編輯方針，我們所提供給您的，絕不只是一本書，而是關於這門學問的所有知識，它們由淺入深，循序漸進。

本書以一個系統化的方式介紹 PIC18F4520 微控制器的原理與特性。第一篇以使用組合語言來控制 PIC18F4520 微控制器，第二篇則是使用 C 語言來搭配 PIC18F4520 微控制器，並且完成難度更高的週邊功能。本書更是附上範例可供讀者作練習之用，以及附上資料手冊可供讀者做更進一步的了解 PIC18F4520 微控制器。本書適合科大、技術學院電子、電機系「微控制器應用」、「微控制器原理與應用」課程使用。

同時，爲了使您能有系統且循序漸進研習相關方面的叢書，我們以流程圖方式，列出各有關圖書的閱讀順序，以減少您研習此門學問的摸索時間，並能對這門學問有完整的知識。若您在這方面有任何問題，歡迎來函連繫，我們將竭誠爲您服務。

相關叢書介紹

書號：0517001
書名：電子線路 DIY(第二版)
編著：張榮洲
20K/192 頁/250 元

書號：06247006
書名：數位邏輯電路實作與應用(附 PCB 板)
編著：張榮洲.張宥凱
16K/328 頁/450 元

書號：05799037
書名：嵌入式 C 語言程式設計－使用 MCS-51(第四版)(附範例光碟)
編著：郁文工作室
20K/440 頁/420 元

書號：06028027
書名：單晶片微電腦 8051/8951 原理與應用(C 語言)(第三版)(附範例、系統光碟)
編著：蔡朝洋.蔡承佑
16K/650 頁/550 元

書號：06087017
書名：MCS-51 原理與實習－KEIL C 語言版(第二版)(附試用版及範例光碟)
編著：鍾明政.陳宏明
16K/328 頁/370 元

書號：06140007
書名：HT66Fxx Flash MCU 原理與實務－組合語言篇(附範例光碟)
編著：鍾啓仁
16K/792 頁/750 元

書號：10414
書名：嵌入式系統－以瑞薩 RX600 微控制器為例
編著：洪崇文.張齊文.黎柏均
James M. Conrad
Alexander G. Dean
16K/536 頁/500 元

◎上列書價若有變動，請以最新定價為準。

流程圖

書號：06107037
書名：C 語言程式設計(第四版)(附範例光碟)
編著：劉紹漢

書號：06296
書名：電子應用電路 DIY
編著：張榮洲.張宥凱

書號：06300007/06301007
書名：電子學(基礎篇)/(進階篇)第九版(附線上題解光碟)
英譯：楊棧雲.蔡振凱
劉堂仁

書號：06131030
書名：PIC Easy Go －簡單使用 PIC(第四版)(附範例光碟、16F883、PCB)
編著：黃嘉輝

書號：06128027
書名：PIC 18F4520 微控制器(第三版)(附範例光碟)
編著：林偉政

書號：06028027
書名：單晶片微電腦 8051/8951 原理與應用(C 語言)(第三版)(附範例、系統光碟)
編著：蔡朝洋.蔡承佑

書號：10382007
書名：單晶片 8051與C語言實習(附試用版與範例光碟)
編著：董勝源

書號：06140007
書名：HT66Fxx Flash MCU 原理與實務－組合語言篇(附範例光碟)
編著：鍾啓仁

書號：06171017
書名：HT66Fxx Flash MCU 原理與實務－C 語言(第二版)(附範例光碟)
編著：鍾啓仁

目　錄

第一篇　組合語言

CONTENTS

CONTENTS

CONTENTS

第二篇 C 語言

CONTENTS

CONTENTS

第三篇 圖形化程式碼產生器 (MPLAB®XIDE Code Configurator, MCC)

1 篇 組合語言

第一章　微控制器基本原理

第二章　PIC18F 硬體介紹

第三章　PIC18F 軟體撰寫

第四章　PIC18F 發展工具

第五章　輸出與輸入範例

第六章　週邊功能範例

第七章　中斷

第八章　PIC 進階學習

CHAPTER 1

微控制器基本原理

旅行的過程中，地圖是非常重要的工具，它提供一目了然的地理資訊。讓我們能夠清楚瞭解週邊景點與快速的到達目的地。在學習的過程中也是一樣的道理，圖 1-1 為 PIC 18F4520 組合語言篇的學習地圖，提供了本書的學習架構(學習順序由右上角開始，順時鐘旋轉)。共可分成微控制器學習地圖、硬體簡介、軟體撰寫、輸出與輸入埠範例、週邊功能、中斷與進階學習。

第一章中介紹微控制器的基本原理，讓學習者能夠瞭解微控制器的原理與功用，進而使用控制器；第二章中重點式的介紹 PIC18F4520 的硬體架構，讓學習者瞭解有哪些 I/O 與週邊功能可使用；第三章介紹如何使用組合語言操控 PIC18F4520；第四章介紹免費的發展工具，讓學習者能夠以最精簡的預算學習 PIC184520；第五章將以基本輸出與輸入為例，循序漸進引導使用者完成操控 PIC18F4520；第六章引導使用者學習週邊功能，如：類比/數位轉換、計時/計數器、脈波寬度調變..等；第七章引導使用者學習 PIC18F4520 的中斷；第八章介紹使用者至 microchip 網站搜尋相關資料與範例。

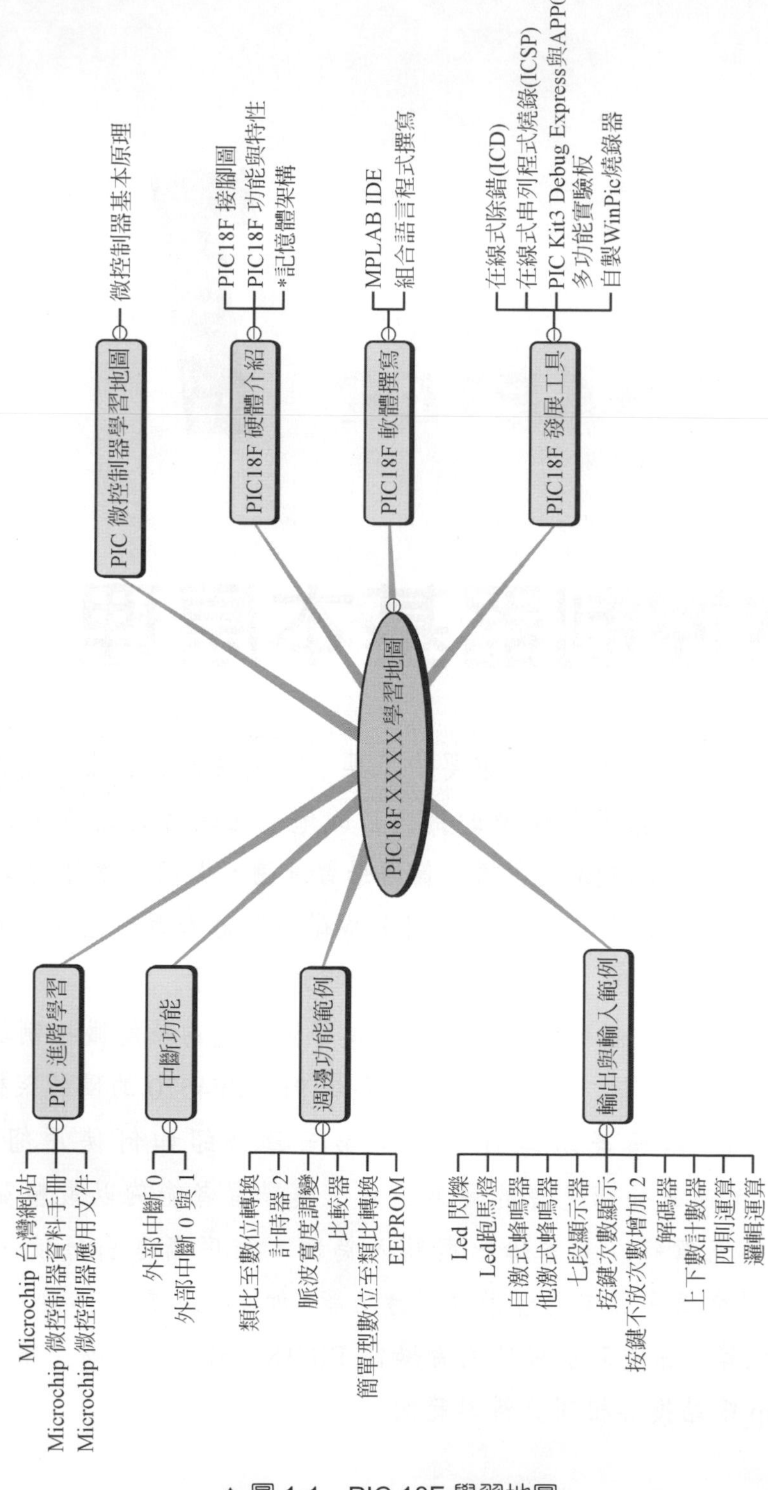

▲ 圖 1-1 PIC 18F 學習地圖

1-1-6 加、減法與狀態暫存器

電子計算機是如何進行加、減法運算呢？因爲電子計算機只能認得 0 與 1，所以電子計算機都是以二進制進行加、減法運算。本節將學習執行加、減法運算，將如何改變狀態位元。狀態位元包括：

1. 負號位元(Negative bit)：用來指示有號數計算結果之正負，0 代表結果爲正，1 代表結果爲負。
2. 溢位位元(Overflow bit)：用來指示有號數計算結果是否溢位，溢位代表超過 8 位元能夠表示的數値，也就是說當溢位發生時，該數値已不正確。當 OV=0 代表沒有溢位，OV=1 代表溢位。當兩正數相加，結果卻變爲負，溢位發生；同理，當負數減去正數，結果卻變爲正，溢位發生。
3. 零位元(Zero bit)：用來指示計算結果是否爲零，0 代表結果不爲零，1 代表結果爲零。
4. 半進位/借位位元(Digit Carry/$\overline{borrow}$ bit)：用來指示 8 位元中較低 4 位元計算後是否進位或借位(DB3 進位到 DB4、或 DB4 借位至 DB3)，0 代表沒有進位或借位，1 代表有進位或借位。
5. 進位/借位位元(Digit Carry/$\overline{borrow}$ bit)：用來指示計算後是否產生進位或借位(觀察 DB7)。進行加法時，0 代表沒有進位，1 代表有進位；進行減法時 0 代表借位，1 代表有沒有借位。

程式中常利用這些狀態位元進行兩個數値大於、小於或等於...等判斷，用來決定程式該至何處繼續執行。下列範例中都是以有號數進行運算。

進行範例說明前，需介紹有號數的轉換(以 8 位元爲例)，因爲 2^8 有 256 種組合，將其分爲兩類正數與負數，其中正數可表達十進制 0～127(0000 $0000_{(2)}$～0111 $1111_{(2)}$)及−1～−128(1111 $1111_{(2)}$～1000 $0000_{(2)}$)，正、負數是由 MSB 指定，當 MSB = 0 代表正數；當 MSB =1 代表負數。

十進制的−1 爲什麼等於二進制的 1111 $1111_{(2)}$？因爲負數是以 2 的補數呈現，所謂 2 的補數就是取 1 的補數(遇 0 變 1，遇 1 變 0)後再加上 1。以−1 爲例，先將 +1 = 0000 $0001_{(2)}$取 1 的補數得 1111 $1110_{(2)}$ (遇 0 變 1，遇 1 變 0)，再加上 1 得 1111 $1111_{(2)}$。也

可直接從 1111 $1111_{(2)}$反求，首先觀察 MSB = 1，代表爲負數。再將其取 1 的補數得 0000 $0000_{(2)}$，再加上 1 得 0000 $0001_{(2)}$。其最終結果需結合負號與 1 得到十進制的−1。

範例 1

$1_{(10)}+2_{(10)}=$?

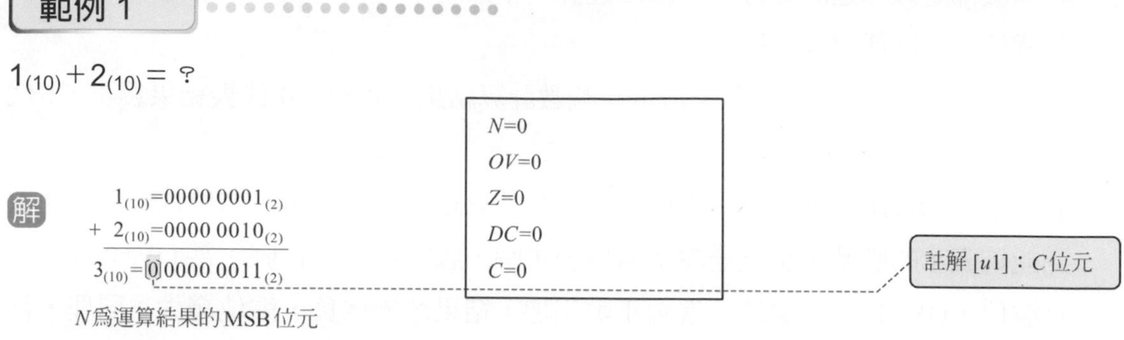

範例 2

$1_{(10)}-2_{(10)}=$?

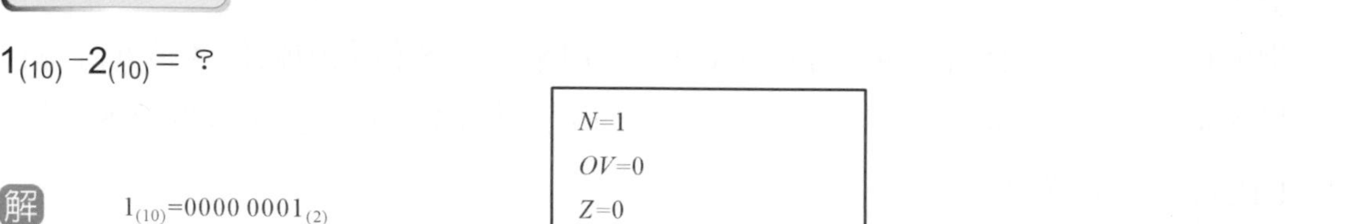

因爲電子計算機處理減法時，其實是將減數取 2 的補數，然後再將其與被將數相加。2 的補數爲將該數値反相後再加 1，因爲 $2_{(10)}$ = 0000 $0010_{(2)}$，將其反相後得 1111 $1101_{(2)}$(反相運算爲將 1 變 0，0 變 1)，最後再其加 1，得 1111 $1110_{(2)}$即爲數字 $2_{(10)}$ 2 的補數。運算後之結果爲 1111 $1111_{(2)}$，且 N = 1 代表爲負號，C = 0 在減法中代表借位，也就是說 $1_{(10)} < 2_{(10)}$。常利用兩數相減，經由 C 判斷爲兩數之間的關係爲大於、小於或等於，或者是關係式的組合，例如大於等於(> =)。

範例 3

$2_{(10)}-2_{(10)}=$?

解

$$\begin{array}{rl} & 2_{(10)}=0000\ 0010_{(2)} \\ + & -2_{(10)}=1111\ 1110_{(2)} \\ \hline & -1_{(10)}=1\ 0000\ 0000_{(2)} \end{array}$$

$N=0$
$OV=0$
$Z=1$
$DC=1$
$C=1$

範例 3-1

$3_{(10)}-2_{(10)}=$?

解

$$\begin{array}{rl} & 3_{(10)}=0000\ 0011_{(2)} \\ + & -2_{(10)}=1111\ 1110_{(2)} \\ \hline & -1_{(10)}=1\ 0000\ 0001_{(2)} \end{array}$$

$N=0$
$OV=0$
$Z=0$
$DC=1$
$C=1$

從範例 3 及 3-1 發現只要被減數 >= 減數，C 都為 1。便可利用 C 位元完成兩數大於等於的判斷，如同 prlx.asm 檔案中的 cjae 巨集。

範例 4

$127_{(10)}+3_{(10)}=$?

解

$$\begin{array}{rl} & 127_{(10)}=0111\ 1111_{(2)} \\ + & 3_{(10)}=0000\ 0011_{(2)} \\ \hline & -126_{(10)}=1000\ 0010_{(2)} \end{array}$$

$3_{(10)}=00$

$N=1$
$OV=1$
$Z=0$
$DC=1$
$C=0$

觀察此範例發現兩個正數相加，其結果卻變為負號，代表溢位發生，且 DB3 進位至 DB4，代表半進位發生。

範例 5

$-128_{(10)} - 1_{(10)} =$?

解

$$
\begin{array}{rl}
 & -128_{(10)} = 1000\ 0000_{(2)} \\
+ & -1_{(10)} = 1111\ 1111_{(2)} \\
\hline
 & 127_{(10)} = 0111\ 1111_{(2)}
\end{array}
$$

N=0
OV=1
Z=0
DC=0
C=1

觀察此範例發現負數減去正數，其結果卻變爲正號，代表溢位發生，且 MSB 進位，代表借位發生。

PIC18F 硬體介紹

學習 PIC18F 硬體的步驟是由外至內，依序為接腳圖、功能與特性、記憶體架構，必須對 PIC18F 的硬體架構、功能瞭解後，才能好好善用它，進而設計出好的系統。

2-1 PIC18F 接腳圖

PIC18F 的接腳包裝如圖 2-1 至圖 2-4。前面兩種 PDIP 包裝常使用在研發時使用，可接於麵包板及焊接板。後兩種包裝通常使用於量產時，使用 SMD 技術焊接於印刷電路板。

本書以介紹 40pin PDIP 腳位之微控制器爲主，但若不需使用太多 I/O 腳，可使用 28pin PDIP 之微控制器，如圖 2-1 所示。此兩種不同微控制器的差別如表 2-1 所示，程式記憶體、SRAM、I/O 腳位、ADC 通道、CCP/ECCP 都會有所不同。

▼ 表 2-1　PIC18F4X20 一覽表

Features	PIC18F2420	PIC18F2520	PIC18F4420	PIC18F4520
Operating Frequency	DC – 40 MHz	DC – 40 MHz	DC – 40 MHz	DC – 40 MHz
Program Memory (Bytes)	16384	32768	16384	32768
Program Memory (Instructions)	8192	16384	8192	16384
Data Memory (Bytes)	768	1536	768	1536
Data EEPROM Memory (Bytes)	256	256	256	256
Interrupt Sources	19	19	20	20
I/O Ports	Ports A, B, C, (E)	Ports A, B, C, (E)	Ports A, B, C, D, E	Ports A, B, C, D, E
Timers	4	4	4	4
Capture/Compare/PWM Modules	2	2	1	1
Enhanced Capture/Compare/PWM Modules	0	0	1	1
Serial Communications	MSSP, Enhanced USART	MSSP, Enhanced USART	MSSP, Enhanced USART	MSSP, Enhanced USART
Parallel Communications (PSP)	No	No	Yes	Yes
10-Bit Analog-to-Digital Module	10 Input Channels	10 Input Channels	13 Input Channels	13 Input Channels
Resets (and Delays)	POR, BOR, RESET Instruction, Stack Full, Stack Underflow (PWRT, OST), MCLR (optional), WDT	POR, BOR, RESET Instruction, Stack Full, Stack Underflow (PWRT, OST), MCLR (optional), WDT	POR, BOR, RESET Instruction, Stack Full, Stack Underflow (PWRT, OST), MCLR (optional), WDT	POR, BOR, RESET Instruction, Stack Full, Stack Underflow (PWRT, OST), MCLR (optional), WDT
Programmable High/Low-Voltage Detect	Yes	Yes	Yes	Yes
Programmable Brown-out Reset	Yes	Yes	Yes	Yes
Instruction Set	75 Instructions; 83 with Extended Instruction Set Enabled	75 Instructions; 83 with Extended Instruction Set Enabled	75 Instructions; 83 with Extended Instruction Set Enabled	75 Instructions; 83 with Extended Instruction Set Enabled
Packages	28-Pin SPDIP 28-Pin SOIC 28-Pin QFN	28-Pin SPDIP 28-Pin SOIC 28-Pin QFN	40-Pin PDIP 44-Pin QFN 44-Pin TQFP	40-Pin PDIP 44-Pin QFN 44-Pin TQFP

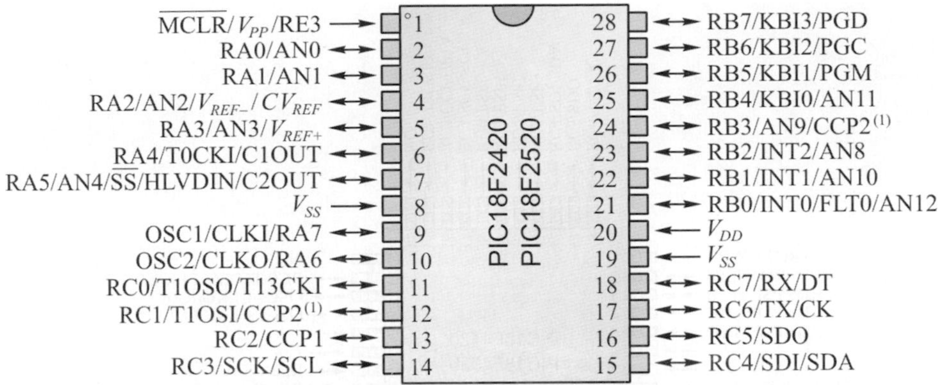

▲ 圖 2-1 28-Pin PDIP, SOIC 包裝(PIC18F 資料手冊)

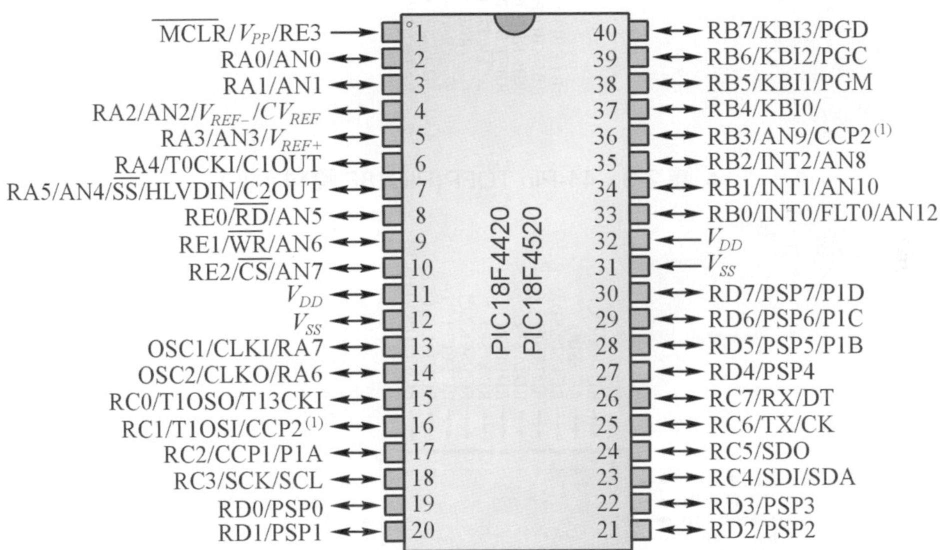

▲ 圖 2-2 40-Pin PDIP 包裝(PIC18F 資料手冊)

▲ 圖 2-3　44-Pin TQFP(PIC18F 資料手冊)

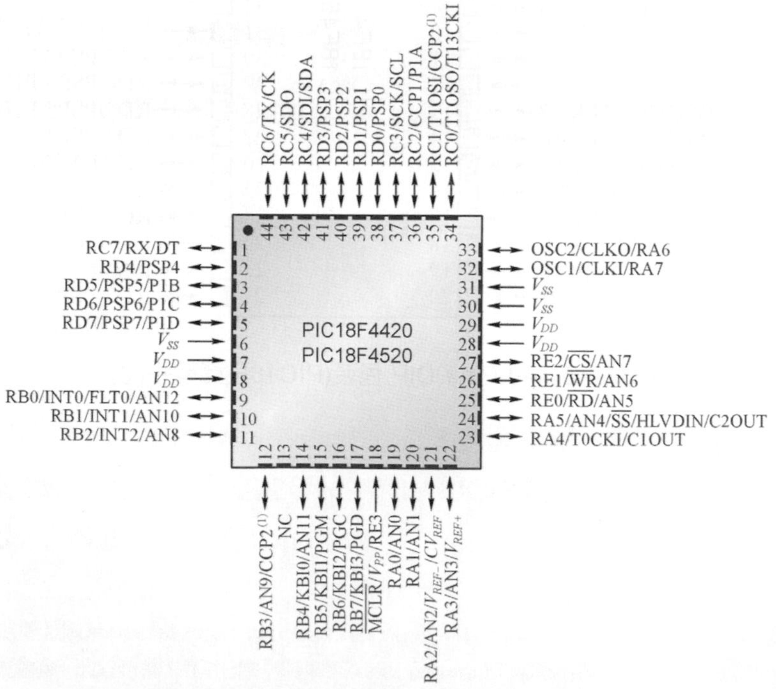

▲ 圖 2-4　44-Pin QFN 包裝(PIC18F 資料手冊)

2-2 PIC18F 功能與特性

PIC18F 功能與特性如下(節錄自 PIC18F 資料手冊)：

週邊功能(Peripheral)：

1. 週邊電流沈入/提供(Sink/Source)：25 mA/25 mA。
2. 三組外部中斷。
3. 四組計時器模組(Timer0 to Timer3)。
4. 兩組抓取/比較/脈衝寬度調製模組(Capture/Compare/PWM (CCP) modules)：
   ① 最大 16bit 抓取模組。解析度 5.2 ns (TCY/16)。
   ② 最大 16bit 比較模組。解析度 83.3 ns (TCY)。
   ③ 脈衝寬度調製:解析度 1 to 10-bit。
5. 增強型抓取/比較/脈衝寬度調製(Enhanced Capture/Compare/PWM (ECCP))：
   ① 多重輸出模式。
   ② 優先權選擇。
   ③ 鎖死時間可程式化。
   ④ 自動關閉及重新開始。
6. 主同步串列埠模組(Master Synchronous Serial Port，MSSP)：
   ① 支援 3 線 SPI (all 4 modes)。
   ② I2C™主式及僕式模式(Master and Slave Mode)。
7. 增加型可定址非同步串列傳輸模組(USART Module)：
   ① 支援 RS-485、RS-232、LIN 1.2 bus(Local Interconnect Network bus)。
   ② 啓始位元自動喚醒。
   ③ 自動鮑率偵測。
8. 最高 13 組 10 位元類比/數位轉換：
   ① 自動取樣。
   ② 睡眠模式下進行轉換。
9. 雙重類比比較器和多工輸入。

節能模式(Power-Managed Modes)：

1. Run：CPU on, peripherals on。

2. Idle：CPU off, peripherals on。
3. Sleep：CPU off, peripherals off。
4. 閒置(idle)電流降至 5.8 μA。
5. 睡眠電流降至 0.1 μA。
6. 計時器 1 震盪器：1.1 μA, 32 kHz, 2V。
7. Watchdog Timer：2.1 μA。
8. Two-Speed Oscillator Start-up。

彈性的振盪器架構(Flexible Oscillator Structure)：

1. 四種晶體模式,包含高精準 PLL for USB。
2. 兩種外部脈波模式，最高可達 48 MHz。
3. 內部振盪器：
   ① 8 種使用者可選擇的頻率，31 kHz 至 8 MHz。
   ② 使用者微調頻率用以補償頻率漂移。
   ③ 計時器 1 第二振盪器@32 kHz。
4. 錯誤-安全脈波監視：
   ① 振盪脈波停止能安全關閉。

特殊微控制器特性：

1. 優化的 C 編譯器架構：
   ① 優化重入代碼設計的可選擇式擴展指令集。
2. 100,000 次清除/寫入週期增強型快閃程式記憶體。
3. 1,000,000 次清除/寫資料 EEPROM。
4. 快閃記憶體/資料 EEPROM 保存期限：典型值為 100 年。
5. 可在軟體控制下更改程式碼。
6. 中斷優先權設定。
7. 8×8 單指令週期硬體乘法器。
8. 擴展功能的看門狗定時器(Watchdog Timer，WDT)：
   ① 可程式化週期從 4 ms 到 131 s。
9. 使用兩隻腳進行 5V 在線式串列程式燒錄(In-Circuit Serial Programming™，ICSP™)。

10. 使用兩隻腳進行在線式除錯(In-Circuit Debug，ICD)。
11. 寬廣工作電壓範圍：2.0 V 到 5.5 V。
12. 可程式化 16 級高/低壓檢測(High/Low-Voltage Detection，HLVD)模組：
    ① 支援高/低壓檢測中斷
13. 可程式化欠壓重置(Brown-out Reset，BOR)
    ① 可使用軟體設定選項

雖然 PIC18F 的功能與特性項目繁多，但只要瀏覽即可，至於細部介紹與設定將於書中陸續說明。圖 2-5 為 PIC18F 微控制器系統功能方塊圖。

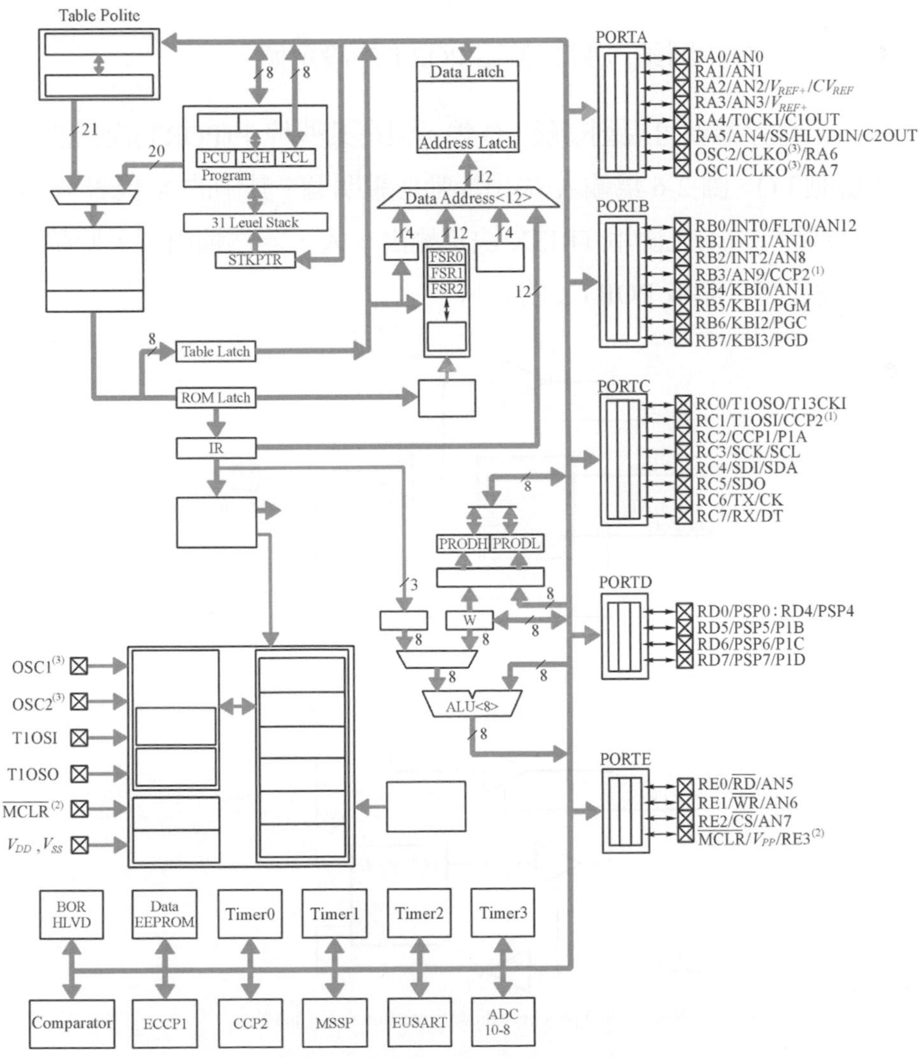

▲ 圖 2-5 PIC18F 微控制器系統功能方塊圖(PIC18F 資料手冊)

2-2-1 輸入與輸出埠

PIC 18F 共有五個埠，某些埠中包含特殊功能例如：A/D 轉換、CCP、PWM、USART 等功能，當特殊功能運作時，即失去一般 I/O 腳之功能，基礎篇重心在於一般 I/O 腳之介紹，特殊功能將於第二篇中詳細介紹，若於下列文章內有不懂的名詞請先略過，將於第二篇詳細介紹其功能及用法。

每個埠都有三組暫存器控制埠的運作，分別為：

1. TRISX register (資料方向暫存器)：控制腳位為輸出腳(0)或輸入腳(1)。
2. PORTX register (讀取腳位信號)：讀取輸入 PORT 的腳位狀態，儲存於 PORT 暫存器。
3. LATX register (輸出閂鎖)：儲存輸出 PORT 的設定值。

利用此三組暫存器就可規劃一般 I/O 埠，但在某些埠中(PORT)尚須設定其他暫存器才能完成規劃 I/O，圖 2-6 為輸入/輸出埠動作說明圖。其中的 X 代表 A、B、C、D、E。規劃 I/O 埠時，必須先使用 TRISX 決定輸出、入，若為輸出時，將輸出資料送至 LATX；若為輸入時，讀取 PORTX 的資料。

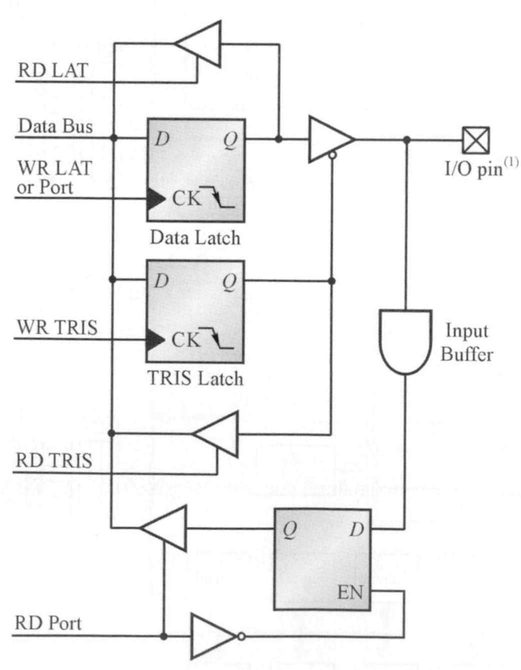

Note 1：I/O pins have diode protection to V_{DD} and V_{SS}

▲ 圖 2-6 輸入/輸出埠動作說明圖(PIC18F 資料手冊)

PORTA 是 8 位元寬的雙向埠。設定腳位爲輸出或輸入的暫存器爲 TRISA，當 TRISA 中位元設定爲 1，可以將對應 PORTA 中的位元腳位配置爲輸入腳(即將對應的輸出驅動置於高阻態)。當清除 TRISA 中位元(即設定爲 0)將使對應 PORTA 中的位元腳位配置爲輸出腳(將輸出閂鎖器位元資料輸出至此腳位)。讀取 PORTA 暫存器即爲讀入 PORTA 中所有腳位的狀態。寫入 PORTA 暫存器即爲將資料儲存至輸出閂鎖器。資料閂鎖暫存器(LATA)是記憶體映射，當執行讀取-修改-寫入操作指令時，先讀取 LATA 的輸出閂鎖值，然後進行修改，最後再將其儲存至輸出閂鎖器。

RA4 腳位與 Timer0 模組的脈波輸入以及比較器的輸出是多工的，可在圖 2-2 中觀察到表示法爲 RA4/T0CKI/C1OUT，意謂此腳位有三個功能可多工選擇使用。RA6 和 RA7 腳位與主振盪器是多工的。

其餘 PORTA 的腳位與類比輸入及類比參考電壓(V_{REF+}與 V_{REF-})與比較器參考電壓爲多工，RA0 至 RA3 及 RA5 的 A/D 轉換器功能是經由 ADCON1(A/D Control Register 1)暫存器所控制。RA0 至 RA5 的腳位也可以設定爲比較器功能，使用 CMCON 暫存器控制。將 RA0 至 RA3 腳位設定爲數位輸入時，必須將比較器功能關閉。

RA4/T0CKI/C1OUT 腳位是史密特觸發輸入，其餘所有 PORTA 腳位是 TTL 準位輸入及 CMOS 輸出驅動。當將 PORTA 設定成爲類比輸入時，必須將 TRISA 設定爲 1，確保其資料方向爲輸入。電源重置後 RA5 及 RA3:RA0 爲類比輸入且讀取爲 0，RA4 爲數位輸入。

初始化 PORTA 範例程式(；後之文字為註解)：

```
CLRF      PORTA     ;初始化 PORTA，清除輸出閂鎖器
CLRF      LATA      ;另一種方法清除輸出閂鎖器
MOVLW     07h       ;A/D 組態數值
MOVWF     ADCON1    ;將此數值儲存至 ADCON1，設定爲數位輸入
MOVWF     07h       ;比較器組態數值
MOVWF     CMCON     ;將此數值儲存至 CMCON，設定爲數位輸入
MOVLW     0CFh      ;初始化資料方向數值
MOVWF     TRISA     ;設定 RA<3:0>爲輸入;RA<5:4>爲輸出
```

▼ 表 2-2 PORTA 全功能表(PIC18F 資料手冊)

Pin	Function	TRIS Setting	I/O	I/O Type	Description
RA0/AN0	RA0	0	O	DIG	LATA<0> data output; not affected by analog input.
		1	I	TTL	PORTA<0> data input; disabled when analog input enabled.
	AN0	1	I	ANA	A/D input channel 0 and comparator C1- input. Default input configuration on POR; does not affect digital output.
RA1/AN1	RA1	0	O	DIG	LATA<1> data output; not affected by analog input.
		1	I	TTL	PORTA<1> data input; disabled when analog input enabled.
	AN1	1	I	ANA	A/D input channel 1 and comparator C2- input. Default input configuration on POR; does not affect digital output.
RA2/AN2/ VREF-/CVREF	RA2	0	O	DIG	LATA<2> data output; not affected by analog input. Disabled when CVREF output enabled.
		1	I	TTL	PORTA<2> data input. Disabled when analog functions enabled; disabled when CVREF output enabled.
	AN2	1	I	ANA	A/D input channel 2 and comparator C2+ input. Default input configuration on POR; not affected by analog output.
	VREF-	1	I	ANA	A/D and comparator voltage reference low input.
	CVREF	x	O	ANA	Comparator voltage reference output. Enabling this feature disables digital I/O.
RA3/AN3/VREF+	RA3	0	O	DIG	LATA<3> data output; not affected by analog input.
		1	I	TTL	PORTA<3> data input; disabled when analog input enabled.
	AN3	1	I	ANA	A/D input channel 3 and comparator C1+ input. Default input configuration on POR.
	VREF+	1	I	ANA	A/D and comparator voltage reference high input.
RA4/T0CKI/C1OUT	RA4	0	O	DIG	LATA<4> data output.
		1	I	ST	PORTA<4> data input; default configuration on POR.
	T0CKI	1	I	ST	Timer0 clock input.
	C1OUT	0	O	DIG	Comparator 1 output; takes priority over port data.
RA5/AN4/$\overline{\text{SS}}$/ HLVDIN/C2OUT	RA5	0	O	DIG	LATA<5> data output; not affected by analog input.
		1	I	TTL	PORTA<5> data input; disabled when analog input enabled.
	AN4	1	I	ANA	A/D input channel 4. Default configuration on POR.
	$\overline{\text{SS}}$	1	I	TTL	Slave select input for MSSP module.
	HLVDIN	1	I	ANA	High/Low-Voltage Detect external trip point input.
	C2OUT	0	O	DIG	Comparator 2 output; takes priority over port data.
OSC2/CLKO/RA6	RA6	0	O	DIG	LATA<6> data output. Enabled in RCIO, INTIO2 and ECIO modes only.
		1	I	TTL	PORTA<6> data input. Enabled in RCIO, INTIO2 and ECIO modes only.
	OSC2	x	O	ANA	Main oscillator feedback output connection (XT, HS and LP modes).
	CLKO	x	O	DIG	System cycle clock output (FOSC/4) in RC, INTIO1 and EC Oscillator modes.
OSC1/CLKI/RA7	RA7	0	O	DIG	LATA<7> data output. Disabled in external oscillator modes.
		1	I	TTL	PORTA<7> data input. Disabled in external oscillator modes.
	OSC1	x	I	ANA	Main oscillator input connection.
	CLKI	x	I	ANA	Main clock input connection.

Legend: DIG = Digital level output; TTL = TTL input buffer; ST = Schmitt Trigger input buffer; ANA = Analog level input/output; x = Don't care (TRIS bit does not affect port direction or is overridden for this option).

▼ 表 2-3　設定 PORTA 所需之暫存器表(PIC18F 資料手冊)

Name	Bit 7	Bit 6	Bit 5	Bit 4	Bit 3	Bit 2	Bit 1	Bit 0	Reset Values on page
PORTA	RA7(1)	RA6(1)	RA5	RA4	RA3	RA2	RA1	RA0	52
LATA	LATA7(1)	LATA6(1)	PORTA Data Latch Register (Read and Write to Data Latch)						52
TRISA	TRISA7(1)	TRISA6(1)	PORTA Data Direction Register						52
ADCON1	—	—	VCFG1	VCFG0	PCFG3	PCFG2	PCFG1	PCFG0	51
CMCON	C2OUT	C1OUT	C2INV	C1INV	CIS	CM2	CM1	CM0	51
CVRCON	CVREN	CVROE	CVRR	CVRSS	CVR3	CVR2	CVR1	CVR0	51

Legend: — = unimplemented, read as '0'. Shaded cells are not used by PORTA.

Note 1: RA7:RA6 and their associated latch and data direction bits are enabled as I/O pins based on oscillator configuration; otherwise, they are read as '0'.

PORTB 是 8 位元寬的雙向埠。設定腳位為輸出或輸入的暫存器為 TRISB，當 TRISB 中位元設定為 1，將對應 PORTB 中的位元腳位配置為輸入腳(即將對應的輸出驅動置於高阻態)。當清除 TRISB 中位元(即設定為 0)將使對應 PORTB 中的位元腳位配置為輸出腳(將輸出閂鎖器位元資料輸出至此腳位)。讀取 PORTB 暫存器即讀入 PORTB 中所有腳位的狀態。寫入 LATB 暫存器即為將資料儲存至輸出閂鎖器。資料閂鎖暫存器(LATB)是記憶體映射。當執行讀取-修改-寫入操作指令時，先讀取 LATB 的輸出閂鎖值，然後進行修改，最後再將其儲存至輸出閂鎖器。

初始化 PORTB 範例程式(；後之文字為註解)：

```
CLRF      PORTB       ;初始化 PORTB，清除輸出閂鎖器
CLRF      LATB        ;另一種方法清除輸出閂鎖器
MOVLW     0Fh         ;A/D 組態數值
MOVWF     ADCON1      ;將此數值儲存至 ADCON1，設定 RB<4:0>為數
                      ;位輸入(若組態暫存器 PBADEN=1 才需要)
MOVLW     0CFh        ;初始化資料方向數值
MOVWF     TRISB       ;設定 RB<3:0>為輸入;RB<5:4>為輸出
                      ;RB<7:6>為輸入
```

PORTB 中每個腳位都有內部弱提升電阻，清除 INTCON 暫存器中 RBPU 位元將開啓內部弱提升電阻功能。當設定為輸出埠時及電源重置後，內部弱提升電阻功能將自動關閉。

RB7:RB4 具有狀態改變引發中斷功能，只有當腳位組態設定爲輸入時，才會產生中斷。機制運做爲 RB7:RB4 比對上次與此次讀取資料，當發現兩次資料不一樣時，將

▼ 表 2-4 PORTB 全功能表(PIC18F 資料手冊)

Pin	Function	TRIS Setting	I/O	I/O Type	Description
RB0/INT0/FLT0/AN12	RB0	0	O	DIG	LATB<0> data output; not affected by analog input.
		1	I	TTL	PORTB<0> data input; weak pull-up when $\overline{RBPU}$ bit is cleared. Disabled when analog input enabled.(1)
	INT0	1	I	ST	External interrupt 0 input.
	FLT0	1	I	ST	Enhanced PWM Fault input (ECCP1 module); enabled in software.
	AN12	1	I	ANA	A/D input channel 12.(1)
RB1/INT1/AN10	RB1	0	O	DIG	LATB<1> data output; not affected by analog input.
		1	I	TTL	PORTB<1> data input; weak pull-up when $\overline{RBPU}$ bit is cleared. Disabled when analog input enabled.(1)
	INT1	1	I	ST	External Interrupt 1 input.
	AN10	1	I	ANA	A/D input channel 10.(1)
RB2/INT2/AN8	RB2	0	O	DIG	LATB<2> data output; not affected by analog input.
		1	I	TTL	PORTB<2> data input; weak pull-up when $\overline{RBPU}$ bit is cleared. Disabled when analog input enabled.(1)
	INT2	1	I	ST	External interrupt 2 input.
	AN8	1	I	ANA	A/D input channel 8.(1)
RB3/AN9/CCP2	RB3	0	O	DIG	LATB<3> data output; not affected by analog input.
		1	I	TTL	PORTB<3> data input; weak pull-up when $\overline{RBPU}$ bit is cleared. Disabled when analog input enabled.(1)
	AN9	1	I	ANA	A/D input channel 9.(1)
	CCP2(2)	0	O	DIG	CCP2 compare and PWM output.
		1	I	ST	CCP2 capture input
RB4/KBI0/AN11	RB4	0	O	DIG	LATB<4> data output; not affected by analog input.
		1	I	TTL	PORTB<4> data input; weak pull-up when $\overline{RBPU}$ bit is cleared. Disabled when analog input enabled.(1)
	KBI0	1	I	TTL	Interrupt-on-pin change.
	AN11	1	I	ANA	A/D input channel 11.(1)
RB5/KBI1/PGM	RB5	0	O	DIG	LATB<5> data output.
		1	I	TTL	PORTB<5> data input; weak pull-up when $\overline{RBPU}$ bit is cleared.
	KBI1	1	I	TTL	Interrupt-on-pin change.
	PGM	x	I	ST	Single-Supply In-Circuit Serial Programming™ mode entry (ICSP™). Enabled by LVP Configuration bit; all other pin functions disabled.
RB6/KBI2/PGC	RB6	0	O	DIG	LATB<6> data output.
		1	I	TTL	PORTB<6> data input; weak pull-up when $\overline{RBPU}$ bit is cleared.
	KBI2	1	I	TTL	Interrupt-on-pin change.
	PGC	x	I	ST	Serial execution (ICSP) clock input for ICSP and ICD operation.(3)
RB7/KBI3/PGD	RB7	0	O	DIG	LATB<7> data output.
		1	I	TTL	PORTB<7> data input; weak pull-up when $\overline{RBPU}$ bit is cleared.
	KBI3	1	I	TTL	Interrupt-on-pin change.
	PGD	x	O	DIG	Serial execution data output for ICSP and ICD operation.(3)
		x	I	ST	Serial execution data input for ICSP and ICD operation.(3)

Legend: DIG = Digital level output; TTL = TTL input buffer; ST = Schmitt Trigger input buffer; ANA = Analog level input/output; x = Don't care (TRIS bit does not affect port direction or is overridden for this option).

Note 1: Configuration on POR is determined by the PBADEN Configuration bit. Pins are configured as analog inputs by default when PBADEN is set and digital inputs when PBADEN is cleared.

2: Alternate assignment for CCP2 when the CCP2MX Configuration bit is '0'. Default assignment is RC1.

3: All other pin functions are disabled when ICSP or ICD are enabled.

設定 INTCON 暫存器中 RBIF 中斷旗標為 1。此中斷會喚醒睡眠與閒置的晶片，此狀態改變中斷建議使用在鍵盤喚醒。RB3 可在組態中設定為 CCP2 模組的功能。電源重置後，RB4:RB0 為類比輸入且讀取為 0，RB7:RB5 為數位輸入，設定組態暫存器中 PBADEN 位元可將 RB4:RB0 於電源重置後設定為數位輸入。

▼ 表 2-5 設定 PORTB 所需之暫存器表(PIC18F 資料手冊)

Name	Bit 7	Bit 6	Bit 5	Bit 4	Bit 3	Bit 2	Bit 1	Bit 0	Reset Values on page
PORTB	RB7	RB6	RB5	RB4	RB3	RB2	RB1	RB0	52
LATB	PORTB Data Latch Register (Read and Write to Data Latch)								52
TRISB	PORTB Data Direction Register								52
INTCON	GIE/GIEH	PEIE/GIEL	TMR0IE	INT0IE	RBIE	TMR0IF	INT0IF	RBIF	49
INTCON2	$\overline{\text{RBPU}}$	INTEDG0	INTEDG1	INTEDG2	—	TMR0IP	—	RBIP	49
INTCON3	INT2IP	INT1IP	—	INT2IE	INT1IE	—	INT2IF	INT1IF	49
ADCON1	—	—	VCFG1	VCFG0	PCFG3	PCFG2	PCFG1	PCFG0	51

Legend: — = unimplemented, read as '0'. Shaded cells are not used by PORTB.

PORTC 是 8 位元寬的雙向埠。設定腳位為輸出或輸入的暫存器為 TRISC，當 TRISC 中位元設定為 1，可以將對應 PORTC 中的位元腳位配置為輸入腳(即將對應的輸出驅動置於高阻態)。當清除 TRISC 中位元(即設定為 0)將使對應 PORTC 中的位元腳位配置為輸出腳(將輸出閂鎖器位元資料輸出至此腳位)。讀取 PORTC 暫存器，即讀入 PORTC 中所有腳位的狀態。寫入 PORTC 暫存器，即為將資料儲存至輸出閂鎖器。資料閂鎖暫存器(LATC)是記憶體映射。當執行讀取-修改-寫入操作指令時，先讀取 LATC 的輸出閂鎖值，然後進行修改，最後再將其儲存至輸出閂鎖器。

PORTC 擁有許多週邊功能，當設定為輸入時，全埠皆為史密特觸發，如表 2-6 所示。RC1 可經由組態暫存器設定使用 CCP2 模組。當週邊功能致能時，需注意資料方向暫存器(TRISC)與對應之 PORTC 暫存器之關係，因為某些週邊功能會將改變 TRISC 之內容值，將輸入改變成為輸出；某些週邊功能則相反，將輸出改變成為輸入。電源重置後 PORTC 為數位輸入。

初始化 PORTC 範例程式(；後之文字為註解)：

```
CLRF      PORTC      ;初始化 PORTB，清除輸出閂鎖器
CLRF      LATC       ;另一種方法清除輸出閂鎖器
MOVLW     0CFh       ;初始化資料方向數值
MOVWF     TRISC      ;設定 RC<3:0>為輸入;RC<5:4>為輸出
                     ;RC<7:6>為輸入
```

▼ 表 2-6 PORTC 全功能表(PIC18F 資料手冊)

Pin	Function	TRIS Setting	I/O	I/O Type	Description
RC0/T1OSO/T13CKI	RC0	0	O	DIG	LATC<0> data output.
		1	I	ST	PORTC<0> data input.
	T1OSO	x	O	ANA	Timer1 oscillator output; enabled when Timer1 oscillator enabled. Disables digital I/O.
	T13CKI	1	I	ST	Timer1/Timer3 counter input.
RC1/T1OSI/CCP2	RC1	0	O	DIG	LATC<1> data output.
		1	I	ST	PORTC<1> data input.
	T1OSI	x	I	ANA	Timer1 oscillator input; enabled when Timer1 oscillator enabled. Disables digital I/O.
	CCP2[1]	0	O	DIG	CCP2 compare and PWM output; takes priority over port data.
		1	I	ST	CCP2 capture input.
RC2/CCP1/P1A	RC2	0	O	DIG	LATC<2> data output.
		1	I	ST	PORTC<2> data input.
	CCP1	0	O	DIG	ECCP1 compare or PWM output; takes priority over port data.
		1	I	ST	ECCP1 capture input.
	P1A[2]	0	O	DIG	ECCP1 Enhanced PWM output, channel A. May be configured for tri-state during Enhanced PWM shutdown events. Takes priority over port data.
RC3/SCK/SCL	RC3	0	O	DIG	LATC<3> data output.
		1	I	ST	PORTC<3> data input.
	SCK	0	O	DIG	SPI clock output (MSSP module); takes priority over port data.
		1	I	ST	SPI clock input (MSSP module).
	SCL	0	O	DIG	I^{2}C™ clock output (MSSP module); takes priority over port data.
		1	I	I^{2}C/SMB	I^{2}C clock input (MSSP module); input type depends on module setting.
RC4/SDI/SDA	RC4	0	O	DIG	LATC<4> data output.
		1	I	ST	PORTC<4> data input.
	SDI	1	I	ST	SPI data input (MSSP module).
	SDA	1	O	DIG	I^{2}C data output (MSSP module); takes priority over port data.
		1	I	I^{2}C/SMB	I^{2}C data input (MSSP module); input type depends on module setting.
RC5/SDO	RC5	0	O	DIG	LATC<5> data output.
		1	I	ST	PORTC<5> data input.
	SDO	0	O	DIG	SPI data output (MSSP module); takes priority over port data.
RC6/TX/CK	RC6	0	O	DIG	LATC<6> data output.
		1	I	ST	PORTC<6> data input.
	TX	1	O	DIG	Asynchronous serial transmit data output (EUSART module); takes priority over port data. User must configure as output.
	CK	1	O	DIG	Synchronous serial clock output (EUSART module); takes priority over port data.
		1	I	ST	Synchronous serial clock input (EUSART module).
RC7/RX/DT	RC7	0	O	DIG	LATC<7> data output.
		1	I	ST	PORTC<7> data input.
	RX	1	I	ST	Asynchronous serial receive data input (EUSART module).
	DT	1	O	DIG	Synchronous serial data output (EUSART module); takes priority over port data.
		1	I	ST	Synchronous serial data input (EUSART module). User must configure as an input.

Legend: DIG = Digital level output; TTL = TTL input buffer; ST = Schmitt Trigger input buffer; ANA = Analog level input/output; I^{2}C/SMB = I^{2}C/SMBus input buffer; x = Don't care (TRIS bit does not affect port direction or is overridden for this option).

Note 1: Default assignment for CCP2 when the CCP2MX Configuration bit is set. Alternate assignment is RB3.

2: Enhanced PWM output is available only on PIC18F4520 devices.

▼ 表 2-7 設定 PORTC 所需之暫存器表(PIC18F 資料手冊)

Name	Bit 7	Bit 6	Bit 5	Bit 4	Bit 3	Bit 2	Bit 1	Bit 0	Reset Values on page
PORTC	RC7	RC6	RC5	RC4	RC3	RC2	RC1	RC0	52
LATC	PORTC Data Latch Register (Read and Write to Data Latch)								52
TRISC	PORTC Data Direction Register								52

PORTD 是 8 位元寬的雙向埠(40pin 微控制器才有 PORTD)。腳位設定爲輸出或輸入的暫存器爲 TRISD，當 TRISD 中位元設定爲 1，可以將對應 PORTD 中的位元腳位配置爲輸入腳(即將對應的輸出驅動置於高阻態)。當清除 TRISD 中位元(即設定爲 0)將使對應 PORTD 中的位元腳位配置爲輸出腳(將輸出門鎖器位元資料輸出至此腳位)。讀取 PORTD 暫存器，即讀入 PORTD 中所有腳位的狀態。寫入 PORTD 暫存器，即爲將資料儲存至輸出門鎖器。資料門鎖暫存器(LATD)是記憶體映射。當執行讀取-修改-寫入操作指令時，先讀取 LATD 的輸出門鎖值，然後進行修改，最後再將其儲存至輸出門鎖器。

PORTD 皆爲史密特觸發輸入，其中 RD5、RD6、RD 爲多工且可設定成爲增強型 CCP 模組中之 P1B、P1C、P1D。

PORTD 也可設定成爲 8 位元寬微處理機並列樸式埠(Parallel Slave Port)，此模式中輸入爲 TTL 準位。

電源重置後 PORTD 爲數位輸入。

初始化 PORTD 範例程式(；後之文字為註解)：

```
CLRF     PORTD        ;初始化 PORTD，清除輸出門鎖器
CLRF     LATD         ;另一種方法清除輸出門鎖器
MOVLW    0CFh         ;初始化資料方向數值
MOVWF    TRISD        ;設定 RD<3:0>爲輸入;RD<5:4>爲輸出
                      ;RD<7:6>爲輸入
```

▼ 表 2-8 PORTD 全功能表(PIC18F 資料手冊)

Pin	Function	TRIS Setting	I/O	I/O Type	Description
RD0/PSP0	RD0	0	O	DIG	LATD<0> data output.
		1	I	ST	PORTD<0> data input.
	PSP0	x	O	DIG	PSP read data output (LATD<0>); takes priority over port data.
		x	I	TTL	PSP write data input.
RD1/PSP1	RD1	0	O	DIG	LATD<1> data output.
		1	I	ST	PORTD<1> data input.
	PSP1	x	O	DIG	PSP read data output (LATD<1>); takes priority over port data.
		x	I	TTL	PSP write data input.
RD2/PSP2	RD2	0	O	DIG	LATD<2> data output.
		1	I	ST	PORTD<2> data input.
	PSP2	x	O	DIG	PSP read data output (LATD<2>); takes priority over port data.
		x	I	TTL	PSP write data input.
RD3/PSP3	RD3	0	O	DIG	LATD<3> data output.
		1	I	ST	PORTD<3> data input.
	PSP3	x	O	DIG	PSP read data output (LATD<3>); takes priority over port data.
		x	I	TTL	PSP write data input.
RD4/PSP4	RD4	0	O	DIG	LATD<4> data output.
		1	I	ST	PORTD<4> data input.
	PSP4	x	O	DIG	PSP read data output (LATD<4>); takes priority over port data.
		x	I	TTL	PSP write data input.
RD5/PSP5/P1B	RD5	0	O	DIG	LATD<5> data output.
		1	I	ST	PORTD<5> data input.
	PSP5	x	O	DIG	PSP read data output (LATD<5>); takes priority over port data.
		x	I	TTL	PSP write data input.
	P1B	0	O	DIG	ECCP1 Enhanced PWM output, channel B; takes priority over port and PSP data. May be configured for tri-state during Enhanced PWM shutdown events.
RD6/PSP6/P1C	RD6	0	O	DIG	LATD<6> data output.
		1	I	ST	PORTD<6> data input.
	PSP6	x	O	DIG	PSP read data output (LATD<6>); takes priority over port data.
		x	I	TTL	PSP write data input.
	P1C	0	O	DIG	ECCP1 Enhanced PWM output, channel C; takes priority over port and PSP data. May be configured for tri-state during Enhanced PWM shutdown events.
RD7/PSP7/P1D	RD7	0	O	DIG	LATD<7> data output.
		1	I	ST	PORTD<7> data input.
	PSP7	x	O	DIG	PSP read data output (LATD<7>); takes priority over port data.
		x	I	TTL	PSP write data input.
	P1D	0	O	DIG	ECCP1 Enhanced PWM output, channel D; takes priority over port and PSP data. May be configured for tri-state during Enhanced PWM shutdown events.

Legend: DIG = Digital level output; TTL = TTL input buffer; ST = Schmitt Trigger input buffer; x = Don't care (TRIS bit does not affect port direction or is overridden for this option).

▼ 表 2-9　設定 PORTD 所需之暫存器表(PIC18F 資料手冊)

Name	Bit 7	Bit 6	Bit 5	Bit 4	Bit 3	Bit 2	Bit 1	Bit 0	Reset Values on page
PORTD	RD7	RD6	RD5	RD4	RD3	RD2	RD1	RD0	52
LATD	PORTD Data Latch Register (Read and Write to Data Latch)								52
TRISD	PORTD Data Direction Register								52
TRISE(1)	IBF	OBF	IBOV	PSPMODE	—	TRISE2	TRISE1	TRISE0	52
CCP1CON	P1M1(1)	P1M0(1)	DC1B1	DC1B0	CCP1M3	CCP1M2	CCP1M1	CCP1M0	51

Legend:　— = unimplemented, read as '0'. Shaded cells are not used by PORTD.

Note 1:　These registers and/or bits are unimplemented on 28-oin devices.

PORTE 在 40/44pin 接腳包裝中是一個 4 位元寬的埠，其中 RE0, RE1 及 RE2 為 I/O 埠，RE3 只能設定為數入腳，且輸入皆為史密特觸發輸入。腳位設定為輸出或輸入的暫存器為 TRISE，當 TRISE 中位元設定為 1，可以將對應 PORTE 中的位元腳位配置為輸入腳(即將對應的輸出驅動置於高阻態)。當清除 TRISE 中位元(即設定為 0)將使對應 PORTE 中的位元腳位配置為輸出腳(將輸出閂鎖器位元資料輸出至此腳位)。使用類比輸入時，必須將 TRISE 資料方向設定為輸入。

TRISE 暫存器內的高四位元是控制並列模式埠(PSP)埠，說明如表 2-9。資料閂鎖暫存器(LATE)是記憶體映射。當執行讀取-修改-寫入操作指令時，先讀取 LATD 的輸出閂鎖值，然後進行修改，最後再將其儲存至輸出閂鎖器。電源重置後，RE0:RE2 為類比輸入，RE3 為數位輸入。

初始化 PORTE 範例程式(；後之文字為註解)：

```
CLRF      PORTE     ;初始化 PORTD，清除輸出閂鎖器
CLRF      LATE      ;另一種方法清除輸出閂鎖器
MOVLW     07h       ;A/D 組態數值
MOVWF     ADCON1    ;將此數值儲存至 ADCON1，設定為數位輸入
MOVLW     03h       ;初始化資料方向數值
MOVWF     TRISE     ;設定 RE0 為輸入;RE1 為輸入
                    ;RE2 為輸出
```

▼ 表 2-10 TRISE 暫存器說明(PIC18F 資料手冊)

R-0	R-0	R/W-0	R/W-0	U-0	R/W-1	R/W-1	R/W-1
IBF	OBF	IBOV	PSPMODE	—	TRISE2	TRISE1	TRISE0
bit 7							bit 0

Legend:			
R = Readable bit	W = Writable bit	U = Unimplemented bit, read as '0'	
-n = Value at POR	'1' = Bit is set	'0' = Bit is cleared	x = Bit is unknown

bit 7 **IBF:** Input Buffer Full Status bit
1 = A word has been received and waiting to be read by the CPU
0 = No word has been received

bit 6 **OBF:** Output Buffer Full Status bit
1 = The output buffer still holds a previously written word
0 = The output buffer has been read

bit 5 **IBOV:** Input Buffer Overflow Detect bit (in Microprocessor mode)
1 = A write occurred when a previously input word has not been read (must be cleared in software)
0 = No overflow occurred

bit 4 **PSPMODE:** Parallel Slave Port Mode Select bit
1 = Parallel Slave Port mode
0 = General purpose I/O mode

bit 3 **Unimplemented:** Read as '0'

bit 2 **TRISE2:** RE2 Direction Control bit
1 = Input
0 = Output

bit 1 **TRISE1:** RE1 Direction Control bit
1 = Input
0 = Output

bit 0 **TRISE0:** RE0 Direction Control bit
1 = Input
0 = Output

▼ 表 2-11　PORTE 全功能表(PIC18F 資料手冊)

Pin	Function	TRIS Setting	I/O	I/O Type	Description
RE0/$\overline{\text{RD}}$/AN5	RE0	0	O	DIG	LATE<0> data output; not affected by analog input.
		1	I	ST	PORTE<0> data input; disabled when analog input enabled.
	$\overline{\text{RD}}$	1	I	TTL	PSP read enable input (PSP enabled).
	AN5	1	I	ANA	A/D input channel 5; default input configuration on POR.
RE1/$\overline{\text{WR}}$/AN6	RE1	0	O	DIG	LATE<1> data output; not affected by analog input.
		1	I	ST	PORTE<1> data input; disabled when analog input enabled.
	$\overline{\text{WR}}$	1	I	TTL	PSP write enable input (PSP enabled).
	AN6	1	I	ANA	A/D input channel 6; default input configuration on POR.
RE2/$\overline{\text{CS}}$/AN7	RE2	0	O	DIG	LATE<2> data output; not affected by analog input.
		1	I	ST	PORTE<2> data input; disabled when analog input enabled.
	$\overline{\text{CS}}$	1	I	TTL	PSP write enable input (PSP enabled).
	AN7	1	I	ANA	A/D input channel 7; default input configuration on POR.
$\overline{\text{MCLR}}$/VPP/RE3[1]	$\overline{\text{MCLR}}$	—	I	ST	External Master Clear input; enabled when MCLRE Configuration bit is set.
	VPP	—	I	ANA	High-voltage detection; used for ICSP™ mode entry detection. Always available regardless of pin mode.
	RE3	—[2]	I	ST	PORTE<3> data input; enabled when MCLRE Configuration bit is clear.

Legend: DIG = Digital level output; TTL = TTL input buffer; ST = Schmitt Trigger input buffer; ANA = Analog level input/output; x = Don't care (TRIS bit does not affect port direction or is overridden for this option).

Note 1: RE3 is available on both 28-pin and 40/44-pin devices. All other PORTE pins are only implemented on 40/44-pin devices.

2: RE3 does not have a corresponding TRIS bit to control data direction.

▼ 表 2-12　PORT 設定 E 所需之暫存器表(PIC18F 資料手冊)

Name	Bit 7	Bit 6	Bit 5	Bit 4	Bit 3	Bit 2	Bit 1	Bit 0	Reset Values on page
PORTE	—	—	—	—	RE3[1,2]	RE2	RE1	RE0	52
LATE[2]	—	—	—	—	—	LATE Data Output Register			52
TRISE	IBF	OBF	IBOV	PSPMODE	—	TRISE2	TRISE1	TRISE0	52
ADCON1	—	—	VCFG1	VCFG0	PCFG3	PCFG2	PCFG1	PCFG0	51

Legend: — = unimplemented, read as '0'. Shaded cells are not used by PORTE.

Note 1: Implemented only when Master Clear functionality is disabled (MCLRE Configuration bit = 0).

2: RE3 is the only PORTE bit implemented on both 28-pin and 40/44-pin devices. All other bits are implemented only when PORTE is implemented (i.e., 40/44-pin devices).

2-2-2　特殊功能

PIC18F 除了基本的輸入與輸出埠功能外，提供了特殊功能拓展其應用場合，以下將簡單介紹特殊功能，細部設定將於 C 語言篇中說明：

2-2-2-1 EUSART

增強型通用同步與非同步接收傳送模組(The Enhanced Universal Synchronous Asynchronous Receiver Transmitter module，EUSART)是一種串列輸入輸出模組(一般而言，USART[1]就是串列傳輸介面(Serial Communications Interface，SCI)。EUSART 可將組態設定成全雙工非同步系統與 CRT 終端機及個人電腦通訊，也可將其設定爲半雙工同步系統與類比轉數位轉換器、數位轉類比轉換器與串列 EEPROM 等週邊系統通訊。

EUSART 實現了更多功能，包括鮑率自動偵測及校準，以及在接收到"同步中斷"字符和發送 12 位間隔字符時自動喚醒。這些功能使 EUSART 成爲區域連接網路(Local Interconnect Network，LIN)應用系統理想的選擇。

EUSART 可配置爲以下幾種工作模式：

1. 帶有以下功能的全雙工非同步模式：
   ① 字符接收自動喚醒。
   ② 自動鮑率校準。
   ③ 12 位間隔字符發送。
2. 半雙工同步主控模式(脈波極性可選擇)。
3. 半雙工同步僕式模式(脈波極性可選擇)。

增強型 USART 的接腳與 PORTC 共用，爲了將 RC6/TX/CK 和 RC7/RX/DT 配置爲 USART，須做以下設定：

1. SPEN (RCSTA<7>)必須設置爲 1。
2. TRISC<7>必須設置爲 1。
3. TRISC<6>必須設置爲 1。

圖 2-7 所示爲 PIC18 與電腦通訊示意圖，使用全雙工非同步模式，當 PC 發送資料給 PIC18 時，經由 PC 的 TXD 腳傳送訊號，經 Max232 做一準位轉換後，傳遞至 PIC18 之 RXD 腳。當 PIC18 發送資料給 PC 時，經由 PIC18 的 TXD 腳傳送訊號，經 Max232 做一準位轉換後，傳遞至 PC 的 RXD 腳。

---

[1]通用非同步收發傳輸器(Universal Asynchronous Receiver/Transmitter，通常稱作 UART)是一種非同步收發傳輸器，是電腦硬體的一部分，將資料由序列傳輸(Serial communication)與平行傳輸(Parallel communication)間作傳輸轉換。UART 通常用在與其他通訊協定(如 EIA RS-232)的連結上。(維基百科，2009)

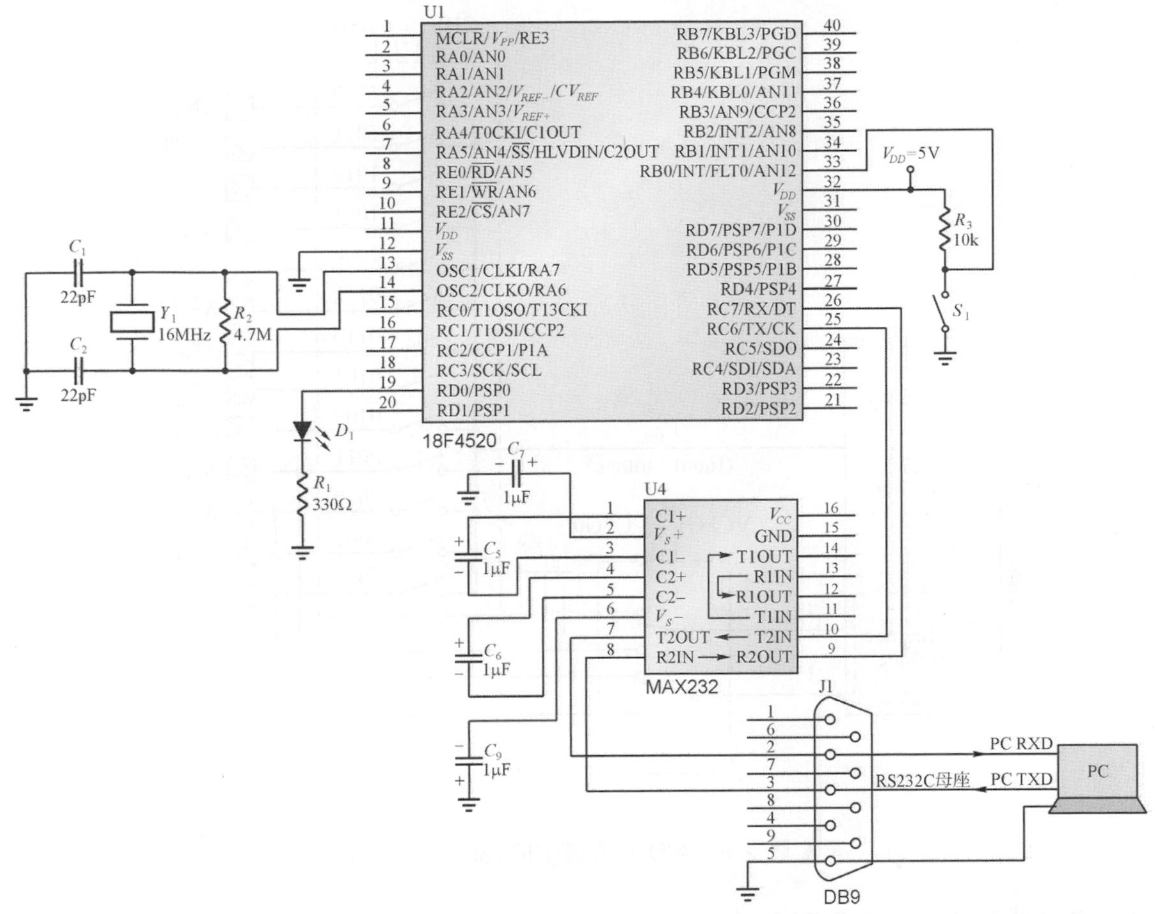

▲ 圖 2-7　個人電腦與 PIC18 串列傳輸示意圖

2-2-2-2　類比至數位轉換器

28pin 微控制器的類比至數位轉換器(Analog-to-Digital，A/D)有 10 組 A/D 輸入腳；40pin 有 13 組 A/D 輸入腳。A/D 模組能將一個類比信號轉換成 10 位元數位信號，這些類比電壓訊號如：溫度、濕度、壓力等自然界之信號轉換成數位資料，送至微控制器內進行運算。圖 2-8 為 A/D 轉換方塊圖，只要設定 CHS3:CHS0，就能選擇使用 AN0:AN12 的類比電壓輸入腳。

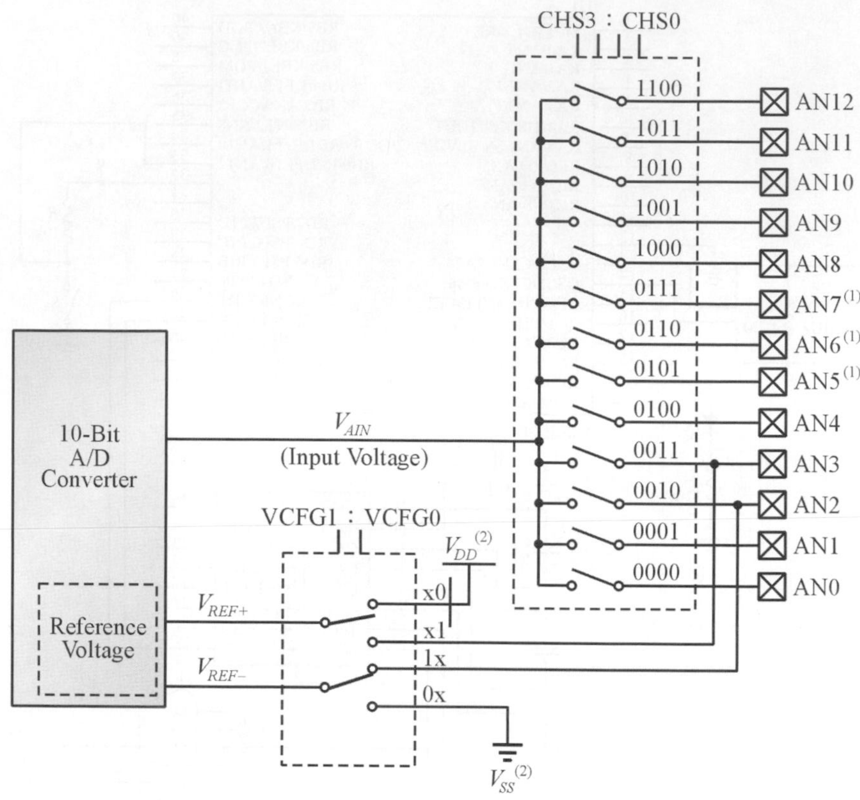

▲ 圖 2-8 A/D 方塊圖(PIC18F 資料手冊)

2-2-2-3 資料 EEPROM

EEPROM 是一個獨立的記憶體空間，它不直接映設到暫存器或程式記憶體空間，而是通過特殊功能暫存器(Special Function Register，SFR)來間接存取，資料 EEPROM 在整個 V_{DD} 範圍內是可讀寫的。

2-2-2-4 計時器/計數器模組

PIC18 共有四個模組可使用。分別 TIMER0、TIMER1、TIMER2、TIMER3 可使用在時間及計數功能，其簡介如下：

計時器 0 模組具有以下特性：

1. 可通過軟體選擇，做爲 8 或 16 位元計時器/計數器。
2. 可讀寫的暫存器。
3. 專用的 8 位元可程式化的頻率預除器。
4. 可選擇計時器的脈波來源(內部或外部)。

5. 外部脈波邊緣(Edge)選擇。
6. 溢出中斷。

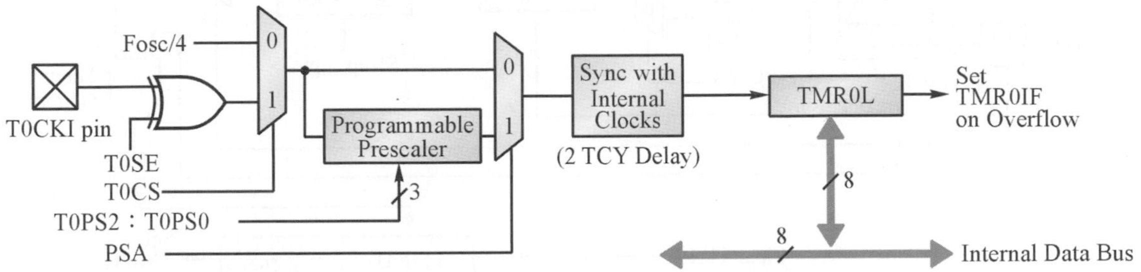

Note：Upon Reset,Timer0 is enabled in 8-bit mode with clock input from T0CKI max. prescale.

▲ 圖 2-9　Timer0 8 位元模式方塊圖(PIC18F 資料手冊)

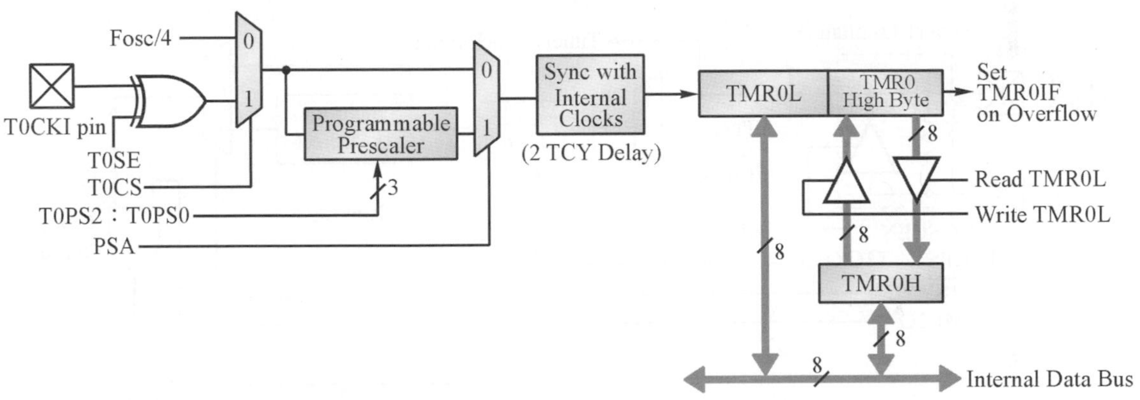

Note：Upon Reset,Timer0 is enabled in 8-bit mode with clock input from T0CKI max. prescale.

▲ 圖 2-10　Timer0 16 位元模式方塊圖(PIC18F 資料手冊)

計時器 1 模組具有以下特性：

1. 可通過軟體選擇，做為 16 位元計時器/計數器。
2. 可讀寫的 8 位元暫存器(TMR1H 和 TMR1L)。
3. 可選擇晶片時脈來源為晶片內部或 TIMER1 振盪器。
4. 溢位中斷。
5. CCP 特殊事件觸發重置。
6. 晶片脈波狀態旗標(T1RUN)。

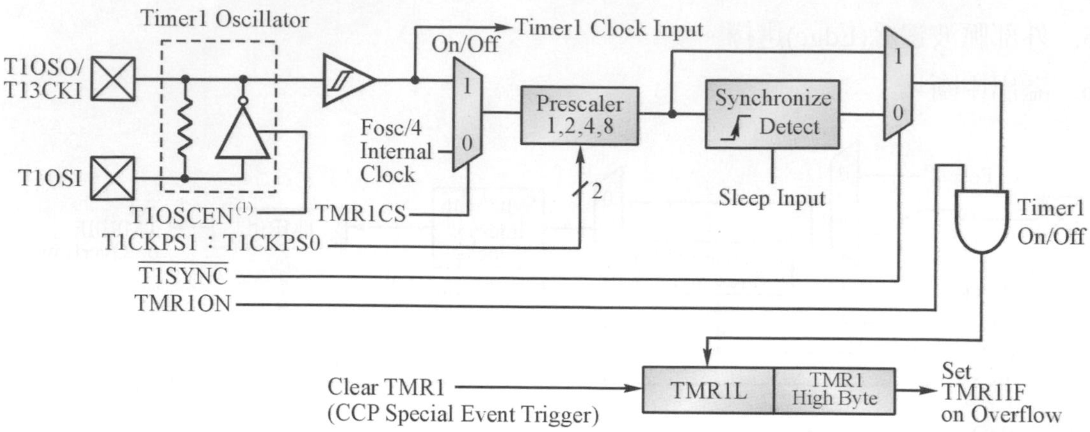

▲ 圖 2-11　Timer1 方塊圖(PIC18F 資料手冊)

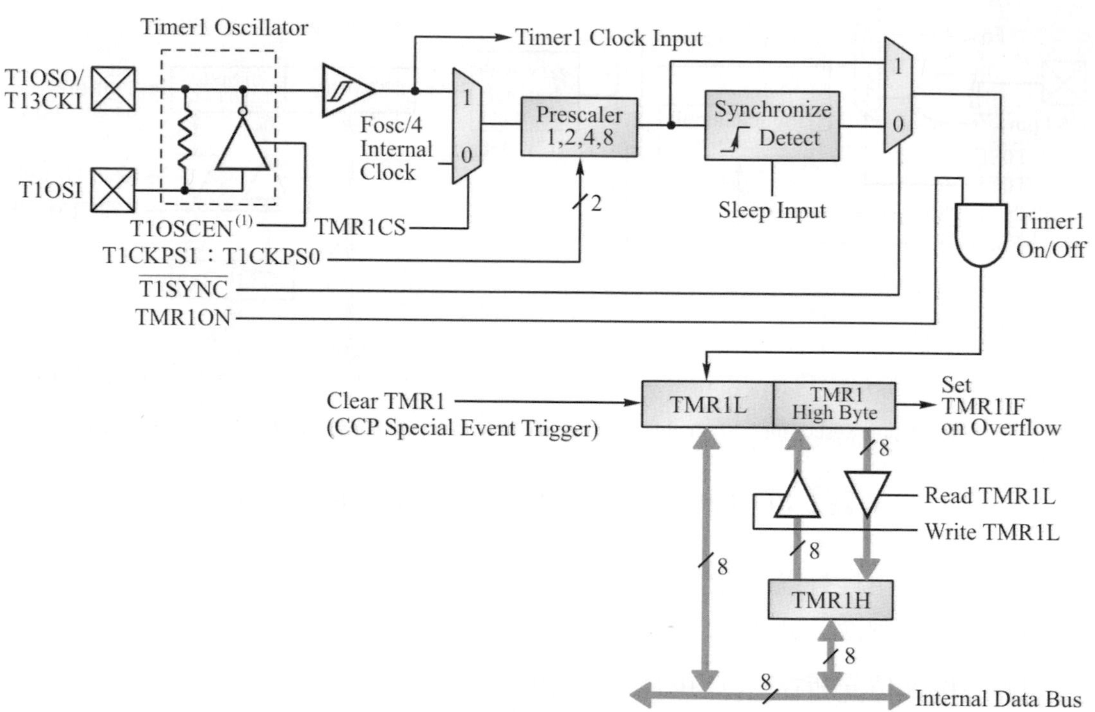

▲ 圖 2-12　Timer1 16 位元讀取/寫入模式方塊圖(PIC18F 資料手冊)

計時器 2 模組具有以下特性：

1. 8 位元定時器和週期暫存器(分別為 TMR2 及 PR2)。
2. 可讀寫的 8 位元暫存器(TMR2 及 PR2)。

3. 可程式化的頻率預除器(預除率為 1:1、1:4 和 1:16)。
4. 可程式化的頻率後除器(後除率為 1:1 和 1:16)。
5. 當 TMR2 與 PR2 暫存器值相等時產生中斷。
6. MSSP 模組的可選擇移位時脈。

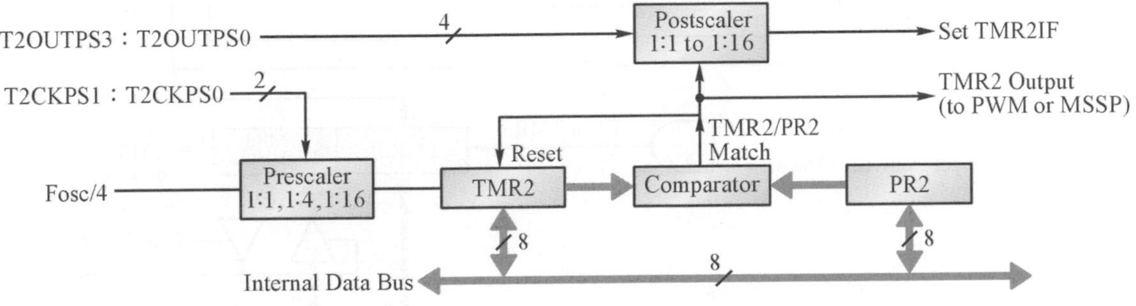

▲ 圖 2-13　Timer2 方塊圖(PIC18F 資料手冊)

計時器 3 模組具有以下特性：

1. 可通過軟體選擇，做為 16 位元計時器/計數器。
2. 可讀寫的 8 位元暫存器(TMR3H 和 TMR3L)。
3. 可選擇晶片時脈來源為晶片內部或 TIMER1 振盪器。
4. 溢位中斷。
5. CCP 特殊事件觸發重置。

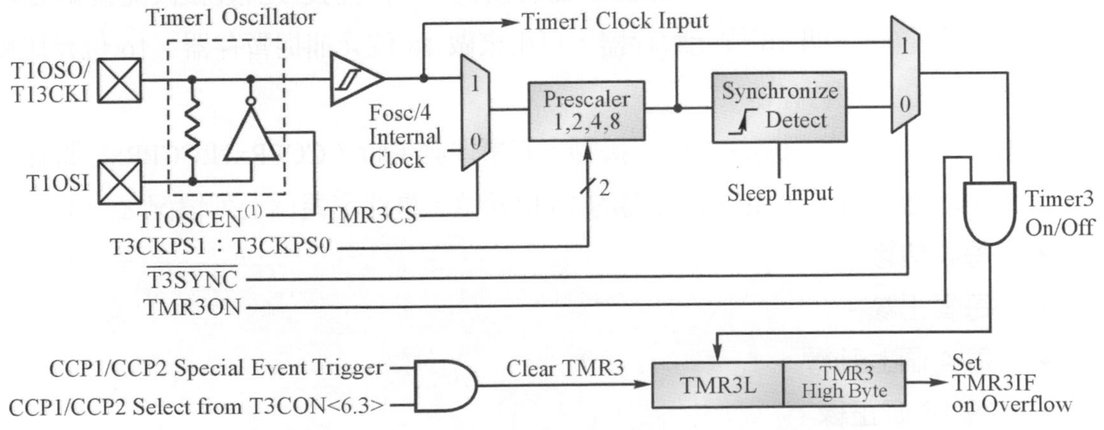

▲ 圖 2-14　Timer3 方塊圖(PIC18F 資料手冊)

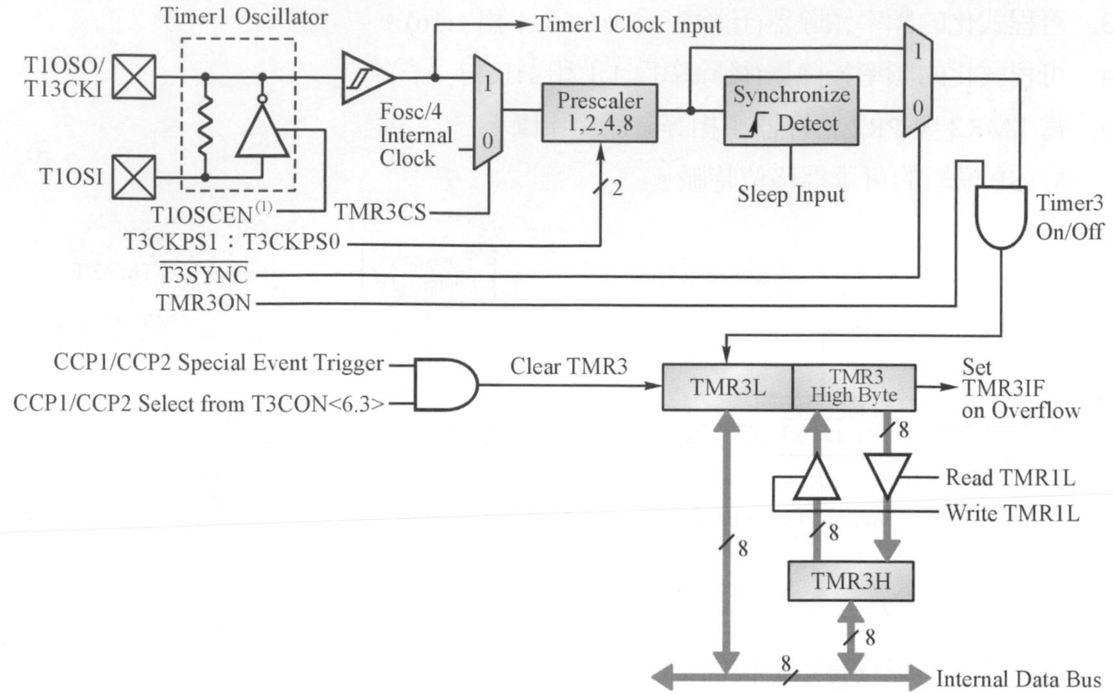

▲ 圖 2-15　Timer3 16 位元讀取/寫入模式方塊圖(PIC18F 資料手冊)

2-2-2-5　捕捉/比較/脈波寬度調節模組 (CAPTURE/COMPARE/PWM MODULES)

PIC18F2420/2520/4420/4520 微控制器有兩個 CCP(捕捉/比較/脈波寬度調變模組)。每個模組包含一個 16 位元暫存器，可用來做 16 位元捕捉暫存器、16 位元比較暫存器或 PWM 主/僕暫存器。

在捕捉模式下，當對應的 CCPx 接腳上有事件發生時，CCPRxH:CCPRxL 暫存器將捕捉 TMR1 暫存器或 TMR3 暫存器的 16 位元值。事件定義爲下列情況之一：

- 每個負緣。
- 每個正緣。
- 每 4 個上升緣。
- 每 16 個正緣。

透過模式選擇位元 CCPxM3:CCPxM0(CCPxCON<3:0>)選擇事件類型。當一個捕捉發生時，中斷請求狀態位元 CCPxIF = 1，必須用軟體清除。如果在讀取暫存器 CCPRx 之前發生了另一個捕捉，那麼之前捕捉的值，將被新捕捉的值覆蓋。

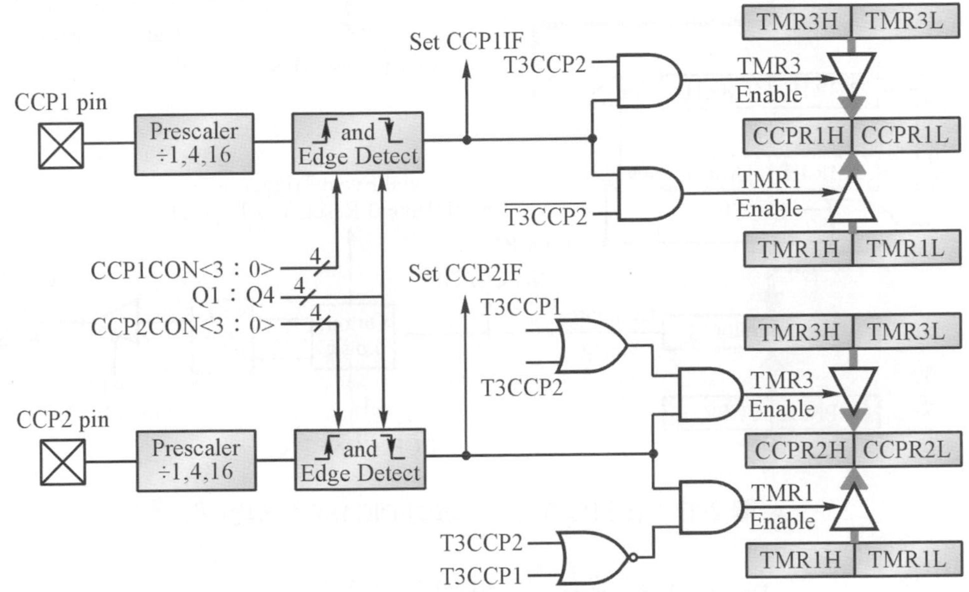

▲ 圖 2-16 捕捉模式運作方塊圖(PIC18F 資料手冊)

在比較模式下，16 位元 CCPRx 暫存器的值將不斷與 TMR1 或 TMR3 暫存器對的值相比較。當兩者匹配時，CCPx 接腳可能會出現以下幾種情況：

- 輸出高電位。
- 輸出低電位。
- 電位反相(高電位變為低電位或低電位變為高電位)。
- 保持不變(反映 I/O 資料閂鎖器狀態)。

腳位動作取決於模式選擇位元(CCPxM3:CCPxM0)的值。同時，中斷狀態位元 CCPxIF = 1。

在脈波寬度調節(Pulse Width Modulation，PWM)模式下，CCPx 腳位可輸出分辨率高達 10 位元的 PWM 輸出。由於 CCP2 腳位與 PORTB 或 PORTC 資料閂鎖暫存器共用，因此必須清除相對應的 TRIS 位元，才能使 CCP2 腳位成爲輸出腳。

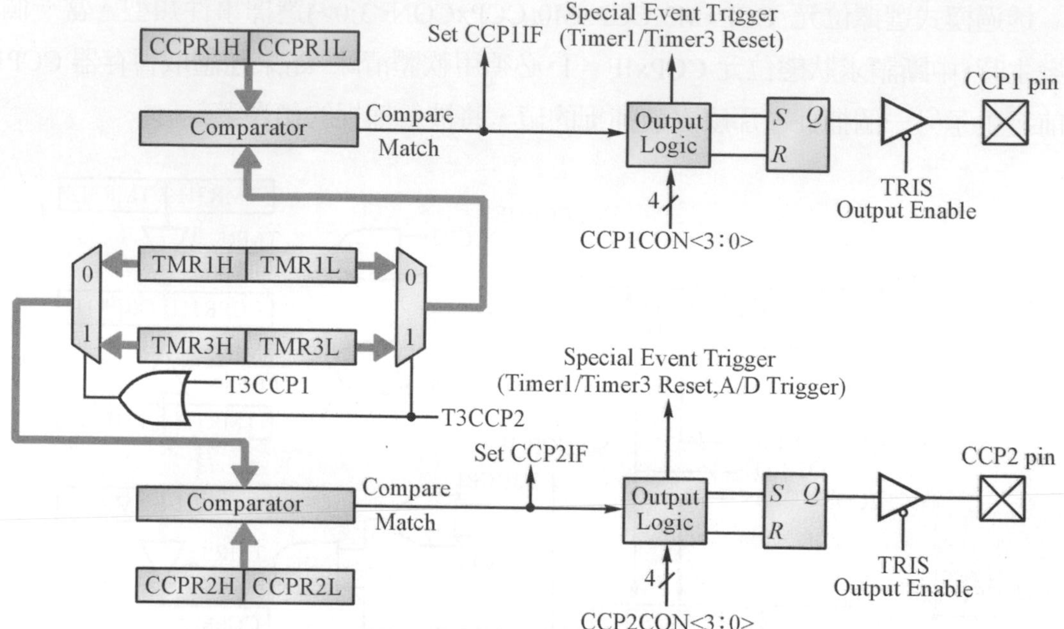

▲ 圖 2-17　比對模式運作方塊圖(PIC18F 資料手冊)

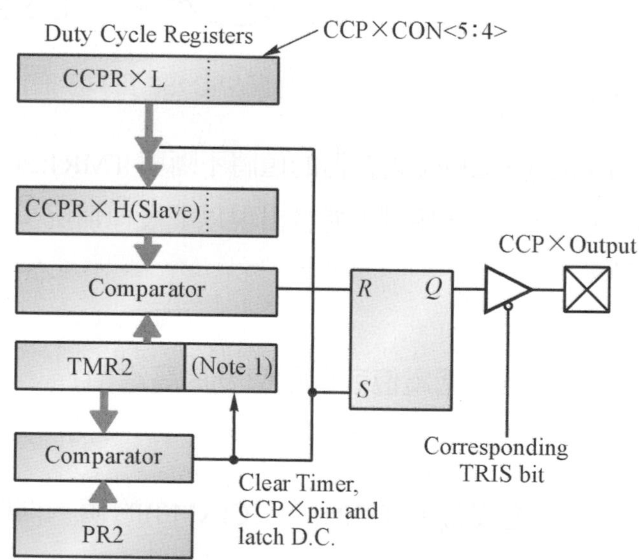

Note 1：The 8-bit TMR2 value is concatenated with the 2-bit internal Q clock, or 2 bits of the prescaler, to create the 10-bit time base.

▲ 圖 2-18　PWM 模式運作方塊圖(PIC18F 資料手冊)

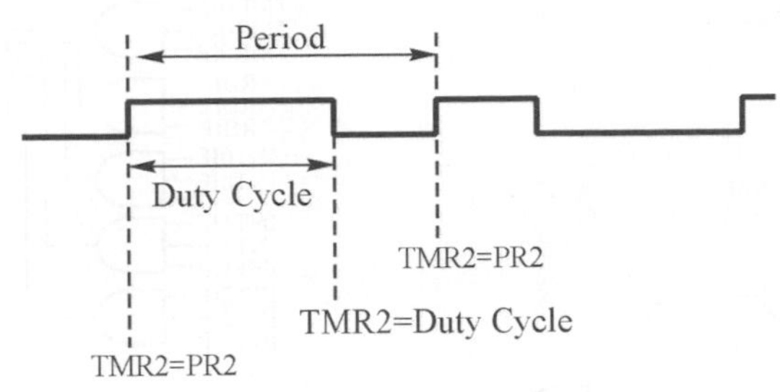

▲ 圖 2-19　PWM 輸出(PIC18F 資料手冊)

2-2-2-6　中斷

中斷(Interrupt)的運作機制爲：“當系統中某些訊號產生時，預定的程式將被暫停，而跳躍至對應的中斷向量執行中斷副程式，當中斷處理完成後再返回原先程式執行”。這種機制的優點是：對於重大錯誤或緊急事件優先處理，使系統能夠繼續正常運作。

圖 2-20 爲 PIC18 的中斷邏輯圖，其中以 INT 爲字首的中斷爲外部中斷，當外部電壓訊號有正緣或負緣的變化時，就會產生外部中斷；以 AD 爲字首的中斷爲類比電壓至數位轉換完成，就會產生類比至數位轉換中斷；以 TMR 爲字首的中斷爲計時器溢位時，就會產生 TMR 中斷。

PIC18 提供多個中斷源及一個中斷優先權[2]功能，可以將大多數中斷源分配高優先權或者低優先權。高優先權中斷向量位址爲 0008H，低優先權中斷向量爲位址爲 0018H。高優先權中斷事件將中斷所有可能正在進行的低優先權中斷。建議使用 MPLAB® IDE 提供的 Microchip 標頭檔命名這些暫存器中的位元。這使得組譯器/編譯器自動識別、指定這些位元的位置。通常，使用三個位元來控制中斷源的操作。分別爲：

1. 旗標位元(Flag Bit)：指示發生了何種中斷事件。
2. 致能位元(Enable Bit)：允許程序跳到中斷向量位址處執行(當致能 = 1 時)。
3. 優先權位元(Priority Bit)：用於選擇高優先權或低優先權。

---

[2]中斷優先權的意義為：

1. 當高優先權的中斷處理中，低優先權的中斷也同時發生了，此時低優先權中斷必須等到高優先權中斷處理完畢後才能執行。
2. 當低優先權的中斷處理中，高優先權的中斷也同時發生了，此時低優先權的中斷將被暫停，待高優先權中斷處理完畢後，低優先權的中斷才會再度執行。

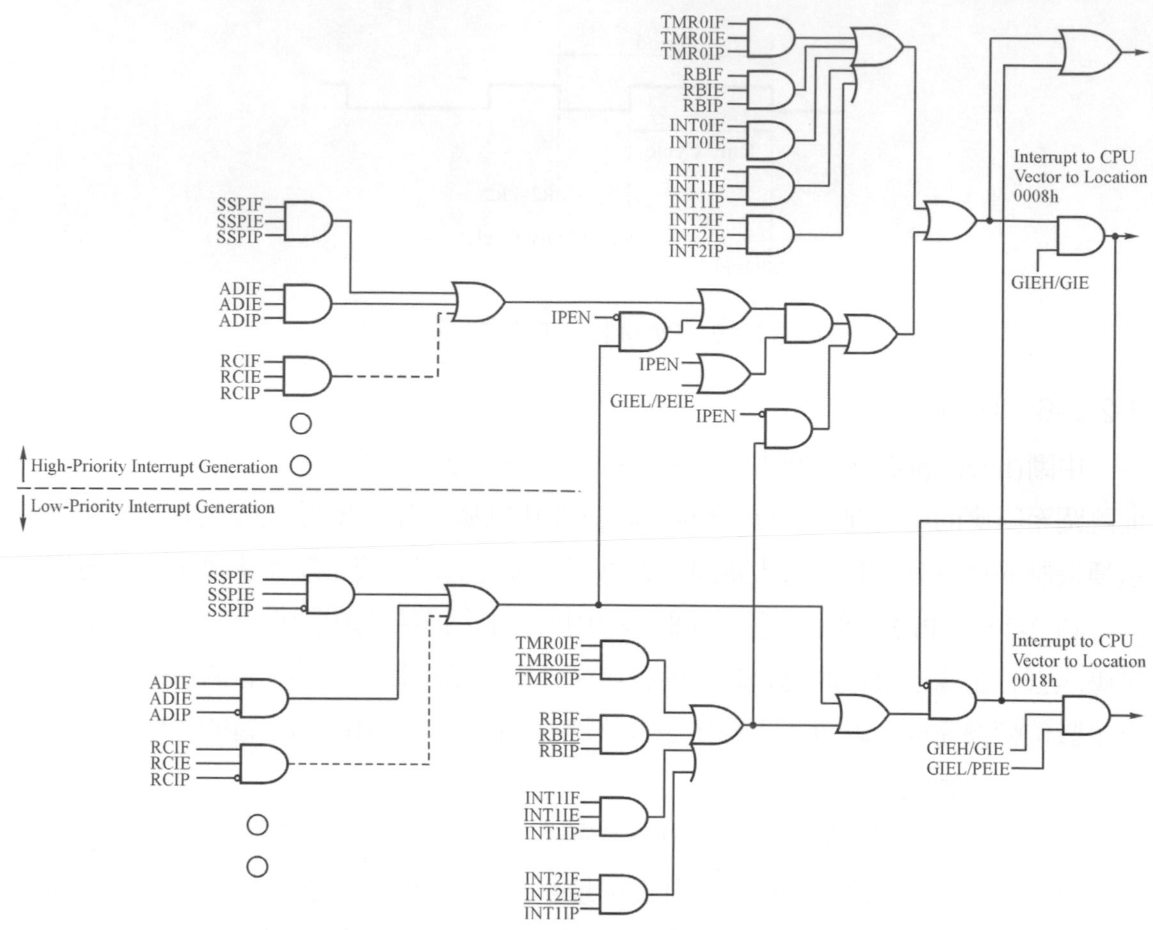

▲ 圖 2-20　PIC18 的中斷邏輯圖(PIC18F 資料手冊)

當 IPEN(RCON<7>)位元設定為 1，將致能中斷優先權功能。當致能中斷優先權時，將 GIEH (INTCON<7>)位元設定為 1，可致能所有高優先權的中斷；將 GIEL (INTCON<6>)位元設定為 1，可致能所有低優先權的中斷。

當中斷狀態位元、致能位元及相對應的全域中斷位元皆被設定為 1 時，程式將立即跳躍至中斷位址 0008h 或 0018h，實際位設定相對應的致能位元可以禁止單個中斷。當 IPEN 位元清為 0 時，便會禁止中斷優先權功能，此時中斷與 PIC®中階微控制器相容。在此模式下各個中斷源的中斷優先權均不作用。INTCON<6>是 PEIE 位元，可致能/禁止所有的週邊中斷源。INTCON<7>是 GIE 位元，可致能/禁止所有的中斷源。在兼容模式下，所有中斷都跳至位址 0008h。

響應中斷時，全域中斷致能位元被清除以禁止其他中斷。如果此時清除 IPEN 位元為 0，全域中斷致能位元就是 GIE 位元。如果使用中斷優先權，這個位元將是 GIEH

或者 GIEL 位元。高優先權會中斷低優先權之中斷。處理高優先權中斷，低優先中斷將不被影響。

中斷發生時，系統將依序進行下列操作：

1. 目前指令將被執行完畢。
2. 程式計數器(PC+2)被儲存於堆疊中。
3. PC 內容載入中斷向量地址(0008h 或 0018h)。
4. 執行中斷副程式。
5. 堆疊中取回原程式位址並存入 PC。
6. 繼續執行程式。

進入中斷服務程序之後，就可以通過查詢中斷狀態位元來確定中斷源。在重新允許中斷前，必須用軟體將中斷狀態位元清除，以避免重複響應中斷。

執行“中斷返回”指令 RETFIE，將退出中斷程序並致能 GIE 位元(若使用中斷優先權，則爲 GIEH 或 GIEL 位元)以重新允許中斷。

對於外部中斷事件，諸如 INT 中斷或者 PORTB 輸入狀態變化中斷，中斷響應將延遲 3～4 個指令週期。對於單週期或雙週期指令，中斷延遲時間完全相同。

2-3 記憶體架構

在 PIC18 增強型微控制器有四種類型的記憶體：

1. 程式記憶體。
2. 資料 RAM。
3. 資料 EEPROM。
4. 組態設定位元。

在哈佛架構中，資料和程式記憶體使用不同的匯流排，因此可同時存取這兩種記憶體，大大提升微控制器效能。資料 EEPROM，以實際用途而言，可以看做週邊元件。

2-3-1 程式記憶體架構

PIC18 微控制器具有 21 位元之程式記數器，可以對 2 MB(2^{21} = 2MB)的程式記憶體進行定址。PIC18F2420 和 PIC18F4420 具有 16 KB 的快閃程式記憶體，都能夠儲存多達 8,192 單字元指令。PIC18F2520 和 PIC18F4520 具有 32 KB 快閃程式記憶體，能夠儲存達 16,384 單字元指令。PIC18 有兩個中斷向量。重置向量位址爲 0000H，中斷向量位址爲 0008H 和 0018H。PIC18 程式記憶體映射圖如圖 2-21 所示。

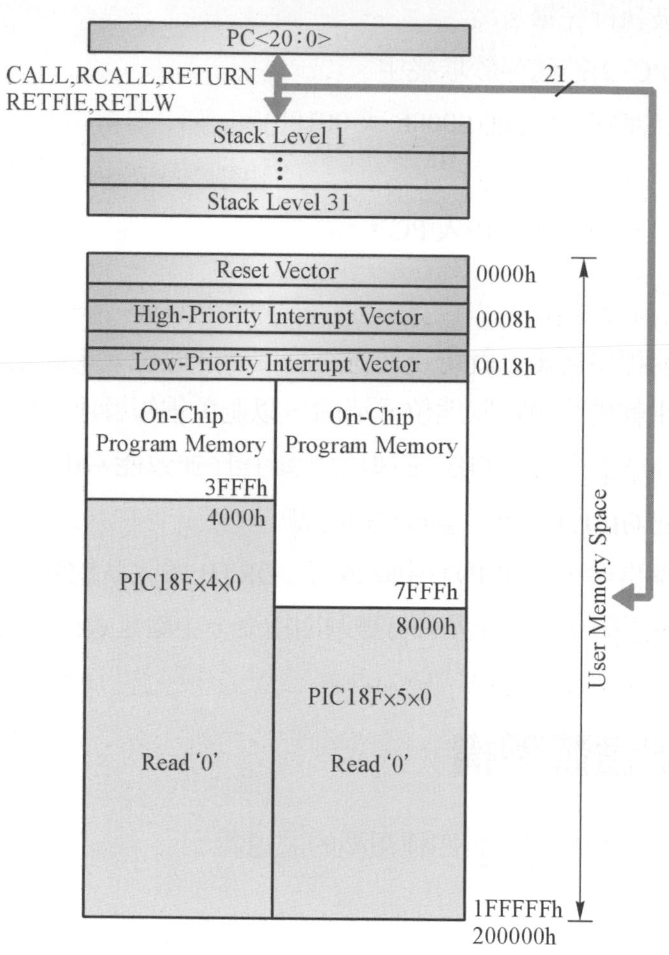

▲ 圖 2-21 PIC18 程式記憶體映射圖(PIC18F 資料手冊)

2-3-1-1 程式計數器(Program Counter，PC)

程式計數器(Program Counter，PC)指向要被取出執行的指令位址。PC 內的位址爲 21 位元，並且保存在 3 個獨立的 8 位元暫存器中。其中的低 8 位元稱爲 PCL 暫存器，該暫存器爲可讀寫。較高的 8 位元稱爲 PCH 暫存器，儲存 PC<15:8>位元，不可直接讀寫。但可以通過 PCLATH 暫存器更新 PCH 暫存器。最高的 8 位元稱爲 PCU。該暫存器儲存 PC<20:16>位元，它也不能直接讀寫。通過 PCLATU 暫存器更新 PCU 暫存器。

執行寫入 PCL 的操作，可以將 PCLATH 和 PCLATU 的內容傳送程式計數器。同理，執行讀取 PCL 的操作，可以將程式計數器的兩個高字元組儲存至 PCLATH 和 PCLATU。這對於計算 PC 的偏移量是有很大的幫助。

為防止 PC 不能正確讀取指令，需要將 PCL 的最低位元設定為 0(因為須對齊雙位元組指令)。PC 每次加 2 來連續讀取程式記憶體中的指令。CALL、RCALL、GOTO 和程式轉移指令直接寫入程式計數器。對於這些指令，PCLATH 和 PCLATU 的內容將不會被傳送到程式計數器(對於這些指令若跳躍空間超過 8 位元時，需修改 PCLATH 或 PCLATU 以符合需求)。

2-3-1-2 返回位址堆疊(RETURN ADDRESS STACK)

返回位址堆疊(RETURN ADDRESS STACK)用於存放返回位址，允許保存最多 31 個副程式和中斷向量的返回位址。當執行 CALL 或 RCALL 指令或響應中斷時，PC 值被推入堆疊。而執行 RETURN、RETLW 或 RETFIE 指令時，從堆疊中取出並存回 PC。PCLATH 不受 RETURN 或 CALL 指令的影響。

通過 21 位元的 RAM 和 5 位元的堆疊指向器(STKPTR)來實現 31 級的堆疊操作。堆疊既不佔用程式記憶體空間也不佔用資料記憶體空間。堆疊指向器可以讀寫，並且通過堆疊頂端暫存器(Top-Of-Stack，TOS)可以讀寫堆疊頂端位址。也可使用這些暫存器將資料推入堆疊，或將資料從堆疊取回。

執行 CALL 類型指令的操做為：堆疊指向器首先遞增，並且將 PC 的內容寫入堆疊指向器指向的位址(此時之 PC 已經指向 CALL 的下一個指令)；執行 RETURN 類型指令的操做為：STKPTR 暫存器指向的位址單元的內容被傳送給 PC，然後堆疊指向器遞減。

重置後，堆疊指向器被初始化為 00000，此時堆疊指向器不指向任何 RAM 單元，它只是一個重置值。狀態位元表明堆疊是滿、上溢還是下溢。

一、堆疊頂端暫存器(Top-of-Stack Register,TOS)

堆疊頂端暫存器是可讀寫的，3 個暫存器 TOSU:TOSH:TOSL 用來保存 STKPTR 暫存器(圖 2-22)所指向的堆疊單元的內容。這可以讓使用者在必要時實現軟體堆疊。在 CALL、RCALL 或中斷後，軟體可以通過讀取 TOSU:TOSH:TOSL 暫存器來讀取堆疊值。這些值可以被使用者定義的軟體堆疊。返回時，軟體將這些值存回 TOSU:TOSH:TOSL 並執行返回。爲防止對堆疊的意外操作，存取堆疊時，必須將全域中斷除能。

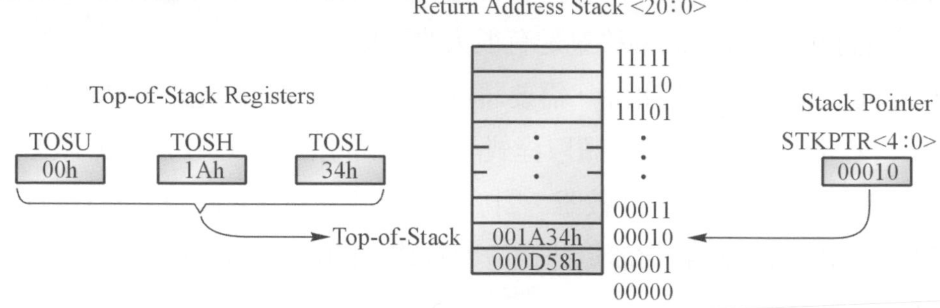

▲ 圖 2-22　返回位址堆疊與相關暫存器(PIC18F 資料手冊)

2-3-1-3　快速暫存器堆疊(Fast Register Stack)

快速暫存器堆疊主要提供中斷產生時，能快速的返回主程式。當中斷發生時，將 STATUS、WREG 及 BSR 推入 Fast Register Stack 中，當中斷結束時，使用 RETFIE FAST 指令，將 STATUS、WREG 及 BSR 從 Fast Register Stack 回存。

因爲 Fast Register Stack 只有一層的深度，所以當低優先權與高優先權中斷都致能時，且低優先權被高優先權中斷時，此時低優先中斷推入 Fast Register Stack 中之資料已被高中斷優先權中斷覆蓋，當低中斷優先權返回主程式所回存的 STATUS、WREG 及 BSR 的內容已經不正確，解決辦法就是在低優先權中斷使用軟體儲存 STATUS、WREG 及 BSR，作法將於範例 18 中說明。

2-3-1-4　PIC18F 指令週期(Instruction Cycle)

PIC18F 的振盪信號，無論來自內部或外部，都會在內部分頻產生 4 個不重疊的時脈信號，即 Q1、Q2、Q3 和 Q4。程式計數器在每個 Q1 遞增，並在 Q4 期間從程式記憶體抓取指令並將指令儲存至指令暫存器中。指令的解譯和執行在下一個 Q1 到 Q4 週期完成。圖 2-23 所示爲時脈與指令執行流程圖。

指令週期是由 4 個 Q1 到 Q4 組成，指令的抓取與執行是以管線進行，前一個指令週期抓取指令，而在下一個指令週期解譯並執行指令，在執行指令的過程中同時抓取下一個指令，使每一個指令週期都能執行指令，達成管線式運作，因此每個指令的等效執行時間都是一個指令週期。如果某個指令改變了程序計數器(如 BRA 指令)，則需要兩個指令週期才能完成該指令(如圖 2-24 所示)。

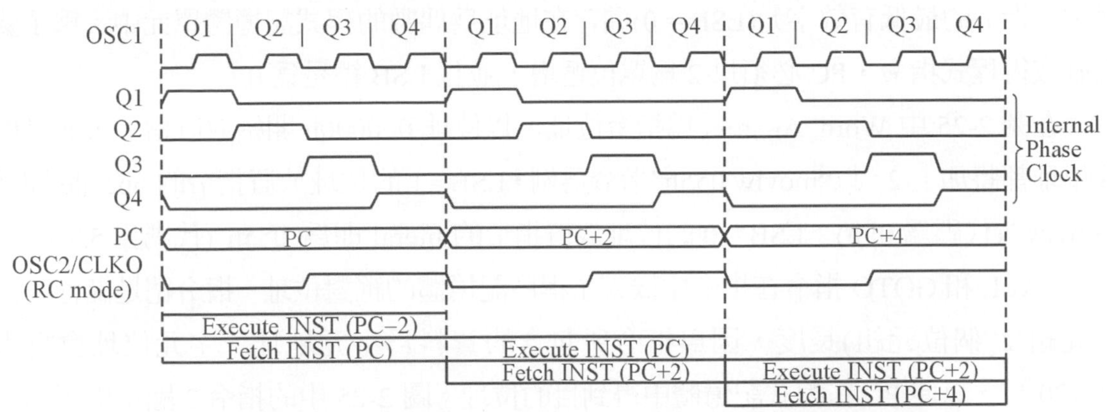

▲ 圖 2-23 時脈與指令執行圖流程圖(PIC18F 資料手冊)

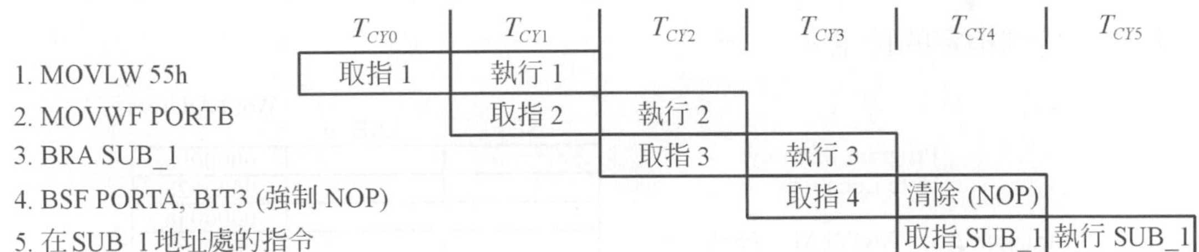

除程序轉移指令之外，所有指令都是單週期指令。由於程序轉移指令將導致一條已取指令從流水線清除，需要重新取指，然後執行指令，所以程序轉移指令需要兩個週期。

▲ 圖 2-24 指令管線式流程(PIC18F 資料手冊)

在 Q1 週期，程式記數器(PC)遞增，開始抓取指令並將指令送至指令暫存器(Instruction Register，IR)，然後在 Q2、Q3 和 Q4 週期中進行指令的解譯和執行。讀資料記憶體發生在 Q2 週期，寫資料記憶體操作發生在 Q4 週期。因為 1 個指令週期由 4 個振盪週期組成，所以指令週期的公式如下

$$指令週期 = 4 \times 振盪週期 = 4 \times \frac{1}{振盪器頻率}(單位為秒)$$

以 4MHz 的石英振盪器而言，其指令週期 $= 4 \times \frac{1}{4M} = 1u$ 秒。

2-3-1-5 指令儲存方式

程式記憶體中是以位元組(byte)定址。指令以 2 位元組或 4 位元組儲存在程式記憶體中。指令的最低有效字元(LSB = 0)儲存在地址爲偶數的程式記憶體單元中。爲了要正確取得程式指令，PC 必須以 2 爲單位遞增，並且 LSB 總是爲 0。

在圖 2-25 中 Word A$_{DD}$ress 爲指令位址，以位址 000000h 開始放置指令，並且擺放位址都將加上 2。以“movlw 055h”指令爲例，LSB =1 的位址放置指令的 opcode 即爲“movlw ”(代碼爲 0Fh)；LSB＝0 的位址放置指令的 literal 即爲“055h”(代碼爲 55h)。

CALL 和 GOTO 指令在指令中嵌入了程序記憶體的絕對位址。指令總是儲存一個字元組(2 個位元組)長度，因爲指令所包含的資料爲字元地址。字元位址會寫入 PC<20:1>，以便 PC 在程式記憶體中得到目的位址。圖 2-25 中的指令 2 顯示出了指令“GOTO 0006h”在程式記憶體中的解碼過程。改變流程指令也採取同樣的方式，對相對地址偏移量進行解碼。在改變流程指令中的偏移量代表單字元組指令數，PC 將以此做爲偏移量跳轉到指定的位址。

Program Memory Byte Locations →

Instruction 1： MOVLM 055h
Instruction 2： GOTO 0006h
Instruction 3： MOVFF 123h， 456h

LSB=1	LSB=0	Word Address ↓
		000000h
		000002h
		000004h
		000006h
0Fh	55h	000008h
EFh	03h	00000Ah
F0h	00h	00000Ch
C1h	23h	00000Eh
F4h	56h	000010h
		000012h
		000014h

▲ 圖 2-25 指令儲存方式(PIC18F 資料手冊)

2-3-2 資料記憶體架構

PIC18 的資料記憶體器是使用靜態 RAM 實現，可視爲內部暫存器。在資料記憶體中共有 12 個位址，可定址達 4096 個暫存器，這些記憶體空間被分爲 16 個暫存器庫，每個暫存器庫包含 256 個位址。圖 2-26 顯示了 PIC18F2420/2520/4420/4520 微控制器的資料記憶體映射圖。資料記憶體由特殊功能暫存器(Special Function Register，SFR)和一般功能暫存器(General Purpose Register，GPR)組成。SFR 用於功能模式的選擇和狀態顯示，而 GPR 則用於應用程式中儲存資料和高速暫存作業。

資料記憶體可以透過直接、間接或索引定址模式存取。定址模式將於第三章軟體撰寫討論。為了確保能在一個週期內存取常用暫存器(SFR 和 GPR)，PIC18 微控制器設置了快速操作儲存庫(Access Bank)。這是一個 256 位址的儲存空間，可對 SFR(F80～FFFH)高 128 地址單元和 GPR Bank0(000～07FH)的低 128 位址單元的快速存取(圖 2-26)，而無需使用 BSR。

儲存容量較大的資料記憶體需要有效的尋址機制，以便對所有位址進行快速存取。理想狀況下，這意味著不必要為每次讀寫操作提供整個位址。PIC18 微控制器是使用 RAM 儲存機制實現快速存取的。該機制將儲存空間分成連續的 16 個 256 位址的儲存區塊(把每一個 256 位元組之儲存區塊稱之為庫(Bank)，共有 16 個資料庫)。根據不同的指令，可以通過完整的 12 位元位址直接尋址每個單元，或通過 8 位元位元和 4 位元資料庫選擇暫存器(Bank Select Register，BSR)定址。

PIC18 指令集中的大部分指令都使用資料庫選擇暫存器定址。BSR 保存資料記憶體位址的 4 個最高有效位元，而指令本身則包括 8 個最低有效位元。BSR 的值代表資料記憶體中的資料庫。指令中的 8 位元指向資料庫中的儲存單元，可以將它看作是以資料庫下邊界為起點的偏移量。圖 2-27 所示是 BSR 的值與資料庫之間的關係。使用時必須非常小心，確保在執行資料的讀或寫之前選擇了正確的資料庫。

當選擇資料庫時，只有實際可使用的資料庫可以被讀寫，對未使用的資料庫寫入將被忽略，而讀未使用的資料庫回傳值為 0。雖然如此，狀態暫存器(Status Register)仍會受到影響。圖 2-26 中的資料記憶體映射圖指出了可使用的資料庫。

在 PIC18 的指令集中，只有 MOVFF 指令指定來源暫存器和目的暫存器的完整 12 位元地址。此指令在執行完全忽略 BSR。所有其他指令僅包含資料記憶體的低 8 位元位址址，而且必須使用 BSR 或快速操作儲存庫來定址目地暫存器。

2-3-2-1 快速操作儲存庫(Access Bank)

使用 BSR 和指令內嵌的 8 位元地址可以對整個資料記憶體進行定址，這意味著使用者必須確保選擇了正確的資料庫。否則，可能會從錯誤的單元讀取資料或將資料寫入錯誤的單元。如果本來是向一般目的暫存器(General Purpose Register File，GPR)進行寫操作，卻將結果寫入了特殊功能暫存器(Special Function Registers，SFRs)，後果將是非常嚴重的。但是在每次向資料記憶體進行讀或寫操作時，驗證或更改 BSR 可能會降低程式碼的執行效率。為了連續訪問大多數常用的資料記憶體單元，必須為資料記憶體配置快速操作儲存庫，這使得使用者無須指定 BSR 即可存取被映射的儲存庫。快速操作儲存庫由 Bank 0 的前 128 個字元組(00h-7Fh)和 Bank 15 的後 128 個字元組(80h-FFh)組成，其中較低位址的部分就是"快速操作 RAM"，由 GPR 组成。較高地址的那一半被映射爲 SFR。這兩個區域可以在快速操作儲存庫中連續映射並且可以用 8 位元定址(圖 2-26)，本篇範例都是以快速操作儲存庫完成。

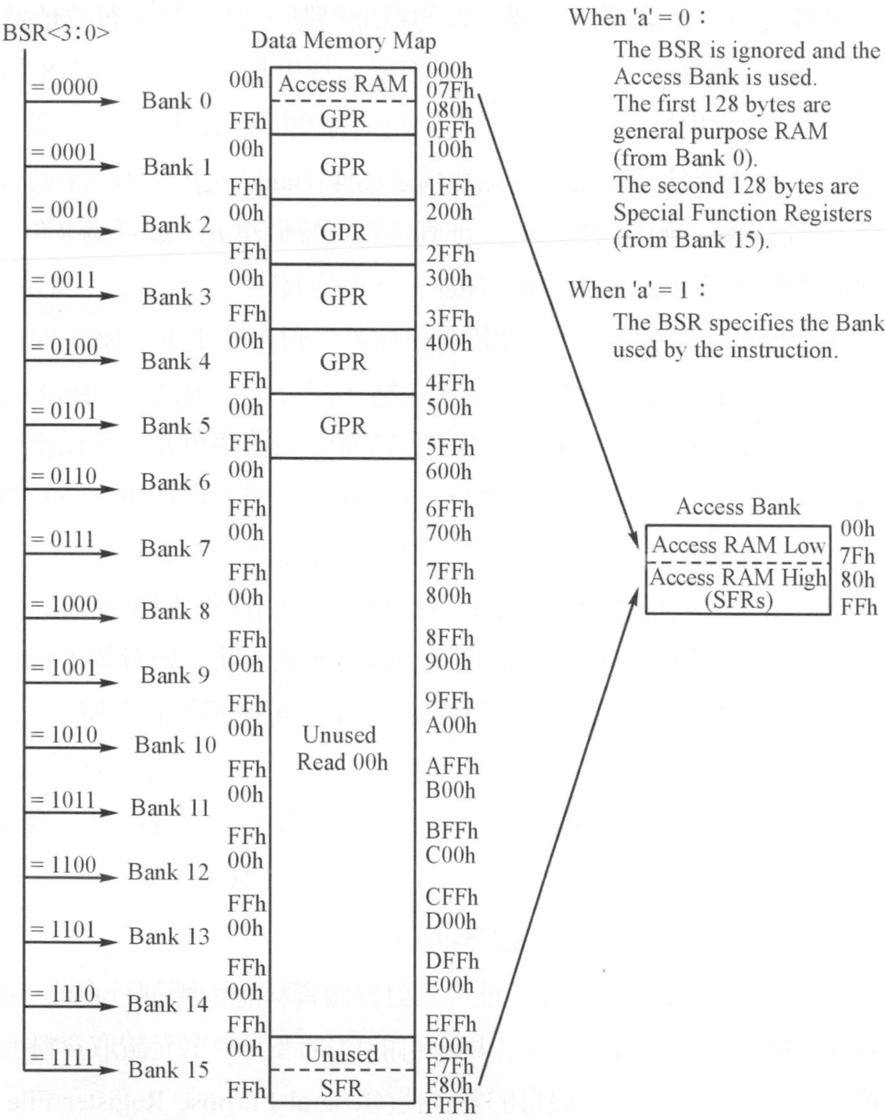

▲ 圖 2-26　PIC18F2520/4520 資料記憶體映射圖(PIC18F 資料手冊)

2-3-2-2　一般目的暫存器(General Purpose Register File，GPR)

PIC18 可能在 GRP 中劃分了一部分儲存區，這部分儲存區爲資料 RAM，所有指令都可以存取它。GPR 從 Bank 0 的底部(地址 000h)開始向上直到 SFR 的底部(圖 2-27)。電源重置不會將 GPR 初始化，而且其他重置也不會改變其內容，因此讀取 GPR 時，須特別注意是否爲有意義的資料。

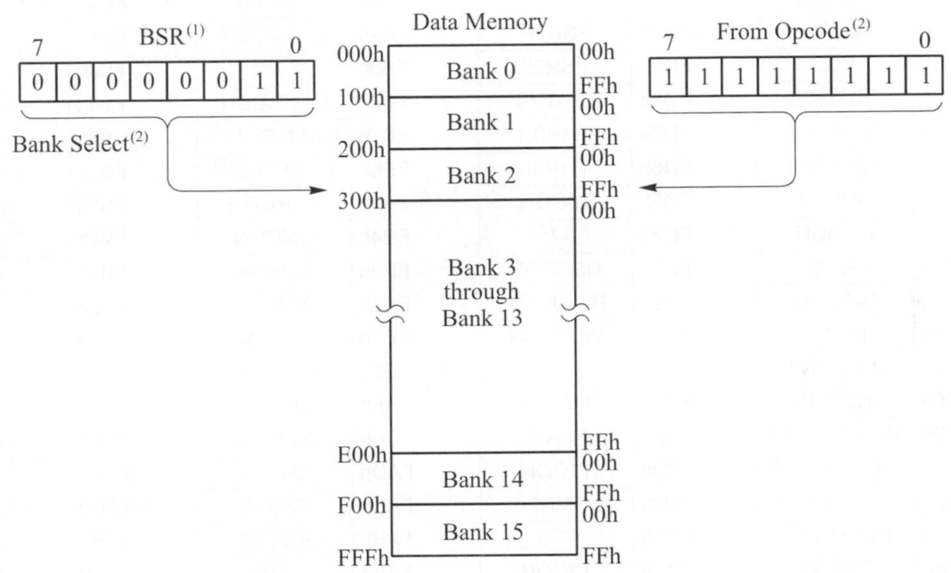

Note 1：The Access RAM bit of the instruction can be used to force an override of the selected bank (BSR<3：0>) to the registers of the Access Bank.

2：The MOVFF instruction embeds the entire 12-bit address in the instruction.

▲ 圖 2-27　資料庫選擇暫存器(PIC18F 資料手冊)

2-3-2-3　特殊功能暫存器(Special Function Registers，SFR)

CPU 使用 SFR 操控週邊模組的運作。此種類型暫存器以靜態 RAM 的形式實現。SFR 起始於資料記憶體的頂部(FFFh)並且向下擴展到 Bank 15 的上半部分(F80h 到 FFFh)。表 2-12 和表 2-13 列出這些暫存器。

SFR 可分爲兩類：一類與“核心”器件功能(ALU、重置和中斷)有關，另一類與週邊功能有關。在相關的章節中將對重置和中斷暫存器進行說明。

▼ 表 2-13 PIC18F4520 SFR 映射(PIC18F 資料手冊)

Address	Name	Address	Name	Address	Name	Address	Name
FFFh	TOSU	FDFh	INDF2(1)	FBFh	CCPR1H	F9Fh	IPR1
FFEh	TOSH	FDEh	POSTINC2(1)	FBEh	CCPR1L	F9Eh	PIR1
FFDh	TOSL	FDDh	POSTDEC2(1)	FBDh	CCP1CON	F9Dh	PIE1
FFCh	STKPTR	FDCh	PREINC2(1)	FBCh	CCPR2H	F9Ch	—(2)
FFBh	PCLATU	FDBh	PLUSW2(1)	FBBh	CCPR2L	F9Bh	OSCTUNE
FFAh	PCLATH	FDAh	FSR2H	FBAh	CCP2CON	F9Ah	—(2)
FF9h	PCL	FD9h	FSR2L	FB9h	—(2)	F99h	—(2)
FF8h	TBLPTRU	FD8h	STATUS	FB8h	BAUDCON	F98h	—(2)
FF7h	TBLPTRH	FD7h	TMR0H	FB7h	PWM1CON(3)	F97h	—(2)
FF6h	TBLPTRL	FD6h	TMR0L	FB6h	ECCP1AS(3)	F96h	TRISE(3)
FF5h	TABLAT	FD5h	T0CON	FB5h	CVRCON	F95h	TRISD(3)
FF4h	PRODH	FD4h	—(2)	FB4h	CMCON	F94h	TRISC
FF3h	PRODL	FD3h	OSCCON	FB3h	TMR3H	F93h	TRISB
FF2h	INTCON	FD2h	HLVDCON	FB2h	TMR3L	F92h	TRISA
FF1h	INTCON2	FD1h	WDTCON	FB1h	T3CON	F91h	—(2)
FF0h	INTCON3	FD0h	RCON	FB0h	SPBRGH	F90h	—(2)
FEFh	INDF0(1)	FCFh	TMR1H	FAFh	SPBRG	F8Fh	—(2)
FEEh	POSTINC0(1)	FCEh	TMR1L	FAEh	RCREG	F8Eh	—(2)
FEDh	POSTDEC0(1)	FCDh	T1CON	FADh	TXREG	F8Dh	LATE(3)
FECh	PREINC0(1)	FCCh	TMR2	FACh	TXSTA	F8Ch	LATD(3)
FEBh	PLUSW0(1)	FCBh	PR2	FABh	RCSTA	F8Bh	LATC
FEAh	FSR0H	FCAh	T2CON	FAAh	—(2)	F8Ah	LATB
FE9h	FSR0L	FC9h	SSPBUF	FA9h	EEADR	F89h	LATA
FE8h	WREG	FC8h	SSPADD	FA8h	EEDATA	F88h	—(2)
FE7h	INDF1(1)	FC7h	SSPSTAT	FA7h	EECON2(1)	F87h	—(2)
FE6h	POSTINC1(1)	FC6h	SSPCON1	FA6h	EECON1	F86h	—(2)
FE5h	POSTDEC1(1)	FC5h	SSPCON2	FA5h	—(2)	F85h	—(2)
FE4h	PREINC1(1)	FC4h	ADRESH	FA4h	—(2)	F84h	PORTE(3)
FE3h	PLUSW1(1)	FC3h	ADRESL	FA3h	—(2)	F83h	PORTD(3)
FE2h	FSR1H	FC2h	ADCON0	FA2h	IPR2	F82h	PORTC
FE1h	FSR1L	FC1h	ADCON1	FA1h	PIR2	F81h	PORTB
FE0h	BSR	FC0h	ADCON2	FA0h	PIE2	F80h	PORTA

Note 1: This is not a physical register.

2: Unimplemented registers are read as ‘0’.

3: This register is not available on 28-pin devices.

▼ 表 2-14 PIC18F4520 SFR 總表(PIC18F 資料手冊)

File Name	Bit 7	Bit 6	Bit 5	Bit 4	Bit 3	Bit 2	Bit 1	Bit 0	Value on POR, BOR	Details on page:
TOSU	—	—	—	Top-of-Stack Upper Byte (TOS<20:16>)					---0 0000	49, 54
TOSH	Top-of-Stack High Byte (TOS<15:8>)								0000 0000	49, 54
TOSL	Top-of-Stack Low Byte (TOS<7:0>)								0000 0000	49, 54
STKPTR	STKFUL	STKUNF	—	SP4	SP3	SP2	SP1	SP0	00-0 0000	49, 55
PCLATU	—	—	—	Holding Register for PC<20:16>					---0 0000	49, 54
PCLATH	Holding Register for PC<15:8>								0000 0000	49, 54
PCL	PC Low Byte (PC<7:0>)								0000 0000	49, 54
TBLPTRU	—	—	bit 21	Program Memory Table Pointer Upper Byte (TBLPTR<20:16>)					--00 0000	49, 76
TBLPTRH	Program Memory Table Pointer High Byte (TBLPTR<15:8>)								0000 0000	49, 76
TBLPTRL	Program Memory Table Pointer Low Byte (TBLPTR<7:0>)								0000 0000	49, 76
TABLAT	Program Memory Table Latch								0000 0000	49, 76
PRODH	Product Register High Byte								xxxx xxxx	49, 89
PRODL	Product Register Low Byte								xxxx xxxx	49, 89
INTCON	GIE/GIEH	PEIE/GIEL	TMR0IE	INT0IE	RBIE	TMR0IF	INT0IF	RBIF	0000 000x	49, 93
INTCON2	$\overline{\text{RBPU}}$	INTEDG0	INTEDG1	INTEDG2	—	TMR0IP	—	RBIP	1111 -1-1	49, 94
INTCON3	INT2IP	INT1IP	—	INT2IE	INT1IE	—	INT2IF	INT1IF	11-0 0-00	49, 95
INDF0	Uses contents of FSR0 to address data memory – value of FSR0 not changed (not a physical register)								N/A	49, 69
POSTINC0	Uses contents of FSR0 to address data memory – value of FSR0 post-incremented (not a physical register)								N/A	49, 69
POSTDEC0	Uses contents of FSR0 to address data memory – value of FSR0 post-decremented (not a physical register)								N/A	49, 69
PREINC0	Uses contents of FSR0 to address data memory – value of FSR0 pre-incremented (not a physical register)								N/A	49, 69
PLUSW0	Uses contents of FSR0 to address data memory – value of FSR0 pre-incremented (not a physical register) – value of FSR0 offset by W								N/A	49, 69
FSR0H	—	—	—	—	Indirect Data Memory Address Pointer 0 High Byte				---- 0000	49, 69
FSR0L	Indirect Data Memory Address Pointer 0 Low Byte								xxxx xxxx	49, 69
WREG	Working Register								xxxx xxxx	49
INDF1	Uses contents of FSR1 to address data memory – value of FSR1 not changed (not a physical register)								N/A	49, 69
POSTINC1	Uses contents of FSR1 to address data memory – value of FSR1 post-incremented (not a physical register)								N/A	49, 69
POSTDEC1	Uses contents of FSR1 to address data memory – value of FSR1 post-decremented (not a physical register)								N/A	49, 69
PREINC1	Uses contents of FSR1 to address data memory – value of FSR1 pre-incremented (not a physical register)								N/A	49, 69
PLUSW1	Uses contents of FSR1 to address data memory – value of FSR1 pre-incremented (not a physical register) – value of FSR1 offset by W								N/A	49, 69
FSR1H	—	—	—	—	Indirect Data Memory Address Pointer 1 High Byte				---- 0000	50, 69
FSR1L	Indirect Data Memory Address Pointer 1 Low Byte								xxxx xxxx	50, 69
BSR	—	—	—	—	Bank Select Register				---- 0000	50, 59
INDF2	Uses contents of FSR2 to address data memory – value of FSR2 not changed (not a physical register)								N/A	50, 69
POSTINC2	Uses contents of FSR2 to address data memory – value of FSR2 post-incremented (not a physical register)								N/A	50, 69
POSTDEC2	Uses contents of FSR2 to address data memory – value of FSR2 post-decremented (not a physical register)								N/A	50, 69
PREINC2	Uses contents of FSR2 to address data memory – value of FSR2 pre-incremented (not a physical register)								N/A	50, 69
PLUSW2	Uses contents of FSR2 to address data memory – value of FSR2 pre-incremented (not a physical register) – value of FSR2 offset by W								N/A	50, 69
FSR2H	—	—	—	—	Indirect Data Memory Address Pointer 2 High Byte				---- 0000	50, 69
FSR2L	Indirect Data Memory Address Pointer 2 Low Byte								xxxx xxxx	50, 69
STATUS	—	—	—	N	OV	Z	DC	C	---x xxxx	50, 67

Legend: x = unknown, u = unchanged, – = unimplemented, q = value depends on condition. Shaded cells are unimplemented, read as '0'.

Note 1: The SBOREN bit is only available when the BOREN1:BOREN0 Configuration bits = 01; otherwise, it is disabled and reads as '0'. See **Section 4.4 "Brown-out Reset (BOR)"**.

2: These registers and/or bits are not implemented on 28-pin devices and are read as '0'. Reset values are shown for 40/44-pin devices; individual unimplemented bits should be interpreted as '–'.

3: The PLLEN bit is only available in specific oscillator configurations; otherwise, it is disabled and reads as '0'. See **Section 2.6.4 "PLL in INTOSC Modes"**.

4: The RE3 bit is only available when Master Clear Reset is disabled (MCLRE Configuration bit = 0); otherwise, RE3 reads as '0'. This bit is read-only.

5: RA6/RA7 and their associated latch and direction bits are individually configured as port pins based on various primary oscillator modes. When disabled, these bits read as '0'.

▼ 表 2-14 PIC18F4520 SFR 總表(PIC18F 資料手冊) (續)

File Name	Bit 7	Bit 6	Bit 5	Bit 4	Bit 3	Bit 2	Bit 1	Bit 0	Value on POR, BOR	Details on page:
TMR0H	Timer0 Register High Byte								0000 0000	50, 125
TMR0L	Timer0 Register Low Byte								xxxx xxxx	50, 125
T0CON	TMR0ON	T08BIT	T0CS	T0SE	PSA	T0PS2	T0PS1	T0PS0	1111 1111	50, 123
OSCCON	IDLEN	IRCF2	IRCF1	IRCF0	OSTS	IOFS	SCS1	SCS0	0100 q000	30, 50
HLVDCON	VDIRMAG	—	IRVST	HLVDEN	HLVDL3	HLVDL2	HLVDL1	HLVDL0	0-00 0101	50, 245
WDTCON	—	—	—	—	—	—	—	SWDTEN	--- ---0	50, 259
RCON	IPEN	SBOREN(1)	—	$\overline{\text{RI}}$	$\overline{\text{TO}}$	$\overline{\text{PD}}$	$\overline{\text{POR}}$	$\overline{\text{BOR}}$	0q-1 11q0	42, 48, 102
TMR1H	Timer1 Register High Byte								xxxx xxxx	50, 132
TMR1L	Timer1 Register Low Bytes								xxxx xxxx	50, 132
T1CON	RD16	T1RUN	T1CKPS1	T1CKPS0	T1OSCEN	$\overline{\text{T1SYNC}}$	TMR1CS	TMR1ON	0000 0000	50, 127
TMR2	Timer2 Register								0000 0000	50, 134
PR2	Timer2 Period Register								1111 1111	50, 134
T2CON	—	T2OUTPS3	T2OUTPS2	T2OUTPS1	T2OUTPS0	TMR2ON	T2CKPS1	T2CKPS0	-000 0000	50, 133
SSPBUF	MSSP Receive Buffer/Transmit Register								xxxx xxxx	50, 169, 170
SSPADD	MSSP Address Register in I^{2}C™ Slave Mode. MSSP Baud Rate Reload Register in I^{2}C Master Mode.								0000 0000	50, 170
SSPSTAT	SMP	CKE	D/$\overline{\text{A}}$	P	S	R/$\overline{\text{W}}$	UA	BF	0000 0000	50, 162, 171
SSPCON1	WCOL	SSPOV	SSPEN	CKP	SSPM3	SSPM2	SSPM1	SSPM0	0000 0000	50, 163, 172
SSPCON2	GCEN	ACKSTAT	ACKDT	ACKEN	RCEN	PEN	RSEN	SEN	0000 0000	50, 173
ADRESH	A/D Result Register High Byte								xxxx xxxx	51, 232
ADRESL	A/D Result Register Low Byte								xxxx xxxx	51, 232
ADCON0	—	—	CHS3	CHS2	CHS1	CHS0	GO/$\overline{\text{DONE}}$	ADON	--00 0000	51, 223
ADCON1	—	—	VCFG1	VCFG0	PCFG3	PCFG2	PCFG1	PCFG0	--00 0qqq	51, 224
ADCON2	ADFM	—	ACQT2	ACQT1	ACQT0	ADCS2	ADCS1	ADCS0	0-00 0000	51, 225
CCPR1H	Capture/Compare/PWM Register 1 High Byte								xxxx xxxx	51, 140
CCPR1L	Capture/Compare/PWM Register 1 Low Byte								xxxx xxxx	51, 140
CCP1CON	P1M1(2)	P1M0(2)	DC1B1	DC1B0	CCP1M3	CCP1M2	CCP1M1	CCP1M0	0000 0000	51, 139, 147
CCPR2H	Capture/Compare/PWM Register 2 High Byte								xxxx xxxx	51, 140
CCPR2L	Capture/Compare/PWM Register 2 Low Byte								xxxx xxxx	51, 140
CCP2CON	—	—	DC2B1	DC2B0	CCP2M3	CCP2M2	CCP2M1	CCP2M0	--00 0000	51, 139
BAUDCON	ABDOVF	RCIDL	RXDTP	TXCKP	BRG16	—	WUE	ABDEN	0100 0-00	51, 204
PWM1CON	PRSEN	PDC6(2)	PDC5(2)	PDC4(2)	PDC3(2)	PDC2(2)	PDC1(2)	PDC0(2)	0000 0000	51, 156
ECCP1AS	ECCPASE	ECCPAS2	ECCPAS1	ECCPAS0	PSSAC1	PSSAC0	PSSBD1(2)	PSSBD0(2)	0000 0000	51, 157
CVRCON	CVREN	CVROE	CVRR	CVRSS	CVR3	CVR2	CVR1	CVR0	0000 0000	51, 239
CMCON	C2OUT	C1OUT	C2INV	C1INV	CIS	CM2	CM1	CM0	0000 0111	51, 233
TMR3H	Timer3 Register High Byte								xxxx xxxx	51, 137
TMR3L	Timer3 Register Low Byte								xxxx xxxx	51, 137
T3CON	RD16	T3CCP2	T3CKPS1	T3CKPS0	T3CCP1	$\overline{\text{T3SYNC}}$	TMR3CS	TMR3ON	0000 0000	51, 135

Legend: x = unknown, u = unchanged, – = unimplemented, q = value depends on condition. Shaded cells are unimplemented, read as '0'.

Note 1: The SBOREN bit is only available when the BOREN1:BOREN0 Configuration bits = 01; otherwise, it is disabled and reads as '0'. See **Section 4.4 "Brown-out Reset (BOR)"**.

2: These registers and/or bits are not implemented on 28-pin devices and are read as '0'. Reset values are shown for 40/44-pin devices; individual unimplemented bits should be interpreted as '–'.

3: The PLLEN bit is only available in specific oscillator configurations; otherwise, it is disabled and reads as '0'. See **Section 2.6.4 "PLL in INTOSC Modes"**.

4: The RE3 bit is only available when Master Clear Reset is disabled (MCLRE Configuration bit = 0); otherwise, RE3 reads as '0'. This bit is read-only.

5: RA6/RA7 and their associated latch and direction bits are individually configured as port pins based on various primary oscillator modes. When disabled, these bits read as '0'.

▼ 表 2-14　PIC18F4520 SFR 總表(PIC18F 資料手冊) (續)

File Name	Bit 7	Bit 6	Bit 5	Bit 4	Bit 3	Bit 2	Bit 1	Bit 0	Value on POR, BOR	Details on page:
SPBRGH	EUSART Baud Rate Generator Register High Byte								0000 0000	51, 206
SPBRG	EUSART Baud Rate Generator Register Low Byte								0000 0000	51, 206
RCREG	EUSART Receive Register								0000 0000	51, 213
TXREG	EUSART Transmit Register								0000 0000	51, 211
TXSTA	CSRC	TX9	TXEN	SYNC	SENDB	BRGH	TRMT	TX9D	0000 0010	51, 202
RCSTA	SPEN	RX9	SREN	CREN	ADDEN	FERR	OERR	RX9D	0000 000x	51, 203
EEADR	EEPROM Address Register								0000 0000	51, 74, 83
EEDATA	EEPROM Data Register								0000 0000	51, 74, 83
EECON2	EEPROM Control Register 2 (not a physical register)								0000 0000	51, 74, 83
EECON1	EEPGD	CFGS	—	FREE	WRERR	WREN	WR	RD	xx-0 x000	51, 75, 84
IPR2	OSCFIP	CMIP	—	EEIP	BCLIP	HLVDIP	TMR3IP	CCP2IP	11-1 1111	52, 101
PIR2	OSCFIF	CMIF	—	EEIF	BCLIF	HLVDIF	TMR3IF	CCP2IF	00-0 0000	52, 97
PIE2	OSCFIE	CMIE	—	EEIE	BCLIE	HLVDIE	TMR3IE	CCP2IE	00-0 0000	52, 99
IPR1	PSPIP[(2)]	ADIP	RCIP	TXIP	SSPIP	CCP1IP	TMR2IP	TMR1IP	1111 1111	52, 100
PIR1	PSPIF[(2)]	ADIF	RCIF	TXIF	SSPIF	CCP1IF	TMR2IF	TMR1IF	0000 0000	52, 96
PIE1	PSPIE[(2)]	ADIE	RCIE	TXIE	SSPIE	CCP1IE	TMR2IE	TMR1IE	0000 0000	52, 98
OSCTUNE	INTSRC	PLLEN[(3)]	—	TUN4	TUN3	TUN2	TUN1	TUN0	0q-0 0000	27, 52
TRISE[(2)]	IBF	OBF	IBOV	PSPMODE	—	TRISE2	TRISE1	TRISE0	0000 -111	52, 118
TRISD[(2)]	PORTD Data Direction Register								1111 1111	52, 114
TRISC	PORTC Data Direction Register								1111 1111	52, 111
TRISB	PORTB Data Direction Register								1111 1111	52, 108
TRISA	TRISA7[(5)]	TRISA6[(5)]	PORTA Data Direction Register						1111 1111	52, 105
LATE[(2)]	—	—	—	—	—	PORTE Data Latch Register (Read and Write to Data Latch)			---- -xxx	52, 117
LATD[(2)]	PORTD Data Latch Register (Read and Write to Data Latch)								xxxx xxxx	52, 114
LATC	PORTC Data Latch Register (Read and Write to Data Latch)								xxxx xxxx	52, 111
LATB	PORTB Data Latch Register (Read and Write to Data Latch)								xxxx xxxx	52, 108
LATA	LATA7[(5)]	LATA6[(5)]	PORTA Data Latch Register (Read and Write to Data Latch)						xxxx xxxx	52, 105
PORTE	—	—	—	—	RE3[(4)]	RE2[(2)]	RE1[(2)]	RE0[(2)]	---- xxxx	52, 117
PORTD[(2)]	RD7	RD6	RD5	RD4	RD3	RD2	RD1	RD0	xxxx xxxx	52, 114
PORTC	RC7	RC6	RC5	RC4	RC3	RC2	RC1	RC0	xxxx xxxx	52, 111
PORTB	RB7	RB6	RB5	RB4	RB3	RB2	RB1	RB0	xxxx xxxx	52, 108
PORTA	RA7[(5)]	RA6[(5)]	RA5	RA4	RA3	RA2	RA1	RA0	xx0x 0000	52, 105

Legend: x = unknown, u = unchanged, – = unimplemented, q = value depends on condition. Shaded cells are unimplemented, read as '0'.

Note 1: The SBOREN bit is only available when the BOREN1:BOREN0 Configuration bits = 01; otherwise, it is disabled and reads as '0'. See **Section 4.4 "Brown-out Reset (BOR)"**.

2: These registers and/or bits are not implemented on 28-pin devices and are read as '0'. Reset values are shown for 40/44-pin devices; individual unimplemented bits should be interpreted as '–'.

3: The PLLEN bit is only available in specific oscillator configurations; otherwise, it is disabled and reads as '0'. See **Section 2.6.4 "PLL in INTOSC Modes"**.

4: The RE3 bit is only available when Master Clear Reset is disabled (MCLRE Configuration bit = 0); otherwise, RE3 reads as '0'. This bit is read-only.

5: RA6/RA7 and their associated latch and direction bits are individually configured as port pins based on various primary oscillator modes. When disabled, these bits read as '0'.

2-3-2-4　狀態暫存器(Status Register)

狀態暫存器，如暫存器 2-1 所示，包含 ALU 的算術邏輯狀態。和其他 SFR 一樣，它可以是任何指令的運算元。如果一條影響 Z、DC、C、OV 或 N 位的指令，以 Status 暫存器做爲目標暫存器，指令執行的結果將不會被直接寫入，而是根據執行的指令來更新狀態暫存器。所以，當執行一條把 Status 暫存器做為目的暫存器的指令後， Status 暫存器的結果可能和預想的不一樣。例如，執行 CLRF STATUS 指令將 Z 設置為 1 而其他狀態位元保持不變(000u u1uu)。因此，建議僅使用 BCF、BSF、SWAPF、MOVFF 和 MOVWF 指令來改變 Status 暫存器，因為這些指令不會影響暫存器中的 Z、C、DC、OV 或 N。

暫存器 2-1　狀態暫存器(PIC18F 資料手冊)

U-0	U-0	U-0	R/W-x	R/W-x	R/W-x	R/W-x	R/W-x
—	—	—	N	OV	Z	DC(1)	C(2)
bit 7							bit 0

Legend:			
R = Readable bit	W = Writable bit	U = Unimplemented bit, read as ‘0’	
-n = Value at POR	‘1’ = Bit is set	‘0’ = Bit is cleared	x = Bit is unknown

bit 7-5　**Unimplemented:** Read as ‘0’

bit 4　**N:** Negative bit
This bit is used for signed arithmetic (2’s complement). It indicates whether the result was negative (ALU MSB = 1).
1 = Result was negative
0 = Result was positive

bit 3　**OV:** Overflow bit
This bit is used for signed arithmetic (2’s complement). It indicates an overflow of the 7-bit magnitude which causes the sign bit (bit 7) to change state.
1 = Overflow occurred for signed arithmetic (in this arithmetic operation)
0 = No overflow occurred

bit 2　**Z:** Zero bit
1 = The result of an arithmetic or logic operation is zero
0 = The result of an arithmetic or logic operation is not zero

bit 1　**DC:** Digit Carry/$\overline{\text{borrow}}$ bit(1)
For ADDWF, ADDLW, SUBLW and SUBWF instructions:
1 = A carry-out from the 4th low-order bit of the result occurred
0 = No carry-out from the 4th low-order bit of the result

bit 0　**C:** Carry/$\overline{\text{borrow}}$ bit(2)
For ADDWF, ADDLW, SUBLW and SUBWF instructions:
1 = A carry-out from the Most Significant bit of the result occurred
0 = No carry-out from the Most Significant bit of the result occurred

Note 1: For $\overline{\text{borrow}}$, the polarity is reversed. A subtraction is executed by adding the 2’s complement of the second operand. For rotate (RRF, RLF) instructions, this bit is loaded with either bit 4 or bit 3 of the source register.

2: For $\overline{\text{borrow}}$, the polarity is reversed. A subtraction is executed by adding the 2’s complement of the second operand. For rotate (RRF, RLF) instructions, this bit is loaded with either the high or low-order bit of the source register.

2-3-3 EEPROM 資料記憶體架構

EEPROM 資料記憶體是一種不因電源消失便失去資料內容(nonvolatile)之記憶體陣列，與資料記憶體與程式記憶體不同的是：EEPROM 用來儲存程式中的長期資料。EEPROM 並不直接映射到暫存器或程式記憶體，而是通過特殊功能暫存器(SFR)來間接尋址。EEPROM 在整個 V_{DD} 範圍內是可讀寫的。透過五個 SFR 來讀寫 EEPROM。分別爲：

- EECON1
- EECON2
- EEDATA
- EEADR

EEPROM 允許以位元組爲單位的讀與寫。將資料儲存至 EEPROM 時，EEDATA 暫存器內存放 8 位元資料；而 EEADR 暫存器存放 EEPROM 地址。EEPROM 具有高速清除/寫入週期，寫入操作將自動清除該 EEPROM 位址的資料並寫入新的值(即先清後寫)。寫入時間由內部定時器控制。根據電壓、溫度和晶片的不同，寫入時間也有差異。

2-3-4 組態設定位元(Configuration Bits)

組態設定位元可以選擇不同的微控制器組態(例如：振盪器來源選擇、致能 WDT、程式記憶體讀取保護等)。這些組態設定位元是放置於程式記憶體 300000h～3FFFFFh(PIC18F 使用到的組態位元如表 2-15 所示。)。通常是在燒錄時，將這些組態設定位元寫入程式記憶體中。

▼ 表 2-15 態設定位元一覽表(PIC18F 資料手冊)

File Name		Bit 7	Bit 6	Bit 5	Bit 4	Bit 3	Bit 2	Bit 1	Bit 0	Default/ Unprogrammed Value
300001h	CONFIG1H	IESO	FCMEN	—	—	FOSC3	FOSC2	FOSC1	FOSC0	00-- 0111
300002h	CONFIG2L	—	—	—	BORV1	BORV0	BOREN1	BOREN0	$\overline{\text{PWRTEN}}$	---1 1111
300003h	CONFIG2H	—	—	—	WDTPS3	WDTPS2	WDTPS1	WDTPS0	WDTEN	---1 1111
300005h	CONFIG3H	MCLRE	—	—	—	—	LPT1OSC	PBADEN	CCP2MX	1--- -011
300006h	CONFIG4L	$\overline{\text{DEBUG}}$	XINST	—	—	—	LVP	—	STVREN	10-- -1-1
300008h	CONFIG5L	—	—	—	—	CP3[(1)]	CP2[(1)]	CP1	CP0	---- 1111
300009h	CONFIG5H	CPD	CPB	—	—	—	—	—	—	11-- ----
30000Ah	CONFIG6L	—	—	—	—	WRT3[(1)]	WRT2[(1)]	WRT1	WRT0	---- 1111
30000Bh	CONFIG6H	WRTD	WRTB	WRTC	—	—	—	—	—	111- ----
30000Ch	CONFIG7L	—	—	—	—	EBTR3[(1)]	EBTR2[(1)]	EBTR1	EBTR0	---- 1111
30000Dh	CONFIG7H	—	EBTRB	—	—	—	—	—	—	-1-- ----
3FFFFEh	DEVID1	DEV2	DEV1	DEV0	REV4	REV3	REV2	REV1	REV0	xxxx xxxx[(2)]
3FFFFFh	DEVID2	DEV10	DEV9	DEV8	DEV7	DEV6	DEV5	DEV4	DEV3	xxxx xxxx[(2)]

Legend: x = unknown, u = unchanged, — = unimplemented, q = value depends on condition.
Shaded cells are unimplemented, read as '0'.

Note 1: Unimplemented in PIC18F2420/4420 devices; maintain this bit set.
2: See Register 23-12 for DEVID1 values. DEVID registers are read-only and cannot be programmed by the user.

暫存器 2-2 CONFIG1H: CONFIGURATION REGISTER 1 HIGH(PIC18F 資料手冊)

R/P-0	R/P-0	U-0	U-0	R/P-0	R/P-1	R/P-1	R/P-1
IESO	FCMEN	—	—	FOSC3	FOSC2	FOSC1	FOSC0
bit 7							bit 0

Legend:
R = Readable bit　P = Programmable bit　U = Unimplemented bit, read as '0'
-n = Value when device is unprogrammed　u = Unchanged from programmed state

bit 7　**IESO:** Internal/External Oscillator Switchover bit
1 = Oscillator Switchover mode enabled
0 = Oscillator Switchover mode disabled

bit 6　**FCMEN:** Fail-Safe Clock Monitor Enable bit
1 = Fail-Safe Clock Monitor enabled
0 = Fail-Safe Clock Monitor disabled

bit 5-4　**Unimplemented:** Read as '0'

bit 3-0　**FOSC3:FOSC0:** Oscillator Selection bits
11xx = External RC oscillator, CLKO function on RA6
101x = External RC oscillator, CLKO function on RA6
1001 = Internal oscillator block, CLKO function on RA6, port function on RA7
1000 = Internal oscillator block, port function on RA6 and RA7
0111 = External RC oscillator, port function on RA6
0110 = HS oscillator, PLL enabled (Clock Frequency = 4 x FOSC1)
0101 = EC oscillator, port function on RA6
0100 = EC oscillator, CLKO function on RA6
0011 = External RC oscillator, CLKO function on RA6
0010 = HS oscillator
0001 = XT oscillator
0000 = LP oscillator

暫存器 2-3 CONFIG2L: CONFIGURATION REGISTER 2 LOW(PIC18F 資料手冊)

U-0	U-0	U-0	R/P-1	R/P-1	R/P-1	R/P-1	R/P-1
—	—	—	BORV1(1)	BORV0(1)	BOREN1(2)	BOREN0(2)	$\overline{\text{PWRTEN}}$(2)
bit 7							bit 0

Legend:		
R = Readable bit	P = Programmable bit	U = Unimplemented bit, read as '0'
-n = Value when device is unprogrammed		u = Unchanged from programmed state

bit 7-5 **Unimplemented:** Read as '0'

bit 4-3 **BORV1:BORV0:** Brown-out Reset Voltage bits(1)
- 11 = Minimum setting
- .
- .
- .
- 00 = Maximum setting

bit 2-1 **BOREN1:BOREN0:** Brown-out Reset Enable bits(2)
- 11 = Brown-out Reset enabled in hardware only (SBOREN is disabled)
- 10 = Brown-out Reset enabled in hardware only and disabled in Sleep mode (SBOREN is disabled)
- 01 = Brown-out Reset enabled and controlled by software (SBOREN is enabled)
- 00 = Brown-out Reset disabled in hardware and software

bit 0 **$\overline{\text{PWRTEN}}$:** Power-up Timer Enable bit(2)
- 1 = PWRT disabled
- 0 = PWRT enabled

Note 1: See **Section 26.1 "DC Characteristics: Supply Voltage"** for specifications.
2: The Power-up Timer is decoupled from Brown-out Reset, allowing these features to be independently controlled.

暫存器 2-4 CONFIG3H: CONFIGURATION REGISTER 3 HIGH(PIC18F 資料手冊)

R/P-1	U-0	U-0	U-0	U-0	R/P-0	R/P-1	R/P-1
MCLRE	—	—	—	—	LPT1OSC	PBADEN	CCP2MX
bit 7							bit 0

Legend:		
R = Readable bit	P = Programmable bit	U = Unimplemented bit, read as '0'
-n = Value when device is unprogrammed		u = Unchanged from programmed state

bit 7 **MCLRE:** $\overline{\text{MCLR}}$ Pin Enable bit
- 1 = $\overline{\text{MCLR}}$ pin enabled; RE3 input pin disabled
- 0 = RE3 input pin enabled; $\overline{\text{MCLR}}$ disabled

bit 6-3 **Unimplemented:** Read as '0'

bit 2 **LPT1OSC:** Low-Power Timer1 Oscillator Enable bit
- 1 = Timer1 configured for low-power operation
- 0 = Timer1 configured for higher power operation

bit 1 **PBADEN:** PORTB A/D Enable bit
(Affects ADCON1 Reset state. ADCON1 controls PORTB<4:0> pin configuration.)
- 1 = PORTB<4:0> pins are configured as analog input channels on Reset
- 0 = PORTB<4:0> pins are configured as digital I/O on Reset

bit 0 **CCP2MX:** CCP2 MUX bit
- 1 = CCP2 input/output is multiplexed with RC1
- 0 = CCP2 input/output is multiplexed with RB3

暫存器 2-5 CONFIG4L: CONFIGURATION REGISTER 4 LOW(PIC18F 資料手冊)

R/P-1	R/P-0	U-0	U-0	U-0	R/P-1	U-0	R/P-1
$\overline{\text{DEBUG}}$	XINST	—	—	—	LVP	—	STVREN
bit 7							bit 0

Legend:		
R = Readable bit	P = Programmable bit	U = Unimplemented bit, read as '0'
-n = Value when device is unprogrammed		u = Unchanged from programmed state

bit 7 **$\overline{\text{DEBUG}}$:** Background Debugger Enable bit
1 = Background debugger disabled, RB6 and RB7 configured as general purpose I/O pins
0 = Background debugger enabled, RB6 and RB7 are dedicated to In-Circuit Debug

bit 6 **XINST:** Extended Instruction Set Enable bit
1 = Instruction set extension and Indexed Addressing mode enabled
0 = Instruction set extension and Indexed Addressing mode disabled (Legacy mode)

bit 5-3 **Unimplemented:** Read as '0'

bit 2 **LVP:** Single-Supply ICSP™ Enable bit
1 = Single-Supply ICSP enabled
0 = Single-Supply ICSP disabled

bit 1 **Unimplemented:** Read as '0'

bit 0 **STVREN:** Stack Full/Underflow Reset Enable bit
1 = Stack full/underflow will cause Reset
0 = Stack full/underflow will not cause Reset

暫存器 2-6 CONFIG5L: CONFIGURATION REGISTER 5 LOW(PIC18F 資料手冊)

U-0	U-0	U-0	U-0	R/C-1	R/C-1	R/C-1	R/C-1
—	—	—	—	CP3(1)	CP2(1)	CP1	CP0
bit 7							bit 0

Legend:		
R = Readable bit	C = Clearable bit	U = Unimplemented bit, read as '0'
-n = Value when device is unprogrammed		u = Unchanged from programmed state

bit 7-4 **Unimplemented:** Read as '0'

bit 3 **CP3:** Code Protection bit(1)
1 = Block 3 (006000-007FFFh) not code-protected
0 = Block 3 (006000-007FFFh) code-protected

bit 2 **CP2:** Code Protection bit(1)
1 = Block 2 (004000-005FFFh) not code-protected
0 = Block 2 (004000-005FFFh) code-protected

bit 1 **CP1:** Code Protection bit
1 = Block 1 (002000-003FFFh) not code-protected
0 = Block 1 (002000-003FFFh) code-protected

bit 0 **CP0:** Code Protection bit
1 = Block 0 (000800-001FFFh) not code-protected
0 = Block 0 (000800-001FFFh) code-protected

Note 1: Unimplemented in PIC18F2420/4420 devices; maintain this bit set.

暫存器 2-7　CONFIG5H: CONFIGURATION REGISTER 5 HIGH(PIC18F 資料手冊)

R/C-1	R/C-1	U-0	U-0	U-0	U-0	U-0	U-0
CPD	CPB	—	—	—	—	—	—
bit 7							bit 0

Legend:		
R = Readable bit	C = Clearable bit	U = Unimplemented bit, read as '0'
-n = Value when device is unprogrammed		u = Unchanged from programmed state

bit 7　**CPD:** Data EEPROM Code Protection bit
1 = Data EEPROM not code-protected
0 = Data EEPROM code-protected

bit 6　**CPB:** Boot Block Code Protection bit
1 = Boot block (000000-0007FFh) not code-protected
0 = Boot block (000000-0007FFh) code-protected

bit 5-0　**Unimplemented:** Read as '0'

暫存器 2-8　CONFIG6L: CONFIGURATION REGISTER 6 LOW(PIC18F 資料手冊)

U-0	U-0	U-0	U-0	R/C-1	R/C-1	R/C-1	R/C-1
—	—	—	—	WRT3(1)	WRT2(1)	WRT1	WRT0
bit 7							bit 0

Legend:		
R = Readable bit	C = Clearable bit	U = Unimplemented bit, read as '0'
-n = Value when device is unprogrammed		u = Unchanged from programmed state

bit 7-4　**Unimplemented:** Read as '0'

bit 3　**WRT3:** Write Protection bit(1)
1 = Block 3 (006000-007FFFh) not write-protected
0 = Block 3 (006000-007FFFh) write-protected

bit 2　**WRT2:** Write Protection bit(1)
1 = Block 2 (004000-005FFFh) not write-protected
0 = Block 2 (004000-005FFFh) write-protected

bit 1　**WRT1:** Write Protection bit
1 = Block 1 (002000-003FFFh) not write-protected
0 = Block 1 (002000-003FFFh) write-protected

bit 0　**WRT0:** Write Protection bit
1 = Block 0 (000800-001FFFh) not write-protected
0 = Block 0 (000800-001FFFh) write-protected

Note 1: Unimplemented in PIC18F2420/4420 devices; maintain this bit set.

暫存器 2-9 CONFIG6H: CONFIGURATION REGISTER 6 HIGH(PIC18F 資料手冊)

R/C-1	R/C-1	R/C-1	U-0	U-0	U-0	U-0	U-0
WRTD	WRTB	WRTC(1)	—	—	—	—	—
bit 7							bit 0

Legend:		
R = Readable bit	C = Clearable bit	U = Unimplemented bit, read as '0'
-n = Value when device is unprogrammed		u = Unchanged from programmed state

bit 7 **WRTD:** Data EEPROM Write Protection bit
1 = Data EEPROM not write-protected
0 = Data EEPROM write-protected

bit 6 **WRTB:** Boot Block Write Protection bit
1 = Boot block (000000-0007FFh) not write-protected
0 = Boot block (000000-0007FFh) write-protected

bit 5 **WRTC:** Configuration Register Write Protection bit(1)
1 = Configuration registers (300000-3000FFh) not write-protected
0 = Configuration registers (300000-3000FFh) write-protected

bit 4-0 **Unimplemented:** Read as '0'

Note 1: This bit is read-only in normal execution mode; it can be written only in Program mode.

暫存器 2-10 CONFIG7L: CONFIGURATION REGISTER 7 LOW(PIC18F 資料手冊)

U-0	U-0	U-0	U-0	R/C-1	R/C-1	R/C-1	R/C-1
—	—	—	—	EBTR3(1)	EBTR2(1)	EBTR1	EBTR0
bit 7							bit 0

Legend:		
R = Readable bit	C = Clearable bit	U = Unimplemented bit, read as '0'
-n = Value when device is unprogrammed		u = Unchanged from programmed state

bit 7-4 **Unimplemented:** Read as '0'

bit 3 **EBTR3:** Table Read Protection bit(1)
1 = Block 3 (006000-007FFFh) not protected from table reads executed in other blocks
0 = Block 3 (006000-007FFFh) protected from table reads executed in other blocks

bit 2 **EBTR2:** Table Read Protection bit(1)
1 = Block 2 (004000-005FFFh) not protected from table reads executed in other blocks
0 = Block 2 (004000-005FFFh) protected from table reads executed in other blocks

bit 1 **EBTR1:** Table Read Protection bit
1 = Block 1 (002000-003FFFh) not protected from table reads executed in other blocks
0 = Block 1 (002000-003FFFh) protected from table reads executed in other blocks

bit 0 **EBTR0:** Table Read Protection bit
1 = Block 0 (000800-001FFFh) not protected from table reads executed in other blocks
0 = Block 0 (000800-001FFFh) protected from table reads executed in other blocks

Note 1: Unimplemented in PIC18F2420/4420 devices; maintain this bit set.

暫存器 2-11　CONFIG7H: CONFIGURATION REGISTER 7 HIGH (PIC18F 資料手冊)

U-0	R/C-1	U-0	U-0	U-0	U-0	U-0	U-0
—	EBTRB	—	—	—	—	—	—
bit 7							bit 0

Legend:		
R = Readable bit	C = Clearable bit	U = Unimplemented bit, read as '0'
-n = Value when device is unprogrammed		u = Unchanged from programmed state

bit 7　**Unimplemented:** Read as '0'

bit 6　**EBTRB:** Boot Block Table Read Protection bit

1 = Boot block (000000-0007FFh) not protected from table reads executed in other blocks
0 = Boot block (000000-0007FFh) protected from table reads executed in other blocks

bit 5-0　**Unimplemented:** Read as '0'

暫存器 2-12　DEVID1: DEVICE ID REGISTER 1 (PIC18F 資料手冊)

R	R	R	R	R	R	R	R
DEV2	DEV1	DEV0	REV4	REV3	REV2	REV1	REV0
bit 7							bit 0

Legend:		
R = Readable bit	P = Programmable bit	U = Unimplemented bit, read as '0'
-n = Value when device is unprogrammed		u = Unchanged from programmed state

bit 7-5　**DEV2:DEV0:** Device ID bits

110 = PIC18F4420
100 = PIC18F4520
010 = PIC18F2420
000 = PIC18F2520

bit 4-0　**REV4:REV0:** Revision ID bits

These bits are used to indicate the device revision.

暫存器 2-13　DEVID2: DEVICE ID REGISTER 2 (PIC18F 資料手冊)

R	R	R	R	R	R	R	R
DEV10(1)	DEV9(1)	DEV8(1)	DEV7(1)	DEV6(1)	DEV5(1)	DEV4(1)	DEV3(1)
bit 7							bit 0

Legend:		
R = Read-only bit	P = Programmable bit	U = Unimplemented bit, read as '0'
-n = Value when device is unprogrammed		u = Unchanged from programmed state

bit 7-0　**DEV10:DEV3:** Device ID bits(1)

These bits are used with the DEV2:DEV0 bits in Device ID Register 1 to identify the part number.

0001 0001 = PIC18F2420/2520 devices
0001 0000 = PIC18F4420/4520 devices

Note 1: These values for DEV10:DEV3 may be shared with other devices. The specific device is always identified by using the entire DEV10:DEV0 bit sequence.

PIC18F 軟體撰寫

在第二章已介紹過 PIC18F 的硬體架構，但要讓微控制器能正常運作，必須搭配微控制器的靈魂才能運作，而此靈魂就是軟體。好的微控制器設計必須掌握硬體的功能與特性，搭配軟體的創意與穩定性才能完成。

工欲善其事，必先利其器。以下將介紹好用的工具來完成 PIC18F 程式的撰寫、除錯與燒錄功能。

3-1 MPLAB IDE

MPLAB Integrated Development Environment (IDE)是一個整合許多工具，用以發展Microchip PIC及dsPIC微控制器嵌入系統的免費軟體。MPLAB IDE是在MS Windows[R]執行的32-bit 應用程式，易於使用及包含許多免費軟體，使其能快速開發程式。MPLAB IDE也能使用Microchip及協力廠商的新增軟體功能與硬體開發工具，MPLAB IDE使用相同的使用者介面達成軟體模擬、硬體除錯及燒錄程式功能。

MPLAB IDE 中組合語言是完全免費使用，C 語言可選擇 Microchip 的 C Compiler，或者是第三協力廠商的C Compiler。在本書的第二篇C語言篇將討論免費的HI-TECH C Compiler Evaluation。

3-1-1 MPLAB IDE 下載

MPLAB IDE 是一個免費軟體，只要連上 http://www.microchip.com 網站即可下載。首先連到Microchip國外網站，如圖 3-1 所示。

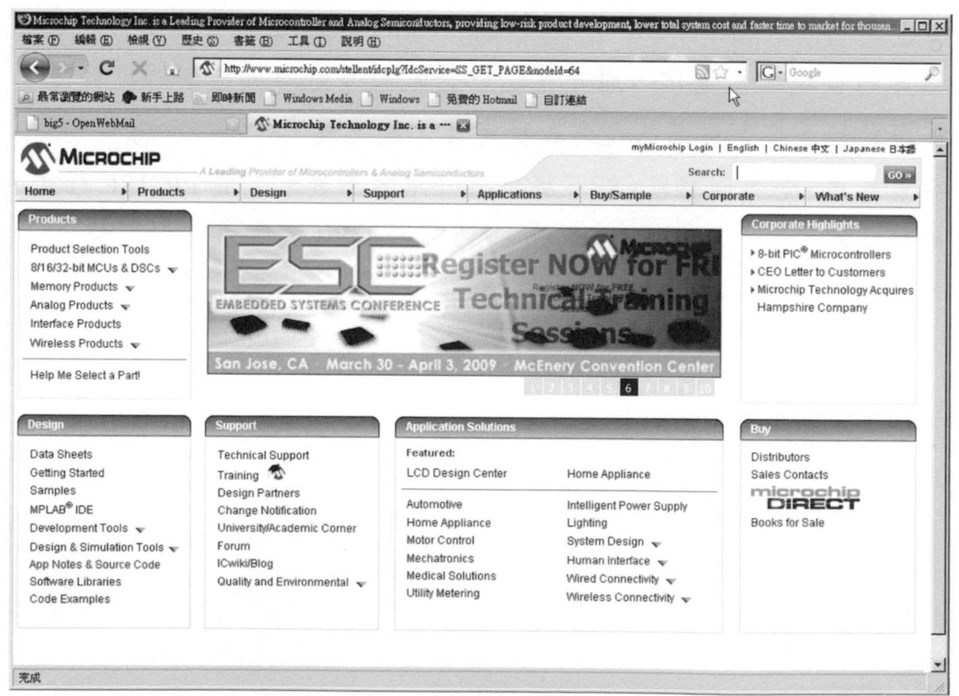

▲ 圖 3-1 Microchip 網站

於 MPLAB® IDE(橢圓框框)按下滑鼠左鍵，如圖 3-2 所示。

▲ 圖 3-2　MPLAB IDE 超連結標籤

將進入 MPLAB® IDE 下載頁面，此頁說明何謂 MPLAB IDE 及如何開始使用 MPLAB IDE。此時於 Go to the bottom of this page for Free MPLAB® IDE downloads(長方形框框)，按下滑鼠左鍵，如圖 3-3 所示

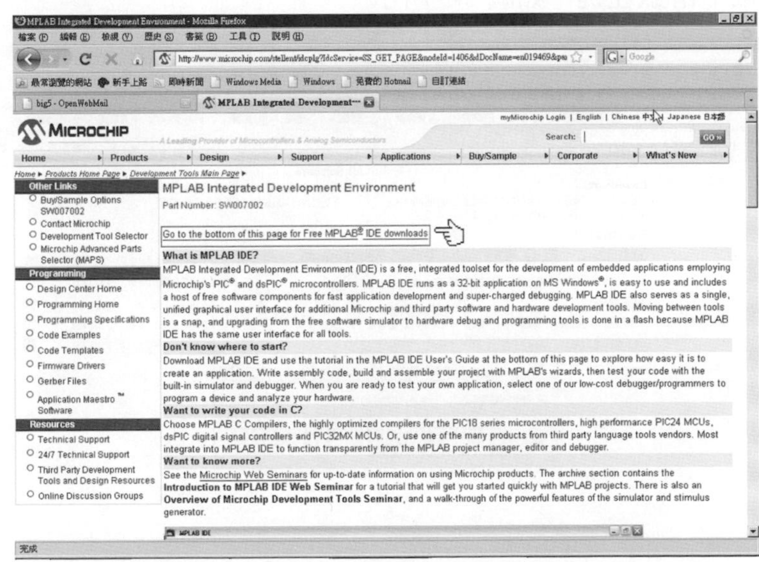

▲ 圖 3-3　MPLAB IDE 下載頁面

此時將會看見 MPLAB IDE v8.20 Full Release Zipped Installation 超連結標籤，於此標籤按下滑鼠左鍵，如圖 3-4 所示。

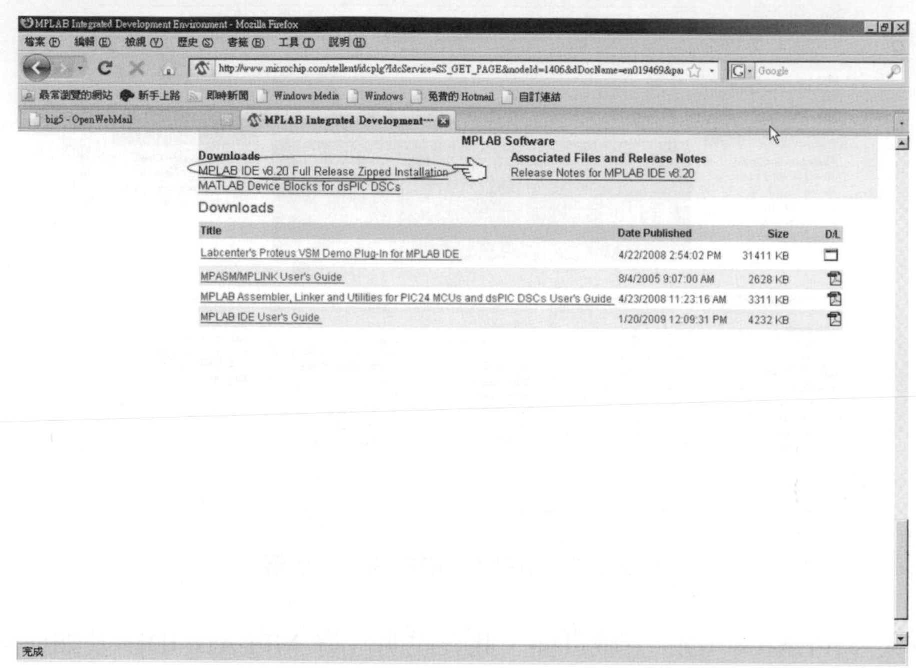

▲ 圖 3-4　MPLAB IDE v8.20 Full Release

於儲存(S)按下滑鼠左鍵，如圖 3-5 所示。

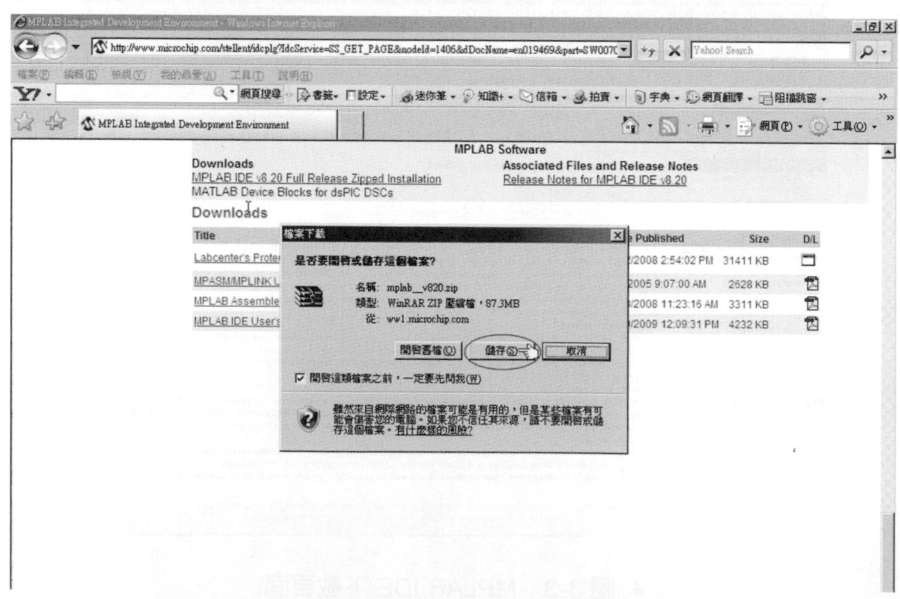

▲ 圖 3-5　MPLAB IDE v8.20 Full Release 檔案下載

3-1-2 MPLAB IDE 安裝

將下載後的檔案解壓縮，如圖 3-6 所示。

▲ 圖 3-6 MPLAB IDE v8.20 Full Release 壓縮檔

進入解壓縮後之資料夾，並於安裝檔點兩下滑鼠左鍵，如圖 3-7 所示。

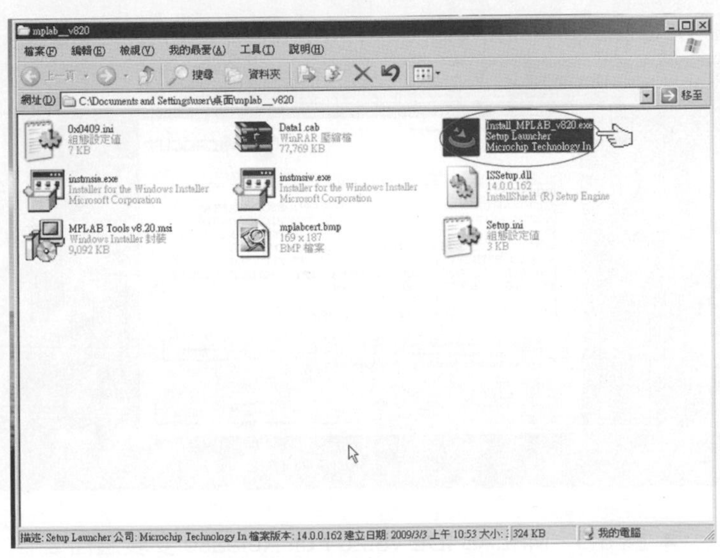

▲ 圖 3-7 MPLAB IDE v8.20 Full Release 安裝檔

將滑鼠左鍵點一下 Next，如圖 3-8 所示。

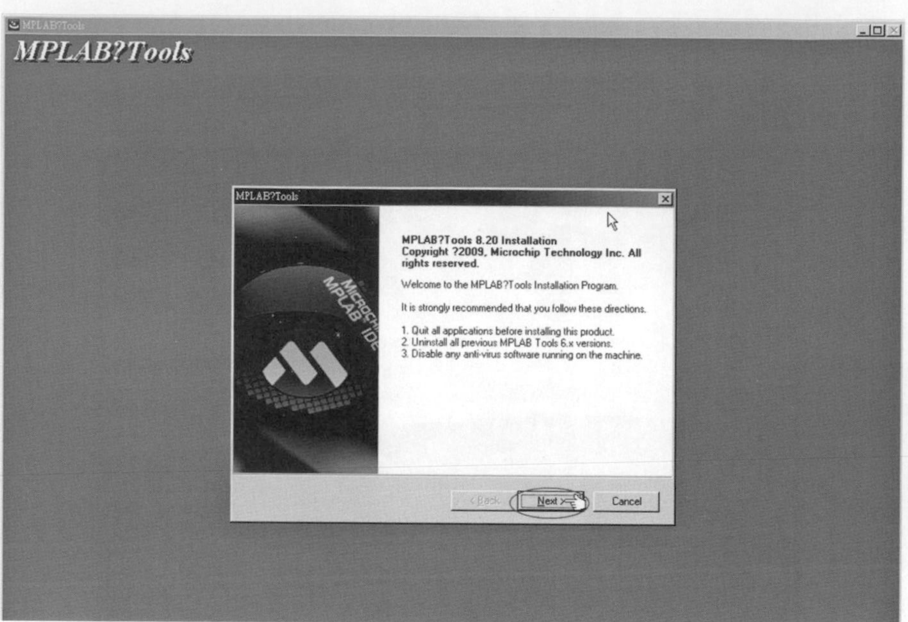

▲ 圖 3-8　MPLAB IDE v8.20 Full Release 安裝過程 1

首先點選 <u>I accept the items of the license agreement</u>，再點選 <u>Next</u>，如圖 3-9 所示。

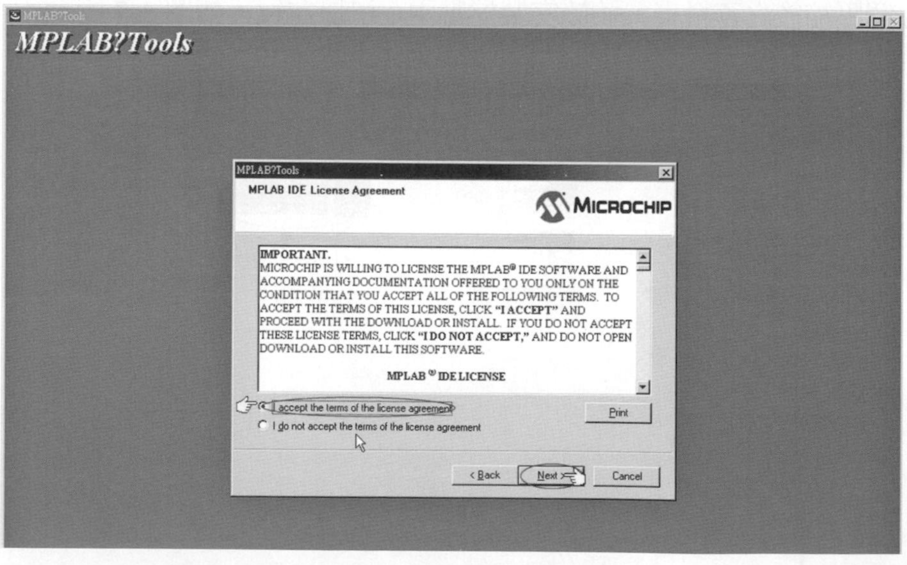

▲ 圖 3-9　MPLAB IDE v8.20 Full Release 安裝過程 2

點選 Next，如圖 3-10 所示。

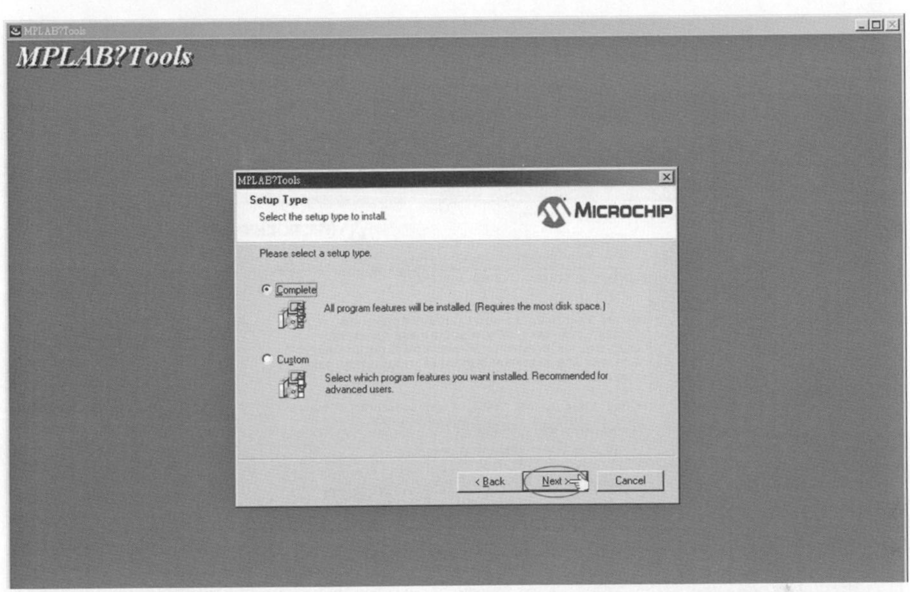

▲ 圖 3-10 MPLAB IDE v8.20 Full Release 安裝過程 3

安裝路徑預設值爲 C:\Program Files\Microchip，不需要改變，直接按下 Next，如圖 3-11 所示。

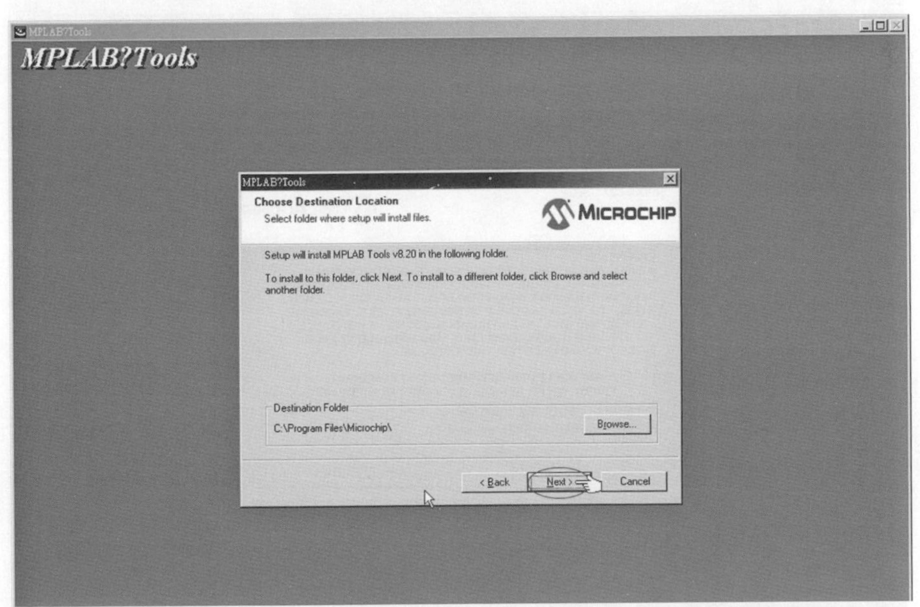

▲ 圖 3-11 MPLAB IDE v8.20 Full Release 安裝過程 4

按下 Next，如圖 3-12 所示。

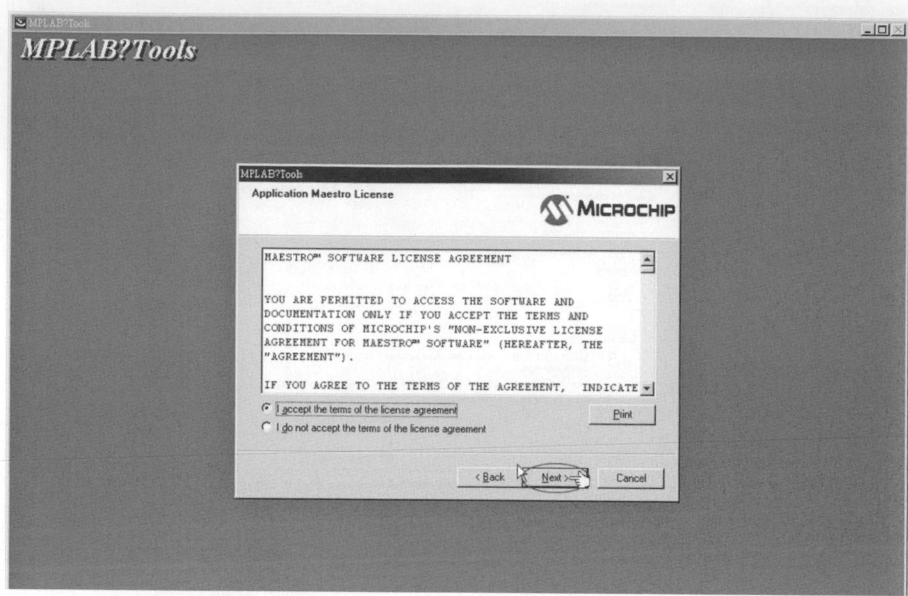

▲ 圖 3-12　MPLAB IDE v8.20 Full Release 安裝過程 5

按下 Next，如圖 3-13 所示。

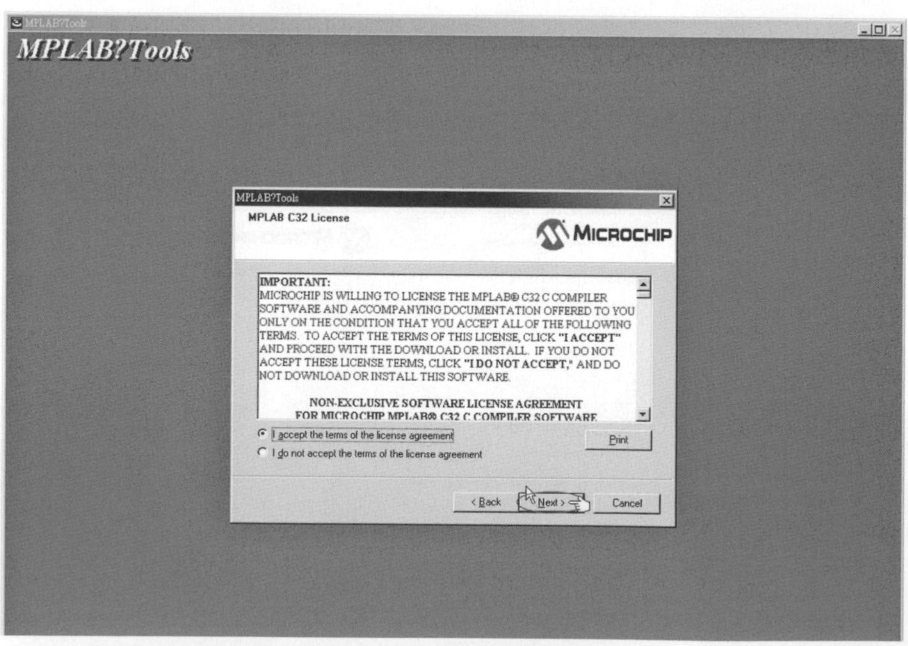

▲ 圖 3-13　MPLAB IDE v8.20 Full Release 安裝過程 6

按下 Next，開始複製檔案，如圖 3-14 所示。

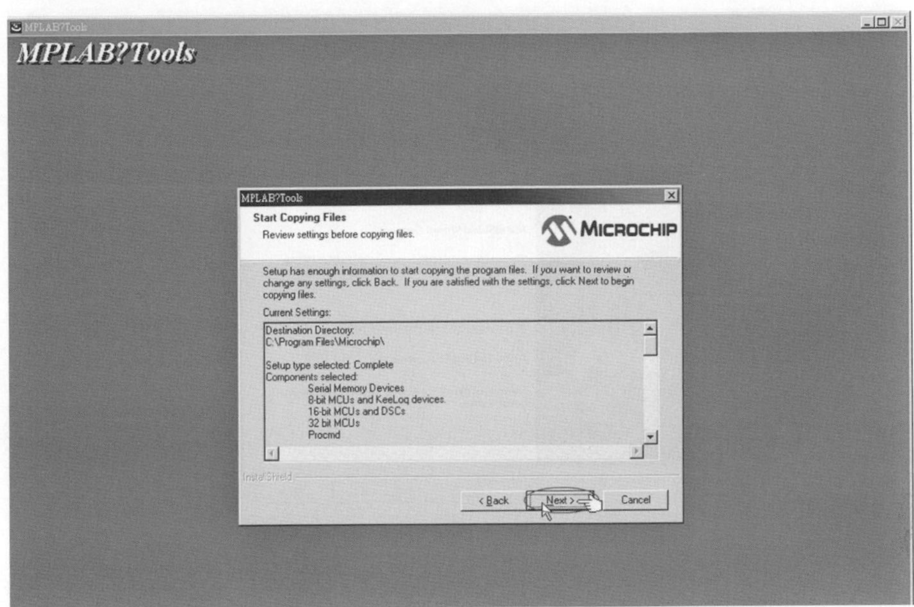

▲ 圖 3-14 MPLAB IDE v8.20 Full Release 安裝過程 7

在此先不安裝 HI-TECH C Compiler，按下否，如圖 3-15 所示。

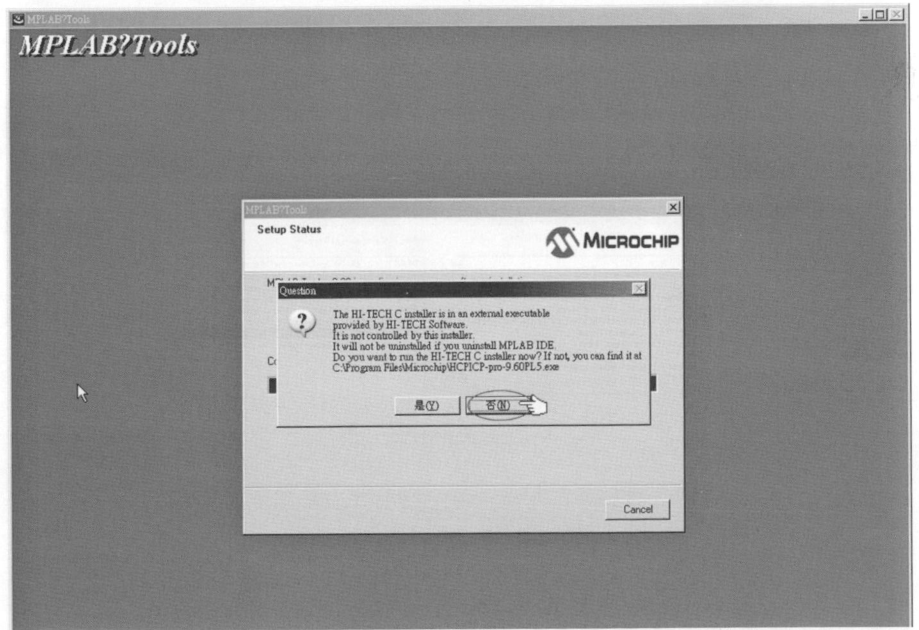

▲ 圖 3-15 MPLAB IDE v8.20 Full Release 安裝過程 8

按下 Finish 重新開機，如圖 3-16。

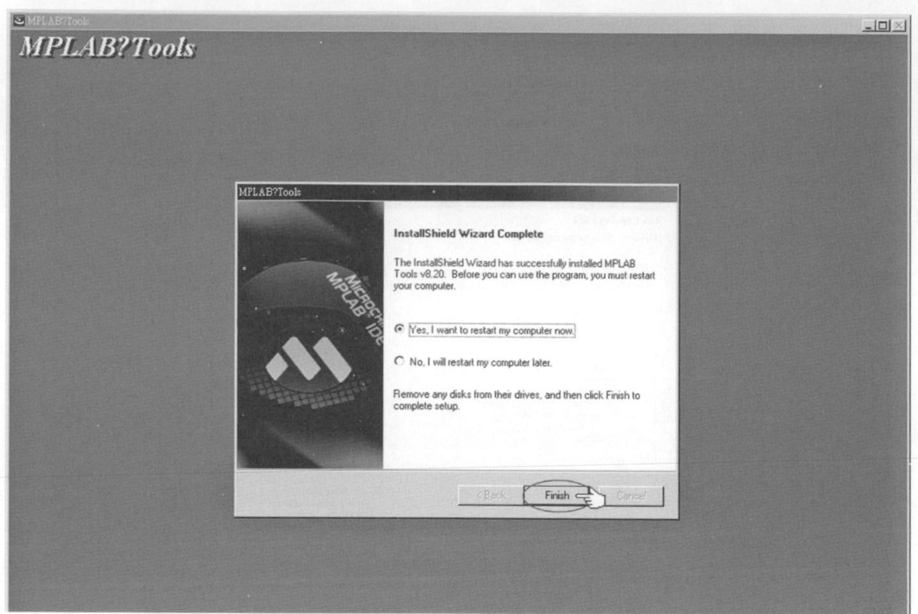

▲ 圖 3-16　MPLAB IDE v8.20 Full Release 安裝過程 9

按下關閉鈕，如圖 3-17。

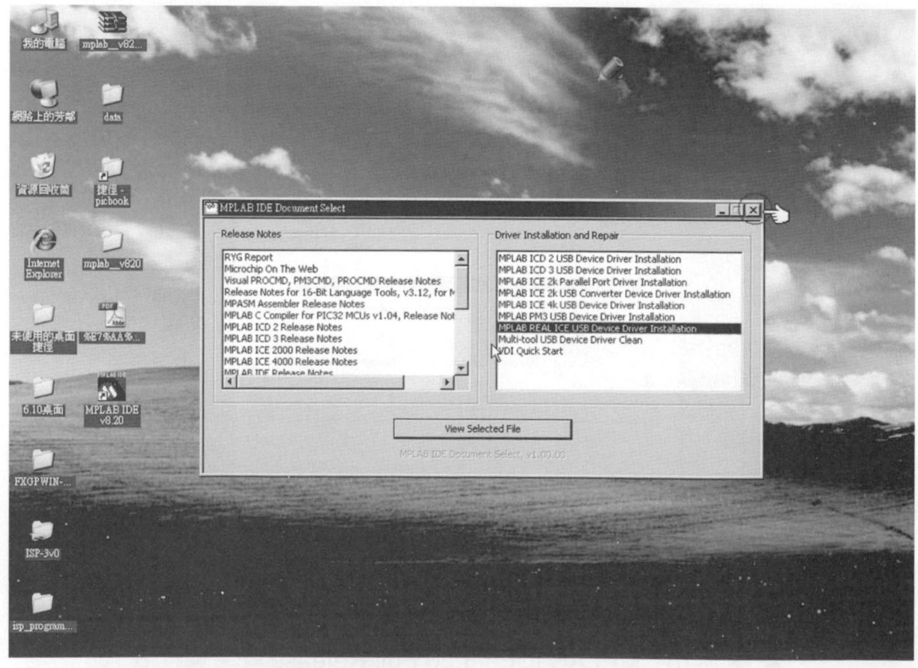

▲ 圖 3-17　MPLAB IDE v8.20 Full Release 安裝過程 10

3-2 程式撰寫

撰寫 Microchip 微控制器的程式通常使用高階 C 語言，或者是低階組合語言。C 語言發展程式雖較容易與方便，但卻不容易觀察硬體狀態的變化。不論程式是以 C 語言或者是組合語言撰寫，都必須將其轉換至機械碼(0 與 1 組成)，然後燒錄至 Microchip 微控制器中系統才能運作。轉換 C 語言至機械碼的軟體稱作編譯器(Compiler)；轉換組合語言至機械碼的軟體稱作組譯器(Assembler)，圖 3-18 爲組合語言發展示意圖，本篇都是使用組合語言發展系統。若能先在電腦上進行軟體的模擬與除錯，這類的軟體稱爲軟體模擬器(Simulator)或者除錯器(Debugger)。MPLAB IDE 是一套擁有上述功能之整合性軟體，且爲免費，對於學習 Microchip 微控制器是相當容易、方便的。

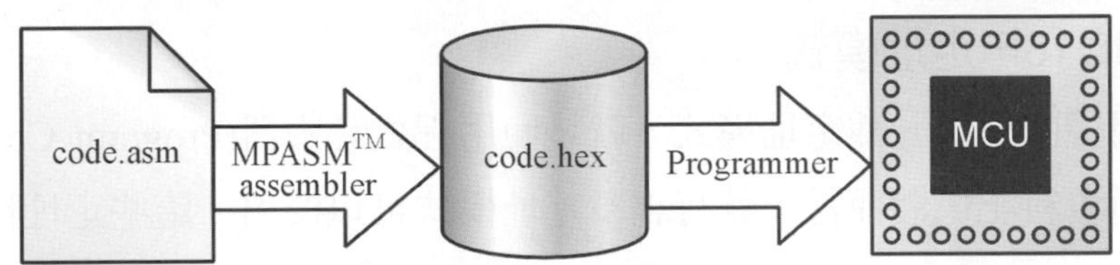

▲ 圖 3-18　組合語言發展示意圖(ASSEMBLER/LINKER/LIBRARIAN USER'S GUIDE)

3-2-1　Microchip 組合語言

Microchip 組合語言構成的元素如下：

Label:　　**Mnemonic**　　**Operand**　　**; Comment**

Label：爲程式的標記，在程式中可有可無，通常當作跳躍目的地或者是副程式的位址，讓微控制器知道要到何處抓取程式碼。

Mnemonic：指令，告知微控制器將進行何種動作。

Operand：運算元，告知微控制器對暫存器、內部資料記憶體或 SFR 作上述指令的動作。運算元爲一個至三個之間。

Comment：註解，因組合語言較不好閱讀，經過一段時間後再閱讀程式碼，通常對於當初所撰寫的方式將會有所遺忘。分號(；)後的文字就是幫助程式設計人員說明程式之用，組譯器不會對註解符號後的文字進行組譯。

說明

```
Main:
        CALL    LedOn
        GOTO    Main
LedOn:  MOVLW   0xFFH   ; 將 16 進制(FF)的數值搬移至 W 暫存器中
        MOVWF   PORTB   ; 將 W 暫存器內的值搬移至 PORTB 中
        RETURN          ; 返回主程式
```

上述範例中，Main 與 LedOn 爲 Label，CALL、GOTO、MOVLW、MOVWF 、RETURN 爲 Mnemonic，PORTB 與 0xFFH 爲 Operand。

3-2-1-1 PIC18F 定址模式

程式記憶體中只有一種定址模式，就是使用程式計數器(Program Counter，PC)來定址。但是對資料記憶體而言，就有許多定址模式可以使用，這些定址模式爲：

1. 隱含定址(Inherent)：某些 PIC18 指令不需要使用 Operand，就能進行相關動作，這是因爲當使用這些指令時，運算元已經隱含在指令中。此類指令如：SLEEP、RESET、DAW。
2. 常數定址(Literal)：類似於隱含定址，常數定址通常已經在指令中指定一個運算元，只需在指定另一個運算元即可。此類指令如：MOVLW 0x22，其動作爲將 16 進制(22)的數值搬移至 W 暫存器中。尚有兩個常數定址的指令爲 CALL 與 GOTO，其後的運算元爲 20bit 的程式記憶體位址。
3. 直接定址(Direct)：直接定址顧名思義就是直接對資料記憶體內的 SFR 或 GPR 定址。
4. 間接定址(Indirect)：指令中不需要給予固定資料記憶體位址，就能對資料記憶體定址。這種功能需使用檔案選擇暫存器(File Select Register，FSR)及間接檔案運算元(Indirect File Operands，INDF)才能達成。其作法是將 FSR 視爲爲一個指標，FSR 內含值就是資料記憶體的位址，並透過 INDF 存取資料記憶體。

圖 3-19 爲間接定址運作方式，首先將 16 進制(ECC)，儲存 FSR1H：FSR1L 中，然後執行 A_{DD} WF INDF1,1。此時會將資料記憶體 ECC 位址的資料與 W 暫存

器相加，並儲存回資料記憶體 ECC 位址中。

間接定址的好處在於能夠完成表格與陣列資料結構，並使得資料記憶體的存取更有效率。

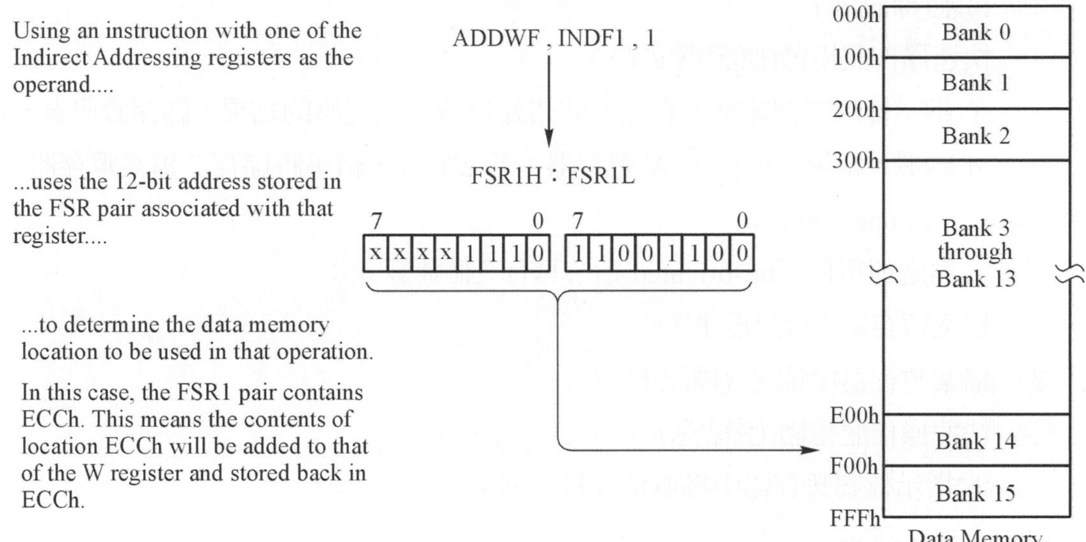

▲ 圖 3-19 間接定址說明圖(PIC18F 資料手冊)

3-2-1-2 PIC18F 指令集

PIC18F 使用精簡指令集來撰寫程式，使用精簡指令集的好處是，指令長度固定且程式記憶體空間較節省；但其缺點爲進行複雜動作時，須由數個精簡指令完成。共有 75 個標準指令與 8 個延伸指令，本篇只針對標準指令集討論。

指令表(表 3-1)共有六欄，自左而右分別爲：

1. 指令與運算元(Mnemonic, Operands)：指令與其使用之運算元。
2. 指令功能描述(Description)：描述此指令之功能與動作。
3. 指令週期(Cycles)：執行該指令所需的指令週期。
4. 16-Bit 指令字元(16-Bit Instruction Word)：儲存在程式記憶體中之指令與運算元以二進位表示。
5. 影響的狀態位元(Status Affected)：執行該指令會被影響的狀態字元。

對於指令集只需瀏覽即可，眞正使用到指令時，再回到此表瞭解其意義後，才能對指令作清楚、適當的的運用。指令依其處理單位、特性的不同又可分爲以下幾類：

1. Byte-oriented operations：

   以位元組爲處理單位，byte-oriented 指令具有三個運算元：

   ① 檔案暫存器(標記爲‘f ’)。

   ② 目地(標記‘d’)。

   ③ 快速操作記憶體(標記爲‘a’)。

   ‘f ’指示使用哪個檔案暫存器，‘d’告知指令處理完畢的結果，儲存於何處，若‘d’爲零，結果將儲存於 W 暫存器；若‘d’爲 1，結果將儲存於檔案暫存器。

2. Bit-oriented operations：

   以位元爲處理單位，bit-oriented 指令具有三個運算元：

   ① 檔案暫存器 (標記爲‘f ’)。

   ② 檔案暫存器中位元 (標記‘b’)。

   ③ 快速操作記憶體(標記爲‘a’)。

   ‘b’指示檔案暫存器中哪個位元被處理。

3. Literal operations：

   此類指令使用下列運算元：

   ① 常數值載入檔案暫存器(標記爲‘k’)。

   ② 常數值載入 FSR 暫存器(標記爲‘f ’)。

   ③ 不需運算元(標記爲‘—’)。

4. Control operations

   此類指令常使用下列運算元：

   ① 程式記憶體位址(標記爲‘n’)。

   ② CALL 或 RETURN(標記爲‘s’)。

   ③ 讀取與寫入表格資料(標記爲‘m’)。

   ④ 不需運算元(標記爲‘—’)。

指令的用法將於本篇第四章搭配範例說明，對於使用到的指令將會詳細說明。

▼ 表 3-1　標準指令集

Mnemonic, Operands		Description	Cycles	16-Bit Instruction Word MSb			LSb	Status Affected	Notes
BYTE-ORIENTED OPERATIONS									
ADDWF	f, d, a	Add WREG and f	1	0010	01da	ffff	ffff	C, DC, Z, OV, N	1, 2
ADDWFC	f, d, a	Add WREG and Carry bit to f	1	0010	00da	ffff	ffff	C, DC, Z, OV, N	1, 2
ANDWF	f, d, a	AND WREG with f	1	0001	01da	ffff	ffff	Z, N	1,2
CLRF	f, a	Clear f	1	0110	101a	ffff	ffff	Z	2
COMF	f, d, a	Complement f	1	0001	11da	ffff	ffff	Z, N	1, 2
CPFSEQ	f, a	Compare f with WREG, Skip =	1 (2 or 3)	0110	001a	ffff	ffff	None	4
CPFSGT	f, a	Compare f with WREG, Skip >	1 (2 or 3)	0110	010a	ffff	ffff	None	4
CPFSLT	f, a	Compare f with WREG, Skip <	1 (2 or 3)	0110	000a	ffff	ffff	None	1, 2
DECF	f, d, a	Decrement f	1	0000	01da	ffff	ffff	C, DC, Z, OV, N	1, 2, 3, 4
DECFSZ	f, d, a	Decrement f, Skip if 0	1 (2 or 3)	0010	11da	ffff	ffff	None	1, 2, 3, 4
DCFSNZ	f, d, a	Decrement f, Skip if Not 0	1 (2 or 3)	0100	11da	ffff	ffff	None	1, 2
INCF	f, d, a	Increment f	1	0010	10da	ffff	ffff	C, DC, Z, OV, N	1, 2, 3, 4
INCFSZ	f, d, a	Increment f, Skip if 0	1 (2 or 3)	0011	11da	ffff	ffff	None	4
INFSNZ	f, d, a	Increment f, Skip if Not 0	1 (2 or 3)	0100	10da	ffff	ffff	None	1, 2
IORWF	f, d, a	Inclusive OR WREG with f	1	0001	00da	ffff	ffff	Z, N	1, 2
MOVF	f, d, a	Move f	1	0101	00da	ffff	ffff	Z, N	1
MOVFF	f_s, f_d	Move f_s (source) to 1st word f_d (destination) 2nd word	2	1100 1111	ffff ffff	ffff ffff	ffff ffff	None	
MOVWF	f, a	Move WREG to f	1	0110	111a	ffff	ffff	None	
MULWF	f, a	Multiply WREG with f	1	0000	001a	ffff	ffff	None	1, 2
NEGF	f, a	Negate f	1	0110	110a	ffff	ffff	C, DC, Z, OV, N	
RLCF	f, d, a	Rotate Left f through Carry	1	0011	01da	ffff	ffff	C, Z, N	1, 2
RLNCF	f, d, a	Rotate Left f (No Carry)	1	0100	01da	ffff	ffff	Z, N	
RRCF	f, d, a	Rotate Right f through Carry	1	0011	00da	ffff	ffff	C, Z, N	
RRNCF	f, d, a	Rotate Right f (No Carry)	1	0100	00da	ffff	ffff	Z, N	
SETF	f, a	Set f	1	0110	100a	ffff	ffff	None	1, 2
SUBFWB	f, d, a	Subtract f from WREG with Borrow	1	0101	01da	ffff	ffff	C, DC, Z, OV, N	
SUBWF	f, d, a	Subtract WREG from f	1	0101	11da	ffff	ffff	C, DC, Z, OV, N	1, 2
SUBWFB	f, d, a	Subtract WREG from f with Borrow	1	0101	10da	ffff	ffff	C, DC, Z, OV, N	
SWAPF	f, d, a	Swap Nibbles in f	1	0011	10da	ffff	ffff	None	4
TSTFSZ	f, a	Test f, Skip if 0	1 (2 or 3)	0110	011a	ffff	ffff	None	1, 2
XORWF	f, d, a	Exclusive OR WREG with f	1	0001	10da	ffff	ffff	Z, N	

表 3-2 標準指令集

Mnemonic, Operands		Description	Cycles	16-Bit Instruction Word MSb			LSb	Status Affected	Notes
BIT-ORIENTED OPERATIONS									
BCF	f, b, a	Bit Clear f	1	1001	bbba	ffff	ffff	None	1, 2
BSF	f, b, a	Bit Set f	1	1000	bbba	ffff	ffff	None	1, 2
BTFSC	f, b, a	Bit Test f, Skip if Clear	1 (2 or 3)	1011	bbba	ffff	ffff	None	3, 4
BTFSS	f, b, a	Bit Test f, Skip if Set	1 (2 or 3)	1010	bbba	ffff	ffff	None	3, 4
BTG	f, d, a	Bit Toggle f	1	0111	bbba	ffff	ffff	None	1, 2
CONTROL OPERATIONS									
BC	n	Branch if Carry	1 (2)	1110	0010	nnnn	nnnn	None	
BN	n	Branch if Negative	1 (2)	1110	0110	nnnn	nnnn	None	
BNC	n	Branch if Not Carry	1 (2)	1110	0011	nnnn	nnnn	None	
BNN	n	Branch if Not Negative	1 (2)	1110	0111	nnnn	nnnn	None	
BNOV	n	Branch if Not Overflow	1 (2)	1110	0101	nnnn	nnnn	None	
BNZ	n	Branch if Not Zero	1 (2)	1110	0001	nnnn	nnnn	None	
BOV	n	Branch if Overflow	1 (2)	1110	0100	nnnn	nnnn	None	
BRA	n	Branch Unconditionally	2	1101	0nnn	nnnn	nnnn	None	
BZ	n	Branch if Zero	1 (2)	1110	0000	nnnn	nnnn	None	
CALL	n, s	Call Subroutine 1st word	2	1110	110s	kkkk	kkkk	None	
		2nd word		1111	kkkk	kkkk	kkkk		
CLRWDT	—	Clear Watchdog Timer	1	0000	0000	0000	0100	$\overline{TO}$, $\overline{PD}$	
DAW	—	Decimal Adjust WREG	1	0000	0000	0000	0111	C	
GOTO	n	Go to Address 1st word	2	1110	1111	kkkk	kkkk	None	
		2nd word		1111	kkkk	kkkk	kkkk		
NOP	—	No Operation	1	0000	0000	0000	0000	None	
NOP	—	No Operation	1	1111	xxxx	xxxx	xxxx	None	4
POP	—	Pop Top of Return Stack (TOS)	1	0000	0000	0000	0110	None	
PUSH	—	Push Top of Return Stack (TOS)	1	0000	0000	0000	0101	None	
RCALL	n	Relative Call	2	1101	1nnn	nnnn	nnnn	None	
RESET		Software Device Reset	1	0000	0000	1111	1111	All	
RETFIE	s	Return from Interrupt Enable	2	0000	0000	0001	000s	GIE/GIEH, PEIE/GIEL	
RETLW	k	Return with Literal in WREG	2	0000	1100	kkkk	kkkk	None	
RETURN	s	Return from Subroutine	2	0000	0000	0001	001s	None	
SLEEP	—	Go into Standby mode	1	0000	0000	0000	0011	$\overline{TO}$, $\overline{PD}$	

表 3-3　標準指令集

Mnemonic, Operands		Description	Cycles	16-Bit Instruction Word MSb			LSb	Status Affected	Notes
LITERAL OPERATIONS									
ADDLW	k	Add Literal and WREG	1	0000	1111	kkkk	kkkk	C, DC, Z, OV, N	
ANDLW	k	AND Literal with WREG	1	0000	1011	kkkk	kkkk	Z, N	
IORLW	k	Inclusive OR Literal with WREG	1	0000	1001	kkkk	kkkk	Z, N	
LFSR	f, k	Move Literal (12-bit) 2nd word	2	1110	1110	00ff	kkkk	None	
		to FSR(f) 1st word		1111	0000	kkkk	kkkk		
MOVLB	k	Move Literal to BSR<3:0>	1	0000	0001	0000	kkkk	None	
MOVLW	k	Move Literal to WREG	1	0000	1110	kkkk	kkkk	None	
MULLW	k	Multiply Literal with WREG	1	0000	1101	kkkk	kkkk	None	
RETLW	k	Return with Literal in WREG	2	0000	1100	kkkk	kkkk	None	
SUBLW	k	Subtract WREG from Literal	1	0000	1000	kkkk	kkkk	C, DC, Z, OV, N	
XORLW	k	Exclusive OR Literal with WREG	1	0000	1010	kkkk	kkkk	Z, N	
DATA MEMORY ↔ PROGRAM MEMORY OPERATIONS									
TBLRD*		Table Read	2	0000	0000	0000	1000	None	
TBLRD*+		Table Read with Post-Increment		0000	0000	0000	1001	None	
TBLRD*-		Table Read with Post-Decrement		0000	0000	0000	1010	None	
TBLRD+*		Table Read with Pre-Increment		0000	0000	0000	1011	None	
TBLWT*		Table Write	2	0000	0000	0000	1100	None	
TBLWT*+		Table Write with Post-Increment		0000	0000	0000	1101	None	
TBLWT*-		Table Write with Post-Decrement		0000	0000	0000	1110	None	
TBLWT+*		Table Write with Pre-Increment		0000	0000	0000	1111	None	

3-2-2　組合語言程式架構

爲了減低程式發展時間、易於除錯與重複使用等概念，通常將程式區分爲主程式、副程式巨集等架構。在程式發展過程中將常用的功能做成副程式，達成重複使用及穩定的軟體 IC 功能。

3-2-2-1　副程式(subroutine)與函示庫(library)

主程式的功能爲提供各種副程式的進入點，主程式在系統中形成無窮迴圈，並在主程式中測試進入副程式之條件是否成立？當條件成立時，進入相關副程式執行，副程式執行完畢再回到主程式執行(執行的程式碼爲 call LedOn 的下一個指令，就是 goto Main)。下列程式碼中，1～3 行爲主程式，系統會在此行程無窮迴圈，也就是執行完 LedOn 副程式後，跳至 Main 標記再度執行 LedOn 副程式，如此重複循環、生生不息。

4～6 行爲副程式，當系統執行到 call LedOn(第 2 行程式)，其實程式計數器(PC)便載入 LedOn 副程式之程式記憶體位置，待副程式執行完畢後，必須執行 return(第 6 行程式)，回到主程式執行。

說明

```
Main:
        call  LedOn          ; Led 亮
        goto Main            ; 跳回主程式
LedOn:
        bsf PORTB,RB1        ; 將 PORTB 的 RB1 設置爲高電位
        return               ; 從副程式返回主程式的下一個指令
        END             ; 編寫程式結束，此 END 之後程式將不被組譯
```

將許多發展正確無誤的副程式包裝在一起，如其成爲函示庫(library)，以供重複使用，達成軟體 IC 的功能。

3-2-2-2 巨集(Macro)

另一種常用的程式技巧稱爲巨集。其功能爲將一自訂指令以多個 microchip 原有指令代入程式碼中，以達成所需之動作要求。在 microchip 的指令集中並無大於的指令。於是在 prlx 的檔案中(本書附錄之光碟中)，定義數學大於的巨集。

```
cja    MACRO fr1,fr2,addr
       movf fr1,W        ;W=fr1
       subwf fr2,W       ;W=fr2-fr1
       btfss 3,0
       goto addr         ;if fr1>fr2 then goto aDDr
ENDM
```

其中 MACRO 與 ENDM 之間之指令，將會代替在程式中出現的 cja 自訂指令，以達成當 fr1>fr2 時，跳躍至 addr 處執行程式。

例如：

```
Cja D1,D2,Main
```

會替代成：

```
movf D1,W      ;W=fr1
subwf D2,W     ;W=fr2-fr1
btfss 3,0
goto Main      ;if fr1>fr2 then goto addr
```

巨集與副程式乍看下都是一樣的功能性，但其最大的不同在於：副程式只會在程式記憶體中佔掉一固定的空間，所有呼叫此副程式的指令，都將跳躍至這個程式記憶體空間執行，執行後返回主程式；巨集卻會在程式記憶體中增加其代換之程式碼，巨集使用次數越多，程式記憶體空間將會膨脹。

CHAPTER 4

PIC18F 發展工具

當系統遵循硬體、軟體初步開發後，接下來就是測試系統。通常系統發展並不是一次就能正確完成。軟體內通常會有若干的錯誤必須除錯，硬體通常需要配合軟體進行某些修改，待這些錯誤被修正或軟、硬體間搭配正確後，系統才能正確的執行。發展系統與撰寫程式並不困難，最困難的部分在於如何快速找出問題並修正，通常考驗著系統設計師的能力。

4-1 在線式除錯(In-Circuit Degub，ICD)

工具善其事、必先利其器。Microchip 提供數種發展工具，提供系統設計師能夠在線式除錯(In-Circuit Degub，ICD)與在線式串列程式燒錄(In-Circuit Serial Programming™，ICSP™)。所謂在線式就是在目前運作的硬體系統中，不需再增加其他硬體模組或以其他模組替代該微控制器。

當組態設定位元組內DEBUG位元被設定爲0時，將致能ICD功能。使用MPLAB® IDE 就能提供簡單的除錯功能(經由在背景執行的除錯程式完成)。當 ICD 功能啓動時，某些腳位的功能就不能使用(因爲被拿處理 ICD)。其佔用的資源如表 4-1 所示。使用 ICD 就可以抓取 SFR、GPR 的內容值，也可以單步、全速、中斷點執行進行除錯。欲在系統中使用 ICD 功能，必須將 $\overline{\text{MCLR}}/V_{PP}$/RE3、$V_{DD}$、$V_{SS}$、RB7 與 RB6 腳位保留給 ICD 使用。

表 4-1　除錯器資源佔用表

I/O pins:	RB6, RB7
Stack:	2 levels
Program Memory:	512 bytes
Data Memory:	10 bytes

4-2 在線式串列程式燒錄(In-Circuit Serial Programming™，ICSP™)

在線式串列程式燒錄功能提供在線式燒錄微控制器，不需要將微控制器拔出系統燒錄，直接就可在系統中燒錄完成。欲在系統中使用 ICSP 功能，必須將 $\overline{\text{MCLR}}/V_{PP}$/RE3、$V_{DD}$、$V_{SS}$、RB7 與 RB6 腳位保留給 ICSP 使用。

4-3 PICkit 3 Debug Express 與 APP001 多功能實驗板

Microchip 提供數種不同功能與價位的 ICD，都包含了在線式除錯與在線式串列程式燒錄功能。除了 ICD 外，Microchip 也提供多功能實驗板，讓初學者能夠將學習專注於 PIC 微控制器的使用。

若是經費允許推薦購買 PICkit 3 Debug Express 的 ICD(售價＄1800)與 APP001 實驗板(售價＄1600)。可觀測到 SFR 與 GPR 的內容值與控制程式單步、全速與中斷點執行。詳細資訊請上台灣 Microchip 網站(http://www.microchip.com.tw)。

4-4 自製 WinPic 燒錄器

對於初學者未能學習好 PIC 微控制器，大多數的原因是未能得到一完整的發展環境，包括組譯器、編譯器與燒錄器。市售之簡易 PIC 燒錄器售價大約都在數百元至數千元不等，對於學生而言是一個不算小的負擔。因此本節將介紹一免費的 PIC 燒錄器，只需使用數個簡單的電子零件就能完成。

建議先將此燒錄器於麵包板上完成電路的接線，待測試成功後，再將其焊接於洞洞板上。

4-4-1　Win Pic 電路圖

圖 4-1 為 Win Pic 燒錄器的電路圖，使用到的零件非常簡單。其中 J2 為 DB9 的母座，常用於電腦中串列埠。

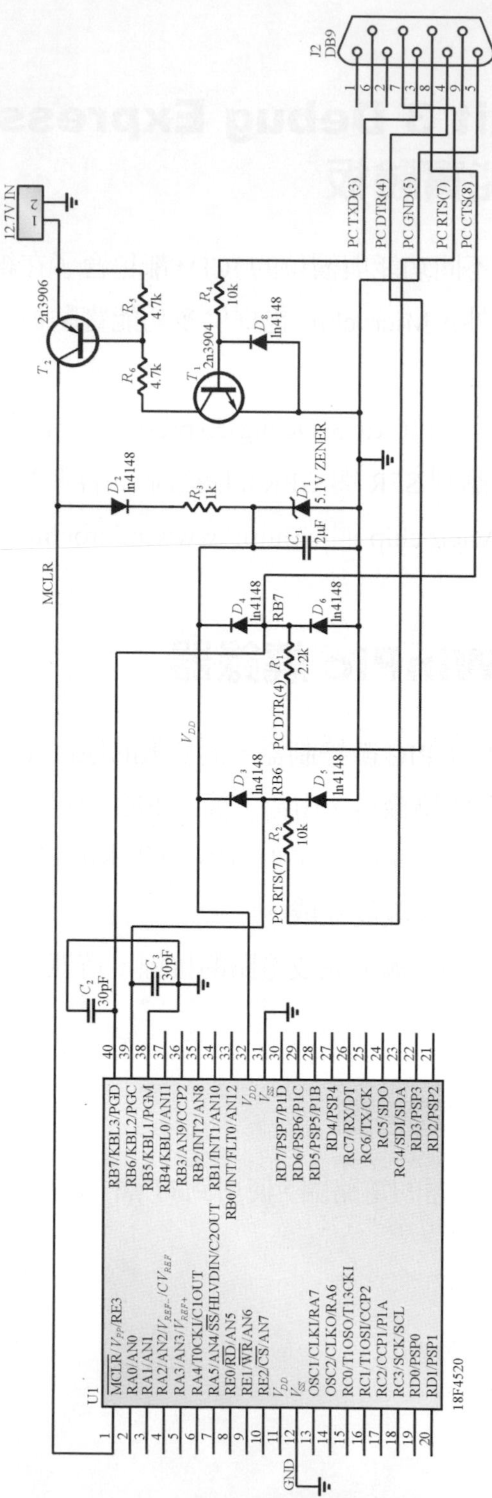

▲ 圖 4-1　Win Pic 燒錄器電路圖

4-4-2　Win Pic 軟體下載與安裝

將 Win Pic 電路圖完成並連接於電腦上的串列埠(9 pin)後，還需要下載 Win Pic 的軟體，才能進行燒錄。其下載網址爲 http://www.qsl.net/dl4yhf/winpicpr.html，如圖 4-2 所示。

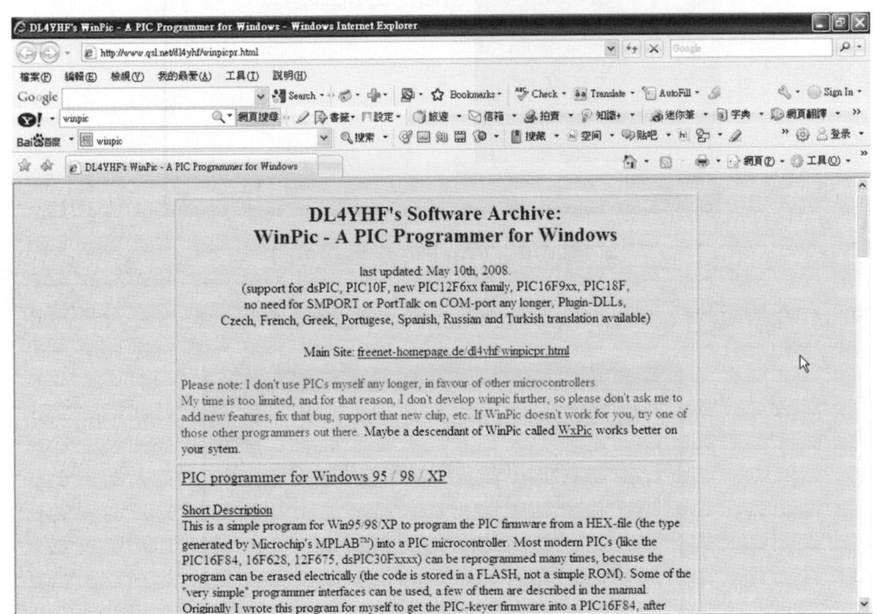

▲ 圖 4-2　Win Pic 軟體網頁

點選 Win Pic 軟體下載連結並將其儲存於桌面，如圖 4-3 所示。

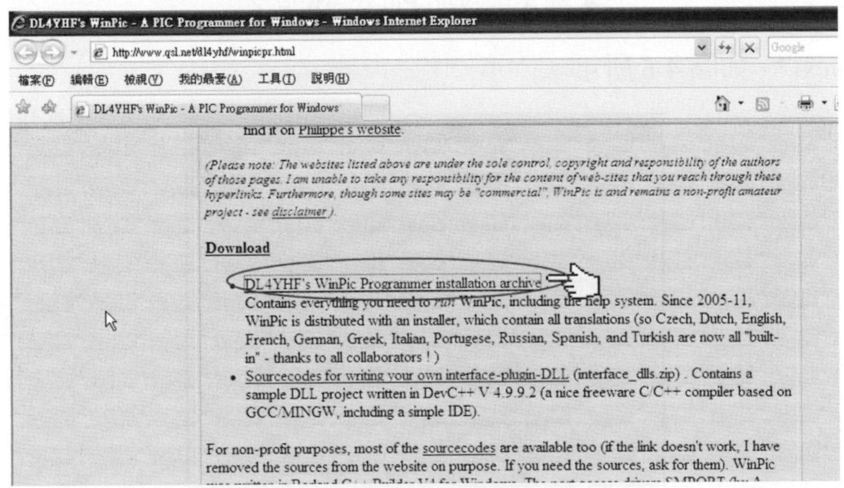

▲ 圖 4-3　Win Pic 軟體下載

將下載之 winpicpr 壓縮檔解壓縮並進行安裝(WinpicSetup)，如圖 4-4 所示。

▲ 圖 4-4 Win Pic 安裝畫面 1

按下"Next"並點選"I accept the agreement"，如圖 4-5 所示。

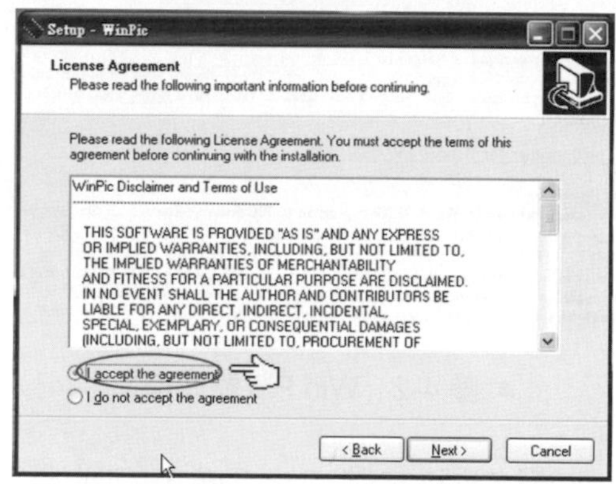

▲ 圖 4-5 Win Pic 安裝畫面 2

按下"Next"，如圖 4-6 所示。

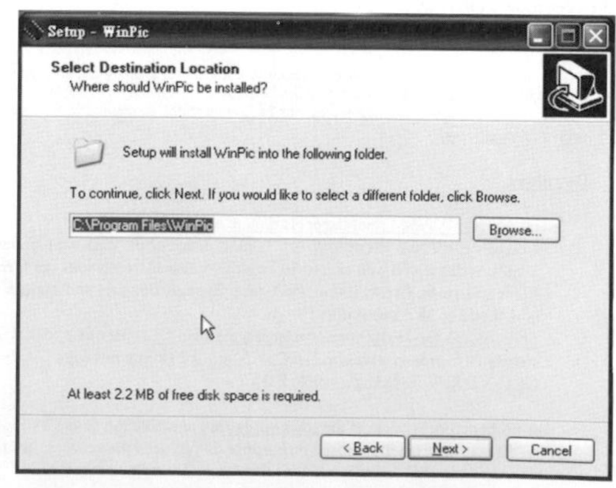

▲ 圖 4-6 Win Pic 安裝畫面 3

按下“Next”，如圖 4-7 所示。

▲ 圖 4-7　Win Pic 安裝畫面 4

按下“Next”，如圖 4-8 所示。

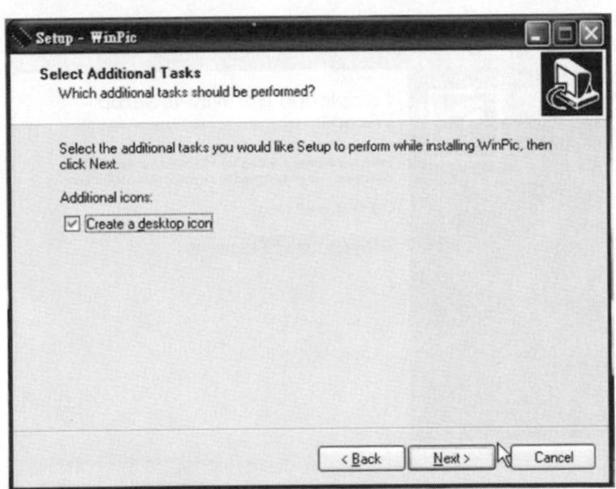

▲ 圖 4-8　Win Pic 安裝畫面 5

按下“Next”，如圖 4-9 所示。

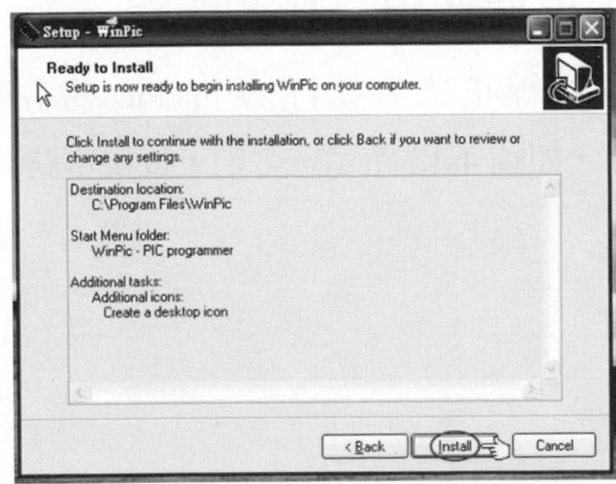

▲ 圖 4-9　Win Pic 安裝畫面 6

按下“Install”開始安裝，如圖 4-10 所示。

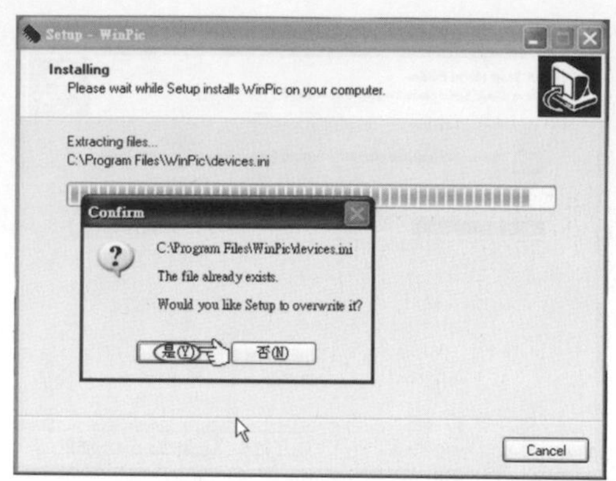

▲ 圖 4-10　Win Pic 安裝畫面 7

按下“Finish”安裝完成，如圖 4-11 所示。

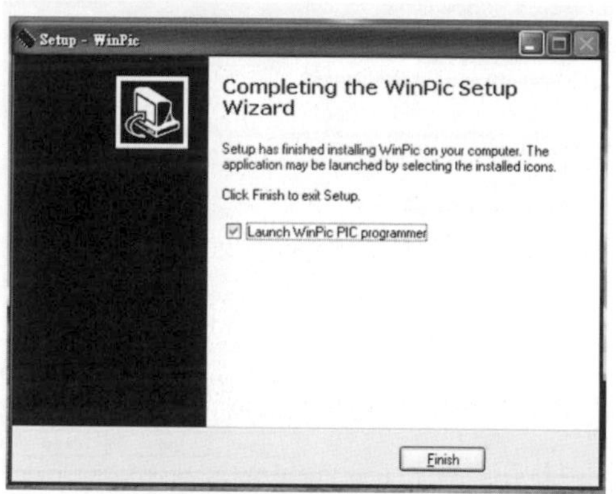

▲ 圖 4-11　Win Pic 安裝畫面 8

4-4-3　Win Pic 軟體使用方式

如果 Win Pic 電路接線正確，執行 Win Pic 會在狀態列顯示“Initialising PIC-Programmer: Success”，如圖 4-12 所示。否則，代表電路有問題，須將電路檢查並修正無誤後才能往下執行。

▲ 圖 4-12　Win Pic 使用畫面 1

先切換至“Options”頁籤再選擇設定檔路徑，如圖 4-13 所示。

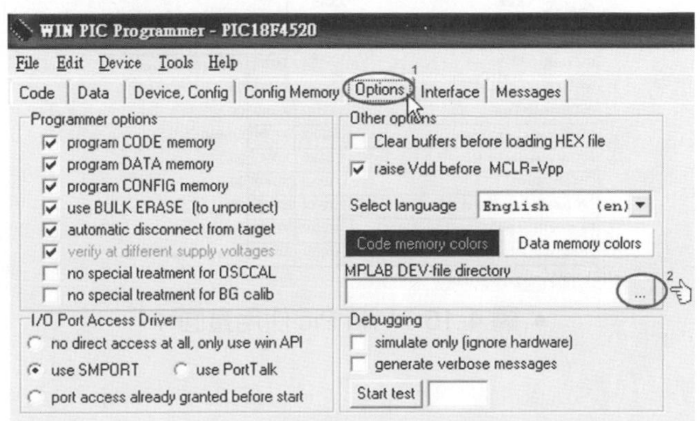

▲ 圖 4-13　Win Pic 使用畫面 2

將設定檔路徑設爲“C:\Program Files\Microchip\MPLAB IDE\Device”，如圖 4-14 所示。

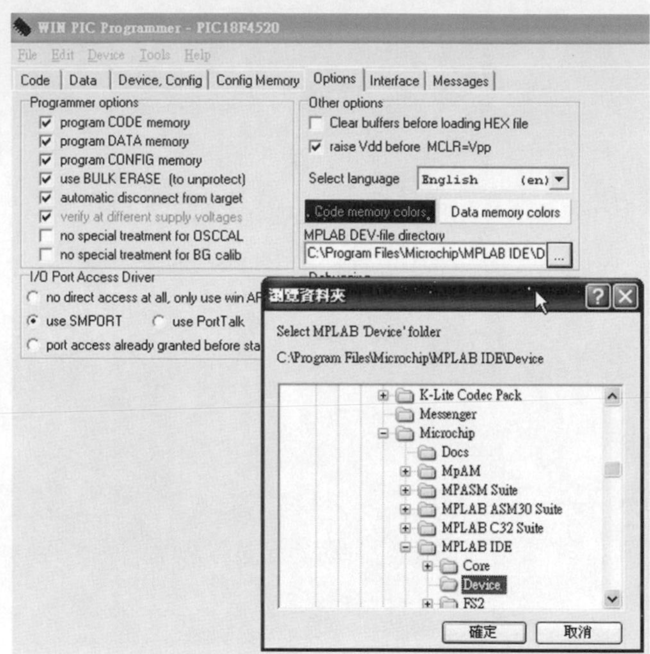

▲ 圖 4-14　Win Pic 使用畫面 3

選擇欲燒錄的晶片，如圖 4-15 所示。

▲ 圖 4-15　Win Pic 使用畫面 4

選擇待燒錄晶片為"PIC18F4520"，如圖 4-16 所示。

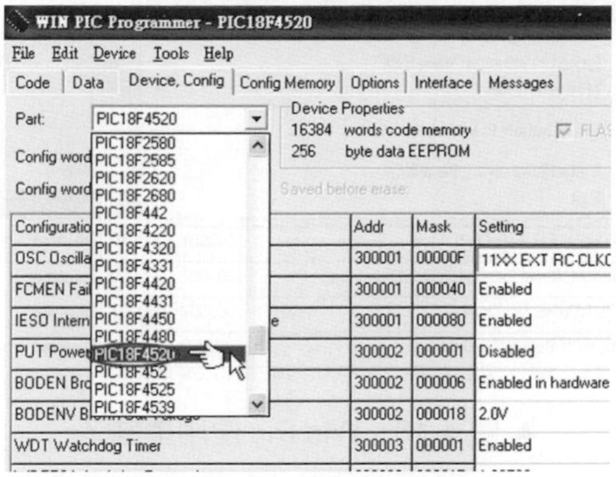

▲ 圖 4-16 Win Pic 使用畫面 5

設定組態檔如圖 4-17 所示，其中最主要的設定為使用內部將振盪器、WDT 除能、MCLR 除能。

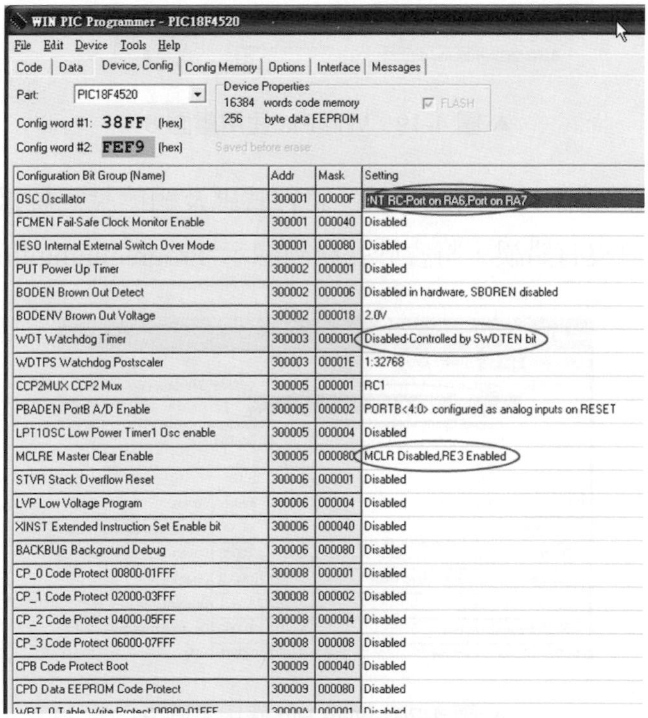

▲ 圖 4-17 Win Pic 使用畫面 6

載入欲燒錄的檔案(以範例 0 為例)，如圖 4-18 所示。選擇本書附錄光碟內\project\asm\ex0 資料夾內的 main.hex 檔案，如圖 4-19 所示。

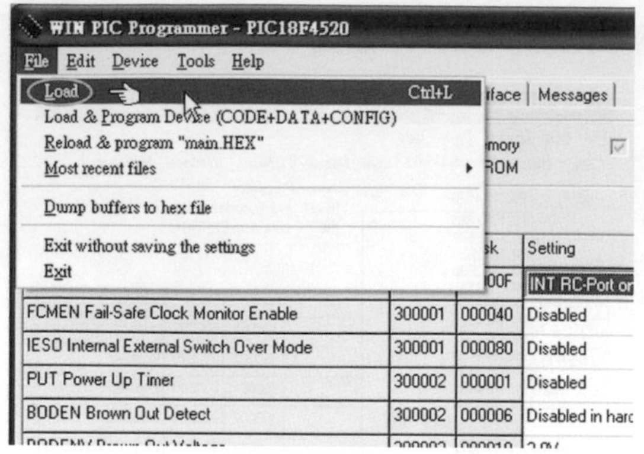

▲ 圖 4-18 Win Pic 使用畫面 7

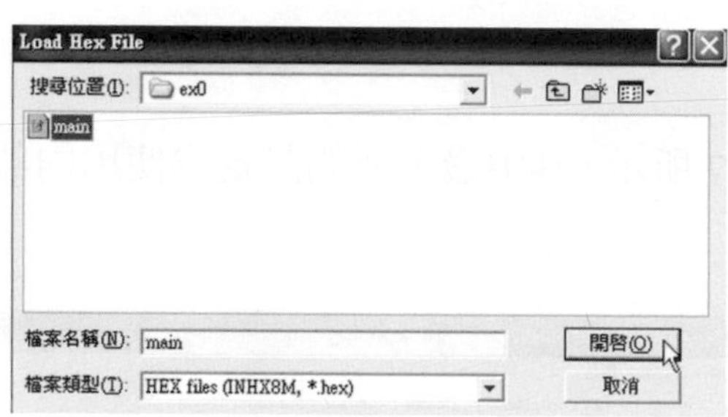

▲ 圖 4-19 Win Pic 使用畫面 8

最後執行燒錄，如圖 4-20 所示。就能將程式碼及組態設定燒錄至 PIC18F4520 微控制器中，如果燒錄沒有錯誤，將會於狀態列顯示"Programming finished, no errors"。

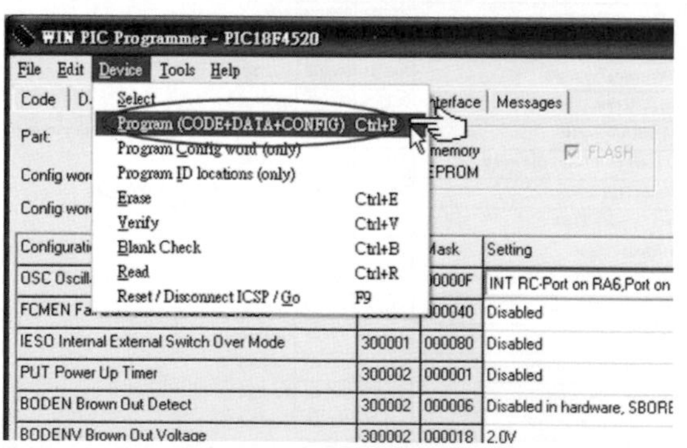

▲ 圖 4-20 Win Pic 使用畫面 9

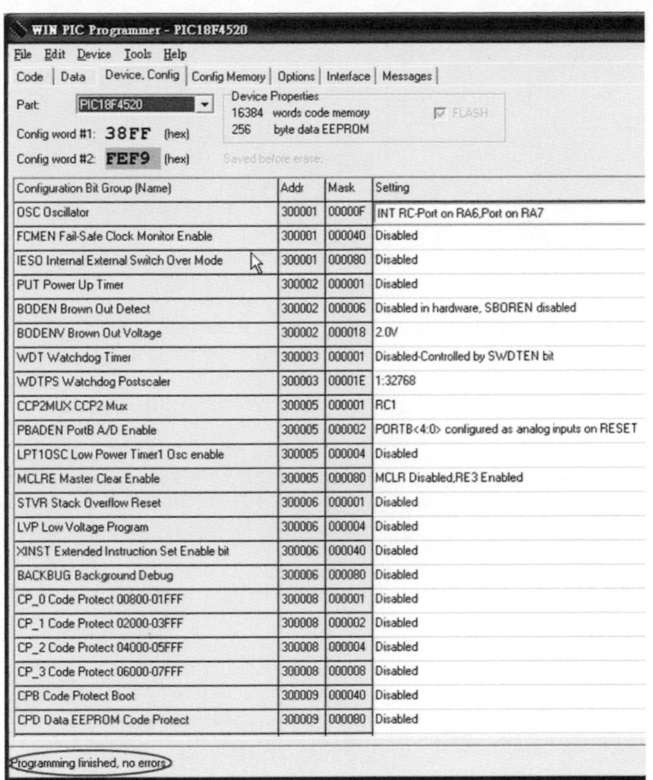

▲ 圖 4-21　Win Pic 使用畫面 10

CHAPTER 5

輸出與輸入範例

介紹完 PIC18F 的硬體、軟體後，將介紹如何完成一個系統。系統除了包括 PIC18F 之硬體資源外，還需考慮週邊電路，以及使用 PIC18F 的軟體，整合這些硬體的特性使其發揮最大效能。

5-1 硬體設計

系統設計的第一個步驟為硬體設計，將所需使用的硬體電路繪製出來(本書使用 Protel 99SE)，再將電路於麵包板上接線完成，待軟體發展完成且系統能夠正確運作後，再將硬體電路接於洞洞板上(元件穩固)或者是將硬體電路以印刷電路板焊接完成(元件及連接線都穩固)。所以硬體設計的步驟：

1. 繪製電路圖。
2. 於麵包板上完成電路圖並測試功能。
3. 將功能正確之電路於洞洞板上完成。
4. 印刷電路板。

一般而言，實作於步驟 3 即可，但對於量產的產品通常都送至 LayOut 廠，製作印刷電路板。

在學習的過程中，通常只需將 PIC18F 與週邊電路於麵包板中實作完成即可。

5-2 軟體撰寫

硬體設計完成後，將注入此系統之靈魂使系統能正常運作，在此靈魂即為軟體。軟體撰寫對於初學者而言，將是非常困難的一個部分，需要學習的知識相當繁瑣，當軟、硬體設計完成後，有時又因為某些疏忽而造成系統無法運作。因此對於初學者的建議如下：

1. 學習可以執行的系統(硬體與軟體)。
2. 修改程式。
3. 由簡入繁。

經由觀摩他人的系統中，學習到硬體設計與軟體撰寫的技巧，再以這些系統為基礎，修改成自己想要的系統。如此一步步學習將會使得功力大增。

本篇範例使用到的資料記憶體空間不超過 128 bytes，因此使用快速操作儲存庫(Access Bank)存取 GPR 及 SFR，提升程式執行效率。

5-3 程式燒錄

當程式撰寫完成後，將使用 MPLAB 所附的 MPASM(Microchip 微控制器之組譯器)進行組譯，組譯完成後將產生 Hex 檔案，再使用燒錄器將程式碼燒錄至 Microchip 微控制器中，最後將此 PIC18F 插入麵包板中加入 5V 電源，系統便開始運轉。

5-4 範例 0(Led 閃爍)

範例 0 爲本書第一個範例，其功能爲 Led 閃爍電路(亮 0.1 秒、滅 0.1 秒)，在此使用 40 隻腳 18F4520 微控制器，爾後若需使用 28 隻腳 18F2520，在修改極少程式碼的狀況下，即可套用。

遵循硬體、軟體設計步驟。硬體設計如圖 5-1 所示，只需將電源及 LED 電路接至 18F4520 即可，爲使範例接線及使用元件愈少使得學習 18F4520 愈單純，在此使用 18F4520 內部振盪電路及及將重置腳位($\overline{\text{MCLR}}$)設定爲 RE3 功能。

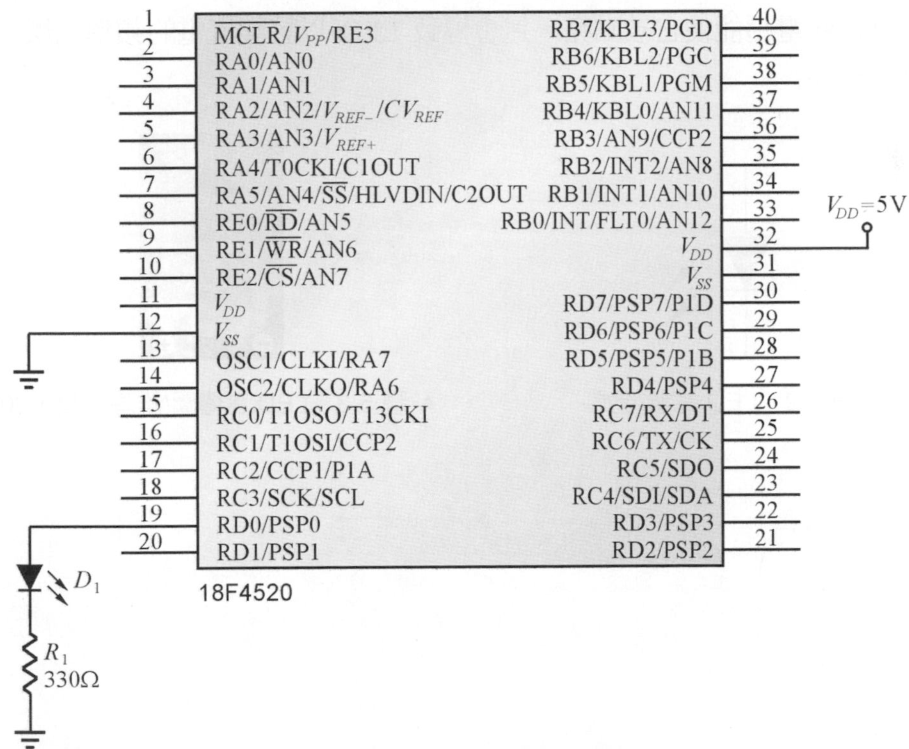

▲ 圖 5-1 範例 0 硬體電路

5-4-1 零件介紹

發光二極體 (Light-emitting diode, LED)是一種半導體元件。初時多用作爲指示燈、顯示板等；隨著白光發光二極體的出現，也被用作照明。它是 21 世紀的新型光源，具有效率高、壽命長、不易破損等傳統光源無法與之比較的優點。加正向電壓時，發光二極體能發出單色、不連續的光，這是電致發光效應的一種。改變所採用的半導體材料的化學組成成分，可使發光二極體發出在近紫外線、可見光或紅外線的光。(維基百科，2009)

1955 年，美國無線電公司(Radio Corporation of America)的魯賓·布朗石泰(Rubin Braunstein)生首次發現了砷化鎵(GaAs)及其他半導體合金的紅外放射作用。1962 年，通用電氣公司的尼克·何倫亞克(Nick Holonyak Jr.)開發出第一種實際應用的可見光發光二極體。(維基百科，2009)

LED 與沒有極性的白熾燈不同，只能在正向電流流過時才能發光。當加電壓爲正向時，會有較大的電流流過，於是我們稱之爲順向偏壓。如果電壓極性接反了，則被稱爲逆向偏壓，這時只有很小電流流過器件，並且不發光。LED 可以工作在交流電壓下，但只有正向電壓能使它被點亮，這會導致 LED 以該交流電的頻率閃爍。(節錄自維基百科，2009)

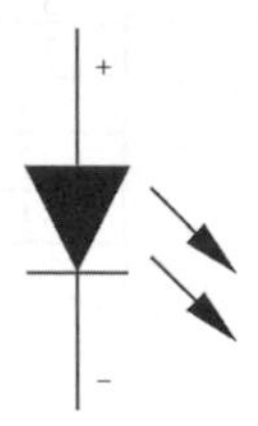

▲ 圖 5-2 LED 電氣符號

▲ 圖 5-3 LED 實體圖(維基百科，2009)

5-4-2　系統功能流程圖

進行軟體撰寫前，若能先將系統功能以流程圖繪出，對軟體設計將是非常大的助力。它提供系統功能大方向，使設計者清楚系統功能之脈絡，進而撰寫程式將功能完成。

範例 0 的系統功能流程圖，如圖 5-4 所示。

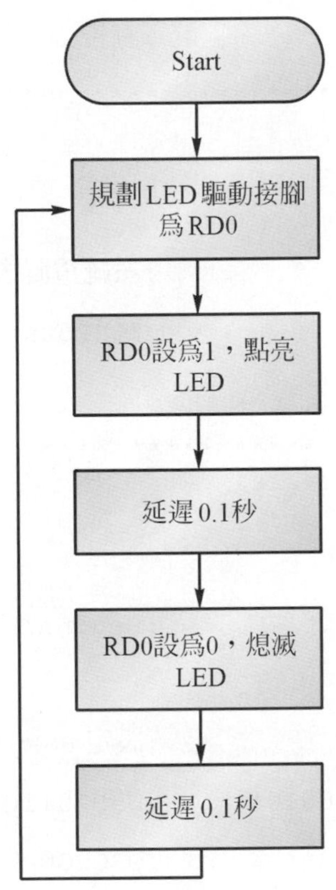

▲ 圖 5-4　範例 0 系統功能流程圖

5-4-3　範例 0 程式碼

```
list p=18f4520                  ;使用 18F4520
#include   prlx.asm             ;引用 prlx 指令巨集
#include   P18f4520.INC         ;引用 18F4520 定義檔
;***************************************************************
```

```
; 變數宣告區
DelayD1   equ 0x00                   ;宣告 Delay_D1 變數的位址
DelayD2   equ 0x01                   ;宣告 Delay_D2 變數的位址

;***********************************************************
; 常數及 I/O 腳宣告區
#define   Led PORTD,0                ;宣告 Led 腳位
;***********************************************************
; 重置向量


      org 00000h                     ;系統重置後開始執行程式的位址
      gotoStart                      ;跳至 Start

;***********************************************************
; 主程式區

      org 00020h                     ;Beginning of program flash
Start:
      movlb    0x0f;                 ;設定 BSR 爲 0x0f,使用 SFR
      movlw    B'01100010'           ;W=B'01100010'
      movwf    OSCCON                ;OSCCON=W
      movlw    H'FE';                ;W＝H'FE'=B'11111110'
      movwf    TRISD    ;將 PORTD 之 bit7～1 設定爲輸入，bit0 設定爲輸出
;*************************Main*******************************
Main:
      bsf      PORTD,0;              ;RD0 設定爲 H，點亮 LED
      call     Delay                 ;呼叫延時副程式，讓 LED 亮 0.1 秒
      bcf      Led                   ;RD0 設定爲 L，LED 熄滅
      call     Delay                 ;呼叫延時副程式，讓 LED 熄滅 0.1 秒
```

```
#035       goto     Main                ;跳回主程式，形成無窮迴圈
#036 ;*************************end Main*************************
#037 ; DELAY Cycle=T1+T2+DelayD1*(T3+T4+DelayD2*T5+T6)+T7
#038 ;            ≒DelayD1*(T3+T4+DelayD2*T5+T6)
#039 ;            ≒DelayD1*(1+1+DelayD2*3+3)=DelayD1*(5+DelayD2*3)
#040 ;DELAY TIME=DELAY Cycle*指令週期=130*(5+255*3)*1us(4/4MHz)=0.1 秒
#041
#042
#043 Delay:
#044       movlw    D'130'        ;W=H,(T1=1 個指令週期)
#045       movwf    DelayD1;      ;DelayD1=W,(T2=1 個指令週期)
#046 DeL1:
#047       movlw    H'ff'         ;W=H,(T3=1 個指令週期)
#048       movwf    DelayD2;      ;DelayD1=W,(T4=1 個指令週期)
#049 DeL2:
#050       djnz    DelayD2,DeL2  ;將 DelayD2 減 1,若不為 0,則跳至 DeL2 處執行,
#051                             ;(T5=DelayD2*3 個指令週期)
#052       djnz   DelayD1,DeL1   ;將 DelayD1 減 1,若不為 0,則跳至 DeL1 處執行,
#053                             ;(T6=DelayD2*3 個指令週期)
#054       return                ;返回主程式,(T7)
#055 ;==============================================================
#056       END                   ;編寫程式結束，此 END 之後程式將不被組譯
```

軟體設計如下，分成幾個區域。

引用檔區(程式碼#001～#003)：

第 1 行告知組譯器使用何種微控制器，第 2 行引用 pxlx 巨集檔，第 3 行引用 PIC18F4520 定義檔。

宣告區(程式碼#004～#015)：

包含常數、變數、輸入輸出腳位宣告區，使用這些宣告的好處爲給予這些變數們名稱，使程式設計師易於辨識與修改。例如：當 Led 腳位欲變換至 PORTD 的 6 隻腳時，只需將#012 程式修改成#define Led PORTD,6 即可，不用修改整個程式。

程式放置區(程式碼#016～#055)：

因爲 PIC18F4520 重置後讀取程式的第一個位址爲 00000H，所以程式從程式碼 org 0000h 的下一行開始放置，在標記(Start)與標記(Main)之間的程式碼只會執行一次，適合做初始值設定。在標記(Main)與程式碼(goto Main)爲主程式，在此範圍內的程式將會重複執行。

#031 行將 RD0 設爲高電位，此時 Led 兩端有約 0.7V 壓降，且電流爲(5−0.7)/330 =13mA，#032、#034 行呼叫一延遲副程式，其功能爲延遲 0.1 秒；#048 行將 RD0 設爲低電位此時 Led 兩端無電位差所以不發亮。

Delay(#043～#054)副程式是如何達成延時 0.1 秒的功能?因爲選擇內部震盪器爲 4MHz，所以指令週期爲 4×1/4M = 1u 秒(參考方程式 2-1)。#044～045 行只執行一次且花費一個指令週期；#046～052 爲雙迴圈模式，DeL2 爲內迴圈，DeL1 爲外迴圈，只有當內迴圈減爲 0 時，才會跳至外迴圈執行；當外迴圈減爲 0 時，副程式返回主程式。

其中內迴圈將花費 DelayD2×3uS 的時間(#049～50)；外迴圈將花費 DelayD1×(T3 + 4 + DelayD2×T5 + T6) = DelayD1×(1 + 1 + DelayD2×3 + 3) = DelayD1×(5 + DelayD2×3) = 130×(5 + 255×3) = 0.1 秒(T3、T4、T5、T6 爲執行該行程式所需之時間，見程式碼)。

5-4-4 指令說明

本書於程式說明是以先見林再見樹的方式撰寫，對於程式所要完成的功能先行說明，再對使用到指令逐一解說，將程式系統化、簡單化，使學習者專心於本範例的重點。

5-4-4-1　假指令(Directives)

在認識本範例所使用之指令之前，必須先對假指令(directives)有所認識。假指令的功用為：控制組譯器如何處理輸入、輸出及資料配置等。雖然可以在組合語言程式碼中看見它們，但是它們卻不會組譯成機械碼。以下將陸續介紹使用到的假指令。

第一行程式中 List p = 18f4520，告知組譯器使用 18f4520 的微控制器。第二行#include prlx.asm，告知組譯器將 prlx.asm 的程式碼包含進來，否則組譯時將發生錯誤。第三行#include P18f4520.INC，告知組譯器引用 P18f4520 定義檔，此檔案內已將常用之代號定義至資料記憶體中的位址。例如：PORTA 實際上已經定義為資料記憶體 H'0F80'位址(此檔案路徑為 C:\Program Files\Microchip\MPASM Suite\P18F4520.INC)。第七行 DelayD1 equ 0x00，其中 equ 假指令的功能為：將自訂之代號定義至資料記憶體中的位址，當程式中使用到 DelayD1 這個代號時，實際上是存取到資料記憶體位址為 0x00 的資料。常數資料的指定方式如表 5-1。

表 5-1　常數資料指定方式(MPASM 使用手冊，2009)

標註	型態(進制)	語法	範例
1	二(Binary)	B'Binary_digits'	B'00111001'
2	八(Octal)	O'Octal_digits'	O'777'
3	十(Decimal)	D'digits'.digits	D'100'.100
4	十六(Hexadecimal)	H'Hex_digits' 0x Hex_digits	H'9f ' 0x9f
5	ASCII	A'character' 'character'	A'C' 'C'

第十二行#define Led PORTD,0，其中#define 假指令的功能為：定義一替代字串。當程式中使用到 Led 時，實際上將替代成為 PORTD,0。此種作法的好處是：當需要改變替代字串時，只需在程式中設定一次即可。第十六行 org 00000h，其中 org 假指令的功能為：設定程式記憶體的位址。此行假指令告知組譯器，下一行程式將從程式記憶體空間 0000H 開始放置，因為 PIC18F 重置(Reset)後，將至 00000h 處抓取程式執行。

5-4-4-2 基本指令

MOVLB 指令

功能描述：將八位元常數搬移至 BSR，但 BSR<7:4>永遠爲 0。

語法：MOVLB　k

運算元：$0 \le k \le 255$

動作：$k \rightarrow BSR$

影響狀態：無

程式碼大小：1 個字組

指令週期：1

範例：MOVLB 5

執行前：BSR Register = 02h

執行後：BSR Register = 05h

#024 行程式將 BSR 設定爲 0x0f，選擇資料記憶體暫存器庫 15，將使用 SFR。

MOVLW 指令

功能描述：將八位元常數搬移至 W。

語法：MOVLW　k

運算元：$0 \le k \le 255$

動作：$k \rightarrow W$

影響狀態：無

程式碼大小：1 個字組

指令週期：1

範例：MOVLW　H‘5A’

執行後：W = 5Ah

MOVWF 指令

功能描述：將 W 內容值數搬移至檔案暫存器 f(BSR 指定之暫存器庫)中。a = 0，代表使用 Access Bank；a = 1，代表使用 GPR Bank(預設)

語法：MOVWF f {,a}

運算元：$0 \le f \le 255$

$a \in [0,1]$

動作：W → f

影響狀態：無

程式碼大小：1 個字組

指令週期：1

範例：MOVWF REG, 0

執行前：W = 04h，REG = ffh

執行後：W = 04h，REG = 04h

#025～026 行將 OSCCON 特殊功能暫存器設定為 B'01100010'。其中 bit<6:4>將選擇 4MHz 之振盪時脈，bit<1:0>選擇內部振盪器。

暫存器 5-1　OSCCON：振盪器控制暫存器(PIC18F 資料手冊，2009)

R/W-0	R/W-1	R/W-0	R/W-0	R[1]	R-0	R/W-0	R/W-0
IDLEN	IRCF2	IRCF1	IRCF0	OSTS	IOFS	SCS1	SCS0
bit 7							bit 0

Legend:			
R = Readable bit	W = Writable bit	U = Unimplemented bit, read as '0'	
-n = Value at POR	'1' = Bit is set	'0' = Bit is cleared	x = Bit is unknown

bit 7　**IDLEN:** Idle Enable bit
- 1 = Device enters an Idle mode on SLEEP instruction
- 0 = Device enters Sleep mode on SLEEP instruction

bit 6-4　**IRCF2:IRCF0:** Internal Oscillator Frequency Select bits
- 111 = 8 MHz (INTOSC drives clock directly)
- 110 = 4 MHz
- 101 = 2 MHz
- 100 = 1 MHz[3]
- 011 = 500 kHz
- 010 = 250 kHz
- 001 = 125 kHz
- 000 = 31 kHz (from either INTOSC/256 or INTRC directly)[2]

bit 3　**OSTS:** Oscillator Start-up Timer Time-out Status bit[1]
- 1 = Oscillator Start-up Timer (OST) time-out has expired; primary oscillator is running
- 0 = Oscillator Start-up Timer (OST) time-out is running; primary oscillator is not ready

bit 2　**IOFS:** INTOSC Frequency Stable bit
- 1 = INTOSC frequency is stable
- 0 = INTOSC frequency is not stable

bit 1-0　**SCS1:SCS0:** System Clock Select bits
- 1x = Internal oscillator block
- 01 = Secondary (Timer1) oscillator
- 00 = Primary oscillator

Note 1: Reset state depends on state of the IESO Configuration bit.

2: Source selected by the INTSRC bit (OSCTUNE<7>), see text.

3: Default output frequency of INTOSC on Reset.

#027～028 行將設定 PORTD 的輸入/輸出腳功能，其中 bit<7:1>爲輸入，bit0 爲輸出。PIC 系列微控制器藉由 TRISX 及 PORTX，其中 X 可爲 A～E。TRISX 爲資料方向暫存器，控制腳位爲輸入(1)或者是輸出(0)；PORTX 爲資料閂鎖暫存器，控制腳位爲 High 高電位(1)或者是 Low 低電位(0)。

BSF 指令

功能描述：將 f 暫存器內的第 b 個位元設定爲 1。a = 0，代表使用 Access Bank；a=1，代表使用 GPR Bank(預設)。

語法：BSF f, b {,a}

運算元：$0 \le f \le 255$

$0 \le b \le 7$

$a \in [1,0]$

動作：$1 \rightarrow$ f<b>

影響狀態：無

程式碼大小：1 個字組

指令週期：1

範例：BSF FLAG_REG, 7, 1

執行前：FLAG_REG = 0Ah

執行後：FLAG_REG = 8Ah

BCF 指令

功能描述：將 f 暫存器內的第 b 個位元設定爲 0。a = 0，代表使用 Access Bank；a=1，代表使用 GPR Bank(預設)。

語法：BCF f, b {,a}

運算元：$0 \le f \le 255$

$0 \le b \le 7$

$a \in [1,0]$

動作：$0 \rightarrow$ f<b>

影響狀態：無

程式碼大小：1 個字組

指令週期：1

範例：BCF FLAG_REG, 7, 1

執行前：FLAG_REG = C7h

執行後：FLAG_REG = 47h

#031 行程式將 PORTD 的位元 0 腳設定爲高電位，此時點亮 LED；#033 行程式將 PORTD 的位元 0 腳設定爲低電位此時熄滅 LED。

CALL 指令

功能描述：副程式呼叫範圍涵蓋整個 2M 程式記憶體空間。執行 CALL 時首先將返回位址(PC＋4)推入返回堆疊中(假使‘s’=1，W，STATUS 及 BSR 暫存器全都推入相對的 WS，STATUSS 及 BSRS 暫存器；假使‘s’=0，將不做上述動作)。最後將 20-bit 數值’k’存入 PC<20:1>中。

語法：CALL　k{,s}

運算元：$0 \leq k \leq 1048575$

　　$s \in [1,0]$

動作：(PC)+4 → TOS,

　　k→PC<20:1>;

　　if s=1,

　　(W) →WS,

　　(STATUS) →STATUSS,

　　(BBR) → BSRS

影響狀態：無

程式碼大小：2 個字組

指令週期：2

範例：HERE CALL THERE, 1

執行前：PC = address(HERE)

執行後：PC = address (THERE) TOS = address (HERE + 4), WS = W, BSRS = BSR,STATUSS = STATUS

#032 及#034 行程式呼叫延時程式。

5-4-4-3 巨集指令

#050 及#052 指令屬於巨集指令，可在 prlx.asm 中找到 djnz 的定義如下：

```
djnz   MACRO fr,addr
  decfsz fr,F
  goto addr
  ENDM
```

實際在程式碼中會使用到的基本指令如下：

DECFSZ 指令

功能描述：將 f 暫存器減 1，如果結果為 0 將跳過下一個指令。d = 0，結果放置 W 中；d = 1，結果放置 f 中(預設)。a = 0，代表使用 Access Bank；a = 1，代表使用 GPR Bank(預設)。

語法：DECFSZ f {,d {,a}}

運算元：$0 \le f \le 255$

$d \in [1,0]$

$a \in [1,0]$

動作：(f) −1 → dest, skip 假使結果為 0

影響狀態：無

程式碼大小：1 個字組

指令週期：1(2)

如果跳躍後的指令為 2 字組指令，指令週期為 3

範例：HERE　DECFSZ　CNT, 1, 1

GOTO LOOP

CONTINUE

執行前：PC = Address(Here)

執行後：CNT = CNT −1

if CNT = 0 ; PC = Address(CONTUNUE)

if CNT ≠ 0 ; PC = Aress(HERE + 2)

GOTO 指令

功能描述：可跳躍至整個 2M 程式記憶體空間的位址。

語法：GOTO　k

運算元：$0 \le k \le 1048575$

動作：k→PC<20:1>;

影響狀態：無

程式碼大小：2 個字組

指令週期：2

範例：GOTO THERE

執行後：PC = Address (THERE)，跳躍至 THERE 的位址。

5-4-5　MPLAB IDE 使用教學

介紹完成範例 0 所需之知識後，將使用 MPLAB IDE 提供之組譯器及軟體模擬器，組譯器將組合語言組譯成機械碼；軟體模擬器將在 PC 上模擬範例 0 在 18F4520 中之動作。

5-4-5-1　MPLAB IDE 操作

先將所需要的 ex0 資料夾從光碟片抓至 D 槽，並將其唯讀屬性移除。在桌面快點兩下 MPLAB IDE v8.20 圖示兩次，如圖 5-5 所示。

▲ 圖 5-5　MPLAB IDE v8.20 程式操作 1

點下 Project，如圖 5-6 所示。

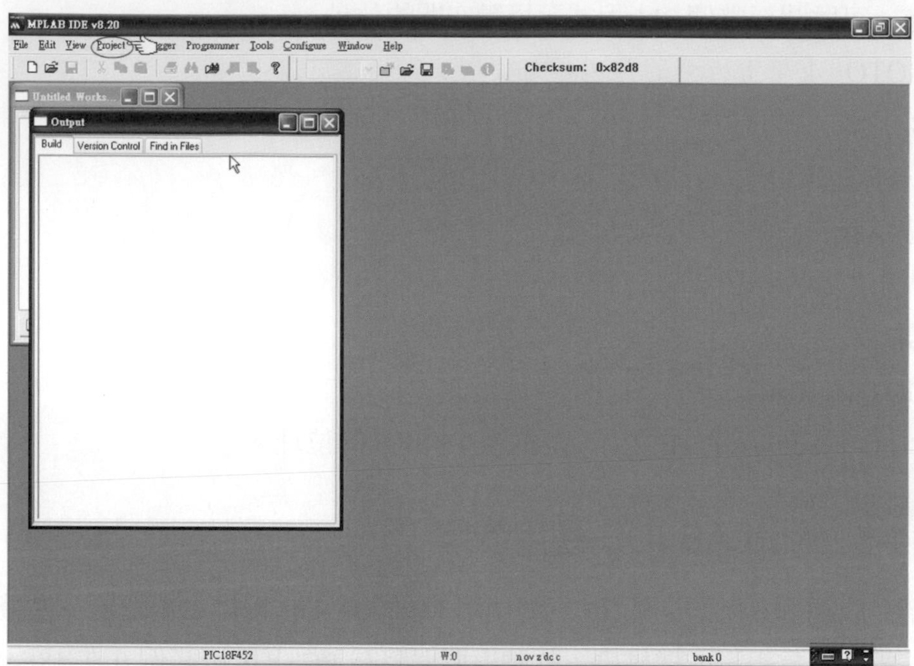

▲ 圖 5-6　MPLAB IDE v8.20 程式操作 2

點下 Project Wizard，如圖 5-7 所示。

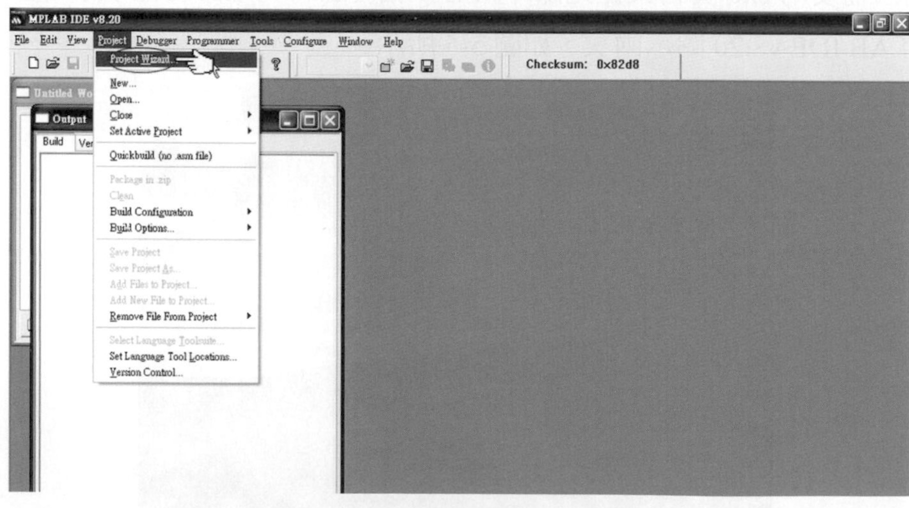

▲ 圖 5-7　MPLAB IDE v8.20 程式操作 3

點下"下一步(N)"，如圖 5-8 所示。

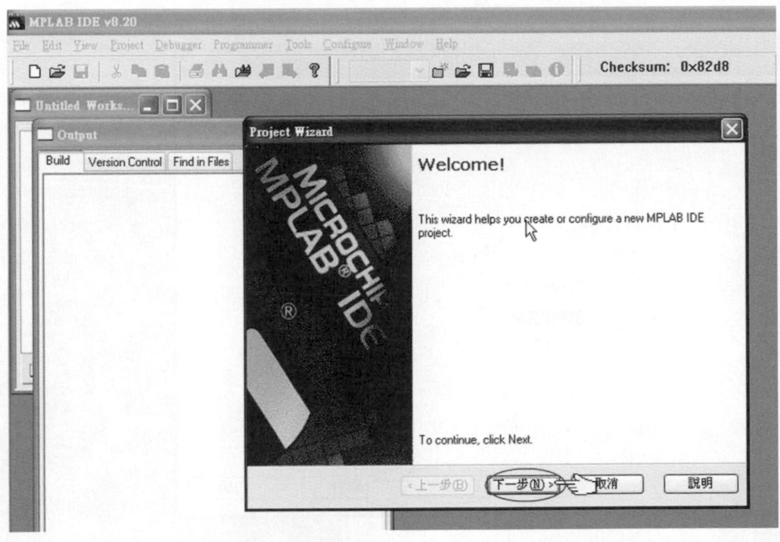

▲ 圖 5-8　MPLAB IDE v8.20 程式操作 4

選取 PIC18F4520，圖 5-9 所示。

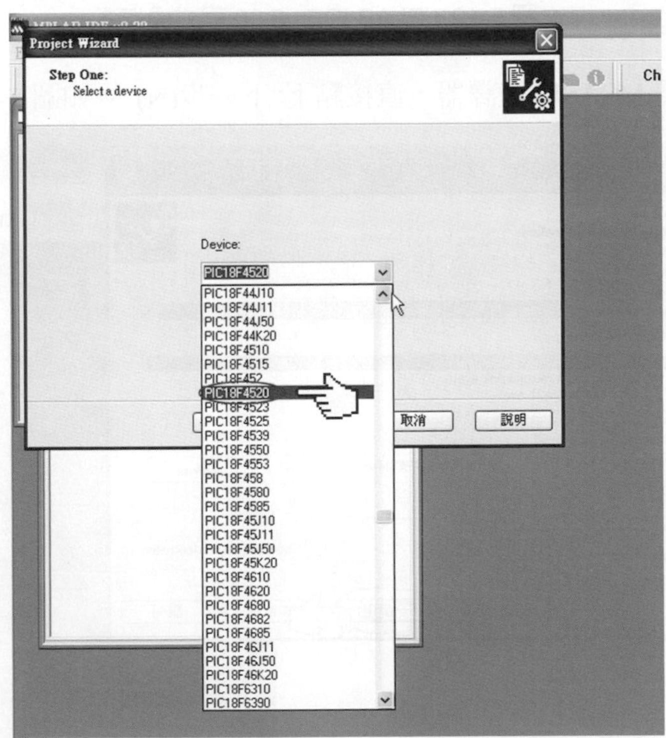

▲ 圖 5-9　MPLAB IDE v8.20 程式操作 5

點下"下一步(N)"，如圖 5-10 所示。

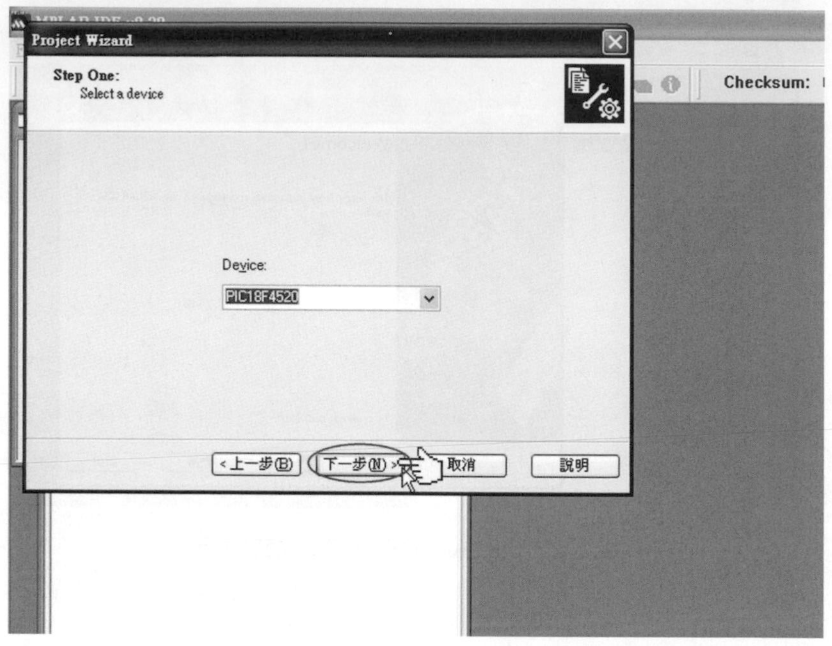

▲ 圖 5-10 PLAB IDE v8.20 程式操作 6

此頁面爲選擇 MSASM 組譯器，直接點下"下一步(N)"，如圖 5-11 所示。

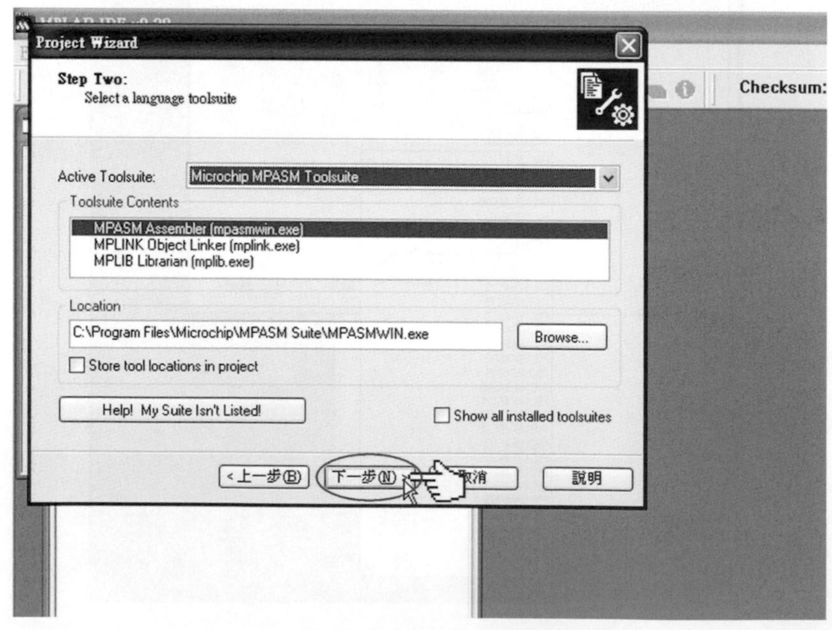

▲ 圖 5-11 MPLAB IDE v8.20 程式操作 7

新建一個專案檔，點下“Browse”，選擇存放專案的路徑，如圖 5-12 所示。

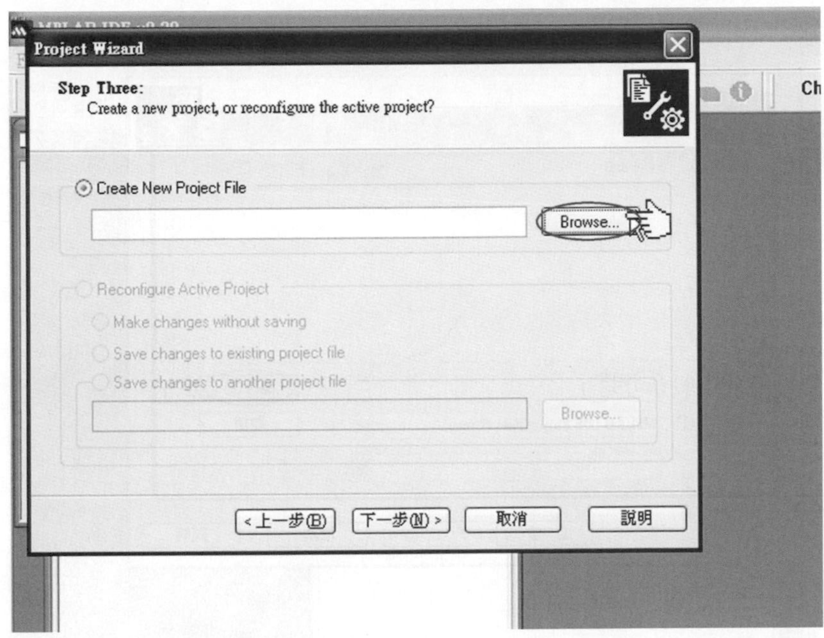

▲ 圖 5-12　MPLAB IDE v8.20 程式操作 8

選擇 D 槽下 ex0 的資料夾，如圖 5-13 所示。

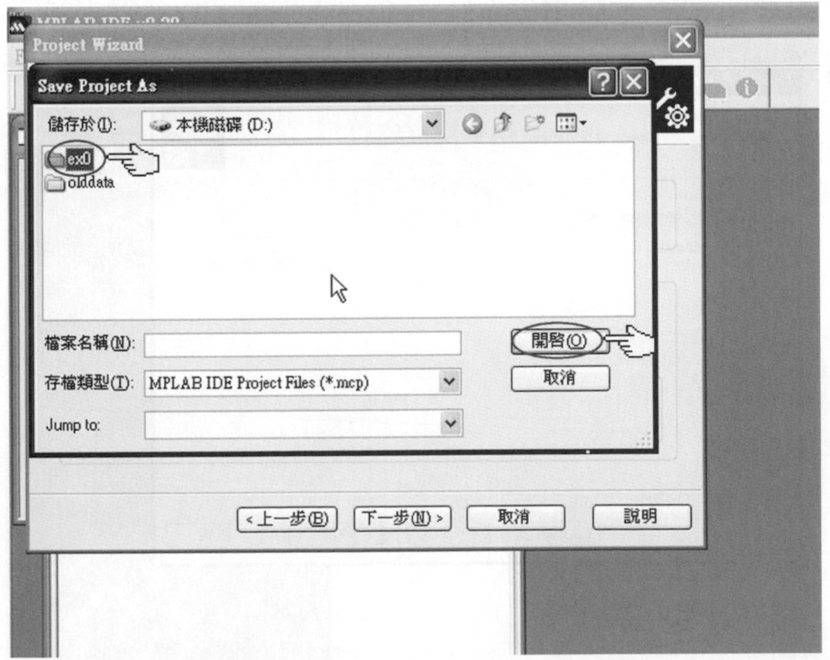

▲ 圖 5-13　MPLAB IDE v8.20 程式操作 9

於檔案名稱欄爲中輸入"ex0"，然後按下"儲存"，如圖 5-14 所示。

▲ 圖 5-14 MPLAB IDE v8.20 程式操作 10

按下"下一步"，如圖 5-15 所示。

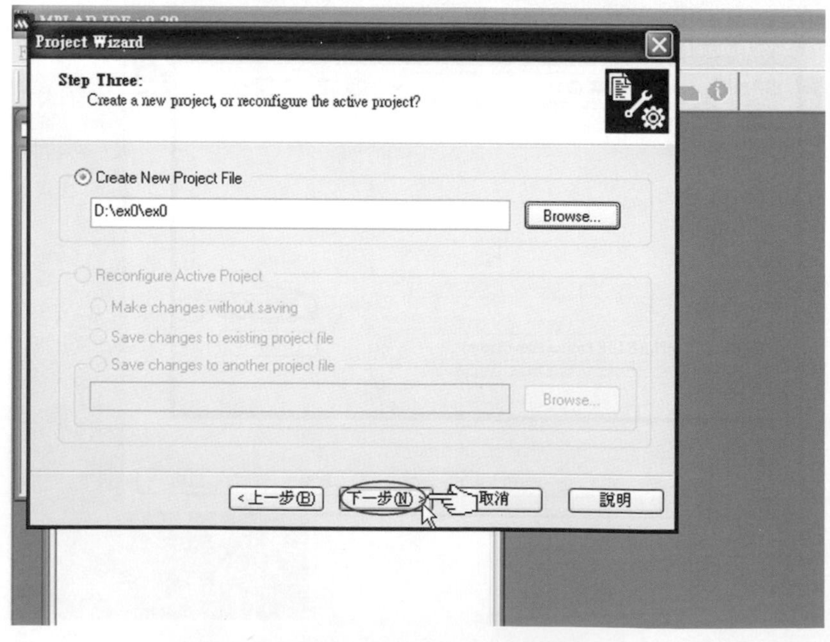

▲ 圖 5-15 MPLAB IDE v8.20 程式操作 11

點選"main.asm"，再按下"Add"，然後按下"下一步"，如圖 5-16 所示。

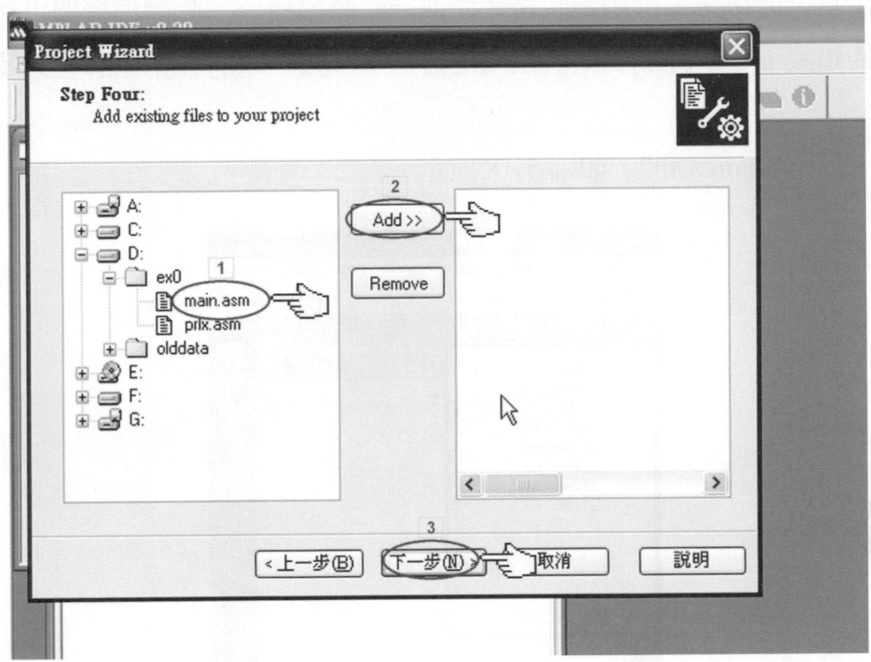

▲ 圖 5-16　MPLAB IDE v8.20 程式操作 12

按下"完成"，如圖 5-17 所示。

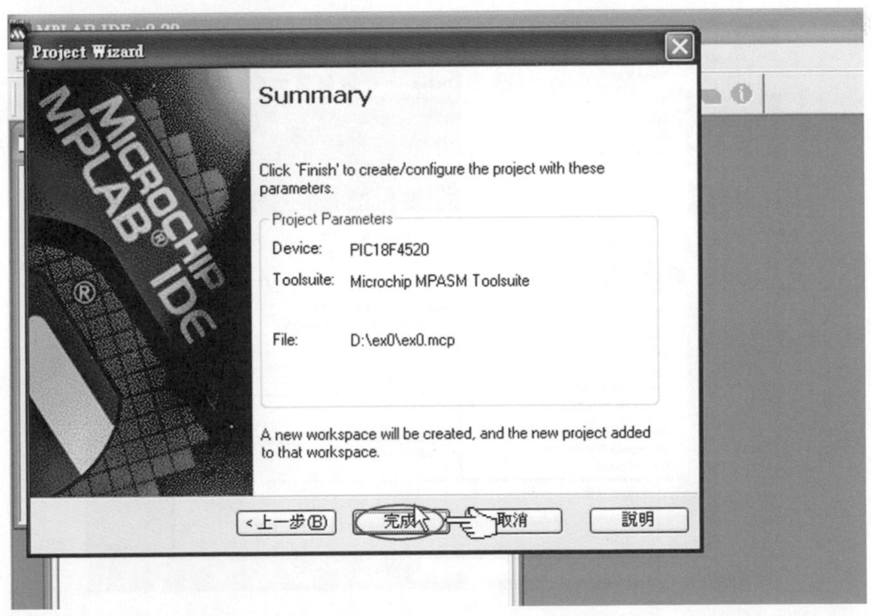

▲ 圖 5-17　MPLAB IDE v8.20 程式操作 13

5-4-5-2 MPLAB IDE SIM

程式撰寫完成後，需經由組譯後才能進行軟體模擬器。軟體模擬器可在排除硬體可能發生的錯誤下，單純測試軟體撰寫是否正確。接下來將介紹組譯程式及使用軟體模擬器。

首先，點選"main.asm"，如圖 5-18 所示。

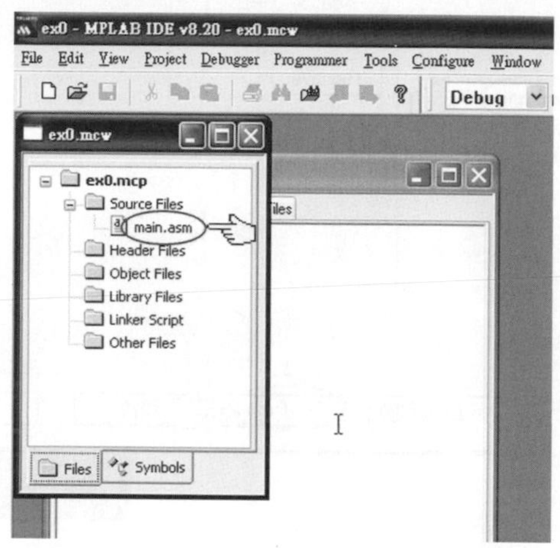

▲ 圖 5-18　顯示 main.asm 的內容

點選"Project 下的 Make(或直接按下 F10 鍵盤鍵)"進行組譯，如圖 5-19 所示。

▲ 圖 5-19　組譯 main.asm

選擇 Absolute 或 Relocalable code，Absolute code 可直接使用於 18F4520 的機械碼；但是 Relocalable code 需再經由 MPLINK 連結後才能產生機械碼。本篇範例都是以 Absolute code 撰寫，所以請點選 Absolute code，如圖 5-20 所示。

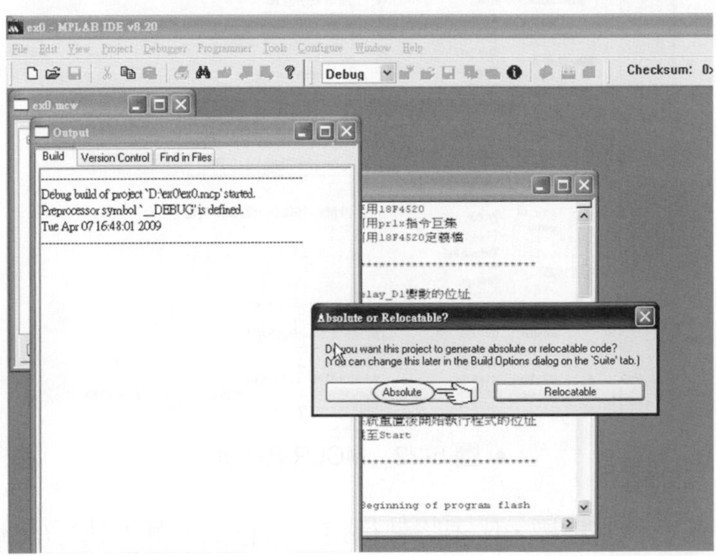

▲ 圖 5-20　選擇 Absolute code

程式組譯成機械碼就可進行軟體模擬，其步驟爲按下“Debugger→Select Tool→MPLAB SIM”，如圖 5-21 所示。

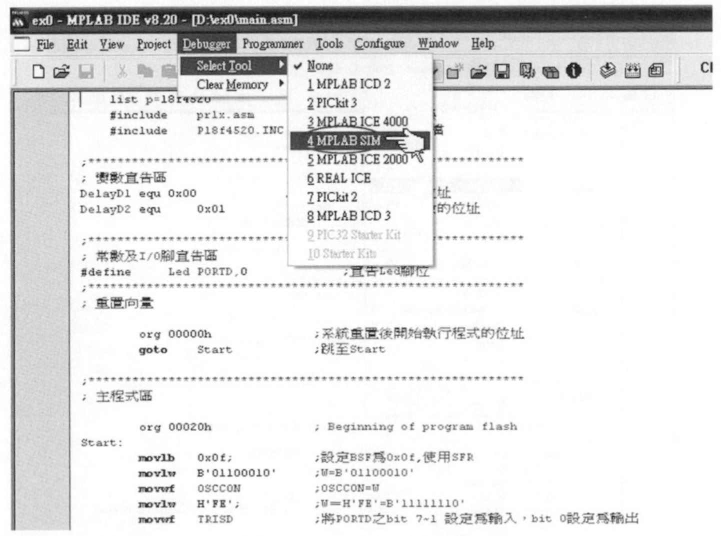

▲ 圖 5-21　軟體模擬器

點選"Reset→MCLR Reset"，將 18F4250 重置，如圖 5-22 所示。

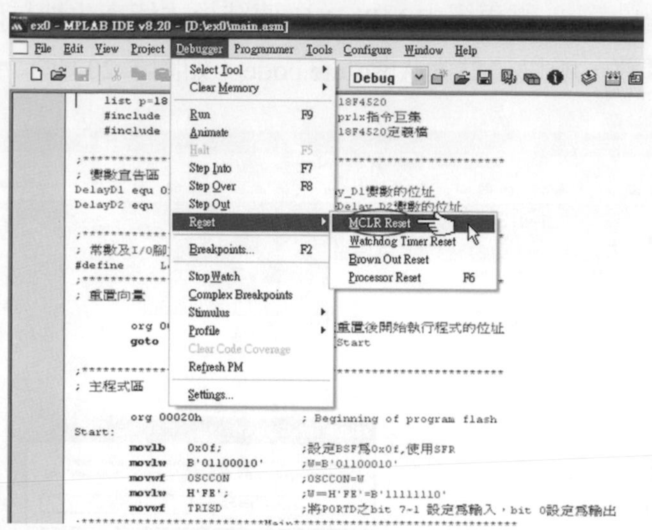

▲ 圖 5-22　MCLR Reset

左邊綠色箭頭爲程式指標，代表將執行這一行程式，單步執行(Step Into)功能爲按下一次(或按下 F7 鍵盤鍵)執行一行指令，如圖 5-23 所示。Step Into、Step Over 與 Step Out 功能相似，都是單步執行。不同處在於：Step Into 會逐步執行每個指令；Step Over 會將副程式當作一個指令執行，即不會進入副程式中執行每個指令，而是將整個副程式執行完畢；Step Out 會將已進入到副程式中之程式，執行至副程式結束。

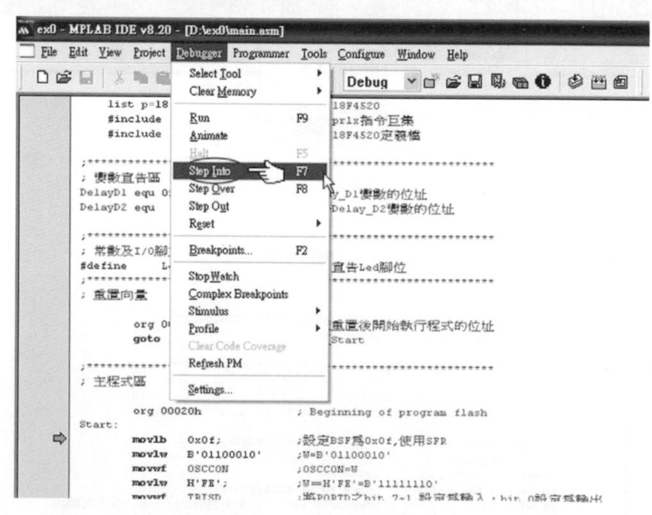

▲ 圖 5-23　單步執行功能

除了單步執行的功能外，還可以觀看 SFR 內容值，點選"View→Special Function Registers"，如圖 5-24 所示。

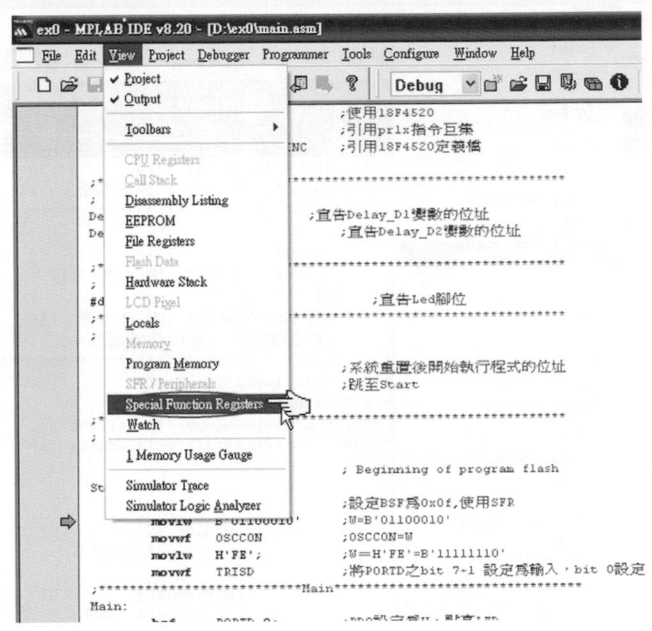

▲ 圖 5-24　顯示 SFR 內容值

當執行完#025 行 movlw B'01100010'後(程式指標將指向此行之下一行)，在 SFR 視窗中移至位址 FE8 中，此時 WREG 內容值爲 0x62，代表程式正確執行，如圖 5-25 所示。

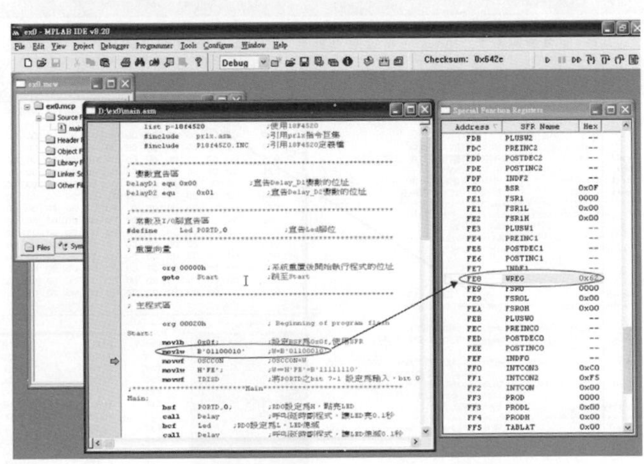

▲ 圖 5-25　程式與 SFR 內容值說明

顯示 GPR 內容值，資料記憶體都放置在 GPR 中，如圖 5-26 所示。

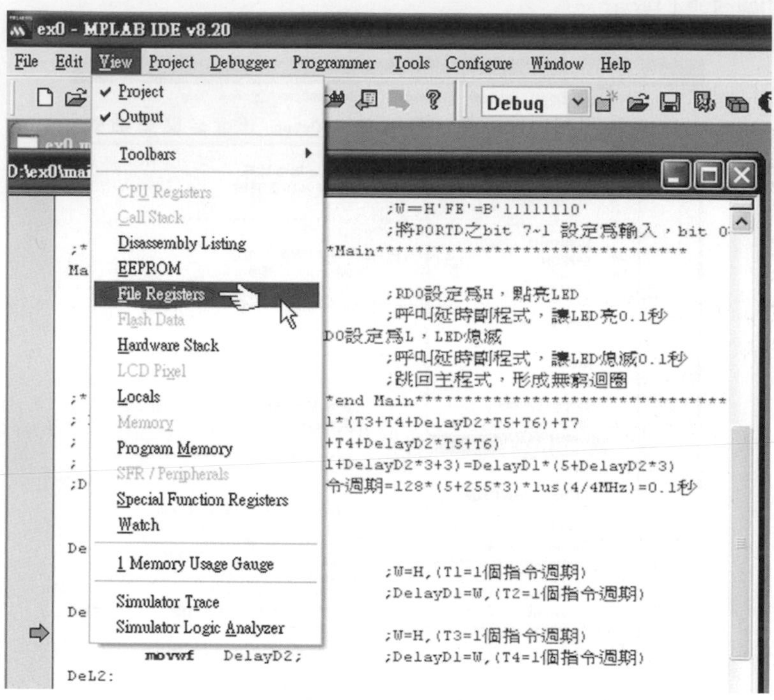

▲ 圖 5-26 顯示 GPR

執行完#048 行 movwf DelayD2 後，可在 GPR 中看到位址 00 及 01 的內容值，分別為 80 與 FF(16 進制)，代表已正確存入 GPR 中，如圖 5-27 所示。

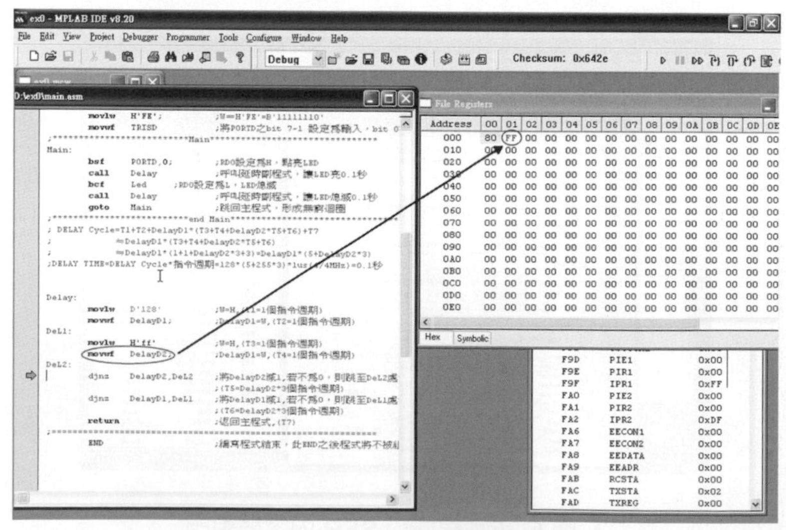

▲ 圖 5-27 程式與 GPR 內容值說明

當執行到巨集指令 djnz 時，因為非 PIC 原有之指令，為了觀察其替代過後之 PIC 指令，需顯示 Disassembly Listing，如圖 5-28 所示。

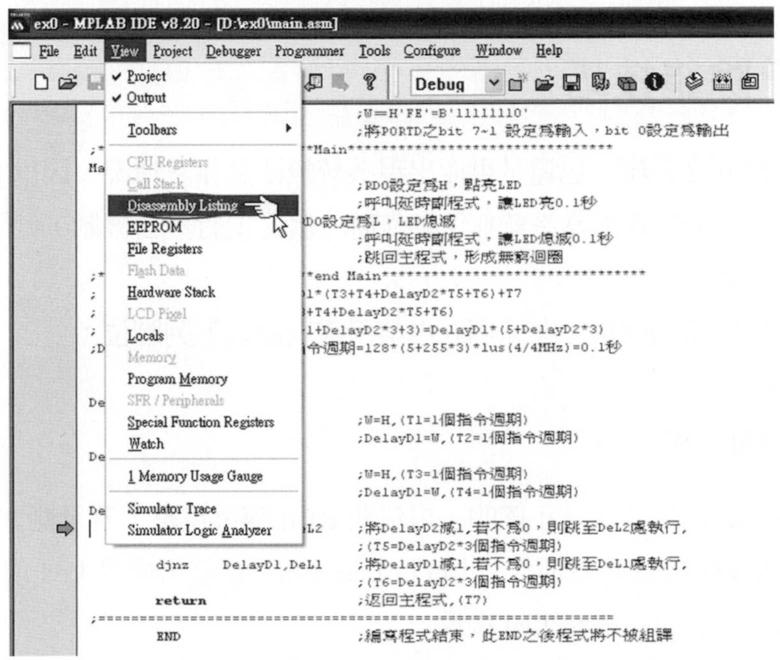

▲ 圖 5-28　顯示 Disassembly Listing

替代 djnz 巨集之 PIC 指令，如圖 5-29 所示。

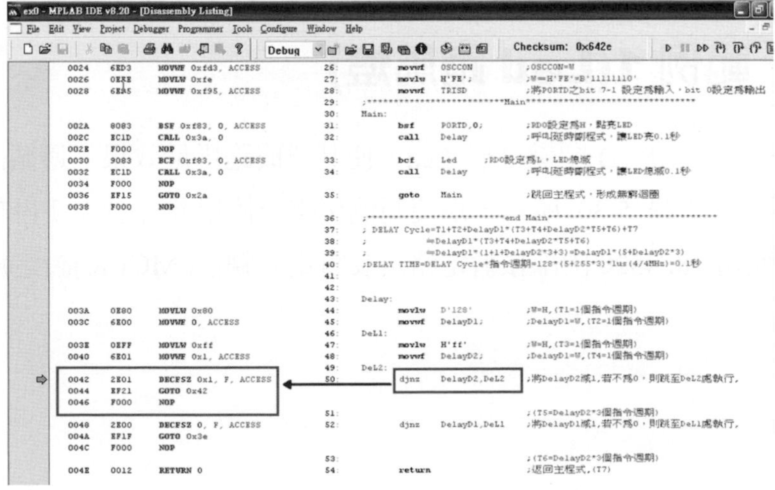

▲ 圖 5-29　替代 djnz 巨集之 PIC 指令

使用上述之技巧，就可以在 PC 上進行程式除錯，待程式正確後再燒錄至 18F4520 中，插入硬體電路中運轉系統。

5-5 除錯技巧

簡單如範例 0 之系統，也還是可能出現系統無法動作之情況。因爲必須硬體、軟體配合得當系統才能運作。當系統無法動作時，就必須有一套機制，判斷到底是硬體或者軟體發生問題。

首先針對硬體電路除錯，在範例 0 中請用電表測試下列腳位：

1. V_{DD}(32 腳)：+ 5V。
2. GND (12 腳)：0V。

當這些腳位之電壓値都是正確的，再量測 RD0 腳位電壓，若量測 5V 及 0V 電壓間隔發生，代表 18F4520 正確運作。此時若 Led 不亮，那就可能是 Led 或電阻的問題，對於初學者而言，很有可能是 Led 接反。

除錯技巧就像使用一把刀一樣，先把整個發生問題的系統，切割成軟體、硬體兩部分，再針對每個部分做測試、除錯。甚至硬體及軟體也需要切至更小部分，進行除錯，使用此觀念解決系統發生的問題，相信會提升除錯能力。

5-6 範例 1(Led 跑馬燈)

範例 1 爲使用 PORTD 驅動 8 顆 Led，使其達成跑馬燈效果。遵循硬體、軟體設計步驟。硬體設計如圖 5-30 所示，爲使範例接線及使用元件愈少使得學習 18F4520 愈單純，在此使用 18F4520 內部振盪電路及及將重置腳位($\overline{\text{MCLR}}$)設定爲 RE3 功能。

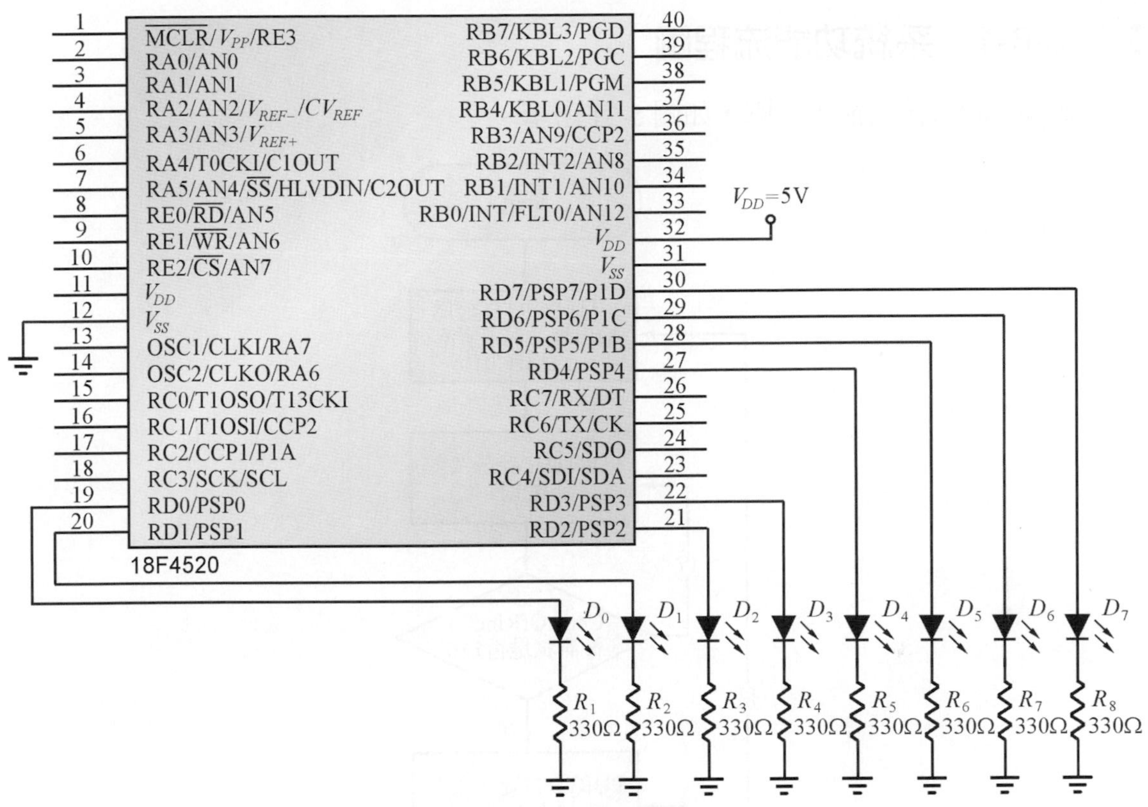

▲ 圖 5-30　範例 1 硬體電路

5-6-1 系統功能流程圖

範例 1 的系統功能流程圖，如圖 5-31 所示。

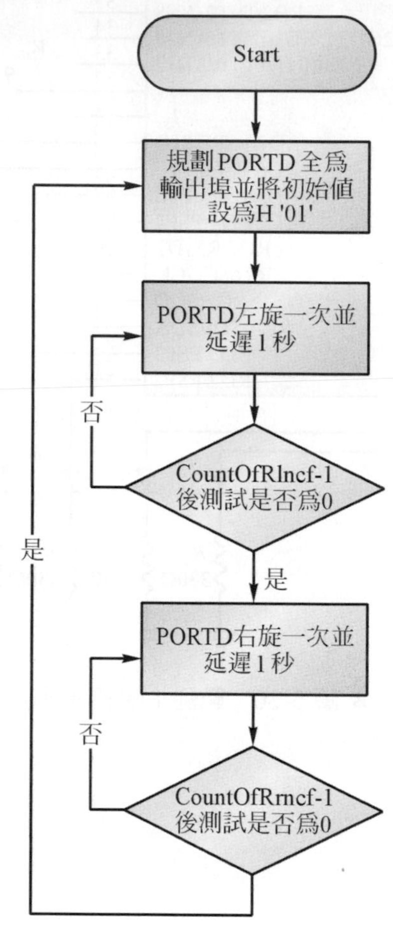

▲ 圖 5-31 範例 1 系統功能流程圖

5-6-2 範例 1 程式碼

```
;範例 1：PORTD=H'01',左旋 7 次後，再右旋 7 次。
;
 list p=18f4520                    ;使用 18F4520
 #include    prlx.asm              ;引用 prlx 指令巨集
 #includeP18f4520.INC              ;引用 18F4520 定義檔
```

```
;*****************************************************************
; 變數宣告區
DelayD1        equ      0x00          ;宣告 Delay_D1 變數的位址
DelayD2        equ      0x01          ;宣告 Delay_D2 變數的位址
CountOfRlncf equ      0x02
CountOfRrncf equ      0x03
;*****************************************************************
; 常數及 I/O 腳宣告區
;*****************************************************************
;重置向量
     org     00000h              ;系統重置後開始執行程式的位址
     goto    Start               ;跳至 Start
;*****************************************************************
; 主程式區
     org     00020h              ;Beginning of program flash
Start:
     movlb   0x0f;               ;設定 BSF 爲 0x0f,使用 SFR
     movlw   B'01100010'         ;W=B'01100010'
     movwf   OSCCON              ;OSCCON=W
     movlw   H'00';              ;W=H'FE'=B'00000000'
     movwf   TRISD               ;將 PORTD 之 bit 7～0 設定爲輸出
     movl    PORTD,H'01'         ;PORTD=H'01',RD0 設定爲 H，點亮 LED
;*************************Main***************************
Main:
```

```
    movlCountOfRlncf,D'7'
M_L1:
    rlncf   LATD                    ;左旋 LATD 一個位元
    call    Delay
    djnz    CountOfRlncf,M_L1
;-----------------------------------
    movl    CountOfRrncf,D'7'
M_L2:
    rrncf   LATD;                   ;右旋 LATD 一個位元
    call    Delay
    djnz    CountOfRrncf,M_L2
    goto    Main                    ;跳回主程式，形成無窮迴圈
;****************************end Main***********************
; DELAY Cycle=T1+T2+DelayD1*(T3+T4+DelayD2*T5+T6)+T7
;            ≒DelayD1*(T3+T4+DelayD2*T5+T6)
;            ≒DelayD1*(1+1+DelayD2*3+3)=DelayD1*(5+DelayD2*3)
;DELAY TIME=DELAY Cycle*指令週期=130*(5+255*3)*1us(4/4MHz)=0.1 秒
Delay:
    movlw   D'130'        ;W=H,(T1=1 個指令週期)
    movwf   DelayD1,0;    ;DelayD1=W,(T2=1 個指令週期)
DeL1:
    movlw   H'ff'         ;W=H,(T3=1 個指令週期)
    movwf   DelayD2,0;    ;DelayD1=W,(T4=1 個指令週期)
DeL2:
    djnz   DelayD2,DeL2 ;將 DelayD2 減 1,若不為 0,則跳至 DeL2 處執行,
                        ;(T5=DelayD2*3 個指令週期)
    djnz    DelayD1,DeL1;將 DelayD1 減 1,若不為 0,則跳至 DeL1 處執行,
                        ;(T6=DelayD2*3 個指令週期)
    return              ;返回主程式,(T7)
;==============================================================
    END                           ;編寫程式結束，此 END 之後程式將不被組譯
```

軟體設計如下，分成幾個區域。

引用檔區(程式碼#001～#003)：

第 1 行告知組譯器使用何種微控制器，第 2 行引用 pxlx 巨集檔，第 3 行引用 PIC18F4520 定義檔。

宣告區(程式碼#003～#016)：

包含常數、變數及輸入輸出腳位宣告區，使用這些宣告的好處爲給予這些變數們名稱，使程式設計師易於辨識與修改。

程式放置區(程式碼#020～#066)：

因爲 PIC18F4520 重置後讀取程式的第一個位址爲 00000H，所以程式從程式碼 org 0000h 的下一行開始放置，在標記(Start)與標記(Main)之間的程式碼只會執行一次，適合做初始值設定。在標記(Main)與程式碼(goto Main)爲主程式，在此範圍內的程式將會重複執行。

#037～#040 行將整個 PORTD 左旋 7 次(從低位元往高位元旋轉)；同理，#043～#046 行將整個 PORTD 右旋 7 次(從高位元往低位元旋轉)。

5-6-3　指令說明

本書於程式說明是以先見林再見樹的方式撰寫，對於程式所要完成的功能先行說明，再對使用到指令逐一解說，將程式系統化、簡單化，使學習者專心於本範例的重點。

5-6-3-1　基本指令

RLNCF 指令

功能描述：將 f 暫存器內含值左旋一個位元。d = 0，結果放置 W 中；d = 1，結果放置 f 中(預設)。a = 0，代表使用 Access Bank；a = 1，代表使用 GPR Bank(預設)。

語法：RLNCF f {,d {,a}}

運算元：$0 \le f \le 255$

$d \in [1,0]$

$a \in [1,0]$

動作：f<n>→ dest<n+1>,

f<7>→dest<0>

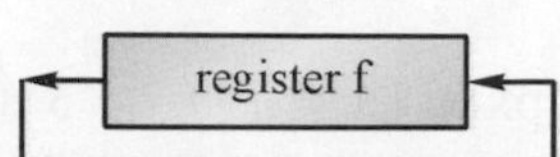

影響狀態：N,Z

程式碼大小：1 個字組

指令週期：1

範例：RLNCF REG, 1, 0

執行前：REG = 1010 1011

執行後：REG = 0101 0111

RRNCF 指令

功能描述：將 f 暫存器內含值右旋一個位元。d = 0，結果放置 W 中；d = 1，結果放置 f 中(預設)。a = 0，代表使用 Access Bank；a = 1，代表使用 GPR Bank(預設)。

語法：RRNCF f {,d {,a}}

運算元：$0 \le f \le 255$

$d \in [1,0]$

$a \in [1,0]$

動作：f<n>→ dest<n-1>,

f<0>→dest<7>

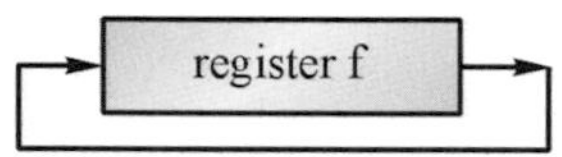

影響狀態：N,Z

程式碼大小：1 個字組

指令週期：1

範例：RRNCF REG, 1, 0

執行前：REG = 1101 0111

執行後：REG = 1110 1011

5-6-3-2　巨集指令

#033 指令屬於巨集指令，可在 prlx.asm 中找到 movl 的定義如下：

```
Movl   MACRO fr,L
       movlw L
       movwf fr
       ENDM
```

5-7 範例 2(自激式蜂鳴器)

範例 2 功能為使用 RD1 腳驅動自激式蜂鳴器(嗶兩短聲，一長聲)，遵循硬體、軟體設計步驟。硬體設計如圖 5-32 所示。為使範例接線及使用元件愈少，使得學習 18F4520 愈單純，在此使用 18F4520 內部振盪電路及將重置腳位($\overline{\text{MCLR}}$)設定為 RE3 功能。

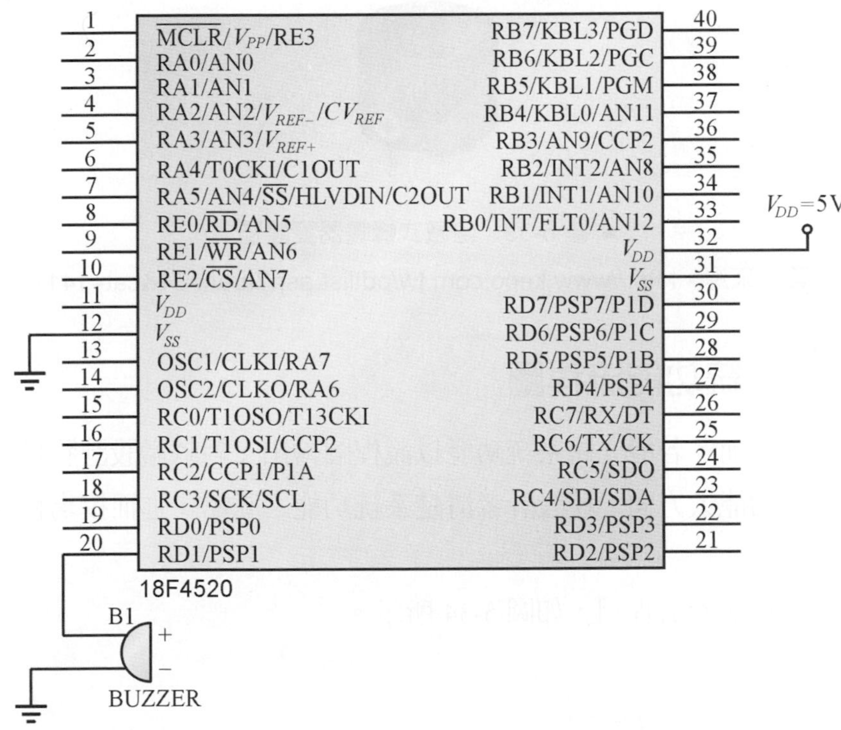

▲ 圖 5-32　範例 2 硬體電路

5-7-1 零件介紹

市售蜂鳴器依其驅動方式可分爲自激式與他激式：

1. 自激式的蜂鳴器是將驅動線路直接設計到蜂鳴器中，故只需給予直流電壓，內含的驅動電路就會產生設計好的頻率及電壓給蜂鳴器發聲，但因爲驅動電路頻率是固定的，只能產生同一音頻之聲音。
2. 他激式的蜂鳴器，需由外部線路給予方波的信號，才會發聲。因爲頻率可以自行設計，故可選擇其音頻。

蜂鳴器依其製作方式又可分爲分爲電磁式及壓電式兩種：

1. 電磁式：由電流驅動，聲音較大但較爲耗電。
2. 壓電式：半導體電壓轉換陶磁片振動，由電壓驅動(陶磁片)，較省電但聲音較小。

本範例使用自激式 12mm 電磁式蜂鳴器，編號爲 KPX 1205A。其規格爲 5V,85dB,30mA，共鳴頻率爲 2300±300Hz。(注意極性)

▲ 圖 5-33 自激式蜂鳴器實體圖

(資料來源：http://www.kepo.com.tw/pdtlist.asp?area=31&cat=141)

5-7-2 系統功能流程圖

進行軟體撰寫前，若能先將系統功能以流程圖繪出，對軟體設計將是非常大的助力。它提供系統功能大方向，使設計者清楚系統功能之脈絡，進而撰寫程式將功能完成。

範例 2 的系統功能流程圖，如圖 5-34 所示。

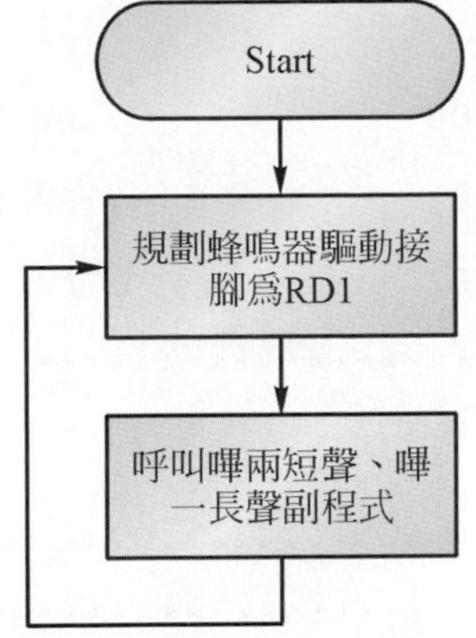

▲ 圖 5-34　範例 2 系統功能流程圖

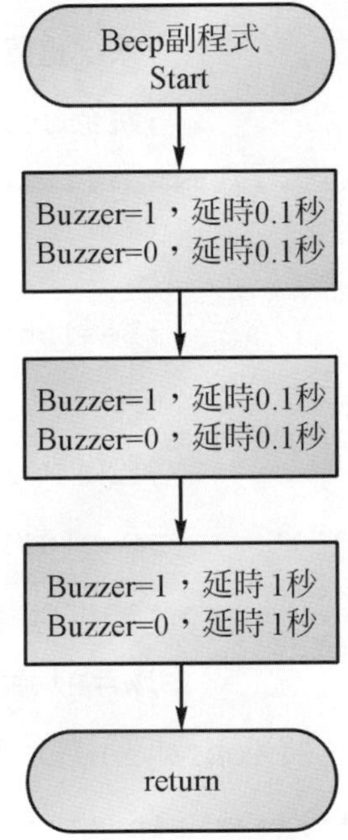

▲ 圖 5-35　Beep 副程式功能流程圖

5-7-3　範例 2 程式碼

```
list p=18f4520            ;使用 18F4520
#include prlx.asm         ;引用 prlx 指令巨集
#include P18f4520.INC     ;引用 18F4520 定義檔
;**************************************************************
```

```
; 變數宣告區
DelayD1    equu    0x00            ;宣告 Delay_D1 變數的位址
DelayD2    equ     0x01            ;宣告 Delay_D2 變數的位址
DelayT1D1 equ      0x02            ;宣告 Delay_D2 變數的位址
;*************************************************************
; 常數及 I/O 腳宣告區
#define        Buzzer  PORTD,1     ;宣告 Led 腳位
;*************************************************************
; 重置向量

     org      00000h          ;系統重置後開始執行程式的位址
     goto     Start           ;跳至 Start
;*************************************************************
; 主程式區
     org      00020h          ;Beginning of program flash
Start:
     movlb    0x0f;           ;設定 BSF 爲 0x0f,使用 SFR
     movlw    B'01100010'     ;W=B'01100010'
     movwf    OSCCON          ;OSCCON=W
     movlw    H'FD';          ;W=H'FE'=B'11111101'
     movwf    TRISD    ;將 PORTD 之 bit 1 設定爲輸出，其餘 bit 設定爲輸入
;**************************Main*********************************
Main:
     call     Beep            ;呼叫 Beep 副程式
     goto     Main            ;跳回主程式，形成無窮迴圈
******************************end Min*************************
; DELAY Cycle=T1+T2+DelayD1*(T3+T4+DelayD2*T5+T6)+T7
;             ≒DelayD1*(T3+T4+DelayD2*T5+T6)
;             ≒DelayD1*(1+1+DelayD2*3+3)=DelayD1*(5+DelayD2*3)
```

```
;DELAY TIME=DELAY Cycle*指令週期=128*(5+255*3)*1us(4/4MHz)=0.1 秒
Delay:
        movlw    D'128'              ;W=H,(T1=1 個指令週期)
        movwf    DelayD1;            ;DelayD1=W,(T2=1 個指令週期)
DeL1:
        movlw    H'ff'               ;W=H,(T3=1 個指令週期)
        movwf    DelayD2;            ;DelayD1=W,(T4=1 個指令週期)
DeL2:
        djnz     DelayD2,DeL2;將 DelayD2 減 1,若不為 0,則跳至 DeL2 處執行,
                                     ;(T5=DelayD2*3 個指令週期)
        djnz     DelayD1,DeL1;將 DelayD1 減 1,若不為 0,則跳至 DeL1 處執行,
                                     ;(T6=DelayD2*3 個指令週期)
        return                       ;返回主程式,(T7)
******************************end Min************************
;DELAY TIME=DelayT1D1*0.1=10*0.1=1 秒
DelayT1:
        movlw    D'10'
        movwf    DelayT1D1           ;DelayD1=W,(T2=1 個指令週期)
DeT1L1:
        call     Delay
        djnz     DelayT1D1,DeT1L1    ;將DelayD1減1,若不為0,則跳至DeL1處執行,
        return                       ;返回主程式,(T7)
;===================================================================
Beep:
        bsf      Buzzer              ;Buzzer 響
        call     Delay               ;短時間延時副程式
        bcf      Buzzer              ;Buzzer 不響
        call     Delay               ;短時間延時副程式

```

```
#063        bsf       Buzzer              ;Buzzer 響
#064        call      Delay               ;短時間延時副程式
#065        bcf       Buzzer              ;Buzzer 不響
#066        call      Delay               ;短時間延時副程式
#067
#068        bsf       Buzzer              ;Buzzer 響
#069        call      DelayT1             ;長時間延時副程式
#070        bcf       Buzzer              ;Buzzer 不響
#071        call      DelayT1             ;長時間延時副程式
#072        return
#073 ;=================================================================
#074        END                           ;編寫程式結束，此 END 之後程式將不被組譯
```

軟體設計如下，分成幾個區域。

引用檔區(程式碼#001～#003)：

第 1 行告知組譯器使用何種微控制器，第 2 行引用 pxlx 巨集檔，第 3 行引用 PIC18F4520 定義檔。

宣告區(程式碼#005～#008)：

包含常數、變數、及輸入輸出腳位宣告區，使用這些宣告的好處為給予這些變數們名稱，使程式設計師易於辨識與修改。

程式放置區(程式碼#015～#074)：

因為 PIC18F4520 重置後讀取程式的第一個位址為 00000H，所以程式從程式碼 org 0000h 的下一行開始放置，在標記(Start)與標記(Main)之間的程式碼只會執行一次，適合做初始值設定。在標記(Main)與程式碼(goto Main)為主程式，在此範圍內的程式將會重複執行。

主程式(#027～029 行)不停執行呼叫 Beep 副程式。Delay 副程式(#031～046 行)延時 0.1 秒；DelayT1 副程式(#049～055 行)延時 1 秒(藉由呼叫 Delay 副程式達成)。

5-8 範例 3(他激式蜂鳴器)

範例 3 使用他激式蜂鳴器重複發出 C 調之低音 Do 至高音 Do。硬體設計如圖 5-36 所示，爲使範例接線及使用元件愈少使得學習 18F4520 愈單純，在此使用 18F4520 內部振盪電路及將重置腳位($\overline{\text{MCLR}}$)設定爲 RE3 功能。

因爲每個輸出腳位只能輸出 25mA 之電流，對於需要流過較大電流之他激式蜂鳴器，必須使用電晶體 1384 放大電流，以產生較大的聲音。(同樣的原理也適用於自激式蜂鳴器)

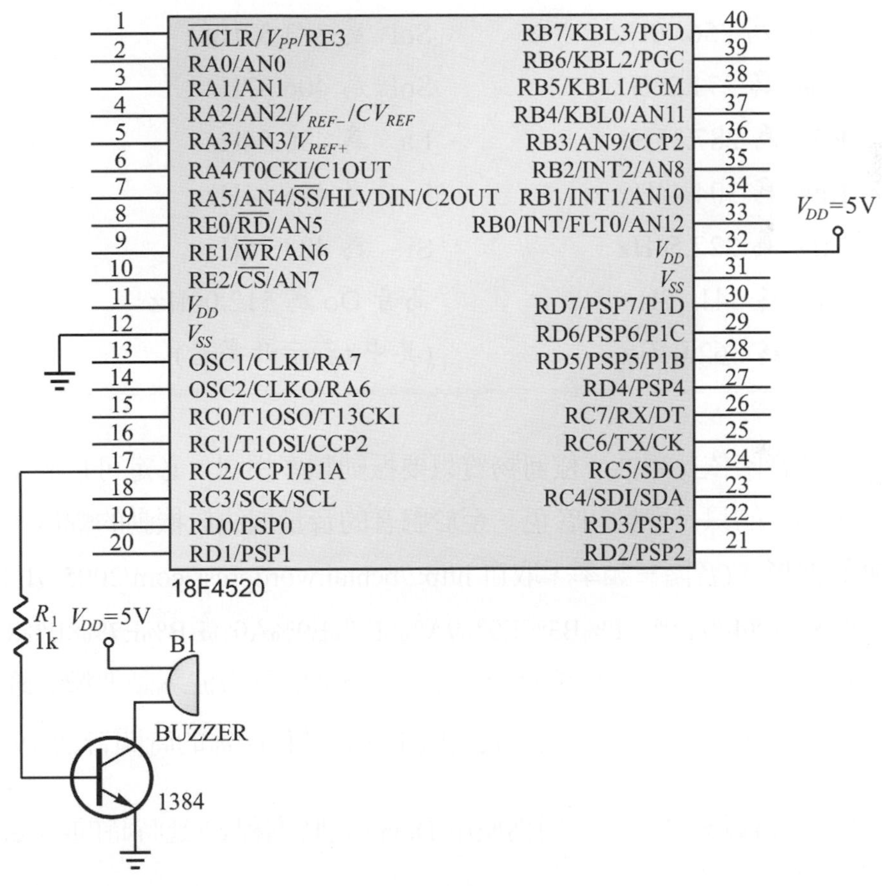

▲ 圖 5-36　範例 3 電路圖

5-8-1　音階頻率

頻率的基本單位是“赫”(Hz)，也就是每秒鐘振動的次數。物質振動得越快，產生的聲音越高。一般人的耳朵可以聽到的聲音頻率，至少可以涵蓋 20Hz 到 20kHz。

音樂中所謂的「八度音」(octave)，指的是某個音階與其高音音階的距離，如中央音的 Do 與高音的 Do。在物理學上，高八度的音調的頻率正好是原音調頻率的兩倍。而十二平均律就是將這八度分成十二個半音，這十二個半音的頻率是依幾何數列(即等比數列)排列，並不是以算術數列(即等差數列)平均排列的。因此，它們的公比是 2 的 12 次方根，約等於 1.05946，也就是每高半音則聲音頻率提高 1.05946 倍，反之則降低。以 C 調爲例，中央音 Do 的頻率爲 256Hz，高音 Do 的頻率爲 512Hz，其間分佈的各個半音的頻率如下表(四捨五入取到小數點後第二位)：

中央音 Do　爲 256.00Hz	Sol　爲 383.57Hz
Do#　爲 271.22Hz	Sol# 爲 406.37Hz
Re　爲 287.35Hz	La　爲 430.54Hz
Re#　爲 304.44Hz	La#　爲 456.14Hz
Mi　爲 322.54Hz	Si　爲 483.26Hz
Fa　爲 341.72Hz	高音 Do 爲 512.00Hz
Fa#　爲 362.04Hz	(其中#表示升半音)

其他上下各音階依此類推。任何物質只要振動頻率相同，必定可以發出同一個相對應的音階，不同的只是音量和音色。至於聲音的音量取決於振動的幅度，而音色則取決於振動的波形。(音階－頻率，取自 http://bentai.wordpress.com/2005/01/12/%E8%BD%89%E9%8C%84-%E9%9F%B3%E9%9A%8E-%E9%A0%BB%E7%8E%87/)

爲了讓他激式蜂鳴器發出低音 Do，必須以 256Hz 之方波驅動他激式蜂鳴器。因爲 $T=\frac{1}{f}=\frac{1}{256}=$ 3906.25μ秒，所以方波信號 H、L 準位所需的時間皆爲 1953.125μ秒 $\left(\frac{3906.25}{2}\mu\text{秒}\right)$，如圖 5-37 所示。因爲使用 Delay 延時副程式(延時時間= DelayD1×(5 + DelayD2×3))來計算時間，且把 DelayD2 固定爲 1，可知當 $\text{DelayD1}=\frac{1953.125}{8}=244$ 時，就可產生所需的方波信號。於範例 3 資料夾中的音階頻率、週期計算檔案已經計算出，發出各個音調 SoundData 所需的內容值。

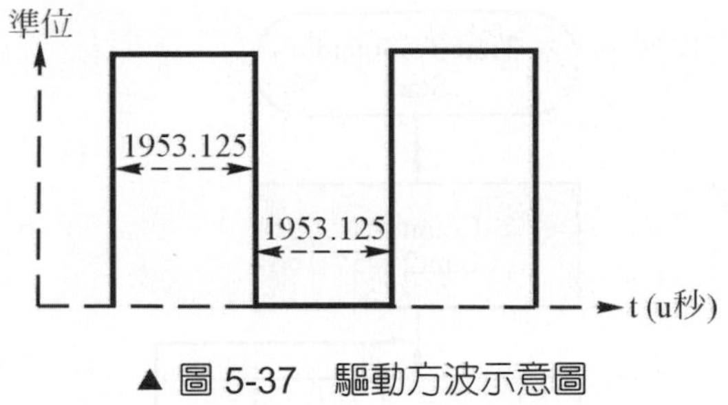

▲ 圖 5-37　驅動方波示意圖

5-8-2　系統功能流程圖

進行軟體撰寫前，若能先將系統功能以流程圖繪出，對軟體設計將是非常大的助力。它提供系統功能大方向，使設計者清楚系統功能之脈絡，進而撰寫程式將功能完成。

範例 3 的系統功能流程圖，如圖 5-38 所示。

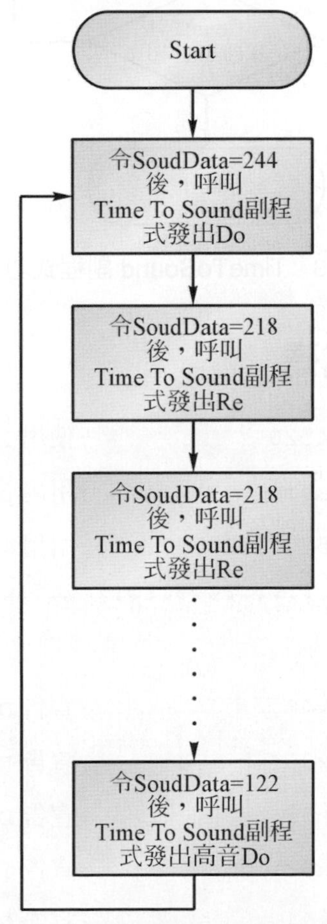

▲ 圖 5-38　範例 3 系統功能流程圖

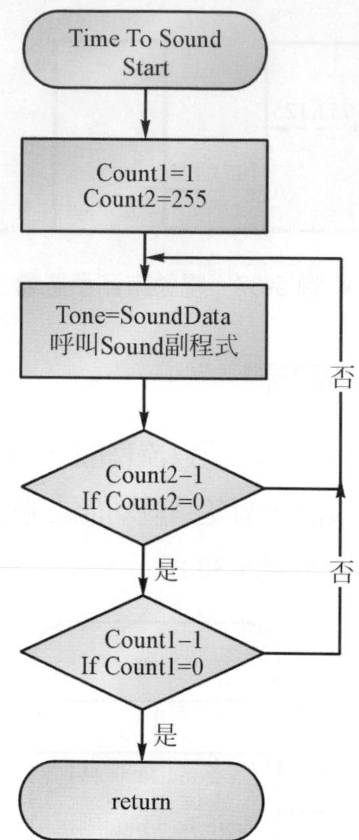

▲ 圖 5-39　TimeToSound 副程式功能流程圖

5-8-3　範例 3 程式碼

```
list         p=18f4520          ;使用 18F4520
#include     prlx.asm           ;引用 prlx 指令巨集
#include     P18f4520.INC       ;引用 18F4520 定義檔
;****************************************************************
; 變數宣告區
DelayD1      equ 0x00           ;宣告 Delay_D1 變數的位址
DelayD2      equ 0x01           ;宣告 Delay_D2 變數的位址
Tone         equ 0x02           ;宣告 Delay_D2 變數的位址
SoundData    equ 0x03           ;宣告 Tone 變數的位址
Count1       equ 0x04           ;宣告 Count1 變數的位址
Count2       equ 0x05           ;宣告 Count2 變數的位址
```

```
;**************************************************************
; 常數及 I/O 腳宣告區
#define       Buzzer   PORTC,2       ;宣告 Buzzer 腳位
;**************************************************************
; 重置向量
      org     00000h                 ;系統重置後開始執行程式的位址
      goto    Start                  ;跳至 Start
;**************************************************************
; 主程式區
      org     00020h                 ;Beginning of program flash
Start:
      movlb   0x0f;                  ;設定 BSR 為 0x0f,使用 SFR
      movlw   B'01100010'            ;W=B'01100010'
      movwf   OSCCON                 ;OSCCON=W
      movlw   H'FB';                 ;W＝H'FE'=B'11111011'
      movwf   TRISC         ;將 PORTC 之 bit 2 設定為輸出，其餘為輸入
;*************************Main******************************
Main:
      movl    SoundData,D'244'       ;SoundData=244，發出 Do
      call    ToSound
      movl    SoundData,D'218'       ;SoundData=218，發出 Re
      call    TimeToSound
      movl    SoundData,D'194'       ;SoundData=194，發出 Mi
      call    TimeToSound
      movl    SoundData,D'183'       ;SoundData=183，發出 Fa
      call    TimeToSound
      movl    SoundData,D'163'       ;SoundData=163，發出 Sol
      call    TimeToSound
      movl    SoundData,D'145'       ;SoundData=145，發出 La
```

```
        call    TimeToSound
        movl    SoundData,D'129'     ;SoundData=244，發出 Si
        call    TimeToSound
        movl    SoundData,D'122'     ;SoundData=244，發出高音 Do
        call    TimeToSound
        goto    Main                 ;跳回主程式，形成無窮迴圈
*************************end Main****************************
;發音副程式將執行 Count1:Count2 組成的 16 bit 次數，以十進制來計算就是
;Count1*256+Count2=256+255=511 次
TimeToSound:
        movlw   D'1';
        movwf   Count1;         ;Count1=1
Time_L1:
        movlw   D'255'
        movwf   Count2;         ;Count2=255
Time_L2:
        movff   SoundData,Tone  ;Tone=SoundData
        call    Sound           ;呼叫發音副程式
        djnz    Count2,Time_L2;將Count2 減1,若不為0,則跳至Time_L2 處執行,
        djnz    Count1,Time_L1  ;將Count1 減1,若不為0，則跳至Time_L1 處執行,

        return
;**************************************************************
Sound:
        bsf     Buzzer          ;Buzzer 通電
        call    Delay           ;呼叫延時副程式
        bcf     Buzzer          ;Buzzer 斷電
        call    Delay           ;呼叫延時副程式
```

```
#069        return
#070 ;************************************************************
#071 ; DELAY Cycle=T1+T2+DelayD1*(T3+T4+DelayD2*T5+T6)+T7
#072 ;              ≒DelayD1*(T3+T4+DelayD2*T5+T6)
#073 ;              ≒DelayD1*(1+1+DelayD2*3+3)=DelayD1*(5+DelayD2*3)
#074 ;DELAY TIME=DELAY Cycle*指令週期=Tone*(5+1*3)*1us(4/4MHz)=0.1 秒
#075 ;            =Tone*8us
#076 Delay:
#077        movff   Tone,DelayD1;    ;DelayD1=W,(T2=1 個指令週期)
#078 DeL1:
#079        movlw   D'1'             ;W=H,(T3=1 個指令週期)
#080        movwf   DelayD2;         ;DelayD1=W,(T4=1 個指令週期)
#081 DeL2:
#082        djnz    DelayD2,DeL2 ;將 DelayD2 減 1,若不為 0,則跳至 DeL2 處執行,
#083                             ;(T5=DelayD2*3 個指令週期)
#084        djnz    DelayD1,DeL1 ;將 DelayD1 減 1,若不為 0,則跳至 DeL1 處執行,
#085                         ;(T6=DelayD2*3 個指令週期)
#086        return           ;返回主程式,(T7)
#087 ;=============================================================
#088        END              ;編寫程式結束，此 END 之後程式將不被組譯
```

軟體設計如下，分成幾個區域：

引用檔區(程式碼#001～#003)：

第 1 行告知組譯器使用何種微控制器，第 2 行引用 pxlx 巨集檔，第 3 行引用 PIC18F4520 定義檔。

宣告區(程式碼#005～#011)：

包含常數、變數、輸入輸出腳位宣告區，使用這些宣告的好處為給予這些變數們名稱，使程式設計師易於辨識與修改。

程式放置區(程式碼#016～#067)：

因爲 PIC18F4520 重置後讀取程式的第一個位址爲 00000H，所以程式從程式碼 org 0000h 的下一行開始放置，在標記(Start)與標記(Main)之間的程式碼只會執行一次，適合做初始值設定。在標記(Main)與程式碼(goto Main)爲主程式，在此範圍內的程式將會重複執行。

主程式(#029～046 行)先將 SoundData 設定完成，再呼叫 TimeToSound 副程式發出各音調。因爲不管何種音調都重複 511 次(見 TimeToSound 副程式註解)，週期較長之音調，發音時間較長；反之，則較短。

5-8-4 指令說明

本書於程式說明是以先見林再見樹的方式撰寫，對於程式所要完成的功能先行說明，再對使用到指令逐一解說，將程式系統化、簡單化，使學習者專心於本範例的重點。

5-8-4-1 基本指令

MOVFF 指令(MOV f to f)

功能描述：將 fs 內容值數搬移至 fd。

語法：MOVFF　fs,fd

運算元：$0 \leq fs \leq 4095$

$0 \leq fd \leq 4095$

動作：(fs) → fd

影響狀態：無

程式碼大小：2 個字組

指令週期：2(3)

範例：MOVFF REG1, REG2

執行前：REG1 = 33h，REG2＝11h

執行後：REG1 = 33h，REG=33h

5-9 範例 4(七段顯示器 0～9)

範例 4 使用七段顯示器顯示數字 0～9，每隔 1 秒鐘遞增一個數字。硬體設計如圖 5-40 所示，爲使範例接線及使用元件愈少，使得學習 18F4520 愈單純，在此使用 18F4520 內部振盪電路及將重置腳位($\overline{MCLR}$)設定爲 RE3 功能。

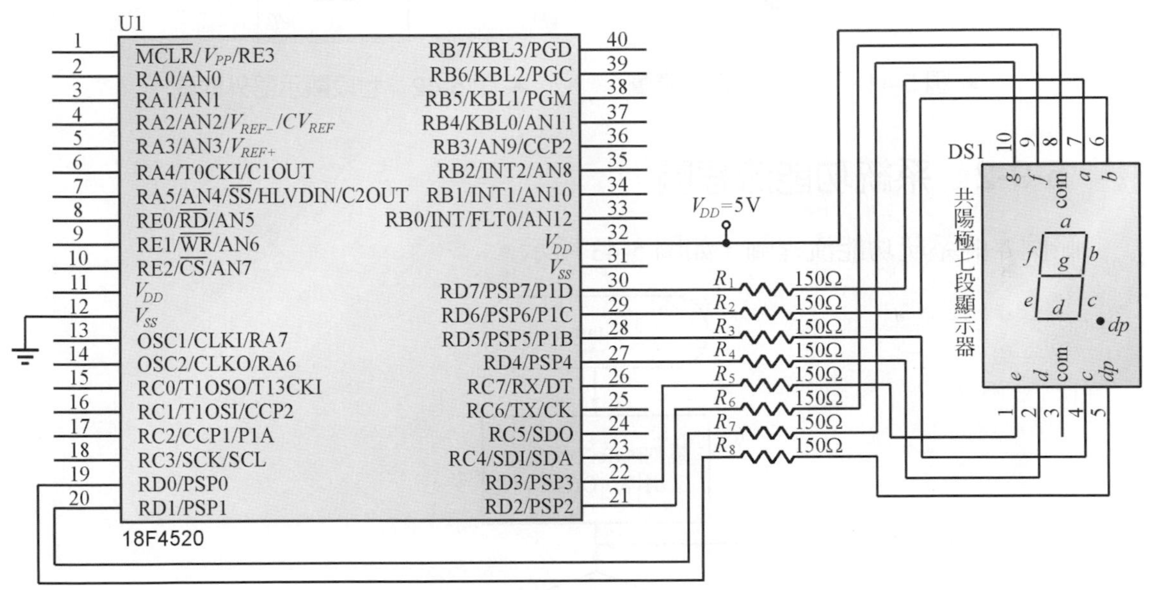

▲ 圖 5-40　範例 4 硬體電路

5-9-1　零件介紹

人類使用的數字系統爲 0～9 之十進制，而電子計算機基本運算都是使用 0 與 1 之二進制。爲了能讓人類解譯電子計算機運算結果，電子零件商將 LED 排列成圖 5-41，若將共陽極接於同一點，則稱爲共陽極七段顯示器。同理，若將其陰極接於同一點則稱爲共陰極七段顯示器。圖 5-42 爲七段顯示器外觀圖，與圖 5-41 爲對應關係。欲使七段顯示器顯示數字“3”，只要將相對應 a, b ,c , d, g 位置的 LED 通電即可。

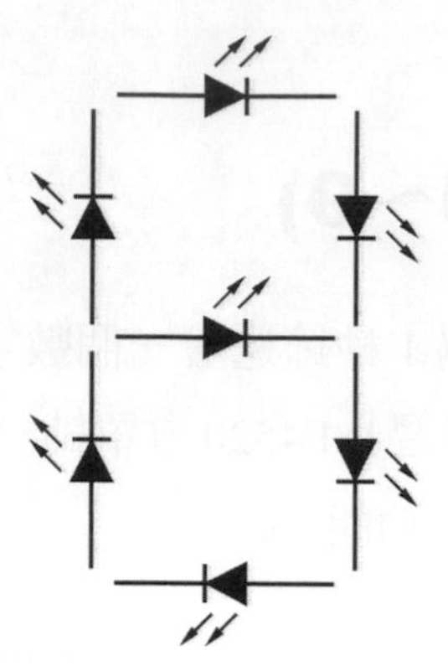

▲ 圖 5-41　七段顯示器示意圖

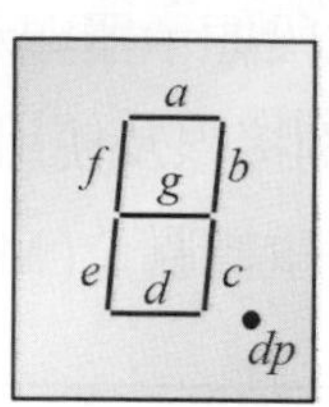

▲ 圖 5-42　七段顯示器外觀圖

5-9-2　系統功能流程圖

範例 4 的系統功能流程圖，如圖 5-43 所示。

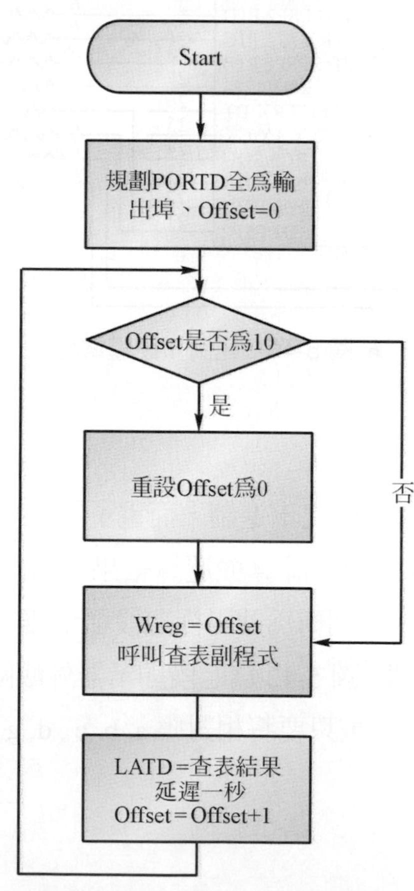

▲ 圖 5-43　範例 4 系統功能流程圖

爲了讓每一位數的七段顯示器動作，本範例搭配硬體設計，使用查表法查詢共陽極七段顯示器之顯示碼，其顯示字型碼，如表 5-2 所示。其中七段顯示器 a～g 腳分別接至 RD7～RD1。以字型碼 0 爲例，七段顯示器 a～f 腳都爲 0，g 及 dp 皆爲 1。由此可知 PORTD(7：0) = 00000011(二進位) = 03H(十六進位)。依序將各個字型碼完成，稍後即可使用查表法，抓取相對應之字型碼。

▼ 表 5-2　七段顯示器字形表(共陽極)

腳位 / 數字	a (RD7)	b (RD6)	c (RD5)	d (RD4)	e (RD3)	f (RD2)	g (RD1)	Dp (RD0)	PORTD (16 進制)
0	0	0	0	0	0	0	1	1	03H
1	1	0	0	1	1	1	1	1	9FH
2	0	0	1	0	0	1	0	1	25H
3	0	0	0	0	1	1	0	1	0DH
4	1	0	0	1	1	0	0	1	99H
5	0	1	0	0	1	0	0	1	49H
6	1	1	0	0	0	0	0	1	C1H
7	0	0	0	1	1	0	1	1	1BH
8	0	0	0	0	0	0	0	1	01H
9	0	0	0	1	1	0	0	1	19H

5-9-3　範例 4 程式碼

```
list p=18f4520              ;使用 18F4520
#include    prlx.asm        ;引用 prlx 指令巨集
#includeP18f4520.INC        ;引用 18F4520 定義檔
;*************************************************************
; 變數宣告區
DelayD1    equ 0x00         ;宣告 Delay_D1 變數的位址
DelayD2    equ 0x01         ;宣告 Delay_D2 變數的位址
Offset     equ 0x02         ;查表法偏移變數，代表七段顯示器顯示値
```

```
Delay1s  equ 0x03                    ;延遲一秒變數
;*************************************************************
; 常數及 I/O 腳宣告區
#define       Led PORTD,0            ;宣告 Led 腳位
;*************************************************************
; 重置向量
        org     00000h               ;系統重置後開始執行程式的位址
        goto    Start                ;跳至 Start
;*************************************************************
; 主程式區
        org     00020h               ;Beginning of program flash
Start:
        movlb   0x0f;                ;設定 BSR 爲 0x0f,使用 SFR
        movlw   B'01100010'          ;W=B'01100010'
        movwf   OSCCON               ;OSCCON=W
        movlw   H'00';               ;W＝H'00'=B'00000000'
        movwf   TRISD                ;將 PORTD 之 bit 7～0 設定爲輸出
        movl    Offset,D'0'          ;Offset 初始值爲 0
;*************************Main*****************************
Main:
        cjnel   Offset,D'10',MainL1    ;Offset 不等於 10，跳至 MainL1
        movl    Offset,D'0'          ;Offset 等於 10，將 Offset 設爲 0
MainL1:
        movf    Offset,w             ;W=Offset;
        rlncf   WREG                 ;將 WREG 左旋一位元，相等於乘以 2
        call    Table                ;進行查表，查表結果放置 WREG 中
        movwf   LATD                 ;LATD=WREG
        call    Delay1Sec            ;延遲一秒
        incf    Offset               ;Offset=Offset+1
```

```
        goto    Main            ;跳回主程式，形成無窮迴圈
;**************************end Main***************************
; DELAY Cycle=T1+T2+DelayD1*(T3+T4+DelayD2*T5+T6)+T7
;               ≒DelayD1*(T3+T4+DelayD2*T5+T6)
;               ≒DelayD1*(1+1+DelayD2*3+3)=DelayD1*(5+DelayD2*3)
;DELAY TIME=DELAY Cycle*指令週期=130*(5+255*3)*1us(4/4MHz)=0.1秒
Delay:
        movlw   D'130'              ;W=H,(T1=1個指令週期)
        movwf   DelayD1,0;          ;DelayD1=W,(T2=1個指令週期)
DeL1:
        movlw   H'ff'               ;W=H,(T3=1個指令週期)
        movwf   DelayD2,0;          ;DelayD1=W,(T4=1個指令週期)
DeL2:
        djnz    DelayD2,DeL2;將DelayD2減1,若不為0,則跳至DeL2處執行,
                            ;(T5=DelayD2*3個指令週期)
        djnz    DelayD1,DeL1;將DelayD1減1,若不為0,則跳至DeL1處執行,
                            ;(T6=DelayD2*3個指令週期)
        return              ;返回主程式,(T7)
;***********************************************************
;DELAY TIME=10*0.1=1Sec
Delay1Sec:
        movl    Delay1s,D'10'       ;Delay1s=10
Delay1SecL1:
        call    Delay               ;延遲0.1秒
        djnz    Delay1s,Delay1SecL1;將Delay1s減1,若不為0,則跳至Delay1SecL1
                                    ;處執行,
        return
```

```
#066 ;***********************************************************
#067 Table:
#068         ADDWF    PCL              ;將 WREG 加入現在 PC 中，PC＝PC＋WREG
#069         RETLW    0x03             ;共陽極七段顯示碼 0
#070         RETLW    0x9F
#071         RETLW    0x25
#072         RETLW    0x0D
#073         RETLW    0x99
#074         RETLW    0x49
#075         RETLW    0xC1
#076         RETLW    0x1B
#077         RETLW    0x01
#078         RETLW    0x19             ;共陽極七段顯示碼 9
#079 ;===========================================================
#080         END                       ;編寫程式結束，此 END 之後程式將不被組譯
```

軟體設計如下，分成幾個區域：

引用檔區(程式碼#001～#003)：

第 1 行告知組譯器使用何種微控制器，第 2 行引用 pxlx 巨集檔，第 3 行引用 PIC18F4520 定義檔。

宣告區(程式碼#004～#013)：

包含常數、變數及輸入輸出腳位宣告區，使用這些宣告的好處爲給予這些變數們名稱，使程式設計師易於辨識與修改。

程式放置區(程式碼#015～#080)：

因爲 PIC18F4520 重置後讀取程式的第一個位址爲 00000H，所以程式從程式碼 org 0000h 的下一行開始放置，在標記(Start)與標記(Main)之間的程式碼只會執行一次，適合做初始値設定。在標記(Main)與程式碼(goto Main)爲主程式，在此範圍內的程式將會重複執行。其中#029 行將判斷 Offset 是否爲 0?若是，才執行#030；否則執行#31 行。

#032～#033 將 Offset 存進 WREG 中，並左移一位元(相當於數學乘以 2 功能)。因爲儲存表格中每一個儲存元需佔用兩個 bytes，故乘以 2 才能獲得正確之字型碼。

#032～#033 查表完成後，將字型碼送至 LATD 中顯示，#037 行將 Offset 加 1，抓取下一個字型碼。

#067～#078 是查表副程式。其動作爲：先將欲抓取的偏移量放置 WREG 中，然後呼叫此查表副程式。查表副程式的第一個執行程式爲將 WREG 加入 PC 中，使程式依此偏移量跳躍至正確字形碼處，抓取正確的字型碼存入 WREG 中，返回主程式。以下列程式爲例：

```
Movlw    0
Call     Table
```

執行完上述兩程式後，WREG＝0x03；同理若執行下列兩程式後，WREG = 0X19

```
movlw    9
call     Table
```

5-9-4　指令說明

本書於程式說明是以先見林再見樹的方式撰寫，對於程式所要完成的功能先行說明，再對使用到指令逐一解說，將程式系統化、簡單化，使學習者專心於本範例的重點。

5-9-4-1　基本指令

MOVF 指令

功能描述：將 f 內容值數搬移至目的地。若 d = 0，代表目的地爲 W 暫存器；d = 1，代表代表目的地爲 f 暫存器本身(預設)。若 a = 0，代表使用 Access Bank；a = 1，代表使用 GPR Bank(預設)。

語法：MOVF　f {,d {,a}}

運算元：$0 \le f \le 255$

$d \in [1,0]$

$a \in [1,0]$

動作：f→ 目的

影響狀態：N、Z

程式碼大小：1 個字組

指令週期：1

範例：MOVF　REG, 0, 0

執行前：REG = 22h

W = FFh

執行後：REG = 22h

W = 22h

INCF 指令

功能描述：將 f 內容值加 1 後存至目的地。若 d = 0，代表目的地為 W 暫存器；d = 1，代表代表目的地為 f 暫存器本身(預設)。若 a = 0，代表使用 Access Bank；a = 1，代表使用 GPR Bank(預設)。

語法：INCF　f {,d {,a}}

運算元：$0 \le f \le 255$

$d \in [1,0]$

$a \in [1,0]$

動作：(f)+1→ 目的(dest)

影響狀態：C, DC, N, OV, Z

程式碼大小：1 個字組

指令週期：1

範例：INCF　CNT, 1, 0

執行前：CNT = FFh

Z = 0

C = ?

DC = ?

執行後：CNT = 00h

Z = 1

C = 1

DC = 1

ADDWF 指令

功能描述：將 W 內容值加上 f 內容值中後存至目的地。若 d = 0，代表目的地為 W 暫存器；d = 1，代表代表目的地為 f 暫存器本身(預設)。若 a = 0，代表使用 Access Bank；a = 1，代表使用 GPR Bank(預設)。

語法：ADDWF　f {,d {,a}}

運算元：$0 \le f \le 255$

$d \in [1,0]$

$a \in [1,0]$

動作：(W)+(f)→ 目的(dest)

影響狀態：N, OV, C, DC, Z

程式碼大小：1 個字組

指令週期：1

範例：ADDWF REG, 0, 0

執行前：W = 17h

REG = 0C2h

執行後：W = 0D9h

REG = 0C2h

RELTW 指令

功能描述：將常數值 k 存入 W 後，至堆疊頂層抓取返回位址，並將此返回位址存入 PC，且 PCLATH 不會改變。

語法：RETLW　k

運算元：$0 \le k \le 255$

$s \in [1,0]$

動作：k → W,

TOS→PC,

PCLATU, PCLATH are unchanged

影響狀態：無

程式碼大小：1 個字組

指令週期：2

範例：
```
CALL    TABLE   ; W contains table
                ; offset value
                ; W now has
                ; table value
:
TABLE
ADDWF   PCL     ; W = offset
RETLW   k0      ; Begin table
RETLW   k1 ;
:
:
RETLW   kn      ; End of table
```

執行前：W = 07h

執行後：W = value of k7

5-9-4-2 巨集指令

cjnel 指令屬於巨集指令，可在 prlx.asm 中找到 cjnel 使用到的基本指令，如下所示：

```
cjnel   MACRO fr,L,Addr
        movlw L
        CPFSEQ fr
        goto addr
        ENDM
```

其功能為將 fr 變數與 L 比較，若不相等則跳至 Addr 處執行：若相等則執行此巨集指令的下一個指令。

CPFSEQ 指令 (Compare f with W, Skip if f = W)

功能描述：將 f 暫存器與 W 比較，若相等則跳過下一個指令：若不相等則執行下一個指令。a = 0，代表使用 Access Bank；a = 1，代表使用 GPR Bank(預設)。

語法：CPFSEQ f {,a}

運算元：$0 \leq f \leq 255$

$a \in [0,1]$

動作：(f) - (W),

skip 假使(f)-(W)

(unsigned comparison)

影響狀態：無

程式碼大小：1 個字組

指令週期：1(2)

如果跳躍後的指令為 2 字組指令，指令週期為 3

範例：HERE　CPFSEQ　REG, 0

NEQUAL :

EQUAL :

執行前：PC=Address(Here)

W = ?

REG = ?

執行後：If　REG = W;

PC = Address (EQUAL)

If　REG ≠ W;

PC = Address (NEQUAL)

5-10 範例 5(按鍵次數顯示於 Led)

範例 5 將按鍵 SW1(RB0)被按下的次數顯示於 PORTD 驅動 8 顆 Led。遵循硬體、軟體設計步驟。硬體設計如圖 5-44 所示，為使範例接線及使用元件愈少，使得學習 18F4520 愈單純，在此使用 18F4520 內部振盪電路及將重置腳位($\overline{\text{MCLR}}$)設定為 RE3 功能。

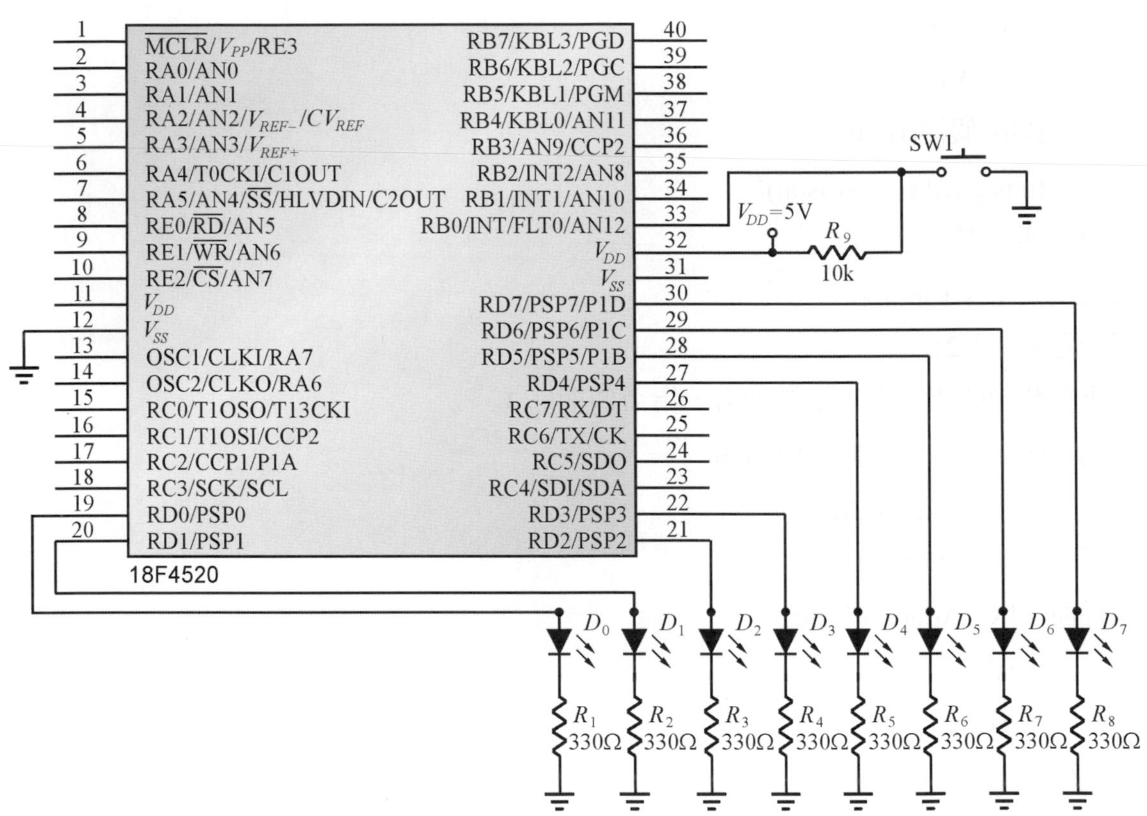

▲ 圖 5-44 範例 5 硬體電路

5-10-1 系統功能流程圖

範例 5 的系統功能流程圖，如圖 5-45 所示。

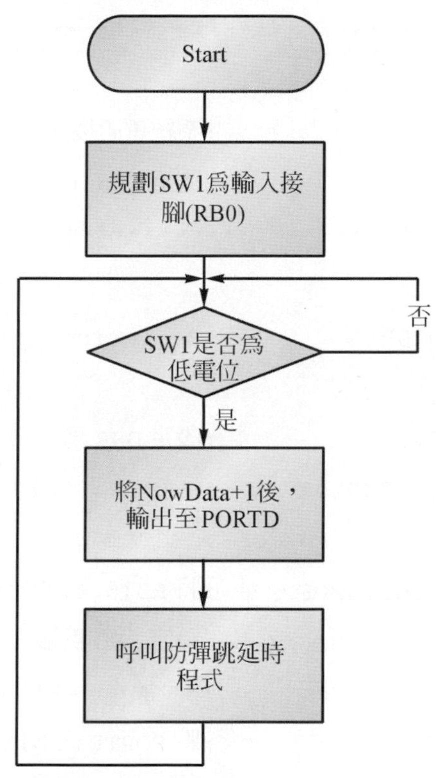

▲ 圖 5-45 範例 5 系統功能流程圖

5-10-2 範例 5 程式碼

```
 list p=18f4520          ;使用 18F4520
 #include    prlx.asm    ;引用 prlx 指令巨集
 #includeP18f4520.INC    ;引用 18F4520 定義檔
;*************************************************************
; 變數宣告區
DelayD1   equ  0x00      ;宣告 Delay_D1 變數的位址
DelayD2   equ  0x01      ;宣告 Delay_D2 變數的位址
NowData   equ  0x02
Delay1s   equ  0x03
```

```
;*************************************************************
; 常數及 I/O 腳宣告區
#define         SW1 PORTB,0         ;宣告輸入腳
;*************************************************************
; 重置向量
        org     00000h              ;系統重置後開始執行程式的位址
        goto    Start               ;跳至 Start
;*************************************************************
; 主程式區
        org     00020h              ;Beginning of program flash
Start:
        movlb   0x0f;               ;設定 BSR 為 0x0f,使用 SFR
        movlw   B'01100010'         ;W=B'01100010'
        movwf   OSCCON              ;OSCCON=W
        movl    ADCON1,0x0F         ;將 RB(0:4)設定為數位腳,而非類比輸入腳
        movl    TRISB,0x01          ;設定 RB0 為輸入
        movlw   H'00';              ;W=H'00'=B'00000000'
        movwf   TRISD               ;將 PORTD 之 bit 7～0 設定為輸出
        movl    LATD,D'0'           ;PORTD 輸出閂鎖器設定為 0
        movl    NowData,D'0'        ;NowData 初始值為 0
;**************************Main*******************************
Main:
        jb      SW1,Main        ;SW1 未被按下，輸入腳為高電壓(1)，跳至 Main
        incf    NowData         ;SW1 被按下,輸入腳為低電壓(0),將 NowData 加 1
        mov     LATD,NowData        ;將 NowData 送至 PORTD 顯示
        call    DelayJmp        ;呼叫防彈跳延遲副程式
        goto    Main            ;跳回主程式，形成無窮迴圈
;************************end Main*******************************
; DELAY Cycle=T1+T2+DelayD1*(T3+T4+DelayD2*T5+T6)+T7
;               ≒DelayD1*(T3+T4+DelayD2*T5+T6)
;               ≒DelayD1*(1+1+DelayD2*3+3)=DelayD1*(5+DelayD2*3)
```

```
#041 ;DELAY TIME=DELAY Cycle*指令週期=130*(5+255*3)*1us(4/4MHz)=0.1 秒
#042
#043
#044 DelayJmp:
#045      movlw    D'130'          ;W=H,(T1=1 個指令週期)
#046      movwf    DelayD1,0;      ;DelayD1=W,(T2=1 個指令週期)
#047 DeL1:
#048      movlw    H'ff'           ;W=H,(T3=1 個指令週期)
#049      movwf    DelayD2,0;      ;DelayD1=W,(T4=1 個指令週期)
#050 DeL2:
#051      djnz     DelayD2,DeL2;將 DelayD2 減 1,若不為 0,則跳至 DeL2 處執行,
#052                               ;(T5=DelayD2*3 個指令週期)
#053      djnz     DelayD1,DeL1;將 DelayD1 減 1,若不為 0,則跳至 DeL1 處執行,
#054                               ;(T6=DelayD2*3 個指令週期)
#055      return                   ;返回主程式,(T7)
#056 ;===============================================================
#057      END                      ;編寫程式結束，此 END 之後程式將不被組譯
```

軟體設計如下，分成幾個區域：

引用檔區(程式碼#001～#003)：

第 1 行告知組譯器使用何種微控制器，第 2 行引用 pxlx 巨集檔，第 3 行引用 PIC18F4520 定義檔。

宣告區(程式碼#004～#013)：

包含常數、變數、輸入輸出腳位宣告區，使用這些宣告的好處為給予這些變數們名稱，使程式設計師易於辨識與修改。

程式放置區(程式碼#015～#057)：

因為 PIC18F4520 重置後讀取程式的第一個位址為 00000H，所以程式從程式碼 org 0000h 的下一行開始放置，在標記(Start)與標記(Main)之間的程式碼只會執行一次，適

合做初始值設定。在標記(Main)與程式碼(goto Main)爲主程式，在此範圍內的程式將會重複執行。

其中#032 行將判斷 SW1 是否被按下?因爲硬體電路將 RB0 經由 10kΩ 接至 V_{DD}，SW1 未被按下時，RB0 爲高電位，爲數位狀態 1；SW1 被按下時，RB0 爲低電位，爲數位狀態 0。

#035 行呼叫防彈跳延遲副程式，此副程式非常重要。因爲當 SW1 被按下時，會產生彈跳現象(如圖 5-46 所示)。彈跳現象爲在 RB0 上會產生高、低電位不規則出現之現象。因爲微控制器處理之速度非常快，若無此行程式，#033～#036 間之程式將被多次執行。因爲按鈕開關材料及製程的不同，其彈跳現象發生的時間，可能從數十至數百毫秒都有可能。防彈跳延遲副程式的功用即爲等待 SW1 穩定後，才回到程式執行。

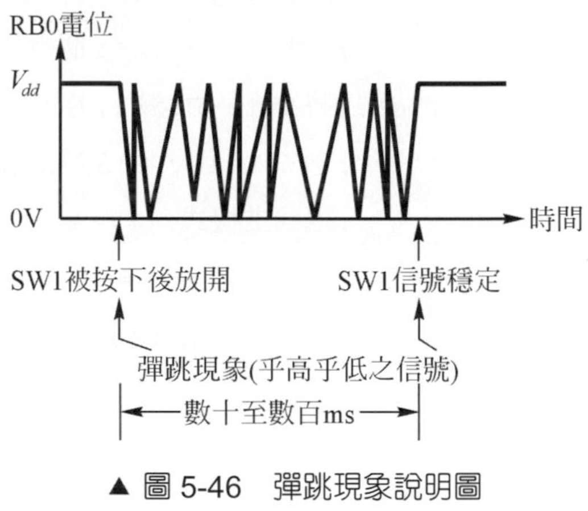

▲ 圖 5-46 彈跳現象說明圖

5-10-3 指令說明

本書於程式說明是以先見林再見樹的方式撰寫，對於程式所要完成的功能先行說明，再對使用到指令逐一解說，將程式系統化、簡單化，使學習者專心於本範例的重點。

5-10-3-1 基本指令

無

5-10-3-2 巨集指令

#032 行 jb 指令屬於巨集指令，可在 prlx.asm 中找到 jb 使用到的基本指令，如下所示：

```
Jb      MACRO   Port,bit,addr
        btfsc Port,bit
        goto addr
        ENDM
```

其功能為判斷 Port 中第幾個 bit 是否為高電位(數位 1)，若是，則跳至 addr 處執行：若否，則執行此巨集指令的下一個指令。

此巨集使用到的基本指令如下：

BTFSC 指令 (Bit Test File, Skip if Clear)

功能描述：如果 f 暫存器中的 b 位元為 0，跳過下一個指令：若不為 0 則執行下一個指令。a = 0，代表使用 Access Bank；a = 1，代表使用 GPR Bank(預設)。

語法：**BTFSC** f,b {,a}

運算元：$0 \le f \le 255$

$0 \le b \le 7$

$a \in [0,1]$

動作：跳過下一個指令，假如(f<b>) = 0

影響狀態：無

程式碼大小：1 個字組

指令週期：1(2)

如果跳躍後的指令為 2 字組指令，指令週期為 3

範例：HERE　BTFSC　FLAG, 1, 0

FALSE

TRUE

執行前：PC = address (HERE)

執行後：If　FLAG<1> = 0 ; PC = address (TRUE)

If　FLAG<1> = 1 ; PC = address (FALSE)

#034 行 mov 指令屬於巨集指令，可在 prlx.asm 中找到 mov 使用到的基本指令，如下所示：

```
mov    MACRO    fr1,fr2
       movf   fr2,W
       movwf  fr1
       ENDM
```

其功能爲將 fr2 複製至 fr1 中。

5-11 範例 6(按鍵不放次數增加 20)

範例 6 將按鍵 SW1(RB0)被按下的次數顯示於 PORTD 驅動 8 顆 Led，若按著持續不放時，次數增加 20；按一下，次數增加 1。遵循硬體、軟體設計步驟。硬體設計如圖 5-47 所示，爲使範例接線及使用元件愈少，使得學習 18F4520 愈單純，在此使用 18F4520 內部振盪電路及將重置腳位($\overline{\text{MCLR}}$)設定爲 RE3 功能。

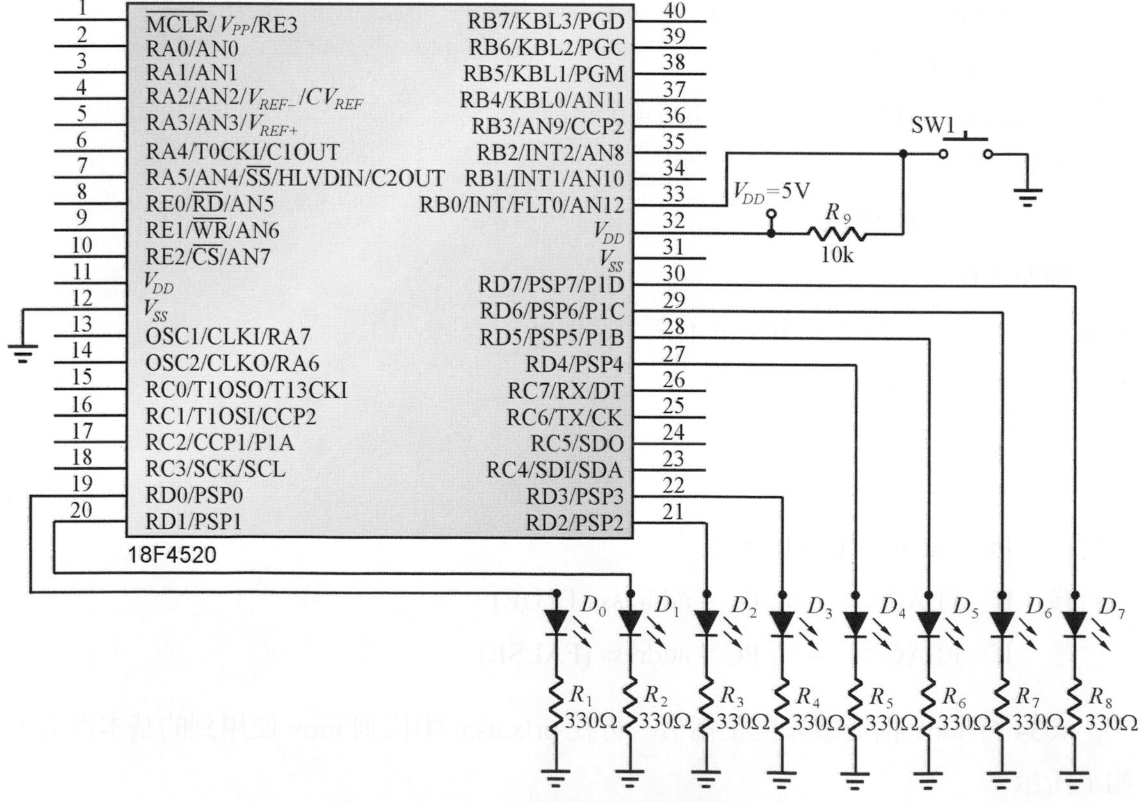

▲ 圖 5-47 範例 6 硬體電路

5-11-1 系統功能流程圖

範例 6 的系統功能流程圖，如圖 5-48 所示。

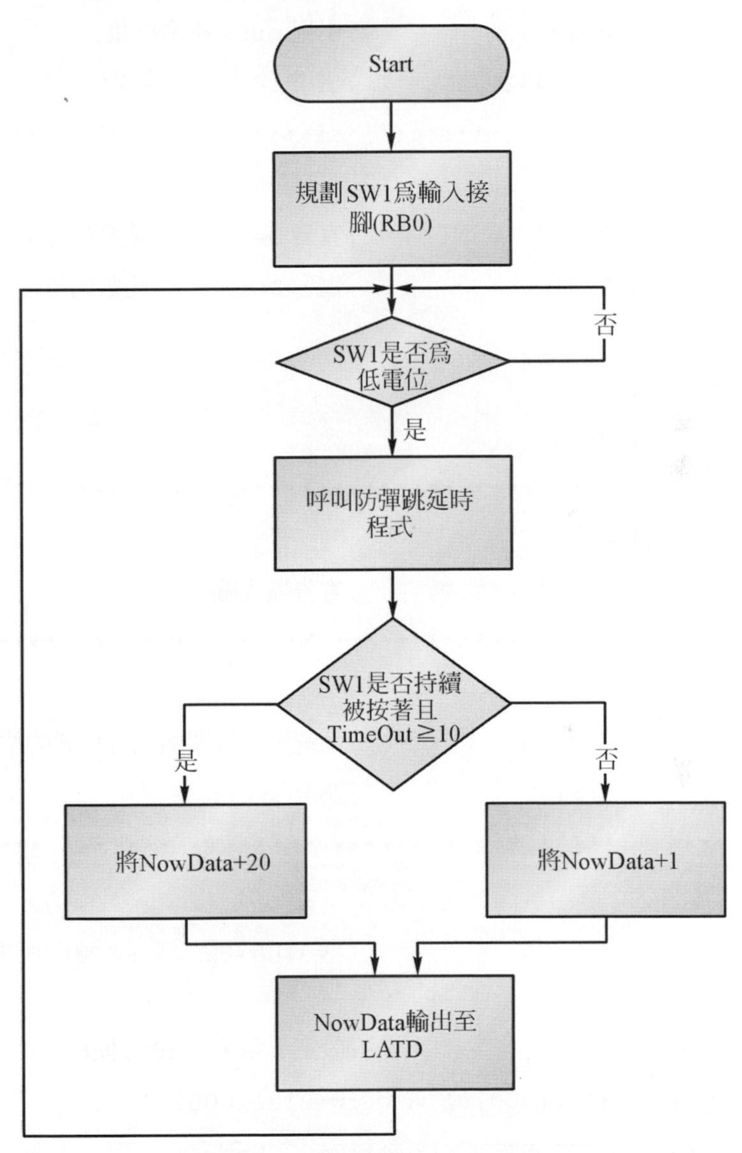

▲ 圖 5-48　範例 6 系統功能流程圖

5-11-2 範例 6 程式碼

```
 list p=18f4520                          ;使用 18F4520
 #include     prlx.asm                   ;引用 prlx 指令巨集
 #include     P18f4520.INC               ;引用 18F4520 定義檔
;************************************************************
; 變數宣告區
DelayD1   equ 0x00                       ;宣告 Delay_D1 變數的位址
DelayD2   equ 0x01                       ;宣告 Delay_D2 變數的位址
NowData   equ 0x02
Delay1s   equ 0x03
TimeOut   equ 0x04
;************************************************************
; 常數及 I/O 腳宣告區
#define         SW1 PORTB,0              ;宣告輸入腳
;************************************************************
; 重置向量
      org       00000h                   ;系統重置後開始執行程式的位址
      goto      Start                    ;跳至 Start
;************************************************************
; 主程式區
      org       00020h                   ;Beginning of program flash
Start:
      movlb     0x0f;                    ;設定 BSR 爲 0x0f,使用 SFR
      movlw     B'01100010'              ;W=B'01100010'
      movwf     OSCCON                   ;OSCCON=W
      movl      ADCON1,0x0F              ;將 RB(0:4)設定爲數位腳,而非類比輸入腳
      movl      TRISB,0x01               ;設定 RB0 爲輸入
      movlw     H'00';                   ;W=H'00'=B'00000000'
      movwf     TRISD                    ;將 PORTD 之 bit 7～0 設定爲輸出
      movl      LATD,D'0'                    ;PORTD 輸出閂鎖器設定爲 0
```

```
        movl    NowData,D'0'      ;NowData 初始值爲 0
        movl    TimeOut,D'0'      ;TimeOut 初始值爲 0
;*************************Main*****************************
Main:
        jb      SW1,Main      ;SW1 未被按下，輸入腳爲高電壓(1)，跳至 Main
        call    DelayJmp      ;呼叫防彈跳延遲副程式
MainL1:
        jb      SW1,MainL2    ;再次判斷 SW1 是否被放開，若是，則跳至 MainL2
        call    DelayJmp      ;呼叫防彈跳延遲副程式
        incf    TimeOut       ;將 TimeOut 加 1
        cjael   TimeOut,D'10',MainL3  ;若 Timeout>=10，代表 SW1 被持續按著，
                                      ;跳至 MainL3
        goto    MainL1        ;跳至 MainL1 再次判斷 SW1 狀態
MainL2:
        incf    NowData       ;SW1 未被持續按著，將 NowData=NowData+1
        goto    MainL4        ;跳至 MainL4
MainL3:
        addl    NowData,D'20'     ;NowData=NowData+20
MainL4:
        mov     LATD,NowData      ;顯示 NowData 內容值於 PORTD
        movl    TimeOut,D'0'      ;TimeOut=0
        goto    Main              ;跳回主程式，形成無窮迴圈
;************************end Main****************************
; DELAY Cycle=T1+T2+DelayD1*(T3+T4+DelayD2*T5+T6)+T7
;             ≒DelayD1*(T3+T4+DelayD2*T5+T6)
;             ≒DelayD1*(1+1+DelayD2*3+3)=DelayD1*(5+DelayD2*3)
;DELAY TIME=DELAY Cycle*指令週期=130*(5+255*3)*1us(4/4MHz)=0.1 秒

DelayJmp:
        movlw   D'130'            ;W=H,(T1=1 個指令週期)
```

```
#060        movwf    DelayD1,0;         ;DelayD1=W,(T2=1 個指令週期)
#061 DeL1:
#062        movlw    H'ff'              ;W=H,(T3=1 個指令週期)
#063        movwf    DelayD2,0;         ;DelayD1=W,(T4=1 個指令週期)
#064 DeL2:
#065        djnz     DelayD2,DeL2;將 DelayD2 減 1,若不為 0,則跳至 DeL2 處執行,
#066                             ;(T5=DelayD2*3 個指令週期)
#067        djnz     DelayD1,DeL1;將 DelayD1 減 1,若不為 0,則跳至 DeL1 處執行,
#068                             ;(T6=DelayD2*3 個指令週期)
#069        return               ;返回主程式,(T7)
#070 ;=============================================================
#071        END                         ;編寫程式結束,此 END 之後程式將不被組譯
```

軟體設計如下，分成幾個區域。

引用檔區(程式碼#001～#003)：

第 1 行告知組譯器使用何種微控制器，第 2 行引用 pxlx 巨集檔，第 3 行引用 PIC18F4520 定義檔。

宣告區(程式碼#004～#013)：

包含常數、變數、及輸入輸出腳位宣告區，使用這些宣告的好處為給予這些變數們名稱，使程式設計師易於辨識與修改。

程式放置區(程式碼#015～#057)：

因為 PIC18F4520 重置後讀取程式的第一個位址為 00000H，所以程式從程式碼 org 0000h 的下一行開始放置，在標記(Start)與標記(Main)之間的程式碼只會執行一次，適合做初始值設定。在標記(Main)與程式碼(goto Main)為主程式，在此範圍內的程式將會重複執行。

#037～#040 利用呼叫防彈跳延遲副程式判斷 SW1 是否持續被按著，若持續被按著將 TimeOut 變數加 1，當 TimeOut 大於或等於 10 時，將 NowData+20；若在 TimeOut 小於 10 將 SW1 放開，NowData 將被加 1。

5-11-3　指令說明

本書於程式說明是以先見林再見樹的方式撰寫，對於程式所要完成的功能先行說明，再對使用到指令逐一解說，將程式系統化、簡單化，使學習者專心於本範例的重點。

5-11-3-1　基本指令

無

5-11-3-2　巨集指令

#040 行 cjael 為巨集指令，可在 prlx.asm 中找到此巨集使用到的基本指令，如下所示：

```
cjael   MACRO fr,L,addr
        movlw   L
        subwf   fr,W
        btfsc   0xfd8,0          ;oxfd8 為狀態暫存器(ftortus)，見 2-40 及 2-44
        goto    addr
        ENDM
```

其功能為比較 fr 是否大於等於 L。若是，則跳至 addr 處執行：若否，則執行此巨集指令的下一個指令。

此巨集使用到的基本指令如下：

SUBWF 指令 (Subtract W from f)

功能描述：將 f 減去 W(2 補數)。d = 0，結果放置 W 中；d = 1，結果放置 f 中(預設)。

a = 0，代表使用 Access Bank；a = 1，代表使用 GPR Bank(預設)。

語法：SUBWF f {,d {,a}}

運算元：$0 \le f \le 255$

$d \in [0,1]$

$a \in [0,1]$

動作：(f) – (W) → dest(目的地)

影響狀態：N, OV, C, DC, Z

程式碼大小：1 個字組

指令週期：1

範例 1：SUBWF REG, 1, 0

執行前：REG = 3

W = 2

C = ?

執行後：REG = 1

W = 2

C = 1；結果爲正

Z = 0

N = 0

範例 2：SUBWF REG, 0, 0

執行前：REG = 2

W = 2

C = ?

執行後：REG = 2

W = 0

C = 1；結果爲正

Z = 1；結果爲零

N = 0

範例 3：SUBWF REG, 1, 0

執行前：REG = 1

W = 2

C = ?

執行後：REG = FFh ;(2 補數)

W = 2

C = 0；結果爲負

Z = 0

N = 1

5-12 範例 7(解碼器)

範例 7 將指撥開關輸入(PORTC)的二進制信號轉換成十進制驅動三顆共陽極七段顯示器，使其達成解碼器的功能。遵循硬體、軟體設計步驟。硬體設計如圖 5-49 所示，為使範例接線及使用元件愈少使得學習 18F4520 愈單純，在此使用 18F4520 內部振盪電路及及將重置腳位($\overline{\text{MCLR}}$)設定為 RE3 功能。

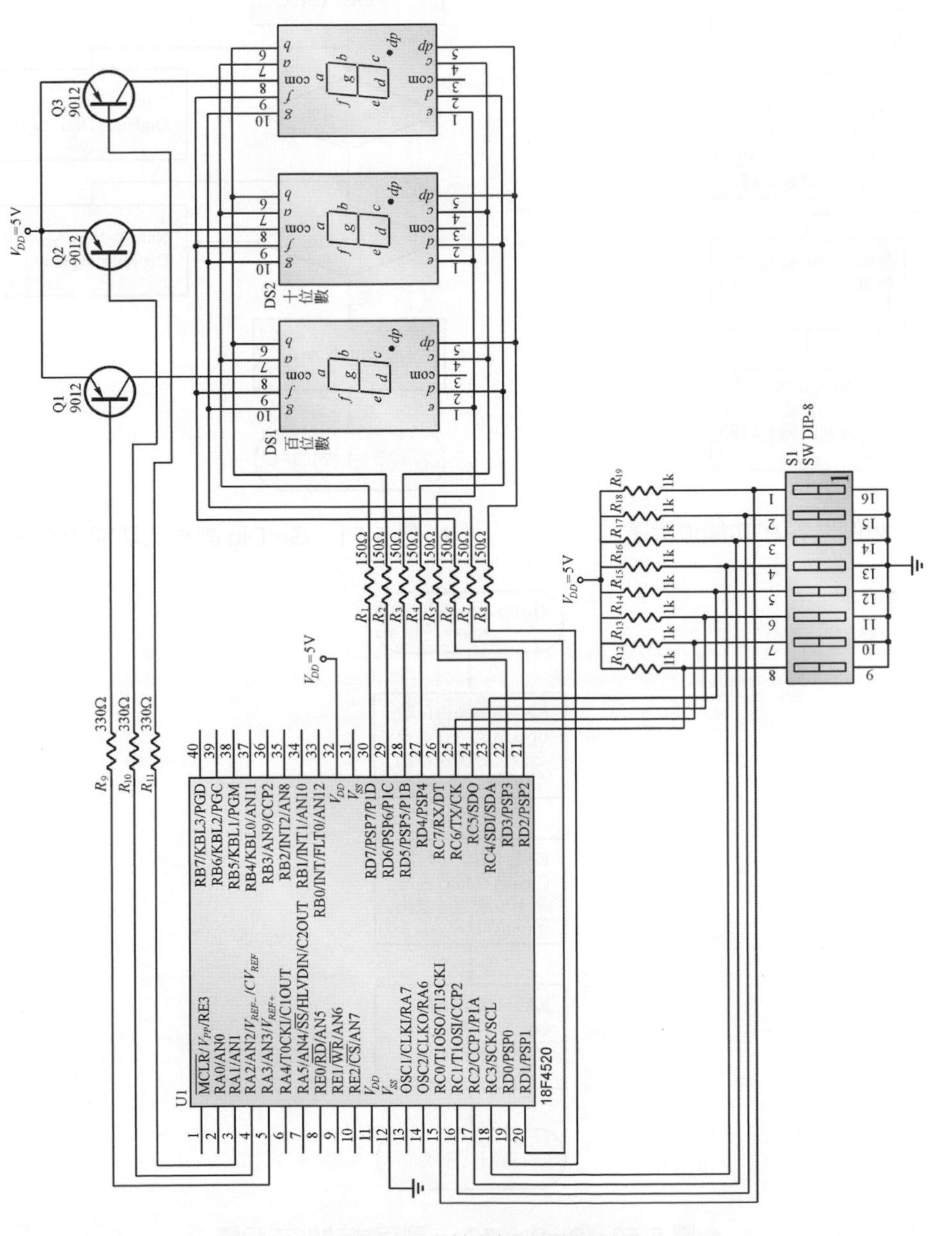

▲ 圖 5-49　範例 7 硬體電路

5-12-1 系統功能流程圖

範例 7 的系統功能流程圖，如圖 5-50 所示。

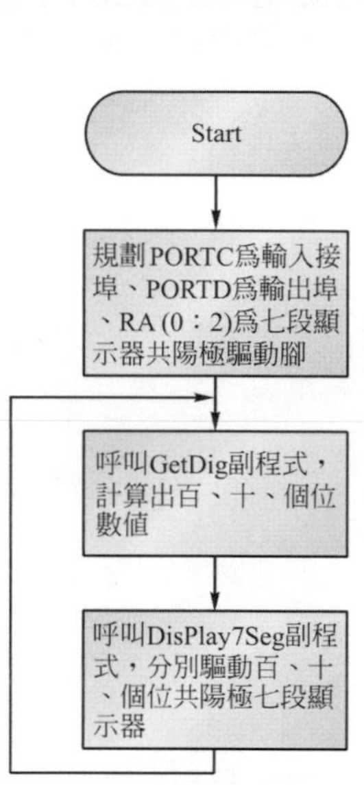

▲ 圖 5-50 範例 7 系統功能流程圖

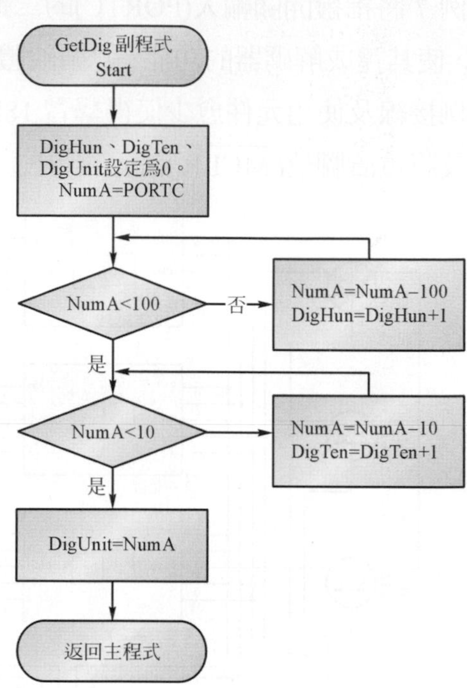

▲ 圖 5-51 GetDig 副程式功能流程圖

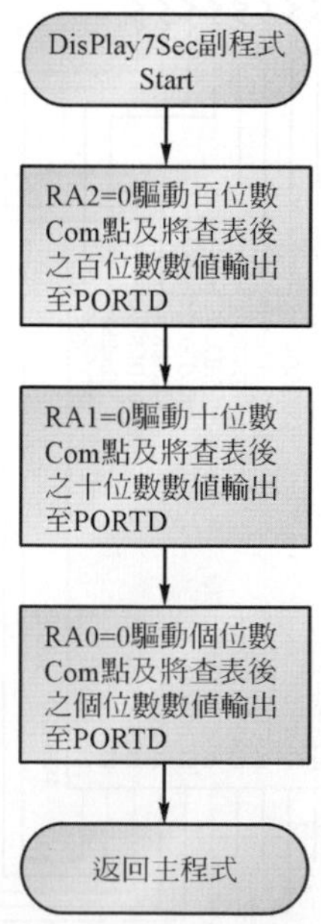

▲ 圖 5-52 DisPlay7Seg 副程式功能流程圖

5-12-2 範例 7 程式碼

```
 list        p=18f4520         ;使用 18F4520
 #include    prlx.asm          ;引用 prlx 指令巨集
 #include    P18f4520.INC      ;引用 18F4520 定義檔
;***********************************************************
; 變數宣告區
DelayD1   equ 0x00             ;宣告 Delay_D1 變數的位址
DelayD2   equ 0x01             ;宣告 Delay_D2 變數的位址
DigHun    equ 0x04             ;百位數數值
DigTen    equ 0x05             ;十位數數值
DigUnit   equ 0x06             ;個位數數值
NumA      equ 0x07             ;指撥開關狀態
;***********************************************************
; 常數及 I/O 腳宣告區
#define       SW1  PORTB,0     ;宣告輸入腳
;***********************************************************
; 重置向量
     org      00000h           ;系統重置後開始執行程式的位址
     goto     Start            ;跳至 Start
;***********************************************************
; 主程式區
     org      00020h
Start:
     movlb    0x0f;            ;設定 BSR 爲 0x0f,使用 SFR
     movlw    B'01100010'      ;W=B'01100010'
     movwf    OSCCON           ;OSCCON=W
     movl     ADCON1,0x0F      ;將 RB(0:4)設定爲數位腳，而非類比輸入腳
     movl     TRISB,0x01       ;設定 RB0 爲輸入
     movlw    H'00';           ;W=H'00'=B'00000000'
     movwf    TRISD            ;將 PORTD 之 bit 7～0 設定爲輸出
```

```
        movl    LATD,D'0'
        movl    TRISC,H'FF'         ;將 PORTC 之 bit 7～0 設定爲輸入
        movl    TRISA,H'F1'         ;RA(3:1)爲輸出，驅動 9012 電晶體
;*************************Main*******************************
Main:
        call    GetDig              ;從 NumA 中抽取出百、十、個數分別存至
                                    ;DigHun、DigTen DigUnit
        call    DisPlay7Seg         ;依序點亮百、十、個位數之七段顯示器
        goto    Main                ;跳回主程式，形成無窮迴圈
;************************end Main*****************************
; DELAY Cycle=T1+T2+DelayD1*(T3+T4+DelayD2*T5+T6)+T7
;               ≒DelayD1*(T3+T4+DelayD2*T5+T6)
;               ≒DelayD1*(1+1+DelayD2*3+3)=DelayD1*(5+DelayD2*3)
;DELAY TIME=DELAY Cycle*指令週期=130*(5+255*3)*1us(4/4MHz)=0.1 秒

Delay:
        movlw   D'10'               ;W=H,(T1=1 個指令週期)
        movwf   DelayD1,0;          ;DelayD1=W,(T2=1 個指令週期)
DeL1:
        movlw   H'ff'               ;W=H,(T3=1 個指令週期)
        movwf   DelayD2,0;          ;DelayD1=W,(T4=1 個指令週期)
DeL2:
        djnz    DelayD2,DeL2;將DelayD2 減1,若不爲0，則跳至DeL2 處執行,
                            ;(T5=DelayD2*3 個指令週期)
        djnz    DelayD1,DeL1;將 DelayD1 減 1,若不爲 0,則跳至 DeL1 處執行,
                            ;(T6=DelayD2*3 個指令週期)
        return              ;返回主程式,(T7)

;*******************************************************
Table:
```

```
        ADDWF       PCL
        RETLW       0x03                ;0
        RETLW       0x9F
        RETLW       0x25
        RETLW       0x0D
        RETLW       0x99
        RETLW       0x49
        RETLW       0xC1
        RETLW       0x1B
        RETLW       0x01
        RETLW       0x19                ;9
;***********************************************************
GetDig:
        movl    DigHun,D'0'             ;DigHun=0
        movl    DigTen,D'0'             ;DigTen=0;
        movl    DigUnit,D'0'            ;DigUnit=0
        mov     NumA,PORTC              ;NumA=PORTC 狀態
GetHun:
        cjbl    NumA,D'100',GetTen      ;IF NumA<100，跳至 GetTen
        movlw   D'100'                  ;
        subwf   NumA,f                  ;NumA=NumA-100
        incf    DigHun                  ;DigHun=DigHun+1
        goto    GetHun                  ;跳至 GetHun
GetTen:
        cjbl    NumA,D'10',GetUnit      ;IF NumA<10，跳至 GetUnit
        movlw   D'10'
        subwf   NumA,f                  ;NumA=NumA-10
        incf    DigTen                  ;DigTen=DigTen+1
        goto    GetTen                  ;跳至 GetTen
GetUnit:
```

```
        mov     DigUnit,NumA      ;DigUnit=NumA
        return
;**********************************************************
DisPlay7Seg:
        bcf     PORTA,3           ;驅動百位七段顯示器
        movf    DigHun,W          ;W=DigHun
        rlncf   WREG              ;將 WREG 左旋一位元，相等於乘以 2
        call    Table             ;查表得百位數七段顯示碼
        movwf   LATD              ;輸出至 PORTD
        call    Delay             ;延遲
        bsf     PORTA,3           ;關掉百位七段顯示器
        bcf     PORTA,2           ;驅動十位七段顯示器
        movf    DigTen,W          ;W=DigTen
        rlncf   WREG              ;將 WREG 左旋一位元，相等於乘以 2
        call    Table             ;查表得十位數七段顯示碼
        movwf   LATD              ;輸出至 PORTD
        call    Delay             ;延遲
        bsf     PORTA,2           ;關掉百位七段顯示器
        bcf     PORTA,1           ;驅動個位七段顯示器
        movf    DigUnit,W         ;W=DigUnit
        rlncf   WREG              ;將 WREG 左旋一位元，相等於乘以 2
        call    Table             ;查表得個位數七段顯示碼
        movwf   LATD              ;輸出至 PORTD
        call    Delay             ;延遲
        bsf     PORTA,1           ;關掉個位七段顯示器
        return
;==============================================================
        END                       ;編寫程式結束，此 END 之後程式將不被組譯
```

軟體設計如下，分成幾個區域。

引用檔區(程式碼#001～#003)：

第 1 行告知組譯器使用何種微控制器，第 2 行引用 pxlx 巨集檔，第 3 行引用 PIC18F4520 定義檔。

宣告區(程式碼#004～#014)：

包含常數、變數及輸入輸出腳位宣告區，使用這些宣告的好處爲給予這些變數們名稱，使程式設計師易於辨識與修改。

程式放置區(程式碼#017～#117)：

因爲 PIC18F4520 重置後讀取程式的第一個位址爲 00000H，所以程式從程式碼 org 0000h 的下一行開始放置，在標記(Start)與標記(Main)之間的程式碼只會執行一次，適合做初始値設定。在標記(Main)與程式碼(goto Main)爲主程式，在此範圍內的程式將會重複執行。

主程式首先呼叫#035 行 GetDig 副程式，分別計算出百位數、十位數、個位數之數值，並依序儲存在 DigHun、DigTen、DigUnit 中。

主程式呼叫#036 行 DisPlay7Seg 副程式，分別將 DigHun、DigTen、DigUnit 經由查表法得出七段顯示驅動碼，依序點亮百位、十位、個位七段顯示器。因爲視覺暫留[1] 特性使得三顆七段顯示器“同時”點亮。

---

[1]視覺暫留 (Visual staying phenomenon，duration of vision) 是光對視網膜所產生的視覺在光停止作用後，仍保留一段時間的現象，其具體應用是電影的拍攝和放映。原因是由視神經的反應速度造成的.其時值是二十四分之一秒。是動畫、電影等視覺媒體形成和傳播的根據。視覺實際上是靠眼睛的晶狀體成像，感光細胞感光，並且將光信號轉換為神經電流，傳回大腦引起人體視覺。視覺暫留現象首先被中國人發現，走馬燈便是據歷史記載中最早的視覺暫留運用。宋時已有走馬燈 ，當時稱「馬騎燈」。隨後法國人保羅 · 羅蓋在 1828 年發明了留影盤，它是一個被繩子在兩面穿過的圓盤。盤的一個面畫了一隻鳥，另一面畫了一個空籠子。當圓盤旋轉時，鳥在籠子裡出現了。這證明了當眼睛看到一系列圖像時，它一次保留一個圖像。物體在快速運動時, 當人眼所看到的影像消失後，人眼仍能繼續保留其影像 0.1-0.4 秒左右的圖像，這種現象被稱為視覺暫留現象。是人眼具有的一種性質。人眼觀看物體時，成像於視網膜上，並由視神經輸入人腦，感覺到物體的像。但當物體移去時，視神經對物體的印象不會立即消失，而要延續 0.1 -0.4 秒秒的時間，人眼的這種性質被稱為「眼睛的視覺暫留」 。(維基百科，2009)

5-13-3 指令說明

本書於程式說明是以先見林再見樹的方式撰寫，對於程式所要完成的功能先行說明，再對使用到指令逐一解說，將程式系統化、簡單化，使學習者專心於本範例的重點。

5-12-3-1 基本指令

無

5-12-3-2 巨集指令

#077 與 083 行 cjbl 為巨集指令，可在 prlx.asm 中找到使用的基本指令，如下所示：

```
cjbl    MACRO fr,L,addr
        movlw L
        subwf fr,W
        btfss 0xfd8,0              ；oxfd8 為狀態暫存器(ftortus)，見 2-40 及 2-44
        goto addr
        ENDM
```

其功能為比較 fr 是否小於 L。若是，則跳至 addr 處執行：若否，則執行此巨集指令的下一個指令。

此巨集使用到的基本指令如下：

RLNCF 指令

功能描述：將 f 暫存器內含值左旋一個位元。d = 0，結果放置 W 中；d = 1，結果放置 f 中(預設)。a = 0，代表使用 Access Bank；a = 1，代表使用 GPR Bank(預設)。

語法：RLNCF f {,d {,a}}

運算元：$0 \le f \le 255$

$d \in [1,0]$

$a \in [1,0]$

動作：f<n>→ dest<n+1>,

f<7>→dest<0>

影響狀態：N,Z

程式碼大小：1 個字組

指令週期：1

範例：RLNCF REG, 1, 0

執行前：REG = 1010 1011

執行後：REG = 0101 0111

RRNCF 指令

功能描述：將 f 暫存器內含值右旋一個位元。d = 0，結果放置 W 中；d = 1，結果放置 f 中(預設)。a = 0，代表使用 Access Bank；a = 1，代表使用 GPR Bank(預設)。

語法：RRNCF f {,d {,a}}

運算元：$0 \le f \le 255$

$d \in [1,0]$

$a \in [1,0]$

動作：f<n>→ dest<n-1>,

f<0>→dest<7>

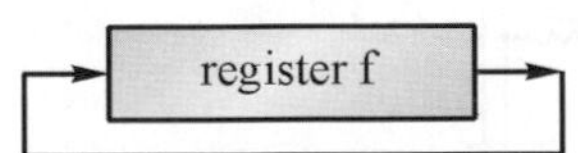

影響狀態：N,Z

程式碼大小：1 個字組

指令週期：1

範例：RRNCF REG, 1, 0

執行前：REG = 1101 0111

執行後：REG = 1110 1011

5-13 範例 8(上下數計數器)

範例 8 的功能為可上、下數計數器，當按下 S_INC 按鍵時，計數增加；同理，當按下 S_DEC 按鍵時，計數減少，並將結果顯示於 3 顆七段顯示器上。當計數值來到 255 再加 1 會顯示 000，因為資料記憶體空間為 8 個 bits(0～255)，最大的數值為 255；同理，當計數值來到 000 再減 1 會顯示 255。遵循硬體、軟體設計步驟。硬體設計如圖 5-53 所示，為使範例接線及使用元件愈少，使得學習 18F4520 愈單純，在此使用 18F4520 內部振盪電路及將重置腳位($\overline{MCLR}$)設定為 RE3 功能。

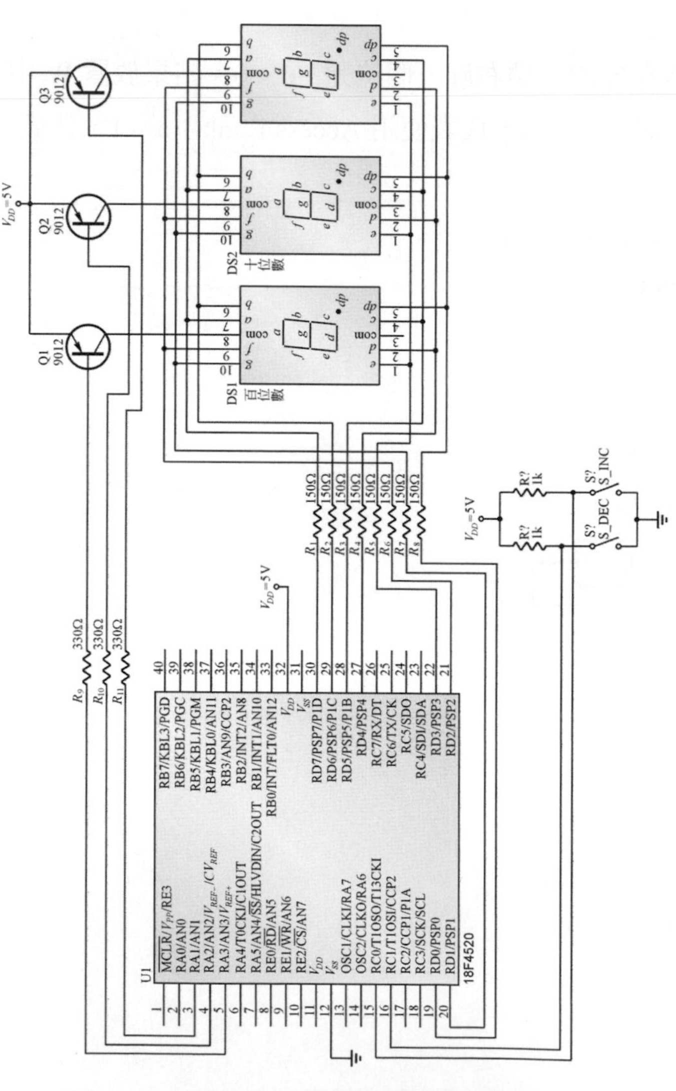

▲ 圖 5-53 範例 8 硬體電路

5-13-1　系統功能流程圖

範例 8 的系統功能流程圖，如圖 5-54 所示。

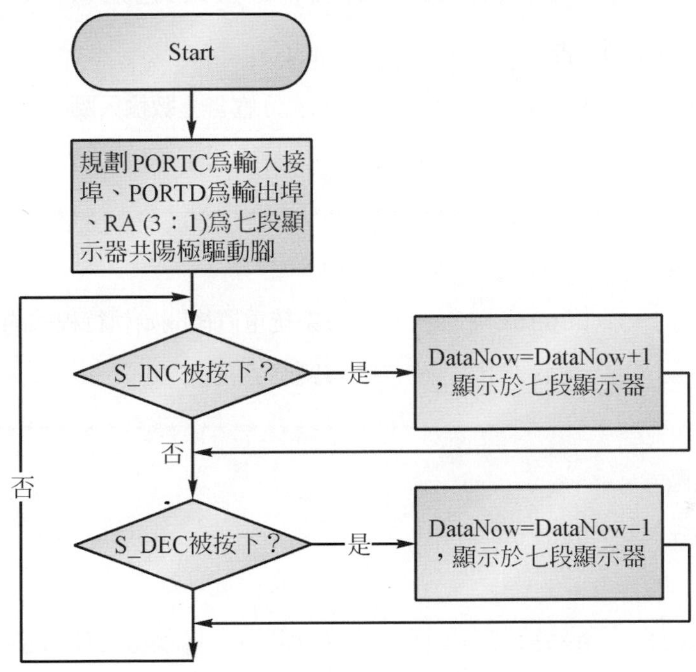

▲ 圖 5-54　範例 8 系統功能流程圖

5-13-2　範例 8 程式碼

```
list p=18f4520                    ;使用 18F4520
#include    prlx.asm              ;引用 prlx 指令巨集
#include    P18f4520.INC          ;引用 18F4520 定義檔
;*************************************************************
; 變數宣告區
DelayD1   equu 0x00               ;宣告 Delay_D1 變數的位址
DelayD2   equ 0x01                ;宣告 Delay_D2 變數的位址
DigHun    equ 0x04                ;百位數數值
DigTen    equ 0x05                ;十位數數值
DigUnit   equ 0x06                ;個位數數值
NumA      equ 0x07                ;指撥開關狀態
```

```
Countequ       0x08                 ;宣告 Count 變數的位址
DataNow        equ 0x09             ;計數變數
;***********************************************************
; 常數及 I/O 腳宣告區
#define        S_Inc    PORTC,0     ;宣告上數輸入腳
#define        S_Dec    PORTC,1     ;宣告下屬輸入腳
;***********************************************************
; 重置向量
        org    00000h               ;系統重置後開始執行程式的位址
        goto   Start                ;跳至 Start
;***********************************************************
; 主程式區
        org    00020h
Start:
        movlb  0x0f;                ;設定 BSR 爲 0x0f,使用 SFR
        movlw  B'01100010'          ;W=B'01100010'
        movwf  OSCCON               ;OSCCON=W
        movl   ADCON1,0x0F          ;將 AN0～12 設定爲數位腳,而非類比輸入腳
        movlw  H'00';               ;W＝H'00'=B'00000000'
        movwf  TRISD                ;將 PORTD 之 bit 7～0 設定爲輸出
        movl   LATD,D'0'            ;PORTD 埠輸出資料閂鎖器都爲 0
        movl   TRISC,H'FF'          ;將 PORTC 之 bit 7～0 設定爲輸入
        movl   TRISA,0b11110001;RA(3:1)爲輸出，驅動 9012 電晶體
        movl   LATA,H'FF'           ;PORTA 埠輸出資料閂鎖器都爲 1
        movl   DataNow,00;          ;DataNow 初始值爲 0
        call   GetDig               ;得到百、十、個位顯示值
;*************************Main******************************
Main:
        call   ScanTime             ;顯示計數值副程式
```

```
        jb      S_Inc,M_L1  ;S_Inc 沒被按下，跳至 M_L1
        incf    DataNow     ;S_Inc 被按下，DataNow=DataNow+1
        call    GetDig      ;得到百、十、個位顯示值
        call    ScanTime    ;顯示計數值副程式
M_L1:
        jb      S_Dec,Main  ;S_Inc 沒被按下，跳至 Main
        decf    DataNow     ;S_Inc 被按下，DataNow=DataNow-1
        call    GetDig      ;得到百、十、個位顯示值
        call    ScanTime    ;顯示計數值副程式
        goto    Main        ;跳回主程式，形成無窮迴圈
;*************************end Main****************************
ScanTime:
        movl    Count,50            ;Count=50
Scan_L1:
        call    DisPlay7Seg         ;呼叫 DisPlay7Seg 副程式
        djnz    Count,Scan_L1       ;Count-1 後，若不為 0，跳至 Scan_L1
        return                      ;Count=0，返回主程式
;*********************************************************
; DELAY Cycle=T1+T2+DelayD1*(T3+T4+DelayD2*T5+T6)+T7
;              ≒DelayD1*(T3+T4+DelayD2*T5+T6)
;              ≒DelayD1*(1+1+DelayD2*3+3)=DelayD1*(5+DelayD2*3)
;DELAY TIME=DELAY Cycle*指令週期=130*(5+255*3)*1us(4/4MHz)=0.1 秒
Delay:
        movlw   D'10'               ;W=H,(T1=1 個指令週期)
        movwf   DelayD1,0;          ;DelayD1=W,(T2=1 個指令週期)
DeL1:
        movlw   H'10'               ;W=H,(T3=1 個指令週期)
```

```
        movwf   DelayD2,0;        ;DelayD1=W,(T4=1 個指令週期)
DeL2:
        djnz    DelayD2,DeL2;將 DelayD2 減 1,若不為 0,則跳至 DeL2 處執行,
                            ;(T5=DelayD2*3 個指令週期)
        djnz    DelayD1,DeL1;將 DelayD1 減 1,若不為 0,則跳至 DeL1 處執行,
                            ;(T6=DelayD2*3 個指令週期)
        return              ;返回主程式,(T7)

;************************************************************
Table:
        ADDWF       PCL
        RETLW       0x03            ;0
        RETLW       0x9F
        RETLW       0x25
        RETLW       0x0D
        RETLW       0x99
        RETLW       0x49
        RETLW       0xC1
        RETLW       0x1B
        RETLW       0x01
        RETLW       0x19            ;9
;************************************************************
GetDig:
        movl    DigHun,D'0'     ;DigHun=0
        movl    DigTen,D'0'     ;DigTen=0;
        movl    DigUnit,D'0'    ;DigUnit=0
        mov     NumA,DataNow
GetHun:
        cjbl    NumA,D'100',GetTen  ;IF NumA<100，跳至 GetTen
```

```
        movlw   D'100'             ;
        subwf   NumA,f             ;NumA=NumA-100
        incf    DigHun             ;DigHun=DigHun+1
        goto    GetHun             ;跳至 GetHun
GetTen:
        cjbl    NumA,D'10',GetUnit   ;IF NumA<10，跳至 GetUnit
        movlw   D'10'
        subwf   NumA,f             ;NumA=NumA-10
        incf    DigTen             ;DigTen=DigTen+1
        goto    GetTen             ;跳至 GetTen
GetUnit:
        mov     DigUnit,NumA       ;DigUnit=NumA
        return
;***********************************************************
DisPlay7Seg:
        bcf     LATA,3             ;驅動百位七段顯示器
        movf    DigHun,W           ;W=DigHun
        rlncf   WREG               ;將 WREG 左旋一位元，相等於乘以 2
        call    Table              ;查表得百位數七段顯示碼
        movwf   LATD               ;輸出至 PORTD
        call    Delay              ;延遲
        bsf     LATA,3             ;關掉百位七段顯示器
        bcf     LATA,2             ;驅動十位七段顯示器
        movf    DigTen,W           ;W=DigTen
        rlncf   WREG               ;將 WREG 左旋一位元，相等於乘以 2
        call    Table              ;查表得十位數七段顯示碼
        movwf   LATD               ;輸出至 PORTD
        call    Delay              ;延遲
```

```
#128        bsf      LATA,2              ;關掉百位七段顯示器
#129
#130        bcf      LATA,1              ;驅動個位七段顯示器
#131        movf     DigUnit,W           ;W=DigUnit
#132        rlncf    WREG                ;將 WREG 左旋一位元，相等於乘以 2
#133        call     Table               ;查表得個位數七段顯示碼
#134        movwf    LATD                ;輸出至 PORTD
#135        call     Delay               ;延遲
#136        bsf      LATA,1              ;關掉個位七段顯示器
#137        return
#138 ;=============================================================
#139        END                          ;編寫程式結束，此 END 之後程式將不被組譯
```

軟體設計如下，分成幾個區域。

引用檔區(程式碼#001～#003)：

第 1 行告知組譯器使用何種微控制器，第 2 行引用 pxlx 巨集檔，第 3 行引用 PIC18F4520 定義檔。

宣告區(程式碼#006～#017)：

包含常數、變數及輸入輸出腳位宣告區，使用這些宣告的好處爲給予這些變數們名稱，使程式設計師易於辨識與修改。

程式放置區(程式碼#025～#138)：

因爲 PIC18F4520 重置後讀取程式的第一個位址爲 00000H，所以程式從程式碼 org 0000h 的下一行開始放置，在標記(Start)與標記(Main)之間的程式碼只會執行一次，適合做初始值設定。在標記(Main)與程式碼(goto Main)爲主程式，在此範圍內的程式將會重複執行。

主程式#039～#050 判斷 S_Inc 與 S_Dec 按鈕是否被按下？若是，分別進行上數與下數的動作，並顯示於三顆七段顯示器。ScanTime 是一個非常重要的副程式，因爲此三顆七段顯示器使用掃瞄方式點亮，此副程式需要時常被呼叫，否則就會顯示不正

確，且七段顯示器亮度會較暗。軟體防彈跳原本是呼叫 Delay 副程式，但在此是呼叫 ScanTime 副程式，因為需要將三顆七段顯示器持續點亮。

5-14 範例 9(四則運算)

範例 9 將使用 MPLAB IDE 中軟體模擬器，進行 8 位元正整數之數學四則運算，因此本範例並無硬體電路圖。在此範例將進行兩個變數的加、減、乘、除四則運算。其中加、減、乘運算都是由硬體完成；除法運算則是由軟體完成。

5-14-1　系統功能流程圖

範例 9 的系統功能流程圖，如圖 5-55 所示。

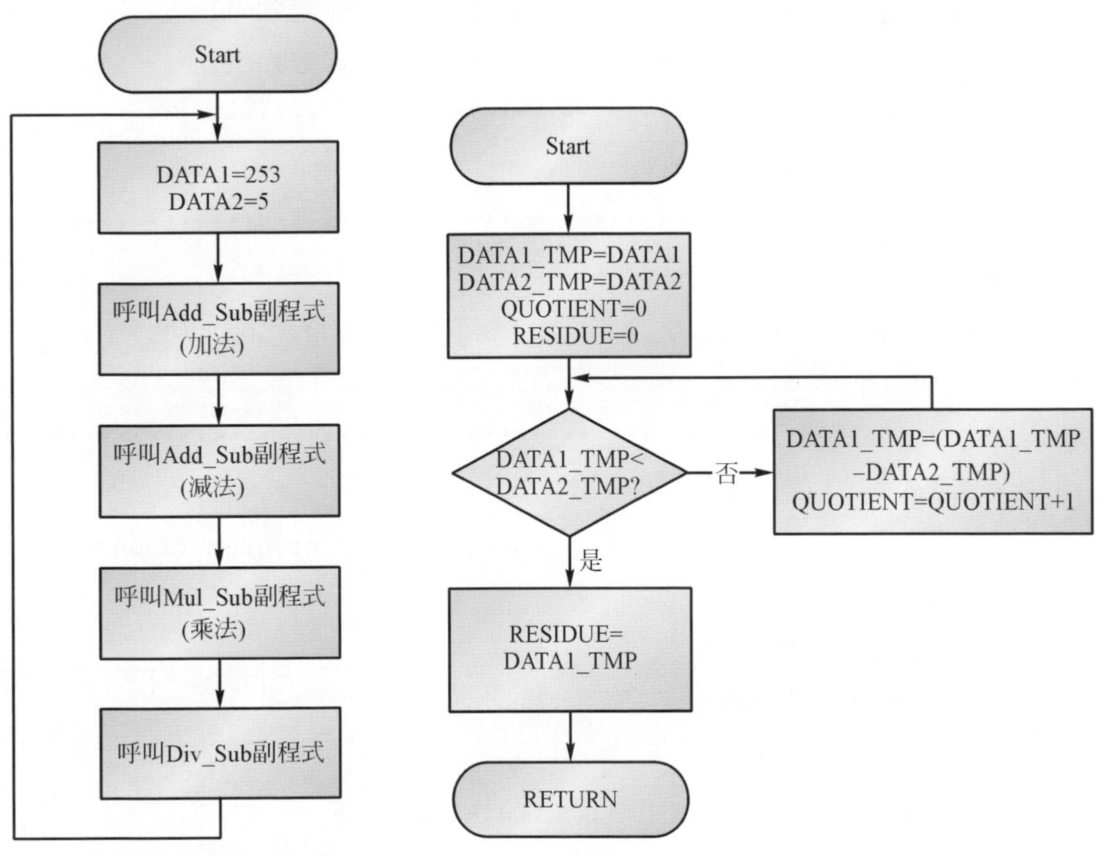

▲ 圖 5-55　範例 9 系統功能流程圖

▲ 圖 5-56　Div_Sub 副程式功能流程圖

5-14-2 範例 9 程式碼

```
 list p=18f4520                          ;使用 18F4520
 #include      prlx.asm                  ;引用 prlx 指令巨集
 #include      P18f4520.INC              ;引用 18F4520 定義檔
;*************************************************************
; 變數宣告區
DATA1              equu       0x00       ;宣告 DATA1 變數的位址
DATA2              equ        0x01       ;宣告 DATA2 變數的位址
RESULT             equ        0x02       ;宣告 RESULT 變數的位址
QUOTIENT           equ        0x03       ;宣告商數變數的位址
RESIDUE            equ        0x04       ;宣告餘數變數的位址
DATA1_TMP          equ        0x05       ;宣告 DATA1_TMP 變數的位址
DATA2_TMP          equ        0x06       ;宣告 DATA2_TMP 變數的位址
;*************************************************************
; 常數及 I/O 腳宣告區
;*************************************************************
; 重置向量
        org        00000h                ;系統重置後開始執行程式的位址
        goto       Start                 ;跳至 Start
;*************************************************************
; 主程式區
        org        00020h                ;Beginning of program flash
Start:
        movlw      D'253'
        movwf      DATA1                 ;DATA1=253
        movlw      D'5'
        movwf      DATA2                 ;DATA2=5
;*************************Main*****************************
Main:
```

```
        call    Add_Sub        ;RESULT=DATA1+DATA2
        call    Sub_Sub        ;RESULT=DATA1-DATA2
        call    Mul_Sub        ;PRODH:PORODL(16 位元)=DATA1*DATA2
        call    Div_Sub        ;QUOTIENT=DATA1 除以 DATA2 的商數，
                               ;RESIDUE=DATA1 除以 DATA2 的餘數
        goto    Main           ;跳回主程式，形成無窮迴圈
;************************end Main*****************************
Add_Sub:
        movff   DATA1,RESULT       ;RESULT=DATA1
        movf    DATA2,W            ;W=DATA2
        addwf   RESULT             ;RESULT=RESULT+W
        return                     ;返回主程式
;*************************************************************
Sub_Sub:
        movff   DATA1,RESULT       ;RESULT=DATA1
        movf    DATA2,W            ;W=DATA2
        subwf   RESULT             ;RESULT=RESULT-W
        return                     ;返回主程式
;*************************************************************
Mul_Sub:
        movf    DATA2,W            ;W=DATA2
        mulwf   DATA1              ;將 DATA1 乘以 W，並將結果儲存於 PORDH：
;PRODL 共 16 位元
        return                     ;返回主程式
;*************************************************************
Div_Sub:
        movff   DATA1,DATA1_TMP    ;DATA1_TMP=DATA1
        movff   DATA2,DATA2_TMP    ;DATA2_TMP=DATA1
        movl    QUOTIENT,D'0'      ;QUOTIENT=0
```

```
#056        movl     RESIDUE,D'0'     ;RESIDUE=0
#057 GetQuo:
#058        cjb      DATA1_TMP,DATA2_TMP,Div_Exit      ;if DATA1_TMP < DATA2_TMP,
                                                       ;則跳至Div_Exit
#059        movf     DATA2_TMP,W           ;W=DATA2_TMP
#060        subwf    DATA1_TMP             ;DATA1_TMP=DATA1_-W
#061        incf     QUOTIENT              ;QUOTIENT=QUOTIENT+1
#062        goto     GetQuo
#063 Div_Exit:
#064        movff    DATA1_TMP,RESIDUE     ;RESIDUE=DATA1_TMP
#065        return                         ;返回主程式
#066 ;==========================================================
#067        END                       ;編寫程式結束，此 END 之後程式將不被組譯
```

軟體設計如下，分成幾個區域。

引用檔區(程式碼#001～#003)：

第 1 行告知組譯器使用何種微控制器，第 2 行引用 pxlx 巨集檔，第 3 行引用 PIC18F4520 定義檔。

宣告區(程式碼#005～#012)：

包含常數、變數及輸入輸出腳位宣告區，使用這些宣告的好處爲給予這些變數們名稱，使程式設計師易於辨識與修改。

程式放置區(程式碼#016～#067)：

因爲 PIC18F4520 重置後讀取程式的第一個位址爲 00000H，所以程式從程式碼 org 0000h 的下一行開始放置，在標記(Start)與標記(Main)之間的程式碼只會執行一次，適合做初始值設定。在標記(Main)與程式碼(goto Main)爲主程式，在此範圍內的程式將會重複執行。

初始值設定(#023～026 行)先將 DATA1 設定爲 253、DATA2 設定爲 5，再於主程式(#029～032 行)中分別呼叫加、減、乘、除副程式計算其結果。

5-14-3　MPLAB IDE Watch 視窗

在 5-4-5 節中曾經介紹如何觀看 GPR 的值，但是此種方式只能看出 GPR 中某個位址的內容，但若要觀看變數內容值時，使用 Watch 視窗來觀看變數的內容值是相當方便的，因爲不需要知道變數在 GPR 中的位址。以下將示範 Watch 視窗啓用方式。

首先，將範例 9 程式組譯完成後開啓 Watch 視窗，如圖 5-57 所示。

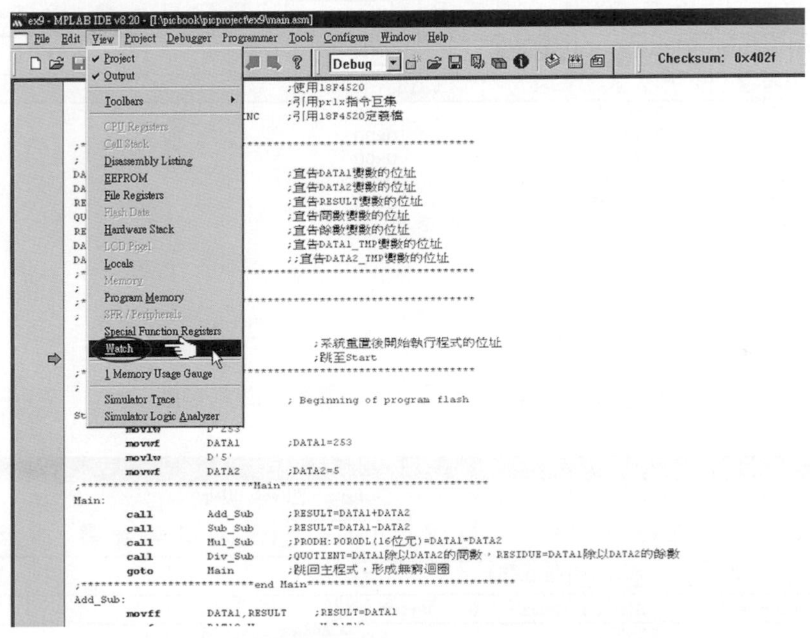

▲ 圖 5-57　開啓 Watch 視窗

在 Watch 視窗中增加 RESEULT 變數，如圖 5-58 所示。

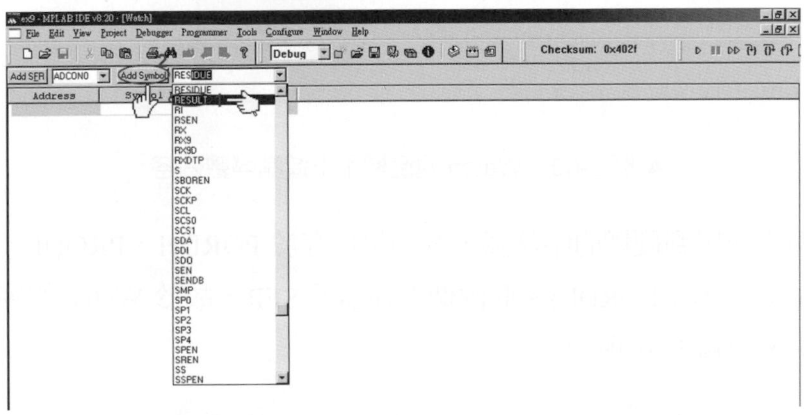

▲ 圖 5-58　Watch 視窗中增加 RESEULT 變數

同樣的做法將 DATA1、DATA2、QUOTIENT、RESIDUE 將入 Watch 視窗中，如圖 5-59 所示。其中 Address 代表的是此變數的位址；Symbol Name 代表的是此變數的名稱；Value 代表的是變數的內容(以 16 進制呈現)，若要以十進制呈現變數內容。將滑鼠移至 Value，並點滑鼠右鍵，並選取 Decimal，如圖 5-60 所示。

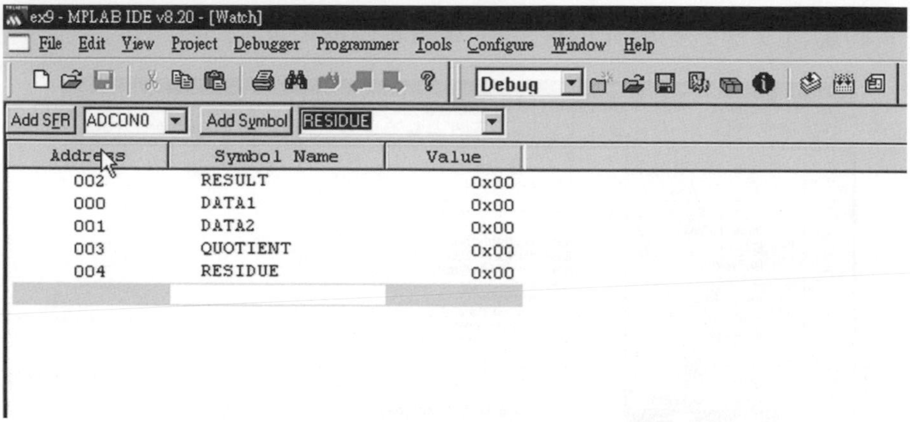

▲ 圖 5-59　Watch 視窗加入更多待觀測變數

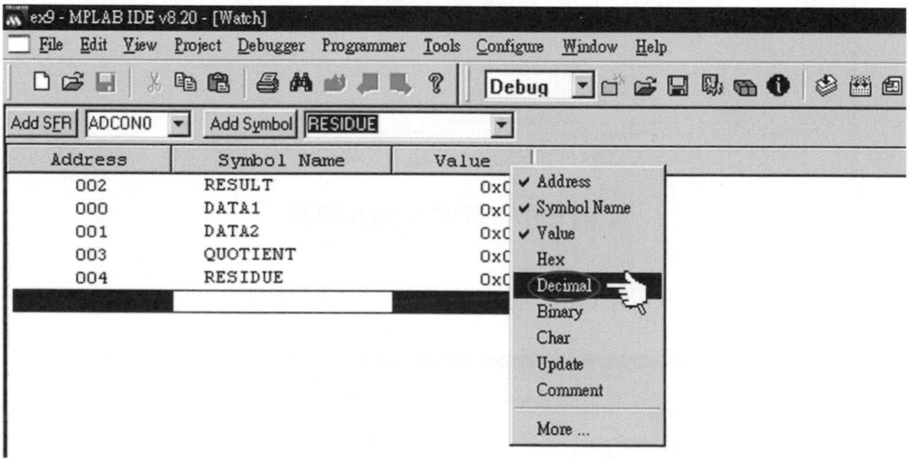

▲ 圖 5-60　Watch 視窗顯示十進制變數內容

在此範例中使用到硬體的乘法器，其結果儲存於 PORDH、PRODL，各八個位元組成 16 位元(PRODH：PORDL)。此兩個暫存器為 SFR，故於 Watch 視窗新增時，須點選 Add SFR，如圖 5-61 所示。

ex9 - MPLAB IDE v8.20 - [Watch]

File Edit View Project Debugger Programmer Tools Configure Window Help

Add SFR　PRODH　Add Symbol　RESIDUE

Address	Symbol Name	Value	Decimal
002	RESULT	0xF8	248
000	DATA1	0xFD	253
001	DATA2	0x05	5
003	QUOTIENT	0x32	50
004	RESIDUE	0x03	3

▲ 圖 5-61　Watch 視窗新增 SFR

最後將畫面排列如圖 5-62 所示，即可進行程式模擬。

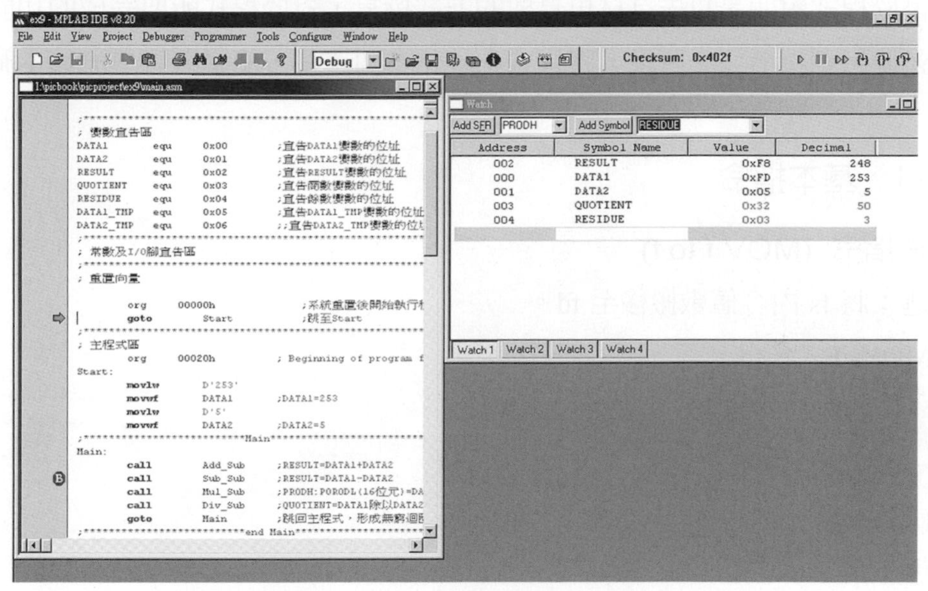

▲ 圖 5-62　程式碼與 Watch 視窗排列顯示

程式執行時，若每次修改 DATA1、DATA2 的內容值，都需要重新組譯才能執行。可已在不用重新組譯程式下修改 DATA1、DATA2 的內容值，其做法為在欲修改變數的 Value 欄位中，快點滑鼠左鍵兩次，如圖 5-63 所示，此時就可修改變數內容值。

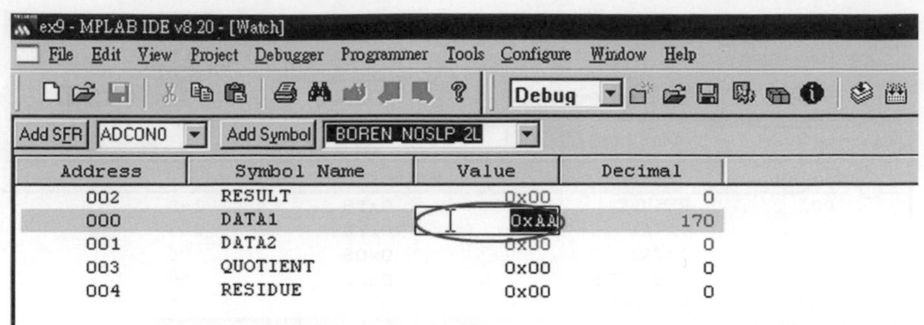

▲ 圖 5-63　修改變數內容值

5-14-4　指令說明

本書於程式說明是以先見林再見樹的方式撰寫，對於程式所要完成的功能先行說明，再對使用到指令逐一解說，將程式系統化、簡單化，使學習者專心於本範例的重點。

5-14-4-1　基本指令

MOVFF 指令 (MOV f to f)

功能描述：將 fs 內容值數搬移至 fd。

語法：MOVFF　fs,fd

運算元：$0 \le fs \le 4095$

　　　　$0 \le fd \le 4095$

動作：(fs) → fd

影響狀態：無

程式碼大小：2 個字組

指令週期：2(3)

範例：MOVFF REG1, REG2

執行前：REG1 = 33h，REG2＝11h

執行後：REG1 = 33h，REG=33h

ADDWF 指令 (Add W to f)

功能描述：將 W 內容值與檔案暫存器 f 相加。d = 0，代表運算結果存至 W；d = 1，代表運算結果存至檔案暫存器 f。a = 0，代表使用 Access Bank；a = 1，代表使用 GPR Bank(預設)

語法：ADDWF　f {,d{,a}}

運算元：$0 \le f \le 255$

$d \in [0,1]$

$a \in [0,1]$

動作：(W) + (f) → dest

影響狀態：N, OV, C, DC, Z

程式碼大小：1 個字組

指令週期：1

範例：ADDWF　REG, 0, 0

執行前：W = 17h，REG = 0C2h

執行後：W = 0D9h，REG = 0C2h

SUBWF 指令 (Subtract W from f)

功能描述：將 f 減去 W(以 2 補數運算)。d = 0，結果放置 W 中；d = 1，結果放置 f 中(預設)。a = 0，代表使用 Access Bank；a = 1，代表使用 GPR Bank(預設)。

語法：SUBWF f {,d {,a}}

運算元：$0 \le f \le 255$

$d \in [0,1]$

$a \in [0,1]$

動作：(f) – (W) → dest(目的地)

影響狀態：N, OV, C, DC, Z

程式碼大小：1 個字組

指令週期：1

範例 1：SUBWF REG, 1, 0

執行前：REG = 3

W = 2

C = ?

執行後：REG = 1

W = 2

C = 1；結果為正

Z = 0

N = 0

範例 2：SUBWF REG, 0, 0

執行前：REG = 2

W = 2

C = ?

執行後：REG = 2

W = 0

C = 1；結果為正

Z = 1；結果為零

N = 0

範例 3：SUBWF REG, 1, 0

執行前：REG = 1

W = 2

C = ?

執行後：REG = FFh ;(2 補數)

W = 2

C = 0；結果為負

Z = 0

N = 1

MULWF 指令 (Multiply W with f)

功能描述：將 W 與檔案暫存器 f 相乘(無符號)並將結果存至 PRODH：PRODL(16 位元)中。a = 0，代表使用 Access Bank；a = 1，代表使用 GPR Bank(預設)

語法：MULWF　f{,a}

運算元：$0 \le f \le 255$

$a \in [0,1]$

動作：(W)×(f) → PRODH:PRODL

影響狀態：無

程式碼大小：1 個字組

指令週期：1

範例：MULWF　REG, 1

執行前：W = C4h

REG＝B5h

PRODH=?

PRODL=?

執行後：W = C4h

REG=B5h

PRODH=8Ah

PRODL=94h

在 MULWF　REG, 1 的範例中，其表示皆爲 16 進制，對於熟悉十進制的我們，不容易一眼直接看出結果是否正確。可以透過 Windows 作業系統中的小算盤驗證結果，作法如下：

執行小算盤程式，如圖 5-64 所示。

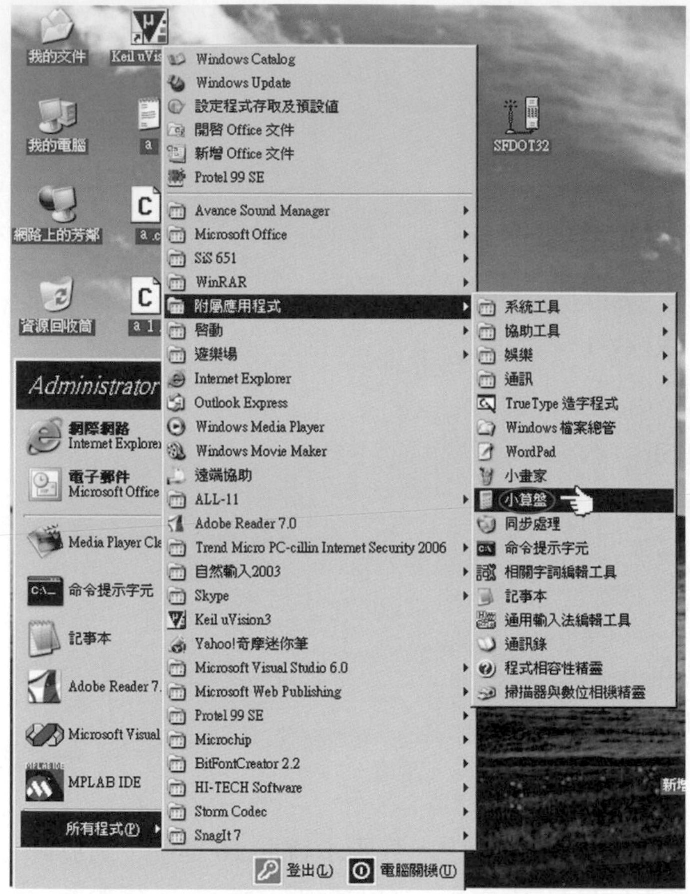

▲ 圖 5-64　小算盤程式

將小算盤切換至工程型，如圖 5-65 所示。

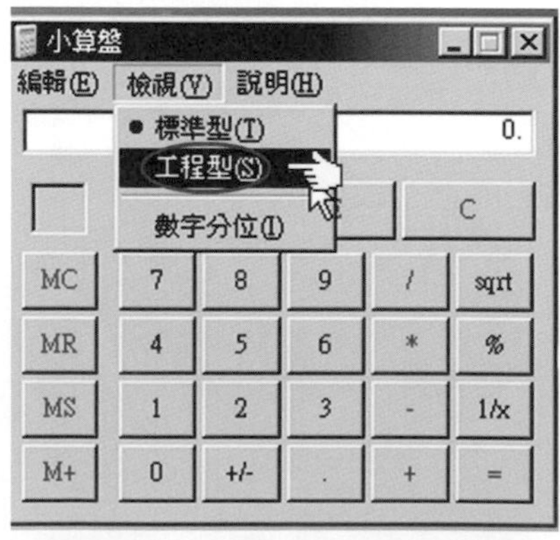

▲ 圖 5-65　切換至工程型小算盤

在工程型小算盤中切換至十六進位，並執行 MULWF 指令範例，將 C4h*B5h 結果為 8A94h，如圖 5-66 所示。若將結果以十進位表示則為 35476(只需將十六進位切換至十進位即可)。

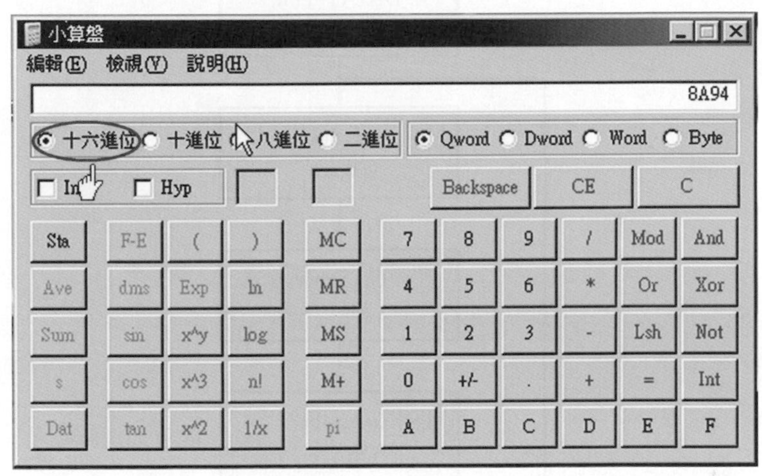

▲ 圖 5-66　小算盤執行 MULWF 指令範例結果

5-14-4-2　巨集指令

無。

5-15 範例 10(邏輯運算)

範例 10 將使用 MPLAB IDE 中軟體模擬器，進行 8 位元之邏輯運算，因此本範例並無硬體電路圖。在此範例將進行兩個變數的 AND、OR、XOR、NOT 運算。

5-15-1　系統功能流程圖

範例 10 的系統功能流程圖，如圖 5-67 所示。

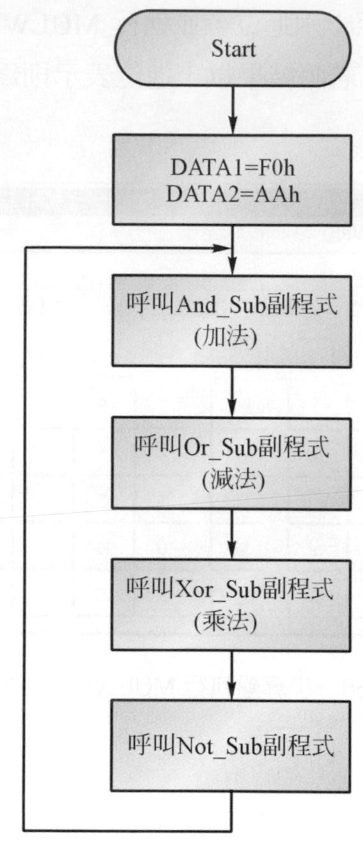

▲ 圖 5-67　範例 10 系統功能流程圖

5-15-2　範例 10 程式碼

```
 list          p=18f4520                ;使用 18F4520
 #include      prlx.asm                 ;引用 prlx 指令巨集
 #include      P18f4520.INC             ;引用 18F4520 定義檔
;***************************************************************
; 變數宣告區
DATA1          equ        0x00          ;宣告 DATA1 變數的位址
DATA2          equ        0x01          ;宣告 DATA2 變數的位址
RESULT         equ        0x02          ;宣告 RESULT 變數的位址
DATA1_TMP      equ        0x05          ;宣告 DATA1_TMP 變數的位址
DATA2_TMP      equ        0x06          ;宣告 DATA2_TMP 變數的位址
```

```
;***************************************************************
; 常數及 I/O 腳宣告區
;***************************************************************
; 重置向量

     org      00000h          ;系統重置後開始執行程式的位址
     goto     Start           ;跳至 Start
;***************************************************************
; 主程式區
     org      00020h          ; Beginning of program flash
Start:
     movlw    H'F0'
     movwf    DATA1           ;DATA1=F0h
     movlw    H'AA'
     movwf    DATA2           ;DATA2=AAh
;**************************Main*********************************
Main:
     call     And_Sub         ;RESULT=DATA1 And DATA2
     call     Or_Sub          ;RESULT=DATA1 Or DATA2
     call     Xor_Sub         ;RESULT=DATA1 XOr DATA2
     call     Not_Sub         ;DATA1_TMP=(Not DATA1), DATA2_TMP=(Not DATA2)
     goto     Main            ;跳回主程式，形成無窮迴圈
;************************end Main*******************************
And_Sub:
     movff    DATA1,RESULT        ;RESULT=DATA1
     movf     DATA2,W             ;W=DATA2
     andwf    RESULT              ;RESULT=RESULT And W
     return                       ;返回主程式
```

```
#039 ;*************************************************************
#040 Or_Sub:
#041      movff   DATA1,RESULT      ;RESULT=DATA1
#042      movf    DATA2,W           ;W=DATA2
#043      iorwf   RESULT            ;RESULT=RESULT Or W
#044      return                    ;返回主程式
#045 ;*************************************************************
#046 Xor_Sub:
#047      movff   DATA1,RESULT      ;RESULT=DATA1
#048      movf    DATA2,W           ;W=DATA2
#049      xorwf   RESULT            ;RESULT=RESULT Xor W
#050      return                    ;返回主程式
#051 ;*************************************************************
#052 Not_Sub:
#053      movff   DATA1,DATA1_TMP ;DATA1_TMP=DATA1
#054      comf    DATA1_TMP         ;DATA1_TMP=(Not DATA1_TMP)
#055      movff   DATA2,DATA2_TMP ;DATA2_TMP=DATA2
#056      comf    DATA2_TMP         ;DATA2_TMP=(Not DATA2_TMP)
#057      return                    ;返回主程式
#058 ;=============================================================
#059      END                       ;編寫程式結束，此 END 之後程式將不被組譯
```

軟體設計如下，分成幾個區域。

引用檔區(程式碼#001～#003)：

第 1 行告知組譯器使用何種微控制器，第 2 行引用 pxlx 巨集檔，第 3 行引用 PIC18F4520 定義檔。

宣告區(程式碼#005～#010)：

包含常數、變數及輸入輸出腳位宣告區，使用這些宣告的好處爲給予這些變數們名稱，使程式設計師易於辨識與修改。

程式放置區(程式碼#014～#059)：

因為 PIC18F4520 重置後讀取程式的第一個位址為 00000H，所以程式從程式碼 org 0000h 的下一行開始放置，在標記(Start)與標記(Main)之間的程式碼只會執行一次，適合做初始值設定。在標記(Main)與程式碼(goto Main)為主程式，在此範圍內的程式將會重複執行。

初始值設定(#021～025 行)先將 DATA1 設定為 F0h、DATA2 設定為 AAh，再於主程式(#027～032 行)中分別呼叫 AND、OR、XOR、NOT 副程式。

5-15-3　指令說明

本書於程式說明是以先見林再見樹的方式撰寫，對於程式所要完成的功能先行說明，再對使用到指令逐一解說，將程式系統化、簡單化，使學習者專心於本範例的重點。

5-15-3-1　基本指令

ANDWF 指令 (AND W with f)

功能描述：將 W 內容值與檔案暫存器 f 作邏輯 AND 運算。d = 0，代表運算結果存至 W；d = 1，代表運算結果存至檔案暫存器 f 。a = 0，代表使用 Access Bank；a = 1，代表使用 GPR Bank(預設)

語法：ANDWF　f {,d{,a}}

運算元：$0 \leq f \leq 255$

$d \in [0,1]$

$a \in [0,1]$

動作：(W) AND (f) → dest

影響狀態：N, Z

程式碼大小：1 個字組

指令週期：1

範例：ANDWF　REG, 0, 0

執行前：W = 17h，REG＝0C2h

執行後：W = 02h，REG=0C2h

IORWF 指令 (Inclusive OR W with f)

功能描述：將 W 內容值與檔案暫存器 f 作邏輯 OR 運算。d = 0，代表運算結果存至 W；d = 1，代表運算結果存至檔案暫存器 f。a = 0，代表使用 Access Bank；a = 1，代表使用 GPR Bank(預設)

語法：IORWF f {,d{,a}}

運算元：$0 \le f \le 255$

$d \in [0,1]$

$a \in [0,1]$

動作：(W) AND (f) → dest

影響狀態：N, Z

程式碼大小：1 個字組

指令週期：1

範例：IORWF RESULT, 0, 1

執行前：W = 91h，REG = 0C2h

執行後：W = 02h，REG = 0C2h

XORWF 指令 (Xor W with f)

功能描述：將 W 內容值與檔案暫存器 f 作邏輯 XOR 運算。d = 0，代表運算結果存至 W；d = 1，代表運算結果存至檔案暫存器 f。a = 0，代表使用 Access Bank；a = 1，代表使用 GPR Bank(預設)

語法：XORWF f {,d{,a}}

運算元：$0 \le f \le 255$

$d \in [0,1]$

$a \in [0,1]$

動作：(W) XOR (f) → dest

影響狀態：N, Z

程式碼大小：1 個字組

指令週期：1

範例：XORWF REG, 1, 0

執行前：W = B5h，REG＝AFh

執行後：W = B5h，REG=1Ah

COMF 指令 (Complement f)

功能描述：將檔案暫存器 f 作邏輯反相運算(遇 0 變 1，遇 1 變 0)。d = 0，代表運算結果存至 W；d = 1，代表運算結果存至檔案暫存器 f。a = 0，代表使用 Access Bank；a = 1，代表使用 GPR Bank(預設)

語法：COMF　f {,d{,a}}

運算元：$0 \le f \le 255$

$d \in [0,1]$

$a \in [0,1]$

動作：$(\overline{f}) \rightarrow dest$

影響狀態：N, Z

程式碼大小：1 個字組

指令週期：1

範例：COMF　REG, 0, 0

執行前：REG = 13h

執行後：W = ECh，REG = 13h

CHAPTER 6

週邊功能範例

本章將介紹 PIC18F4520 的基礎週邊功能(進階週邊功能將於 C 語言篇介紹)，利用範例引導其使用方式及應用場合。

6-1 範例 11(類比至數位轉換)

範例 11 將可調電阻器接至 AN0 腳位上的電壓，經由 A/D 轉換得到之數位值顯示於三顆七段顯示器。遵循硬體、軟體設計步驟。硬體設計如圖 6-1 所示，為使範例接線及使用元件愈少，使得學習 18F4520 愈單純，在此使用 18F4520 內部振盪電路及將重置腳位($\overline{\text{MCLR}}$)設定為 RE3 功能。

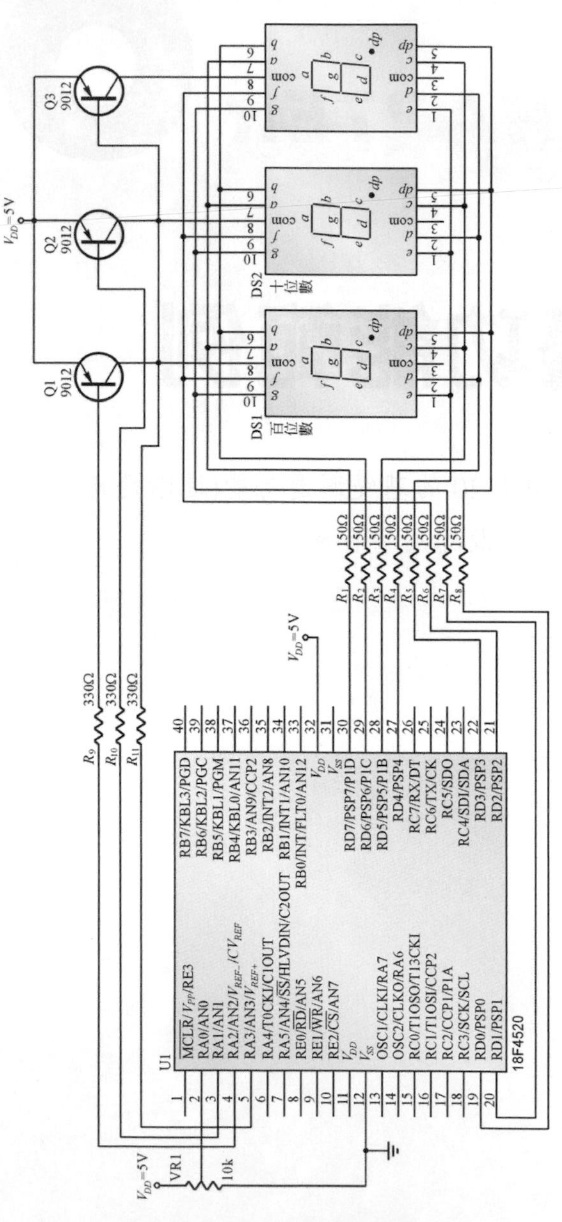

▲ 圖 6-1　範例 11 硬體電路

6-1-1　週邊功能說明

類比至數位轉換(Analog to Digital Converter,ADC)功能為，將類比電壓轉換至微控制器能夠處理的數位訊號。程式設計者就能使用這些數位數值，判斷系統狀態，進而控制系統。

PIC18F4520 擁有 13 隻 A/D 轉換腳，與一個 10bit 的 A/D 轉換模組，如圖 6-2 所示。可經由 ADCON0 暫存器中的 CHS3：CHS0 位元選擇 AN0：AN12 中的哪一隻 A/D 腳，進行 A/D 轉換。其 A/D 轉換參考電壓(VREF+、VREF−)可經由 ADCON1 暫存器中的 VCFG1 與 VCFG0 位元選擇參考電壓。

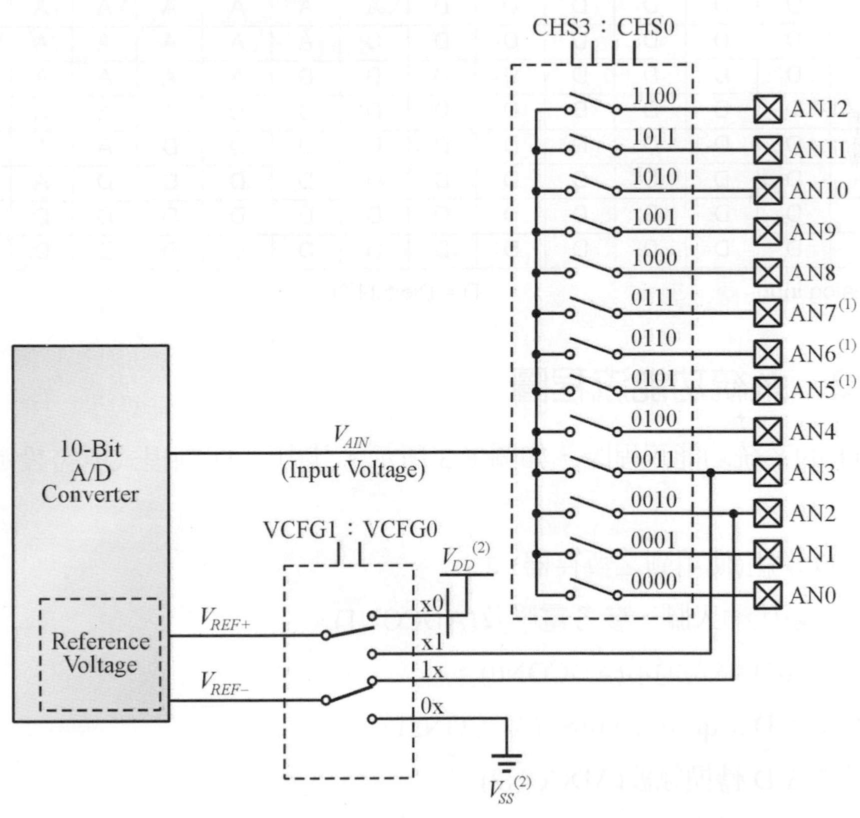

▲ 圖 6-2　A/D 功能方塊圖

這 13 隻 A/D 轉換腳，可經由 ADCON1 暫存器中的 PCFG3：PCFG0 位元選擇哪幾隻腳為 A/D 轉換腳，哪些為數位 I/O 腳。若要使用 A/D 轉換功能之腳位，一定要將其設定成為 A/D 轉換腳。其設定方式如表 6-1 所示。其中 A 代表類比輸入腳位；D 代表數位腳位。

▼ 表 6-1 A/D 腳位設定表(PIC18F 資料手冊)

PCFG3: PCFG0	AN12	AN11	AN10	AN9	AN8	AN7[2]	AN6[2]	AN5[2]	AN4	AN3	AN2	AN1	AN0
0000[1]	A	A	A	A	A	A	A	A	A	A	A	A	A
0001	A	A	A	A	A	A	A	A	A	A	A	A	A
0010	A	A	A	A	A	A	A	A	A	A	A	A	A
0011	D	A	A	A	A	A	A	A	A	A	A	A	A
0100	D	D	A	A	A	A	A	A	A	A	A	A	A
0101	D	D	D	A	A	A	A	A	A	A	A	A	A
0110	D	D	D	D	A	A	A	A	A	A	A	A	A
0111[1]	D	D	D	D	D	A	A	A	A	A	A	A	A
1000	D	D	D	D	D	D	A	A	A	A	A	A	A
1001	D	D	D	D	D	D	D	A	A	A	A	A	A
1010	D	D	D	D	D	D	D	D	A	A	A	A	A
1011	D	D	D	D	D	D	D	D	D	A	A	A	A
1100	D	D	D	D	D	D	D	D	D	D	A	A	A
1101	D	D	D	D	D	D	D	D	D	D	D	A	A
1110	D	D	D	D	D	D	D	D	D	D	D	D	A
1111	D	D	D	D	D	D	D	D	D	D	D	D	D

A = Analog input D = Digital I/O

6-1-2 系統功能流程圖

範例 11 的系統功能流程圖，如圖 6-3 所示。其中 A/D 副程式所需設定的步驟如下：

1. 設定 A/D 模組(使用到之暫存器)：
   ① 設定類比輸入腳，參考電壓及(ADCON1)。
   ② 選擇 A/D 輸入通道(ADCON0)。
   ③ 選擇 A/D acquisition time (ADCON2)。
   ④ 選擇 A/D 轉換脈波(ADCON2)。
   ⑤ 開啓 A/D 模組(ADCON0)。
2. 等待 acquisition time (如果需要)。
3. 開始 A/D 轉換(藉由設定 GO/$\overline{\text{DONE}}$ 爲 1)(ADCON0 register)。
4. 等待 A/D 轉換完成(輪循 GO/$\overline{\text{DONE}}$ 是否爲 0)。
5. 讀取 A/D 轉換結果(ADRESH:ADRESL)。

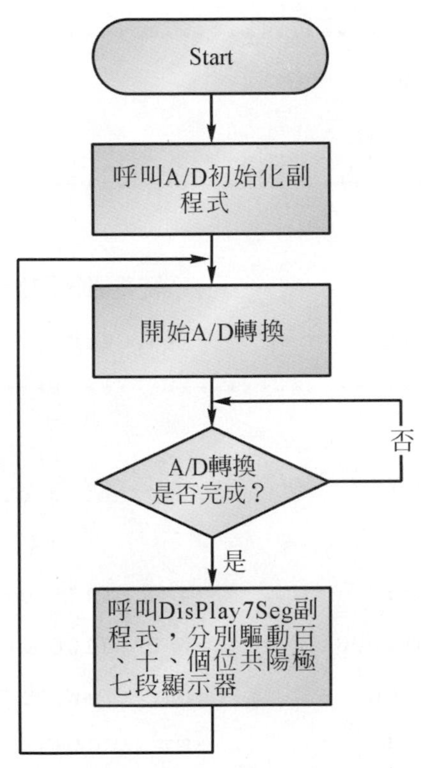

▲ 圖 6-3　範例 11 系統功能流程圖

6-1-3　範例 11 程式碼

```
 list        p=18f4520        ;使用 18F4520
 #include    prlx.asm         ;引用 prlx 指令巨集
 #include    P18f4520.INC     ;引用 18F4520 定義檔
;**************************************************************
; 變數宣告區
DelayD1   equ 0x00            ;宣告 Delay_D1 變數的位址
DelayD2   equ 0x01            ;宣告 Delay_D2 變數的位址
Delay1s   equ 0x03
DigHun    equ 0x04            ;百位數數值
DigTen    equ 0x05            ;十位數數值
DigUnit   equ 0x06            ;個位數數值
NumA      equ 0x07            ;指撥開關狀態
```

```
;*******************************************************************
; 常數及 I/O 腳宣告區

;*******************************************************************
; 重置向量
      org      00000h              ;系統重置後開始執行程式的位址
      goto     Start               ;跳至 Start
;*******************************************************************
; 主程式區
      org      00020h              ;Beginning of program flash
Start:
      movlb    0x0f;               ;設定 BSR 爲 0x0f,使用 SFR
      movlw    B'01100010'         ;W=B'01100010'
      movwf    OSCCON              ;OSCCON=W,使用內部 4MHz 振盪器
      movlw    H'00';              ;W＝H'00'=B'00000000'
      movwf    TRISD               ;將 PORTD 之 bit 7～0 設定爲輸出
      movl     LATD,D'0'           ;LATD=0
      movl     TRISA,H'01'         ;PORTA 之 bit7～1 輸出，PORTA0＝AN0
      call     Adc_Init            ;A/D 轉換初始程式
;**************************Main*********************************
Main:
      call     Adc_Go              ;呼叫 A/D 轉換副程式
      mov      NumA,ADRESH         ;轉換完成後，NumA=ADRESH
      call     GetDig              ;從 NumA 中抽取出百、十、個數分別存至
                                   ;DigHun、DigTen、DigUnit
      call     DisPlay7Seg         ;依序點亮百、十、個位數之七段顯示器
      goto     Main                ;跳回主程式，形成無窮迴圈
;************************end Main*******************************
;DELAY Cycle=T1+T2+DelayD1*(T3+T4+DelayD2*T5+T6)+T7
;             ≒DelayD1*(T3+T4+DelayD2*T5+T6)
;             ≒DelayD1*(1+1+DelayD2*3+3)=DelayD1*(5+DelayD2*3)
```

```
;DELAY TIME=DELAY Cycle*指令週期=130*(5+255*3)*1us(4/4MHz)=0.1秒


Delay:
      movlw    D'10'              ;W=H,(T1=1 個指令週期)
      movwf    DelayD1,0;         ;DelayD1=W,(T2=1 個指令週期)
DeL1:
      movlw    H'ff'              ;W=H,(T3=1 個指令週期)
      movwf    DelayD2,0;         ;DelayD1=W,(T4=1 個指令週期)
DeL2:
      djnz     DelayD2,DeL2;將 DelayD2 減 1,若不爲 0,則跳至 DeL2 處執行,
                           ;(T5=DelayD2*3 個指令週期)
      djnz     DelayD1,DeL1;將 DelayD1 減 1,若不爲 0,則跳至 DeL1 處執行,
                           ;(T6=DelayD2*3 個指令週期)
      return               ;返回主程式,(T7)
;**********************************************************
;DELAY TIME=10*0.1=1Sec
Delay1Sec:
      movl     Delay1s,D'10'
Delay1SecL1:
      call     Delay
      djnz     Delay1s,Delay1SecL1
      return
;**********************************************************
Adc_Init:
      movl     ADCON1,B'00001110'  ;參考電壓 VDD 與 Vss;AN(12:1)爲數
                                   ;位腳;AN0 爲類比腳
      movl     ADCON0,B'00000001'  ;AN0 爲 ADC 轉換腳;ADC 模組 ON
      movl     ADCON2,B'00001000'  ;ADC 結果左調整;ACQ 時間=2TAD
                                   ;TAD=2*1/Fosc
      return ;
```

```
;**********************************************************
Adc_Go:
        bsf         ADCON0,GO    ;啓動 A/D 轉換，ADCON0,GO=1
        btfsc       ADCON0,GO    ;測試 ADCON0,GO，假如 ADCON0,GO=0，代
                                 ;表 A/D 轉換完成
        goto    $-2
        return
;**********************************************************
Table:
        ADDWF       PCL
        RETLW       0x03         ;0
        RETLW       0x9F
        RETLW       0x25
        RETLW       0x0D
        RETLW       0x99
        RETLW       0x49
        RETLW       0xC1
        RETLW       0x1B
        RETLW       0x01
        RETLW       0x19         ;9
;**********************************************************
GetDig:
        movl    DigHun,D'0'      ;DigHun=0
        movl    DigTen,D'0'      ;DigTen=0;
        movl    DigUnit,D'0'     ;DigUnit=0
GetHun:
        cjbl    NumA,D'100',GetTen  ;IF NumA<100，跳至 GetTen
        movlw   D'100'              ;
        subwf   NumA,f              ;NumA=NumA-100
        incf    DigHun              ;DigHun=DigHun+1
        goto    GetHun              ;跳至 GetHun
```

```
GetTen:
        cjbl    NumA,D'10',GetUnit  ;IF NumA<10，跳至 GetUnit
        movlw   D'10'
        subwf   NumA,f              ;NumA=NumA-10
        incf    DigTen              ;DigTen=DigTen+1
        goto    GetTen              ;跳至 GetTen
GetUnit:
        mov     DigUnit,NumA        ;DigUnit=NumA
        return
;**************************************************************
DisPlay7Seg:
        bcf     PORTA,2         ;驅動百位七段顯示器
        movf    DigHun,W        ;W=DigHun
        rlncf   WREG            ;將 WREG 左旋一位元，相等於乘以 2
        call    Table           ;查表得百位數七段顯示碼
        movwf   LATD            ;輸出至 PORTD
        call    Delay           ;延遲
        bsf     PORTA,2         ;關掉百位七段顯示器

        bcf     PORTA,1         ;驅動十位七段顯示器
        movf    DigTen,W        ;W=DigTen
        rlncf   WREG            ;將 WREG 左旋一位元，相等於乘以 2
        call    Table           ;查表得十位數七段顯示碼
        movwf   LATD            ;輸出至 PORTD
        call    Delay           ;延遲
        bsf     PORTA,1         ;關掉百位七段顯示器

        bcf     PORTA,3         ;驅動個位七段顯示器
        movf    DigUnit,W       ;W=DigUnit
        rlncf   WREG            ;將 WREG 左旋一位元，相等於乘以 2
        call    Table           ;查表得個位數七段顯示碼
```

```
#133        movwf    LATD              ;輸出至 PORTD
#134        call     Delay             ;延遲
#135        bsf      PORTA,3           ;關掉個位七段顯示器
#136        return
#137
#138 ;===============================================================
#139        END                        ;編寫程式結束，此 END 之後程式將不被組譯
```

軟體設計如下，分成幾個區域。

引用檔區(程式碼#001～#003)：

第 1 行告知組譯器使用何種微控制器，第 2 行引用 pxlx 巨集檔，第 3 行引用 PIC18F4520 定義檔。

宣告區(程式碼#004～#015)：

包含常數、變數及輸入輸出腳位宣告區，使用這些宣告的好處爲給予這些變數們名稱，使程式設計師易於辨識與修改。

程式放置區(程式碼#016～#139)：

因爲 PIC18F4520 重置後讀取程式的第一個位址爲 00000H，所以程式從程式碼 org 0000h 的下一行開始放置，在標記(Start)與標記(Main)之間的程式碼只會執行一次，適合做初始值設定。在標記(Main)與程式碼(goto Main)爲主程式，在此範圍內的程式將會重複執行。

其中#030 行 RA0 設定爲輸入腳，然後呼叫#031 行 A/D 初始化副程式，#034 行呼叫 A/D 轉換副程式，#035 行轉換完成後將 ADRESH 結果存入 NumA 中，#036 行呼叫百、十、個數字轉換程式，最後執行#037 行將結果顯示於七段顯示器上。

雖然 A/D 轉換爲 10 個位元，但爲求計算方便，將 A/D 轉換結果左調整，並忽略 ADRESL 內的兩個位元，變成 8 位元之 A/D 轉換結果。(見 6-14 頁，圖 6-4)

6-1-4 範例 11 使用到之 SFR

A/D 轉換控制暫存器 1(A/D CONTROL REGISTER 1，ADCON1)，如暫存器 6-1 所示。用來設定 A/D 轉換之參考電壓與 A/D 轉換腳位。#068 程式碼使得

ADCON1=B'00001110'，對應暫存器 6-1 可知，參考電壓設定爲 V_{SS} 與 V_{DD}。且 AN0 爲 A/D 轉換腳，AN(12：1)爲數位腳。

暫存器 6-1　ADCON1(PIC18F 資料手冊)

U-0	U-0	R/W-0	R/W-0	R/W-0	R/W-q(1)	R/W-q(1)	R/W-q(1)
—	—	VCFG1	VCFG0	PCFG3	PCFG2	PCFG1	PCFG0
bit 7							bit 0

Legend:			
R = Readable bit	W = Writable bit	U = Unimplemented bit, read as '0'	
-n = Value at POR	'1' = Bit is set	'0' = Bit is cleared	x = Bit is unknown

bit 7-6　**Unimplemented:** Read as '0'

bit 5　**VCFG1:** Voltage Reference Configuration bit (VREF- source)
1 = VREF- (AN2)
0 = VSS

bit 4　**VCFG0:** Voltage Reference Configuration bit (VREF+ source)
1 = VREF+ (AN3)
0 = VDD

bit 3-0　**PCFG3:PCFG0:** A/D Port Configuration Control bits:

PCFG3: PCFG0	AN12	AN11	AN10	AN9	AN8	AN7(2)	AN6(2)	AN5(2)	AN4	AN3	AN2	AN1	AN0
0000(1)	A	A	A	A	A	A	A	A	A	A	A	A	A
0001	A	A	A	A	A	A	A	A	A	A	A	A	A
0010	A	A	A	A	A	A	A	A	A	A	A	A	A
0011	D	A	A	A	A	A	A	A	A	A	A	A	A
0100	D	D	A	A	A	A	A	A	A	A	A	A	A
0101	D	D	D	A	A	A	A	A	A	A	A	A	A
0110	D	D	D	D	A	A	A	A	A	A	A	A	A
0111(1)	D	D	D	D	D	A	A	A	A	A	A	A	A
1000	D	D	D	D	D	D	A	A	A	A	A	A	A
1001	D	D	D	D	D	D	D	A	A	A	A	A	A
1010	D	D	D	D	D	D	D	D	A	A	A	A	A
1011	D	D	D	D	D	D	D	D	D	A	A	A	A
1100	D	D	D	D	D	D	D	D	D	D	A	A	A
1101	D	D	D	D	D	D	D	D	D	D	D	A	A
1110	D	D	D	D	D	D	D	D	D	D	D	D	A
1111	D	D	D	D	D	D	D	D	D	D	D	D	D

A = Analog input　　D = Digital I/O

Note 1: The POR value of the PCFG bits depends on the value of the PBADEN Configuration bit. When PBADEN = 1, PCFG<2:0> = 000; when PBADEN = 0, PCFG<2:0> = 111.

2: AN5 through AN7 are available only on 40/44-pin devices.

A/D 轉換控制暫存器 0(A/D CONTROL REGISTER 1，ADCON0)，如暫存器 6-2 所示。用來設定：

1. 類比通道選擇(CHS3:CHS0)：設定 AN(12:0)中哪一隻腳位之電壓送至 A/D 轉換模組。
2. GO/$\overline{\text{DONE}}$ 位元控制 A/D 轉換的開始與狀態，將此位元設定爲 1 時，代表 A/D 轉換開始，A/D 轉換完成後硬體會將此位元清除爲 0，代表 A/D 轉換完成。
3. ADON 位元設定 A/D 轉換模組是否致能。

#069 行程式碼使得 ADCON0=B'00000001'，對應暫存器 6-2 可知，AN0 腳位之電壓送至爲 ADC 做轉換且 ADC 模組致能。

暫存器 6-2　ADCON0(PIC18F 資料手冊)

U-0	U-0	R/W-0	R/W-0	R/W-0	R/W-0	R/W-0	R/W-0
—	—	CHS3	CHS2	CHS1	CHS0	GO/$\overline{\text{DONE}}$	ADON
bit 7							bit 0

Legend:			
R = Readable bit	W = Writable bit	U = Unimplemented bit, read as '0'	
-n = Value at POR	'1' = Bit is set	'0' = Bit is cleared	x = Bit is unknown

bit 7-6 **Unimplemented:** Read as '0'

bit 5-2 **CHS3:CHS0:** Analog Channel Select bits
0000 = Channel 0 (AN0)
0001 = Channel 1 (AN1)
0010 = Channel 2 (AN2)
0011 = Channel 3 (AN3)
0100 = Channel 4 (AN4)
0101 = Channel 5 (AN5)(1,2)
0110 = Channel 6 (AN6)(1,2)
0111 = Channel 7 (AN7)(1,2)
1000 = Channel 8 (AN8)
1001 = Channel 9 (AN9)
1010 = Channel 10 (AN10)
1011 = Channel 11 (AN11)
1100 = Channel 12 (AN12)
1101 = Unimplemented(2)
1110 = Unimplemented(2)
1111 = Unimplemented(2)

bit 1 **GO/$\overline{\text{DONE}}$:** A/D Conversion Status bit
When ADON = 1:
1 = A/D conversion in progress
0 = A/D Idle

bit 0 **ADON:** A/D On bit
1 = A/D Converter module is enabled
0 = A/D Converter module is disabled

Note 1: These channels are not implemented on 28-pin devices.
2: Performing a conversion on unimplemented channels will return a floating input measurement.

A/D 轉換控制暫存器 2(A/D CONTROL REGISTER 2，ADCON2)，如暫存器 6-3 所示。用來設定：

1. A/D 轉換結果調整選擇(ADFM)：其說明如圖 6-4 所示。
2. 類比電壓取樣時間選擇位元(ACQT2: ACQT0)：進行 A/D 轉換前，讓取樣電容充滿電的時間。。
3. A/D 轉換時間選擇：轉換一個位元所需要的時間 TAD(共有 10 個位元)。

#070 行程式碼使得 ADCON2=B'00001000'　，對應暫存器 6-3 可知設定爲：ADC 結果左調整;ACQ 時間＝2TAD;TAD=2*1/Fosc。

暫存器 6-3　ADCON2(PIC18F 資料手冊)

R/W-0	U-0	R/W-0	R/W-0	R/W-0	R/W-0	R/W-0	R/W-0
ADFM	—	ACQT2	ACQT1	ACQT0	ADCS2	ADCS1	ADCS0
bit 7							bit 0

Legend:
R = Readable bit　W = Writable bit　U = Unimplemented bit, read as '0'
-n = Value at POR　'1' = Bit is set　'0' = Bit is cleared　x = Bit is unknown

bit 7　**ADFM:** A/D Result Format Select bit
1 = Right justified
0 = Left justified

bit 6　**Unimplemented:** Read as '0'

bit 5-3　**ACQT2:ACQT0:** A/D Acquisition Time Select bits
111 = 20 TAD
110 = 16 TAD
101 = 12 TAD
100 = 8 TAD
011 = 6 TAD
010 = 4 TAD
001 = 2 TAD
000 = 0 TAD(1)

bit 2-0　**ADCS2:ADCS0:** A/D Conversion Clock Select bits
111 = FRC (clock derived from A/D RC oscillator)(1)
110 = FOSC/64
101 = FOSC/16
100 = FOSC/4
011 = FRC (clock derived from A/D RC oscillator)(1)
010 = FOSC/32
001 = FOSC/8
000 = FOSC/2

Note 1: If the A/D FRC clock source is selected, a delay of one TCY (instruction cycle) is added before the A/D clock starts. This allows the SLEEP instruction to be executed before starting a conversion.

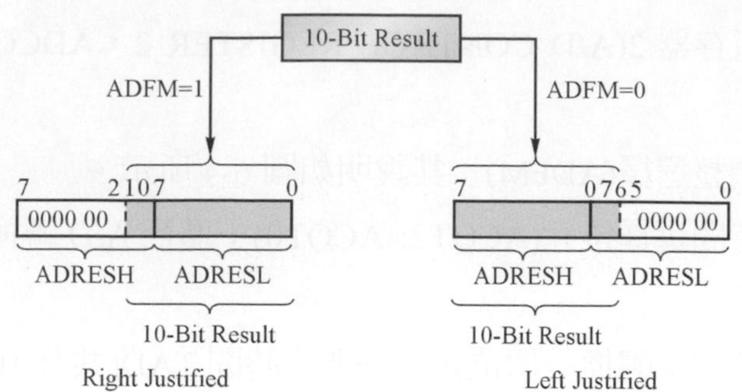

▲ 圖 6-4 A/D 轉換結果調整選擇示意圖(PIC16F873 資料手冊)

6-2 範例 12(計時器 2)

範例 12 將可調電阻器接至 AN0 腳位上的電壓，經由 A/D 轉換得到之數位值儲存於 PR2 中，並將 Timer2 啓動(預除器與後除器設定爲 1：16)，當 TMR2 的內容值持續增加並等於 PR2 時，將 LED(RD0)反相，達成可調速之 LED 閃爍功能。遵循硬體、軟體設計步驟。硬體設計如圖 6-5 所示，爲使範例接線及使用元件愈少，使得學習 18F4520 愈單純，在此使用 18F4520 內部振盪電路及將重置腳位($\overline{MCLR}$)設定爲 RE3 功能。

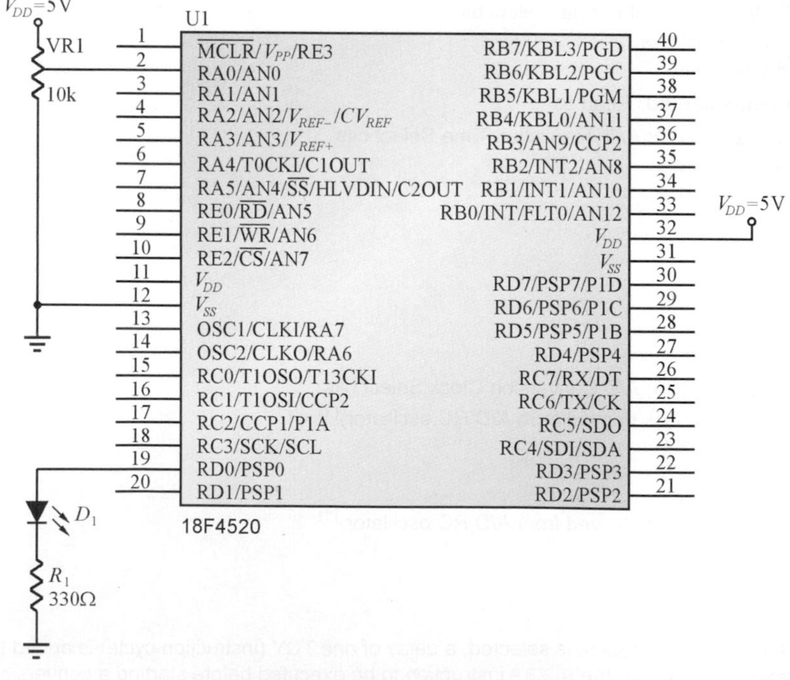

▲ 圖 6-5 範例 12 硬體電路

6-2-1　週邊功能說明

計時器 2(Timer2)擁有下列特性：

1. 八位元計時暫存器制與週期暫存器(TMR2 and PR2)。
2. TMR2、PR2 都可讀寫。
3. 可軟體規劃預除器(prescaler 1:1, 1:4and 1:16)。
4. 可軟體規劃後除器(postscaler 1:1 至 1:16)。
5. 當 TMR2＝PR2 時，產生 TMR2 Output。

從圖 6-6 中可知，Fosc/4 的脈波信號經由 Prrescaler 送至 TMR2 計數，TMR2 的計數值從 00H 開始遞增。當 TMR2＝PR2 時，將產生輸出脈波至 Postscaler 計數及將 TMR2 清除爲 0，當達到 Postscaler 設定值時，TMR2IF 將被設定爲 1。

在下列狀況下將清除預除器與後除器的計數值：

1. 對 TMR2 寫入資料。
2. 對 T2CON 寫入資料。
3. 任一種 Reset 發生時 (Power-on Reset, MCLR Reset,Watchdog Timer Reset or Brown-out Reset)。

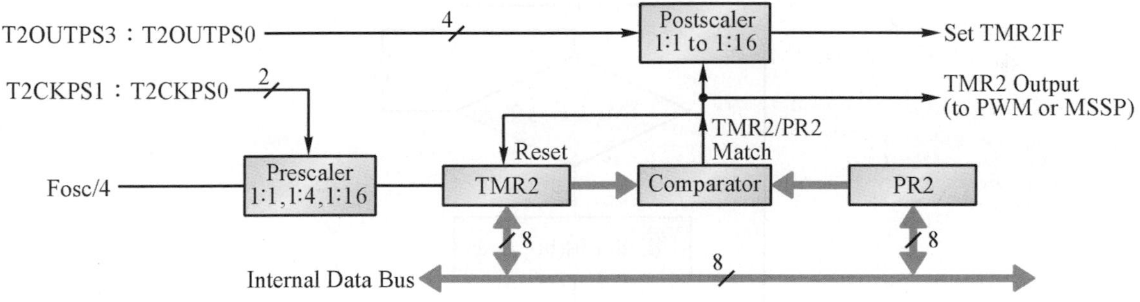

▲ 圖 6-6　Timer2 功能方塊圖(PIC18F 資料手冊)

6-2-2 系統功能流程圖

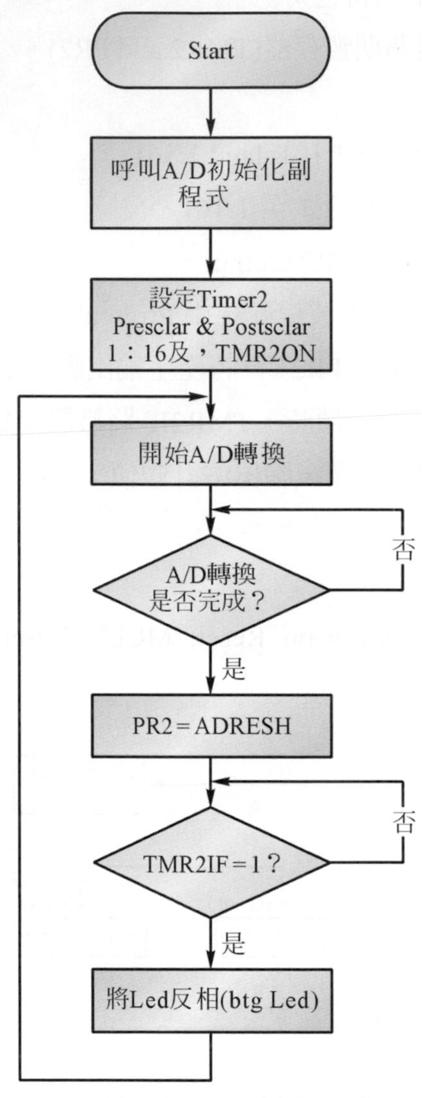

▲ 圖 6-7　範例 12 系統功能流程圖

6-2-3 範例 12 程式碼

```
list        p=18f4520         ;使用 18F4520
#include    prlx.asm          ;引用 prlx 指令巨集
#include    P18f4520.INC      ;引用 18F4520 定義檔
;***************************************************************
```

```
; 變數宣告區
DelayD1   equ 0x00           ;宣告 Delay_D1 變數的位址
DelayD2   equ 0x01           ;宣告 Delay_D2 變數的位址
NowData   equ 0x02
Delay1s   equ 0x03
;***********************************************************
; 常數及 I/O 腳宣告區
#define   Led PORTD,0       ;宣告 Led 腳位
;***********************************************************
; 重置向量
     org      00000h          ;系統重置後開始執行程式的位址
     goto     Start           ;跳至 Start
;***********************************************************
; 主程式區
     org      00020h          ;Beginning of program flash
Start:
     movlb    0x0f;           ;設定 BSR 為 0x0f,使用 SFR
     movlw    B'01100010'     ;W=B'01100010'
     movwf    OSCCON          ;OSCCON=W
     movlw    H'00';          ;W＝H'00'=B'00000000'
     movwf    TRISD           ;將 PORTD 之 bit 7～0 設定為輸出
     movl     LATD,D'0'       ;LATD=0
     movl     TRISA,H'01'     ;PORTA 之 bit7～1 輸出，PORTA0＝AN0
     call     Adc_Init        ;呼叫 A/D 轉換初始設定副程式
     movl     T2CON,B'01111111';Presclar & Postsclar 1:16,TMR2ON
;*************************Main********************************
Main:
     call     Adc_Go          ;呼叫 A/D 轉換副程式
     mov      PR2,ADRESH      ;轉換完成使 PR2＝ADRESH
```

```
#034 MainL1:
#035      jnb     PIR1,TMR2IF,MainL1   ;if TMR2IF=0 代表 TMR2 未增加等於
                                       ;PR2，跳至 MainL1
#036      btg     Led              ;TMR2IF＝1，代表 TMR2=PR2，將 Led 反相
#037      bcf     PIR1,TMR2IF      ;將 TMR2IF 清除爲 0
#038      goto    Main             ;跳回主程式，形成無窮迴圈
#039 ;*************************end Main****************************
#040 Adc_Init:
#041      movl    ADCON1,B'00001110'   ;參考電壓 VDD 與 Vss;AN(12:1)爲數
                                       ;位腳;AN0 爲類比腳
#042      movl    ADCON0,B'00000001'   ;AN0 爲 ADC 轉換腳;ADC 模組 ON
#043      movl    ADCON2,B'00001000'   ;ADC 結果左調整;ACQ 時間=2TAD;TAD
                                       ;=2*1/Fosc
#044      return ;
#045 ;***********************************************************
#046 Adc_Go:
#047      bsf     ADCON0,GO    ;啓動 A/D 轉換，ADCON0,GO=1
#048      btfsc   ADCON0,GO    ;測試 ADCON0,GO，假如 ADCON0,GO=0，代表 A/D
                               ;轉換完成
#049      goto    $-2
#050      return
#051 ;*************************************************************
#052      END              ;編寫程式結束，此 END 之後程式將不被組譯
```

軟體設計如下，分成幾個區域。

引用檔區(程式碼#001～#003)：

第 1 行告知組譯器使用何種微控制器，第 2 行引用 pxlx 巨集檔，第 3 行引用 PIC18F4520 定義檔。

宣告區(程式碼#004～#012)：

包含常數、變數及輸入輸出腳位宣告區，使用這些宣告的好處爲給予這些變數們名稱，使程式設計師易於辨識與修改。

程式放置區(程式碼#014～#051)：

因爲 PIC18F4520 重置後讀取程式的第一個位址爲 00000H，所以程式從程式碼 org 0000h 的下一行開始放置，在標記(Start)與標記(Main)之間的程式碼只會執行一次，適合做初始值設定。在標記(Main)與程式碼(goto Main)爲主程式，在此範圍內的程式將會重複執行。

其中#027 行 RA0 設定爲輸入腳，然後呼叫#028 行 A/D 初始化副程式，#032 行呼叫 A/D 轉換副程式，#033 行轉換完成後將 ADRESH 結果存入 PR2 中，由圖 6-6 知，當時間經過 PR2×Prescaler×Postscaler = PR2×16×1μ = 256×PR2μ 秒後，TMR2IF 將設定爲 1 並進入#36 行程式將 LED 反相，#037 行將 TMR2IF 設定爲 0 後重新計時。因爲 PR2 的值是由 8bit A/D 轉換完成，故執行時間可由 0～65280 μ 秒(將 PR2 代入 0～255)。此程式功能如同可調週期的方波產生器(如圖 6-8 所示，1 與 0 都持續 256×PR2 μ 秒)，PR2 值越小，Led 閃爍越快；反之，Led 閃爍越慢。(此範例例調整 Led 燈閃爍速度，下個範例使用 PWM 調整 Led 亮度)。

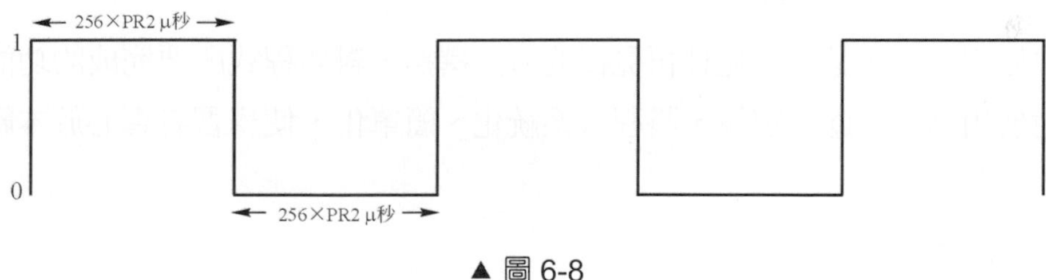

▲ 圖 6-8

6-2-4 範例 12 使用到之 SFR

Timer2 控制暫存器(Timer2 CONTROL REGISTER，T2CON)，如暫存器 6-4 所示。用來設定 Timer2 之後除器、開啓 Timer2 功能、預除器。#029 行程式碼使得 T2CON=B'01111111'，對應暫存器 6-4 可知，後除器設定爲 1：16，開啓 Timer2 功能，預除器設定爲 1：16。

暫存器 6-4　T2CON(PIC18F 資料手冊)

U-0	R/W-0	R/W-0	R/W-0	R/W-0	R/W-0	R/W-0	R/W-0
—	T2OUTPS3	T2OUTPS2	T2OUTPS1	T2OUTPS0	TMR2ON	T2CKPS1	T2CKPS0
bit 7							bit 0

Legend:			
R = Readable bit	W = Writable bit	U = Unimplemented bit, read as '0'	
-n = Value at POR	'1' = Bit is set	'0' = Bit is cleared	x = Bit is unknown

bit 7　**Unimplemented:** Read as '0'

bit 6-3　**T2OUTPS3:T2OUTPS0:** Timer2 Output Postscale Select bits
- 0000 = 1:1 Postscale
- 0001 = 1:2 Postscale
- •
- •
- •
- 1111 = 1:16 Postscale

bit 2　**TMR2ON:** Timer2 On bit
- 1 = Timer2 is on
- 0 = Timer2 is off

bit 1-0　**T2CKPS1:T2CKPS0:** Timer2 Clock Prescale Select bits
- 00 = Prescaler is 1
- 01 = Prescaler is 4
- 1x = Prescaler is 16

6-2-5　指令說明

本書於程式說明是以先見林再見樹的方式撰寫，對於程式所要完成的功能先行說明，再對使用到指令逐一解說，將程式系統化、簡單化，使學習者專心於本範例的重點。

6-2-5-1　基本指令

BTG 指令 (Bit Toggle f)

功能描述：將 f 暫存器內的第 b 個位元反相(1 變 0，0 變 1)。a = 0，代表使用 Access Bank；a = 1，代表使用 GPR Bank(預設)。

語法：BTG f, b {,a}

運算元：$0 \le f \le 255$

$0 \le b \le 7$

$a \in [1,0]$

動作：$\overline{f<b>} \rightarrow f<b>$

影響狀態：無
程式碼大小：1 個字組
指令週期：1
範例：BTG　PORTC, 4, 0
執行前：PORTC = 0111 0101 [75h]
執行後：PORTC = 0110 0101 [65h]

#036 行程式碼 btg　Led，因為 Led 宣告為 PORTD,0，所以是將 PORTD,0 反相。

6-3 範例 13 (脈波寬度調變)

範例 13 將可調電阻器接至 AN0，該腳位上的電壓，經由 A/D 轉換得到之數位值儲存於 CCPR1L 中(Duty Cycle High 的時間)，並開啓 CCP1 模組為 PWM 週邊功能，達成 LED 亮度可調之功能。遵循硬體、軟體設計步驟。硬體設計如圖 6-9 所示，為使範例接線及使用元件愈少，使得學習 18F4520 愈單純，在此使用 18F4520 內部振盪電路及將重置腳位($\overline{\text{MCLR}}$)設定為 RE3 功能。

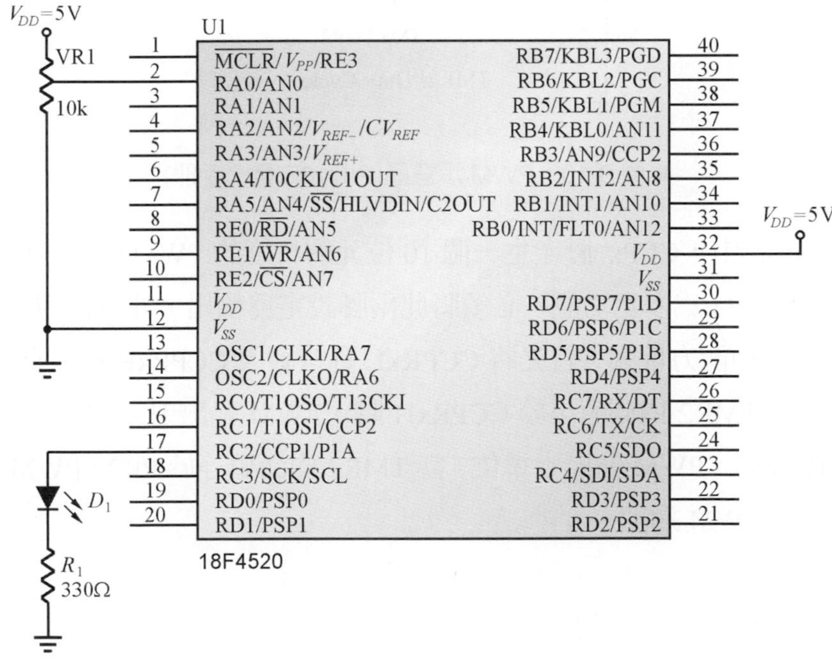

▲ 圖 6-9　範例 13 硬體電路

6-3-1 週邊功能說明

脈波寬度調變(Pulse Width Modulation,PWM)示意圖，如圖 6-10 所示。

$$\text{工作週期(Duty Cycle)} = \frac{Ton(\text{一個週期內信號為H的時間})}{T(\text{波形週期})} = \frac{\text{DutyCycle}}{\text{Period}}$$

其中

Period = [(PR2) + 1]×4×TOSC×(TMR2 Prescale Value)

Duty Cycle = (CCPRXL:CCPXCON<5:4>)×TOSC×(TMR2 Prescale Value)

PWM 的工作週期經由 CCPRxL 暫存器(8 位元)與 CCPxCON < 5:4 >(2 位元)指定。CCPRxL 及 CCPxCON < 5: 4 > 可以在任何時間被寫入，但是工作週期數值只有當 TMR2 = PR2 時，才會被載入 CCPRxH。在 PWM 模式中，CCPRxH 只能被讀取而不能被寫入。

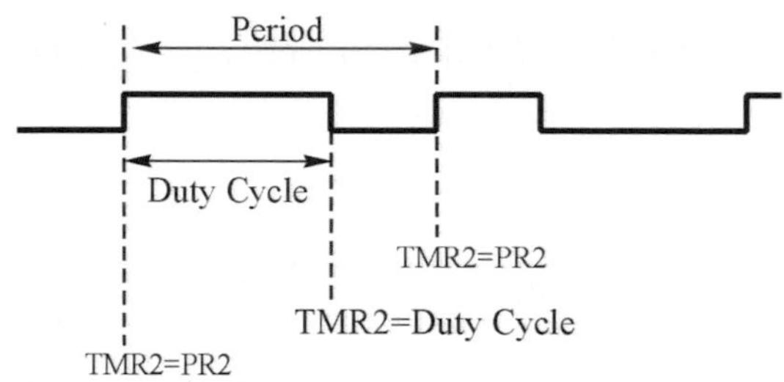

▲ 圖 6-10 PWM 示意圖(PIC18F 資料手冊)

在 PWM 模式中，CCPx 腳產生一個 10 位元解析度的 PWM 輸出，CCP1、CCP2 腳分別與 RC2、RB3 為多工功能，必須將此兩腳設定為輸出，才可使用 PWM 模式。圖 6-11 為 PWM 功能方塊圖，首先將 CCPRxL 資料載入 CCPRxH 中，此時 TMR2 內容值將遞增。當 TMR2 內涵值小於 CCPRxH 時，PWM 輸出 H 準位；當 TMR2 內涵值等於 CCPRxH 時，PWM 輸出 L 準位；當 TMR2 內涵值等於 PR2，PWM 週期完成，重新開始另一個 PWM 週期。

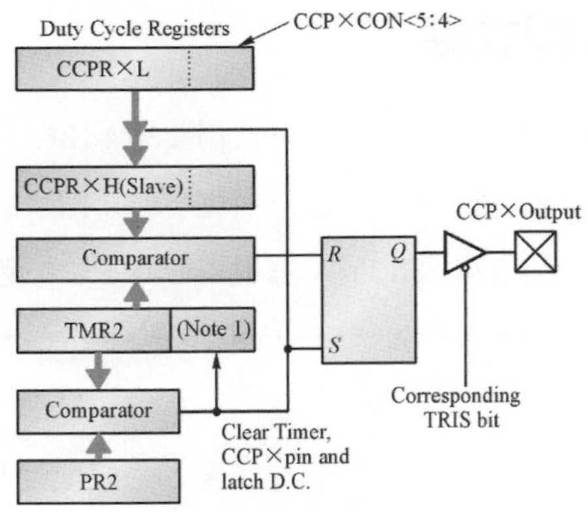

▲ 圖 6-11　PWM 功能方塊圖(PIC18F 資料手冊)

設定 CCP 模組爲 PWM 工作模式步驟如下：

1. 設定 PWM 週期(PR2)。
2. 設定 PWM 工作週期(CCPRxL 及 CCPxCON < 5 : 4 >)。
3. 設定 CCPx 腳爲輸出(TRISx)。
4. 設定 TMR2 預除器，然後致能 Timer2(T2CON)。
5. 設定 CCPx module 爲 PWM 工作模式(CCPxCON)。

6-3-2　系統功能流程圖

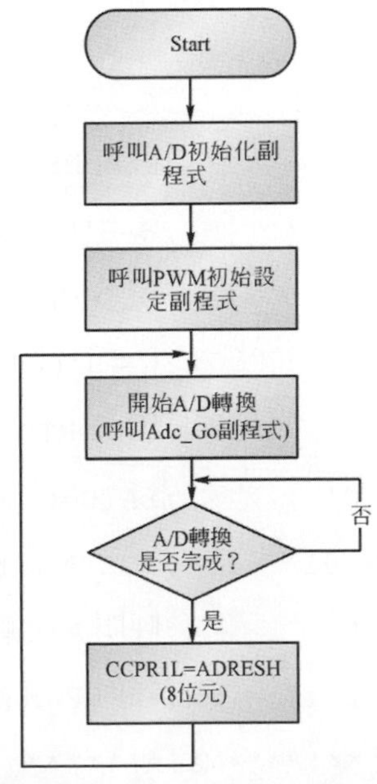

▲ 圖 6-12　範例 13 系統功能流程圖

6-3-3 範例 13 程式碼

```
 list          p=18f4520          ;使用 18F4520
 #include      prlx.asm           ;引用 prlx 指令巨集
 #include      P18f4520.INC       ;引用 18F4520 定義檔
;*******************************************************************
; 變數宣告區
DelayD1   equ 0x00                ;宣告 Delay_D1 變數的位址
DelayD2   equ 0x01                ;宣告 Delay_D2 變數的位址
;*******************************************************************
; 常數及 I/O 腳宣告區
#define        Led PORTD,0        ;宣告 Led 腳位
;*******************************************************************
; 重置向量
      org      00000h             ;系統重置後開始執行程式的位址
      goto     Start              ;跳至 Start
;*******************************************************************
; 主程式區
      org      00020h             ;Beginning of program flash
Start:
      movlb    0x0f;              ;設定 BSR 為 0x0f,使用 SFR
      movlw    B'01100010'        ;W=B'01100010'
      movwf    OSCCON             ;OSCCON=W
      movlw    H'00';             ;W=H'00'=B'00000000'
      movwf    TRISD              ;將 PORTD 之 bit 7～0 設定為輸出
      movl     LATD,D'0'          ;LATD=0
      movl     TRISA,H'01'        ;PORTA 之 bit7～1 輸出，PORTA0=AN0
      call     Adc_Init           ;呼叫 A/D 轉換初始設定副程式
      call     Pwm_Init           ;呼叫 PWM 初始設定副程式
;**************************Main*********************************
Main:
```

```
        call     Adc_Go              ;呼叫 A/D 轉換副程式
        mov      CCPR1L,ADRESH       ;轉換完成後使得 CCPR1L=ADRESH
        goto     Main                ;跳回主程式，形成無窮迴圈
;************************end Main****************************
Adc_Init:
        movl     ADCON1,B'00001110'  ;參考電壓 VDD與 Vss;AN(12:1)爲數
                                     ;位腳;AN0 爲類比腳
        movl     ADCON0,B'00000001'  ;AN0 爲 ADC 轉換腳;ADC 模組 ON
        movl     ADCON2,B'00001000'  ;ADC 結果左調整;ACQ 時間=2TAD
                                     ;TAD=2*1/Fosc
        return ;
;************************************************************
Adc_Go:
        bsf      ADCON0,GO     ;啟動 A/D 轉換，ADCON0,GO=1
        btfsc    ADCON0,GO     ;測試 ADCON0,GO，假如 ADCON0,GO=0，代表 A/D
轉換完成
        goto     $-2
        return
;************************************************************
Pwm_Init:
        movl     PR2,H'FF'           ;1. 設定 PWM 週期(PR2)
        mov      CCPR1L,ADRESH       ;2. 設定 PWM 工作週期(CCPRxL)
        movl     TRISC,B'11111011'   ;3. 設定 CCP1 腳爲輸出(TRISC<2>)
        movl     T2CON,B'00000100'   ;4. 設定 TMR2 預除器(1:1)，然後致
                                     ;能 Timer2(T2CON)
        movl     CCP1CON,B'00111111' ;5.設定 CCPxCON<5:4>=11，CCPx
                                     ;module 爲 PWM 工作模式(CCPxCON)
        return ;
;************************************************************
        END                          ;編寫程式結束，此 END 之後程式將不被組譯
```

軟體設計如下，分成幾個區域：

引用檔區(程式碼#001～#003)：

第 1 行告知組譯器使用何種微控制器，第 2 行引用 pxlx 巨集檔，第 3 行引用 PIC18F4520 定義檔。

宣告區(程式碼#004～#011)：

包含常數、變數及輸入輸出腳位宣告區，使用這些宣告的好處爲給予這些變數們名稱，使程式設計師易於辨識與修改。

程式放置區(程式碼#012～#053)：

因爲 PIC18F4520 重置後讀取程式的第一個位址爲 00000H，所以程式從程式碼 org 0000h 的下一行開始放置，在標記(Start)與標記(Main)之間的程式碼只會執行一次，適合做初始值設定。在標記(Main)與程式碼(goto Main)爲主程式，在此範圍內的程式將會重複執行。

其中#025 行 RA0 設定爲輸入腳，呼叫#026 行 A/D 初始設定副程式，呼叫#027 行 PWM 初始設定副程式，#030 行呼叫 A/D 轉換副程式，#031 行轉換完成後將 ADRESH 結果存入 CCPR1L 中。

雖然 A/D 轉換爲 10 個位元，但爲求計算方便，將 A/D 轉換結果左調整，忽略 ADRESL 內的兩個位元，變成 8 位元之 A/D 轉換結果。

6-3-4 範例 13 使用到之 SFR

捕捉/比較/脈波寬度調變模組控制暫存器(CCPX CONTROL REGISTER，CCPXON)，如暫存器 6-5 所示(當選擇 CCP1 時，須設定 CCP1CON 暫存器)。用來選擇使用捕捉、比較或波寬度調變功能。#051 行程式碼使得 CCP1CON=B'00111111'，對應暫存器 6-5 可知，設定 CCPxCON<5:4>=11，CCPx module 爲 PWM 工作模式。

暫存器 6-5　CCPXCON(PIC18F 資料手冊)

U-0	U-0	R/W-0	R/W-0	R/W-0	R/W-0	R/W-0	R/W-0
—	—	DCxB1	DCxB0	CCPxM3	CCPxM2	CCPxM1	CCPxM0
bit 7							bit 0

Legend:			
R = Readable bit	W = Writable bit	U = Unimplemented bit, read as '0'	
-n = Value at POR	'1' = Bit is set	'0' = Bit is cleared	x = Bit is unknown

bit 7-6 **Unimplemented:** Read as '0'

bit 5-4 **DCxB1:DCxB0**: PWM Duty Cycle bit 1 and bit 0 for CCPx Module

Capture mode:
Unused.

Compare mode:
Unused.

PWM mode:
These bits are the two LSbs (bit 1 and bit 0) of the 10-bit PWM duty cycle. The eight MSbs (DCx9:DCx2) of the duty cycle are found in CCPRxL.

bit 3-0 **CCPxM3:CCPxM0**: CCPx Module Mode Select bits

0000 = Capture/Compare/PWM disabled (resets CCPx module)
0001 = Reserved
0010 = Compare mode, toggle output on match (CCPxIF bit is set)
0011 = Reserved
0100 = Capture mode, every falling edge
0101 = Capture mode, every rising edge
0110 = Capture mode, every 4th rising edge
0111 = Capture mode, every 16th rising edge
1000 = Compare mode, initialize CCPx pin low; on compare match, force CCPx pin high (CCPxIF bit is set)
1001 = Compare mode, initialize CCPx pin high; on compare match, force CCPx pin low (CCPxIF bit is set)
1010 = Compare mode, generate software interrupt on compare match (CCPxIF bit is set, CCPx pin reflects I/O state)
1011 = Compare mode, trigger special event; reset timer; CCP2 match starts A/D conversion (CCPxIF bit is set)
11xx = PWM mode

6-4 範例 14 (比較器)

範例 14 將設定比較器於帶輸出之獨立比較器工作模式(CM2:CM0 = 001)，RA0 爲比較器 V_{IN+}，RA3 爲比較器 V_{IN-}，比較器輸出腳爲 RA4。當可調電阻電壓低於 4V 時，RA4 輸出高電位，LED 亮；當可調電阻電壓高於 4V 時，RA4 輸出低電位，LED 熄。此爲硬體比較器爲並不會佔用到爲 PIC18F 之資源。常使用此種比較器功能判斷電池之電壓狀況(將電池電壓接於 RA0)。

遵循硬體、軟體設計步驟。硬體設計如圖 6-13 所示，為使範例接線及使用元件愈少，使得學習 18F4520 愈單純，在此使用 18F4520 內部振盪電路及將重置腳位($\overline{MCLR}$)設定為 RE3 功能。

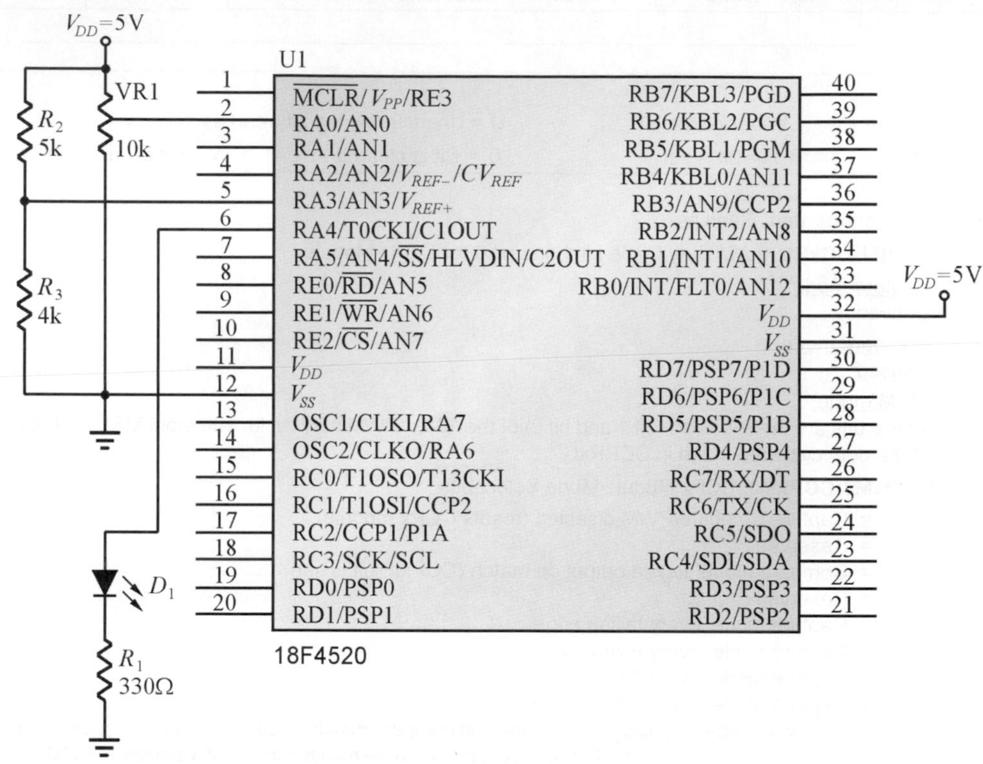

▲ 圖 6-13　範例 14 硬體電路

6-4-1　週邊功能說明

類比比較器(Analog Comparator Module，ACM)週邊功能，擁有兩個比較器並可設定在不同的工作模式中(如圖 6-14 所示)，比較器週邊功能腳位與 RA(0：5)為多工選擇。

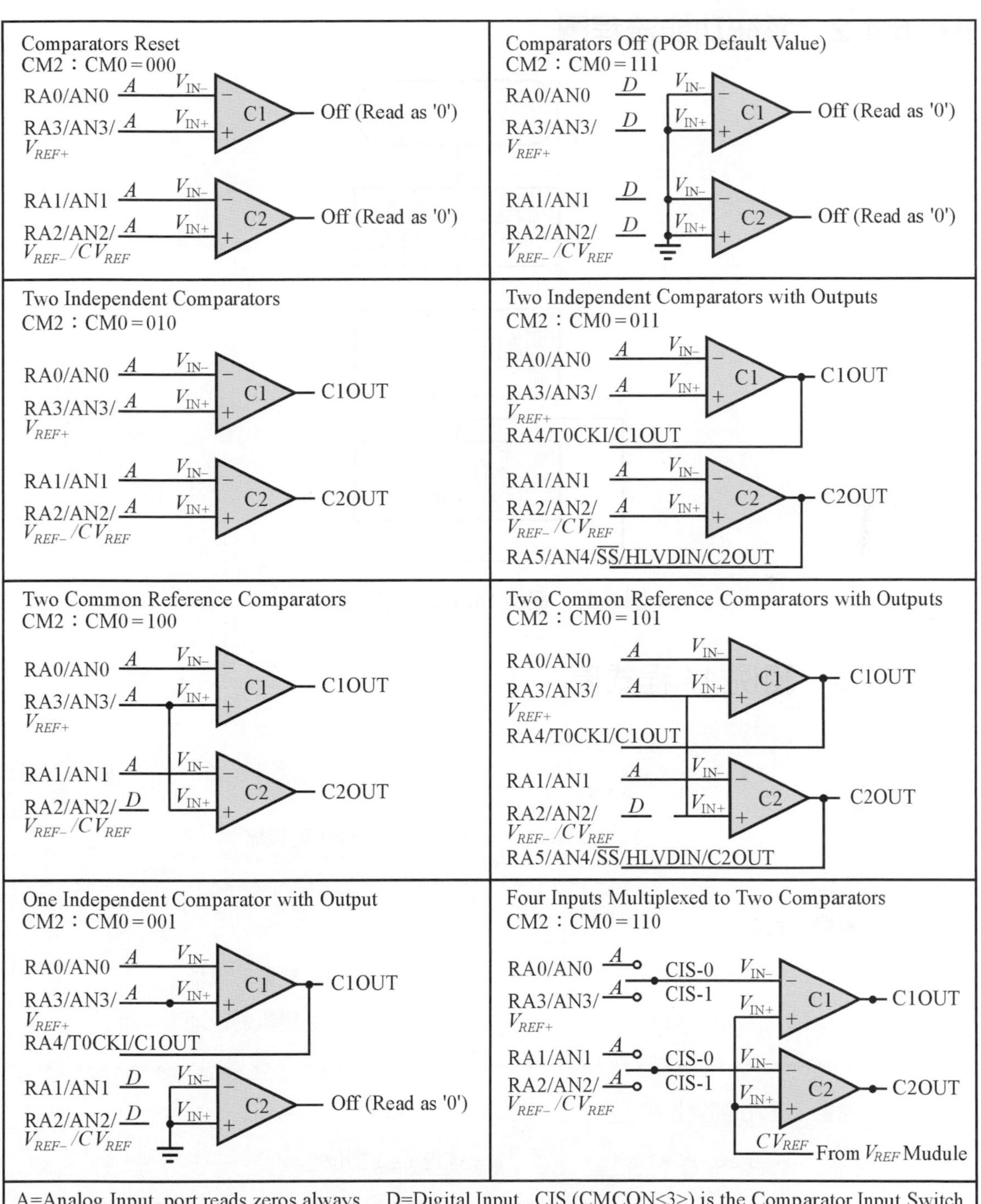

▲ 圖 6-14　比較器工作模式(PIC18F 資料手冊)

6-4-2 系統功能流程圖

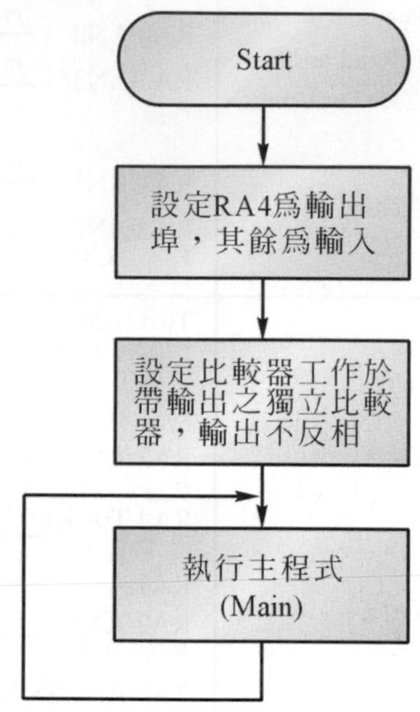

▲ 圖 6-15 範例 14 系統功能流程圖

6-4-3 範例 14 程式碼

```
list        p=18f4520           ;使用 18F4520
#include    prlx.asm            ;引用 prlx 指令巨集
#include    P18f4520.INC        ;引用 18F4520 定義檔
;***************************************************************
; 變數宣告區
DelayD1   equ 0x00              ;宣告 Delay_D1 變數的位址
DelayD2   equ 0x01              ;宣告 Delay_D2 變數的位址
;***************************************************************
; 常數及 I/O 腳宣告區
#define   Led PORTD,0           ;宣告 Led 腳位
;***************************************************************
; 重置向量
     org 00000h                 ;系統重置後開始執行程式的位址
     gotoStart                  ;跳至 Start
```

```
#015 ;*************************************************************
#016 ; 主程式區
#017      org      00020h                  ;Beginning of program flash
#018 Start:
#019      movlb    0x0f;                   ;設定 BSR 為 0x0f,使用 SFR
#020      movlw    B'01100010'             ;W=B'01100010'
#021      movl     TRISA,B'11101111'       ;RA4 為數位輸出，其餘為輸入
#022      movl     CMCON,B'00000001'       ;One Independent Comparator
                                           ;with Output，輸出不反相
#023 ;**************************Main*******************************
#024 Main:
#025      goto     Main                    ;跳回主程式，形成無窮迴圈
#026 ;*************************************************************
#027      END                          ;編寫程式結束，此 END 之後程式將不被組譯
```

軟體設計如下，分成幾個區域。

引用檔區(程式碼#001～#003)：

第 1 行告知組譯器使用何種微控制器，第 2 行引用 pxlx 巨集檔，第 3 行引用 PIC18F4520 定義檔。

宣告區(程式碼#004～#007)：

包含常數、變數及輸入輸出腳位宣告區，使用這些宣告的好處為給予這些變數們名稱，使程式設計師易於辨識與修改。

程式放置區(程式碼#012～#027)：

因為 PIC18F4520 重置後讀取程式的第一個位址為 00000H，所以程式從程式碼 org 0000h 的下一行開始放置，在標記(Start)與標記(Main)之間的程式碼只會執行一次，適合做初始值設定。在標記(Main)與程式碼(goto Main)為主程式，在此範圍內的程式將會重複執行。

#022 行設定比較器工作於帶輸出獨立比較器模式。接下來程式將在#024～#025行重複執行。因爲比較器爲硬體，所以並不會佔用到微控制器的資源。

6-4-4 範例 14 使用到之 SFR

比較器控制暫存器(COMPARATOR CONTROL REGISTER，CMCON)，如暫存器6-6 所示。用來選擇使用何種工作模式、輸出是否反相。#022 行程式碼使得CMCON=B'00000001'，對應暫存器 6-6 可知，設定比較器 1 爲帶輸出之單獨比較器，且當 C1 V_{IN+}>C1 V_{IN-}時，C1OUT=1，LED 亮；否則 LED 熄。

暫存器 6-6 CMCON(PIC18F 資料手冊)

R-0	R-0	R/W-0	R/W-0	R/W-0	R/W-1	R/W-1	R/W-1
C2OUT	C1OUT	C2INV	C1INV	CIS	CM2	CM1	CM0
bit 7							bit 0

Legend:			
R = Readable bit	W = Writable bit	U = Unimplemented bit, read as '0'	
-n = Value at POR	'1' = Bit is set	'0' = Bit is cleared	x = Bit is unknown

bit 7 **C2OUT**: Comparator 2 Output bit
When C2INV = 0:
1 = C2 VIN+ > C2 VIN-
0 = C2 VIN+ < C2 VIN-
When C2INV = 1:
1 = C2 VIN+ < C2 VIN-
0 = C2 VIN+ > C2 VIN-

bit 6 **C1OUT**: Comparator 1 Output bit
When C1INV = 0:
1 = C1 VIN+ > C1 VIN-
0 = C1 VIN+ < C1 VIN-
When C1INV = 1:
1 = C1 VIN+ < C1 VIN-
0 = C1 VIN+ > C1 VIN-

bit 5 **C2INV**: Comparator 2 Output Inversion bit
1 = C2 output inverted
0 = C2 output not inverted

bit 4 **C1INV**: Comparator 1 Output Inversion bit
1 = C1 output inverted
0 = C1 output not inverted

bit 3 **CIS**: Comparator Input Switch bit
When CM2:CM0 = 110:
1 = C1 VIN- connects to RA3/AN3/VREF+
C2 VIN- connects to RA2/AN2/VREF-/CVREF
0 = C1 VIN- connects to RA0/AN0
C2 VIN- connects to RA1/AN1

bit 2-0 **CM2:CM0**: Comparator Mode bits
Figure 20-1 shows the Comparator modes and the CM2:CM0 bit settings.

6-5 範例 15(簡單型數位至類比轉換器)

數位至類比轉換(Digital to Analog Converter, DAC)功能爲，將數位值對應比例轉換至類比電壓值輸出，與 ADC 恰好是相反的動作。

範例 15 將 CVREF(RA2)接至 OPA，遵循硬體、軟體設計步驟。硬體設計如圖 6-16 所示，爲使範例接線及使用元件愈少，使得學習 18F4520 愈單純，在此使用 18F4520 內部振盪電路及將重置腳位($\overline{\text{MCLR}}$)設定爲 RE3 功能。

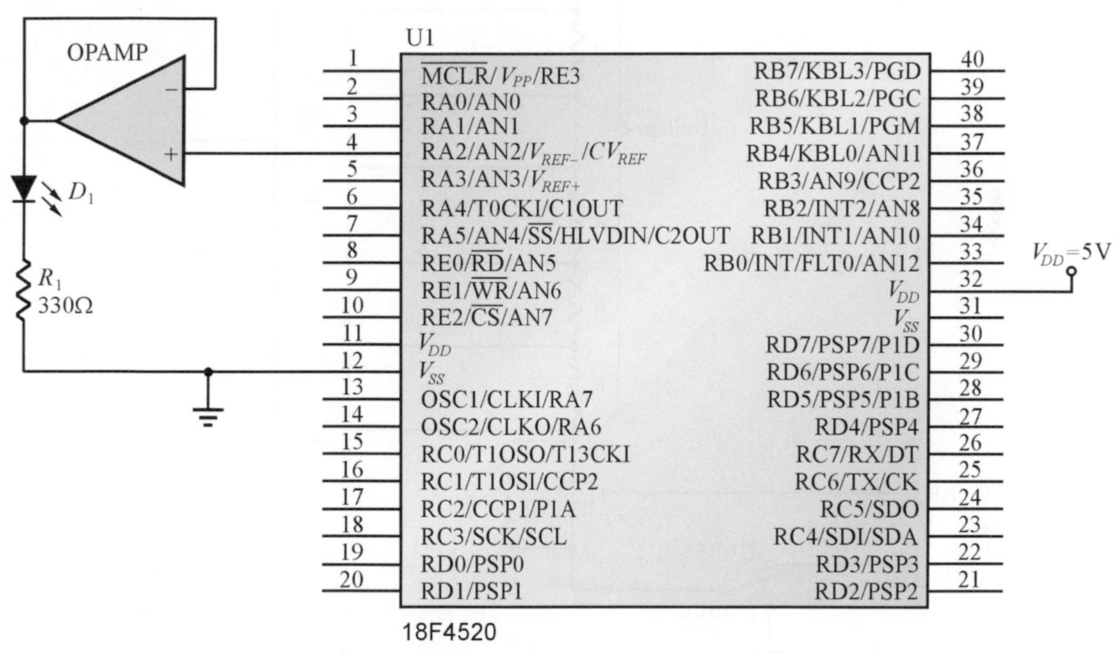

▲ 圖 6-16　範例 15 硬體電路

6-5-1　週邊功能說明

PIC18F 微控制器並無專用的 DAC，但可利用比較器參考電壓週(COMPARATOR VOLTAGE REFERENCE MODULE，CVRM)週邊功能完成簡單型 DAC。CVRM 爲 16 階電阻網路組成，提供可選擇的類比電壓輸出。雖然他的主要目的是提供一參考類比電壓給比較器，但也可獨立使用。

圖 6-17 爲 CVRM 功能方塊圖，其參考電壓可選擇 V_{DD}/V_{SS} 或 V_{REF+}/V_{REF-}。

CV_{REF} 爲類比電壓輸出，有 16 段電壓選擇(透過 CVR3：CVR0)。

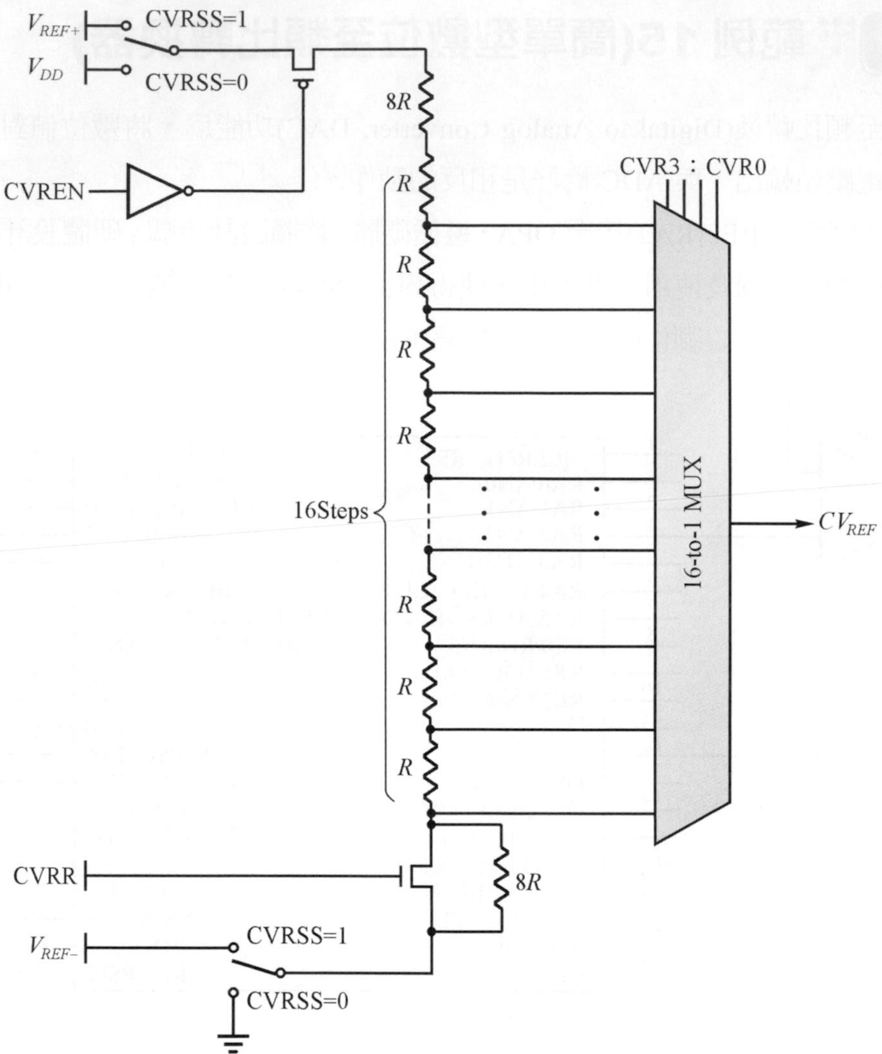

▲ 圖 6-17　比較器參考電壓功能方塊圖(PIC18F 資料手冊)

6-5-2　系統功能流程圖

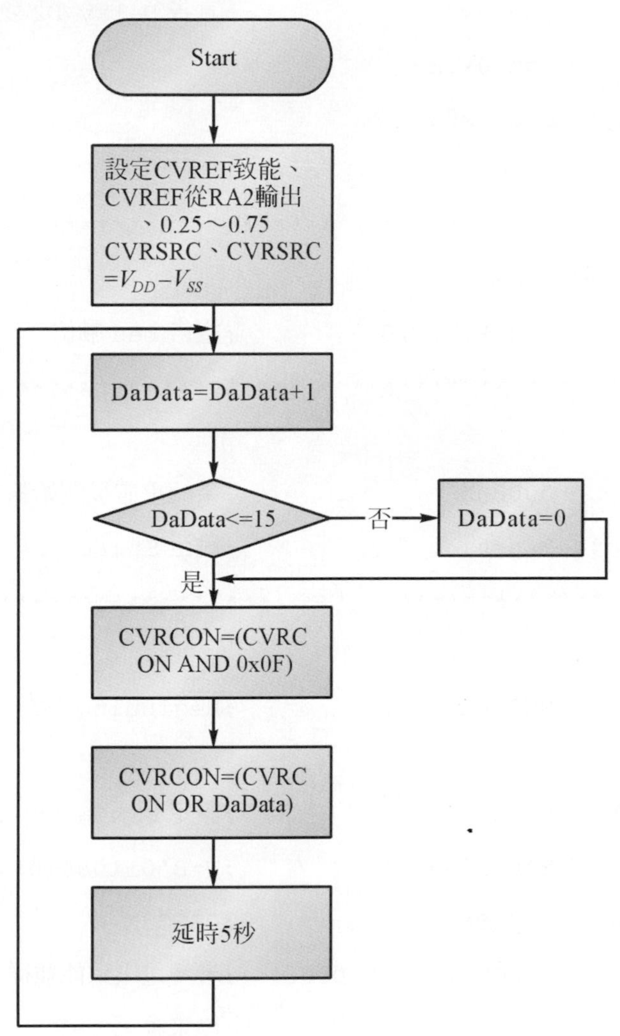

▲ 圖 6-18　範例 15 系統功能流程圖

6-5-3　範例 15 程式碼

```
list        p=18f4520        ;使用 18F4520
#include    prlx.asm         ;引用 prlx 指令巨集
#include    P18f4520.INC     ;引用 18F4520 定義檔
;**************************************************************
; 變數宣告區
```

```
DelayD1        equ 0x00                  ;宣告 Delay_D1 變數的位址
DelayD2        equ 0x01                  ;宣告 Delay_D2 變數的位址
DaData         equ 0x02
DelayT1D1      equ 0x03

;************************************************************
; 常數及 I/O 腳宣告區
#define        Led PORTD,0               ;宣告 Led 腳位
;************************************************************
; 重置向量
        org    00000h                    ;系統重置後開始執行程式的位址
        goto   Start                     ;跳至 Start
;************************************************************
; 主程式區
        org    00020h                    ;Beginning of program flash
Start:
        movlb  0x0f;                     ;設定 BSR 爲 0x0f,使用 SFR
        movlw  B'01100010'               ;W=B'01100010'
        movwf  OSCCON                    ;OSCCON=W
        movl   CVRCON,B'11000000'        ;參考電壓致能並從 RA2 輸出、參考電
                                         ;壓來源=VDD-VSS、參考電壓範圍 0.25
                                         ;CVRSRC to 0.75 CVRSRC
        movl   DaData,H'FF'              ;DaData=H'FF'
;**************************Main**********************************
Main:
        incf   DaData                    ;DaData=DaData+1;
        cjbel  DaData,H'0f',MainL2       ;if DaData<=H'0F' goto MainL2
        movl   Data,H'00'                ;if DaData>H'0F',DaData=0
MainL2:
```

```
        andl    CVRCON,H'F0'     ;CVRCON=(CVRCON and H'F0')，清除
                                 ;CVRCON(3：0)=0
        or      CVRCON,DaData    ;CVRCON=(CVRCON or DaData)
        call    DelayT1          ;延時 5 秒
        goto    Main             ;跳回主程式，形成無窮迴圈
;************************end Main******************************
; DELAY Cycle=T1+T2+DelayD1*(T3+T4+DelayD2*T5+T6)+T7
;                 ≒DelayD1*(T3+T4+DelayD2*T5+T6)
;                 ≒DelayD1*(1+1+DelayD2*3+3)=DelayD1*(5+DelayD2*3)
;DELAY TIME=DELAY Cycle*指令週期=128*(5+255*3)*1us(4/4MHz)=0.1 秒
Delay:
        movlw   D'128'        ;W=H,(T1=1 個指令週期)
        movwf   DelayD1,0;    ;DelayD1=W,(T2=1 個指令週期)
DeL1:
        movlw   H'ff'         ;W=H,(T3=1 個指令週期)
        movwf   DelayD2,0;    ;DelayD1=W,(T4=1 個指令週期)
DeL2:
        djnz    DelayD2,DeL2;將 DelayD2 減 1,若不為 0,則跳至 DeL2 處執行,
                              ;(T5=DelayD2*3 個指令週期)
        djnz    DelayD1,DeL1;將 DelayD1 減 1,若不為 0,則跳至 DeL1 處執行,
                              ;(T6=DelayD2*3 個指令週期)
        return                ;返回主程式,(T7)
;************************end Main******************************
;DELAY TIME=DelayT1D1*0.1=50*0.1=5 秒
DelayT1:
        movl    DelayT1D1,D'10';      ;DelayD1=W,(T2=1 個指令週期)
```

```
#062 DeT1L1:
#063       call     Delay
#064       djnz     DelayT1D1,DeT1L1        ;將 DelayD1 減 1,若不為 0，則跳至
                                            ;DeL1 處執行,
#065       return                            ;返回主程式,(T7)
#066 ;***************************************************** *******
#067       END                       ;編寫程式結束，此 END 之後程式將不被組譯
```

軟體設計如下，分成幾個區域：

引用檔區(程式碼#001～#003)：

第 1 行告知組譯器使用何種微控制器，第 2 行引用 pxlx 巨集檔，第 3 行引用 PIC18F4520 定義檔。

宣告區(程式碼#005～#014)：

包含常數、變數及輸入輸出腳位宣告區，使用這些宣告的好處為給予這些變數們名稱，使程式設計師易於辨識與修改。

程式放置區(程式碼#015～#066)：

因為 PIC18F4520 重置後讀取程式的第一個位址為 00000H，所以程式從程式碼 org 0000h 的下一行開始放置，在標記(Start)與標記(Main)之間的程式碼只會執行一次，適合做初始值設定。在標記(Main)與程式碼(goto Main)為主程式，在此範圍內的程式將會重複執行。

主程式中之程式碼將 DaData + 1 後，先判斷 DaData 是否大於 15，若是將 DaData 設定為 0，否則，利用 AND 邏輯清除 CVRCON 的低四位元，再利用 OR 邏輯將 DaData 的低四位元設定至 CVRCON 的低四位元(達成 16 段的類比電壓輸出)。

此範例類比輸出電壓計算方式為：

$$CVREF = (CVRSRC/4) + ((CVR3{:}CVR0)/32) \times (CVRSRC)$$

其中， $CVRSRC = V_{DD} - V_{SS} = 5 - 0 = 5V$

所以計算方式可簡化為：

$$CVREF = 1.25 + 0.156 \times (CVR3{:}CVR0)$$

6-5-4　範例 15 使用到之 SFR

比較器參考電壓控制暫存器(CVRCON:COMPARATOR VOLTAGE REFERENCE CONTROL REGISTER，CVRCON)，如暫存器 6-7 所示。用來選擇參考電壓是否致能、是否從 RA2 輸出、參考電壓來源、參考電壓範圍與設定段數。#025 行程式碼使得 CVRCON＝B'11000000'，對應暫存器 6-7 可知，參考電壓致能並從 RA2 輸出、參考電壓來源＝V_{DD}－V_{SS}、參考電壓範圍 0.25 CVRSRC to 0.75 CVRSRC。

暫存器 6-7　CVRCON(PIC18F 資料手冊)

R/W-0	R/W-0	R/W-0	R/W-0	R/W-0	R/W-0	R/W-0	R/W-0
CVREN	CVROE(1)	CVRR	CVRSS	CVR3	CVR2	CVR1	CVR0
bit 7							bit 0

Legend:			
R = Readable bit	W = Writable bit	U = Unimplemented bit, read as '0'	
-n = Value at POR	'1' = Bit is set	'0' = Bit is cleared	x = Bit is unknown

bit 7　**CVREN:** Comparator Voltage Reference Enable bit
1 = CVREF circuit powered on
0 = CVREF circuit powered down

bit 6　**CVROE:** Comparator VREF Output Enable bit(1)
1 = CVREF voltage level is also output on the RA2/AN2/VREF-/CVREF pin
0 = CVREF voltage is disconnected from the RA2/AN2/VREF-/CVREF pin

bit 5　**CVRR:** Comparator VREF Range Selection bit
1 = 0 to 0.667 CVRSRC, with CVRSRC/24 step size (low range)
0 = 0.25 CVRSRC to 0.75 CVRSRC, with CVRSRC/32 step size (high range)

bit 4　**CVRSS:** Comparator VREF Source Selection bit
1 = Comparator reference source, CVRSRC = (VREF+) – (VREF-)
0 = Comparator reference source, CVRSRC = VDD – VSS

bit 3-0　**CVR3:CVR0:** Comparator VREF Value Selection bits (0 ≤ (CVR3:CVR0) ≤ 15)
When CVRR = 1:
CVREF = ((CVR3:CVR0)/24) • (CVRSRC)
When CVRR = 0:
CVREF = (CVRSRC/4) + ((CVR3:CVR0)/32) • (CVRSRC)

Note 1: CVROE overrides the TRISA<2> bit setting.

6-5-5　指令說明

本書於程式說明是以先見林再見樹的方式撰寫，對於程式所要完成的功能先行說明，再對使用到指令逐一解說，將程式系統化、簡單化，使學習者專心於本範例的重點。

6-5-5-1 基本指令

無

6-5-5-2 巨集指令

#030 行 cjbel 爲巨集指令，可在 prlx.asm 中找到使用的基本指令，如下所示：

```
cjbel   MACRO   fr,L,addr
        movlw   L^0FFh
        addwf   fr,W
        btfss   0xfd8,0
        goto    addr
        ENDM
```

其功能爲比較 fr 是否小於等於 L。若是，則跳至 addr 處執行；若否，則執行此巨集指令的下一個指令。

#033 行 andl 爲巨集指令，可在 prlx.asm 中找到使用的基本指令，如下所示：

```
andl    MACRO fr,Lt
        movlw Lt
        andwf fr,F
        ENDM
```

其功能爲將 fr 與 Lt 做 AND 邏輯運算並將結果儲存至 fr 中。

#034 行 or 爲巨集指令，可在 prlx.asm 中找到使用的基本指令，如下所示：

```
or      MACRO fr1,fr2
        movf fr2,W
        iorwf fr1,F
        ENDM
```

其功能爲將 fr1 與 fr2 做 OR 邏輯運算並將結果儲存至 fr1 中。

6-6 範例 16(資料 EEPROM)

範例 16 使用資料 EEPROM 特性，完成開機次數記錄器(包含 Reset)，並將次數輸出於 PORTD 上之 LED 顯示。遵循硬體、軟體設計步驟。硬體設計如圖 6-19 所示，為使範例接線及使用元件愈少，使得學習 18F4520 愈單純，在此使用 18F4520 內部振盪電路及將重置腳位($\overline{\text{MCLR}}$)設定為 RE3 功能。測試此週邊功能須將電源關閉後再打開，即可在 LED 上顯示開機之次數。

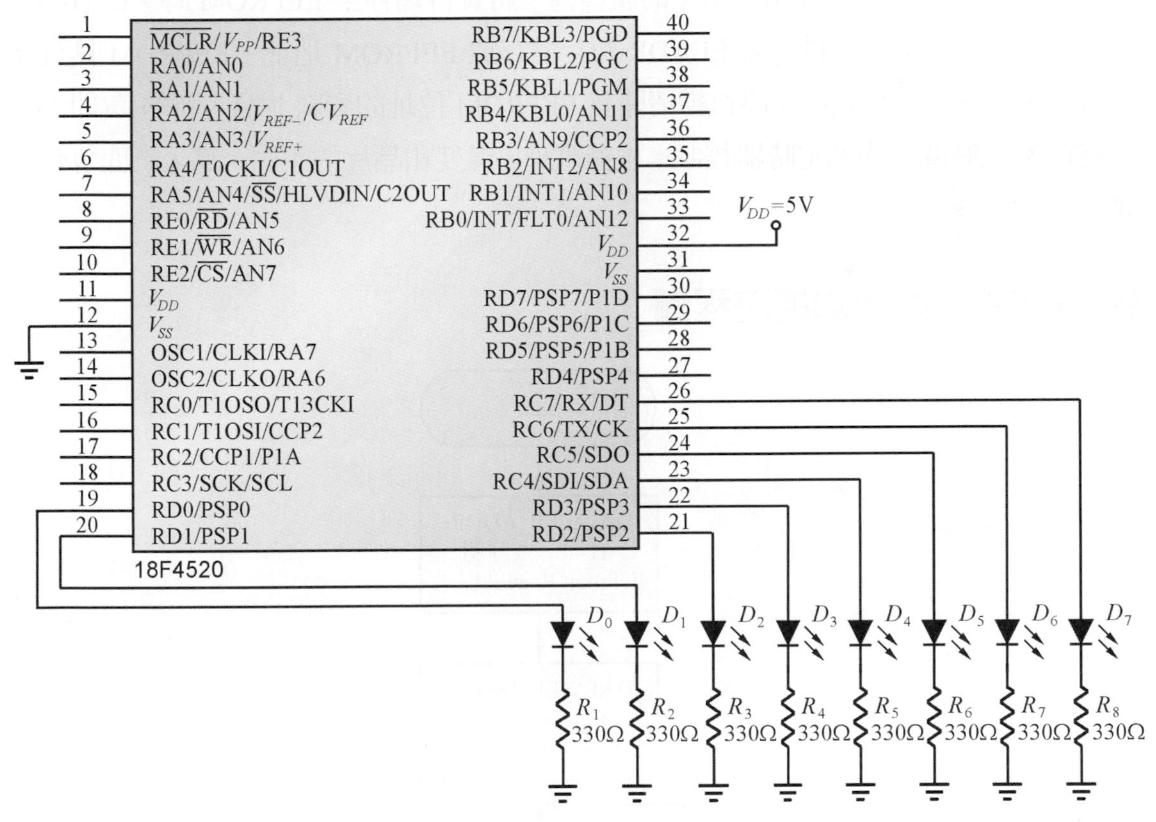

▲ 圖 6-19　範例 16 硬體電路

6-6-1　週邊功能說明

EEPROM 資料記憶體是一種不因電源消失便失去資料內容(nonvolatile)之記憶體陣列，與資料記憶體與程式記憶體不同的是：EEPROM 用來儲存程式中的長期資料。EEPROM 並不直接映射到暫存器或程式記憶體，而是通過特殊功能暫存器(SFR)來間接尋址。EEPROM 在整個 V_{DD} 範圍內是可讀寫的。透過四個 SFR 來讀寫 EEPROM。分別為：

- EECON1
- EECON2
- EEDATA
- EEADR

EEPROM 允許以位元組為單位的讀與寫。將資料儲存至 EEPROM 時，EEDATA 暫存器內存放 8 位元資料；而 EEADR 暫存器存放 EEPROM 地址。EEPROM 具有高速清除/寫入週期，寫入操作將自動清除該 EEPROM 位址的資料並寫入新的值(即先清後寫)。寫入時間由內部定時器控制。根據電壓、溫度和晶片的不同，寫入時間也有差異。

6-6-2 系統功能流程圖

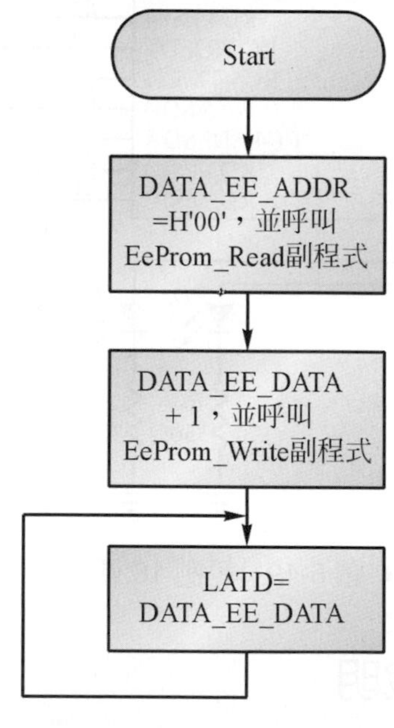

▲ 圖 6-20 範例 16 系統功能流程圖

6-6-3 範例 16 程式碼

```
list           p=18f4520                 ;使用 18F4520
#include       prlx.asm                  ;引用 prlx 指令巨集
#include       P18f4520.INC              ;引用 18F4520 定義檔
;************************************************************
; 變數宣告區
DATA_EE_ADDR equ 0x00                    ;宣告 DATA_EE_ADDR 變數的位址
DATA_EE_DATA equ 0x01                    ;宣告 DATA_EE_DATA 變數的位址
;************************************************************
; 常數及 I/O 腳宣告區
;************************************************************
; 重置向量
        org      00000h                  ;系統重置後開始執行程式的位址
        goto     Start                   ;跳至 Start
;************************************************************
; 主程式區
        org      00020h                  ;Beginning of program flash
Start:
        movlb    0x0f;                   ;設定 BSF 爲 0x0f,使用 SFR
        movlw    B'01100010'             ;W=B'01100010'
        movwf    OSCCON                  ;OSCCON=W
        movlw    H'00';                  ;W=H'00'=B'00000000'
        movwf    TRISD                   ;將 PORTD 之 bit  7～0  設定爲輸出
        movl     DATA_EE_ADDR,H'00'      ;DATA_EE_ADDR=0
        call     EeProm_Read             ;呼叫 EeProm_Read 副程式
        mov      DATA_EE_DATA,EEDATA     ;DATA_EE_DATA=EEDATA
        incf     DATA_EE_DATA            ;DATA_EE_DATA=DATA_EE_DATA+1
                                         ;(開機次數加 1)
        call     EeProm_Write            ;呼叫 EeProm_Write 副程式
```

```
;*************************Main*******************************
Main:
        mov     LATD,DATA_EE_DATA    ;LATD=DATA_EE_DATA
        goto    Main                 ;跳回主程式，形成無窮迴圈
;************************end Main****************************
EeProm_Write:
        MOVLW   DATA_EE_ADDR ;
        MOVWF   EEADR                ; Data Memory ADDress to write
        mov     EEDATA,DATA_EE_DATA  ;待寫資料存入 EEDATA
        BCF     EECON1, EEPGD        ;EECON1,EEPGD=0,指向資料記憶體
        BCF     EECON1, CFGS         ; 存取 EEPROM
        BSF     EECON1, WREN         ;寫入致能
        BCF     INTCON, GIE          ;除能總中斷
        MOVLW   55h
        MOVWF   EECON2               ;EECON2＝ 55h
        MOVLW   0AAh ;
        MOVWF   EECON2               ;EECON2＝ 055h
        BSF     EECON1, WR           ;EECON1,WR=1，開始寫入 EEPROM
        BCF     EECON1, WREN         ; 寫入除能，禁止 EEPROM 被寫入
        return                       ;返回主程式
;************************************************************
EeProm_Read:
        MOVLW   DATA_EE_ADDR
        MOVWF   EEADR                ;EEPROM 讀取位址
        BCF     EECON1, EEPGD        ;EECON1,EEPGD=0,指向資料記憶體
        BCF     EECON1, CFGS         ;存取 EEPROM
        BSF     EECON1, RD           ;讀 EEPROM
        return                       ;返回主程式
;============================================================
        END                     ;編寫程式結束，此 END 之後程式將不被組譯
```

軟體設計如下，分成幾個區域。

引用檔區(程式碼#001～#003)：

第 1 行告知組譯器使用何種微控制器，第 2 行引用 pxlx 巨集檔，第 3 行引用 PIC18F4520 定義檔。

宣告區(程式碼#004～#010)：

包含常數、變數及輸入輸出腳位宣告區，使用這些宣告的好處為給予這些變數們名稱，使程式設計師易於辨識與修改。

程式放置區(程式碼#011～#057)：

因為 PIC18F4520 重置後讀取程式的第一個位址為 00000H，所以程式從程式碼 org 0000h 的下一行開始放置，在標記(Start)與標記(Main)之間的程式碼只會執行一次，適合做初始值設定。在標記(Main)與程式碼(goto Main)為主程式，在此範圍內的程式將會重複執行。

因為標記(Start)與標記(Main)之間的程式碼只會執行一次，可用來紀錄開機次數。此區程式碼將 EEADR＝0 並先讀出此位址內 EEPROM 的值，再將 EEPROM 讀出值加 1 後，再回寫 EEPROM 中，如此便可記錄開機(包含 RESET)的次數，最後其其顯示於 PORTD 所驅動的 LED 上。。

6-6-4　範例 16 使用到之 SFR

EEADR、EEDATA 分別儲存存取 EEPROM 的位址與資料。EECON2 並非實體暫存器，它被用來幫助寫入及清除記憶體，讀取 EECON2 的內容值都為 0。

EEPROM 控制暫存器 1(EEPROM CONTROL REGISTER 1，EECON1)，如暫存器 6-8 所示。用來選擇存取何種記憶體(FLASH 程式或 EEPROM 資料)與指定讀取或寫入功能。

#052～052 行程式碼使得 EEPGD = 0、CFGS = 0、RD = 1，對應暫存器 6-8 可知為對 EEPROM 進行讀的動作。#039 行程式碼使得 WREN = 1，開啓 EEPROM 寫入功能。#040 行程式碼使得 INTCON, GIE = 0，因為在 EEPROM 寫入過程中，須禁止中斷發生。#041～044 行程式碼使得 EECON2 依序寫入 55h 及 0AAh，此步驟非常重要，是將資料寫入 EEPROM 必要的順序。

暫存器 6-8 EECON1(PIC18F 資料手冊)

R/W-x	R/W-x	U-0	R/W-0	R/W-x	R/W-0	R/S-0	R/S-0
EEPGD	CFGS	—	FREE	WRERR(1)	WREN	WR	RD
bit 7							bit 0

Legend:	S = Set only bit (cannot be cleared in software)		
R = Readable bit	W = Writable bit	U = Unimplemented bit, read as '0'	
-n = Value at POR	'1' = Bit is set	'0' = Bit is cleared	x = Bit is unknown

bit 7 **EEPGD:** Flash Program or Data EEPROM Memory Select bit
1 = Access Flash program memory
0 = Access data EEPROM memory

bit 6 **CFGS:** Flash Program/Data EEPROM or Configuration Select bit
1 = Access Configuration registers
0 = Access Flash program or data EEPROM memory

bit 5 **Unimplemented:** Read as '0'

bit 4 **FREE:** Flash Row Erase Enable bit
1 = Erase the program memory row addressed by TBLPTR on the next WR command (cleared by completion of erase operation)
0 = Perform write only

bit 3 **WRERR:** Flash Program/Data EEPROM Error Flag bit(1)
1 = A write operation is prematurely terminated (any Reset during self-timed programming in normal operation, or an improper write attempt)
0 = The write operation completed

bit 2 **WREN:** Flash Program/Data EEPROM Write Enable bit
1 = Allows write cycles to Flash program/data EEPROM
0 = Inhibits write cycles to Flash program/data EEPROM

bit 1 **WR:** Write Control bit
1 = Initiates a data EEPROM erase/write cycle or a program memory erase cycle or write cycle (The operation is self-timed and the bit is cleared by hardware once write is complete. The WR bit can only be set (not cleared) in software.)
0 = Write cycle to the EEPROM is complete

bit 0 **RD:** Read Control bit
1 = Initiates an EEPROM read (Read takes one cycle. RD is cleared in hardware. The RD bit can only be set (not cleared) in software. RD bit cannot be set when EEPGD = 1 or CFGS = 1.)
0 = Does not initiate an EEPROM read

Note 1: When a WRERR occurs, the EEPGD and CFGS bits are not cleared. This allows tracing of the error condition.

中斷

中斷功能說明請參考 2-2-2-6 節，將介紹外部中斷 0、1 使用範例。外部中斷功能為：當外部電壓訊號有正緣(L to H)或負緣(H to L)變化時產生的中斷。在許多系統中都將電源異常、緊急事件以外部中斷通知系統做出儲存資料或警示的動作。

7-1 範例 17(外部中斷 0)

範例 17 以範例 0 爲基礎再加上自激式蜂鳴器及外部中斷 0(負緣觸發)，如圖 7-1 所示。其動作爲：當外部中斷 0 未發生時，Led 閃爍；當外部中斷 0 發生時，Led 熄、自激式蜂鳴器響，直到 StopInt0 被按下(按下時間需大於 0.1 秒)。爲使範例接線及使用元件愈少，使得學習 18F4520 愈單純，在此使用 18F4520 內部振盪電路及將重置腳位($\overline{\text{MCLR}}$)設定爲 RE3 功能。

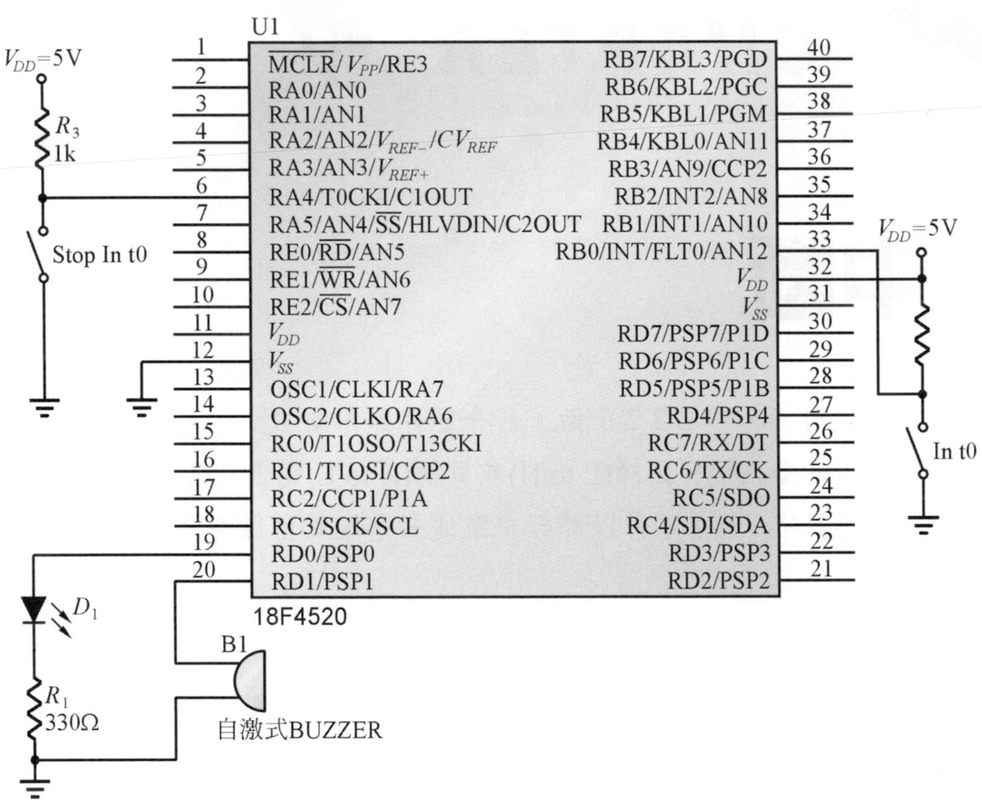

▲ 圖 7-1 範例 17 硬體電路

7-1-1　系統功能流程圖

範例 17 的系統功能流程圖，如圖 7-2 所示。

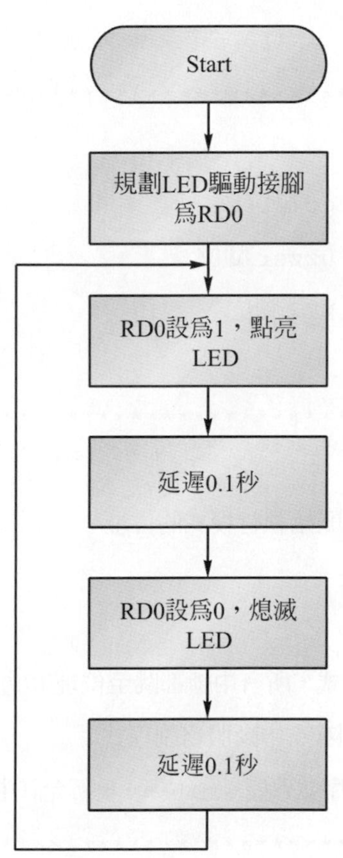

▲ 圖 7-2　範例 17 外部中斷 0 未發生時功能流程圖

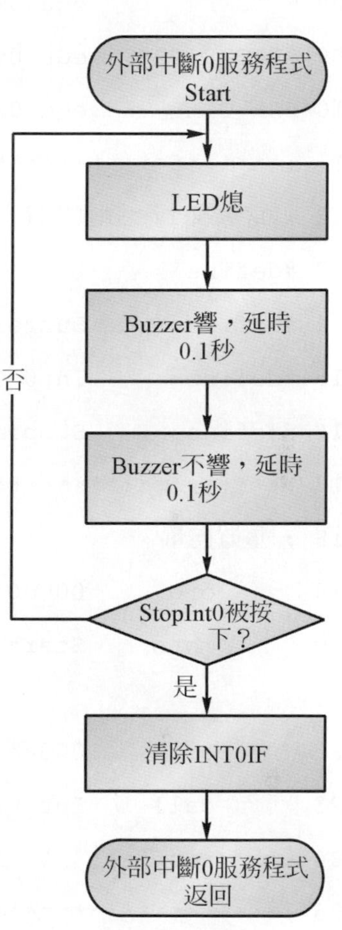

▲ 圖 7-3　範例 17 外部中斷 0 發生時功能流程圖

7-1-2　範例 17 程式碼

```
list        p=18f4520       ;使用 18F4520
#include    prlx.asm        ;引用 prlx 指令巨集
#include    P18f4520.INC    ;引用 18F4520 定義檔
;*****************************************************************
; 變數宣告區
```

```
DelayD1       equ 0x00              ;宣告 Delay_D1 變數的位址
DelayD2       equ 0x01              ;宣告 Delay_D2 變數的位址
W_TEMP        equ 0x02
STATUS_TEMP   equ 0x03
BSR_TEMP      equ 0x04
;******************************************************************
; 常數及 I/O 腳宣告區
#define       Led       PORTD,0       ;宣告 Led 腳位
#define       Buzzer    PORTD,1       ;宣告 Buzzer 腳位
#define       Int0      PORTB,0       ;宣告 INT0 腳位
#define       StopInt0PORTA,4
;******************************************************************
; 重置向量
        org     00000h              ;系統重置後開始執行程式的位址
        goto    Start               ;跳至 Start

        org     0008h               ;兼容中斷模式，所有中斷都跳至位址 0008h
        call    Int0_Isr            ;呼叫外部中斷 0 中斷服務副程式
        retfie                      ;退出中斷程序並致能 GIE 位元，重新允許中斷
;******************************************************************
; 主程式區
        org     00020h              ;Beginning of program flash
Start:
        movlb   0x0f;               ;設定 BSR 為 0x0f,使用 SFR
        movlw   B'01100010'         ;W=B'01100010'
        movwf   OSCCON              ;OSCCON=W
        movlw   H'FC'               ;W=H'FC'=B'11111100'
        movwf   TRISD    ;將 PORTD 之 bit7～2 設定為輸入，bit1～0 設定為輸出
        movl    LATD,H'00'          ;LATD=H'00'
```

```
        movl    ADCON1,0x0f          ;將 AN0～AN12 設定為數位腳
        movl    TRISB,0xff           ;PORTB 全為輸入
        movl    TRISA,0xff           ;PORTA 全為輸入
        bcf     INTCON2,INTEDG0      ;負緣產生中斷
        bsf     INTCON,INT0IE        ;外部中斷 0 致能
        bcf     INTCON,INT0IF        ;清除外部中斷 0 狀態位元
        bsf     INTCON,GIE           ;總中斷致能
;**************************Main******************************
Main:
        bsf     Led              ;Led 設定為 H，點亮 LED
        call    Delay            ;呼叫延時副程式，讓 LED 亮 0.1 秒
        bcf     Led              ;Led 設定為 L，LED 熄滅
        call    Delay            ;呼叫延時副程式，讓 LED 熄滅 0.1 秒
        goto    Main             ;跳回主程式，形成無窮迴圈
;**************************end Main****************************
; DELAY Cycle=T1+T2+DelayD1*(T3+T4+DelayD2*T5+T6)+T7
;               ≒DelayD1*(T3+T4+DelayD2*T5+T6)
;               ≒DelayD1*(1+1+DelayD2*3+3)=DelayD1*(5+DelayD2*3)
;DELAY TIME=DELAY Cycle*指令週期=130*(5+255*3)*1us(4/4MHz)=0.1 秒
Delay:
        movlw   D'130'           ;W=H,(T1=1 個指令週期)
        movwf   DelayD1,0;       ;DelayD1=W,(T2=1 個指令週期)
DeL1:
        movlw   H'ff'            ;W=H,(T3=1 個指令週期)
        movwf   DelayD2,0;       ;DelayD1=W,(T4=1 個指令週期)
DeL2:
        djnz    DelayD2,DeL2;將 DelayD2 減 1,若不為 0,則跳至 DeL2 處執行,
                            ;(T5=DelayD2*3 個指令週期)
        djnz    DelayD1,DeL1;將 DelayD1 減 1,若不為 0,則跳至 DeL1 處執行,
```

```
#064                          ;(T6=DelayD2*3 個指令週期)
#065      return              ;返回主程式,(T7)
#066 ;**************************************************************
#067 Int0_Isr:
#068      movwf    W_TEMP                  ;W_TEMP 暫存著 W 資料
#069      movff    STATUS, STATUS_TEMP ;STATUS_TEMP 暫存著 STATUS 資料
#070      movff    BSR, BSR_TEMP           ;BSR_TMEP 暫存著 BSR 資料
#071 Int0_Isr_Main:
#072      bcf      Led                 ;Led 熄滅
#073      bsf      Buzzer              ;Buzzer 響
#074      call     Delay               ;延時 0.1 秒
#075      bcf      Buzzer              ;Buzzer 響
#076      call     Delay               ;延時 0.1 秒
#077      btfsc    StopInt0            ;測試 StopInt0 是否被按下?
#078      goto     Int0_Isr_Main       ;StopInt0 沒被按下，跳至 Int0_Isr
#079      bcf      INTCON,INT0IF       ;StopInt0 被按下，清除外部中斷 0 狀態位
                                       ;元(以免中斷服務副程式重複執行)
#080
#081      movff    BSR_TEMP, BSR             ;回存 BSR 資料
#082      movf     W_TEMP, W                 ;回存 WREG 資料
#083      movff    STATUS_TEMP, STATUS       ;回存 STATUS 資料
#084      return
#085 ;==============================================================
#086      END                 ;編寫程式結束，此 END 之後程式將不被組譯
```

軟體設計如下，分成幾個區域：

引用檔區(程式碼#001～#003)：

第 1 行告知組譯器使用何種微控制器，第 2 行引用 pxlx 巨集檔，第 3 行引用 PIC18F4520 定義檔。

宣告區(程式碼#005～#016)：

包含常數、變數及輸入輸出腳位宣告區，使用這些宣告的好處爲給予這些變數們名稱，使程式設計師易於辨識與修改。

程式放置區(程式碼#018～#086)：

因爲 PIC18F4520 重置後讀取程式的第一個位址爲 00000H，所以程式從第#019 行開始放置，從#028～#041 之間的程式碼只會執行一次，適合做初始値設定，其中#038～041 設定負緣產生中斷(INTEDG0)、致能外部中斷 0(INT0IE)、清除外部中斷 0 旗標位元(INT0IF)、致能總中斷(GIE)，必須完成這些動作才可使用外部中斷。從#043～#048 爲主程式，在此範圍內的程式將會重複執行。

本範例使用兼容中斷模式，意謂不使用中斷優先權，當中斷功能致能且發生時，PC 將載入 0008h。在此位址內放置一個中斷服務程式(Interrupt Service Routinue，ISR)(#023 行 call Int0_Isr)，待 Int0_Isr 執行完畢，將回到正常程式時，需使用#024 行 retfie 指令才能再次致能中斷。

當進入中斷服務程式時，PIC18 不會自動將 WREG、STATUS、BSR 儲存起來，若不將這些 SFR 儲存起來，將使得中斷服務程式執行完畢後，回到主程式執行時將導致錯誤(因爲這些 SFR 被修改)。因此，中斷服務程式先將 WREG、STATUS、BSR 分別儲存至 WREG_TEMP、STATUS_TEMP、BSR_TEMP 中(#068～#070)，待 ISR 執行完畢回到主程式前，將 WREG_TEMP、STATUS_TEMP、BSR_TEMP 回存 WREG、STATUS、BSR 中(#081～#083)。

7-1-3　指令說明

7-1-3-1　基本指令

RETFIE 指令 (Return From Interrupt)

功能描述：從中斷返回。PC 從(TOS)載入位址，並致能 GIE/GIEH、PEIE/GIEL。假如 s = 1，WS、STATUSS、BSRS 將存入 W、STATUSS、BSR。

語法：RETFIE　{s}

運算元：s∈ [0,1]

動作：(TOS)→ PC

1 → GIE/GIEH or PEIE/GIEL;

if s = 1,

(WS) → W,

(STATUSS) → STATUS,

(BSRS) → BSR,

PCLATU, PCLATH are unchanged

影響狀態：GIE/GIEH, PEIE/GIEL.

程式碼大小：1 個字組

指令週期：2

範例：RETFIE 1

執行後：PC = TOS

W = WS

BSR = BSRS

STATUS = STATUSS

GIE/GIEH, PEIE/GIEL = 1

7-1-4 範例 17 使用到之 SFR

中斷控制暫存器(INTERRUPT CONTROL REGISTER，INTCON)，如暫存器 7-1 所示。用來設定兼容中斷模式下 INT0IE、GIE 及清除 INT0IF。

中斷控制暫存器 7-2(INTERRUPT CONTROL REGISTER 2，INTCON2)，如暫存器 7-2 所示。用來將 INT0EDG0 設定為 0，負緣產生中斷。

暫存器 7-1 INTCON(PIC18F 資料手冊)

R/W-0	R/W-0	R/W-0	R/W-0	R/W-0	R/W-0	R/W-0	R/W-x
GIE/GIEH	PEIE/GIEL	TMR0IE	INT0IE	RBIE	TMR0IF	INT0IF	RBIF(1)
bit 7							bit 0

Legend:			
R = Readable bit	W = Writable bit	U = Unimplemented bit, read as '0'	
-n = Value at POR	'1' = Bit is set	'0' = Bit is cleared	x = Bit is unknown

bit 7 **GIE/GIEH:** Global Interrupt Enable bit
When IPEN = 0:
1 = Enables all unmasked interrupts
0 = Disables all interrupts
When IPEN = 1:
1 = Enables all high-priority interrupts
0 = Disables all interrupts

bit 6 **PEIE/GIEL:** Peripheral Interrupt Enable bit
When IPEN = 0:
1 = Enables all unmasked peripheral interrupts
0 = Disables all peripheral interrupts
When IPEN = 1:
1 = Enables all low-priority peripheral interrupts
0 = Disables all low-priority peripheral interrupts

bit 5 **TMR0IE:** TMR0 Overflow Interrupt Enable bit
1 = Enables the TMR0 overflow interrupt
0 = Disables the TMR0 overflow interrupt

bit 4 **INT0IE:** INT0 External Interrupt Enable bit
1 = Enables the INT0 external interrupt
0 = Disables the INT0 external interrupt

bit 3 **RBIE:** RB Port Change Interrupt Enable bit
1 = Enables the RB port change interrupt
0 = Disables the RB port change interrupt

bit 2 **TMR0IF:** TMR0 Overflow Interrupt Flag bit
1 = TMR0 register has overflowed (must be cleared in software)
0 = TMR0 register did not overflow

bit 1 **INT0IF:** INT0 External Interrupt Flag bit
1 = The INT0 external interrupt occurred (must be cleared in software)
0 = The INT0 external interrupt did not occur

bit 0 **RBIF:** RB Port Change Interrupt Flag bit(1)
1 = At least one of the RB7:RB4 pins changed state (must be cleared in software)
0 = None of the RB7:RB4 pins have changed state

Note 1: A mismatch condition will continue to set this bit. Reading PORTB will end the mismatch condition and allow the bit to be cleared.

暫存器 7-2 INTCON2(PIC18F 資料手冊)

R/W-1	R/W-1	R/W-1	R/W-1	U-0	R/W-1	U-0	R/W-1
$\overline{\text{RBPU}}$	INTEDG0	INTEDG1	INTEDG2	—	TMR0IP	—	RBIP
bit 7							bit 0

Legend:			
R = Readable bit	W = Writable bit	U = Unimplemented bit, read as '0'	
-n = Value at POR	'1' = Bit is set	'0' = Bit is cleared	x = Bit is unknown

bit 7 **$\overline{\text{RBPU}}$:** PORTB Pull-up Enable bit
1 = All PORTB pull-ups are disabled
0 = PORTB pull-ups are enabled by individual port latch values

bit 6 **INTEDG0:** External Interrupt 0 Edge Select bit
1 = Interrupt on rising edge
0 = Interrupt on falling edge

bit 5 **INTEDG1:** External Interrupt 1 Edge Select bit
1 = Interrupt on rising edge
0 = Interrupt on falling edge

bit 4 **INTEDG2:** External Interrupt 2 Edge Select bit
1 = Interrupt on rising edge
0 = Interrupt on falling edge

bit 3 **Unimplemented:** Read as '0'

bit 2 **TMR0IP:** TMR0 Overflow Interrupt Priority bit
1 = High priority
0 = Low priority

bit 1 **Unimplemented:** Read as '0'

bit 0 **RBIP:** RB Port Change Interrupt Priority bit
1 = High priority
0 = Low priority

7-2 範例 18(外部中斷 0 與 1)

範例 18 使用中斷優先權外部中斷 0 與外部中斷 1。系統動作爲：外部中斷 0、1 未發生時，D1 編號的 Led 閃爍(單顆)；當外部中斷 1 發生時(按下 Int1)，D1 至 D7 以跑馬燈呈現，直到 StopInt1 被按下(按下時間須大於 0.7 秒)；當外部中斷 0 發生時(按下 Int0)，D1 至 D7 熄滅、自激式蜂鳴器響，直到 StopInt0 被按下(按下時間須大於 0.1 秒)。圖 7-4 爲其硬體電路圖。

因爲本範例使用中斷優先權，若低優先權中斷(Int1)先發生，高優先權中斷(Int0)後發生。此時，低優先權將被高優先權中斷，自激式蜂鳴器響，待高優先權中斷返回

(按下 StopInt0)，才會執行 Int1 跑馬燈中斷服務程式。反之，若高優先權中斷(Int1)先發生，低優先權中斷(Int0)後發生，此時還是高優先權的中斷服務程式先執行。

爲使範例接線及使用元件愈少，使得學習 18F4520 愈單純，在此使用 18F4520 內部振盪電路及將重置腳位($\overline{\text{MCLR}}$)設定爲 RE3 功能。

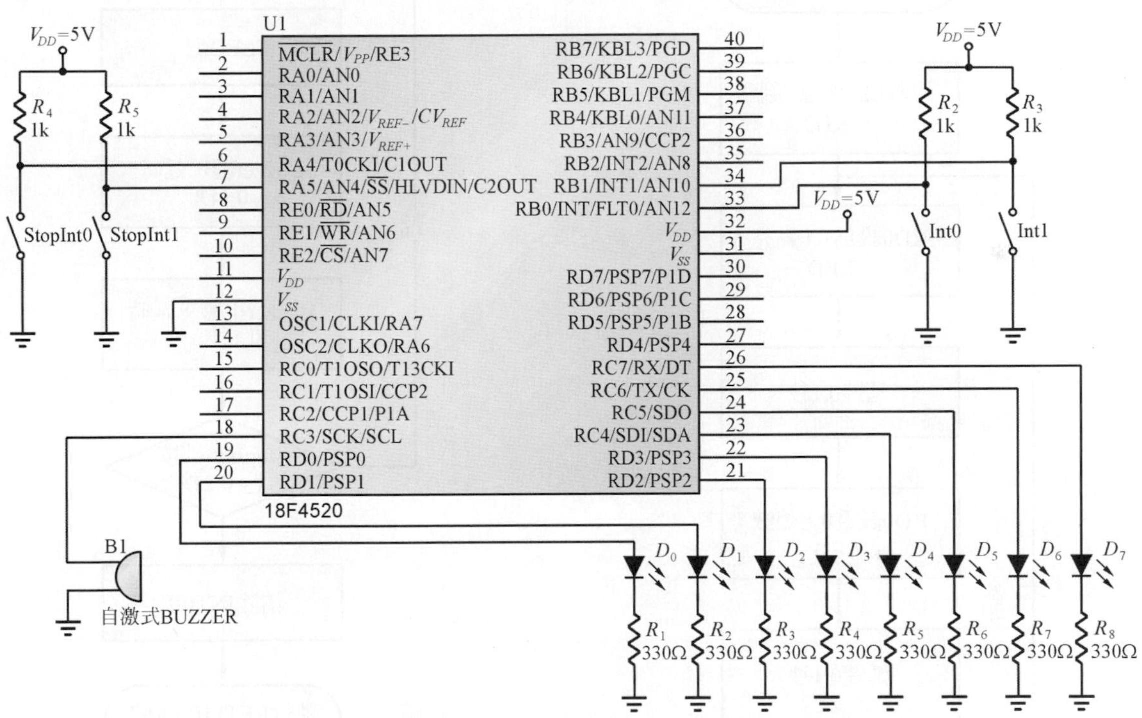

▲ 圖 7-4　範例 18 硬體電路圖

7-2-1 系統功能流程圖

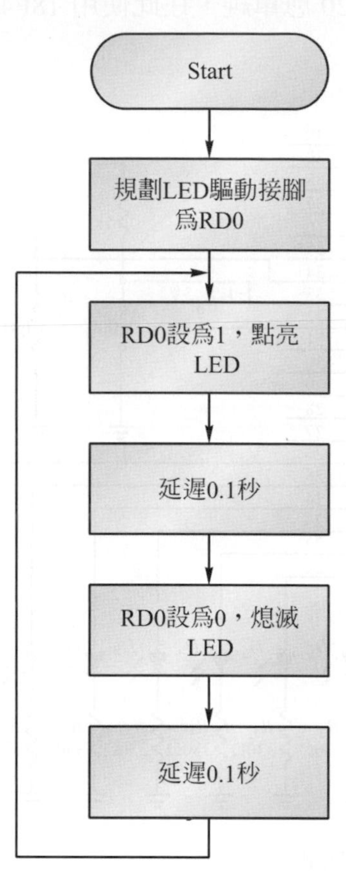

▲ 圖 7-5 範例 18 未發生中斷時功能流程圖

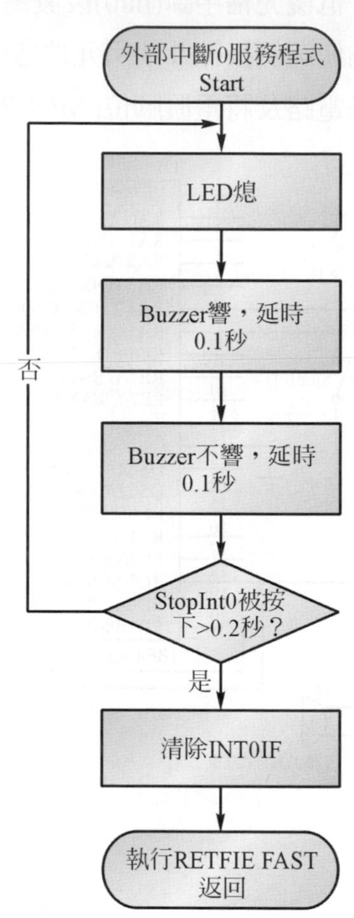

▲ 圖 7-6 範例 18 外部中斷 0 發生時功能流程圖

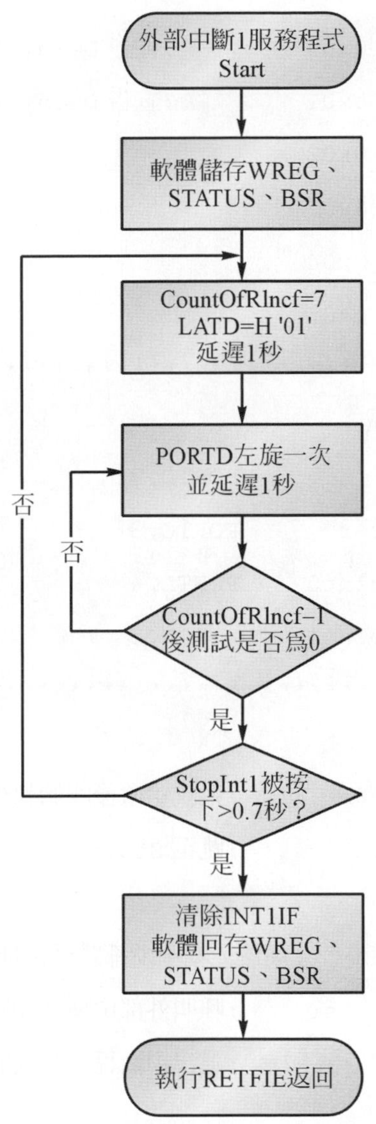

▲ 圖 7-7 範例 18 外部中斷 1 發生時功能流程圖

7-2-2 範例 18 程式碼

```
list        p=18f4520        ;使用 18F4520
#include    prlx.asm         ;引用 prlx 指令巨集
#include    P18f4520.INC     ;引用 18F4520 定義檔
;***************************************************************
; 變數宣告區
```

```
DelayD1       equ 0x00           ;宣告 Delay_D1 變數的位址
DelayD2       equ 0x01           ;宣告 Delay_D2 變數的位址
W_TEMP        equ 0x02
STATUS_TEMP   equ 0x03
BSR_TEMP      equ 0x04
CountOfRlncf  equ 0x05
;**************************************************************
; 常數及 I/O 腳宣告區
#define       Led          PORTD,0         ;宣告 Led 腳位
#define       Buzzer       PORTC,3         ;宣告 Buzzer 腳位
#define       StopInt0     PORTA,4
#define       StopInt1     PORTA,5
;**************************************************************
; 重置向量
      org     00000h       ;系統重置後開始執行程式的位址
      goto    Start        ;跳至 Start
      org     0008h    ;高優先權中斷都跳至位址 0008h(中斷優先權模式)
      call    Int0_Isr     ;呼叫外部中斷 0 中斷服務副程式
      retfie  FAST         ;退出中斷程序並致能 GIE 位元，重新允許中斷
      org     0018h    ;低優先權中斷都跳至位址 0008h(中斷優先權模式)
      call    Int1_Isr     ;呼叫外部中斷 0 中斷服務副程式
      retfie               ;退出中斷程序並致能 GIE 位元，重新允許中斷
;**************************************************************
; 主程式區
      org     00020h       ;Beginning of program flash
Start:
      movlb   0x0f;        ;設定 BSR 為 0x0f,使用 SFR
```

```
        movlw   B'01100010'          ;W=B'01100010'
        movwf   OSCCON               ;OSCCON=W
        movlw   H'00'                ;W=H'00'=B'00000000'
        movwf   TRISD                ;將 PORTD 設定為輸出
        movl    TRISC,B'11110111'    ;PORTC,3 為輸出，其餘為輸入
        movl    LATC,H'0'
        movl    LATD,H'00'           ;LATD=H'00'
        movl    ADCON1,0x0f          ;將 AN0～AN12 設定為數位腳
        movl    TRISB,0xff           ;PORTB 全為輸入
        movl    TRISA,0xff           ;PORTA 全為輸入
        bcf     INTCON2,INTEDG0      ;負緣產生中斷
        bsf     INTCON,INT0IE        ;外部中斷 0 致能
        bcf     INTCON,INT0IF        ;清除外部中斷 0 狀態位元
        bsf     INTCON,GIEH          ;高優先權之總中斷致能(INT0 只能使
                                     ;用在高優先權中斷)

        bcf     INTCON2,INTEDG1      ;負緣產生中斷
        bsf     INTCON3,INT1IE       ;外部中斷 0 致能
        bcf     INTCON3,INT1IF       ;清除外部中斷 0 狀態位元
        bcf     INTCON3,INT1IP       ;INT1IP=0,設定為低中斷優先
        bsf     INTCON,GIEL          ;低優先權之總中斷致能(INT0 只能使
                                     ;用在高優先權中斷)

        bsf     RCON,IPEN            ;致能中斷優先權
;*************************Main********************************
Main:
        bsf     Led                  ;Led 設定為 H，點亮 LED
        call    Delay                ;呼叫延時副程式，讓 LED 亮 0.1 秒
        bcf     Led                  ;Led 設定為 L，LED 熄滅
```

```
        call    Delay                  ;呼叫延時副程式，讓 LED 熄滅 0.1 秒
        goto    Main                   ;跳回主程式，形成無窮迴圈
;***********************end Main*****************************
; DELAY Cycle=T1+T2+DelayD1*(T3+T4+DelayD2*T5+T6)+T7
;             ≒DelayD1*(T3+T4+DelayD2*T5+T6)
;             ≒DelayD1*(1+1+DelayD2*3+3)=DelayD1*(5+DelayD2*3)
;DELAY TIME=DELAY Cycle*指令週期=130*(5+255*3)*1us(4/4MHz)=0.1 秒
Delay:
        movlw   D'130'                 ;W=H,(T1=1 個指令週期)
        movwf   DelayD1,0;             ;DelayD1=W,(T2=1 個指令週期)
DeL1:
        movlw   H'ff'                  ;W=H,(T3=1 個指令週期)
        movwf   DelayD2,0;             ;DelayD1=W,(T4=1 個指令週期)
DeL2:
        djnz    DelayD2,DeL2;將 DelayD2 減 1,若不為 0,則跳至 DeL2 處執行,
                            ;(T5=DelayD2*3 個指令週期)
        djnz    DelayD1,DeL1;將 DelayD1 減 1,若不為 0,則跳至 DeL1 處執行,
                            ;(T6=DelayD2*3 個指令週期)
        return              ;返回主程式,(T7)
;************************************************************
Int0_Isr:
        bcf     Led         ;Led 熄滅
        bsf     Buzzer      ;Buzzer 響
        call    Delay       ;延時 0.1 秒
        bcf     Buzzer      ;Buzzer 響
        call    Delay       ;延時 0.1 秒
        btfsc   StopInt0    ;測試 StopInt0 是否被按下?
        goto    Int0_Isr    ;StopInt0 沒被按下，跳至 Int0_Isr
```

```
        bcf       INTCON,INT0IF      ;StopInt0 被按下，清除外部中斷 0 狀態位
                                     ;元(以免中斷服務副程式重複執行)
        return
;*************************************************************
Int1_Isr:
        movwf     W_TEMP                     ;W_TEMP 暫存著 W 資料
        movff     STATUS, STATUS_TEMP        ;STATUS_TEMP 暫存著 STATUS 資料
        movff     BSR, BSR_TEMP              ;BSR_TMEP 暫存著 BSR 資料
Int1_Isr_Main:
        movl      CountOfRlncf,D'7'
        movl      LATD,0b00000001            ;RD0 設定為 H，點亮 LED
        call      Delay                      ;延時
Int1_Isr_M_L1:
        rlncf     LATD                       ;左旋 LATD 一個位元
        call      Delay                      ;延時
        djnz      CountOfRlncf,Int1_Isr_M_L1;if CountOfRlncf-1 不等於
                                                 ;0，跳至 Int1_Isr_M_L1
        btfsc     StopInt1                   ;測試 StopInt1 是否被按下？
        goto      Int1_Isr_Main              ;StopInt0 沒被按下，跳至 Int0_Isr
        bcf       INTCON3,INT1IF             ;StopInt1 被按下，清除外部中斷 1 狀
                                             ;態位元(以免中斷服務副程式重複執行)
        movl      LATD,H'00'

        movff     BSR_TEMP,BSR               ;回存 BSR 資料
        movf      W_TEMP,W                   ;回存 WREG 資料
        movff     STATUS_TEMP,STATUS         ;回存 STATUS 資料
        return
;=============================================================
        END                          ;編寫程式結束，此 END 之後程式將不被組譯
```

軟體設計如下，分成幾個區域：

引用檔區(程式碼#001～#003)：

第 1 行告知組譯器使用何種微控制器，第 2 行引用 pxlx 巨集檔，第 3 行引用 PIC18F4520 定義檔。

宣告區(程式碼#005～#017)：

包含常數、變數及輸入輸出腳位宣告區，使用這些宣告的好處爲給予這些變數們名稱，使程式設計師易於辨識與修改。

程式放置區(程式碼#019～#115)：

因爲 PIC18F4520 重置後讀取程式的第一個位址爲 00000H，所以程式從第#019 行開始放置，從#033～#056 之間的程式碼只會執行一次，適合做初始值設定，其中#045～048 設定外部中斷 0 爲負緣產生中斷(INTEDG0)、致能外部中斷 0(INT0IE)、清除外部中斷 0 旗標位元(INT0IF)、致能高優先權總中斷(GIEH)，必須完成這些動作才可使用外部中斷 0；#050～054 設定外部中斷 1 爲負緣產生中斷(INTEDG1)、致能外部中斷 1(INT1IE)、清除外部中斷 0 旗標位元(INT1IF)、設定外部中斷 1 爲低優先權中斷(INT1IP)、致能低優先權總中斷(GIEL)，必須完成這些動作才可使用外部中斷 1。#056 行設定使用中斷優先權，此時高優先權中斷向量位址爲 0008h；低優先權中斷向量位址爲 0018h。從#058～#063 爲主程式，在此範圍內的程式將會重複執行。

當進入中斷服務程式時，PIC18 不會自動將 WREG、STATUS、BSR 儲存起來，若不將這些 SFR 儲存起來，將使得中斷服務程式執行完畢後，回到主程式執行時將導致錯誤(因爲這些 SFR 被修改)。外部中斷 0 的 ISR 使用快速暫存器堆疊(請參考 2-3-1-3)，外部中斷 1 使用軟體這些 SFR 儲存起來。

PIC 進階學習

本書的內容最主要是參考 PIC18F4520 的資料手冊，及 Microchip 提供免費的發展環境與免費的 Win Pic 燒錄器撰寫而成。PIC18F4520 的英文資料手冊共有 392 頁，礙於篇幅本書未能詳盡說明，對於許多進階的功能與特性就必須由讀者自行下載及研究。

8-1 Microchip 台灣網站

提供 Microchip 範例、最新消息、研討會、校園競賽、發展工具等資訊。詳細資訊請上台灣 Microchip 網站(http://www.microchip.com.tw)。

8-2 Microchip 微控制器資料手冊下載

Microchip 是一個支援充足的微控制器製造廠商，在其網頁上擁有許多開放的資料手冊與應用文件(包括電路圖及程式碼)，都是相當有用的資源。只要找出有興趣的研究方向，就可在該網站上學習到許多知識與技巧。

Microchip 網站的網址為"http://www.microchip.com/index.html"，也可選擇簡體中文顯示，如圖 8-1 所示。

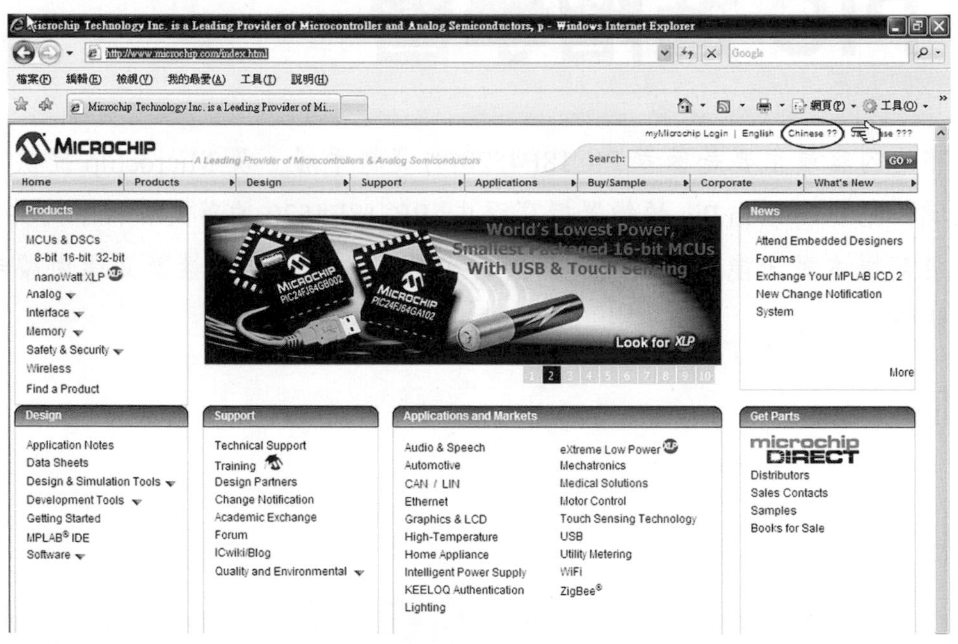

▲ 圖 8-1　Microchip 網站

將滑鼠移至"Products"頁籤，將會顯示 Microchip 所有的產品類別。因為要尋找的 PIC18F4520 是 8 位元的微控制器，請點選"8-bit Microcontroller"，如圖 8-2 所示。

▲ 圖 8-2 Microchip 產品類別

此頁面顯示不同的分類方式，在此點選“PIC 18 MCU”，如圖 8-3 所示。

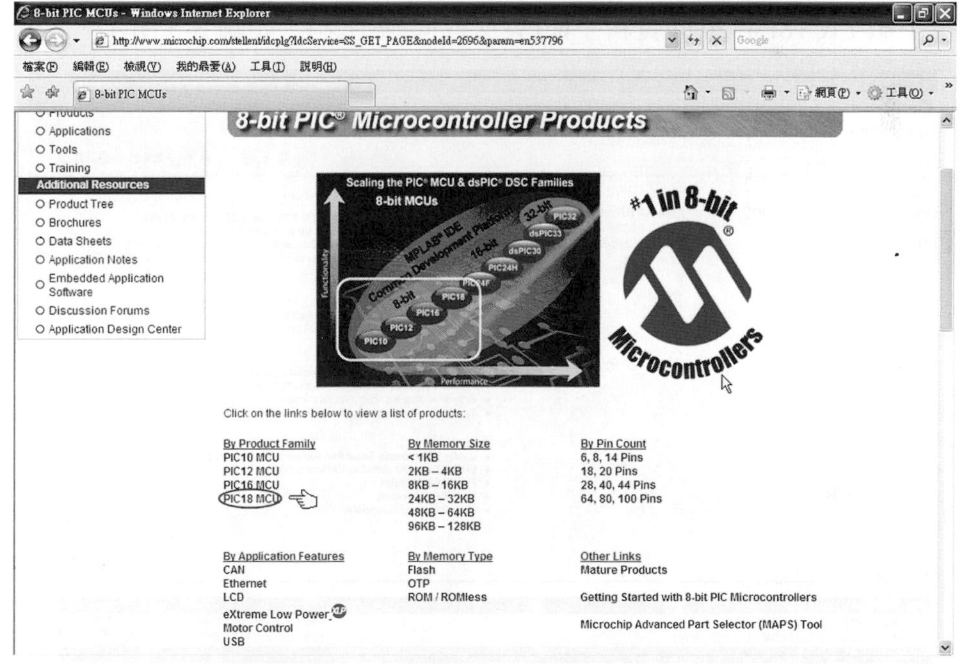

▲ 圖 8-3 8-bit 微控制器分類方式

尋找並點選“PIC18F4520”，如圖 8-4 所示。

PIC18 MCU - Product Family - 8-bit Microcontrollers - Windows Internet Explorer

http://www.microchip.com/ParamChartSearch/chart.aspx?branchID=1004&mid=10&lang=en&pageId=74

Filter	Product Family	Status	Documents	Volume Pricing	Architecture	Memory Type	Program Memory KBytes	Program Memory KWords	Self-write	EEPROM Data Memory	RAM	I/O Pins	Pin count	Max. CPU Speed MHz	CPU Speed MIPS	Int Osc
☐	PIC18F44K20 Ordering Options »	In Production		$1.82	8	Flash	16	8	Yes	256	768	36	40	64	16	16 32
☐	PIC18F4510 Ordering Options »	In Production		$3.18	8	Flash	32	16	No	0	1536	36	40	40	10	8 I 32
☐	PIC18F4515 Ordering Options »	In Production		$3.61	8	Flash	48	24	No	0	3968	36	40	40	10	8 I 32
☐	PIC18F4520 Ordering Options »	In Production		$3.39	8	Flash	32	16	Yes	256	1536	36	40	40	10	8 I 32
☐	PIC18F4523 Ordering Options »	In Production		$3.67	8	Flash	32	16	Yes	256	1536	36	40	40	10	8 I 32
☐	PIC18F4525 Ordering Options »	In Production		$3.82	8	Flash	48	24	Yes	1024	3968	36	40	40	10	8 I 32
☐	PIC18F4550 Ordering Options »	In Production		$3.65	8	Flash	32	16	Yes	256	2048	35	40	48	12	8 I 32
	PIC18F4553	In														

▲ 圖 8-4　PIC18 產品家族

選擇下載 PIC18F4520 的資料手冊(英文或簡體中文)，如圖 8-5 所示。

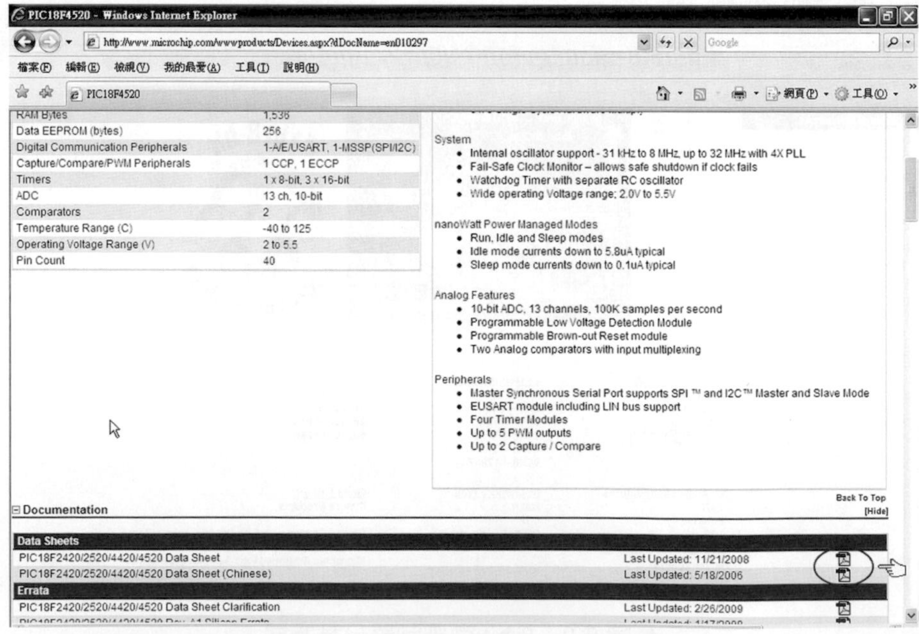

▲ 圖 8-5　下載 PIC18F4520 資料手冊

8-3 Microchip 微控制器應用文件下載

Microchip 提供相當多不同類型的應用文件，供使用者下載學習。首先按一下“Design”頁籤，如圖 8-6 所示。

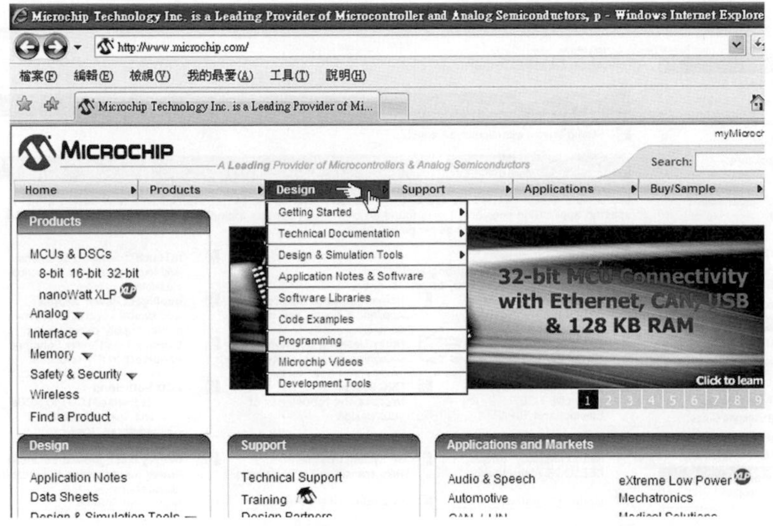

▲ 圖 8-6 設計中心網站

此時按一下“Application Design Centers”連結，如圖 8-7 所示。

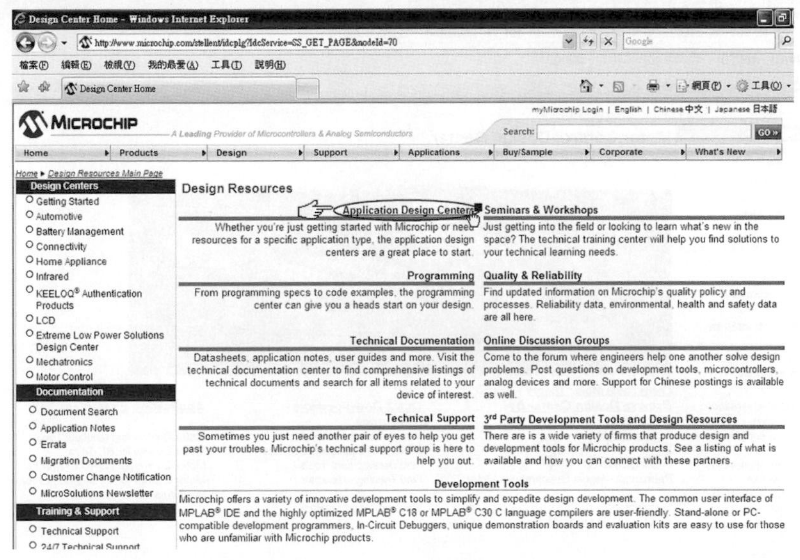

▲ 圖 8-7 應用設計中心網站

選擇欲學習的應用分類，在此以馬達控制爲例，如圖 8-8 所示。

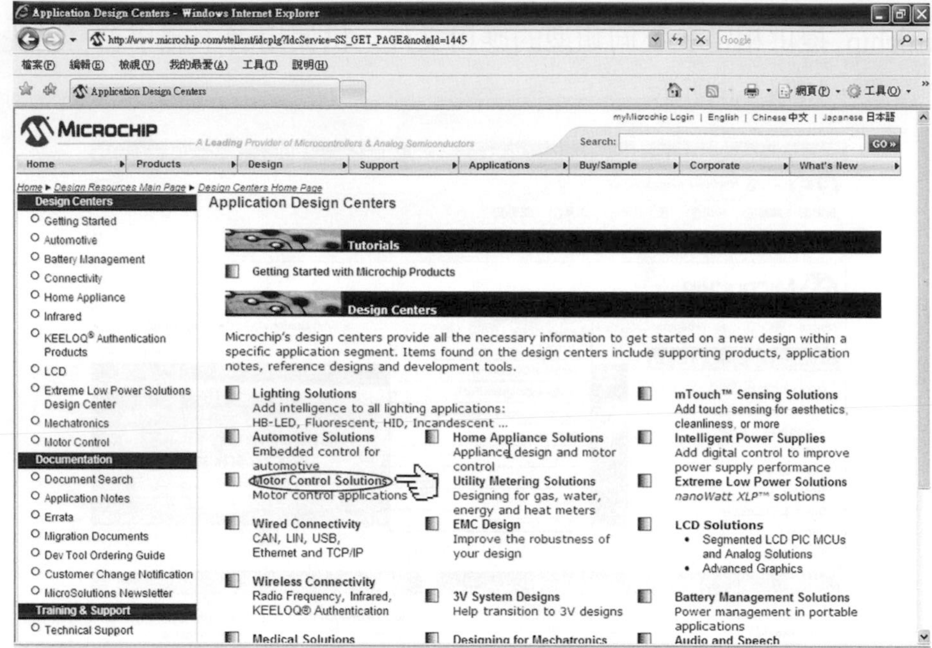

▲ 圖 8-8　馬達控制

選擇無刷直流馬達，如圖 8-9 所示。

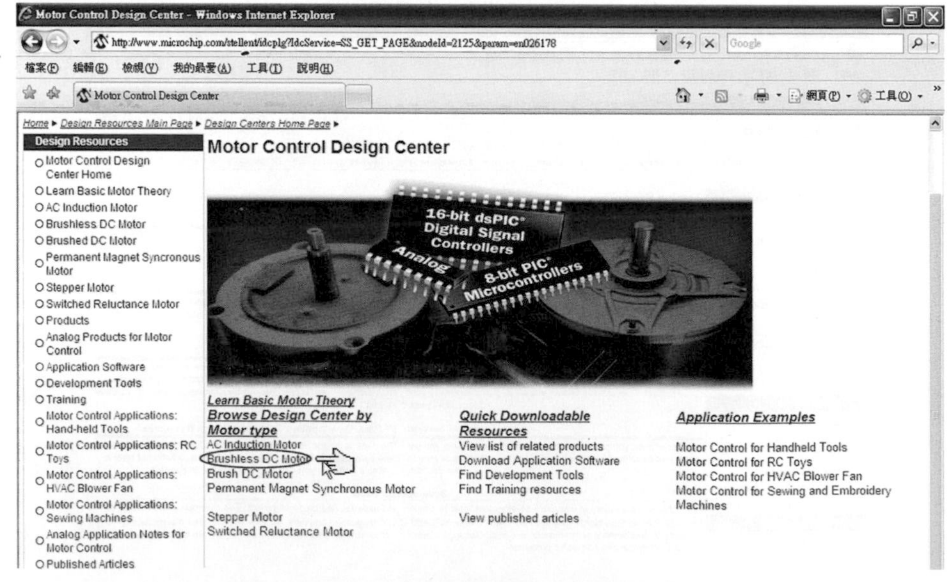

▲ 圖 8-9　無刷直流馬達應用

點選“Browse Applications”，如圖 8-10 所示。

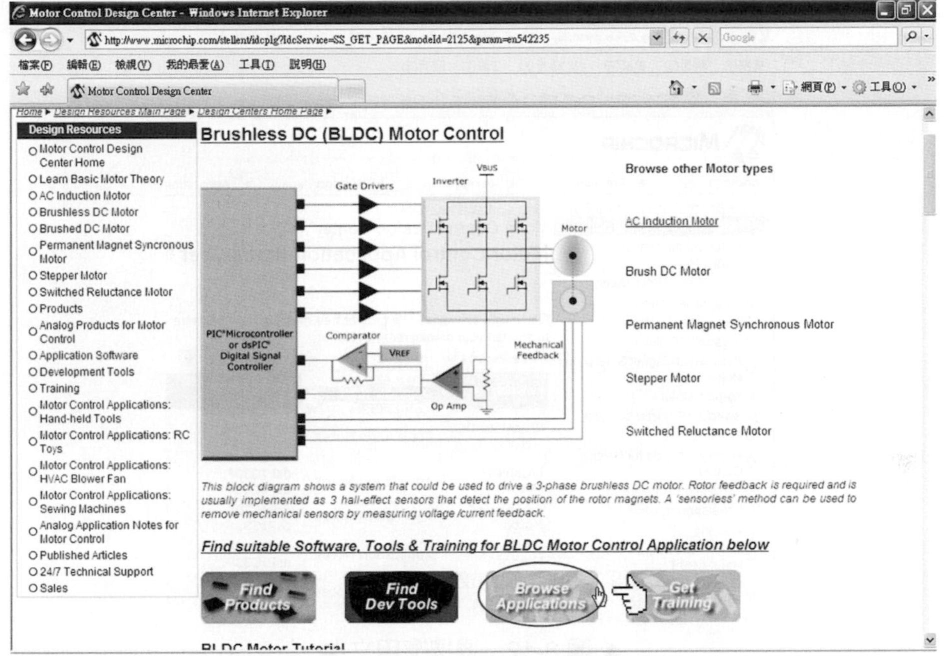

▲ 圖 8-10　瀏覽應用文件

選擇無刷直流馬達，如圖 8-11 所示。

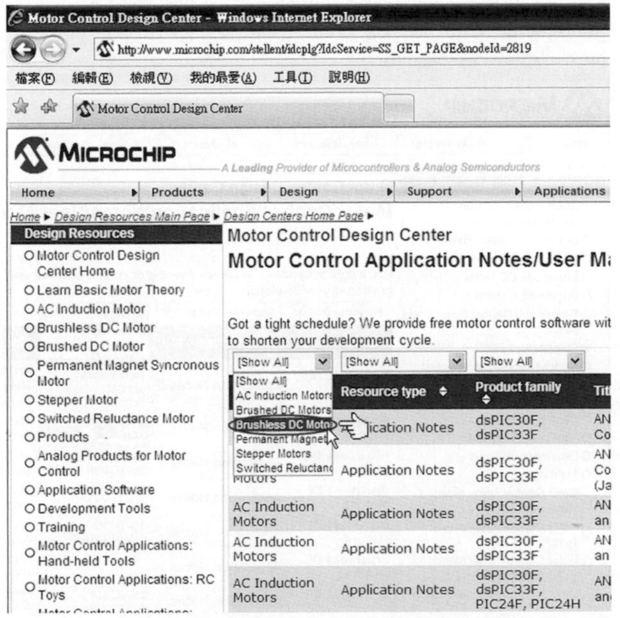

▲ 圖 8-11　選擇無刷直流馬達

選擇應用文件，如圖 8-12 所示。

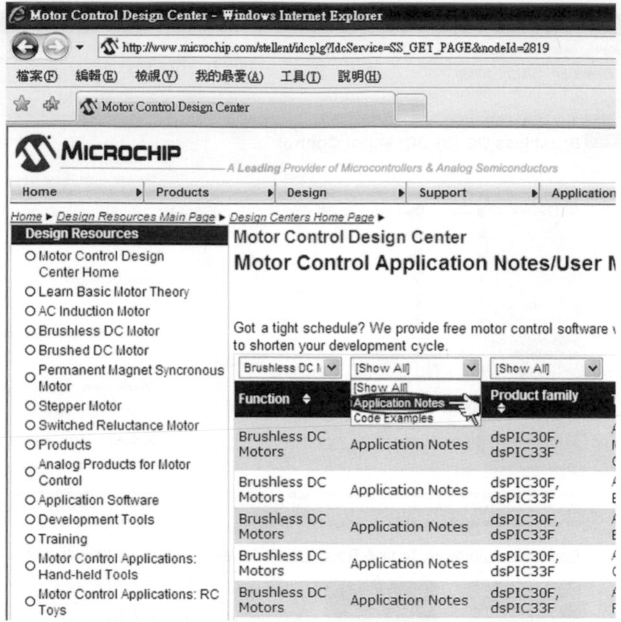

▲ 圖 8-12　選擇應用文件

選擇“PIC 18”，如圖 8-13 所示。

▲ 圖 8-13　選擇 PIC 18

最終只會顯示與 PIC 18 微控制器、無刷直流馬達控制的應用文件，如圖 8-14 所示。

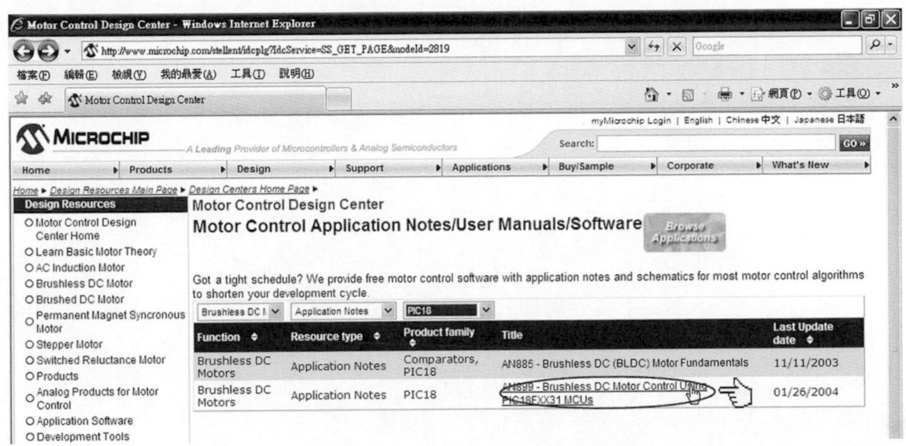

▲ 圖 8-14　PIC 18 微控制無刷直流馬達控制的應用文件

選擇"AN899 - Brushless DC Motor Control Using PIC18FXX31 MCUs"，如圖 8-15 所示。說明文件描述無刷直流馬達的原理與應用方式，程式碼提供了應用方式可執行的程式碼。

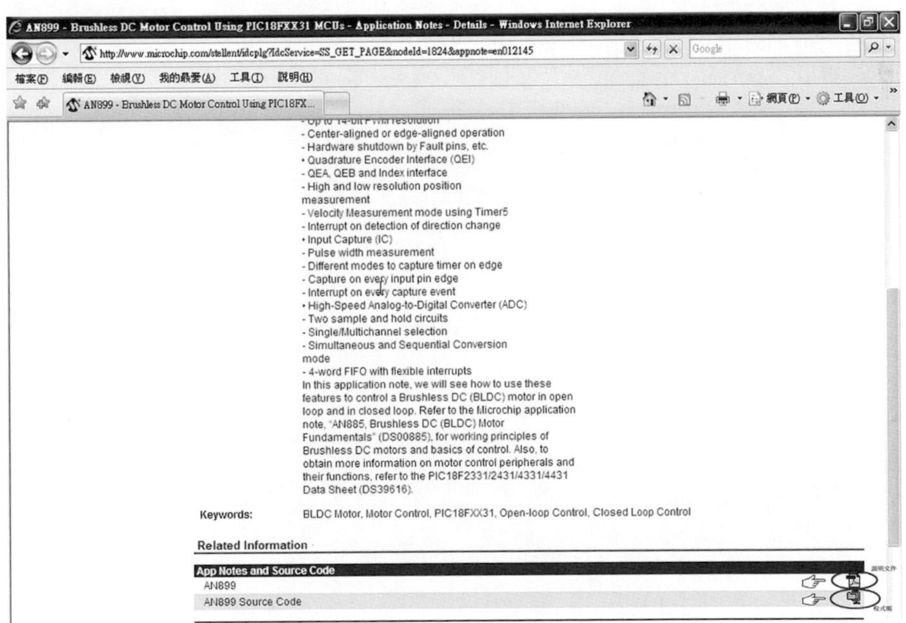

▲ 圖 8-15　說明文件與程式碼下載

篇　C 語言

第一章　C 語言介紹

第二章　C 語言範例

CHAPTER 1

C 語言介紹

在組合語言篇中已學習 PIC18F 的硬體與低階組合語言，在低階組合語言的寫法中，必須注意許多細部的設定，如：資料記憶體暫存器庫之切換、低優先中斷權 SFR 回存、數學運算之進位、借位(16 位元、32 位元)與浮點數運算…等，都必須要由程式撰寫者自行掌控。由於組合語言艱澀難懂與不易維護的特性，使得在大型系統中都以跨平台高階語言 C 完成，在 C 語言中許多細部的設定都由 C 編譯器處理完成，且因其跨平台的特性，使得學習 C 語言就能使用各種不同的微控制器，如：8051、PIC、AVR、ARM..等。

由於 C 語言的眾多優點，將以 C 語言完成本篇所有範例，本篇 C 語言的寫法也適用於其他微控制器，但是必須使用各微控制器的 C 編譯器與某些程度的修改。本篇不討論完整之 C 語言觀念與語法，僅介紹使用到之語法，其餘不足之處請參閱 C 語言專書。

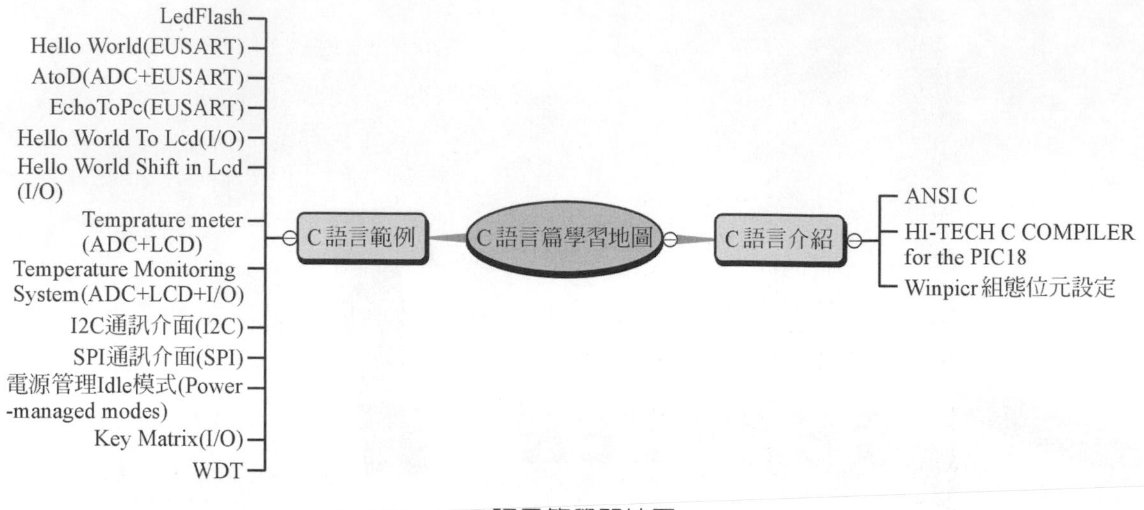

C 語言篇學習地圖

1-1 ANSI C

C 語言，是一種通用的、程序式的程式語言，廣泛用於系統與應用軟體的開發。具有高效、靈活、功能豐富、表達力強和較高的移植性等特點，在程式設計師中備受青睞。

C 語言是由 UNIX 的研製者丹尼斯·里奇(Dennis Ritchie)和肯·湯普遜(Ken Thompson)於 1970 年研製出的 B 語言的基礎上發展和完善起來的。目前，C 語言編譯器普遍存在於各種不同的作業系統中，例如 UNIX、MS-DOS、Microsoft Windows 及 Linux 等。C 語言的設計影響了許多後來的程式語言，例如 C++、Java、C#等。

後來於 1980 年代，爲了避免各開發廠商用的 C 語言語法產生差異，由美國國家標準局(American National Standard Institution)爲 C 語言訂定了一套完整的國際標準語法，稱爲 ANSI C，作爲 C 語言的標準。1980 年代至今的有關程式開發工具，一般都支援符合 ANSI C 的語法(維基百科，自由的百科全書)。

本書不打算介紹完整 C 語言，本書只就範例中使用到的 C 語言之語法與觀念做一介紹並與組合語言篇中程式架構做一對照，使得學習 C 語言能夠更輕鬆。

1-1-1 C 語言樣版介紹

C 語言是一個架構嚴謹的程式語言，其中最主要的架構就是函式(Function)，經由一個個單獨運作的小函式，組成龐大且功能完整的函式庫(Lirbary)。程式撰寫者就可以利用這些函式庫完成工作，而不需要重新撰寫這些函式的功能，使得工作能夠被正確且迅速的完成，這就是軟體 IC 的概念。函式的觀念就好比是組合語言篇中的副程式，只是函式可以選擇是否要有回傳值。

函式的組成要素如下：

```
型別 函式名(型別 參數 1, 型別 參數 2,……)
{
  函式內容
}
```

型　別：用來宣告函式的回傳值的資料型別，如果不指定型別，則編譯器自訂其型別爲 int(代表回傳值爲有號數整數)

函式名：函式名是由英文字母、數字或‘_’(底線)構成(函式名開頭第一個字元不可以是數字)。

參　數：在函式名後的小括弧()，是用來包含此函式的參數，就算沒有參數也不可省略。參數是定義此函式接受的資料型別與個數。

{ }：大括弧之內是記載著該函式的內容。

有了函式的概念後，就可以介紹 C 語言中必須存在也是唯一的 main 函式，因爲程式的執行是由此函式開始，因此可以把此函式當作是 C 語言的主程式。C 語言樣版程式如下所示：

```
#include <htc.h>        //引用 htc.h 標頭檔(實際上使用 pic18F4520.h)
//========常數及 I/O 腳宣告區==========
#define ONEMS 100 //在程式中的"ONEMS"字串，將代換成"100"
//========I/O 腳宣告區==========
static bit Led    @((unsigned)&PORTD*8+0);//宣告 Led 的腳位爲 PORTD,0
```

```
006  //========全域變數宣告區==========
007  unsigned int i;      //宣告全域變數 i
008  //////////////C 語言執行的第一個函式 main///////////////
009  void main(void)
010  {
011  //=======初始值設定區========================
012          //初始化程式放置區
013  //=======主程式區==開始=====================
014      while(1)          //使用 while(1)達成無窮回圈功能
015      {
016                        //主程式放置區
017      }
018  //=======主程式區==結束=====================
019  }
```

先專注於第 009～019 行之程式，其中第 009 行中 void 資料型別代表此 main 函式沒有回傳值與參數，兩個斜線(//)後藍色的字體爲註解區(另一種註解方式爲使用/*註解*/)，初始值設定程式可放在第 012 行，爲了達成無窮迴圈使用 while 流程控制，使得判斷式結果非 0，程式便會在第 014～017 行中重複執行。While 流程控制語法說明如下：

```
while  (判斷式)
{
        敘述;
}
```

若判斷式運算後之結果非 0，則會執行底下的敘述，然後再回到判斷式判斷結果；此動作會一直重複執行，直到判斷式結果爲 0 時，則不會進入大刮號({})內執行敘述。所以第 014 程式中將判斷式結果設定爲 1，此時便形成無窮迴圈。

接著請專注於第 001～007 行程式，第 001 行程式使用前置處理指令，所謂前置處理指令是在程式進行編譯前，優先處理的指令，此項功能提供程式設計師更有組織的撰寫程式。以下將介紹本範例使用之前置處理指令。

#include 的使用方式有兩種：

1. #include <htc.h>：尋找系統目錄下的 htc.h 檔案，將其引入目前的程式內。此種角括號所引用之標頭檔，一般都是系統提供的標頭檔。(系統目錄路徑為 C:\Program Files\HI-TECH Software\PICC-18\PRO\9.63\include)
2. #include "delay.h"：尋找目前工作目錄下的 delay.h 檔案，將其引入目前的程式內。此種雙引號所引用之標頭檔，一般都是程式設計師自己定義的標頭檔。

使用#include <htc.h>前置處理器，是將系統提供 PIC18F 相關 SFR 定義之資料引入，如此在程式中使用 PORTD 等特殊功能暫存器代號號時才不會發生錯誤。

第 003 行程式使用#define 前置處理器，其說明如下：

#define 的用法：用一組有語意的文字代替數字。通常將此文字大寫，以便和小寫的資料變數區分。例如：#define MAX 1000，代表爾後在程式中使用到 MAX 時，將代換成數值 1000。

第 005 行程式宣告使用 Led 時，其實就是對應到 PORTD 的第 0 隻腳，這種宣告的好處是當要改變接腳時，只需改變此行即可。例如，將接腳改變至 PORTB 第 3 三隻腳之宣告如下：

```
static bit Led          @ ((unsigned)&PORTB*8+3);
```

第 007 行宣告一全域變數 i，其資料型別為無符號整數(變數宣告將在下節說明)。所謂全域變數就是指在此程式中之所有函式都可以存取它，因為全域變數是在函式定義前就已經存在。另一種為區域變數，它被宣告在函式內，當該函式執行結束時，該變數也將不再存在。

1-1-2 變數宣告

在組合語言篇範例之變數都是無符號 8 位元資料寬度，但是在 C 語言中可以宣告許多不同資料型別變數，如表 1-1 所示。bit 型別通常使用於旗標位元與 I/O 腳位；char 可使用於 ASCII 資料變數與 8 位元整數變數；shor、int、long 都是使用於整數變數，其差別在於資料寬度分別爲 16、16 與 32 位元；float 與 double 使用於浮點變數。

當 unsigned 出現時代表爲無符號變數，其與有符號變數之差異爲(以 8 位元資料寬度說明)：無符號 8 位元變數可表示的資料範圍爲 0～255(因爲 2^8 = 256)有號數 8 位元變數可表示的資料範圍 －128～+127。

宣告變數之語法如下：

資料型別　變數名稱；

例如：

```
char test;          //宣告 test 變數，其資料型別爲字元
unsigned int I;     //宣告 I 變數，其資料型別爲無符號整數
```

請注意宣告變數一定要在最後加上分號(；)，否則編譯時會發生錯誤。變數名稱大小寫有別，也就是說同樣字母，大小寫分別代表不同的變數，例如：int i,I;

▼ 表 1-1　資料變數型別表(HI-TECH C 資料手冊)

Type	Size (bits)	Arithmetic Type
bit	1	unsigned integer
char	8	signed or unsigned integer
unsigned char	8	unsigned integer
short	16	signed integer
unsigned short	16	unsigned integer
int	16	signed integer
unsigned int	16	unsigned integer
long	32	signed integer
unsigned long	32	unsigned integer
float	24	real
double	24 or 32[1]	real

若要把字元資料指令給變數可用‘ ’與“ ”，利用此兩種方式指定的字元或字串都被轉變成 ASCII 碼。兩者的差異爲：‘ ’代表單個字元碼；“ ”代表整個字串字元碼並在最後加上一個字元空間且內容值爲 0x00，代表字串的結束(此動作是由編譯器完成)。ASCII 碼可從表 1-2 中獲得，以小寫的 ASCII 碼(‘a’)爲例，等同於 0x61。

```
char a = ‘a’ ;              //a 變數內放置‘a’的 ASCII 碼資料
char b[ ] = “Hello” ;       //b 陣列內放置“Hello”的 ASCII 碼資料
```

1-1-2-1 美國資訊互換標準代碼(American Standard Code for Information Interchange，ASCII)

ASCII 是基於**拉丁字母**的一套電腦**編碼**系統。它主要用於顯示現代**英語**和其他**西歐英語**。它是現今最通用的**單位元組**編碼系統，並等同於國際標準 **ISO/IEC 646**。

▼ 表 1-2 ASCII 碼字元集(MPASM™ Assembler 資料手冊)

	Mest Significant Nibble								
Least Significant Nibble	HEX	0	1	2	3	4	5	6	7
	0	MUL	DLE	space	0	@	P		p
	1	SOH	DC1	!	1	A	Q	a	q
	2	STX	DC2	@	2	B	R	b	r
	3	STX	DC3	#	3	C	S	c	s
	4	SOT	DC4	$	4	D	T	d	t
	5	ENQ	NAK	%	5	E	U	e	u
	6	ACK	SYN	&	6	F	V	f	v
	7	Ball	ETB	*	7	G	W	g	w
	8	BS	CAN	(	8	H	X	h	x
	9	HT	EM	)	9	I	Y	i	y
	A	LF	SUB	*	:	J	Z	j	z
	B	VT	ESC	÷	;	K	[	k	{
	C	FF	FS	,	<	L	\	l	|
	D	CR	GS	—	=	M	]	m	}
	E	SO	RS	.	>	N		n	—
	F	SI	US	/	?	O	_	o	DEL

ASCII 第一次以規範標準的型態發表是在 **1967 年**，最後一次更新則是在 **1986 年**，至今爲止共定義了 128 個字元，其中 33 個字元無法顯示(這是以現今**作業系統**爲依歸，但在 **DOS** 模式下可顯示出一些諸如**笑臉**、**撲克牌花式**等 8-bit 符號)，且這 33 個字元多數都已是陳廢的**控制字元**(包含 0x00~0x1F 與 0x7F)，控制字元的用途主要是用來操控已經處理過的文字，在 33 個字元之外的是 95 個可顯示的字元，包含用鍵盤敲下空白鍵所產生的空白字元也算 1 個可顯示字元(顯示爲空白)。(維基百科，自由的百科全書)

本章許多範例就是將 ASCII 碼的字串傳送至電腦及 LCD 中顯示，欲將數值與字母轉換至 ASCII 碼，可參考表 1-2。數值 0～9 只須將其與 0x30 做 OR 運算後就變成 ASCII 碼 0～9；大寫 A 的 ASCII 碼爲 0x41；小寫 a 的 ASCII 碼爲 0x61，其餘字母只需要依序遞增就可求出相對應的 ASCII 碼。

1-1-2-2 陣列與指標

欲使用同樣的資料型態的變數來容納一連串的資料，可使用陣列。陣列就是定義相同資料型態變數空間的集合，並藉由陣列內的索引值，存取所需的陣列內容。宣告陣列語法如下：

資料型態　陣列名稱[陣列大小]；

以字元陣列爲例：

```
char  A[6] = “Hello”；
```

其中，char 爲資料型態，A 爲陣列名稱，6 爲陣列大小。分別爲：

```
A[0] = ‘H’
A[1] = ‘e’
A[2] = ‘l’
A[3] = ‘l’
A[4] = ‘o’
A[5] = 0x00
```

請注意陣列的第一個索引是從 0 開始，所以陣列大小爲 6 索引範圍爲 0～5。雖然字串陣列“Hello”只有 5 個字元資料，但是編譯器會在字串陣列最後加上一個字元空間且內容值爲 0x00，代表字串的結束，所以處理字元陣列時需特別注意。上述例子也可不指定陣列大小，由編譯器處理。

指標也是變數的一種，差別在於指標變數的內容值爲資料記憶體的位址，利用指標就能快速存取變數內容。宣告陣列語法如下：

資料型態　*指標名稱;

以字元指標爲例：

```
char   *pToA;
```

其中，char 爲資料型態，pToA 爲指標名稱。

範例

```
Char A1[]="Hello"       ;//宣告 A1 陣列
Char A2[]="ILoveYou"    ;//宣告 A2 陣列
Char *pToA              ;//宣告指向字元資料型態的 pToA 變數
Char Data               ;//宣告 Data 變數
pToA=&A1                ;//將陣列 A1 的位址指定給 pToA
Data=*(pToA+1);//將 pToA 加 1 後,抓取此位址之內容指定給 Data=A1[1]='e'
pToA=A2                 ;//將陣列 A2 的位址指定給 pToA
Data=*(pToA+1);//將 pToA 加 1 後,抓取此位址之內容指定給 Data=A2[1]='L'
```

1-1-3　運算子

C 語言提供許多運算子供程式設計師使用，依其功能可分爲指定、算數、邏輯、位元運算子。

1-1-3-1　指定運算子

指定運算子(=)爲使用率相當高之運算子，其功能爲：將右邊的數值指定(assigement，也就是複製)給左邊的變數。範例如下：

```
int x;          //宣告 x 變數爲整數資料型態
x = 10 ;        //將 10 指定給 x，x 變數的內容爲 10
```

也可以直接宣告變數時將其初始值設定，如下所示：

```
int x = 10 ;        //宣告 x 變數爲整數資料型態，並設定初始值爲 10
```

C 語言提供多種數值進制，供運算子使用，表 1-3 爲數值進制表。可選用 2、8、10 與 16 進制。請注意 2 進制數值前的修飾字爲數字 0 與英文字母 b；8 進制數值前的修飾字爲數字 0；16 進制數值前的修飾字爲數字 0 與英文字母 x，範例如下：

```
int x ;              //宣告 x 變數爲整數資料型態
x = 0b10011010 ;     //將 2 進制 10011011 數值指定給 x
x = 012 ;            //將 8 進制 12 數值指定給 x
x = 0x2A ;           //將 16 進制 2A 數值指定給 x
```

▼ 表 1-3　數值進制表(HI-TECH C 資料手冊)

Radux	Format	Example
binary	0Bnumber or 0Bnumber	0b10001 1010
octal	0number	0763
decimal	number	129
bexadecimal	0Xnumber or 0Xnumber	0x2F

1-1-3-2　算數運算子

表 1-4 爲算數運算子符號表，其範例如下(程式爲順序執行)：

```
int x=100,y=10,Result;//宣告 x=100、y=10、Result 變數爲整數資料型態
Result=x+y;     //將 x 與 y 相加後，指定給 Result
Result=x-y;     //將 x 減去 y 後，指定給 Result
Result=x*y;     //將 x 與 y 相乘後，指定給 Result
Result=x/y;     //將 x 除以 y 後，指定給 Result(因爲 Result 宣告爲整數，此
                //例 Result 內只能儲存整數，所以其值爲 x 除以 y 的商數)
Result=x%y;     //將 x 除以 y 後，取其餘數指定給 Result
Result=x++;     //先將 x 指定給 Result 後，再將 x 加 1，回存至 x，執行後
                //Result=100，X=101
```

```
Result=Y--;    //先將 y 指定給 Result 後，再將 y 減 1，回存至 y，執行後
               //Result=10，y=9

Result=++x;    //先將 x 加 1 後，回存至 x，再將 x 指定給 Result，執行後
//Result=102，x=102
Result=--Y     ;//先將 y 減 1 後，回存至 y，再將 y 指定給 Result，執行後
//Result=8，y=8
```

▼ 表 1-4　算數運算子符號表

算數子符號	功能描述
+	加
—	減
*	乘
/	除
%	餘數
++	加一
– –	減一

1-1-3-3　邏輯運算子

C 語言並沒有 boolean 資料型態(只有 true 和 false 兩種值)，條件成立是否取決於運算式的結果，若為 0 表示 false；非 0 表示 true。這類運算子常用於流程控制語法，將於流程控制語法中一併說明。

▼ 表 1-5　邏輯運算子符號表

算數子符號	功能描述
>	大於
>=	大於等於
==	等於
&&	logic AND
<	logic NOT
<=	小於等於
!=	不等於
||	logic OR

1-1-3-4 位元運算子

C 語言提供位元運算功能，如表 1-6 所示。範例如下(程式爲順序執行)：

```
001 signed char x=0b1010 1010,y=0b0101 0101,Result  ;//宣告 x、y、Result
002 Result=x&y    ;//將 x 與 y 作位元 AND 後，指定給 Result，結果爲 0b0000 0000
003 Result=x|y    ;//將 x 與 y 作位元 OR 後，指定給 Result，結果爲 0b1111 1111
004 Result=x^y    ;//將 x 與 y 作位元 XOR 後，指定給 Result，結果爲 0b1111 1111
005 Result=x<<2   ;//將 x 左移 2 位元，指定給 Result，結果爲 0b1010 1000
006 Result=x>>1   ;//將 x 右移 1 位元，指定給 Result，結果爲 0b1101 0101
007 Result=~x     ;//將 x 取 1 的補數後，指定給 Result，結果爲 0b0101 0101
```

第 005 行程式將 x 左移 2 位元的動作爲：將 x 的內容全部左移兩位元，並從 LSB 移入兩個位元，其值須爲 0，可得結果爲 0b1010 1000(因爲移位偏離變數可容納空間的位元，就將其捨去)。因爲 x 宣告爲有號數 char 資料型態，所以第 006 行程式進行右移時，從 MSB 移入的位元須以原 MSB 的值移入，依此例而言，原 MSB 爲 1，所以移入 MSB 同樣爲 1，此類型移位稱爲算數移位，因爲移位後數值之正負號不能改變；若 x 宣告爲無號數 char 資料型態，則不論左移或右移都是移入 0，第 006 行執行完畢後，結果將爲 0b0101 0101。

▼ 表 1-6 位元運算子符號表

算數子符號	功能描述
&	bit AND
|	bit OR
^	bit XOR
<<	left bit shift
>>	right bit shift
~	1 的補數

1-1-3-5 其他運算子

在本篇中會使用到的其他運算子，如表 1-7 所示。當程式中出現 Result + = x ;時，實際上的運算爲 Result = Result + x ;。同理，− =、* =、/ =、% =、& =、^ =、| =、<<=、>> = 都是可使用之運算子。

?：運算子就是 if …else 的判斷式，範例說明如下：

```
001  char a=5,b=4,max  ;//宣告 a,b,max 變數
002  max=(a>b)?a:b     ;//可視爲(a>b)是否成立，若成立 max=a；否則 max=b
```

第 002 行的功能是在兩個變數中找出最大值，並將其內容設定給 max。首先先進行(a > b)是否成立，若成立則回傳 a 的值；反之則回傳 b 的值。

▼ 表 1-7　其他運算子

算數子符號	功能描述
+=	將右邊的數值加上左邊的數值然後指定給左邊的變數
,	合併兩個運算視爲一個敘述
(運算式)	表示( )內優先運算
?:	若？左邊成立則做：左邊否則做：右邊

1-1-4　流程控制語法

C 語言提供許多流程控制語法，使得重複性的工作，能夠以簡潔的幾行流程控制語法完成。

if …else

此語法大多應用於二擇一的選擇，其語法如下：

```
if (判斷式)
{
        敘述 1;
}
else
{
        敘述 2;
}
```

說明

假如判斷式的結果若不爲 0(True)，代表判斷式成立，此時執行敘述 1；判斷式的結果若爲 0(False)，代表判斷式不成立，則執行敘述 2。若只需要判斷式成立的功能，則 else 部分可以省略，else 後面也可加上 if 敘述。

找出最大數值範例

```
int x=100,y=123,Max;          //宣告 x,y,max 變數
if(x>y)
{
  Max=x;                      //if x>y，則 Max=x
}
Else
{
  Max=y                       ;//否則，Max=y
}
```

1-1-4-2 switch

此語法大多應用於多擇一的選擇，其語法如下：

```
switch  (判斷式)
{
case    常數 1:
        敘述 1;
        break;
case    常數 2:
        敘述 2;
        break;
default:
        敘述 3;
}
```

說明

經由判斷式的結果，對應到符合的 case，並執行對應的敘述，然後藉由 break 語法離開 switch，如果沒有符合的 case，則會執行 default case 的敘述，default case 敘述可有可無。break 指令必須要有，否則每一個 case 後的敘述都會被執行，這點在撰寫程式時要特別注意。

範例(數值轉換成字串)

```
unsigned char num=2,ascnum;   //宣告 num=3,ascnum 變數
switch (num)
{
case 1:
    ascnum=0x30+num;          //num=1，則 ascnum=0x30+1=0x31
    break;                    //離開 switch
case 2:
    ascnum=0x30+num;          //num=2，則 ascnum=0x30+2=0x32
    break;                    //離開 switch
default:
    break;
}
```

執行後，num = 2 且 ascnum = 0x32 = ASCII 碼的數字 2。

1-1-4-3 while

此語法大多應用於迴圈，其語法如下：

```
while  (判斷式)
{
        敘述;
}
```

說明

若判斷式的結果不是 0，則會執行大刮號的敘述，然後再回頭觀看判斷式的結果；此動作會一直重覆執行，直到判斷式結果為 0 時，則會停止執行。

範例(無窮迴圈)

```
unsigned char a=0,b=255;  //宣告 a,b 變數
while(1);  //因為判斷式永遠是 1，下列大刮號內程式會重複執行，形成無窮迴圈
{
 While(a<b);       //當 a<b 時，程式會執行下列大刮號內的敘述，直到 a=b
 {
     a++;          //a=a+1
 }

}
```

1-1-4-4 for

此語法大多應用於迴圈，其語法如下：

```
for  (運算式 1; 判斷式; 運算式 2)
{
        敘述;
}
```

說明

運算式 1 ：設定初始值，只會執行乙次。

判斷式 ：判斷條件是否成立，若成立則執行敘述，否則，跳離 for 迴圈。

運算式 2 ：當判斷成立並執行敘述後，增加或減少運算式 1 用到之變數，再回到判斷式繼續判斷。

範例(清除陣列內容)

```
001 unsigned char i;  //宣告變數 i
002 unsigned char A[256];//宣告資料型態為 unsigned char 的陣列 A，大小為 256
003 for(i=1;i<256;i++)//i=1 初始值只設定乙次，判斷 i<256?，成立則執行下列敘述
004 {
005 A[i]=0;              //將陣列中每個集合設定為 0
006 } //i=i+1
```

第 005 行將執行 255 次，並將 A[1]～A[255]的內容都清除為 0

1-1-4-5 do while

此語法大多應用於迴圈，其語法如下：

```
do
{
    敘述;
} while (判斷式);
```

說明

While 迴圈功能是先判斷，再執行敘述。此迴圈功能為先執行敘述，再判斷，假如其判斷式非 0，則再執行敘述；反之，則跳離此迴圈。

範例

```
int i = 1;    //宣告變數 i=1
do
{
   printf("%d * 5 = %d", i, i * 5);  //列印 i*5 於螢幕
   i++;       //i=i+1
} while (i <= 5); //當 i<=5 時，執行 do 迴圈內的敘述，否則跳離迴圈
```

1-1-4-6 break 與 continue

說明

break 的功能為向下跳離目前所在的 while、do while、for 迴圈或 switch 判斷。

範例

```
int i ;    //宣告變數 i
for (i = 1;i <= 50; i++)  //i<=50，執行下列{}內敘述
{
    if (i == 25)
    {
        break; //假如 i==25 則跳離此 for 迴圈
    }
}
```

此範例當 i=25 時，跳離 for 迴圈。

1-1-4-7 continue

說明

執行 continue 敘述時，for、while 或 do 迴圈停止這一次循環，接著下一次的循環。

範例

```
int i,sum=0;        //宣告 i,sum 變數
for (i = 1; i <= 100; i++)
{
    if (i % 2 != 0)
    {
        continue;  //所有奇數，不被加入 sum 中
    }
    sum=sum+i;      //將所有偶數的 i 相加於 sum 中
}
```

當 i 為奇數時，會執行第 6 行 continue 敘述，此時將不執行第 8 行敘述，而是回到第 2 行執行。因此第 8 行程式會將 1～100 內的偶數值都加起來(結果為 2550)。

1-2 HI-TECH C COMPILER for the PIC18

本篇 C 語言範例都是以 HI-TECH C COMPILER for the PIC18 編譯完成，此編譯器是免費且支援廣泛 PIC18 系列之微控制器。將介紹如何至網站上下載最新免費的編譯器與使用方式。

1-2-1 HI-TECH C Compiler 下載

首先，開啓 IE 並連至 http://www.htsoft.com/網址，如圖 1-1 所示。

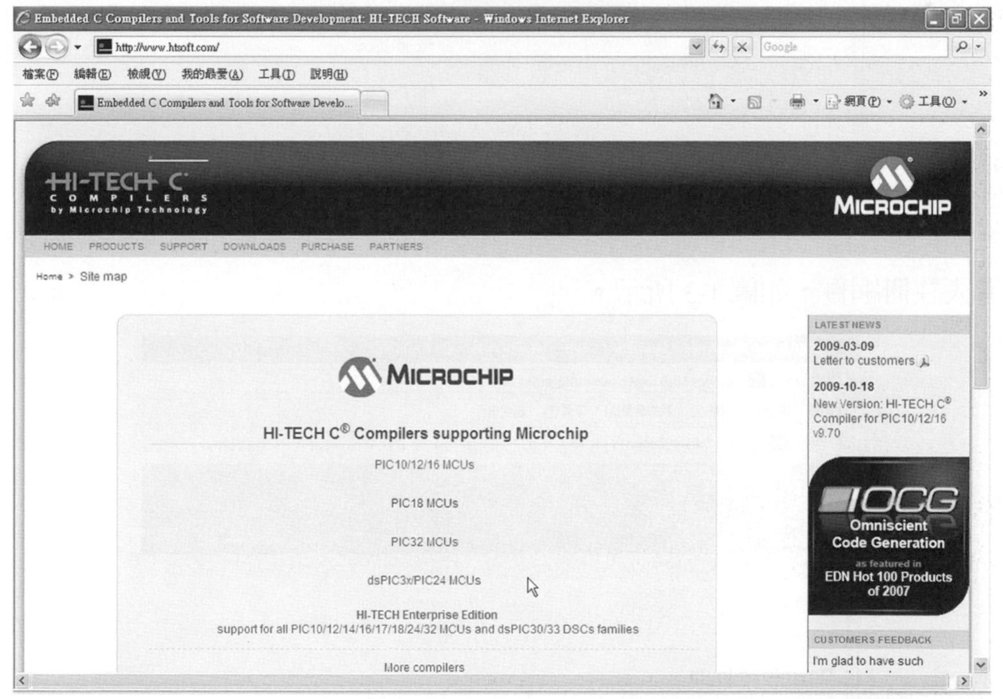

▲ 圖 1-1 HI-TECH C 網站

進入“Login”網頁，如圖 1-2 所示。

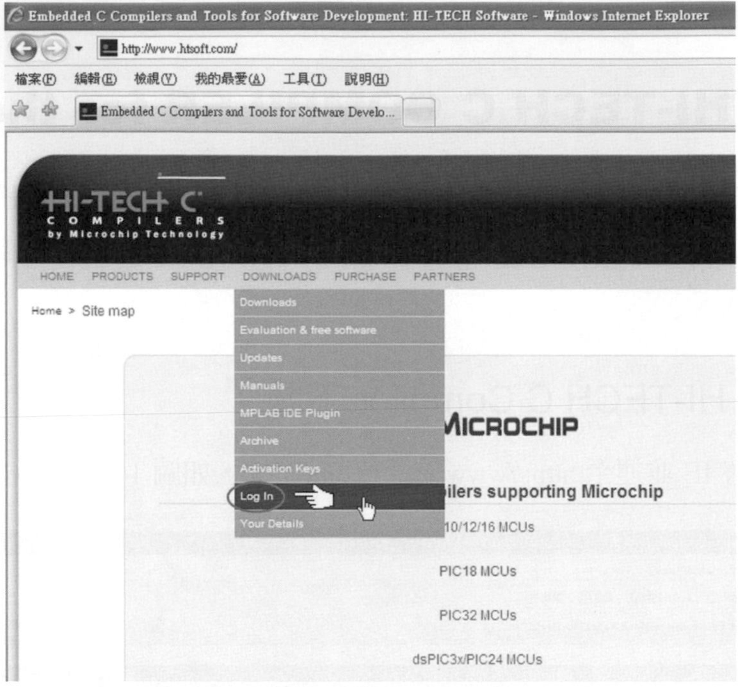

▲ 圖 1-2　進入 Login 網頁

進入註冊網頁，如圖 1-3 所示。

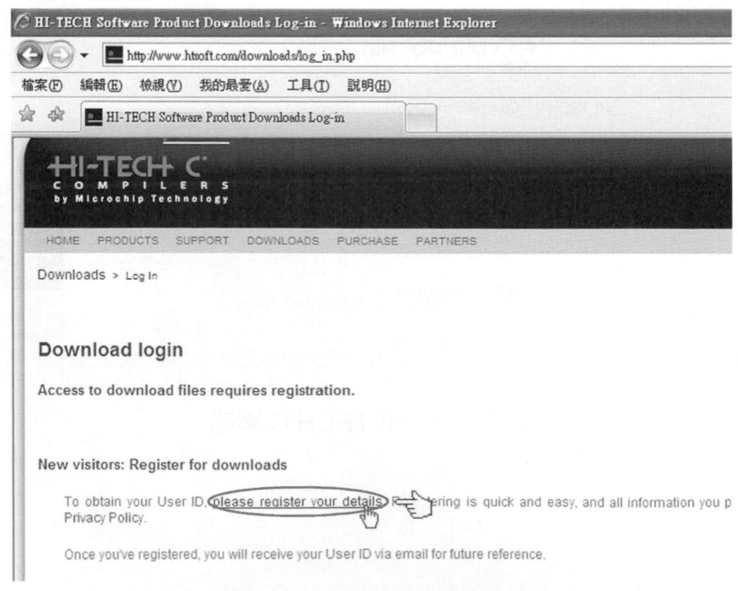

▲ 圖 1-3　進入註冊網頁

將相關資訊填入註冊表按下“Update”，如圖 1-4 所示。系統會自動寄信至您的MAIL，將 ID 與 EMAIL 位址進入 LOGIN 登入。

HI-TECH Software Product Downloads Your Details - Windows Internet Explorer

http://www.htsoft.com/downloads/details.php?productid=

COMPILERS by Microchip Technology

HOME PRODUCTS SUPPORT DOWNLOADS PURCHASE PARTNERS

Downloads > Your Details

Please check your details below and correct as necessary, then submit the form to update our records. The usage of the collected information is governed by our Privacy Policy. If you have purchased a product from HI-TECH Software and wish to register it - please use the product registration form instead.

If you wish to update your details, please log in so your existing details are shown below. After you amend your details, click the update button.

*Your name:
Company Name:
Postal Address:
Post / Zip Code:
*Country: TAIWAN
*Telephone:
Fax:
*Email:
Update

▲ 圖 1-4　註冊表

進入免費軟體下載頁面，如圖 1-5 所示。

▲ 圖 1-5　進入免費軟體下載網頁

下載 PIC18 C Compiler，如圖 1-6 所示。此時將出現 C Compiler 下載對話框，如圖 1-7 所示。

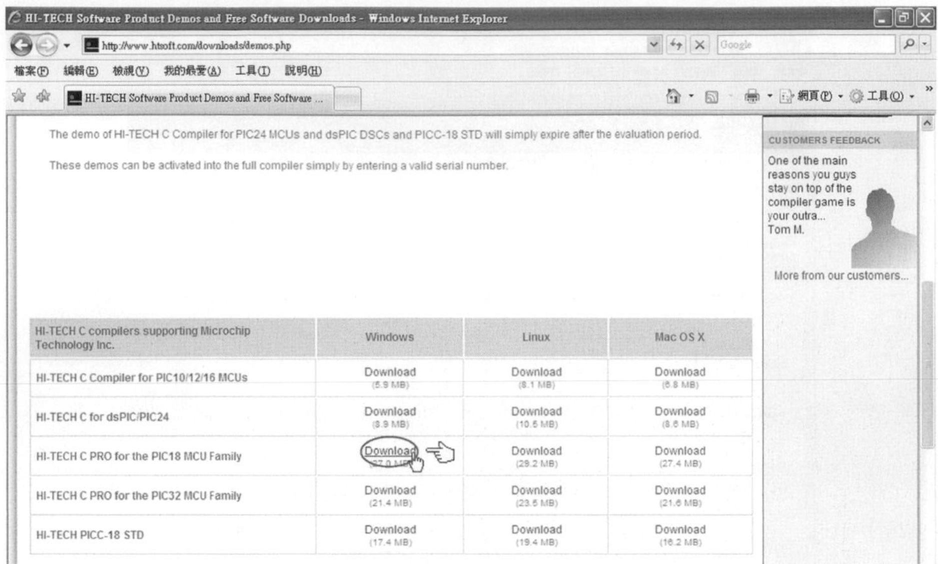

▲ 圖 1-6　下載 PIC18 C Compiler

▲ 圖 1-7　PIC18 C Compiler 下載對話框

1-2-2　HI-TECH C Compiler 安裝與使用

安裝 PIC18 C compiler，如圖 1-8 所示。

▲ 圖 1-8　安裝 HCPIC18-pro-9.63PL3

按下"Next"，如圖 1-9 所示。

▲ 圖 1-9　安裝步驟 1

安裝“Lite mode”版本，如圖 1-10 所示。

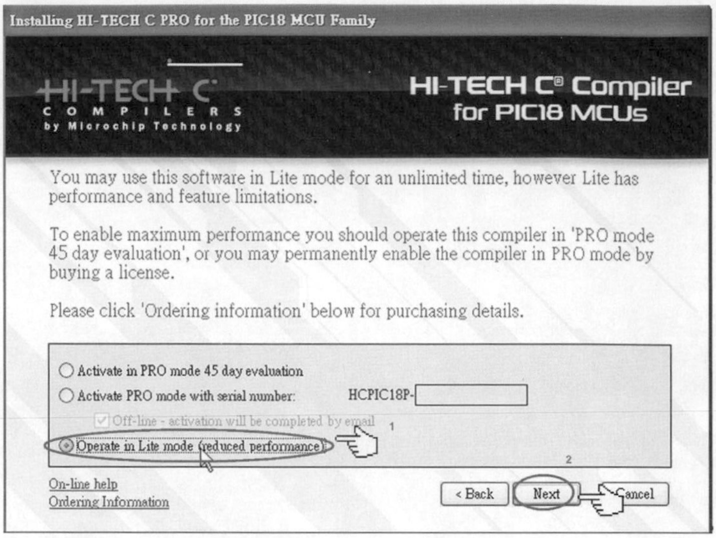

▲ 圖 1-10　安裝步驟 2

安裝步驟 3，如圖 1-11 所示。

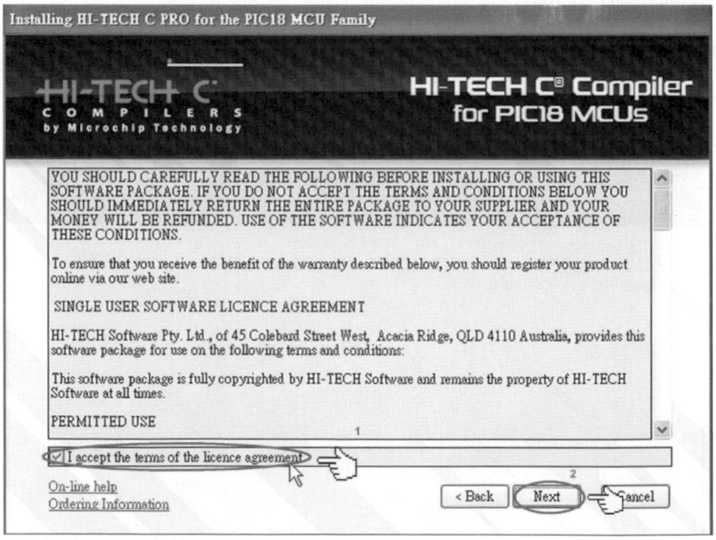

▲ 圖 1-11　安裝步驟 3

在此不需要安裝其他 C compiler，直接按下"Next"，如圖 1-12 所示。

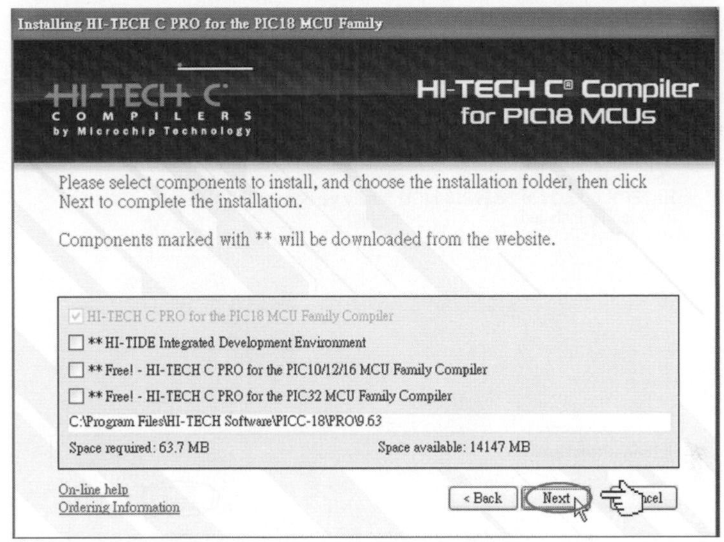

▲ 圖 1-12　安裝步驟 4

安裝步驟 5，如圖 1-13 所示。

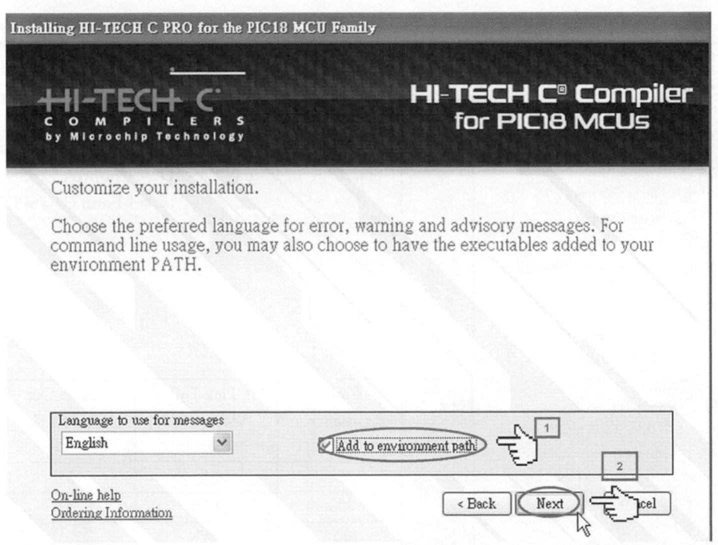

▲ 圖 1-13　安裝步驟 5

安裝步驟 6，如圖 1-14 所示。

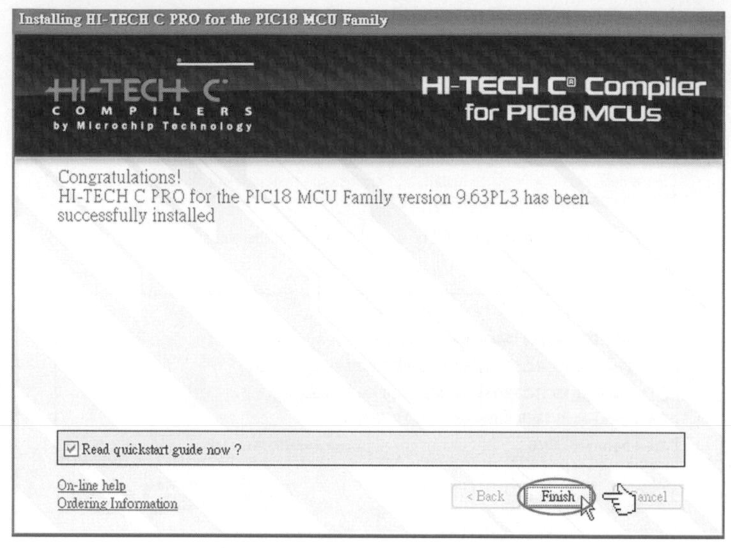

▲ 圖 1-14　安裝步驟 6

1-2-3　HI-TECH C Compiler 使用手冊

HI-TECH C Compiler 使用手冊內有許多重要的說明，其開啓方式如圖 1-15 所示。

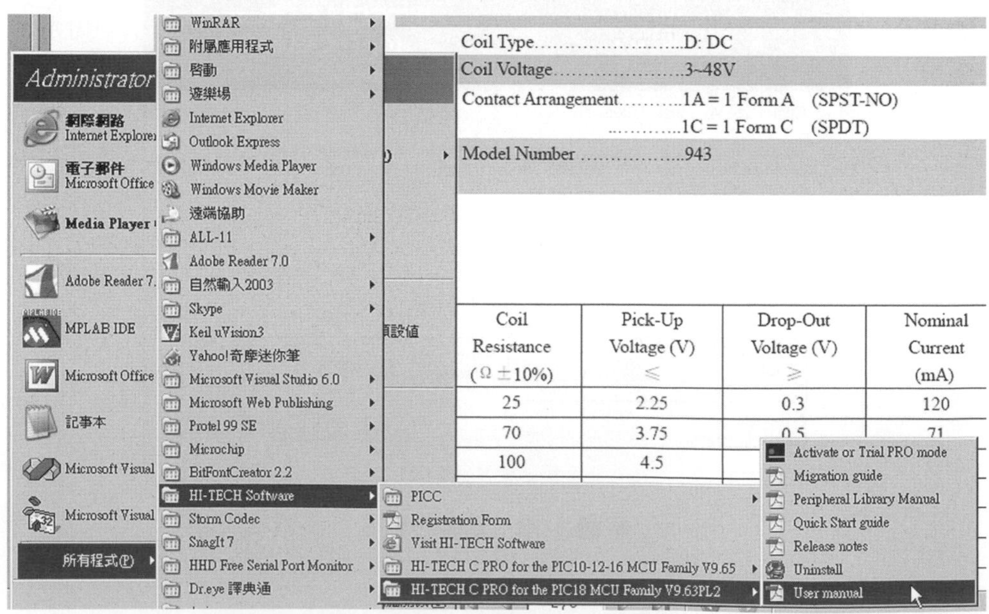

▲ 圖 1-15　HI-TECH C Compiler 使用手冊

1-3 Winpicr 組態位元設定

本篇範例所有的的 Winpicr 組態位元設定如圖 1-16 所示。將 OSC Oscillator 設定爲 HS，WDT Watchdog Timer 設定爲 Disabled-Controlled by SWDTEN，WDTPS Watchdog Postscaler 設定爲 1：1024，MCLRE Master Clear Enable 設定爲 MCLR Disabled,RE3 Enabled，其餘都設定爲 Disabled。

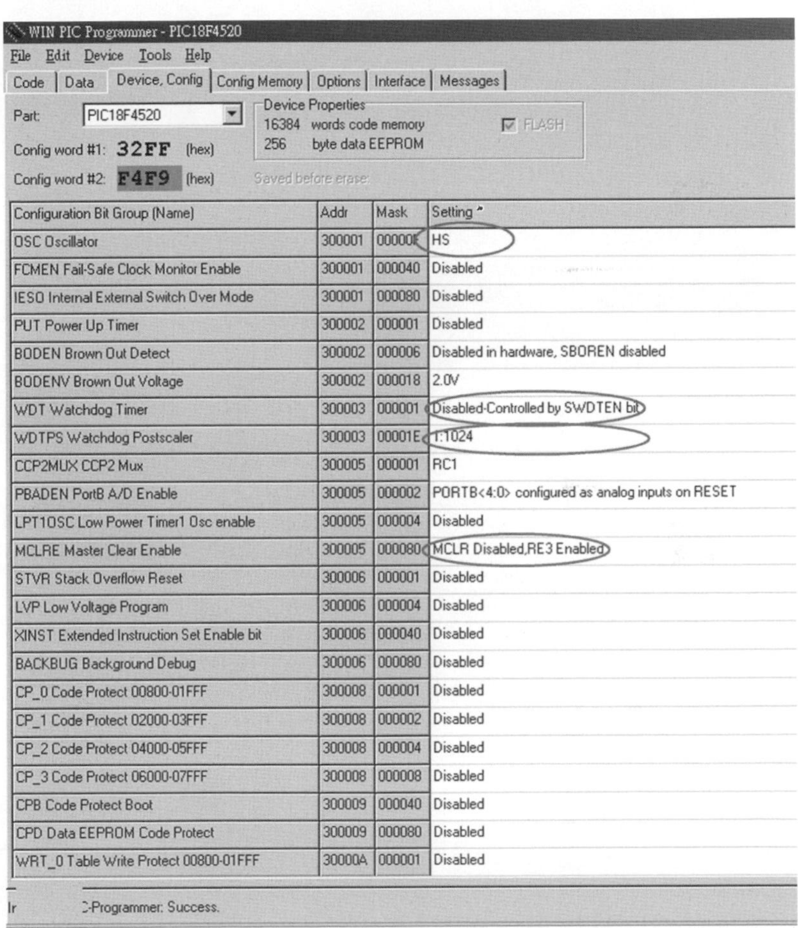

Configuration Bit Group (Name)	Addr	Mask	Setting
OSC Oscillator	300001	00000F	HS
FCMEN Fail-Safe Clock Monitor Enable	300001	000040	Disabled
IESO Internal External Switch Over Mode	300001	000080	Disabled
PUT Power Up Timer	300002	000001	Disabled
BODEN Brown Out Detect	300002	000006	Disabled in hardware, SBOREN disabled
BODENV Brown Out Voltage	300002	000018	2.0V
WDT Watchdog Timer	300003	000001	Disabled-Controlled by SWDTEN bit
WDTPS Watchdog Postscaler	300003	00001E	1:1024
CCP2MUX CCP2 Mux	300005	000001	RC1
PBADEN PortB A/D Enable	300005	000002	PORTB<4:0> configured as analog inputs on RESET
LPT1OSC Low Power Timer1 Osc enable	300005	000004	Disabled
MCLRE Master Clear Enable	300005	000080	MCLR Disabled,RE3 Enabled
STVR Stack Overflow Reset	300006	000001	Disabled
LVP Low Voltage Program	300006	000004	Disabled
XINST Extended Instruction Set Enable bit	300006	000040	Disabled
BACKBUG Background Debug	300006	000080	Disabled
CP_0 Code Protect 00800-01FFF	300008	000001	Disabled
CP_1 Code Protect 02000-03FFF	300008	000002	Disabled
CP_2 Code Protect 04000-05FFF	300008	000004	Disabled
CP_3 Code Protect 06000-07FFF	300008	000008	Disabled
CPB Code Protect Boot	300009	000040	Disabled
CPD Data EEPROM Code Protect	300009	000080	Disabled
WRT_0 Table Write Protect 00800-01FFF	30000A	000001	Disabled

▲ 圖 1-16 Winpicr 組態位元設定

CHAPTER 2

C 語言範例

C 語言篇的範例都是使用外部 16MHz 石英振盪器，以提升每秒鐘執行的指令數(Millions of Instructions Per Second，MIPS)。

2-1 Led Flash(I/O)

藉由 PIC18F4520 微控制器 I/O 模組，控制 Led 亮 0.1 秒、滅 0.1 秒達成閃爍目的，在此使用 18F4520 微控制器，遵循組合語言篇之硬體、軟體設計步驟。硬體設計如圖 2-1 所示，只需將電源、外部振盪電路及 LED 電路接至 18F4520 即可，為使範例接線及使用元件愈少，使得學習 18F4520 愈單純，及將重置腳位($\overline{\text{MCLR}}$)設定為 RE3 功能。

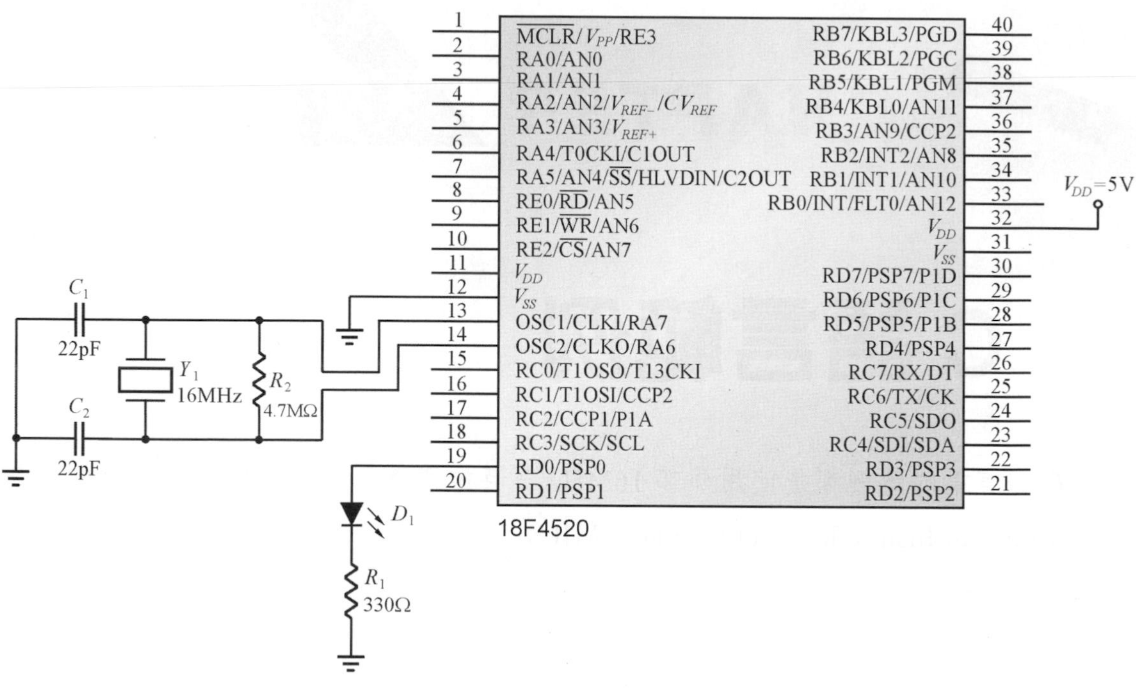

▲ 圖 2-1 Led 閃爍硬體電路

2-1-1 系統功能流程圖

進行軟體撰寫前，若能先將系統功能以流程圖繪出，對軟體設計將是非常大的助力。它提供系統功能大方向，使設計者清楚系統功能之脈絡，進而撰寫程式將功能完成。

Led 閃爍系統功能流程圖，如圖 2-2 所示。

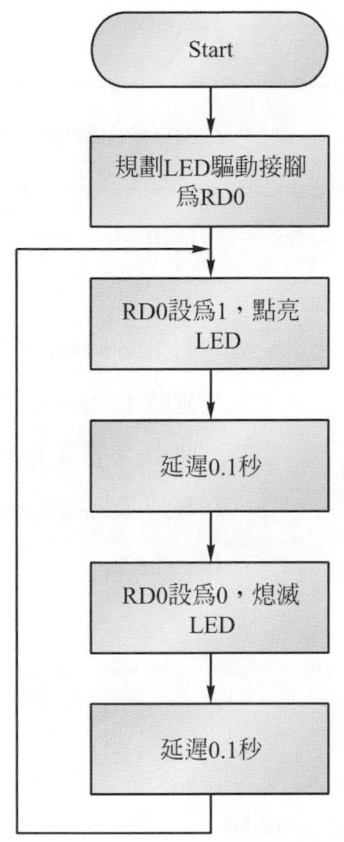

▲ 圖 2-2　Led 閃爍系統功能流程圖

2-1-2　Led 閃爍程式碼

```
#include <htc.h>         //引用 htc.h 標頭檔(實際上使用 pic18F4520.h)
#include "delay.h"       //引用 delay 標頭檔
//========常數及 I/O 腳宣告區==========
#define ONEMS 100        //在程式中的"ONEMS"字串，將代換成"100"
//========I/O 腳宣告區==========
static bit Led@ ((unsigned)&PORTD*8+0);//宣告 Led 的腳位爲 PORTD,0
//========全域變數宣告區==========
unsigned int i;          //宣告全域變數 i
//////////////C 語言執行的第一個函式 main//////////////////////
void main(void)
```

```
011 {
012 //=======初始值設定區====================
013   TRISD=0b11111110;          //RD,0 爲輸出，其餘爲輸入
014 //=======主程式區==開始======================
015   while(1)                   //使用 while(1)達成無窮回圈功能
016   {
017       Led=1;                 //將 Led 腳輸出高電位，點亮 Led
018       DelayMs(ONEMS);        //延時 100ms=0.1s
019       Led=0;                 //將 Led 腳輸出低電位，熄滅 Led
020       DelayMs(ONEMS);        //延時 100ms=0.1s
021       i++;                   //i=i+1;
022   }
023 //=======主程式區==結束======================
024 }
```

C 語言軟體設計分成下列幾個區域：

引用檔區(程式碼 001～002)：

第 1 行引用 **HI-TECH C Compiler** 的標頭檔，因爲在 MPLAB 是選用 PIC18F4520 的微控制器，最終會引用 pic18f4520.h 的標頭檔。第 2 行引用延遲函式標頭檔。

宣告區(程式碼 004～008)：

包含常數、變數及 I/O 腳位宣告區，使用這些宣告的好處爲給予這些變數們名稱，使程式設計師易於辨識與修改。

程式放置區(程式碼 010～024)：

第 10 行是 C 語言執行的第一個函式，在此函式內可將其分爲初始值設定區(程式碼 013)與主程式區(程式碼 014～023)。初始值設定區適合放置只作一次的動作；主程式區藉由第 15 行 while(1)程式碼，形成無窮迴圈，也就是在第 16 行至第 22 行內之程式碼將會被重複執行。

2-1-3　指令說明

本書於程式說明是以先見林再見樹的方式撰寫，對於程式所要完成的功能先行說明，再對使用到指令逐一解說，將程式系統化、簡單化，使學習者專心於本範例的重點。

2-1-3-1　前置處理指令( )

前置處理指令是在程式進行編譯前，優先處理的指令，此項功能提供程式設計師更有組織的撰寫程式。以下將介紹本範例使用之前置處理指令。

#include 的使用方式有兩種：

1. #include <htc.h>：尋找系統目錄下的 htc.h 檔案，將其引入目前的程式內。此種角括號所引用之標頭檔，一般都是系統提供的標頭檔。(系統目錄路徑爲 C:\Program Files\HI-TECH Software\PICC-18\PRO\9.63\include)
2. #include "delay.h"：尋找目前工作目錄下的 delay.h 檔案，將其引入目前的程式內。此種雙引號所引用之標頭檔，一般都是程式設計師自己定義的標頭檔。

#define 的用法：用一組有語意的文字代替數字。通常將此文字大寫，以便和小寫的資料變數區分。例如：#define MAX 1000，代表爾後在程式中使用到 MAX 時，將代換成數值 1000。

2-1-3-2　I/O 腳位宣告指令

如同在組合語言篇中定義 I/O 腳位功能，使得程式設計師能快速修改 I/O 腳位而不用逐行修改程式。其語法如下：

```
static   bit   Led     @ ((unsigned)&PORTD*8+0);
```

其中 static　bit 定義可位元定址的暫存器，Led 爲此 I/O 腳的名稱，@後的爲固定寫法，告知 Led 對應 PORTD 的第 0 隻腳。程式中存取 Led 時，就是對 PORTD 的第 0 隻腳動作。若要修改 Led 對應到 PORTB 的第 3 隻腳，其語法如下：

```
static   bit   Led     @ ((unsigned)&PORTB*8+3);
```

2-1-3-3 變數宣告指令

第 008 行程式為宣告一個無符號整數型態的變數 i，程式如下所示：

```
unsigned   int   i;
```

其中 unsigned 代表無正負號，int 代表 16-bit 的整數變數宣告，i 代表變數名稱。16-bit 的變數可以表示資料的大小，隨著 unsigned 的宣告與否有下列不同的結果：

當變數宣告為 unsigned int i; 時，可以表示資料的大小為 0～65535(因為 2^{16}-1)；當變數宣告為 int i; 時，可以表示資料的大小為-32,768 ~ +32,767。

2-1-3-4 主程式中使用之指令

第 13 行程式為將 PORTD 的第 0 隻腳設定為輸出，其餘為輸入。程式如下：

```
TRISD = 0b11111110;
```

其中的等於符號為指定運算子，其作用為將等號右邊的變數、數值、運算結果、函式回傳值指定給左邊的變數，如同組合語言中 mov 的指令。

第 15 行指令為迴圈流程控制程式，其語法如下：

```
while(條件式)
{
        敘述 1;
}
        敘述 2;
```

1. 如果條件式判斷不成立，則跳離 while 迴圈，直接執行敘述 2，敘述 1 將不被執行；反之，則執行敘述 1，直到運算式條件不成立，才跳離迴圈執行敘述 2。
2. 如果敘述 1 只有一行指令，則左大刮號'{'與右大刮號'}'，均可省略。

while(1)代表迴圈條件永遠成立，程式在此形成無窮迴圈，重複執行左大刮號'{'與右大刮號' }'之間的指令(第 17～21 行)。

第 18 與 20 行的程式為呼叫延遲一秒的程式。其運作如同組合語言篇中 call Delay。但在此函式中可直接設定延遲的時間，因此函示的基本時間為 1 個 ms，只要在其引數中設定須延時幾個基本時間。因爲 ONEMS 爲 100，故 DelayMs(ONEMS)將代換成 DelayMs(100)，共延時 100ms = 0.1 秒。

2-1-4 MPLAB IDE 使用教學

介紹完成範例 0 所需之知識後，將使用 MPLAB IDE 提供之組譯器及軟體模擬器，組譯器將組合語言組譯成 16 進位之機械碼；軟體模擬器將在 PC 上模擬範例 0 在 18F4520 中之動作。

2-1-4-1 MPLAB IDE 操作

將 C 語言篇的 Ledflash 資料夾從光碟片抓至 D 槽，並將其唯讀屬性移除。在桌面快點兩下"MPLAB IDE v8.20"圖示兩次，如圖 2-3 所示。

▲ 圖 2-3 MPLAB IDE v8.20 程式操作 1

點下"Project"，如圖 2-4 所示。

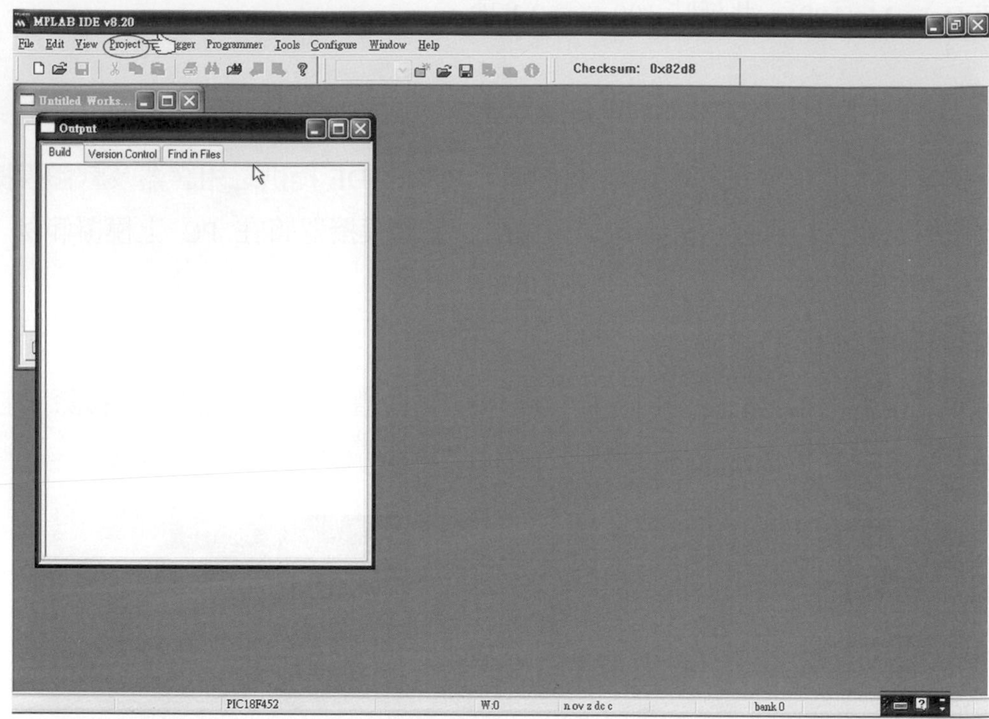

▲ 圖 2-4 MPLAB IDE v8.20 程式操作 2

點下"Project Wizard"，如圖 2-5 所示。

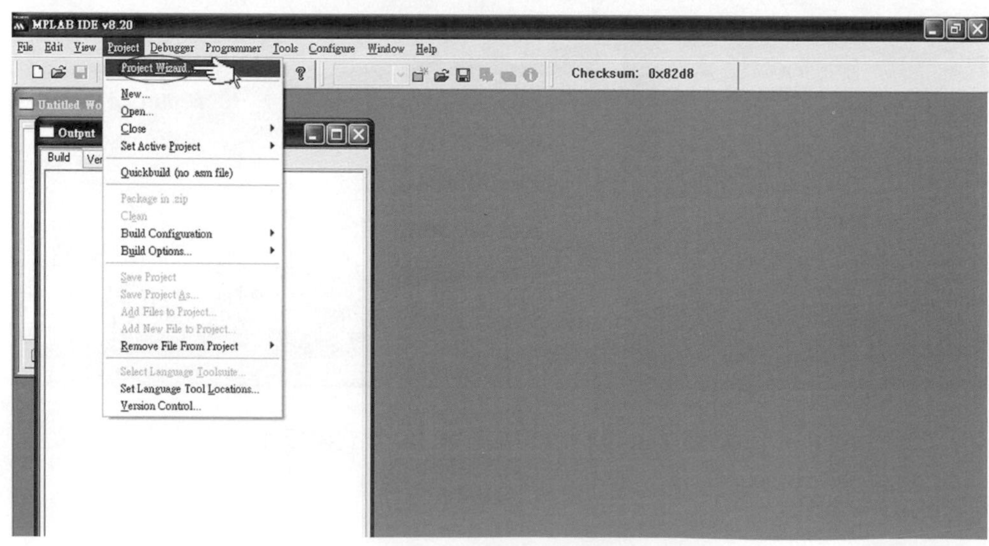

▲ 圖 2-5 MPLAB IDE v8.20 程式操作 3

點下"下一步(N)"，如圖 2-6 所示。

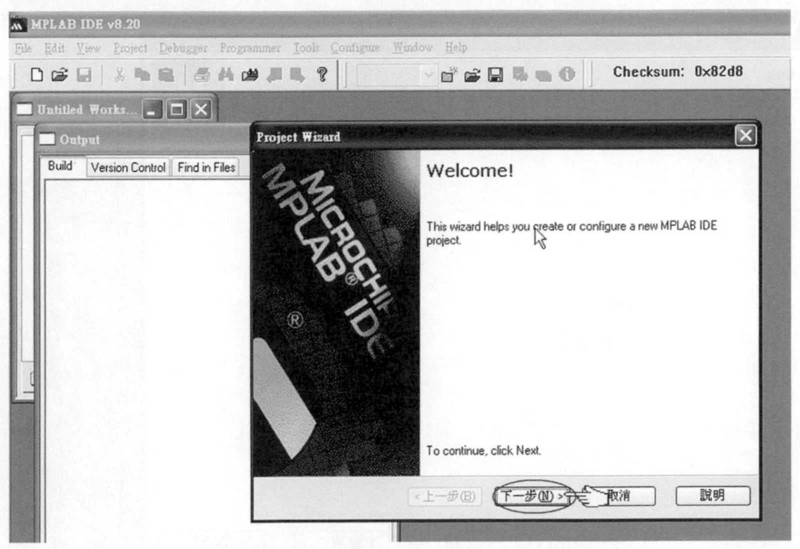

▲ 圖 2-6　MPLAB IDE v8.20 程式操作 4

選取"PIC18F4520"，如圖 2-7 所示。

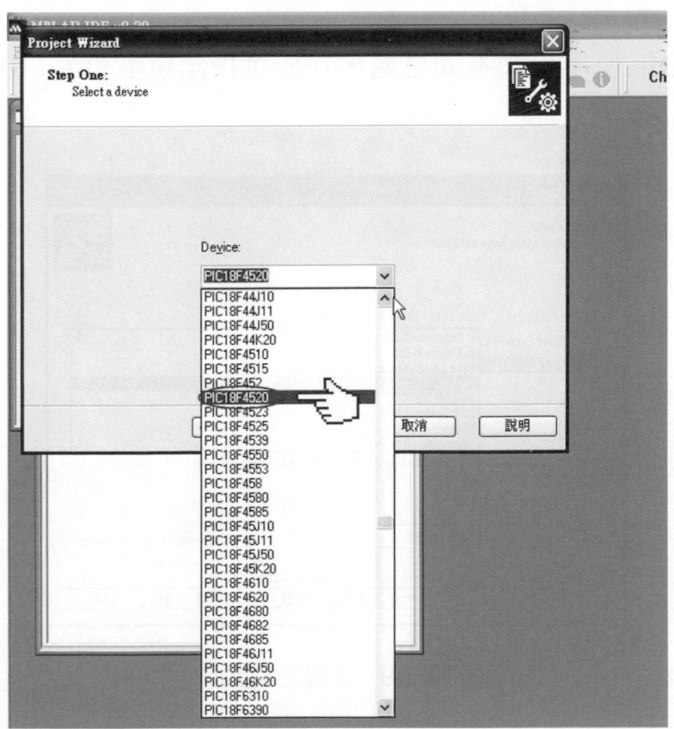

▲ 圖 2-7　MPLAB IDE v8.20 程式操作 5

點下“下一步(N)”，如圖 2-8 所示。

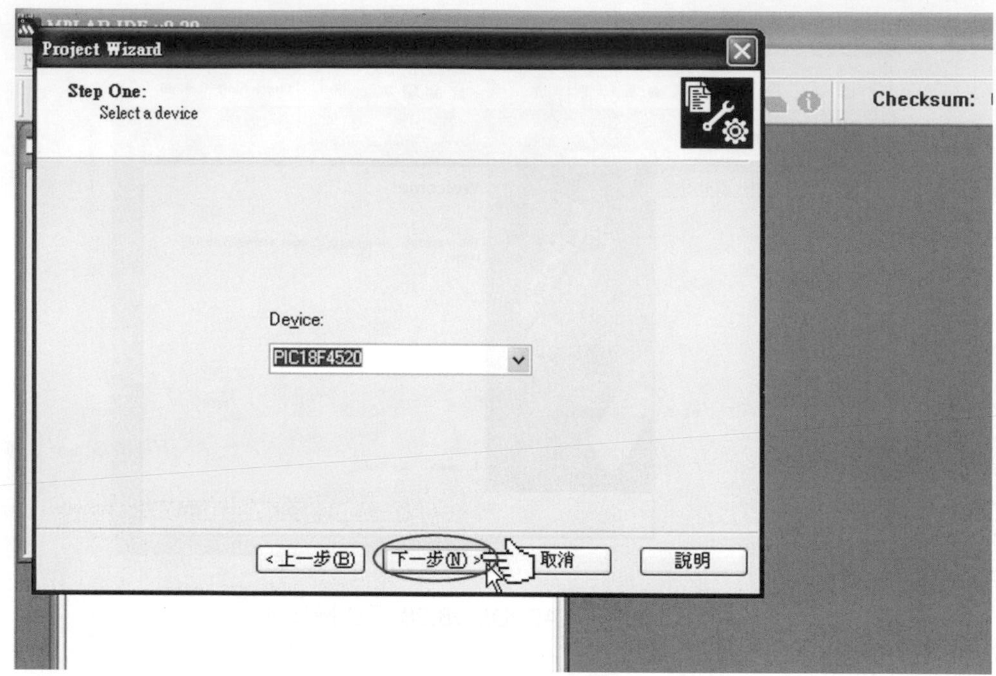

▲ 圖 2-8　MPLAB IDE v8.20 程式操作 6

C 語言篇 IDE 使用方式不同之處，在於選擇語言套件爲”HI-TECH Universal ToolSuite”，如圖 2-9 所示。

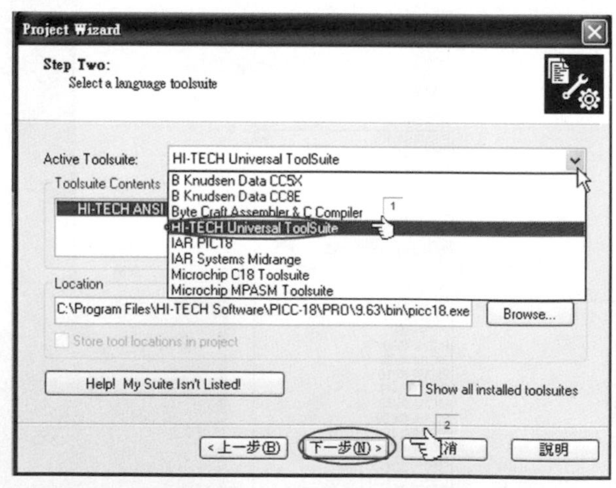

▲ 圖 2-9　選擇語言套件

新建一個專案檔，點下“Browse”，選擇存放專案的路徑，圖 2-10 所示。

▲ 圖 2-10　MPLAB IDE v8.20 程式操作 8

選擇 D 槽下 ledflash 的資料夾，圖 2-11。

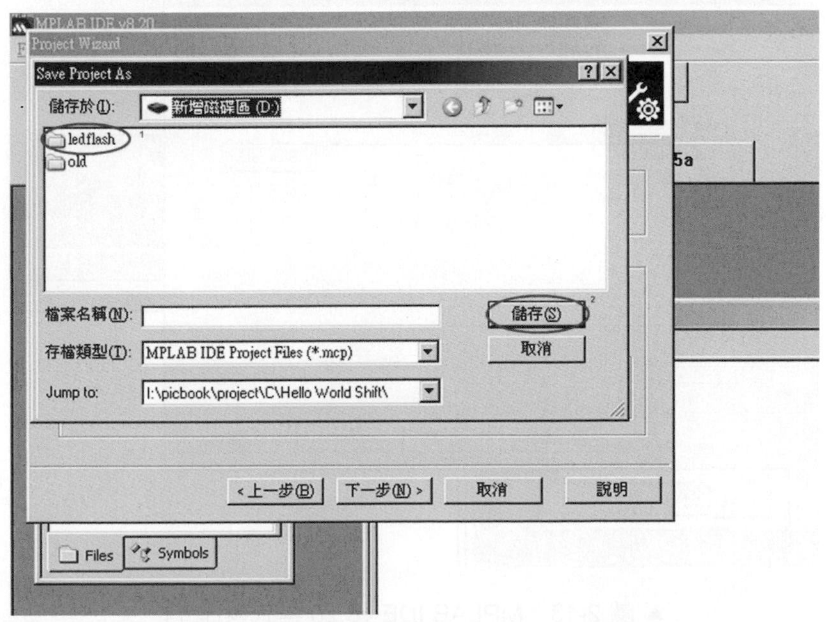

▲ 圖 2-11　MPLAB IDE v8.20 程式操作 9

於檔案名稱欄輸入"ledflash"，然後按下"儲存"，如圖 2-12 所示。

▲ 圖 2-12 MPLAB IDE v8.20 程式操作 10

按下"下一步"，如圖 2-13 所示。

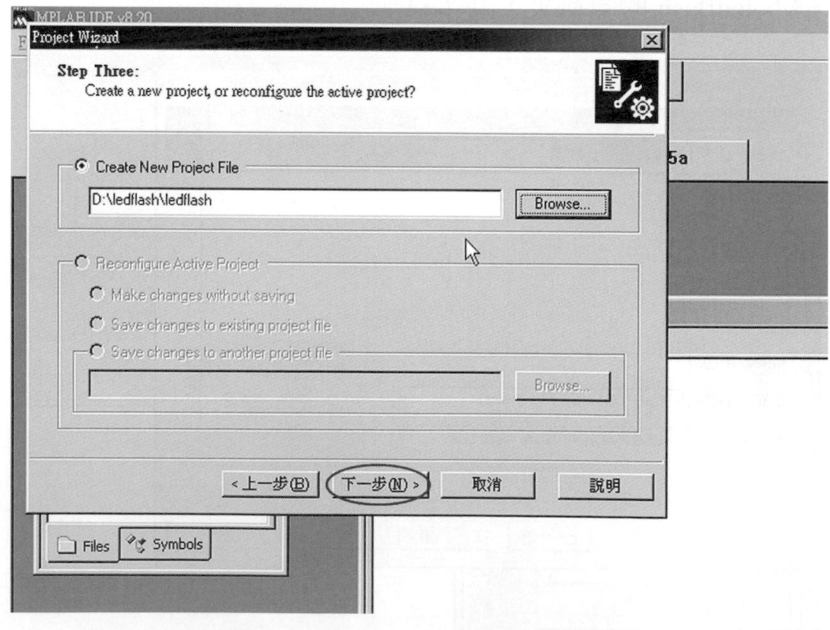

▲ 圖 2-13 MPLAB IDE v8.20 程式操作 11

在 C 語言篇中必須增加所有 C 語言使用的檔案(副檔名爲.c 與.h 的檔案)至專案中(以 LedFlash 爲例)，如圖 2-14 所示。

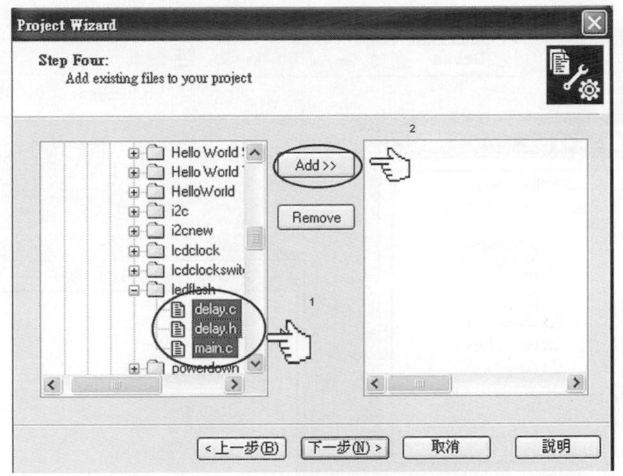

▲ 圖 2-14 增加檔案至專案

按下"完成"，如圖 2-15 所示。

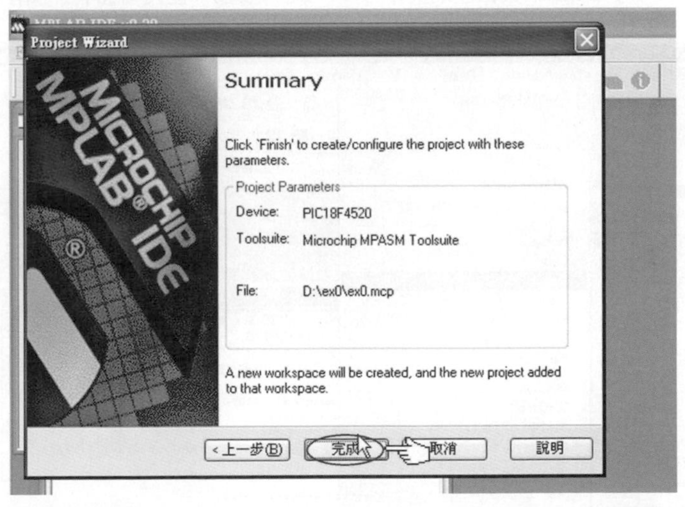

▲ 圖 2-15 MPLAB IDE v8.20 程式操作 13

2-1-4-2 MPLAB IDE SIM

C 語言程式撰寫完成後，需經由編譯後才能進行軟體模擬器。軟體模擬器可在排除硬體可能發生的錯誤下，單純測試軟體撰寫是否正確。接下來將介紹如何編譯 C 語言程式及使用軟體模擬器。

首先，點選"main.c"，如圖 2-16 所示。

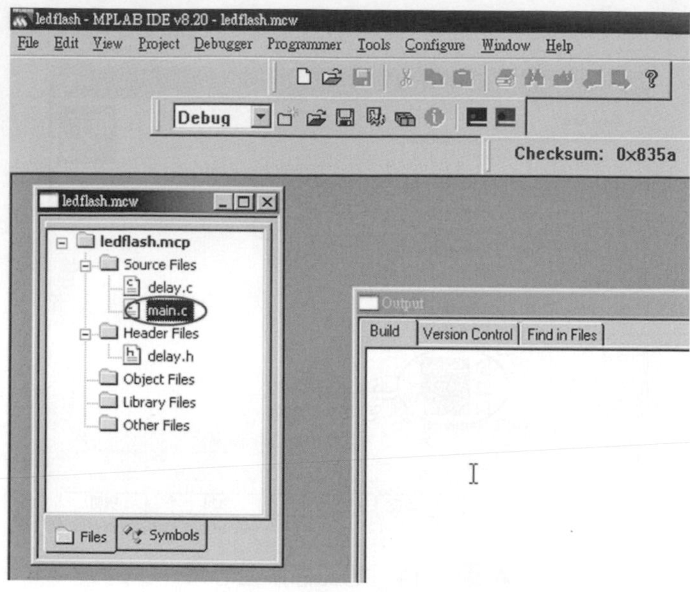

▲ 圖 2-16　顯示 main.c 的內容

點選"Project 下的 Build(或直接按下 F10 鍵盤鍵)"進行編譯，如圖 2-17 所示。

▲ 圖 2-17　編譯 main.c

程式編譯正確無誤後就可進行軟體模擬，其步驟爲按下"Debugger→Select Tool→MPLAB SIM"，如圖 2-18 所示。

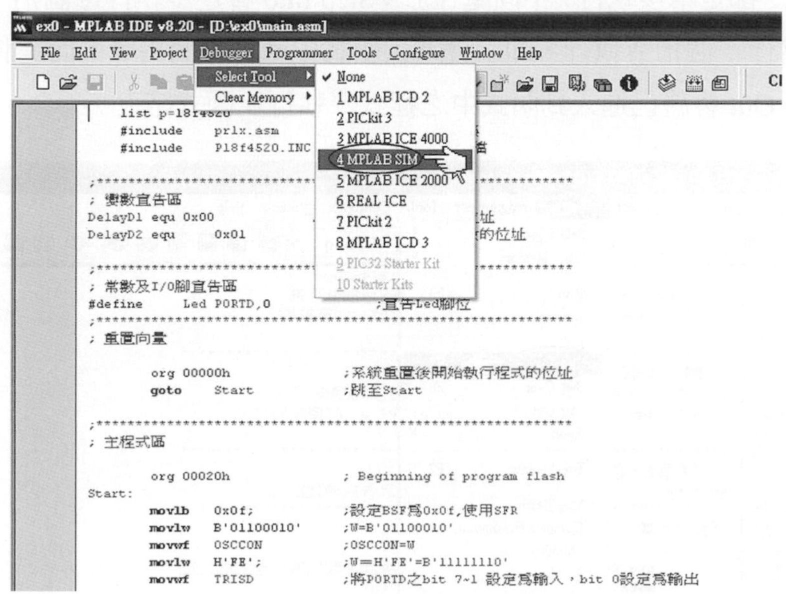

▲ 圖 2-18　軟體模擬器

點選"Reset→MCLR Reset"，將 18F4250 重置，如圖 2-19 所示。

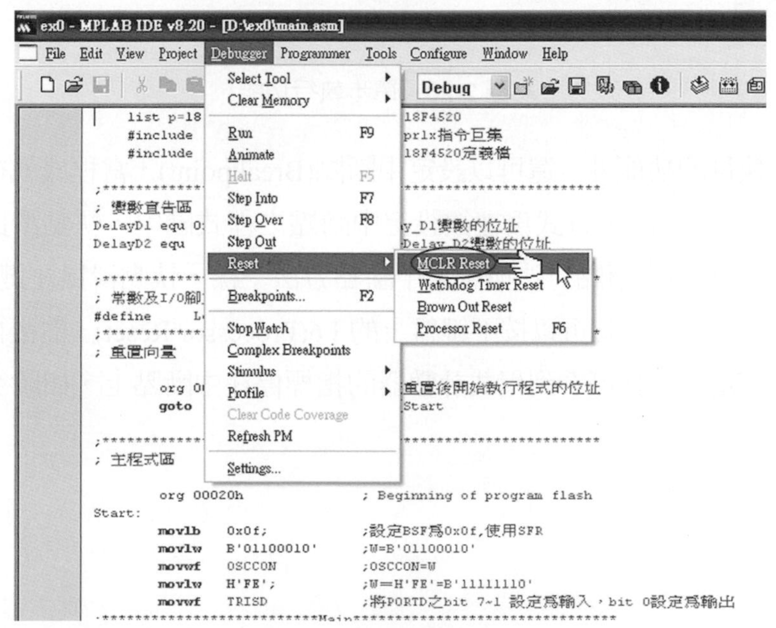

▲ 圖 2-19　MCLR Reset

左邊綠色箭頭爲程式指標，代表將執行這一行程式，單步執行(Step Into)功能爲按下一次(或按下 F7 鍵盤鍵)執行一行指令，如圖 2-20 所示。Step Into、Step Over 與 Step Out 功能相似，都是單步執行。不同處在於：Step Into 會逐步執行每個指令；Step Over 會將副程式當作一個指令執行，即不會進入函式中執行每個指令，而是將整個函式執行完畢；Step Out 會將已進入到函式中之程式，執行至函式結束。

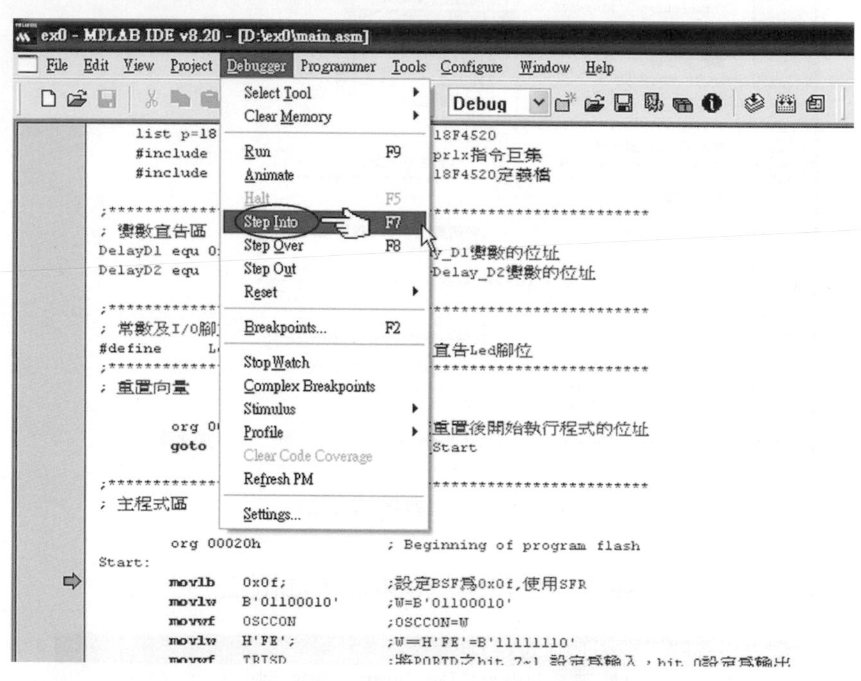

▲ 圖 2-20 單步執行功能

除了單步執行的功能外，還可以設定中斷點(Breakpoint)，當程式執行到該中斷點時 ，程式就會暫停。設定方式爲在欲設定中斷點之程式碼中，快點滑鼠左鍵兩下，如圖 2-21 所示。取消中斷點方法與設定中斷點方法一樣，快點滑鼠左鍵兩次即可。

中斷點設定完成後，就可以按下鍵盤上的 F6(Processor Reset)，然後再按下鍵盤上的 F9(Run 全速執行)，就可看到程式計數器的指標停在中斷點上，如圖 2-22 所示。

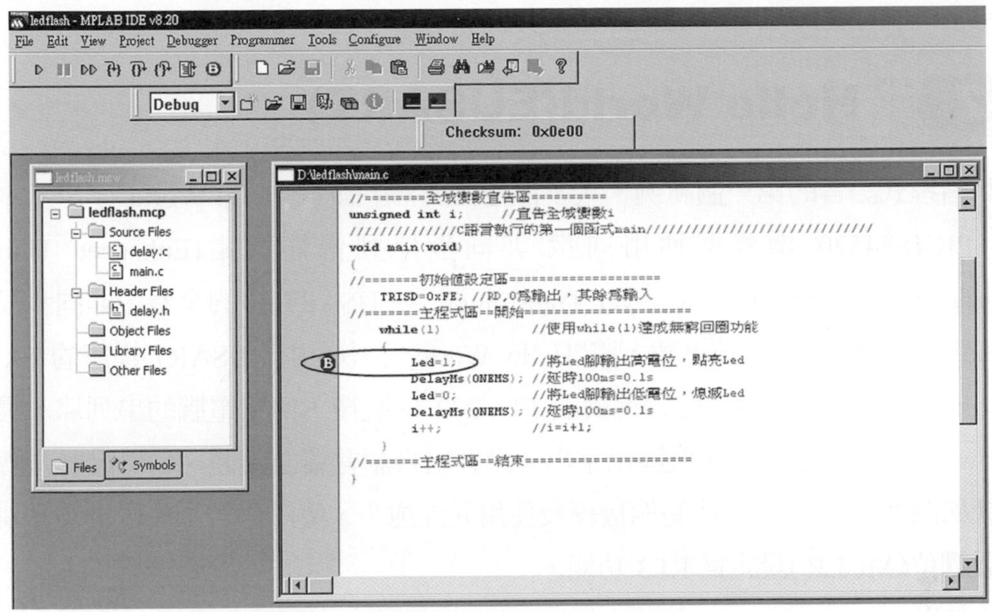

▲ 圖 2-21　中斷點設定方式

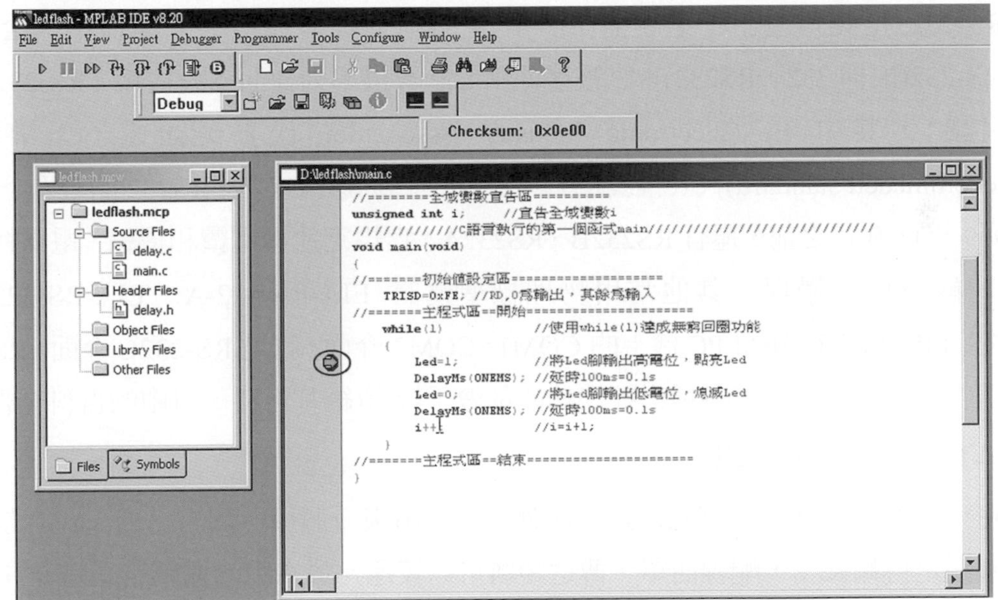

▲ 圖 2-22　中斷點運作模式

觀察 GPR 或 SFR 之內容值可參考組合語言篇 5-14-3 節 MPLAB IDE Watch 視窗，如此便能快速、方便獲得相關變數的內容值。

2-2 Hello World(EUSART)

高階程式語言的第一個範例，大多都是在螢幕上顯示"Hello World"字串。本範例使用 PIC18F4520 增強型通用同步/非同步串列傳輸模組(Enhanced Universal Synchronous Asynchronous Receiver Transmitter ，EUSART)中的全雙工非同步模式，當 SendDataToPc 按鍵被按下時，將"Hello World"字串經由 EUSART 模組的 TX 腳，送至 Max232 IC，將 TTL 信號轉換成 EIA-232 信號後，傳給電腦的串列埠，最終在 Windows XP 內的超級終端機顯示字串。遵循組合語言篇之硬體、軟體設計步驟。硬體設計如圖 2-23 所示，爲使範例接線及使用元件愈少，使得學習 18F4520 愈單純，及將重置腳位($\overline{\text{MCLR}}$)設定爲 RE3 功能。

2-2-1 RS-232C 介紹

RS-232 是美國電子工業聯盟(EIA)制定的串列數據通信的介面標準，全稱是 EIA-RS-232(簡稱 232，RS232)。它被廣泛用於計算機串列介面外設連接。RS-232C 標準(協議)，其中 EIA(Electronic Industry Association)代表美國電子工業聯盟 RS(Recommeded standard)代表推薦標準，232 是標識號，C 代表 RS232 的最新一次修改(1969 年)，在這之前，還有 RS232B、RS232A。它規定連接電纜和機械、電氣特性、信號功能及傳送過程。其他常用物理標準還有 EIA-RS-422-A、EIA-RS-423A、EIA-RS-485。目前在 IBM PC 機上的 COM1、COM2 介面，就是 RS-232C 介面。RS-232 對電器特性、邏輯電壓和各種信號線功能都做了規定(維基百科，自由的百科全書)。

2-2-1-1 RS-232C 標準

在 RS-232 標準中，字元是以一序列的位元串來一個接一個的串列(serial)方式傳輸，優點是傳輸線少，配線簡單，傳送距離可以較遠。最常用的編碼格式是非同步起停 asynchronous start-stop 格式，它使用一個起始位元後面緊跟 7 或 8 個數據位元(bit)，這個可能是奇偶位元，然後是兩個停止位元。所以發送一個字元至少需要 10 位元，帶來的一個好的效果是使全部的傳輸速率，發送信號的速率以 10 劃分。一個最平常的代替非同步起停方式的是使用高級數據鏈路控制協議(HDLC)。在 RS-232 標準中定義了邏輯 1 和邏輯 0 電壓級數，以及標準的傳輸速率和連接器類型。信號大小在正的和負的 3～15V 之間。RS-232 規定接近零的電壓是無效的，邏輯 1 規定爲負電壓，有效負電壓的信號狀態稱爲傳號 marking，它的功能意義爲 OFF，邏輯 0 規定爲正電壓，有效正電壓的信號狀態稱爲空號 spacing，它的功能意義爲 ON。根據設備供電電源的不同，±5、±10、±12 和±15 這樣的電壓都是可能的。mark 和 space 是從電傳打字機中來的術語。電傳打字機原始的通信是一個簡單的中斷直流電路模式，類似與圓轉盤電話撥號中的信號。Marking 狀態是指電路是斷開的，spacing 狀態就是指電路是接通的。一個 space 就表明有一個字元要開始發送了，相應停止的時候，停止位就是 marking。當線路中斷的時候，電傳打字機不列印任何有效字元，周期性的連續收到全零信號(維基百科，自由的百科全書)。

2-2-1-2 RS-232C 連接器

RS-232 設計之初是用來連接數據機做傳輸之用，也因此它的腳位意義通常也和數據機傳輸有關。RS-232 的設備可以分爲數據終端設備(DTE，Data Terminal Equipment)和數據通信設備(DCE，Data Communication Equipment)兩類，這種分類定義了不同的線路用來發送和接受信號。一般來說，計算機和終端設備有 DTE 連接器，數據機和印表機有 DCE 連接器。但是這種說法嚴格來說並不是很正確，用配線分接器測試連接，或者用試誤法來判斷電纜是否工作，常常需要參考相關的文件說明。

RS-232 指定了 20 個不同的信號連接，由 25 個 D-sub(微型 D 類)管腳構成的 DB-25 連接器。很多設備只是用了其中的一小部分管腳，出於節省資金和空間的考慮，不少機器採用較小的連接器，特別是 9 管腳的 D-sub 或者是 DB-9 型連接器被廣泛使用，絕大多數自 IBM 的 AT 機之後的 PC 機和其他許多設備上。DB-25 和 DB-9 型的連接器在大部分設備上是雌型，但不是所有的都是這樣。最近，8 管腳的 RJ-45 型連接器變得越來越普遍，儘管它的管腳分配相差很大。EIA/TIA 561 標準規定了一種管腳分配的方法，但是由 Dave Yost 發明的被廣泛使用在 Unix 計算機上的 Yost 串連設備配線標準("Yost Serial Device Wiring Standard")，以及其他很多設備都沒有採用上述任一種連線標準。

下表中列出的是被較多使用的 RS-232 中的信號和管腳分配：

DB9 Male (Pin Side)　　　　DB9 Female (Pin Side)

\-------------　　　　-------------

\ 1 2 3 4 5 /　　　　\ 5 4 3 2 1 /

\ 6 7 8 9 /　　　　\ 9 8 7 6 /

\---------　　　　---------

信號	DB-25	DB-9	EIA/TIA 561	Yost
公共地	7	5	4	4,5
發送數據(TD)	2	3	6	3
接受數據(RD)	3	2	5	6
數據終端準備(DTR)	20	4	3	2
數據準備好(DSR)	6	6	1	7
請求發送(RTS)	4	7	8	1
清除發送(CTS)	5	8	7	8
數據載波檢測(DCD)	8	1	2	7
振鈴指示(RI)	22	9	1	–

信號的標註是從 DTE 設備的角度出發的，TD、DTR 和 RTS 信號是由 DTE 產生的，RD、DSR、CTS、DCD 和 RI 信號是由 DCE 產生的。接地信號是所有連接都公共的，在 Yost 的標準中接地信號外部有兩個管腳事實上是同一個信號。如果兩個通信設備的距離相差的很遠或者是有兩個不同的供電系統供電，那麼地信號在兩個設備間會不一樣，從而導致通信失敗，跟蹤描述這樣的情形是很困難的(維基百科，自由的百科全書)。

2-2-1-3 RS-232C 設定

串列通信在軟體設定需要做多項設定，最常見的設置包括波特率(Baud Rate)、奇偶校驗(Parity Check)和停止位(Stop Bit)。

波特率(又稱鮑率)：是指從一設備發到另一設備的波特率，即每秒鐘多少位元 bits per second (bit/s)。典型的波特率是 300, 1200, 2400, 9600, 115200, 19200 等 bit/s。一般通信兩端設備都要設爲相同的波特率，但有些設備也可以設置爲自動檢測波特率。

奇偶校驗(Parity)：是用來驗證數據的正確性。奇偶校驗一般不用，如果使用，那麼既可以做奇校驗(Odd Parity)也可以做偶校驗(Even Parity)。奇偶校驗是通過修改每一發送位元組(也可以限制發送的位元組)來工作的。如果不做奇偶校驗，那麼數據是不會被改變的。在偶校驗中，因爲奇偶校驗位會被相應的置 1 或 0(一般是最高位或最低位)，所以數據會被改變，以使得所有傳送的數位(含字元的各數位和校驗位)中「1」的個數爲偶數；在奇校驗中，所有傳送的數位(含字元的各數位和校驗位)中「1」的個數爲奇數。奇偶校驗可以用於接受方檢查傳輸是否發送生錯誤——如果某一位元組中「1」的個數發生了錯誤，那麼這個位元組在傳輸中一定有錯誤發生。如果奇偶校驗是正確的，那麼要麼沒有發生錯誤要麼發生了偶數個的錯誤。如果使用者選擇資料長度爲 8 位元，則因爲沒有多餘的位元可被用來做爲同位元，因此就叫做「無位元(Non Parity)」。

停止位：是在每個位元組傳輸之後發送的，它用來幫助接受信號方硬體重同步。RS-232 在傳送資料時，並不需要另外使用一條傳輸線來傳送同步訊號，就能正確的將資料順利傳送到對方，因此叫做「非同步傳輸」，簡稱 UART(Universal Asynchronous Receiver Transmitter)，不過必須在每一筆資料的前後都加上同步訊號，把同步訊號與資料混和之後，使用同一條傳輸線來傳輸。比如資料 11001010 被傳輸時，資料的前後就需加入 Start(Low)以及 Stop(High)等兩個位元，値得注意的是，Start 訊號固定爲一個位元，但 Stop 停止位元則可以是 1、1.5 或者是 2 位元，由使用 RS-232 的傳送與接收兩方面自行選擇，但需注意傳送與接受兩者的選擇必須一致。 在串列通信軟體設置中 D/P/S 是常規的符號表示。8/N/1(非常普遍)表明 8bit 數據，沒有奇偶校驗，1bit 停止位。數據位可以設置爲 7、8 或者 9，奇偶校驗位可以設置爲無(N)、奇(O)或者偶(E)，奇偶校驗位可以使用數據中的位元(bit)，所以 8/E/1 就表示一共 8 位數據位，其中一位用來做奇偶校驗位。停止位可以是 1、1.5 或者 2 位的(1.5 是用在波特率爲 60wpm 的電傳打字機上的)(維基百科，自由的百科全書)。

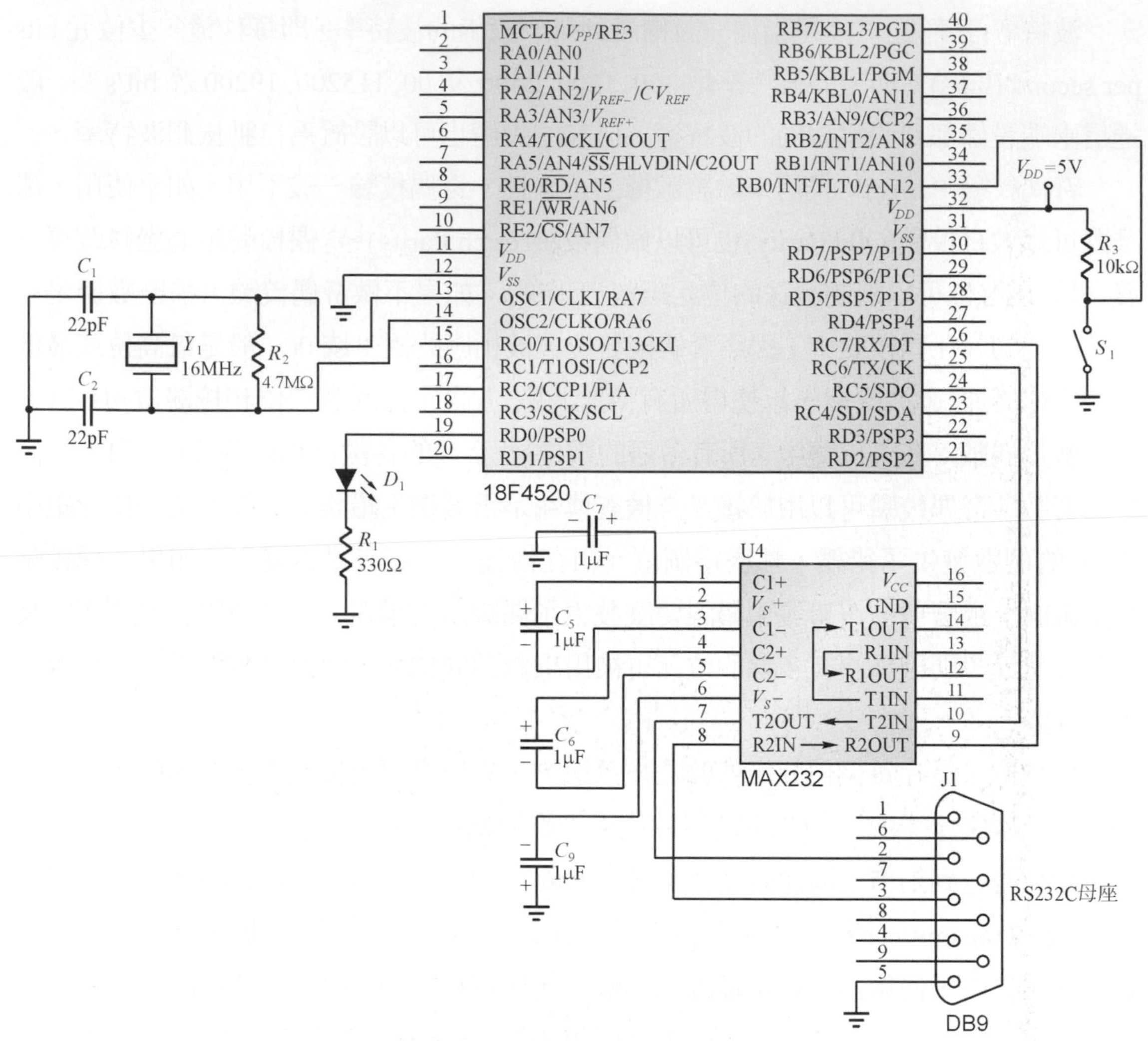

▲ 圖 2-23 Hello World 硬體電路

2-2-2 超級終端機設定

本範例需使用 Windows XP 系統內的超級終端機，接收從 PIC18F4520 微控制器 RS232C 介面輸出的字串。以下將介紹如何開啓及設定超級終端機。

首先，開啓超級終端機，如圖 2-24 所示。

建立 RS232C 連線，如圖 2-25 所示。

▲ 圖 2-24　開啓超級終端機圖示

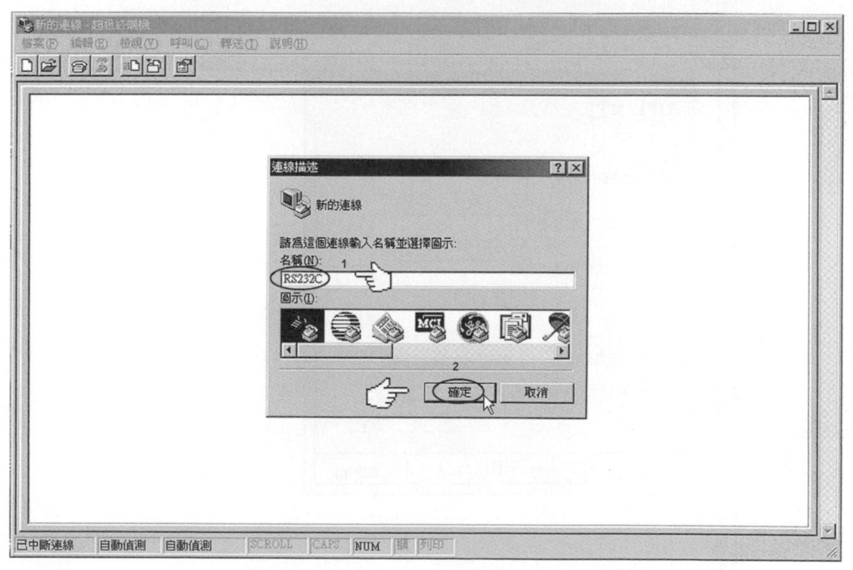

▲ 圖 2-25　建立 RS232C 連線

設定 COM1 爲連線埠，如圖 2-26 所示。若需要其他連接埠，可從使用連線選擇。

▲ 圖 2-26　設定 COM1 為連線埠

設定 COM1 之鮑率爲 9600 bps，資料位元爲 8 位元，無同位元檢查，停止位元爲 1 位元，流量控制無(常以 9600,n,8,1 來表示)，如圖 2-27 所示。

▲ 圖 2-27　設定 COM1

將此範例 RS232C 母座經由連接線接至 PC 上之 COM1 埠，按下 SendDataToPc 鍵，將在超級終端機上顯示 Hello World 字串，如圖 2-28 所示 。

▲ 圖 2-28 顯示 Hello World 字串

2-2-3 系統功能流程圖

進行軟體撰寫前，若能先將系統功能以流程圖繪出，對軟體設計將是非常大的助力。它提供系統功能大方向，使設計者清楚系統功能之脈絡，進而撰寫程式將功能完成。

Hello World 系統功能流程圖，如圖 2-29 所示。

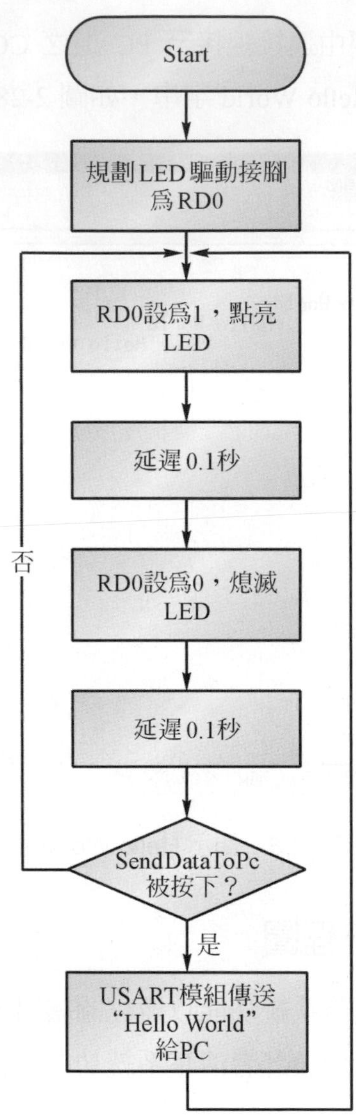

▲ 圖 2-29　Hello World 系統功能流程圖

2-2-4　MAIN.c 程式碼

```
#include <htc.h>         //引用 htc.h 標頭檔(實際上使用 pic18F4520.h)
#include "delay.h"       //引用 delay 標頭檔
#include "sci.h"         //引用 sci 的標頭檔
/*========常數及 I/O 腳宣告區==========*/
#define ONEMS 100        //在程式中的"ONEMS"字串，將代換成"100"
/*========I/O 腳宣告區==========*/
```

```
static bit Led@ ((unsigned)&PORTD*8+0); //宣告 Led 的腳位爲 PORTD,0
static bit SendDataToPc @((unsigned)&PORTB*8+0);//宣告 SendDataToPc 的腳位爲 PORTB,0
/*========全域變數宣告區==========*/
unsigned char i;
//////////////C 語言執行的第一個函式 main///////////////////////
void main(void)
{
//=======初始值設定區====================
 TRISD=0b11111110;    //PORTD,0 爲輸出，其餘爲輸入
 ADCON1=0x0F;         //AN0~AN12 皆爲數位腳，而非類比腳
 TRISB=0b11111111;    //PORTB 設定爲輸入腳
 i=sci_Init(9600,SCI_EIGHT); //設定鮑率爲 9600，8 位元資料傳輸
//=======主程式區==開始=====================
 while(1)             //使用 while(1)達成無窮回圈功能
 {
     Led=1;           //將 Led 腳輸出高電位，點亮 Led
     DelayMs(ONEMS); //延時 100ms=0.1s
     Led=0;           //將 Led 腳輸出低電位，熄滅 Led
     DelayMs(ONEMS); //延時 100ms=0.1s

     if(SendDataToPc==0) //若 SendDataToPc 被按下，則將 Hello World
                         //字串送至電腦
     {
     Sci_Send_String("Hello World\n");//將 Hello World 字串送至電腦
     DelayMs(50);//延遲 50ms 防彈跳
     }
 }
//=======主程式區==結束=====================
}
```

C 語言軟體設計分成下列幾個區域：

引用檔區(程式碼 001～003)：

第 1 行引用 **HI-TECH C Compiler** 的標頭檔，因為在 MPLAB 是選用 PIC18F4520 的微控制器，最終會引用 pic18f4520.h 的標頭檔。第 2 行引用延遲函式標頭檔。第 3 行引用 SCI 標頭檔，使用 USART 模組傳送資料。

宣告區(程式碼 005～010)：

包含常數、變數及 I/O 腳位宣告區，使用這些宣告的好處為給予這些變數們名稱，使程式設計師易於辨識與修改。Led 為 PORTD,0 腳位；SendDataToPc 為 PORTB,0 腳位。

程式放置區(程式碼 010～024)：

第 12 行是 C 語言執行的第一個函式(Main)，在此函式內可將其分為初始值設定區(程式碼 015～018)與主程式區(程式碼 020～032)。初始值設定區適合放置只作一次的動作；主程式區藉由第 20 行 while(1)程式碼，形成無窮迴圈，也就是在第 22 行至第 31 行內之程式碼將會被重複執行。其中 029 行的程式就是將字串傳至電腦的函式，稍後會討論此函式。

2-2-5 指令說明

本書於程式說明是以先見林再見樹的方式撰寫，對於程式所要完成的功能先行說明，再對使用到指令逐一解說，將程式系統化、簡單化，使學習者專心於本範例的重點。

2-2-5-1 前置處理指令( )

前置處理指令是在程式進行編譯前，優先處理的指令，此項功能提供程式設計師更有組織的撰寫程式。以下將介紹本範例使用之前置處理指令。

#include 的使用方式有兩種：

1. #include <htc.h>：尋找系統目錄下的 htc.h 檔案，將其引入目前的程式內。此種角括號所引用之標頭檔，一般都是系統提供的標頭檔。(系統目錄路徑為 C:\Program Files\HI-TECH Software\PICC-18\PRO\9.63\include)

2. #include "delay.h"：尋找目前工作目錄下的 delay.h 檔案，將其引入目前的程式內。此種雙引號所引用之標頭檔，一般都是程式設計師自己定義的標頭檔。

#define 的用法：用一組有語意的文字代替數字。通常將此文字大寫，以便和小寫的資料變數區分。例如：#define MAX 1000，代表爾後在程式中使用到 MAX 時，將代換成數值 1000。

2-2-5-2 I/O 腳位宣告指令

如同在組合語言篇中定義 I/O 腳位功能，使得程式設計師能快速修改 I/O 腳位而不用逐行修改程式。其語法如下：

```
static   bit   Led @ ((unsigned)&PORTD*8+0);
```

其中 static bit 定義可位元定址的暫存器，Led 爲此 I/O 腳的名稱，@後的爲固定寫法，告知 Led 對應 PORTD 的第 0 隻腳。程式中存取 Led 時，就是對 PORTD 的第 0 隻腳動作。若要修改 Led 對應到 PORTB 的第 3 隻腳，其語法如下：

```
static   bit   Led @ ((unsigned)&PORTB*8+3);
```

2-2-5-3 變數宣告指令

第 010 行程式爲宣告一個無符號字元型態的變數 i，程式如下所示：

```
unsigned   char   i;
```

其中 unsigned 代表無正負號，char 代表 8-bit 的整數變數宣告，i 代表變數名稱。8-bit 的變數可以表示資料的大小，隨著 unsigned 的宣告與否有下列不同的結果：當變數宣告爲 unsigned char i; 時，可以表示資料的大小爲 0～255(因爲 28-1)；當變數宣告爲 char i; 時，可以表示資料的大小爲-128～+127。

2-2-5-4 主程式中使用之指令

第 015 行程式爲將 PORTD 的第 0 隻腳設定爲輸出，其餘爲輸入。程式如下：

```
TRISD = 0b11111110;
```

其中的等於符號爲指定運算子，其作用爲將等號右邊的變數、數值、運算結果、函式回傳值指定給左邊的變數。016～017 同樣將右邊的數值設定給左邊的 SFR。第 18 行將於稍後討論。

第 27 行指令爲流程控制指令，其語法如下：

```
if(條件式)
{
  條件式成立時所要執行的動作;
}
else
{
  條件式不成立時所要執行的動作;
}
```

條件式成立其實就是該條件式運算至最終之結果不爲 0。反之，條件式運算至最終之結果爲 0，稱爲條件式不成立。else 程式區塊可以省略。

SendDataToPc 腳位因爲硬體上將其經由 10kΩ 電阻接至 5V 電源，當 PIC18F4520 讀取腳位信號爲 1，只有當此按鍵被按下時，讀取腳位信號爲 0。此時 if(0 == 0)，條件成立，將字串傳送至電腦。

2-2-6 EUSART 全雙工非同步傳送模式介紹

全雙工非同步模式傳送功能方塊圖，如圖 2-30 所示。當 TXREG 被載入資料後，TSR 暫存器將此資料從 LSb 開始經由 TX pin 傳送出去，直至 MSb 傳送完成。傳送鮑率由 SPBRGH:SPBRG 暫存器設定。

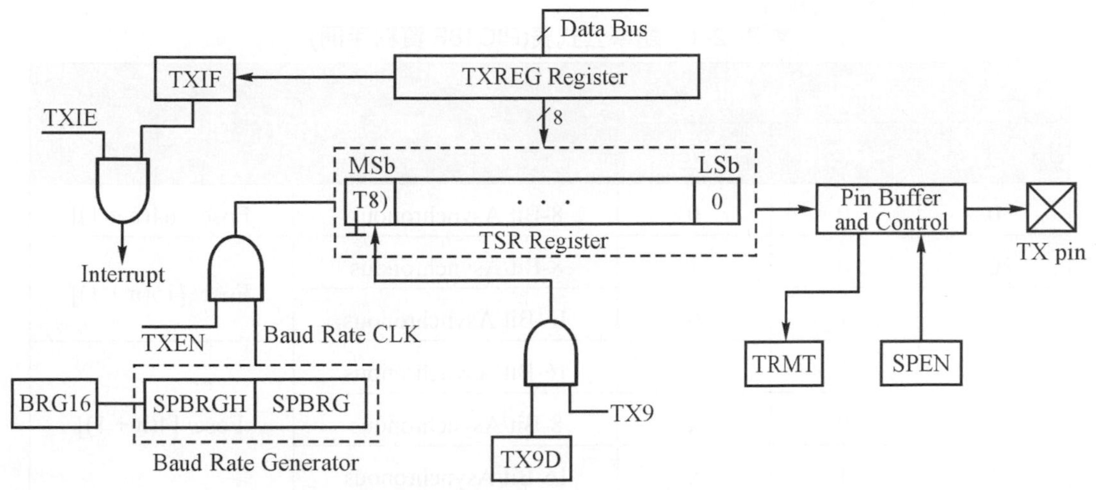

▲ 圖 2-30 全雙工非同步傳送功能方塊圖(PIC18F 資料手冊)

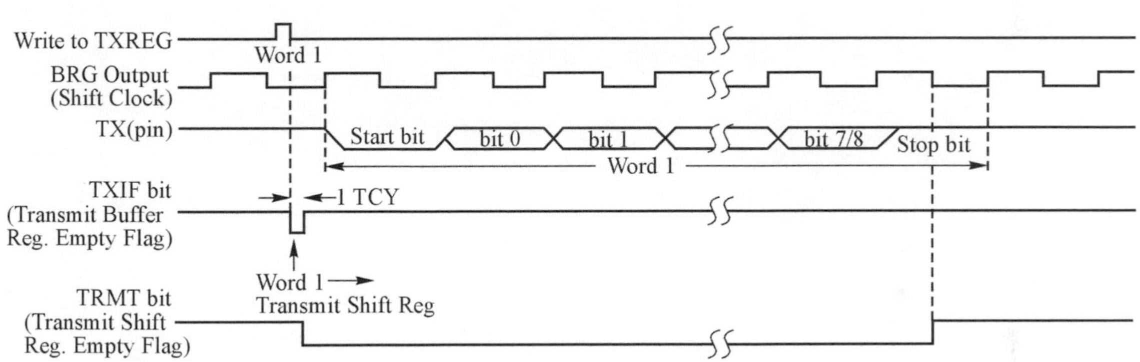

▲ 圖 2-31 非同步傳送時序圖(PIC18F 資料手冊)

設定非同步傳送功能之步驟如下：

1. 設定 SPBRGH:SPBRG 暫存器，得到正確鮑率。
2. 將 SYNC 設爲 0、SPEN 設爲 1，致能非同步串列埠功能。
3. 將 TXEN 設爲 1，此時 TXIF 也將自動被設爲 1，致能傳送功能。
4. 將傳送資料載入 TXREG(此時將開始傳送資料)。

鮑率公式，如表 2-1 所示。當 BRG16 設爲 1 時，使用 16-bit 暫存器(SPBRGH:SPBRG)，當 BRG16 設爲 0 時，使用 8-bit 暫存器(SPBRG)。當 BRGH 設爲 1 時，使用高鮑率；當 BRGH 設爲 0 時，使用低鮑率。

本範例使用 8-bit 暫存器(SPBRG)，並使用程式計算使用高或低鮑率，見 Sci.c 程式碼第 12 至 27 行。

▼ 表 2-1　鮑率公式表(PIC18F 資料手冊)

<table>
<tr><th colspan="3">Configuration Bits</th><th colspan="2" rowspan="2">BRG/EUSART Mode</th></tr>
<tr><th>SYNC</th><th>BRG16</th><th>BRGH</th></tr>
<tr><td>0</td><td>0</td><td>0</td><td>8-Bit/Asynchronous</td><td>Fosc/ [64(n + 1)]</td></tr>
<tr><td>0</td><td>0</td><td>1</td><td>8-Bit/Asynchronous</td><td rowspan="2">Fosc/ [16(n + 1)]</td></tr>
<tr><td>0</td><td>1</td><td>0</td><td>16-Bit/Asynchronous</td></tr>
<tr><td>0</td><td>1</td><td>1</td><td>16-Bit/Asynchronous</td><td rowspan="3">Fosc/ [4(n + 1)]</td></tr>
<tr><td>1</td><td>0</td><td>x</td><td>8-Bit/Asynchronous</td></tr>
<tr><td>1</td><td>1</td><td>x</td><td>16-Bit/Asynchronous</td></tr>
</table>

2-2-7 EUSART 全雙工非同步傳送模式使用的 SFR

暫存器 2-1 TXSTA: TRANSMIT STATUS AND CONTROL REGISTER(PIC18F 資料手冊)

R/W-0	R/W-0	R/W-0	R/W-0	R/W-0	R/W-0	R-1	R/W-0
CSRC	TX9	TXEN(1)	SYNC	SENDB	BRGH	TRMT	TX9D
bit 7							bit 0

Legend:			
R = Readable bit	W = Writable bit	U = Unimplemented bit, read as '0'	
-n = Value at POR	'1' = Bit is set	'0' = Bit is cleared	x = Bit is unknown

bit 7 **CSRC:** Clock Source Select bit
Asynchronous mode:
Don't care.
Synchronous mode:
1 = Master mode (clock generated internally from BRG)
0 = Slave mode (clock from external source)

bit 6 **TX9:** 9-Bit Transmit Enable bit
1 = Selects 9-bit transmission
0 = Selects 8-bit transmission

bit 5 **TXEN:** Transmit Enable bit(1)
1 = Transmit enabled
0 = Transmit disabled

bit 4 **SYNC:** EUSART Mode Select bit
1 = Synchronous mode
0 = Asynchronous mode

bit 3 **SENDB:** Send Break Character bit
Asynchronous mode:
1 = Send Sync Break on next transmission (cleared by hardware upon completion)
0 = Sync Break transmission completed
Synchronous mode:
Don't care.

bit 2 **BRGH:** High Baud Rate Select bit
Asynchronous mode:
1 = High speed
0 = Low speed
Synchronous mode:
Unused in this mode.

bit 1 **TRMT:** Transmit Shift Register Status bit
1 = TSR empty
0 = TSR full

bit 0 **TX9D:** 9th Bit of Transmit Data
Can be address/data bit or a parity bit.

Note 1: SREN/CREN overrides TXEN in Sync mode.

暫存器 2-2 RCSTA: RECEIVE STATUS AND CONTROL REGISTER(PIC18F 資料手冊)

R/W-0	R/W-0	R/W-0	R/W-0	R/W-0	R-0	R-0	R-x
SPEN	RX9	SREN	CREN	ADDEN	FERR	OERR	RX9D
bit 7							bit 0

Legend:			
R = Readable bit	W = Writable bit	U = Unimplemented bit, read as '0'	
-n = Value at POR	'1' = Bit is set	'0' = Bit is cleared	x = Bit is unknown

bit 7 **SPEN:** Serial Port Enable bit
1 = Serial port enabled (configures RX/DT and TX/CK pins as serial port pins)
0 = Serial port disabled (held in Reset)

bit 6 **RX9:** 9-Bit Receive Enable bit
1 = Selects 9-bit reception
0 = Selects 8-bit reception

bit 5 **SREN:** Single Receive Enable bit
Asynchronous mode:
Don't care.
Synchronous mode – Master:
1 = Enables single receive
0 = Disables single receive
This bit is cleared after reception is complete.
Synchronous mode – Slave:
Don't care.

bit 4 **CREN:** Continuous Receive Enable bit
Asynchronous mode:
1 = Enables receiver
0 = Disables receiver
Synchronous mode:
1 = Enables continuous receive until enable bit, CREN, is cleared (CREN overrides SREN)
0 = Disables continuous receive

bit 3 **ADDEN:** Address Detect Enable bit
Asynchronous mode 9-Bit (RX9 = 1):
1 = Enables address detection, enables interrupt and loads the receive buffer when RSR<8> is set
0 = Disables address detection, all bytes are received and ninth bit can be used as parity bit
Asynchronous mode 9-Bit (RX9 = 0):
Don't care.

bit 2 **FERR:** Framing Error bit
1 = Framing error (can be cleared by reading RCREG register and receiving next valid byte)
0 = No framing error

bit 1 **OERR:** Overrun Error bit
1 = Overrun error (can be cleared by clearing bit, CREN)
0 = No overrun error

bit 0 **RX9D:** 9th Bit of Received Data
This can be address/data bit or a parity bit and must be calculated by user firmware.

暫存器 2-3 BAUDCON: BAUD RATE CONTROL REGISTER(PIC18F 資料手冊)

R/W-0	R-1	R/W-0	R/W-0	R/W-0	U-0	R/W-0	R/W-0
ABDOVF	RCIDL	RXDTP	TXCKP	BRG16	—	WUE	ABDEN
bit 7							bit 0

Legend:			
R = Readable bit	W = Writable bit	U = Unimplemented bit, read as '0'	
-n = Value at POR	'1' = Bit is set	'0' = Bit is cleared	x = Bit is unknown

bit 7 **ABDOVF:** Auto-Baud Acquisition Rollover Status bit
1 = A BRG rollover has occurred during Auto-Baud Rate Detect mode (must be cleared in software)
0 = No BRG rollover has occurred

bit 6 **RCIDL:** Receive Operation Idle Status bit
1 = Receive operation is Idle
0 = Receive operation is active

bit 5 **RXDTP:** Data/Receive Polarity Select bit
Asynchronous mode:
1 = Receive data (RX) is inverted (active-low)
0 = Receive data (RX) is not inverted (active-high)
Synchronous mode:
1 = Data (DT) is inverted (active-low)
0 = Data (DT) is not inverted (active-high)

bit 4 **TXCKP:** Clock and Data Polarity Select bit
Asynchronous mode:
1 = Idle state for transmit (TX) is a low level
0 = Idle state for transmit (TX) is a high level
Synchronous mode:
1 = Idle state for clock (CK) is a high level
0 = Idle state for clock (CK) is a low level

bit 3 **BRG16:** 16-Bit Baud Rate Register Enable bit
1 = 16-bit Baud Rate Generator – SPBRGH and SPBRG
0 = 8-bit Baud Rate Generator – SPBRG only (Compatible mode), SPBRGH value ignored

bit 2 **Unimplemented:** Read as '0'

bit 1 **WUE:** Wake-up Enable bit
Asynchronous mode:
1 = EUSART will continue to sample the RX pin – interrupt generated on falling edge; bit cleared in hardware on following rising edge
0 = RX pin not monitored or rising edge detected
Synchronous mode:
Unused in this mode.

bit 0 **ABDEN:** Auto-Baud Detect Enable bit
Asynchronous mode:
1 = Enable baud rate measurement on the next character. Requires reception of a Sync field (55h); cleared in hardware upon completion.
0 = Baud rate measurement disabled or completed
Synchronous mode:
Unused in this mode.

2-2-8 SCI.c 程式碼

```
#include <htc.h>
#include "sci.h"

unsigned char
sci_Init(unsigned long int baud, unsigned char ninebits)
{
  int X;
  unsigned long tmp;

  // calculate and set baud rate register
  // for asynchronous mode
  tmp = 16UL * baud;
  X = (int)(FOSC/tmp) - 1;
  if((X>255) || (X<0))
  {
     tmp = 64UL * baud;
     X = (int)(FOSC/tmp) - 1;
     if((X>255) || (X<0))
     {
        return 1;  // panic - baud rate unobtainable
     }
     else
        BRGH = 0;   // 1.設定低鮑率
  }
     else
        BRGH = 1;  //1.設定高鮑率
        SPBRG = X;  //1.設定鮑率

  SYNC = 0;    // 2.SYNC 設爲 0
  SPEN = 1;    // 2.SPEN 設爲 1
```

```
 CREN = 1;   //
 SREN = 0;   //
 TXIE = 0;   //
 RCIE = 0;   //
 TX9  = ninebits?1:0;
 RX9  = ninebits?1:0;
 TXEN = 1;   //3.TXEN 設爲 1

 return 0;
}

void
sci_PutByte(unsigned char byte)
{
 while(!TXIF)      //當 USART 正在傳送資料時，TXIF=0，此時將執行下行程式
     continue;     //回到 while(!TXIF)繼續判斷
 TXREG = byte;     //當 TXIF=1，代表 USART 傳送資料完成時，才可將資料送
                   //至 TXREG，再次傳送資料

 return;
}

unsigned char
sci_GetByte(void)
{
 while(!RCIF)// set when register is not empty
     continue;

 return RCREG;   // RXD9 and FERR are gone now
}

unsigned char
sci_CheckOERR(void)
```

```
{
  if(OERR)// re-enable after overrun error
  {
      CREN = 0;
      CREN = 1;
      return 1;
  }

  return 0;
}

void
sci_PutNinth(unsigned char bitnine)
{
  TX9D = bitnine?1:0;
}

unsigned char
sci_GetNinth(void)
{
  while(!RCIF)
      continue;

  return RX9D;     // RCIF is not cleared until RCREG is read
}

unsigned char
sci_GetFERR(void)
{
  while(!RCIF)
      continue;

  return FERR;     // RCIF is not cleared until RCREG is read
```

```
096 }
097
098 void Sci_Send_String (char* dptr)
099 {
100   while(*dptr)//從常數字串的頭部抓取字元比對，若字元不為 0，則做下一行程式
101       sci_PutByte(*dptr++);    //將此字元傳送
102   return;                      //常數字串的最後一個字元一定為 0，此時返回
103 }
104
105 void Sci_Send_NByte(char* dptr,char cnt)
106 {
107   char i=1;
108   while(i<=cnt)
109   {
110
111       sci_PutByte(*dptr++);
112       i++;
113   }
114   return;
115
116 }
```

第 004～040 行程式為 sci_Init 函式，其主要目的在設定鮑率及 EUSART 傳送功能，程式中中文註解的地方，即為範例使用到的函式。

第 098～103 行程式為 Sci_Send_String 函式，其主要目的為將一個字串，傳送出去。因為每一個字串的最後一個字元皆為 NULL(數值 0)，便可在程式中判斷，當循序讀取字串出現數值 0 時，代表字串已經結束。

第 042～050 行程式為 sci_PutByte 函式其主要目的為，經由 EUSART 的 TX pin 將資料傳送出去。第 045～046 行程式判斷 TXIF 是否為 1？因為當 TXIF = 0 時，代表資料正在傳送；當 TXIF=1 時，代表資料已經傳送完成，可以開始傳送下一個資料。

2-3 AtoD(ADC＋EUSART)

本範例功能爲當 SendDataToPc 按鍵被按下時，先對 RA0 腳位進行類比電壓轉換至數位電壓(ADC)，再將數位結果轉換至字串(第一個字串爲 ADC 結果值，第二個字串爲電壓實際值)，傳至 Windows XP 內的超級終端機顯示。遵循組合語言篇之硬體、軟體設計步驟。硬體設計如圖 2-32 所示，爲使範例接線及使用元件愈少使得學習 18F4520 愈單純，故將重置腳位($\overline{\text{MCLR}}$)設定爲 RE3 功能。

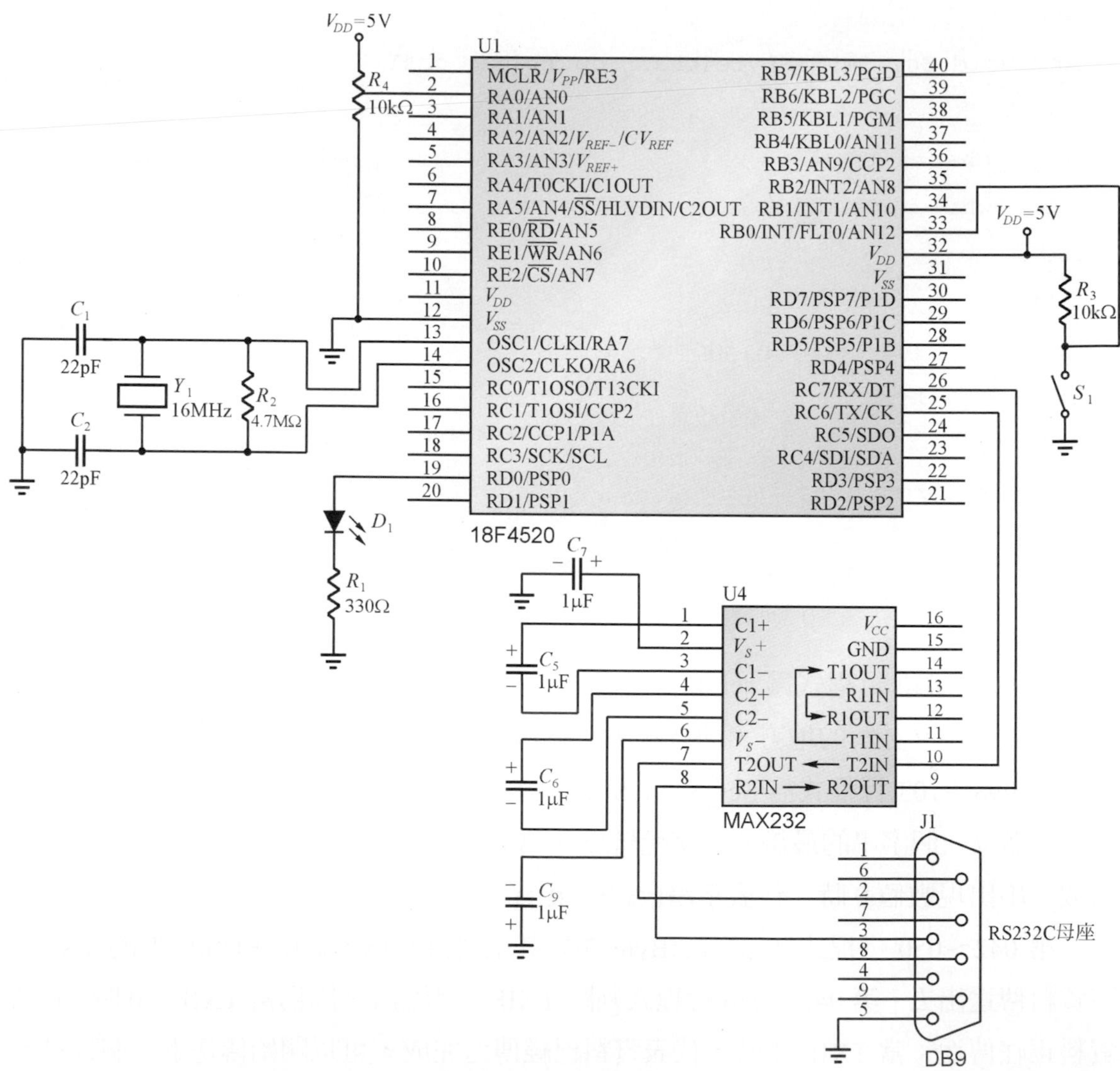

▲ 圖 2-32 AtoD 硬體電路

2-3-1 超級終端機設定

超級終端機設定如 2-2-2 節所述。將此範例 RS232C 母座經由連接線接至 PC 上之 COM1 埠，按下 SendDataToPc 鍵，將在超級終端機上顯示 ADC 轉換後之數值及實際電壓值，如圖 2-33 所示 。

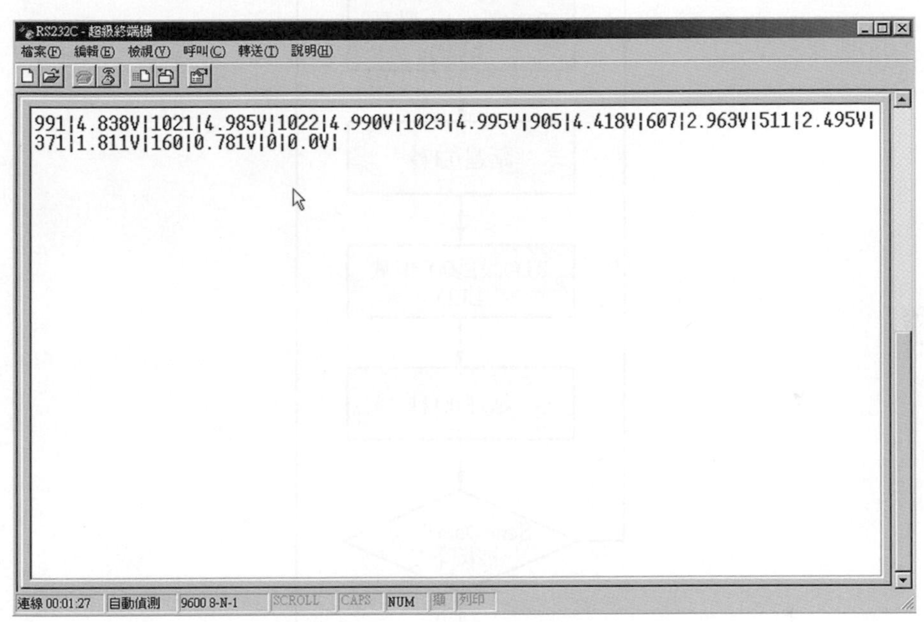

▲ 圖 2-33 顯示 ADC 轉換數值及實際電壓值

2-3-2 類比至數位轉換(Analog to Digital Converter,ADC)介紹

請參閱組合語言篇 6-1 節範例 11(類比至數位轉換)。

2-3-3 系統功能流程圖

進行軟體撰寫前，若能先將系統功能以流程圖繪出，對軟體設計將是非常大的助力。它提供系統功能大方向，使設計者清楚系統功能之脈絡，進而撰寫程式將功能完成。

AtoD 系統功能流程圖，如圖 2-34 所示。

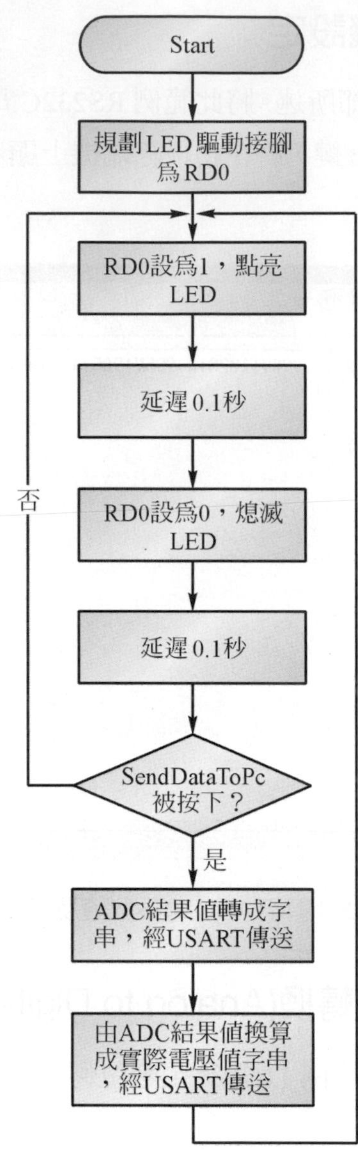

▲ 圖 2-34　AtoD 系統功能流程圖

2-3-4　MAIN.c 程式碼

```
#include <htc.h>          //引用 htc.h 標頭檔(實際上使用 pic18F4520.h)
#include "delay.h"        //引用 delay 標頭檔
#include "Sci.h"          //引用 sci 的標頭檔，使用串列傳輸模組
#include "Adc.h"          //引用 adc 的標頭檔，使用類比至數位模組
#include <stdlib.h>       //引用 stdlib 的標頭檔，使用字串處理函式
```

```
#include <math.h>       //引用 math 的標頭檔，使用數學運算函式
/*========常數宣告區==========*/
#define ONEMS 100       //在程式中的"ONEMS"字串，將代換成"100"
/*========I/O 腳宣告區==========*/
static bit Led@ ((unsigned)&PORTD*8+0);//宣告 Led 的腳位為 PORTD,0
static bit SendDataToPc@((unsigned)&PORTB*8+0); //宣告 SendDataToPc
                                                 //的腳位為 PORTB,0
/*========全域變數宣告區==========*/
unsigned char i;
//////////////C 語言執行的第一個函式 main///////////////////////
void main(void)
{
/*========main 區域變數宣告區==========*/
char buf[10];           //宣告字元陣列，將數位結果轉成字串用
double   A2DResult;     //宣告 double 型態變數，數位結果計算用
double i_val, f_val;    //宣告 double 型態變數，抓取數位結果整數及小數點
//=======初始值設定區====================
TRISD=0b11111110;       //PORTD,0 為輸出，其餘為輸入
Adc_Init();             //ADC 轉換初始設定，AN0 為類比腳，ADC 結果右調整
TRISA=0xff;             //PORTA 全為輸入
TRISB=0xff;             //PORTB 全為輸入
i=sci_Init(9600,SCI_EIGHT);   //設定鮑率為 9600，8 位元資料傳輸

//=======主程式區==開始======================
 while(1)
 {
     Led=1;                  //將 Led 腳輸出高電位，點亮 Led
     DelayMs(ONEMS);         //延時 100ms=0.1s
     Led=0;                  //將 Led 腳輸出低電位，熄滅 Led
```

```
        DelayMs(ONEMS); //延時 100ms=0.1s

        if(SendDataToPc==0) //若 SendDataToPc 被按下，則將 ADC 結果轉成
                            //字串後送至電腦
        {


        Adc_Read(); //進行 ADC 轉換

        A2DResult=ADRESL;
        A2DResult+=(ADRESH<<8);//A2DResult=ADRESH:ADRESL(16-bit Data)

            itoa(buf, A2DResult, 10);//將 A2DResult 的值轉換成 10 進
                                     //位字串，儲存於 buf 中
        Sci_Send_String(buf); //將 buf 字串經 USART 傳送至電腦
        Sci_Send_String("|"); //經 USART 將字元"|"傳送至電腦，用以區隔

        A2DResult=(double)(A2DResult*5)/1024;//將 A2DResult 計算至
                                             //實際電壓值
        f_val = modf( A2DResult, &i_val); //i_val 儲存整數數值，f_val
                                          //儲存小數點後的數值
        itoa(buf, (int)i_val, 10); //將 i_val 轉換成 10 進位字串，儲存於
                                   //buf 中
        Sci_Send_String(buf);//將 buf 字串經 USART 傳送至電腦
        Sci_Send_String(".");//經 USART 將字元"."傳送至電腦，顯示小數點

        itoa(buf, (int)(f_val*1000), 10);//先將 f_val*1000，將小數變
                                         //成整數，再轉換成 10 進位字串，
                                         //儲存於 buf 中
```

```
056         Sci_Send_String(buf);//將 buf 字串經 USART 傳送至電腦
057         Sci_Send_String("V");//經 USART 將字元"V"傳送至電腦，顯示電壓單位
058         Sci_Send_String("|");//經 USART 將字元"|"傳送至電腦，用以區隔
059         }
060     }
061  //=======主程式區==結束======================
062
063
064  }
```

C 語言軟體設計分成下列幾個區域：

引用檔區(程式碼 001～006)：

第 1 行引用 **HI-TECH C Compiler** 的標頭檔，因爲在 MPLAB 是選用 PIC18F4520 的微控制器，最終會引用 pic18f4520.h 的標頭檔。第 2 行引用延遲函式標頭檔。第 3 行引用 SCI 標頭檔，使用 USART 模組傳送資料。

宣告區(程式碼 008～013)：

包含常數、變數及 I/O 腳位宣告區，使用這些宣告的好處爲給予這些變數們名稱，使程式設計師易於辨識與修改。Led 爲 PORTD,0 腳位；SendDataToPc 爲 PORTB,0 腳位。

程式放置區(程式碼 015～062)：

第 015 行是 C 語言執行的第一個函式(Main)，在此函式內可將其分爲初始值設定區(程式碼 022～026)與主程式區(程式碼 029～060)。初始值設定區適合放置只做一次的動作；主程式區藉由第 29 行 while(1)程式碼，形成無窮迴圈，也就是在第 031 行至第 059 行內之程式碼，將會被重複執行。

第 40 行函式進行 AD 轉換，第 42～43 行將 ADRESH：ADRESL 共 16-bit 資料儲存於 A2DResult 變數中。第 45～47 行將 A2DResult 的數值轉換成字串，經 RS232C 介面傳至電腦。第 49～53 行計算出實際的電壓值，並將小數點前的數值轉換成字串，經 RS232C 介面傳至電腦。最後，將小數點後的數值乘以 1000 後，轉換至字串並與”V”，經經 RS232C 介面傳至電腦。

2-3-5 指令說明

本書於程式說明是以先見林再見樹的方式撰寫，對於程式所要完成的功能先行說明，再對使用到指令逐一解說，將程式系統化、簡單化，使學習者專心於本範例的重點。

2-3-5-1 前置處理指令( )

前置處理指令是在程式進行編譯前，優先處理的指令，此項功能提供程式設計師更有組織的撰寫程式。以下將介紹本範例使用之前置處理指令。

#include 的使用方式有兩種：

1. #include <htc.h>：尋找系統目錄下的 htc.h 檔案，將其引入目前的程式內。此種角括號所引用之標頭檔，一般都是系統提供的標頭檔。(系統目錄路徑為 C:\Program Files\HI-TECH Software\PICC-18\PRO\9.63\include)
2. #include "delay.h"：尋找目前工作目錄下的 delay.h 檔案，將其引入目前的程式內。此種雙引號所引用之標頭檔，一般都是程式設計師自己定義的標頭檔。

#define 的用法：用一組有語意的文字代替數字。通常將此文字大寫，以便和小寫的資料變數區分。例如：#define MAX 1000，代表爾後在程式中使用到 MAX 時，將代換成數值 1000。

2-3-5-2 I/O 腳位宣告指令

如同在組合語言篇中定義 I/O 腳位功能，使得程式設計師能快速修改 I/O 腳位而不用逐行修改程式。其語法如下：

```
static   bit   Led @ ((unsigned)&PORTD*8+0);
```

其中 static　bit 定義可位元定址的暫存器，Led 為此 I/O 腳的名稱，@後的為固定寫法，告知 Led 對應 PORTD 的第 0 隻腳。程式中存取 Led 時，就是對 PORTD 的第 0 隻腳動作。若要修改 Led 對應到 PORTB 的第 3 隻腳，其語法如下：

```
static   bit   Led @ ((unsigned)&PORTB*8+3);
```

2-3-5-3　變數宣告指令

第 018 行程式為宣告一個字元型態的陣列 buf，程式如下所示：

```
char    buf[10];
```

其中 char 代表 8-bit 的整數變數宣告，buf 代表陣列名稱。

第 019 行程式為宣告一個浮點型態的變數 A2DResult，用以儲存 ADC 轉換數值及實際電壓值，程式如下所示：

```
double    A2DResult;
```

其中 double 代表 24-bit 的浮點運算變數宣告，A2DResult 代表陣列名稱。

2-3-5-4　主程式中使用之指令

第 022 行程式為將 PORTD 的第 0 隻腳設定為輸出，其餘為輸入。程式如下：

```
TRISD=0b11111110;
```

其中的等於符號為指定運算子，其作用為將等號右邊的變數、數值、運算結果、函式回傳值指定給左邊的變數。第 023 行程式為 ADC 模組初始化函式(稍後介紹)。第 024～025 同樣將右邊的數值設定給左邊的 SFR，將 PORTA 及 PORTB 設為輸入。

第 045 行 itoa 函式的說明如下：

```
char * itoa (char * buf, int val, int base)
```

其功能為將 val 的整數數值，依 base 進制的選擇，轉換成字串儲存於 buf 中。以 045 行為例，便是將 A2DResult 的整數，轉換成十進制的字串，儲存於 buf 中。使用此函式別忘了要引入#include <stdlib.h>的標頭檔(如第 005 行)。

第 050 行 modf 函式的說明如下：

```
double modf (double value, double * iptr);
```

其功能為將 val 的浮點數值，分割成為為整數與小數點兩部分，其中整數儲存於 iptr，函式的回傳值即為小數點部分。以 050 行為例，便是將電壓實際值 A2DResult 的整數部分儲存於 i_val，小數點部分儲存於 f_val。使用此函式別忘了要引入#include <math.h>的標頭檔(如第 006 行)。

2-3-6 adc.c 程式碼

```
001 #include <htc.h>
002 #include "delay.h"
003 #include "adc.h"
004 //==========================================
005 void
006 Adc_Read(void)
007 {
008   DelayUs(20);      //等待 20uS
009   GODONE = 1;       /開始 ADC 轉換
010   while(GODONE)
011       continue;     //GODONE=1，ADC 轉換未完成，繼續判斷 GODONE
012 }
013 //===========================================
014 void
015 Adc_Init(void)
016 {
017   ADCON1=0x0E;//參考電壓 Vdd 與 Vss;AN(12:1)為數位腳;AN0 為類比腳
018   ADCON0=0x01;//AN0 為 ADC 轉換腳;ADC 模組 ON
019   ADCON2=0xB8;//ADC 結果右調整;ACQ 時間＝2TAD;TAD=2*1/Fosc
020 }
```

第 014～020 行程式為 Adc_Init 函式，其主要目的在設定 ADC 模組的參考電壓、轉換腳位、ADC 結果向右調整。

第 005～012 行程式為 Adc_Read 函式，其主要目的為啓動 ADC，並判斷 ADC 是否完成。

2-4 Echo ToPc(EUSART)

本範例功能為等待電腦傳送字元 0～2，經 RS232C 介面，由 PIC18F4520 接收。若資料正確，PIC18F4520 將傳送相對應之字串給電腦。數值 0 回傳"echo 0: Hello World!"；數值 1 回傳"echo 1: I Love You"；數值 2 回傳"echo 2: I Hate You"。遵循組合語言篇之硬體、軟體設計步驟。硬體設計如圖 2-35 所示，為使範例接線及使用元件愈少，使得學習 18F4520 愈單純，故將重置腳位($\overline{\text{MCLR}}$)設定為 RE3 功能。

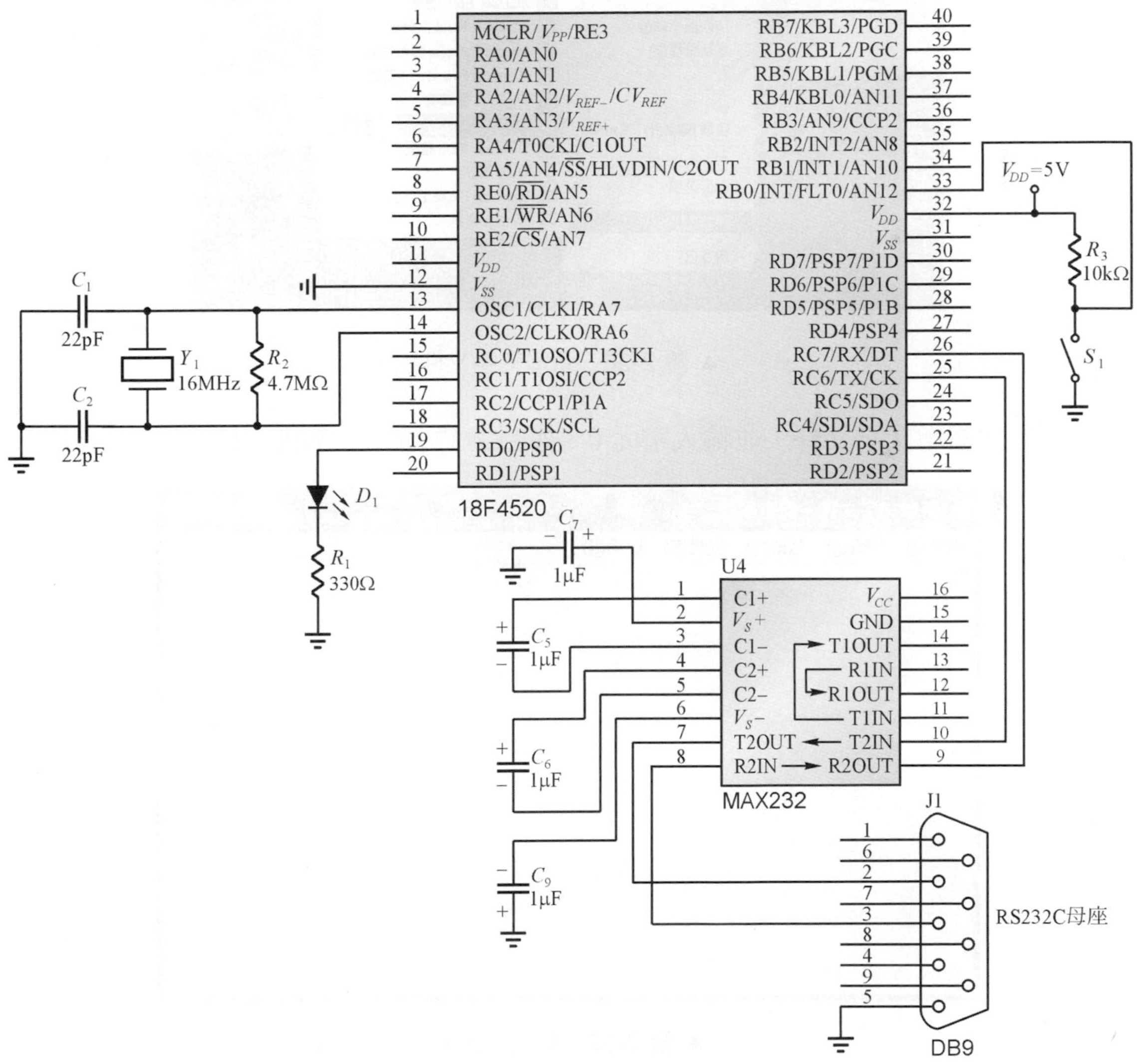

▲ 圖 2-35　EchoToPc 硬體電路

2-4-1 超級終端機傳送文字檔案

參考 2-2-2 超級終端機設定，將設定完成 RS232C 終端機設定完成。並在桌面上新增文字文件，如圖 2-36 所示。

▲ 圖 2-36 新增文字文件

開啓此新增文字文件，並輸入字元 0，如圖 2-37 所示。然後存檔。

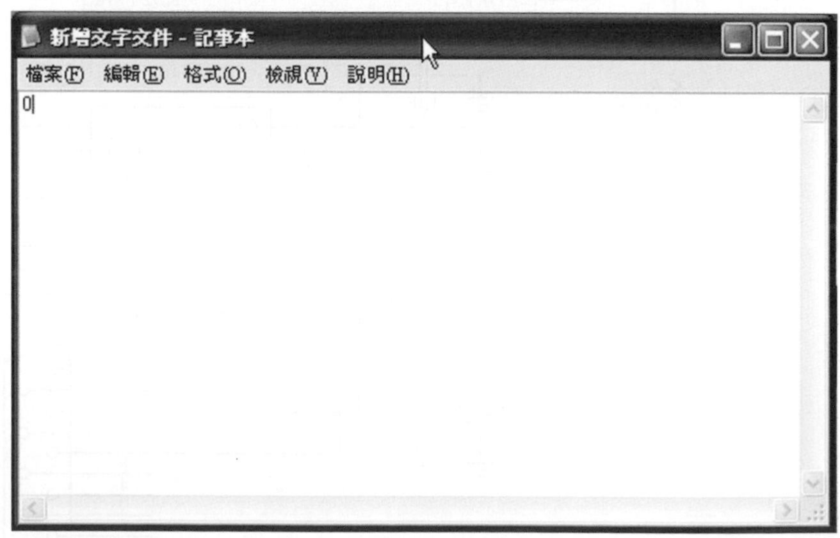

▲ 圖 2-37 輸入字元 0

於 RS232C 超級終端機中，傳送文字檔案，如圖 2-38 所示。

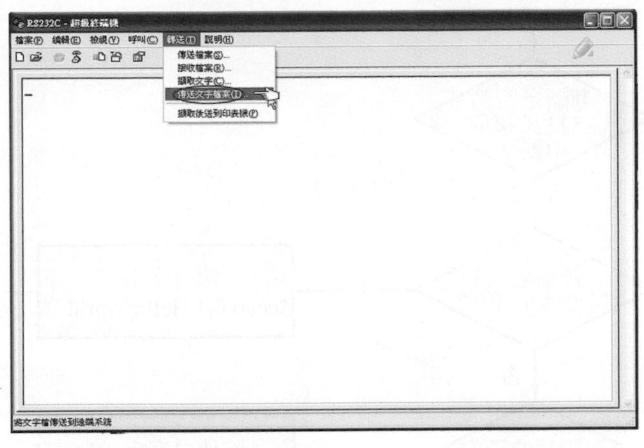

▲ 圖 2-38　RS232C 傳送文字檔案

2-4-2　系統功能流程圖

進行軟體撰寫前，若能先將系統功能以流程圖繪出，對軟體設計將是非常大的助力。它提供系統功能大方向，使設計者清楚系統功能之脈絡，進而撰寫程式將功能完成。

EchoToPc 系統功能流程圖，如圖 2-39 與圖 2-40 所示。

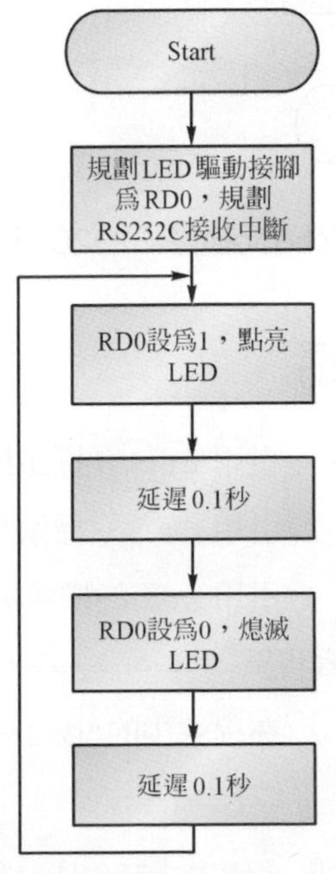

▲ 圖 2-39　EchoToPc 主程式流程圖

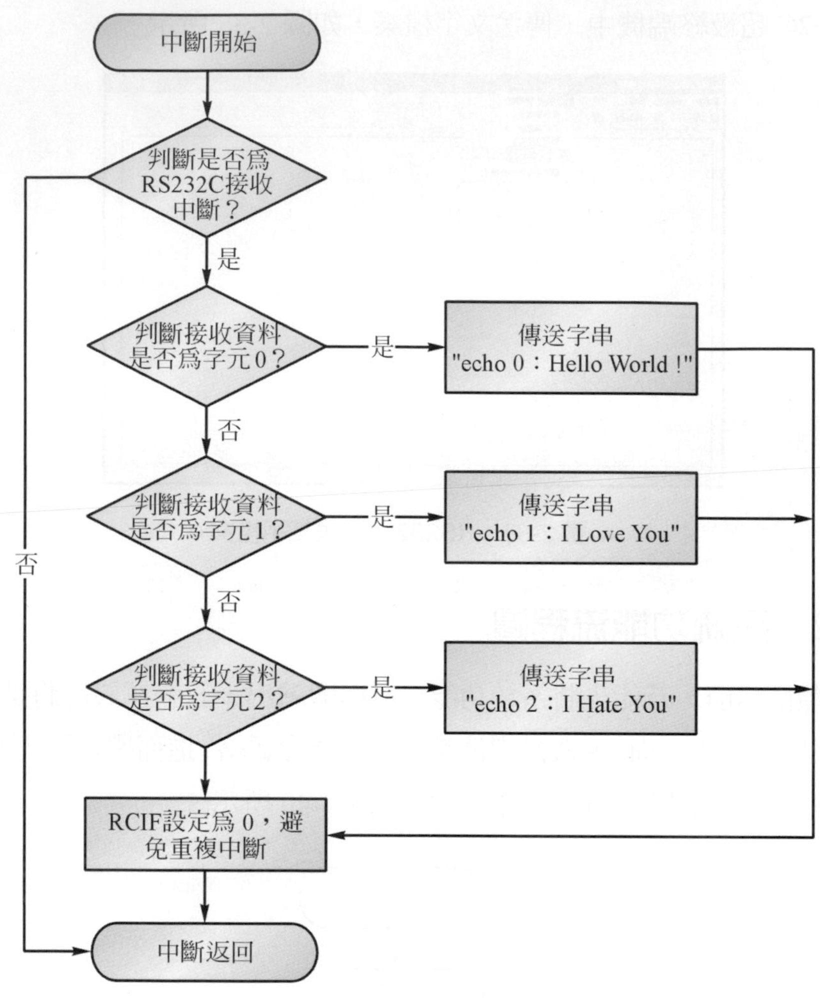

▲ 圖 2-40　EchoToPc RS232C 接收中斷流程圖

2-4-3　MAIN.c 程式碼

```
#include <htc.h>         //引用 htc.h 標頭檔(實際上使用 pic18F4520.h)
#include "delay.h"       //引用 delay 標頭檔
#include "sci.h"         //引用 sci 的標頭檔
/*========常數及 I/O 腳宣告區==========*/
#define ONEMS 100        //在程式中的"ONEMS"字串，將代換成"100"
/*========I/O 腳宣告區==========*/
static bit Led           @ ((unsigned)&PORTD*8+0); //宣告 Led 的腳位
                                                     爲 PORTD,0
```

```
/*=========全域變數宣告區==========*/
unsigned char i;
//////////////////中斷服務程式 ISR/////////////////////////////
void interrupt  Sci_Isr(void)
{
  if(RCIF==1) //判斷是否為 RS232C 接收中斷
  {
       switch (RCREG)  //判斷 RCREG 是否為字元 0、字元 1 或字元 2
       {
            case '0':Sci_Send_String("echo 0: Hello World!\n");
                                            //RCREG=字元 0,傳送此行字串回 PC
                    break;                  //跳離 switch 判斷式
            case '1':Sci_Send_String("echo 1: I Love You\n");
                                            //RCREG=字元 1,傳送此行字串回 PC
                    break;                  //跳離 switch 判斷式
            case '2':Sci_Send_String("echo 2: I Hate You\n");
                                            //RCREG=字元 2,傳送此行字串回 PC
                    break;                  //跳離 switch 判斷式
       }
       RCIF=0; //清除 RCIF，避免重複中斷
  }
}


//////////////C 語言執行的第一個函式 main///////////////////////
void main(void)
{
//=======初始值設定區====================
TRISD=0b11111110; //PORTD,0 為輸出，其餘為輸入
ADCON1=0x0F;        //AN0~AN12 皆為數位腳，而非類比腳
i=sci_Init(9600,SCI_EIGHT);    //設定鮑率為 9600，8 位元資料傳輸
```

```
036 PEIE=1;              //致能週邊中斷
037 RCIE=1;              //致能 RS232C 接收中斷
038 GIE=1;               //致能總中斷
039 //=======主程式區==開始======================
040  while(1)      //使用 while(1)達成無窮回圈功能
041  {
042      Led=1;          //將 Led 腳輸出高電位，點亮 Led
043      DelayMs(ONEMS); //延時 100ms=0.1s
044      Led=0;          //將 Led 腳輸出低電位，熄滅 Led
045      DelayMs(ONEMS); //延時 100ms=0.1s
046  }
047 //=======主程式區==結束======================
048 }
```

主程式放置區(程式碼 030～048)：

第 30 行是 C 語言執行的第一個函式(Main)，在此函式內可將其分爲初始値設定區(程式碼 033～038)與主程式區(程式碼 040～046)。初始値設定區適合放置只作一次的動作；主程式區藉由第 40 行 while(1)程式碼，形成無窮迴圈，也就是在第 42 行至第 45 行內之程式碼，將會被重複執行。

第 36 至第 38 行爲致能 RS232C 接收中斷所需之步驟，將於稍後詳細說明。

中斷服務函式(程式碼 011～026)：

中斷服務函式看起來雖然不會被主程式呼叫執行，但是在中斷發生時，此函式將被呼叫執行。並依據接收到的資料做出回應。請特別注意中斷服務函式必須在函式定義時，要使用 interrupt 關鍵字，如第 11 行所示。

2-4-4 指令說明

本書於程式說明是以先見林再見樹的方式撰寫，對於程式所要完成的功能先行說明，再對使用到指令逐一解說，將程式系統化、簡單化，使學習者專心於本範例的重點。

2-4-4-1 主程式中使用之指令

第 15 行指令爲流程控制指令，其語法如下：

```
switch(運算式)
{
   case 常數 1:  敘述 1;
                 break;
   case 常數 2:  敘述 2;
                 break;
   case 常數 n:  敘述 n;
                 break;
}
```

此流程控制功能爲判斷運算式是否等於常數 1，若是則執行敘述 1，然後執行 break 跳離 switch 流程；若否，則繼續判斷運算式是否等於常數 2。依此類推只有條件成立，才會執行該敘述，且該敘述後之程式將不被執行。此功能也可以 if 判斷式完成。其替代範例如下：

```
if(運算式==常數 1)
 {
          敘述 1;
}
    else if(運算式==常數 2)
          {
          敘述 2;
          }
    else if(運算式==常數 3)
   {
      敘述 n;
}
```

2-4-5 EUSART 全雙工非同步接收模式介紹

全雙工非同步模式接收功能方塊圖，如圖 2-41 所示。RX 接收 LSb 資料並存入 RSR 暫存器，待 MSb 資料接收完成後，將其儲存至 RCREG 暫存器中，並將 RCIF 設定為 1 代表資料已接收完成。

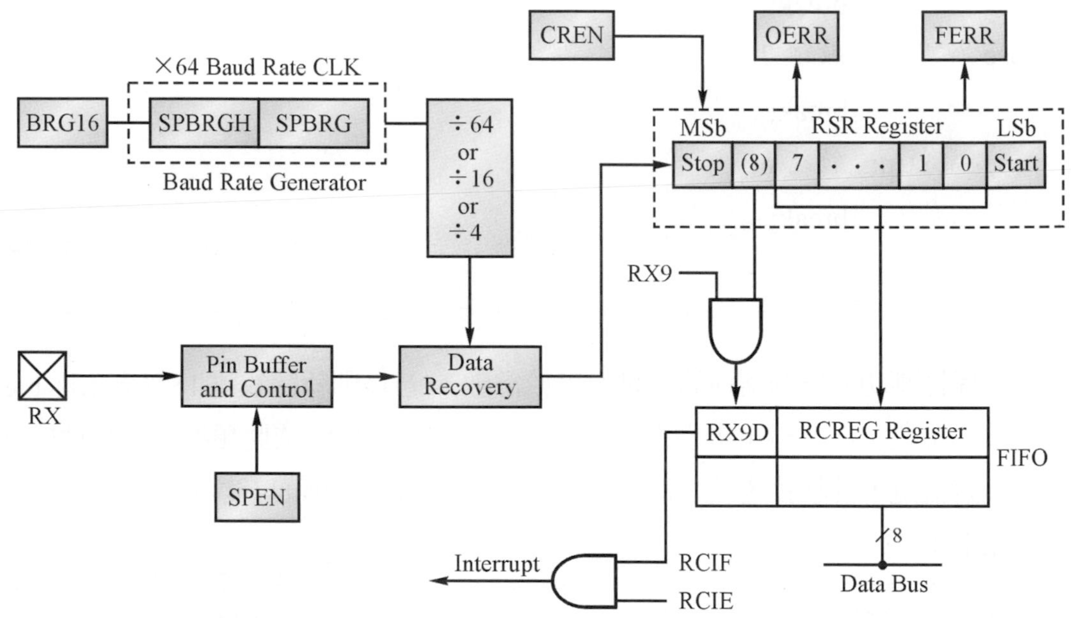

▲ 圖 2-41　全雙工非同步接收功能方塊圖(PIC18F 資料手冊)

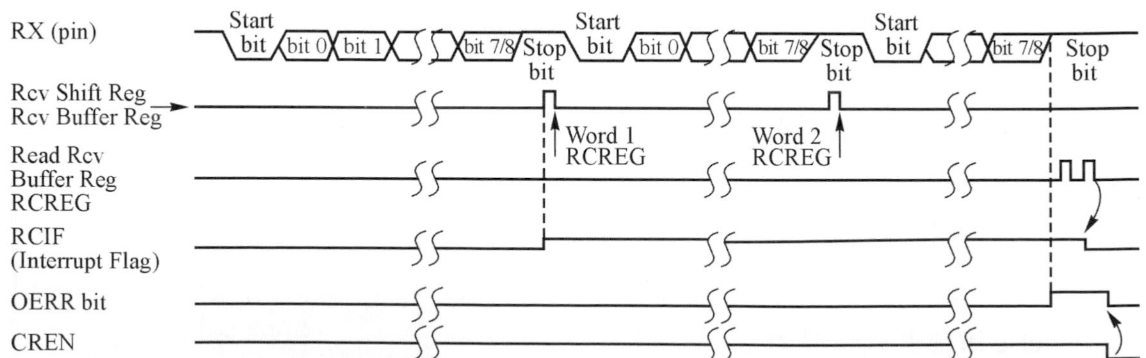

Note：This timing diagram shows three words appearing on the RX input. The RCREG (receive buffer) is read after the third word causing the EWRR (overrun) bit to be set.

▲ 圖 2-42　全雙工非同步接收時序圖(PIC18F 資料手冊)

設定全雙工非同步接收功能之步驟如下：

1. 設定 SPBRGH:SPBRG 暫存器，得到正確鮑率。
2. 將 SYNC 設爲 0、SPEN 設爲 1，致能非同步串列埠功能。
3. 將 CREN 設爲 1，致能接收功能。
4. 當 RCIF＝1 時，代表資料已接收完成。

2-5 Hello World To Lcd(I/O)

本範例藉由 PIC18F4520 微控制器 I/O 模組，以 4 位元傳輸介面控制 16 字 2 行的 Lcd 上顯示 Hello World(第一行)及 I Love You(第二行)。遵循組合語言篇之硬體、軟體設計步驟。硬體設計如圖 2-43 所示，爲使範例接線及使用元件愈少，使得學習 18F4520 愈單純，將重置腳位($\overline{\text{MCLR}}$)設定爲 RE3 功能。

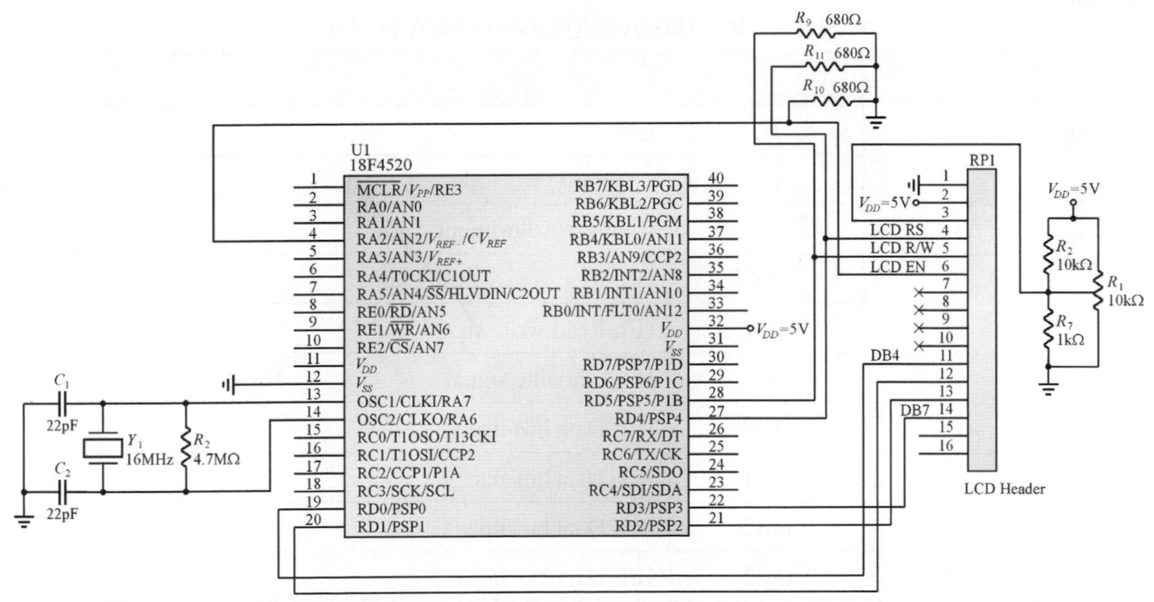

▲ 圖 2-43　Hello World To Lcd 硬體電路

2-5-1 液晶顯示器

液晶顯示器，或稱 **LCD**(Liquid Crystal Display)，爲平面超薄的**顯示裝置**，它由一定數量的彩色或黑白**畫素**組成，放置於**光源**或者反射面前方。液晶顯示器功耗很低，因此倍受工程師青睞，適用於使用電池的**電子**裝置(維基百科，2009)。

2-5-1-1 WH1602A 硬體

本範例使用 WH1602A 顯示模組，可顯示 16 字二行英文字與數字。WH1602A 外觀圖，如圖 2-44 所示。共有 16 隻接腳，其腳位說明，如表 2-2 所示。

▲ 圖 2-44 WH1602A 外觀圖(WINSTAR 網站)

▼ 表 2-2 WH1602A 腳位表(WH1602A 資料手冊)

Pin NO.	Symbol	Function
1	V_{ss}	GND
2	V_{dd}	+3V or +5V
3	V_o	Contrast Adjustment
4	RS	H/L Register select signal
5	R/W	H/L Read/write signal
6	E	H→L Enable signal
7	DB0	H/L Data bus line
8	DB1	H/L Data bus line
9	DB2	H/L Data bus line
10	DB3	H/L Data bus line
11	DB4	H/L Data bus line
12	DB5	H/L Data bus line
13	DB6	H/L Data bus line
14	DB7	H/L Data bus line
15	A/V_{ee}	4.2V for LED(RA=0Ω)/Negatve Voltage output
16	K	Power supply for B/L (0V)

2-5-1-2　WH1602A 暫存器

操控 WH1602A 模組必須經由兩個 8 位元暫存器，分別爲指令暫存器(Instruction Register，IR)與資料暫存器(Data Register，DR)。

IR 暫存器之功能爲：儲存 LCD 處理指令碼，用以處理清除顯示器、游標移位、設定(顯示)顯示資料記憶體(Display Data Ram，DDRAM)或字元產生記憶體(Character Generator RAM，CGRAM)的位址等動作。

DR 暫存器之功能爲：暫時儲存將被寫入 DDRAM 或 CGRAM 的資料，或者暫時儲存從 DDRAM 或 CGRAM 讀回的資料。可經由表 2-3 設定 RS 與 $R/\overline{W}$ 準位，就能讀取或寫入上述兩個暫存器。

▼ 表 2-3　LCD 暫存器選擇表(KS0066U 資料手冊)

RS	$R/\overline{W}$	動作
0	0	對 IR 寫入指令碼 IR
0	1	讀取 IR，讀取忙碌旗標與位址計數器
1	0	對 DR 寫入資料，送至 DDRAM 或 CGRAM 顯示
1	1	讀取 DR，從 DDRAM 或 CGRAM 讀取資料後儲存於 DR

欲在 WH1602A 上顯示字元或數字，只需將字元或數字的 ASCII 碼寫入對應 DDRAM 的位址中(兩行顯示模式下)，就會在該位置上顯示該字元或數字。DDRAM 之位置與位址關係圖，如圖 2-45 所示。例如：欲顯示數字 1 在第二列的第二個位址，只需將 0x31 的資料寫入 DDRAM　0x41 的位址。

Display Character Address Code：

Display position	1	2	3	4	5	6	7	8	9	10	11	12	13	14	15	16
DD RAM Address	00	01														0F
DD RAM Address	40	41														4F

▲ 圖 2-45　WH1602A DDRAM 位置與位址關係圖(KS0066U 資料手冊)

DDRAM 位址的設定或讀取，必須透過位址計數器(Address Counter，AC)完成。不論寫入或讀取 AC，AC 的值都會自動加 1，寫入或讀取 AC 都必須使用 IR 暫存器，並不能直接修改 AC。

對 WH1602A 寫入或讀取前，都需要先判斷忙碌旗標(Busy Flag，BF)，當 BF=1 代表 WH1602A 內部正在忙碌，無法接收新的命令。所以在每個命令下達前，都需檢測 BF 是否為 0。

2-5-1-3 WH1602A 初始化

本範例使用 4 位元資料匯流排驅動 WH1602A，圖 2-46 為其初始化流程圖，因為使用 4 位元資料匯流排傳輸資料，所以圖 2-46 中 DB3～DB0 都未使用。流程圖中等待的部分，程式中都使用檢查 BF 來完成。接下來將介紹初始化 WH1602A 會使用到的指令。

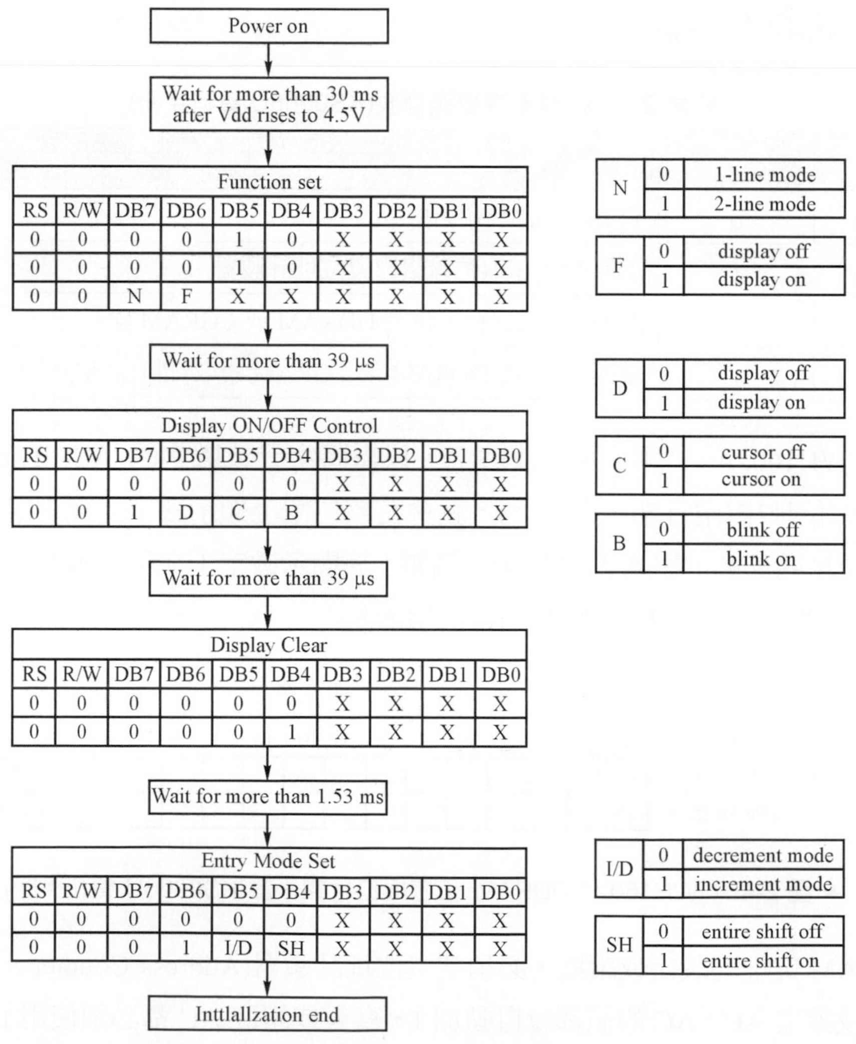

▲ 圖 2-46 4 位元傳輸初始化流程圖(KS0066U 資料手冊)

- 功能設定(Function Set)

  功能設定格式如下：

RS	R/W	DB7	DB6	DB5	DB4	DB3	DB2	DB1	DB0
0	0	0	0	1	DL	N	F	–	–

DL：介面傳輸資料長度控制位元

DL = 1，代表 8-bit 傳輸匯流排。

DL = 0 ，代表 4-bit 傳輸匯流排。

N： 行數顯示控制位元

N = 1，代表 LCD 顯示兩行。

N = 0，代表 LCD 顯示一行。

F： 顯示字元字型控制位元

F = 1，代表字元由 5×11 dots 組成。

F = 0，代表字元由 5×8 dots 組成。

本範例 Function Set 爲 0x28(DB7～DB0)，設定爲 4 位元傳輸、LCD 顯示兩行、字元由 5×8 dots 組成。4 位元傳輸意味將 8 位元資料分成兩次傳送，以 Function Set 爲例，將 Function Set 0x28 資料的高 4 位元即爲 0x02，經由 PIC18F4520 的 RD0～RD3 送至 WH1602A 的 DB7～DB4，再將低四位元 0x08 傳送給 WH1602A 的 DB7～DB4。

- 螢幕顯示開啓／關閉設定(Display On/Off)

  螢幕顯示開啓／關閉設定格式如下：

RS	R/W	DB7	DB6	DB5	DB4	DB3	DB2	DB1	DB0
0	0	0	0	0	0	1	D	C	B

D： 螢幕顯示開啓／關閉控制位元

D = 1，螢幕顯示開啓。

D = 0，螢幕顯示關閉，但是顯示資料仍儲存在 DDRAM 中。

C： 游標顯示開啓／關閉控制位元

C = 1，游標顯示開啓。

C = 0，游標顯示關閉。

B： 游標閃爍開啓／關閉控制位元

B = 1，游標閃爍開啓。

B = 0，游標閃爍關閉。

本範例 Display On/Off 爲 0x0C(DB7~DB0)，設定爲螢幕顯示開啓、游標顯示關閉、游標閃爍關閉。

- 清除顯示內容(Clear Display)

清除顯示內容格式如下：

RS	R/W	DB7	DB6	DB5	DB4	DB3	DB2	DB1	DB0
0	0	0	0	0	0	0	0	0	1

將 DDRAM 中的每一個位址寫入 0x20(空白字元)，DDRAM 位址設爲 0x00，游標回到原位，I/D 設定爲 1。

- 字元進入設定(Entry Mode Set)

字元進入設定格式如下：

RS	R/W	DB7	DB6	DB5	DB4	DB3	DB2	DB1	DB0
0	0	0	0	0	0	0	1	I/D	SH

I/D：DDRAM 位址遞增／遞減控制位元

I/D = 1，讀寫 DDRAM 時，DDRAM 位址加 1 並將游標右移。

I/D = 0，讀寫 DDRAM 時，DDRAM 位址減 1 並將游標左移。。

SH：顯示內容移位設定

SH = 1，且資料寫入 DDRAM 時，整個顯示內容將依 I/D 設定移位，I/D=1，左移；I/D=0，右移。

SH = 0，且從 DDRAM 讀出資料時，整個顯示內容移位不被執行。

本範例 Entry Mode Set 爲 0x06(DB7~DB0)。

2-5-1-4 WH1602A 顯示字串指令

WH1602A 的指令繁多，將只介紹本範例使用到顯示字串的相關指令。

• 讀取忙碌旗標指令(Read BF & Address)

對 WH1602A 讀寫前，都須經由此指令判斷 WH1602A 是否忙碌？讀取忙碌旗標格式如下：

RS	R/W	DB7	DB6	DB5	DB4	DB3	DB2	DB1	DB0
0	1	BF	AC6	AC5	AC4	AC3	AC2	AC1	AC0

BF：忙碌旗標位元

BF= 1，忙碌中。

BF = 0，不忙碌，可以讀寫 WH1602A。

執行此指令也可讀取位址計數器之值(AC6~AC0)。

• 資料寫入 RAM(Write Data to RAM)

資料寫入 RAM 格式如下：

RS	R/W	DB7	DB6	DB5	DB4	DB3	DB2	DB1	DB0
1	0	D7	D6	D5	D4	D3	D2	D1	D0

將 8 位元資料寫入 DDRAM，寫入後位址將根據字元進入模式設定自動加 1 或減 1。

• DDRAM 位址設定(Set DDRAM Address)

DDRAM 位址設定格式如下：

RS	R/W	DB7	DB6	DB5	DB4	DB3	DB2	DB1	DB0
0	0	1	AC6	AC5	AC4	AC3	AC2	AC1	AC0

設定 DDRAM 位址。如果是單行顯示(N = 0)，位址範圍從 0x00 至 0x4F；如果是兩行顯示(N = 1)，第一行位址範圍從 0x00 至 0x27，第二行位址範圍從 0x40 至 0x67

2-5-1-5 WH1602A 讀/寫模式時序圖

WH1602A 寫入模式時序圖，如圖 2-47 所示。必須先將 RS、$R/\overline{W}$、與寫入資料(DB7～DB0)設定完成，再產生讀/寫致能脈波(先將 E 設為 High，延遲 t_w 時間後，再將 E 設為 Low)。Lcd.h 檔案中的 LCD_STROBE 函式就是產生此讀/寫致能脈波。

WH1602A 讀取模式時序圖，如圖 2-48 所示。必須先將 RS、$R/\overline{W}$ 設定完成，再將 E 設為 High，並於此 E 為 High 期間，從 DB7～DB0 讀取資料後，再將 E 設為 Low，完成讀取。

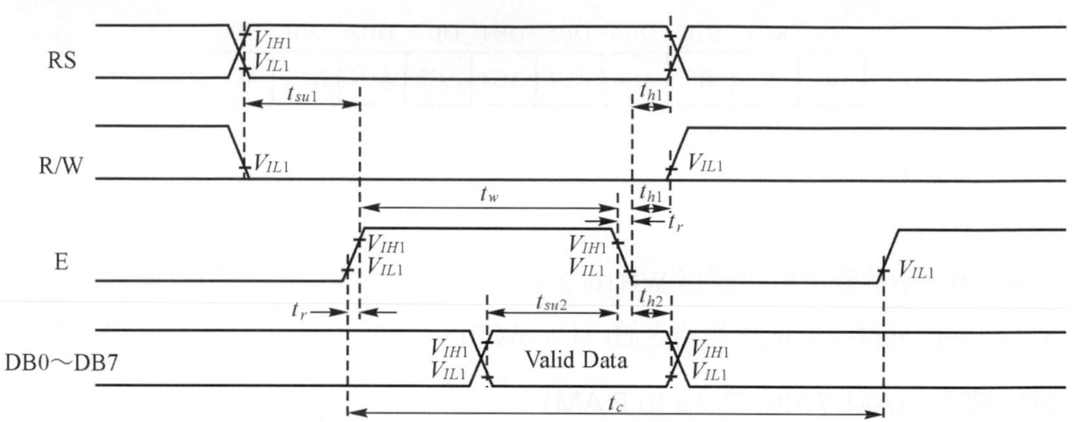

▲ 圖 2-47　寫入模式時序圖(KS0066U 資料手冊)

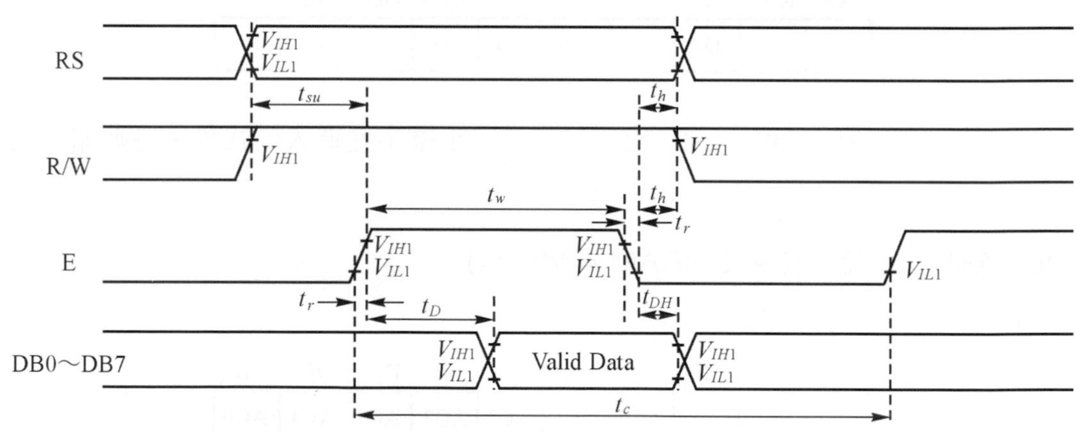

▲ 圖 2-48　讀取模式時序圖(KS0066U 資料手冊)

2-5-2 系統功能流程圖

進行軟體撰寫前，若能先將系統功能以流程圖繪出，對軟體設計將是非常大的助力。它提供系統功能大方向，使設計者清楚系統功能之脈絡，進而撰寫程式將功能完成。

Hello World To Lcd 系統功能流程圖，如圖 2-49 所示。

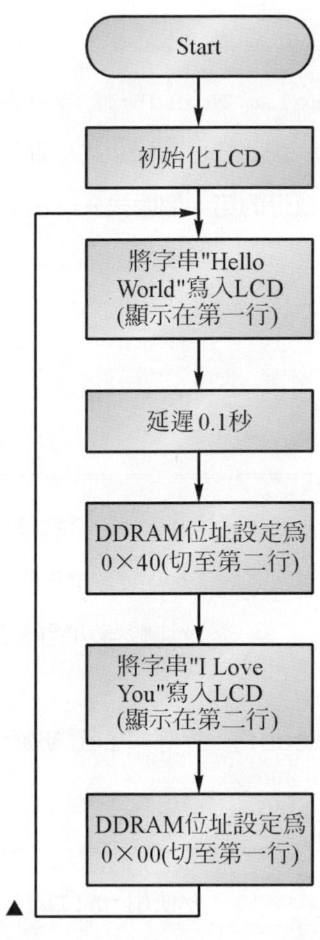

圖 2-49　Hello World To Lcd 系統功能流程圖

2-5-3　MAIN.c 程式碼

```
#include <htc.h>        //引用 htc.h 標頭檔（實際上使用 pic18F4520.h）
#include  "lcd.h"       //引用 WH1602A LCD 標頭檔
#include "delay.h"      //引用 delay 標頭檔
//========常數腳宣告區==========
#define ONEMS 100       //在程式中的"ONEMS"字串，將代換成"100"
//========I/O 腳宣告區==========
static bit LCD_RS  @ ((unsigned)&PORTD*8+4);  //LCD_RS 腳位接至 PORTD,4
static bit LCD_EN  @ ((unsigned)&PORTA*8+2);  //LCD_EN 腳位接至 PORTA,2
static bit LCD_RW  @ ((unsigned)&PORTD*8+5);  //LCD_RW 腳位接至 PORTD,5
```

```
//========全域變數宣告區==========
  const char S1[]="Hello World";  //宣告 S1 為字元陣列，為一字串
  const char S2[]="I Love you";   //宣告 S2 為字元陣列，為一字串
//////////////C 語言執行的第一個函式 main/////////////////////////
void main(void)
{
//=======初始值設定區====================
  TRISA=0b11111111;           //PORTA 全為輸入
  ADCON1=0x0f;                //PORTA 全為數位埠
  CMCON=0x07;                 //比較器功能關閉
  lcd_init(FOURBIT_MODE);  //呼叫 LCD 初始化函式(lcd.c)
//=======主程式區==開始=======================
  while(1)                    //使用 while(1)達成無窮回圈功能
  {
  lcd_puts(S1);               //將 S1 字串寫入 DDRAM 中(lcd.c)
  DelayMs(ONEMS);             //延遲 0.1 秒
  lcd_cmd(0XC0);              //設定 DDRAM 位址為 0x40，跳至 LCD 第二行
  lcd_puts(S2);               //將 S2 字串寫入 DDRAM 中，於第二行顯示
  lcd_cmd(0X80);              //設定 DDRAM 位址為 0x00，跳至 LCD 第一行
```

```
039 //=======主程式區==結束======================
040    }//while(1)
041 }//main
```

主程式放置區(程式碼 014～041)：

第 14 行是 C 語言執行的第一個函式(Main)，在此函式內可將其分為初始值設定區(程式碼 019～023)與主程式區(程式碼 026～040)。初始值設定區適合放置只作一次的動作；主程式區藉由第 26 行 while(1)程式碼，形成無窮迴圈，也就是在第 29 行至第 37 行內之程式碼將會被重複執行，完全依照系統功能流程圖呼叫 LCD 相關函式。

2-5-4　指令說明

本書於程式說明是以先見林再見樹的方式撰寫，對於程式所要完成的功能先行說明，再對使用到指令逐一解說，將程式系統化、簡單化，使學習者專心於本範例的重點。

2-5-4-1　變數宣告指令

第 11、12 行程式為宣告一個常數字元型態的陣列 S1 與 S2，程式如下所示：

```
const char S1[ ]="Hello World";
```

其中 const 代表此變數的值不會被改變，因此編譯器會將其放置在程式記憶體中，char 代表 8-bit 的整數變數宣告，S1 代表變數名稱，[ ]代表宣告此變數為陣列。字元陣列除了原本的字元外，編譯器會在此字串補上一個 NULL(0x00)，代表字串的結尾，因此程式就可使用判斷是否為字串結束。

2-5-5　lcd.c 程式碼

```
#include <htc.h>
#include "lcd.h"
#include "delay.h"
//////////////////////////////////////////
unsigned char
```

```
lcd_read_cmd_nowait(void)
{
 unsigned char c, readc;

 LCD_DATA_TRIS = INPUT_DATA; //RD(3:0)爲輸入埠

 LCD_RW = 1; // 讀取 IR
 asm("nop"); // 延時一個指令週期
 asm("nop"); // 延時一個指令週期

 LCD_STROBE_READ(readc); //產生讀/寫致能脈波並讀取高 4 位元資料(lcd.h)
 c = ( ( readc << 4 ) & 0xF0 );//將此高 4 位元資料左移 4 位元後儲存於 c

 LCD_STROBE_READ(readc);//產生讀/寫致能脈波並讀取低 4 位元資料(lcd.h)
 c |= ( readc & 0x0F ); //C=C | readc，C 儲存完整忙碌旗標及位址

 LCD_RW = 0;  //寫入 IR
 LCD_DATA_TRIS = OUTPUT_DATA; // RD(3:0)爲輸出埠

 return(c); //回傳 c
}

///////////////////////////////////////
void
lcd_check_busy(void)  //Return when the LCD is no longer busy, or
                      //we've waiting long enough!
{

 unsigned int retry;
```

```
 unsigned char c;

 for (retry=1000; retry-- > 0; ) {
      c = lcd_read_cmd_nowait();   //讀取 BF 函式
      if (0==(c&0x80)) break; //判斷 BF 位元，如果爲 0 代表 LCD 不再忙碌
 }
}
////////////////////////////////////////
unsigned char
lcd_read_data(void)
{
 unsigned char c, readc;

 LCD_WAIT;    // may check LCD busy flag, or just delay a little,
              // depending on lcd.h

 LCD_DATA_TRIS    = INPUT_DATA;

 LCD_RW = 1; // Read LCD
 LCD_RS = 1; //select Data Register

      LCD_STROBE_READ(readc); // Read high nibble
      // Move 4 bits to high nibble while zeroing low nibble
      c = ( ( readc << 4 ) & 0xF0 );
      LCD_STROBE_READ(readc); // Read low nibble
      c |= ( readc & 0x0F ); // Or in 4 more bits to low nibble

 LCD_RW = 0; // Return to default mode of writing LCD
 LCD_DATA_TRIS = OUTPUT_DATA; // Return to default mode of writing LCD
```

```
	LCD_RS = 0; //
	lcd_cmd(0X10);
	return(c);
}
/////////////////////////////////////////
/* send a command to the LCD */
void
lcd_cmd(unsigned char c)
{
	LCD_WAIT;     //因爲在 lcd.h 中定義使用 BF 判斷 LCD 是否忙碌
	              //LCD_WAIT 實際上呼叫 lcd_check_busy 函式

	LCD_DATA = ( ( c >> 4 ) & 0x0F );//將 8 位元資料中的高 4 位元右移至
	                                 //RD(3:0)輸出
	LCD_STROBE();     //產生讀/寫致能脈波
	LCD_DATA = ( c & 0x0F ); //將 8 位元資料中的低 4 位元經 RD(3:0)輸出
	LCD_STROBE();     //產生讀/寫致能脈波

}
/////////////////////////////////////////
/* send data to the LCD */
void
lcd_data(unsigned char c)
{
	LCD_WAIT;     //因爲在 lcd.h 中定義使用 BF 判斷 LCD 是否忙碌
	              //LCD_WAIT 實際上呼叫 lcd_check_busy 函式


	LCD_DATA = 0; //將 RD(3:0)清除爲 0
```

```
 LCD_RS = 1; //對 DR 寫入資料

 LCD_DATA |= ( ( c >> 4 ) & 0x0F ); //將 8 位元輸出資料的高 4 位元送
                                    //至 RD(3:0)輸出
 LCD_STROBE(); //產生讀/寫致能脈波

 LCD_DATA &= 0xF0; //清除 RD(3:0)為 0
 LCD_DATA |= ( c & 0x0F ); //將 8 位元輸出資料的低 4 位元送至 RD(3:0)輸出
 LCD_STROBE(); //產生讀/寫致能脈波

 LCD_RS = 0; //對 IR 寫入資料
}
////////////////////////////////////////
/* write a string of chars to the LCD */
void
lcd_puts(const char * s)
{
 while(*s)     //只要 s 字串中的值不為 0，繼續執行下一行程式
   lcd_data(*s++); //8 位元資料輸出至 LCD 介面
}
////////////////////////////////////////
/* initialize the LCD */
void
lcd_init(unsigned char mode)
{
 char init_value;
 LCD_RS = 0;
 LCD_EN = 0;
 LCD_RW = 0;
```

```
118    LCD_RS_TRIS = OUTPUT_PIN;
119    LCD_EN_TRIS = OUTPUT_PIN;
120    LCD_RW_TRIS = OUTPUT_PIN;
121    LCD_DATA_TRIS = OUTPUT_DATA;
122    DelayMs(15);
123
124    lcd_cmd(0x02);  //功能設定(4 位元傳輸)
125    lcd_cmd(0x28);  // 功能設定(4 位元傳輸),4 bit bus ,2 lines,5*8
126
127    lcd_cmd(0x0C);  //打開顯示器，游標及游標閃爍關閉
128    lcd_cmd(0x1);   //清除顯示器(填入 0x20 至 DDRAM 中)
129    lcd_cmd(0x6);   //字元進入模式設定，讀寫 DDRAM 位址加 1，游標右移
130
131  }
```

在 lcd.c 中定義了許多函式，第一個被呼叫的函式爲 lcd_init(112～131 行)，遵循 2-5-1-3 節將 WH1602A 初始化。然後呼叫 lcd_puts(S1)(104～108 行)顯示"Hello World"字串，lcd_puts 函式內呼叫了 lcd_data(083～100 行)函式，將字串中的每一個字元顯示於 LCD。

2-6 Hello World Shift in Lcd(I/O)

本範例藉由 PIC18F4520 微控制器 I/O 模組，以 4 位元傳輸介面控制 16 字 2 行的 Lcd，每隔 0.3 秒左移"Hello World I Love You 24….80"字串(只顯示在第一行)，其中"80"代表在此模式下最多能容納的字元數爲 80，超過此限制就必須使用多次寫入來完成。遵循組合語言篇之硬體、軟體設計步驟。硬體設計如圖 2-50 所示，爲使範例接線及使用元件愈少，使得學習 18F4520 愈單純，將重置腳位($\overline{\text{MCLR}}$)設定爲 RE3 功能。

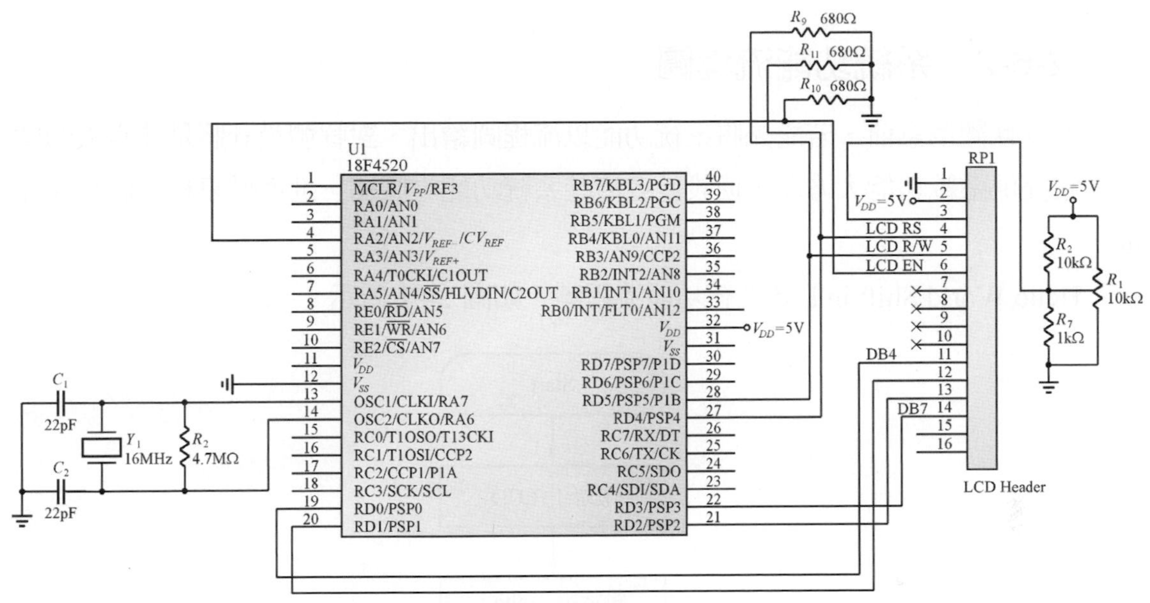

▲ 圖 2-50　Hello World Shift in Lcd 硬體電路

2-6-1　WH1602A 移位指令

WH1602A 移位指令如下所示：

RS	R/W	DB7	DB6	DB5	DB4	DB3	DB2	DB1	DB0
0	0	0	0	0	1	S/C	R/L	–	–

使用此移位指令時，不需要對 DDRAM 寫入或讀取資料，就能產生移位效果。可使用移位方式如表 2-4 所示，每次移動一個位置。本範例使用一行顯示並將 DB7:0 設定爲 0x18，將整個顯示螢幕左移。

▼ 表 2-4　游標於顯示螢幕移位表

S/C	R/L	Operation
0	0	Shift cursor to the left, AC is decreased by 1
0	1	Shift cursor to the right, AC is increasad by 1
1	0	Shift all the display to the left, cursor mover according to the display
1	1	Shift all the display to the right, cursor mover according to the display

2-6-2 系統功能流程圖

進行軟體撰寫前，若能先將系統功能以流程圖繪出，對軟體設計將是非常大的助力。它提供系統功能大方向，使設計者清楚系統功能之脈絡，進而撰寫程式將功能完成。

Hello World Shift in Lcd 系統功能流程圖，如圖 2-51 所示。

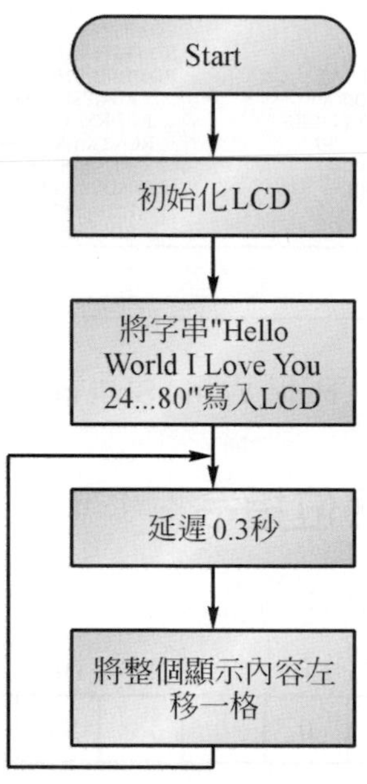

▲ 圖 2-51 Hello World Shift in Lcd 系統功能流程圖

2-6-3 MAIN.c 程式碼

```
#include <htc.h>        //引用 htc.h 標頭檔(實際上使用 pic18F4520.h)
#include  "lcd.h"       //引用 WH1602A LCD 標頭檔
#include "delay.h"      //引用 delay 標頭檔
//========常數腳宣告區=========
#define TBASE 450       //在程式中的"TBASE"字串，將代換成"450"
//========I/O 腳宣告區=========
static bit LCD_RS  @ ((unsigned)&PORTD*8+4);//LCD_RS 腳位接至 PORTD,4
static bit LCD_EN  @ ((unsigned)&PORTA*8+2);//LCD_EN 腳位接至 PORTA,2
```

```
009 static bit LCD_RW @ ((unsigned)&PORTD*8+5);//LCD_RW 腳位接至 PORTD,5
010 //========全域變數宣告區==========
011
012 //////////////C 語言執行的第一個函式 main////////////////////////
013 void main(void)
014 {
015 //========main 區域變數宣告區==========
016   const char S1[]="Hello World I Love you24  28  32  36  40  44  48
52  56  60  64  68  72  76  80"; //宣告 S1 為字元陣列，長度為 80 字元
017 //=======初始值設定區===================
018   TRISA=0b11111111; //PORTA 全為輸入
019   ADCON1=0x0f;//PORTA 全為數位埠
020   CMCON=0x07; //比較器功能關閉
021
022   lcd_init(FOURBIT_MODE);  //呼叫 LCD 初始化函式(lcd.c)
023   lcd_puts(S1);    //將 S1 字串寫入 DDRAM 中(lcd.c)
024 //=======主程式區==開始=====================
025   while(1)              //使用 while(1)達成無窮回圈功能
026   {
027       DelayMs(TBASE); //延遲約 0.3 秒
028       lcd_cmd(0x18);//將整個顯示內容向左移一格
029 //=======主程式區==結束=====================
030   }//while(1)
031 }//main
```

主程式放置區(程式碼 013～041)：

第 13 行是 C 語言執行的第一個函式(Main)，在此函式內可將其分為初始值設定區(程式碼 016～023)與主程式區(程式碼 025～030)。初始值設定區適合放置只做一次的

動作；主程式區藉由第 25 行 while(1)程式碼，形成無窮迴圈，也就是在第 26 行至第 28 行內之程式碼，將會被重複執行，完全依照系統功能流程圖呼叫 LCD 相關函式。

2-6-4 指令說明

本書於程式說明是以先見林再見樹的方式撰寫，對於程式所要完成的功能先行說明，再對使用到指令逐一解說，將程式系統化、簡單化，使學習者專心於本範例的重點。

2-6-4-1 變數宣告指令

第 16 行程式爲宣告一個常數字元型態的陣列 S1 其中 const 代表此變數的值不會被改變，因此編譯器會將其放置在程式記憶體中，char 代表 8-bit 的整數變數宣告，S1 代表變數名稱，[ ]代表宣告此變數爲陣列。字元陣列除了原本的字元外，編譯器會在此字串補上一個 NULL(0x00)，代表字串的結尾，因此程式就可使用判斷是否爲字串結束。此常數字串最後爲 80，只是要告訴使用者 DDRAM 最多能容納的字元數爲 80。

2-6-5 lcd.c 程式碼

```
#include      <htc.h>
#include      "lcd.h"
#include      "delay.h"
////////////////////////////////////////
unsigned char
lcd_read_cmd_nowait(void)
{
      unsigned char c, readc;

      LCD_DATA_TRIS = INPUT_DATA; //RD(3:0)爲輸入埠

      LCD_RW = 1; // 讀取 IR
      asm("nop"); // 延時一個指令週期
```

```
      asm("nop"); // 延時一個指令週期

      LCD_STROBE_READ(readc);//產生讀/寫致能脈波並讀取高 4 位元資料(lcd.h)
      c = ( ( readc << 4 ) & 0xF0 );//將此高 4 位元資料左移 4 位元後儲存於 c

      LCD_STROBE_READ(readc);//產生讀/寫致能脈波並讀取低 4 位元資料(lcd.h)
      c |= ( readc & 0x0F );//C=C | readc，C 儲存完整忙碌旗標及位址

      LCD_RW = 0;  //寫入 IR
      LCD_DATA_TRIS = OUTPUT_DATA; // RD(3:0)為輸出埠

      return(c); //回傳 c
}

////////////////////////////////////////
void
lcd_check_busy(void) // Return when the LCD is no longer busy, or
                     // we've waiting long enough!
{

 unsigned int retry;
 unsigned char c;

 for (retry=1000; retry-- > 0; ) {
  c = lcd_read_cmd_nowait();   //讀取 BF 函式
  if (0==(c&0x80)) break; //判斷 BF 位元，如果為 0 代表 LCD 不再忙碌
 }
}
////////////////////////////////////////
unsigned char
lcd_read_data(void)
```

```
{
 unsigned char c, readc;
 LCD_WAIT;//may check LCD busy flag, or just delay a little, depending on lcd.h
 LCD_DATA_TRIS    = INPUT_DATA;
 LCD_RW = 1; // Read LCD
 LCD_RS = 1; //select Data Register
     LCD_STROBE_READ(readc); // Read high nibble
     // Move 4 bits to high nibble while zeroing low nibble
     c = ( ( readc << 4 ) & 0xF0 );
     LCD_STROBE_READ(readc); // Read low nibble
     c |= ( readc & 0x0F ); // Or in 4 more bits to low nibble
 LCD_RW = 0; // Return to default mode of writing LCD
 LCD_DATA_TRIS = OUTPUT_DATA;//Return to default mode of writing LCD
 LCD_RS = 0; //
 lcd_cmd(0X10);
 return(c);
}
////////////////////////////////////////
/* send a command to the LCD */
void
lcd_cmd(unsigned char c)
{
 LCD_WAIT;  //因為在 lcd.h 中定義使用 BF 判斷 LCD 是否忙碌？
          //LCD_WAIT 實際上呼叫 lcd_check_busy 函式
 LCD_DATA = ( ( c >> 4 ) & 0x0F );//將8位元資料中的高4位元右移至RD(3:0)輸出
```

```
 LCD_STROBE();    //產生讀/寫致能脈波
 LCD_DATA = ( c & 0x0F ); //將8位元資料中的低4位元經RD(3:0)輸出
 LCD_STROBE();    //產生讀/寫致能脈波

}
////////////////////////////////////////
/* send data to the LCD */
void
lcd_data(unsigned char c)
{
 LCD_WAIT;  //因為在lcd.h中定義使用BF判斷LCD是否忙碌?
            //LCD_WAIT實際上呼叫lcd_check_busy函式


 LCD_DATA = 0; //將RD(3:0)清除為0
 LCD_RS = 1; //對DR寫入資料

 LCD_DATA |= ( ( c >> 4 ) & 0x0F );//將8位元輸出資料的高4位元送至RD(3:0)輸出
 LCD_STROBE(); //產生讀/寫致能脈波

 LCD_DATA &= 0xF0; //清除RD(3:0)為0
 LCD_DATA |= ( c & 0x0F ); //將8位元輸出資料的低4位元送至RD(3:0)輸出
 LCD_STROBE(); //產生讀/寫致能脈波

 LCD_RS = 0; ////對IR寫入資料
}
////////////////////////////////////////
/* write a string of chars to the LCD */
void
lcd_puts(const char * s)
{
```

```
106   while(*s)     //只要 s 字串中的值不為 0，繼續執行下一行程式
107     lcd_data(*s++); //8 位元資料輸出至 LCD 介面
108 }
109 ///////////////////////////////////////
110 /* initialize the LCD */
111 void
112 lcd_init(unsigned char mode)
113 {
114   char init_value;
115   LCD_RS = 0;
116   LCD_EN = 0;
117   LCD_RW = 0;
118   LCD_RS_TRIS = OUTPUT_PIN;
119   LCD_EN_TRIS = OUTPUT_PIN;
120   LCD_RW_TRIS = OUTPUT_PIN;
121   LCD_DATA_TRIS = OUTPUT_DATA;
122   DelayMs(15);
123
124   lcd_cmd(0x02);  //功能設定(4 位元傳輸)
125   lcd_cmd(0x20);  //功能設定(4 位元傳輸),4 bit bus ,1 lines,5*8
126
127   lcd_cmd(0x0C);  //打開顯示器，游標及游標閃爍關閉
128   lcd_cmd(0x1);   //清除顯示器(填入 0x20 至 DDRAM 中)
129   lcd_cmd(0x6);   //字元進入模式設定，讀寫 DDRAM 位址加 1，游標右移
130
131 }
```

在 lcd.c 中定義了許多函式，第一個被呼叫的函式為 lcd_init(112～131 行)，其中 125 行設定顯示為 1 行。遵循 2-5-1-3 節將 2-5-1-3 WH1602A 初始化。然後呼叫 lcd_puts(S1)(104～108 行)顯示"Hello World"字串，lcd_puts 函式內呼叫了 lcd_data(083～100 行)函式，將字串中的每一個字元顯示於 LCD。

2-7 Temprature meter(ADC+LCD)

本範例藉由 PIC18F4520 微控制器 I/O 與 ADC 模組，將溫度 IC(MCP9701A)的輸出類比電壓轉換成數位數值，並將其轉換成溫度值後顯示於 LCD。遵循組合語言篇之硬體、軟體設計步驟。硬體設計如圖 2-52 所示，為使範例接線及使用元件愈少，使得學習 18F4520 愈單純，故將重置腳位($\overline{\text{MCLR}}$)設定為 RE3 功能。

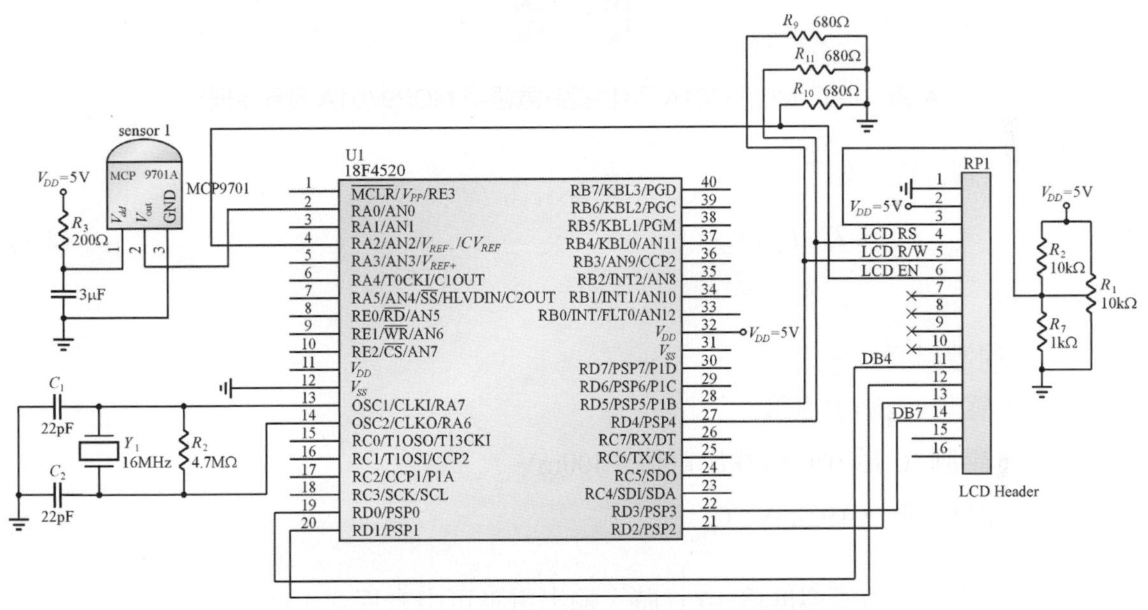

▲ 圖 2-52　Temprature meter 硬體電路

2-7-1　低耗能線性溫度感測器 IC(MCP9701A)

隨著半導體技術的進步，發展出溫度感測 IC。將溫度感測器與信號處理電路做在同一個 IC 內，零件包裝為 T0-92，大小及腳位如同電晶體。只要加入電源就可使用。本專題使用的溫度感測 IC 為 Microchip 公司之 MCP9701A 其特點如下：

1. 量測電壓範圍−40℃～+125℃ 。
2. 零件包裝：SC-70-5, SOT-23-5, TO-92-3(圖 2-53)。
3. 溫度在 0°C～+70°C 範圍間，準確度±2°C (max.)。
4. 溫度每加減 1°C，輸出電壓加減 19.5mV。

5. 操作電壓從 3.1～5.5V。
6. 低消耗電流，典型值 6uA。

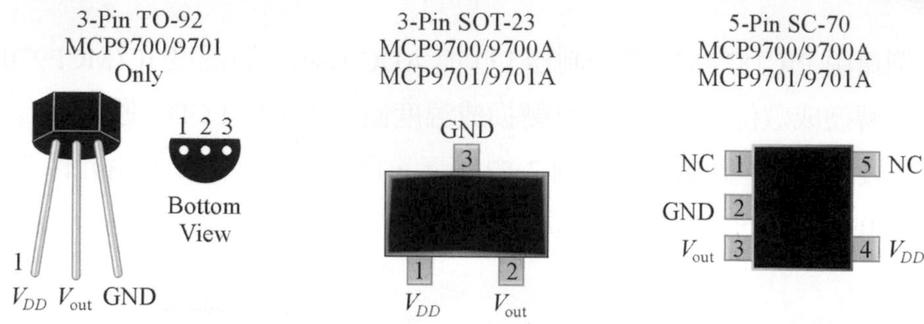

▲ 圖 2-53 MCP9701A 零件包裝(截錄至 MCP9701A 資料手冊)

溫度感測方程式如下：

$$V_{out} = T_C \cdot T_A + V_{0℃} \tag{2-1}$$

其中：

T_A：周遭溫度

V_{out}：感測 IC 輸出電壓

$V_{0℃}$：感測 IC 於 0°C 時輸出電壓，400mV

T_C：溫度係數，19.5mV/°C

舉例說明：當周遭溫度為 30°C 時，輸出電壓可由方程式 1 計算出為 $V_{out} = 19.5\text{mV/°C} \cdot 30\text{°C} + 400\text{mV} = 985\text{mV}$。

從溫度感測方程式中得知，只需將 T_A 求出就可得到實際溫度值，經過簡單數學運算可得式 2-1。因為 ADC 模組之參考電壓設定為 V_{dd} 與 V_{ss}，所以最大類比電壓值為 $V_{dd} = 5\text{V}$，所以解析度為 $\frac{5}{2^8} = \frac{5}{256}$ =19.5mV/數位值，代表 ADC 轉換值每增加 1，其類比電壓實際上增加 19.5mV，因此 V_{out} 可用 19.5m(V/數位值)×A/D 轉換值替代。將已知數值代入式 2-1，可得

$$T_A = \frac{19.5\text{mV} \times (A/D\text{轉換值}) - 400\text{mV}}{19.5\text{mV}} = (A/D\text{ 轉換值}) - 21$$

將 A/D 轉換值減去 21 就是實際溫度。

2-7-2　系統功能流程圖

進行軟體撰寫前，若能先將系統功能以流程圖繪出，對軟體設計將是非常大的助力。它提供系統功能大方向，使設計者清楚系統功能之脈絡，進而撰寫程式將功能完成。

Temprature meter 系統功能流程圖，如圖 2-54 所示

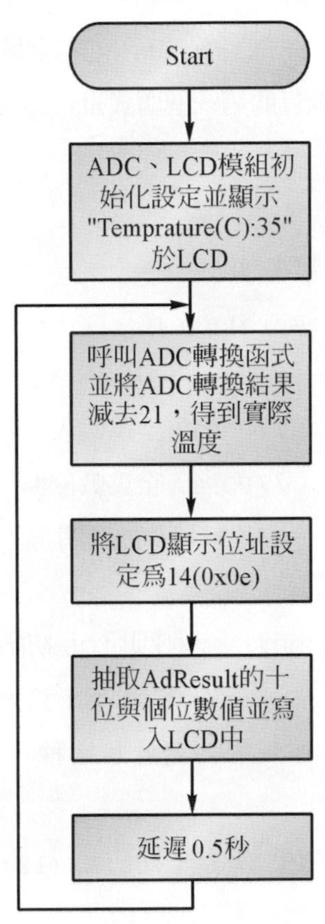

▲ 圖 2-54　Temprature meter 系統功能流程圖

2-7-3　MAIN.c 程式碼

```
#include <htc.h>          //引用 htc.h 標頭檔(實際上使用 pic18F4520.h)
#include  "lcd.h"         //引用 WH1602A LCD 標頭檔
#include "delay.h"        //引用 delay 標頭檔
#include "Adc.h"          //引用 Adc 標頭檔
//========常數腳宣告區==========
#define ONEMS 100         //在程式中的"ONEMS"字串，將代換成"100"
```

```
//========I/O 腳宣告區==========
static bit LCD_RS @ ((unsigned)&PORTD*8+4);//LCD_RS 腳位接至 PORTD,4
static bit LCD_EN @ ((unsigned)&PORTA*8+2);//LCD_EN 腳位接至 PORTA,2
static bit LCD_RW @ ((unsigned)&PORTD*8+5);//LCD_RW 腳位接至 PORTD,5
//========全域變數宣告區==========
unsigned char AdResult,temp; // 宣告全域變數
//////////////C 語言執行的第一個函式 main///////////////////////
void main(void)
{
/*========main 區域變數宣告區==========*/
  const char S1[]="Temprature(C):35"; //宣告 S1 爲字元陣列，爲一字串
//=======初始值設定區====================
  TRISA=0b11111111;     //PORTA 全爲輸入
  ADCON1=0x0f;          //PORTA 全爲數位埠
  CMCON=0x07;           //比較器功能關閉

  lcd_init(FOURBIT_MODE);  //呼叫 LCD 初始化函式(lcd.c)
  lcd_puts(S1);               //將 S1 字串寫入 DDRAM 中(lcd.c)
  DelayMs(ONEMS);             //延遲 0.1 秒

  Adc_Init();  //參考電壓 Vdd 與 Vss;AN(12:1)爲數位腳;AN0 爲類比腳;ADC 結果左調整

//=======主程式區==開始======================
  while(1)              //使用 while(1)達成無窮回圈功能
  {
  Adc_Read();           //將 AN0 之類比電壓進行 ADC 轉換
  AdResult=ADRESH;      //AdResult 儲存 ADC 結果
  AdResult-=21;         //將 AdResult 減去 21 得到實際溫度
  lcd_cmd(0X8e);        //設定 DDRAM 位址爲 0x0e

```

```
037   temp=AdResult/10;           //temp=十位數數值
038   lcd_data(temp|0x30);        //將此數值轉成 ASCII 碼，並寫入 LCD 中
039
040   temp=AdResult%10;           //temp=個位數數值
041
042   lcd_data(temp|0x30);        //將此數值轉成 ASCII 碼，並寫入 LCD 中
043
044   DelayMs(500);               //延遲 0.5 秒
045 //=======主程式區==結束=====================
046    }//while(1)
047 }//main
```

主程式放置區(程式碼 014～047)：

第 14 行是 C 語言執行的第一個函式(Main)，在此函式內可將其分爲初始値設定區(程式碼 019～027)與主程式區(程式碼 030～046)。初始値設定區適合放置只做一次的動作；主程式區藉由第 30 行 while(1)程式碼，形成無窮迴圈，也就是在第 31 行至第 46 行內之程式碼將會被重複執行，其動作完全依照系統功能流程圖。

爲了符合式 2-1 中，溫度係數爲 19.5mV/°C。將 ADC 的解析度也設定爲 19.5m($\frac{5}{2^8}$)V/數位値，如此在計算實際溫度數値時就能變得相當單純。所以將 ADC 結果左調整(027 行)只讀取 ADRESH 忽略 ADRESL，即可得到 19.5V/數位値的要求。

2-7-4　lcd.c 程式碼

```
#include <htc.h>
#include "lcd.h"
#include "delay.h"
////////////////////////////////////////////
unsigned char
lcd_read_cmd_nowait(void)
{
```

```
 unsigned char c, readc;

 LCD_DATA_TRIS = INPUT_DATA; //RD(3:0)為輸入埠

 LCD_RW = 1; // 讀取 IR
 asm("nop"); // 延時一個指令週期
 asm("nop"); // 延時一個指令週期

 LCD_STROBE_READ(readc); //產生讀/寫致能脈波並讀取高 4 位元資料(lcd.h)
 c = ( ( readc << 4 ) & 0xF0 ); //將此高 4 位元資料左移 4 位元後儲存於 c

 LCD_STROBE_READ(readc); // 產生讀/寫致能脈波並讀取低 4 位元資料(lcd.h)
 c |= ( readc & 0x0F ); //C=C | readc，C 儲存完整忙碌旗標及位址

 LCD_RW = 0; //寫入 IR
 LCD_DATA_TRIS = OUTPUT_DATA; // RD(3:0)為輸出埠

 return(c); //回傳 c
}

////////////////////////////////////////
void
lcd_check_busy(void) // Return when the LCD is no longer busy, or
                     // we've waiting long enough!
{

 unsigned int retry;
 unsigned char c;

 for (retry=1000; retry-- > 0; ) {
     c = lcd_read_cmd_nowait();   //讀取 BF 函式
```

```
        if (0==(c&0x80)) break; //判斷 BF 位元，如果爲 0 代表 LCD 不再忙碌
    }
}
/////////////////////////////////////////
unsigned char
lcd_read_data(void)
{
  unsigned char c, readc;

  LCD_WAIT; // may check LCD busy flag, or just delay a little,
            // depending on lcd.h

  LCD_DATA_TRIS    = INPUT_DATA;

  LCD_RW = 1; // Read LCD
  LCD_RS = 1; //select Data Register

      LCD_STROBE_READ(readc); // Read high nibble
      // Move 4 bits to high nibble while zeroing low nibble
      c = ( ( readc << 4 ) & 0xF0 );
      LCD_STROBE_READ(readc); // Read low nibble
      c |= ( readc & 0x0F ); // Or in 4 more bits to low nibble

  LCD_RW = 0; // Return to default mode of writing LCD
  LCD_DATA_TRIS = OUTPUT_DATA;//Return to default mode of writing LCD
  LCD_RS = 0; //
  lcd_cmd(0X10);
  return(c);
}
/////////////////////////////////////////
/* send a command to the LCD */
```

```
void
lcd_cmd(unsigned char c)
{
  LCD_WAIT;  //因為在 lcd.h 中定義使用 BF 判斷 LCD 是否忙碌?
             //LCD_WAIT 實際上呼叫 lcd_check_busy 函式

  LCD_DATA = ( ( c >> 4 ) & 0x0F );//將 8 位元資料中的高 4 位元右移至
                                   //RD(3:0)輸出
  LCD_STROBE();    //產生讀/寫致能脈波
  LCD_DATA = ( c & 0x0F ); //將 8 位元資料中的低 4 位元經 RD(3:0)輸出
  LCD_STROBE();    //產生讀/寫致能脈波

}
///////////////////////////////////////
/* send data to the LCD */
void
lcd_data(unsigned char c)
{
  LCD_WAIT;  //因為在 lcd.h 中定義使用 BF 判斷 LCD 是否忙碌?
             //LCD_WAIT 實際上呼叫 lcd_check_busy 函式


  LCD_DATA = 0; //將 RD(3:0)清除為 0
  LCD_RS = 1; //對 DR 寫入資料

  LCD_DATA |= ( ( c >> 4 ) & 0x0F );//將 8 位元輸出資料的高 4 位元送
                                    //至 RD(3:0)輸出
  LCD_STROBE(); //產生讀/寫致能脈波

  LCD_DATA &= 0xF0; //清除 RD(3:0)為 0
  LCD_DATA |= ( c & 0x0F ); //將 8 位元輸出資料的低 4 位元送至 RD(3:0)輸出
```

```
 LCD_STROBE(); //產生讀/寫致能脈波

 LCD_RS = 0; //對 IR 寫入資料
}
/////////////////////////////////////////
/* write a string of chars to the LCD */
void
lcd_puts(const char * s)
{
 while(*s)     //只要 s 字串中的值不為 0，繼續執行下一行程式
   lcd_data(*s++); //8 位元資料輸出至 LCD 介面
}
/////////////////////////////////////////
/* initialize the LCD */
void
lcd_init(unsigned char mode)
{
 char init_value;
 LCD_RS = 0;
 LCD_EN = 0;
 LCD_RW = 0;
 LCD_RS_TRIS = OUTPUT_PIN;
 LCD_EN_TRIS = OUTPUT_PIN;
 LCD_RW_TRIS = OUTPUT_PIN;
 LCD_DATA_TRIS = OUTPUT_DATA;
 DelayMs(15);

 lcd_cmd(0x02);  //功能設定(4 位元傳輸)
 lcd_cmd(0x20);  //功能設定(4 位元傳輸),4 bit bus ,1 lines,5*8

 lcd_cmd(0x0C);  //打開顯示器，游標及游標閃爍關閉
```

```
128   lcd_cmd(0x1);    //清除顯示器(填入 0x20 至 DDRAM 中)
129   lcd_cmd(0x6);    //字元進入模式設定，讀寫 DDRAM 位址加 1，游標右移
130
131  }
132  /////////////////////////////////////////////////////////////////
133  void lcd_displayclear(void)
134  {
135   lcd_cmd(0x1);    //清除顯示器(填入 0x20 至 DDRAM 中)
136  }
137  //////////////////////////////////////////////////////////////////
138  void lcd_returnhome(void)
139  {
140   lcd_cmd(0x2);    //清除顯示器(填入 0x20 至 DDRAM 中)
141  }
```

在 lcd.c 中定義了許多函式，第一個被呼叫的函式為 lcd_init(112～131 行)，其中 125 行設定顯示為 1 行。遵循 2-5-1-3 節將 2-5-1-3 WH1602A 初始化。然後呼叫 lcd_puts(S1)(104 ～ 108 行) 顯示 “Temprature©:35” 字串，實際溫度數值由 lcd_data(AdResult|0x30)(82～100 行)顯示於 LCD。

2-7-5 adc.c 程式碼

```
#include  <htc.h>
#include  "delay.h"
#include  "adc.h"
//============================================
void
Adc_Read(void)
{
 DelayUs(20);//等待 20uS
 GODONE = 1; //開始 ADC 轉換
```

```
010    while(GODONE)
011        continue;    //GODONE=1，ADC 轉換未完成，繼續判斷 GODONE
012  }
013  //============================================
014  void
015  Adc_Init(void)
016  {
017    ADCON1=0x0E;//參考電壓 Vdd 與 Vss;AN(12:1)爲數位腳;AN0 爲類比腳
018    ADCON0=0x01;//AN0 爲 ADC 轉換腳;ADC 模組 ON
019    ADCON2=0x38;//ADC 結果左調整;ACQ 時間=2TAD;TAD=2*1/Fosc
020  }
```

第 014～020 行程式爲 Adc_Init 函式，其主要目的在設定 ADC 模組的參考電壓、轉換腳位、ADC 結果向左調整。

第 005～012 行程式爲 Adc_Read 函式，其主要目的爲啓動 ADC，並判斷 ADC 是否完成。

2-7-6　Temprature Meter 使用的 SFR

請參閱組合語言篇 6-1 節範例 11 (類比至數位轉換)。

2-8 Temperature Monitoring System(ADC+LCD+I/O)

承接上個範例的功能，再加上控制交流電熱器及電風扇，完成一溫度監控系統(溫度範圍介於攝氏 25～30℃)。當溫度低於 25℃時，電熱器加熱到 27℃停止；當溫度高於 30℃時，電風扇運轉降溫到 27℃停止(此種機制之目的在於避免交流負載啓動、關閉頻繁)。遵循組合語言篇之硬體、軟體設計步驟。硬體設計如圖 2-55 所示，爲使範例接線及使用元件愈少，使得學習 18F4520 愈單純，故將重置腳位($\overline{\text{MCLR}}$)設定爲 RE3 功能。

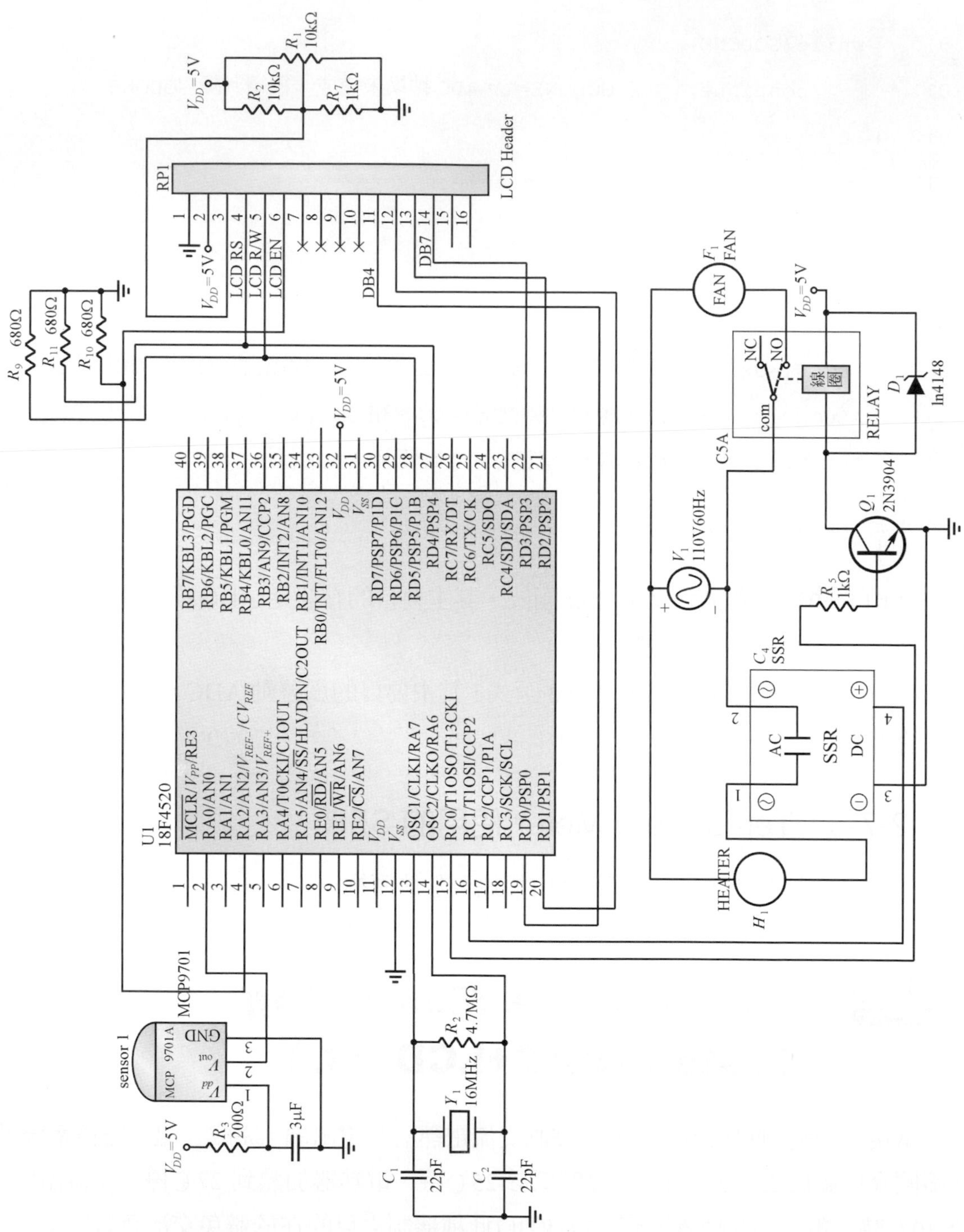

▲ 圖 2-55 Temperature Monitoring System 硬體電路

2-8-1　電磁式繼電器與固態繼電器介紹

在數控的系統中經常需要控制交流的負載，但通常數控系統中的電壓爲直流且爲 TTL 準位，並不能直接控制交流負載，因此必須使用一介面元件控制交流負載。

2-8-1-1　電磁式繼電器(Relay)

繼電器，也稱電驛，是一種電子控制器件，它具有控制系統(又稱輸入迴路)和被控制系統(又稱輸出迴路)，通常應用於自動控制電路中，它實際上是用較小的電流去控制較大電流的一種“自動開關”。故在電路中起著自動調節、安全保護、轉換電路等作用。(維基百科，自由的百科全書)

繼電器一般由鐵芯、線圈、銜鐵、觸點簧片等組成，如圖 2-56。只要在線圈兩端加上一定的電壓，線圈中就會流過一定的電流，從而產生電磁效應，銜鐵就會在電磁力吸引的作用下克服返回彈簧的拉力吸向鐵芯，從而帶動銜鐵的動觸點與靜觸點(常開觸點)吸合。當線圈斷電後，電磁的吸力也隨之消失，銜鐵就會在彈簧的反作用力返回原來的位置，使動觸點與原來的靜觸點(常閉觸點)吸合。這樣吸合、釋放，從而達到了在電路中的導通、切斷的目的。對於繼電器的“常開、常閉”觸點，可以這樣來區分：繼電器線圈未通電時處於斷開狀態的靜觸點，稱爲“常開觸點”；處於接通狀態的靜觸點稱爲“常閉觸點”。(維基百科，自由的百科全書)

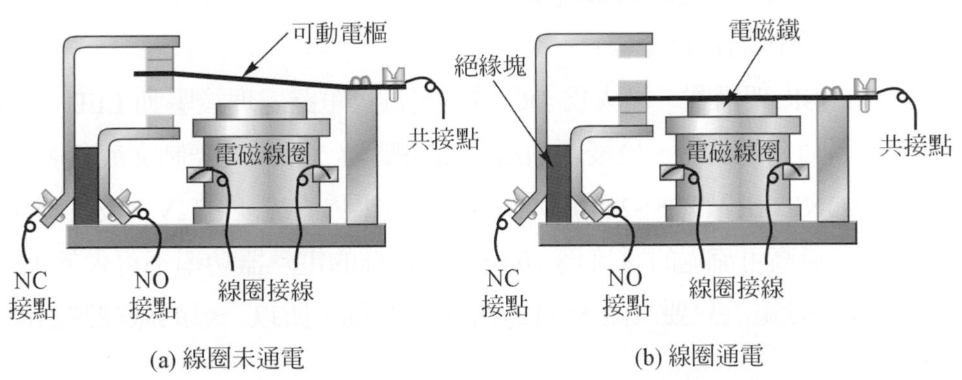

▲ 圖 2-56　繼電器內部構造(維基百科，自由的百科全書)

電驛的符號如圖 2-57 所示，其中線圈代表電磁鐵線圈，可使用的電壓規格通常爲 DC3V、DC5V、DC 12V、DC 24V。com 代表共接點，NO 代表常開接點，NC 代表常閉接點，可使用的接點規格從 0.1A125VAC 至 30A250VAC，依不同的需求選擇適當的繼電器。本範例使用 HSIN DA 出廠的 943-12-5SD，線圈電壓爲直流 5V，輸出接點在 110V 交流電可流過 12A 電流，所以選擇的風扇功率不可大於 1300W(因爲 110*12)。

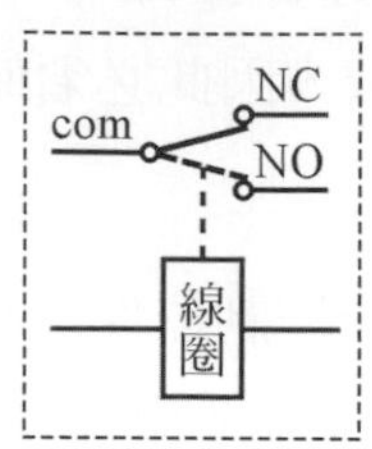

▲ 圖 2-57　繼電器示意圖

2-8-1-2　固態繼電器(solid state relay，SSR)

固態繼電器(solid state relay，SSR)是利用一顆 LED 與一顆光電晶體做成之光耦合器，觸發矽控整流體(SCR)或雙向矽控整流器(TRIAC)，因此可以接受低壓(DC 或 AC)信號輸入，而驅動高壓之輸出，具隔離輸出入及控制高功率輸出之效果。

固態繼電器按負載電源類型可分爲交流型和直流型。按開關型式可分爲常開型和常閉型。按隔離型式可分爲混合型、變壓器隔離型和光電隔離型，以光電隔離型爲最多。

優點：開關速度快、工作頻率高、使用壽命長、雜訊低和工作可靠。

使用場合：取代常規電磁式繼電器，廣泛用於數位程式控制裝置。

(維基百科，自由的百科全書)

圖 2-58 爲 SSR 架構圖，輸入爲 DC 電經過輸入電路處理後驅動 LED，經由能量轉換將電變光驅動光電晶體，最後經由觸發電路驅動 TRIAC 控制交流負載。本範例使用 COSMOSONIC 出廠的 SS2410DZ，控制端電壓爲直流 4～32V，被控制端電壓爲交流 70～240V，最高可流過的電流爲 10A，所以選擇的電熱器功率不可大於 1100W(因爲 110*10)。控制端電流只要直流 5～15mA 就可驅動，所以一般的微控制器都可直接驅動 SSR。

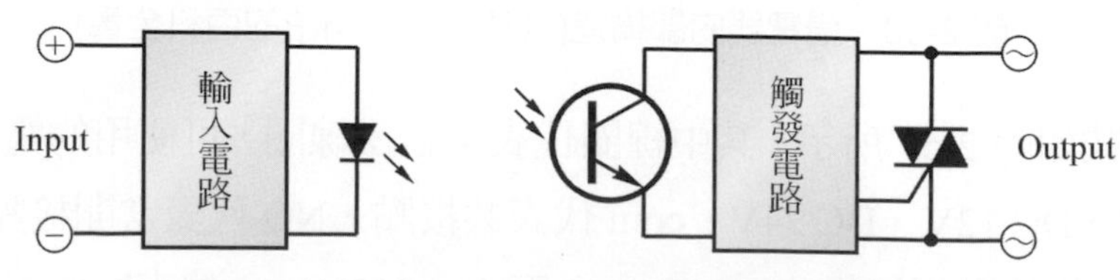

▲ 圖 2-58　SSR 架構圖

2-8-2 系統功能流程圖

進行軟體撰寫前，若能先將系統功能以流程圖繪出，對軟體設計將是非常大的助力。它提供系統功能大方向，使設計者清楚系統功能之脈絡，進而撰寫程式將功能完成。

Temperature Monitoring System 系統功能流程圖，如圖 2-59 所示。

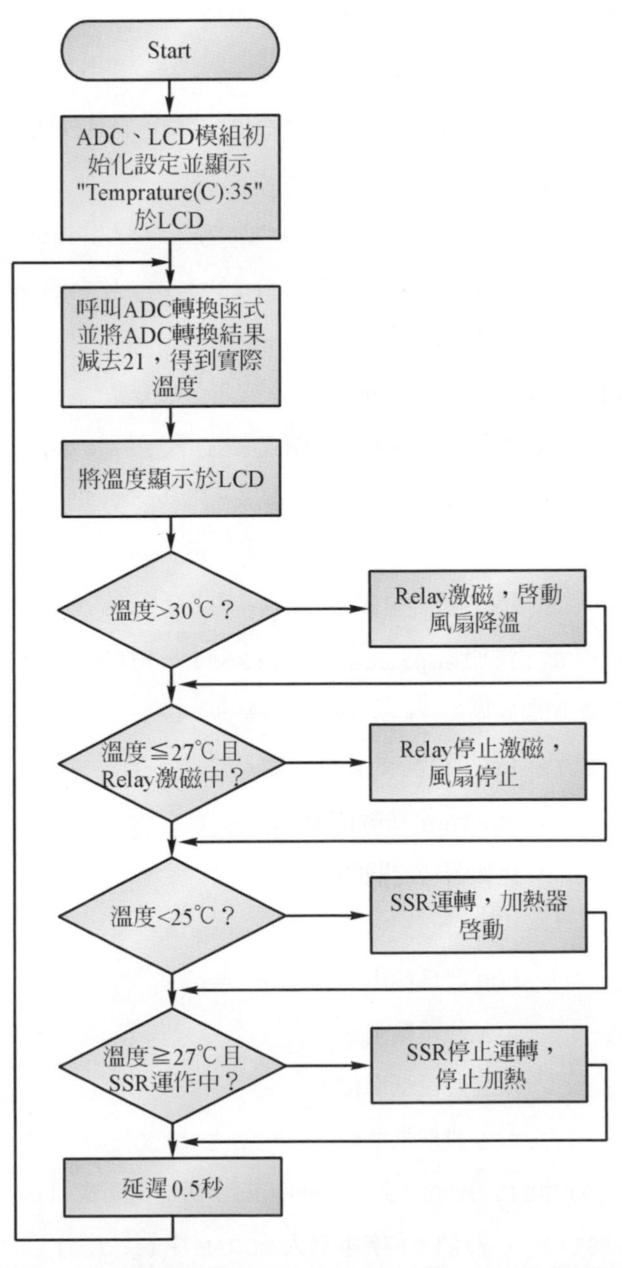

▲ 圖 2-59 Temperature Monitoring System 系統功能流程圖

2-8-3 MAIN.c 程式碼

```
#include <htc.h>        //引用 htc.h 標頭檔(實際上使用 pic18F4520.h)
#include "lcd.h"        //引用 WH1602A LCD 標頭檔
#include "delay.h"      //引用 delay 標頭檔
#include "Adc.h"        //引用 Adc 標頭檔
//========常數腳宣告區==========
#define ONEMS 100 //在程式中的"ONEMS"字串，將代換成"100"
//========I/O 腳宣告區==========
static bit Heater @ ((unsigned)&LATC*8+1);//Heater 腳位接至 PORTC,1
static bit Cooler @ ((unsigned)&LATC*8+0);//Cooler 腳位接至 PORTC,0
//========全域變數宣告區==========
unsigned char AdResult,temp; // 宣告全域變數
//////////////C 語言執行的第一個函式 main////////////////////////
void main(void)
{
/*========main 區域變數宣告區==========*/
  const char S1[]="Temprature(C):35"; //宣告 S1 爲字元陣列，爲一字串
//=======初始值設定區====================
  TRISA=0b11111111; //PORTA 全爲輸入
  ADCON1=0x0f;//PORTA 全爲數位埠
  CMCON=0x07; //比較器功能關閉

  TRISC0=0;     //RC0 設爲輸出
  TRISC1=0;     //RC1 設爲輸出
  Heater=0;     //RC0 設爲低準位
  Cooler=0;     //RC1 設爲低準位
  lcd_init(FOURBIT_MODE);  //呼叫 LCD 初始化函式(lcd.c)
  lcd_puts(S1);     //將 S1 字串寫入 DDRAM 中(lcd.c)
  DelayMs(ONEMS);  //延遲 0.1 秒
```

```
  Adc_Init();//參考電壓Vdd與Vss;AN(12:1)為數位腳;AN0 為類比腳;ADC 結果左調整
//=======主程式區==開始=====================
  while(1)                //使用 while(1)達成無窮回圈功能
  {
  Adc_Read(); //將 AN0 之類比電壓進行 ADC 轉換
  AdResult=ADRESH;  //AdResult 儲存 ADC 結果
  AdResult-=21;  //將 AdResult 減去 21 得到實際溫度
  lcd_cmd(0X8e);  //設定 DDRAM 位址為 0x0e
  temp=AdResult/10; //temp=十位數數值
  lcd_data(temp|0x30); //將此數值轉成 ASCII 碼，並寫入 LCD 中
  temp=AdResult%10; //temp=個位數數值
  lcd_data(temp|0x30);  //將此數值轉成 ASCII 碼，並寫入 LCD 中
///////////Temprature Too Hot//////////////
  if(AdResult>30)
  {
      Cooler=1;    //溫度高於 30 度 C，RC0 輸出高準位驅動 Relay 降溫
  }
  if((AdResult<=27)&&(Cooler==1))
  {
      Cooler=0;    //降溫後且溫度低、等於 27 度 C，RC0 輸出低準位停止降溫
  }
///////////Temprature Too Cold//////////////
  if(AdResult<25)
```

```
058   {
059       Heater=1;    //溫度低於 25 度 C，RC1 輸出高準位驅動 SSR 加熱
060   }
061   if((AdResult>=27)&&(Heater==1))
062   {
063       Heater=0;    //溫度高、等於 27 度 C，RC1 輸出低準位停止加熱
064   }
065
066
067   DelayMs(500); //延遲 0.5 秒
068  //=======主程式區==結束=====================
069   }//while(1)
070  }//main
```

主程式放置區(程式碼 013～070)：

第 13 行是 C 語言執行的第一個函式(Main)，在此函式內可將其分為初始值設定區(程式碼 015～031)與主程式區(程式碼 033～069)。初始值設定區適合放置只作一次的動作；主程式區藉由第 33 行 while(1)程式碼，形成無窮迴圈，也就是在第 35 行至第 67 行內之程式碼，將會被重複執行，其動作完全依照系統功能流程圖。

2-8-4　lcd.c 程式碼

```
#include <htc.h>
#include "lcd.h"
#include "delay.h"
//////////////////////////////////////////
unsigned char
lcd_read_cmd_nowait(void)
{
 unsigned char c, readc;
```

```
 LCD_DATA_TRIS = INPUT_DATA; //RD(3:0)爲輸入埠

 LCD_RW = 1; //讀取 IR
 asm("nop"); //延時一個指令週期
 asm("nop"); //延時一個指令週期

 LCD_STROBE_READ(readc); //產生讀/寫致能脈波並讀取高 4 位元資料(lcd.h)
 c = ( ( readc << 4 ) & 0xF0 );//將此高 4 位元資料左移 4 位元後儲存於 c

 LCD_STROBE_READ(readc);//產生讀/寫致能脈波並讀取低 4 位元資料(lcd.h)
 c |= ( readc & 0x0F ); //C=C | readc，C 儲存完整忙碌旗標及位址

 LCD_RW = 0;  //寫入 IR
 LCD_DATA_TRIS = OUTPUT_DATA; // RD(3:0)爲輸出埠

 return(c); //回傳 c
}

/////////////////////////////////////////
void
lcd_check_busy(void) // Return when the LCD is no longer busy, or
                     // we've waiting long enough!
{

 unsigned int retry;
 unsigned char c;

 for (retry=1000; retry-- > 0; ) {
```

```
        c = lcd_read_cmd_nowait();   //讀取 BF 函式
        if (0==(c&0x80)) break;  //判斷 BF 位元，如果爲 0 代表 LCD 不再忙碌
    }
}
//////////////////////////////////////
unsigned char
lcd_read_data(void)
{
  unsigned char c, readc;

  LCD_WAIT; // may check LCD busy flag, or just delay a little,
            depending on lcd.h

  LCD_DATA_TRIS = INPUT_DATA;

  LCD_RW = 1; // Read LCD
  LCD_RS = 1; //select Data Register

        LCD_STROBE_READ(readc); // Read high nibble
        // Move 4 bits to high nibble while zeroing low nibble
        c = ( ( readc << 4 ) & 0xF0 );
        LCD_STROBE_READ(readc); // Read low nibble
        c |= ( readc & 0x0F ); // Or in 4 more bits to low nibble

  LCD_RW = 0; // Return to default mode of writing LCD
  LCD_DATA_TRIS = OUTPUT_DATA;  // Return to default mode of
                                   writing LCD
  LCD_RS = 0; //
  lcd_cmd(0X10);
```

```
  return(c);
}
////////////////////////////////////////
/* send a command to the LCD */
void
lcd_cmd(unsigned char c)
{
  LCD_WAIT;  //因為在 lcd.h 中定義使用 BF 判斷 LCD 是否忙碌？
             //LCD_WAIT 實際上呼叫 lcd_check_busy 函式

  LCD_DATA = ( ( c >> 4 ) & 0x0F );//將 8 位元資料中的高 4 位元右移至
                                   //RD(3:0)輸出
  LCD_STROBE();    //產生讀/寫致能脈波
  LCD_DATA = ( c & 0x0F ); //將 8 位元資料中的低 4 位元經 RD(3:0)輸出
  LCD_STROBE();    //產生讀/寫致能脈波

}
////////////////////////////////////////
/* send data to the LCD */
void
lcd_data(unsigned char c)
{
  LCD_WAIT;  //因為在 lcd.h 中定義使用 BF 判斷 LCD 是否忙碌？
             //LCD_WAIT 實際上呼叫 lcd_check_busy 函式


  LCD_DATA = 0; //將 RD(3:0)清除為 0
  LCD_RS = 1; //對 DR 寫入資料

```

```
  LCD_DATA |= ( ( c >> 4 ) & 0x0F ); //將 8 位元輸出資料的高 4 位元送
                                              //至 RD(3:0)輸出
  LCD_STROBE(); //產生讀/寫致能脈波

  LCD_DATA &= 0xF0; //清除 RD(3:0)為 0
  LCD_DATA |= ( c & 0x0F ); //將 8 位元輸出資料的低 4 位元送至 RD(3:0)輸出
  LCD_STROBE(); //產生讀/寫致能脈波

  LCD_RS = 0; ////對 IR 寫入資料
}
////////////////////////////////////////
/* write a string of chars to the LCD */
void
lcd_puts(const char * s)
{
  while(*s)     //只要 s 字串中的值不為 0，繼續執行下一行程式
    lcd_data(*s++); //8 位元資料輸出至 LCD 介面
}
////////////////////////////////////////
/* initialize the LCD */
void
lcd_init(unsigned char mode)
{
  char init_value;
  LCD_RS = 0;
  LCD_EN = 0;
  LCD_RW = 0;
  LCD_RS_TRIS = OUTPUT_PIN;
  LCD_EN_TRIS = OUTPUT_PIN;
```

```
120   LCD_RW_TRIS = OUTPUT_PIN;
121   LCD_DATA_TRIS = OUTPUT_DATA;
122   DelayMs(15);
123
124   lcd_cmd(0x02);  //功能設定(4 位元傳輸)
125   lcd_cmd(0x20);  // 功能設定(4 位元傳輸),4 bit bus ,1 lines,5*8
126
127   lcd_cmd(0x0C);  //打開顯示器，游標及游標閃爍關閉
128   lcd_cmd(0x1);   //清除顯示器(填入 0x20 至 DDRAM 中)
129   lcd_cmd(0x6);   //字元進入模式設定，讀寫 DDRAM 位址加 1，游標右移
130
131 }
132 ///////////////////////////////////////////////////////////////
133 void lcd_displayclear(void)
134 {
135   lcd_cmd(0x1);   //清除顯示器(填入 0x20 至 DDRAM 中)
136 }
137 ///////////////////////////////////////////////////////////////
138 void lcd_returnhome(void)
139 {
140   lcd_cmd(0x2);   //清除顯示器(填入 0x20 至 DDRAM 中)
141 }
```

在 lcd.c 中定義了許多函式，第一個被呼叫的函式為 lcd_init(112～131 行)，其中 125 行設定顯示為 1 行。遵循 2-5-1-3 節將 WH1602A 初始化。然後呼叫 lcd_puts(S1)(104～108 行)顯示“Temprature(c):35”字串，實際溫度數值由 lcd_data(AdResult|0x30)(82～100 行)顯示於 LCD。

2-8-5 adc.c 程式碼

```
001 #include <htc.h>
002 #include "delay.h"
003 #include "adc.h"
004 //==========================================
005 void
006 Adc_Read(void)
007 {
008   DelayUs(20);//等待 20uS
009   GODONE = 1; //開始 ADC 轉換
010   while(GODONE)
011       continue;    //GODONE=1，ADC 轉換未完成，繼續判斷 GODONE
012 }
013 //==========================================
014 void
015 Adc_Init(void)
016 {
017   ADCON1=0x0E;//參考電壓 Vdd 與 Vss;AN(12:1)爲數位腳;AN0 爲類比腳
018   ADCON0=0x01;//AN0 爲 ADC 轉換腳;ADC 模組 ON
019   ADCON2=0x38;//ADC 結果左調整;ACQ 時間＝2TAD;TAD=2*1/Fosc
020 }
```

第 014～020 行程式爲 Adc_Init 函式，其主要目的在設定 ADC 模組的參考電壓、轉換腳位、ADC 結果向左調整。

第 005～012 行程式爲 Adc_Read 函式，其主要目的爲啓動 ADC，並判斷 ADC 是否完成。

2-8-6　Temprature Meter 使用的 SFR

請參閱組合語言篇 6-1 節範例 11 (類比至數位轉換)。

2-9　I²C 通訊介面(I²C)

本範例藉由 PIC18F4520 微控制器 MSSP 模組的 I²C 通訊介面，讀/寫外接 EEPROM(24LC08B)，記錄系統開機的次數並將其顯示於 PORTD。同時以 Reset 按鍵提供清除開機次數的功能。遵循組合語言篇之硬體、軟體設計步驟。硬體設計如圖 2-60 所示，爲使範例接線及使用元件愈少，使得學習 18F4520 愈單純，故將重置腳位($\overline{\text{MCLR}}$) 設定爲 RE3 功能。

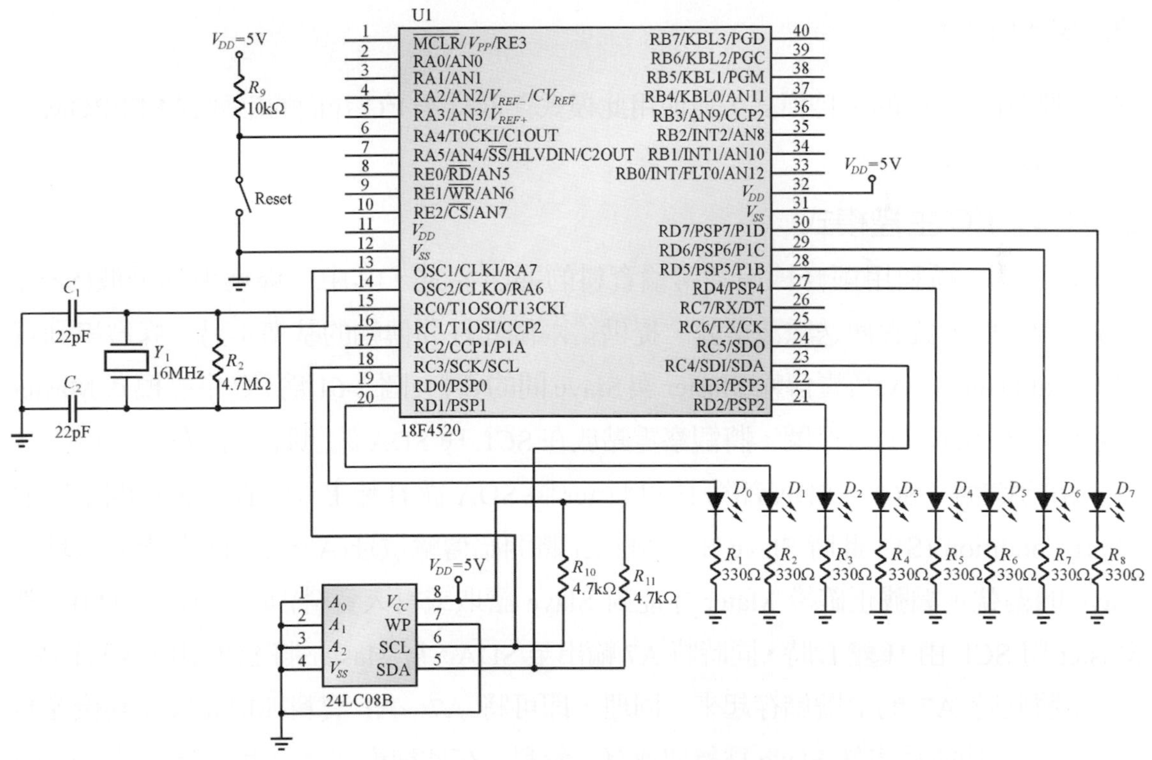

▲ 圖 2-60　I²C 通訊介面硬體電路

2-9-1 I^2C 介紹

PIC18F4520 提供主同步串列埠模組(Master Synchronous Serial Port，MSSP)，對其他外部設備進行串列通訊。這些外部設備包括串列式 EEPROM、移位暫存器、顯示驅動器與 A/D 轉換器等。MSSP 模組可工作在以下兩種模式：

1. 串列週邊介面(Serial Peripheral Interface)(3 線式)。
2. 內部互聯介面(Inter-Integrated Circuit，I^2C)(2 線式)。
   ① 全主控模式。
   ② 僕式模式(廣播地址呼叫)。

其中 I^2C 介面硬體上支援下列模式：

1. 主控模式。
2. 多主控模式。
3. 僕式模式。

本範例將介紹 I^2C 的主控模式，並使用此模式存取支援 I^2C 介面的串列式 EEPROM，24LC08B。

2-9-1-1 I^2C 主控模式

I^2C 是一種利用兩條線串列傳輸資料的通訊協定。其中一條爲串列脈波(Serial Clock，SCL)，負責傳送脈波信號，提供給兩個元件間傳輸的基準；另一條爲串列資料(Serial Data，SDA)負責傳輸 Master 與 Slave 間的資料。圖 2-61 爲 I^2C 主控模式 Master 傳送資料至 Slave 的時序圖，將觀察重點放在 SCL 與 SDA 的訊號上(由左至右)。

初始狀態爲 SCL、SDA 都爲 H，Master 將 SDA 從 H 變 L 時，此時稱爲開始狀態(Start Condition)(S)，此時 Slave 知道 Master 將開始傳輸位址(A7～A1)，此處的位址爲 Slave 的編號，編號正確後 Mater 才能對 Slave 讀取或寫入資料)與資料(D7～D0)。當 Master 將 SCL 由 H 變 L 時，同時將 A7 輸出至 SDA。當 Master 將 SCL 由 L 變 H 時，Slave 將此時 A7 的信號儲存起來。同理，即可將 A7～A1 資料抓取完成。其後還有 $R/\overline{W}$ 位元，功能爲告知 Slave 爲讀取或寫入資料，在此種模式下 $R/\overline{W}=0$，代表 Master 對 Slave 寫入資料。當此八位元(A7～A1＋$R/\overline{W}$)被 Slave 接收完成後，Mater 將 SDA 釋放，也就是將 SDA 設定爲輸入。等待 Slave 進行位址的比對是否正確？若是，Slave

將輸出 $\overline{ACK}$=L，代表位址比對正確；否則，輸出 $\overline{ACK}$=H 代表位址比對錯誤。Mater 抓取此時 SDA 的信號，就可知道位址比對是否成功。

當 Master 驗證 Slave 位址成功後，便進行資料的傳遞。Master 將 SCL 由 H 變 L 時，同時將 D7 輸出至 SDA。當 Master 將 SCL 由 L 變 H 時，Slave 將此時 D7 的信號儲存起來。同理，依序將 D6～D0 儲存完成，並回應 $\overline{ACK}$。最終 Mater 先將 SCL 由 L 變 H，再將 SDA 由 L 變 H，完成結束狀態(P)。

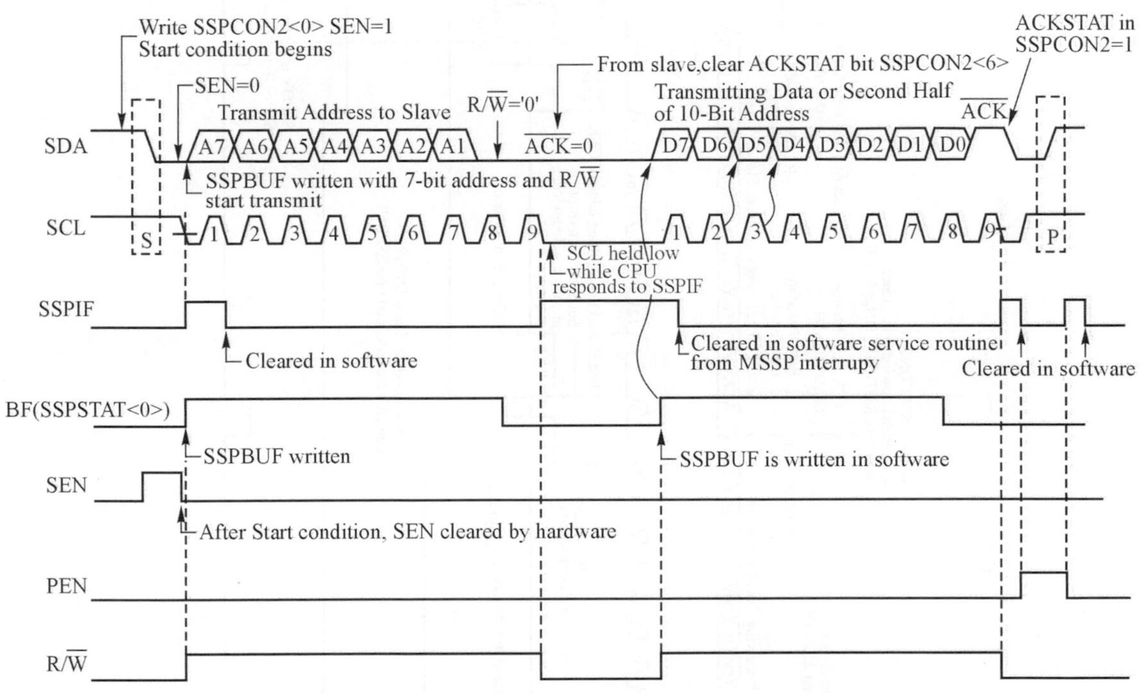

▲ 圖 2-61　I^{2}C 主控傳送資料模式(PIC18F 資料手冊)

圖 2-62 為 I^{2}C 主控模式 Master 接收 Slave 資料的時序圖，將觀察重點放在 SCL 與 SDA 的訊號上(由左至右)。初始狀態為 SCL、SDA 都為 H，Master 將 SDA 從 H 變 L 時，此時稱為開始狀態(Start Condition)，此時 Slave 知道 Master 將開始傳輸位址(A7～A1，此處的位址為 Slave 的編號，編號正確後 Mater 才能對 Slave 讀取或寫入資料)與資料(D7～D0)。當 Master 將 SCL 由 H 變 L 時，同時將 A7 輸出至 SDA。當 Master 將 SCL 由 L 變 H 時，Slave 將此時 A7 的信號儲存起來。同理，即可將 A7～A1 資料抓取完成。其後還有 $R/\overline{W}$ 位元，功能為告知 Slave 為讀取或寫入資料，在此種模式下 $R/\overline{W}$=1，代表 Master 從 Slave 讀取入資料。當此八位元(A7～A1＋$R/\overline{W}$)被 Slave 接收完成後，Mater 將 SDA 釋放，也就是將 SDA 設定為輸入。等待 Slave 進行位址的比對

是否正確？若是，Slave 將輸出 $\overline{ACK}$=L，代表位址比對正確；否則，輸出 $\overline{ACK}$=H 代表位址比對錯誤。Mater 抓取此時 SDA 的信號，就可知道位址比對是否成功。

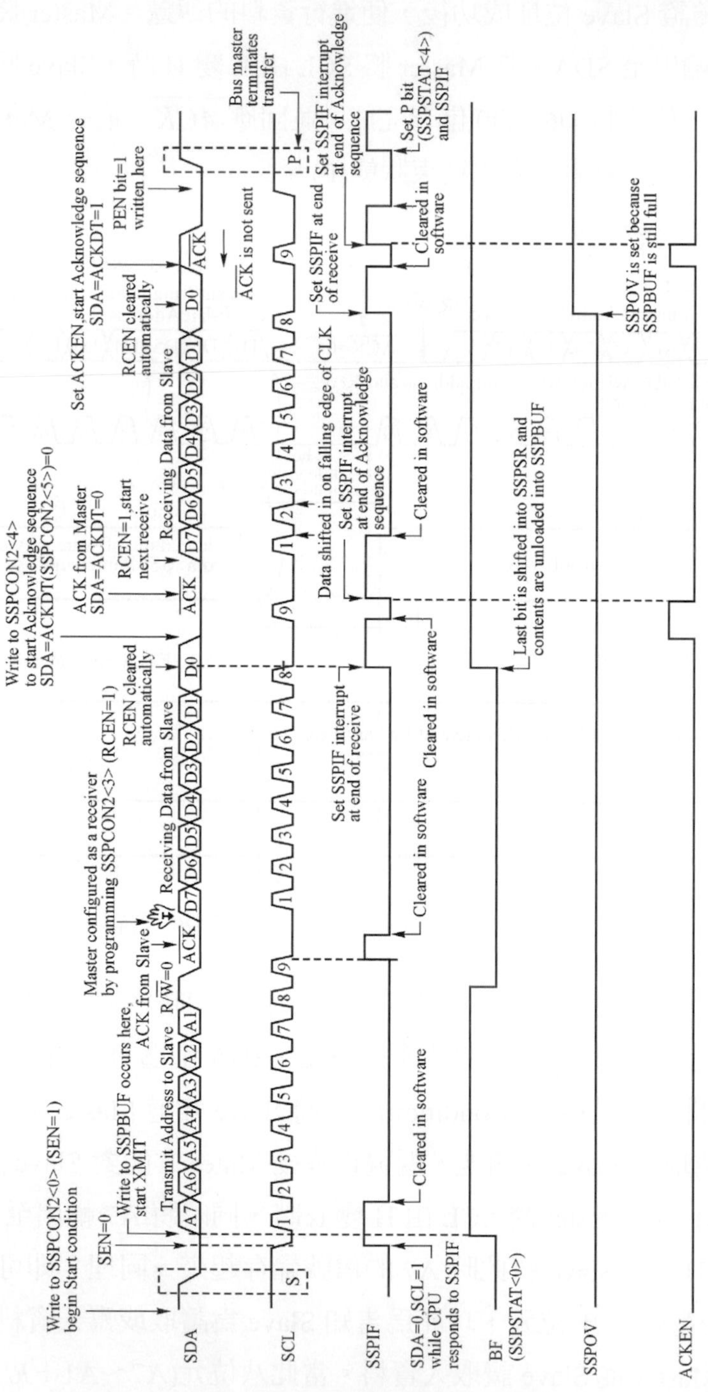

▲ 圖 2-62 I^2C 主控接受資料模式(PIC18F 資料手冊)

當 Master 驗證 Slave 位址成功後，便進行資料的傳遞。此時 Master 控制著 SCL 由 H 變 L 時，Slave 將 D7 輸出至 SDA(對 Master 而言，此時 SDA 為輸入；對 Slave 而言，此時 SDA 為輸出)。當 Master 將 SCL 由 L 變 H 時，Master 將此時 D7 的信號儲存起來。同理，依序將 D6～D0 儲存完成，並回應 $\overline{ACK}$=0，繼續從 Slave 抓取下一筆資料，抓取完成後此時 Master 回應 $\overline{ACK}$=1，代表不再從 Slave 抓取資料。最終 Mater 先將 SCL 由 L 變 H，再將 SDA 由 L 變 H，完成結束狀態(P)。

有了 I^2C 運作的概念後，就可以討論 I^2C 傳輸速率(在此也可稱為鮑率)為何？從上述討論可發現鮑率即為 SCL 脈波頻率，為 FOSC/(4 * (SSPADD + 1))。以本範例為例 SCL 的鮑率=16MHz/4*(39+1)=100KHz。

圖 2-63 為 I^2C 主控模式功能方塊圖，所有 I^2C 的開始、資料傳輸、$\overline{ACK}$ 的波形，都由它完成，使用者只需將對應的 SFR 設定完成即可(細部設定將於程式碼中說明)。

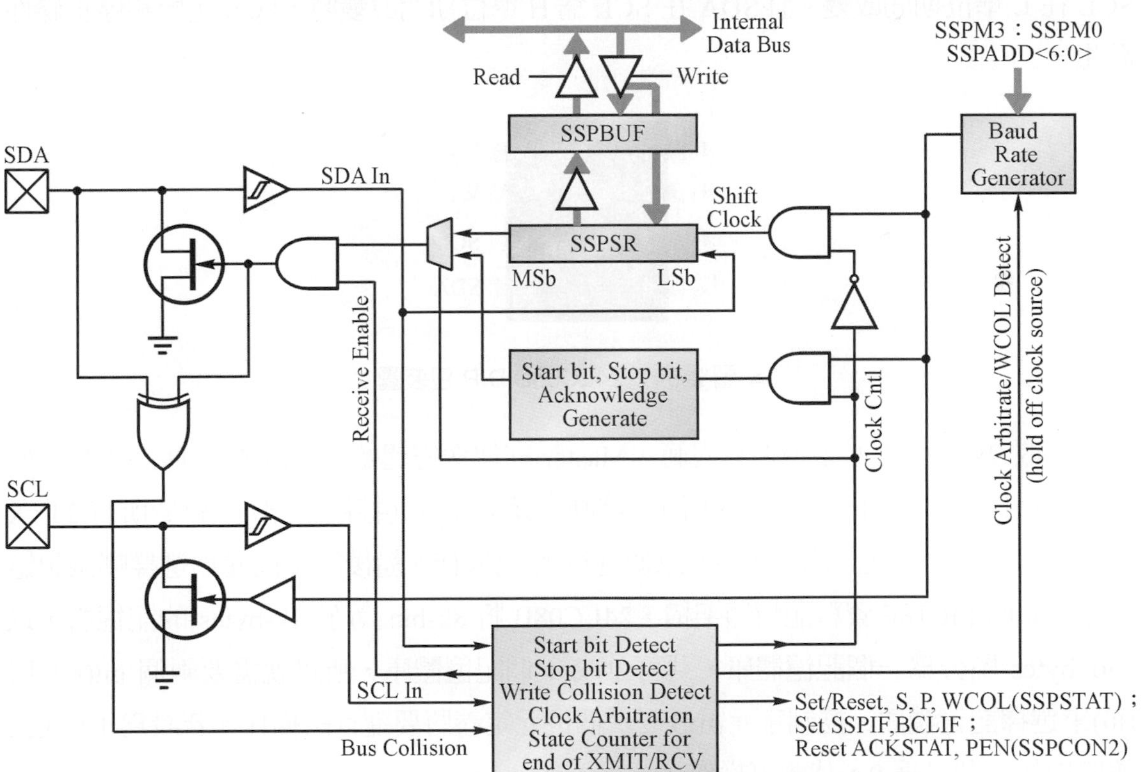

▲ 圖 2-63　MSSP I^2C 主控模式功能方塊圖(PIC18F 資料手冊)

2-9-2 24LC08B

24LC08B 為 Microchip 製造可用 I^2C 介面存取資料的 EEPROM，其中 08 就是代表其可使用資料空間為 8k-bits(32 即為 32k-bits)，工作電壓從 2.5～5.5V，最高存取速率可達 400kHz。圖 2-64 為其 DIP 包裝圖。

A0～A3：在 24LC08B 中未被使用，直接接地。

WP：必須連接至 V_{ss} 或者 V_{cc}，如果連接至 V_{ss} 將寫入致能；如果連接至 V_{cc} 將寫入除能，但讀取資料不受影響。

SDA：SDA 為雙向接腳，其功能為把地址和資料輸入或輸出該元件。且為開洩極組態。因此，必須在此腳與 V_{cc} 間接上提升電阻(通常頻率為 100kHz 時，電阻值為 10kΩ；頻率為 400kHz 與 1MHz 時，電阻值為 2kΩ)。對於正常的資料傳輸，只允許 SCL 在 L 準位期間改變。而 SDA 在 SCL 為 H 準位期間改變時，代表起始和停止條件發生。

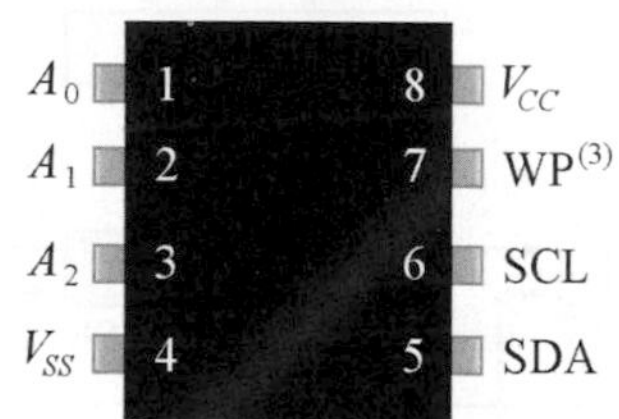

▲ 圖 2-64 24LC08B DIP 包裝圖

存取 24LC08B 必須遵循其規範，Master 在傳送完起始位元(S)後，傳送的第一個字元組為控制字元組，如圖 2-65 所示。控制字元以 4 位元控制碼開始。對於所有 24XX 元件而言，這 4 位元設為 "1010" 以便進行讀/寫操作。隨後的 2 位元為選擇哪個記憶體庫，如同 PIC18F 資料記憶體架構，24LC08B 將 8k-bits(等於 1k-bytes)的記憶體，以 256 bytes 區分為一個記憶體庫，共可分成 4 個記憶體庫，所以就需要兩個 bit(B1 與 B0)來選擇記憶體庫。控制字元組最後一個位元定義將要進行的操作。若設為 1，代表讀取操作；若設為 0，代表寫操作。

傳送的第二個位元組為位址位元組，亦即對哪一個位址的資料進行讀取或寫入的動作。

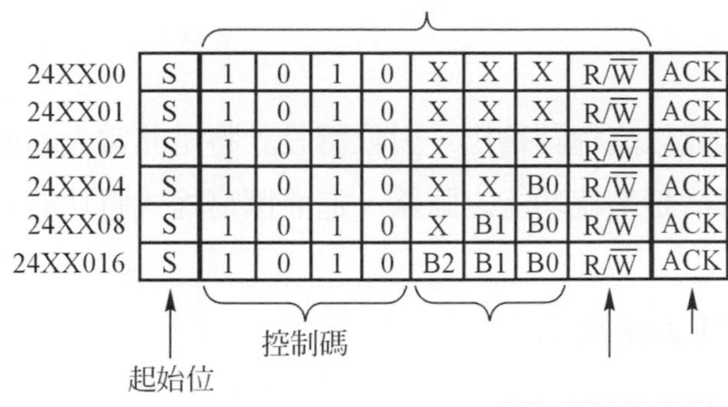

X	X	X	X	A3	•	•	A0
X	A6	•	•	•	•	•	A0
A7	•	•	•	•	•	•	A0
A7	•	•	•	•	•	•	A0
A7	•	•	•	•	•	•	A0
A7	•	•	•	•	•	•	A0

▲ 圖 2-65　24LC08 控制字元組與位址字元組(24LC08B 資料手冊)

24XX 提供位址寫入與整個記憶體庫寫入的模式。範例只使用第一種模式，故只介紹位址寫入功能。其動作如圖 2-66 所示。依序爲 S、控制字元組、位址字元組、資料字元組、P。如此便能把資料寫入任何一個位址中。任何寫入工作完成後，都必須給 24LC08B 寫入資料的時間。(最大值爲 5m 秒)

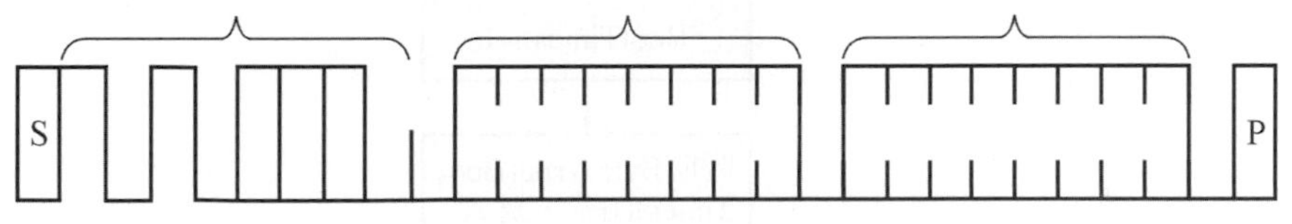

▲ 圖 2-66　位址寫入資料(24LC08B 資料手冊)

24XX 提供位址讀出與整個記憶體庫讀出的模式。範例只使用第一種模式，故只介紹位址讀出功能。其動作如圖 2-67 所示。依序爲 S、控制字元組($R/\overline{W}$=0)、位址字元組、S、控制字元組($R/\overline{W}$=1)、資料字元組、P。如此便能把資料寫入任何一個位址中。請注意圖 2-67 中的前三個 $\overline{ACK}$ = L 都是 24LC08B 產生的，master 接收完資料後不確認，所以 $\overline{ACK}$=H。

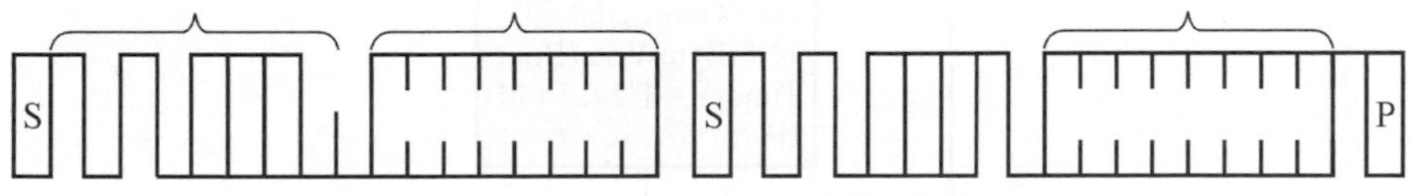

▲ 圖 2-67　位址讀出資料(24LC08B 資料手冊)

2-9-3 系統功能流程圖

進行軟體撰寫前，若能先將系統功能以流程圖繪出，對軟體設計將是非常大的助力。它提供系統功能大方向，使設計者清楚系統功能之脈絡，進而撰寫程式將功能完成。

I^2C 通訊介面系統功能流程圖，如圖 2-68 所示。

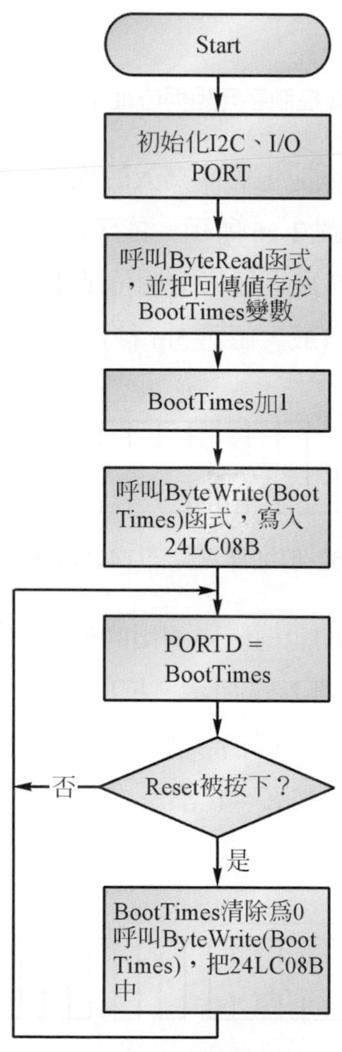

▲ 圖 2-68 I^2C 通訊介面系統功能流程圖

2-9-4 MAIN.c 程式碼

```
#include <htc.h>       //引用 htc.h 標頭檔(實際上使用 pic18F4520.h)
#include "delay.h"     //引用 delay 標頭檔
//========常數腳宣告區==========
#define EEPROM 0xA0         /* I2C EEPROM */
#define ACK   0
#define NOTACK 1

//========Pin Map Setting=========
static bit Led          @ ((unsigned)&PORTD*8+0);
//========全域變數宣告區==========
char BootTimes;

//=======函式定義區=====================
//////////////////////////////////////////////////
void I2c_Init(void)
{
 TRISC=TRISC|0b00011000;       //**這行設定必須在其他設定之前完成,
                               //否則 SCL 不動作不改變其他 TRISC 位元,將
                               //TRISC<4:3>=1
 SSPSTAT=0x00;     //清除所有 I2C 狀態位元
 SMP=1;            //除能 slew rate
 SSPADD=0x39;      //鮑率=16MHz/4*(39+1)=100KHz。(16MHz Crystal)
 SSPCON1=0x28;     //致能 I2C Master mode 功能, clock = FOSC/(4 *
                   //(SSPADD + 1))
 SSPCON2=0x00;     //將 SEN、RSEN、PEN、RCEN、ACKEN 都設爲 IDLE,ACKDT、
                   //ACKSTAT 都設爲 0
 SSPIF=0;          //將 SSPIF 設爲 0
 BCLIF=0;          //將 BCLIF 設爲 0
```

```
}
///////////////////////////////////////////////
void I2c_AckOrNot(unsigned char AckMode)
{
 ACKDT=AckMode?1:0; //假如 AckMode=1,then ACKDT=1 ;否則 ACKDT=0
 ACKEN=1;                //Master 送出 ACKDT 的內容值(0 或 1)
}
///////////////////////////////////////////////
unsigned char I2c_ReadAckFrmSlave(void)
{
 while(RW)     //若 RW=1，代表 I2C 運作中；否則，代表運作完成，可繼續下一個動作
     continue;
 if(ACKSTAT==0) //若 ACKSTAT=0，代表 Slave 已經回傳 ACK;否則 ACKSTAT=1
   return 0;
 else
   return 1;
}
///////////////////////////////////////////////
void I2c_IdleCheck(void)   //測試 I2C 是否可以被使用了？
{
 unsigned char temp;
 while(RW==1) //若 RW=1，代表 I2C 運作中；否則，代表運作完成，可繼續下一個動作
   continue;
```

```
  while((temp=(SSPCON2&0x1f))!=0) //若 SSPCON2 中 0~4 位元中，只要有
                                  //一個位元非 0，代表 I2C 忙碌中。
    continue;

}
/////////////////////////////////////////////////
void I2c_Start(void)
{
  SEN=1;              //MSSP 模組送出 I2C 起始狀態(S)
  while(SEN)          //等待 S 完成，因爲若 S 完成後，硬體會自動將 SEN 設爲 0
    continue;
}
/////////////////////////////////////////////////
void I2c_Stop(void)
{

  PEN=1;              //MSSP 模組送出 I2C 停止狀態(P)
  while(PEN)          //等待 P 完成，因爲若 P 完成後，硬體會自動將 PEN 設爲 0
    continue;

}
/////////////////////////////////////////////////
unsigned char I2c_Read(void)
{

  RCEN=1;             //啓動 I2C 接收資料
  while(RCEN)         //等待接收資料完成，因爲完成後，硬體會自動將 RCEN 設爲 0
    continue;

  return SSPBUF;  //接收得資料放置於 SSPBUF 中
```

```
}
////////////////////////////////////////////////////
void I2c_Write(unsigned char Data)
{
  SSPBUF=Data;      //將 Data 經由 Master 傳送給 Slave
}
//////////////////////////////////////////////////////////
void ByteWrite(char datain)//對24LC08B 位址00的EEPROM寫入datain的資料。
{
      I2c_IdleCheck();//等待 I2C 閒置
      I2c_Start();      //傳送起始(S)
      I2c_Write(0xA0);//傳送至控制碼"10100000",代表對 Slave 寫入資料
      I2c_ReadAckFrmSlave(); //從 Slave 讀取 ACK
      I2c_Write(0x00);//傳送欲寫入的位址為 00
      I2c_ReadAckFrmSlave(); //從 Slave 讀取 ACK
      I2c_Write(datain);  //將資料 datain 傳送給 Slave
      I2c_ReadAckFrmSlave(); //從 Slave 讀取 ACK
      I2c_Stop();           //傳送結束(P),完成傳送
      DelayMs(5);           //等待 5ms,24LC08B 寫入 EEPROM 的時間
}
//////////////////////////////////////////////////////////
```

```
char  ByteRead(void)  //從24LC08B 位址00的EEPROM讀取資料。
{
      char dataout;
      I2c_IdleCheck();//等待I2C閒置
      I2c_Start();      //傳送起始(S)

      I2c_Write(0xA0);//傳送至控制碼"10100000"
      I2c_ReadAckFrmSlave(); //從Slave讀取ACK

      I2c_Write(0x00);//傳送欲寫入的位址爲00
      I2c_ReadAckFrmSlave();   //從Slave讀取ACK

      I2c_Start();      //傳送起始(S)
      I2c_Write(0xA1);//傳送至控制碼"10100001"，代表從Slave讀取資料
      I2c_ReadAckFrmSlave(); //從Slave讀取ACK

      dataout=I2c_Read(); //從Slave讀取資料後存入dataout

      I2c_AckOrNot(1);//Master送出ACKDT的內容值是1
      I2c_Stop();          //傳送結束(P)
      return dataout;      //將dataout回傳
}
//=======函式定義區結束=====================

//////////////C語言執行的第一個函式main/////////////////////////
void main(void)
{
//=======初始值設定區===================
  I2c_Init();        //呼叫I2C初始化函式
  TRISD=0x00;        //PORTD全爲輸出埠
```

```
143   PORTD=0x00;       //PORTD 初始值為 0x00
144   TRISA=0xff;       //PORTA 全為輸入
145   ADCON1=0x0F;//設定 AN0～AN12 為數位腳位，非類比腳
146
147   BootTimes=ByteRead(); //從 24LC08B 位址 00 處讀取資料,存入 BootTimes
148   BootTimes++;       //BootTimes=BootTimes+1
149   ByteWrite(BootTimes); //將 BootTimes 寫入 24LC08B 位址 00 處
150 //=======主程式區==開始=======================
151   while(1)
152   {
153       PORTD=BootTimes;
154       if(RA4==0)
155       {
156           BootTimes=0;
157           ByteWrite(BootTimes);    //若 Reset 被按下，清除 24LC08B 位址 00 處的內容為 0
158           DelayMs(50);//防彈跳延遲
159       }
160   }
161 //=======主程式區==結束=======================
162 }
```

主程式放置區(程式碼 013～162)：

第 013～135 行是 I^{2}C 相關函式定義區。初始值設定區(程式碼 141～149)與主程式區(程式碼 150～161)。初始值設定區適合放置只作一次的動作，開機次數記錄便在此處做加 1 的動作；主程式區藉由第 151 行 while(1)程式碼，形成無窮迴圈，也就是在第 153 行至第 159 行內之程式碼，將會被重複執行，完全依照系統功能流程圖執行。

2-9-5 I^{2}C 介面使用的 SFR

I^{2}c_Init 與所有使用到 I2C 功能設定的函式，請參閱下列三個與 I^{2}C 相關之 SFR。

暫存器 2-4 SSPSTAT: MSSP STATUS REGISTER (I^2C™ MODE)(PIC18F 資料手冊)

R/W-0	R/W-0	R-0	R-0	R-0	R-0	R-0	R-0
SMP	CKE	D/$\overline{A}$	P(1)	S(1)	R/$\overline{W}$(2,3)	UA	BF
bit 7							bit 0

Legend:			
R = Readable bit	W = Writable bit	U = Unimplemented bit, read as '0'	
-n = Value at POR	'1' = Bit is set	'0' = Bit is cleared	x = Bit is unknown

bit 7 **SMP:** Slew Rate Control bit
In Master or Slave mode:
1 = Slew rate control disabled for Standard Speed mode (100 kHz and 1 MHz)
0 = Slew rate control enabled for High-Speed mode (400 kHz)

bit 6 **CKE:** SMBus Select bit
In Master or Slave mode:
1 = Enable SMBus specific inputs
0 = Disable SMBus specific inputs

bit 5 **D/$\overline{A}$:** Data/$\overline{\text{Address}}$ bit
In Master mode:
Reserved.
In Slave mode:
1 = Indicates that the last byte received or transmitted was data
0 = Indicates that the last byte received or transmitted was address

bit 4 **P:** Stop bit(1)
1 = Indicates that a Stop bit has been detected last
0 = Stop bit was not detected last

bit 3 **S:** Start bit(1)
1 = Indicates that a Start bit has been detected last
0 = Start bit was not detected last

bit 2 **R/$\overline{W}$:** Read/$\overline{\text{Write}}$ Information bit (I^2C mode only)(2,3)
In Slave mode:
1 = Read
0 = Write
In Master mode:
1 = Transmit is in progress
0 = Transmit is not in progress

bit 1 **UA:** Update Address bit (10-Bit Slave mode only)
1 = Indicates that the user needs to update the address in the SSPADD register
0 = Address does not need to be updated

bit 0 **BF:** Buffer Full Status bit
In Transmit mode:
1 = SSPBUF is full
0 = SSPBUF is empty
In Receive mode:
1 = SSPBUF is full (does not include the $\overline{\text{ACK}}$ and Stop bits)
0 = SSPBUF is empty (does not include the $\overline{\text{ACK}}$ and Stop bits)

Note 1: This bit is cleared on Reset and when SSPEN is cleared.
2: This bit holds the R/$\overline{W}$ bit information following the last address match. This bit is only valid from the address match to the next Start bit, Stop bit or not $\overline{\text{ACK}}$ bit.
3: ORing this bit with SEN, RSEN, PEN, RCEN or ACKEN will indicate if the MSSP is in Active mode.

暫存器 2-5 SSPCON1: MSSP CONTROL REGISTER 1 (I^2C™ MODE)(PIC18F 資料手冊)

R/W-0	R/W-0	R/W-0	R/W-0	R/W-0	R/W-0	R/W-0	R/W-0
WCOL	SSPOV	SSPEN(1)	CKP	SSPM3	SSPM2	SSPM1	SSPM0
bit 7							bit 0

Legend:

R = Readable bit	W = Writable bit	U = Unimplemented bit, read as '0'	
-n = Value at POR	'1' = Bit is set	'0' = Bit is cleared	x = Bit is unknown

bit 7 **WCOL:** Write Collision Detect bit

In Master Transmit mode:

1 = A write to the SSPBUF register was attempted while the I^2C conditions were not valid for a transmission to be started (must be cleared in software)

0 = No collision

In Slave Transmit mode:

1 = The SSPBUF register is written while it is still transmitting the previous word (must be cleared in software)

0 = No collision

In Receive mode (Master or Slave modes):

This is a "don't care" bit.

bit 6 **SSPOV:** Receive Overflow Indicator bit

In Receive mode:

1 = A byte is received while the SSPBUF register is still holding the previous byte (must be cleared in software)

0 = No overflow

In Transmit mode:

This is a "don't care" bit in Transmit mode.

bit 5 **SSPEN:** Master Synchronous Serial Port Enable bit(1)

1 = Enables the serial port and configures the SDA and SCL pins as the serial port pins

0 = Disables serial port and configures these pins as I/O port pins

bit 4 **CKP:** SCK Release Control bit

In Slave mode:

1 = Releases clock

0 = Holds clock low (clock stretch), used to ensure data setup time

In Master mode:

Unused in this mode.

bit 3-0 **SSPM3:SSPM0:** Master Synchronous Serial Port Mode Select bits(2)

1111 = I^2C Slave mode, 10-bit address with Start and Stop bit interrupts enabled

1110 = I^2C Slave mode, 7-bit address with Start and Stop bit interrupts enabled

1011 = I^2C Firmware Controlled Master mode (Slave Idle)

1000 = I^2C Master mode, clock = FOSC/(4 * (SSPADD + 1))

0111 = I^2C Slave mode, 10-bit address

0110 = I^2C Slave mode, 7-bit address

Bit combinations not specifically listed here are either reserved or implemented in SPI mode only.

Note 1: When enabled, the SDA and SCL pins must be properly configured as inputs or outputs.

暫存器 2-6　SSPCON2: MSSP CONTROL REGISTER 2 (I^2C™ MODE)(PIC18F 資料手冊)

R/W-0	R/W-0	R/W-0	R/W-0	R/W-0	R/W-0	R/W-0	R/W-0
GCEN	ACKSTAT	ACKDT(2)	ACKEN(1)	RCEN(1)	PEN(1)	RSEN(1)	SEN(1)
bit 7							bit 0

Legend:			
R = Readable bit	W = Writable bit	U = Unimplemented bit, read as '0'	
-n = Value at POR	'1' = Bit is set	'0' = Bit is cleared	x = Bit is unknown

bit 7 **GCEN:** General Call Enable bit (Slave mode only)
1 = Enables interrupt when a general call address (0000h) is received in the SSPSR
0 = General call address disabled.

bit 6 **ACKSTAT:** Acknowledge Status bit (Master Transmit mode only)
1 = Acknowledge was not received from slave
0 = Acknowledge was received from slave

bit 5 **ACKDT:** Acknowledge Data bit (Master Receive mode only)(2)
1 = Not Acknowledge
0 = Acknowledge

bit 4 **ACKEN:** Acknowledge Sequence Enable bit (Master Receive mode only)(1)
1 = Initiates Acknowledge sequence on SDA and SCL pins and transmit ACKDT data bit. Automatically cleared by hardware.
0 = Acknowledge sequence Idle

bit 3 **RCEN:** Receive Enable bit (Master mode only)(1)
1 = Enables Receive mode for I^2C
0 = Receive Idle

bit 2 **PEN:** Stop Condition Enable bit (Master mode only)(1)
1 = Initiates Stop condition on SDA and SCL pins. Automatically cleared by hardware.
0 = Stop condition Idle

bit 1 **RSEN:** Repeated Start Condition Enable bit (Master mode only)(1)
1 = Initiates Repeated Start condition on SDA and SCL pins. Automatically cleared by hardware.
0 = Repeated Start condition Idle

bit 0 **SEN:** Start Condition Enable/Stretch Enable bit(1)
In Master mode:
1 = Initiates Start condition on SDA and SCL pins. Automatically cleared by hardware.
0 = Start condition Idle
In Slave mode:
1 = Clock stretching is enabled for both slave transmit and slave receive (stretch enabled)
0 = Clock stretching is disabled

Note 1: For bits ACKEN, RCEN, PEN, RSEN, SEN: If the I^2C module is not in the Idle mode, these bits may not be set (no spooling) and the SSPBUF may not be written (or writes to the SSPBUF are disabled).

2: Value that will be transmitted when the user initiates an Acknowledge sequence at the end of a receive.

2-10 SPI 通訊介面(SPI)

本範例藉由 PIC18F4520 微控制器 MSSP 模組的 SPI 通訊介面，讀/寫外接 EEPROM(25LC640A)，記錄系統開機的次數並將其顯示於 PORTD。同時以 Reset 按鍵提供清除開機次數的功能。遵循組合語言篇之硬體、軟體設計步驟。硬體設計如圖 2-69 所示，為使範例接線及使用元件愈少，使得學習 18F4520 愈單純，將重置腳位($\overline{MCLR}$)設定為 RE3 功能。

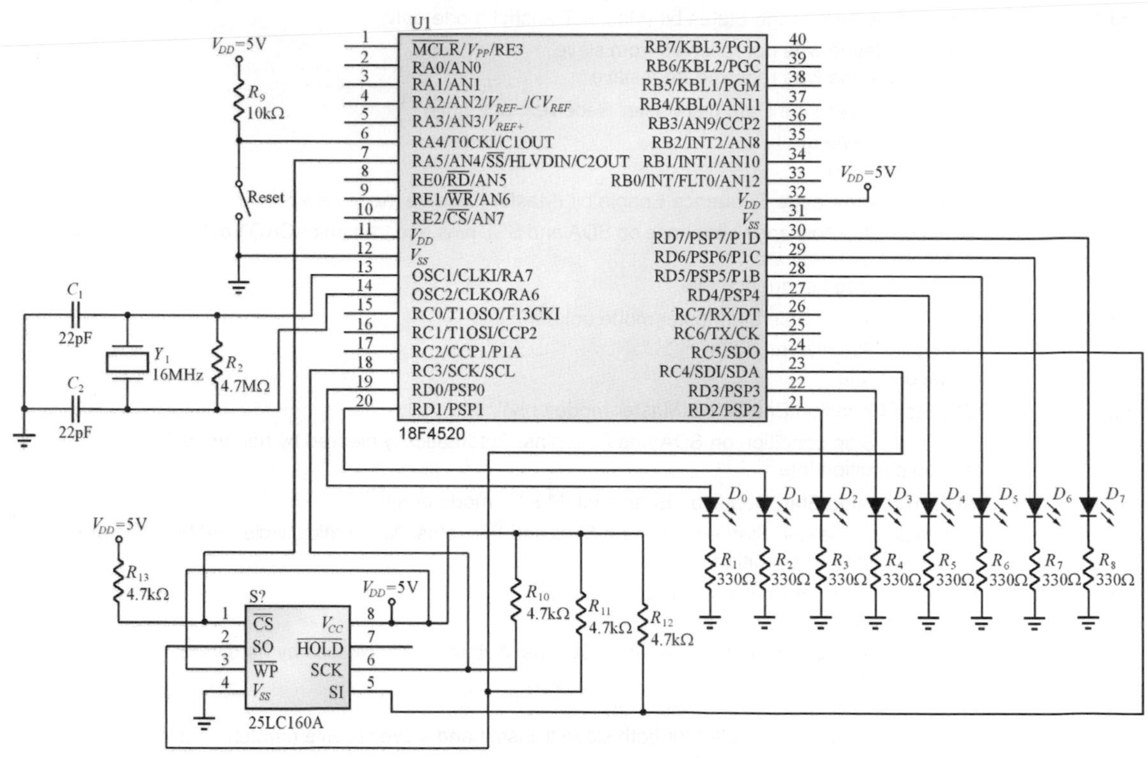

▲ 圖 2-69　SPI 通訊介面硬體電路

2-10-1　SPI 介紹

SPI 介面為同步將 8 位元資料傳送與接收，且傳送與接收是同時進行的。SPI 通訊時，下列腳位將會被使用：

1. 串列資料輸出(Serial Data Out　，SDO)—RC5/SDO。
2. 串列資料輸入(Serial Data In，SDI)—RC4/SDI/SDA。
3. 串列脈波(Serial Clock，SCK)—RC3/SCK/SCL。

如果使用 Slave 模式，下列腳位也會被使用：

1. 僕式選擇腳(Slave Select，SS)—RA5/SS。

礙於篇幅本範例只討論 Master 模式，Slave 模式請自行參閱 18F 資料手冊。SPI 的接線示意圖，如圖 2-70 所示。請注意，Master 的 SDO 接至 Slave 的 SDI；Master 的 SDI 接至 Slave 的 SDO，資料都是從 SDO 流向 SDI。當 Master 將資料經由 SDO 傳送給 Slave 的 SDI 時，同時 Slave 也將資料經由 SDO 傳送給 Master 的 SDI，也就是同一時間內 Master 與 Slave 都接到對方來的資料。

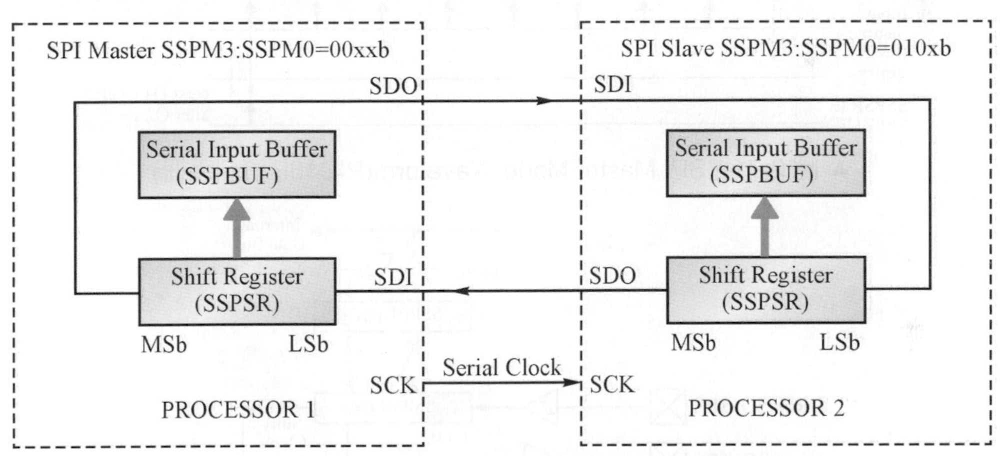

▲ 圖 2-70　SPI 主式與僕式接線示意圖(PIC18F 資料手冊)

圖 2-71 爲 SPI 主控模式波形圖，主控端可在任何時間發送資料，因爲 SCK 是由主控端所控制。SCK 共有四種方式可供使用，可依據不同僕式元件，選擇不同之波形。本範例使用 CKP=1、CKE=0 組合的 SCK 信號並且把 SMP 設定爲 1，使得 SCK 負緣時將資料輸出至 SDO，並把 Slave 輸出在 Maseter 上 SDI 的資料儲存至 SSPSR 中(上述都爲 Master 觀點)，待 8 位元(從 MSB 先傳送)資料都已傳輸完畢，才把 SSPSR 的資料儲存至 SSBUF 中。圖 2-72 爲 SPI 方塊圖(包含 Master 與 Slave 模式)。

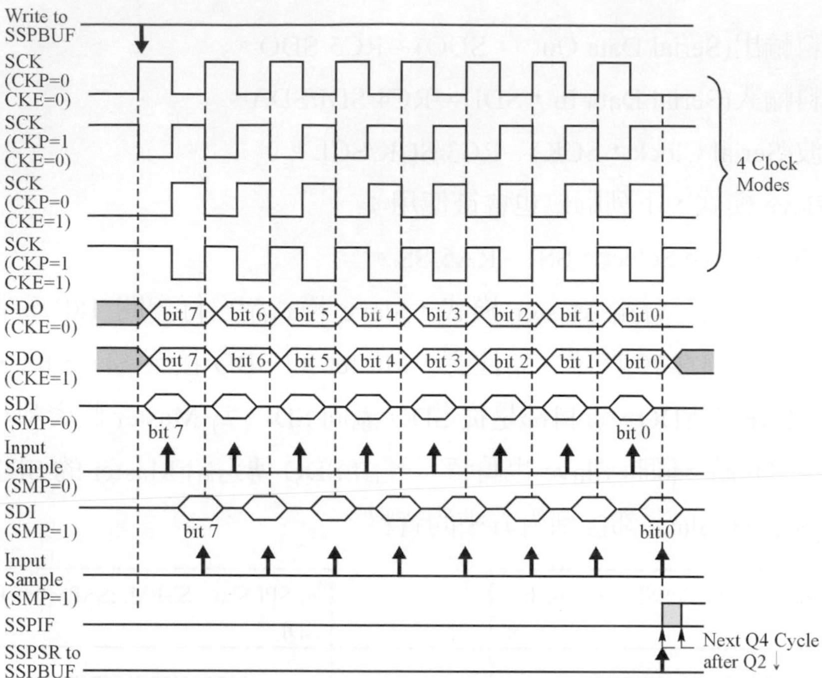

▲ 圖 2-71 SPI Master Mode Waveform(PIC18F 資料手冊)

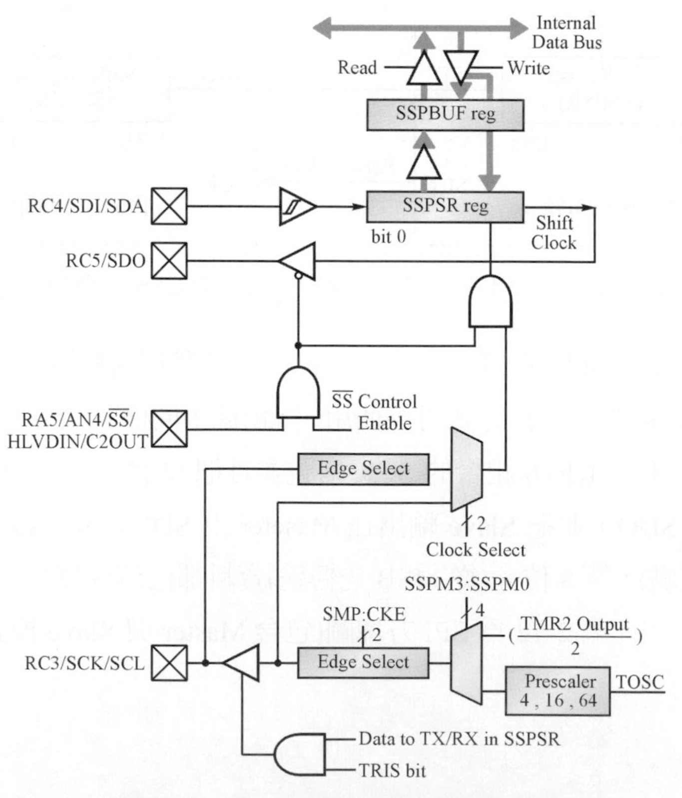

▲ 圖 2-72 SPI 方塊圖(PIC18F 資料手冊)

2-10-2　25LC640A

25LC640A 是由 Microchip 製造的 SPI 通訊介面 64k-bits(8k-bytes)的 EEPROM，可經由 SCK、SI、SO 與$\overline{\text{CS}}$存取。當$\overline{\text{HOLD}}$接腳被接至 Low 準位時，接收到的資料將被忽略，此種設計提供主控端能處理較高優先權的中斷。圖 2-73 爲 25LC640A DIP 包裝，接腳說明如下：

1. $\overline{\text{CS}}$：接至 Low 準位，代表選用此元件；接至 High 準位，元件將進入 Standby 模式，此時 SO 呈現高阻抗狀態。
2. SO：25LC640A 的資料輸出腳。在主控端對 25LC640A 讀取時，資料將在 SCK 負緣時被移至 SO 上。(從 MSB 開始傳送)。
3. $\overline{\text{WP}}$：接至 Low 準位，代表禁止對 25LC640A 資料。
4. SI：25LC640A 的資料輸入腳。接收從主控端來的指令、位址和資料。資料將在 SCK 升緣時被閂鎖。(從 MSB 開始接收)。
5. SCK：用在 master 與 25LC640A 間的同步信號。
6. $\overline{\text{HOLD}}$：當此腳位信號在 SCK 爲 Low 時被接至 Low，此時進入暫停模式，SI、SCK、SO 都將變成高阻抗狀態。離開暫停模式的方法爲，在 SCK 爲 Low 時將此$\overline{\text{HOLD}}$腳位接至 High。

單純使用時，只須將$\overline{\text{WP}}$與$\overline{\text{HOLD}}$接至 High 準位即可。

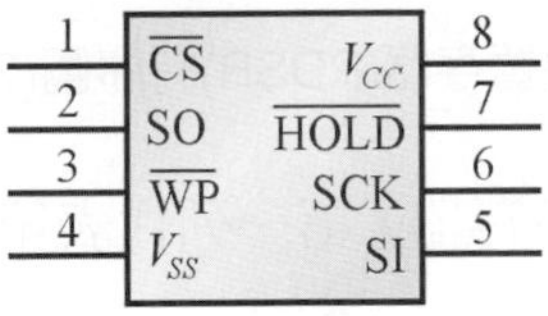

腳位	左側	右側	腳位
1	$\overline{\text{CS}}$	V_{CC}	8
2	SO	$\overline{\text{HOLD}}$	7
3	$\overline{\text{WP}}$	SCK	6
4	V_{SS}	SI	5

▲ 圖 2-73　25LC640A DIP 包裝

2-10-2-1　25LC640A 指令集

25LC640A 提供的指令集，如表 2-5 所示。本範例只介紹使用到的指令，在進行寫入動作前必須先瞭解此時的狀態。因此第一個將被執行的指令爲讀取狀態暫存器指令(RDSR)，其餘依序爲寫入狀態暫存器指令(WRSR)、讀取資料指令(READ)、寫入致能閂鎖指令(WREN)、最終爲寫入資料指令(WRITE)。圖 2-74 爲其讀取狀態暫存器時序圖。其中 SI 接收到的指令是由 18F4520 SPI 模組傳送給 25LC640A，並從 SDO 接收狀態暫存器的內容值。

▼ 表 2-5　25LC640A 指令集(25LC640A 資料手冊)

Instruction Name	Instruction Format	Description
READ	0000 0011	Read data from memory array beginning at selected address
WRITE	0000 0010	Write data to memory array beginning at selected address
WRDI	0000 0100	Reset the write enable latch (disable write operations)
WREN	0000 0110	Set the write enable latch (enable write operations)
RDSR	0000 0101	Read STATUS register
WRSR	0000 0001	Write STATUS register

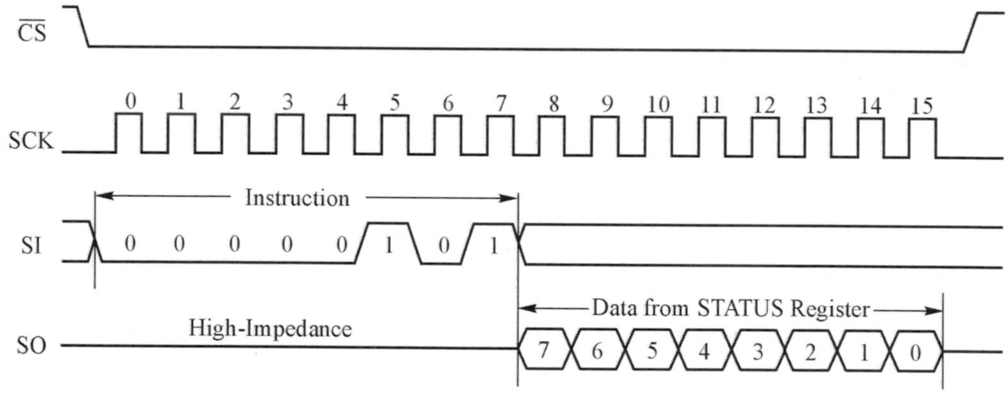

▲ 圖 2-74　讀取狀態暫存器(RDSR)時序圖(25LC640A 資料手冊)

圖 2-75 為 25LC640A 狀態暫存器，第一列代表第幾位元。第二列代表該位元為可讀寫或者只可讀。第三列代表該欄位的含意：

1. WIP：寫入進行中(Write-In-Process，WIP)，指示 25LC640A 是否正忙於寫入資料。1 代表忙碌中；0 代表寫入資料已完成。
2. WEL：寫入致能門鎖(Write Enable Latch，WEL)，指示 WEL 的狀態。1 代表允許寫入；0 代表寫入禁止。
3. BP0 & BP1：區塊寫入保護(Block Protection，BP)，25LC640A 將整塊 EEPROM 分成 4 個大小不一的區塊寫入保護，當區塊寫入被保護時是禁止寫入的。其區塊寫入保護表，如表 2-6 所示。

4. WPEN：寫入保護致能(Write Protect Enable，WPEN)，是一個控制 $\overline{WP}$ 接腳是否致能的位元(為一 EEPROM 特性的位元)。當 $\overline{WP}$ 接至 Low 準位且 WPEN 設定為 1，此時寫入保護致能。WEL、WPEN 與 $\overline{WP}$ 接腳組合而成寫入保護如表 2-7 所示。

單純使用上請將 WPEN 設為 0、BP1&BP0 設為 00、WEL 設為 1(因為 WEL 是唯讀位元，只能透過 WREN 指令將其設為 1)。

7	6	5	4	3	2	1	0
W/R	–	–	–	W/R	W/R	R	R
WPEN	X	X	X	BP1	BP0	WEL	WIP
W/R=Writable/readable. R=read-only.							

▲ 圖 2-75　25LC640A 狀態暫存器(25LC640A 資料手冊)

▼ 表 2-6　區塊寫入保護表(25LC640A 資料手冊)

BP1	BP0	Array Addresses Write-Protected
0	0	none
0	1	upper 1/4 (1800h-1FFFh)
1	0	Upper 1/2 (1000h-1FFFh)
1	1	All (0000h-1FFFh)

▼ 表 2-7　寫入保護功能組合(25LC640A 資料手冊)

WEL (SR bit 1)	WPEN (SR bit 7)	$\overline{WP}$ (pin 3)	Pretectad Blecks	Unprotected Blecks	STATUS Register
0	x	x	Protected	Protected	Protected
1	0	x	Protected	Writable	Writable
1	1	0 (low)	Protected	Writable	Protected
1	1	1 (high)	Protected	Writable	Writable

寫入狀態暫存器指令(WRSR)時序圖，如圖 2-76 所示。本範例中狀態暫存器資料為 0x00，WPEN 設為 0、BP1 & BP0 設為 00。

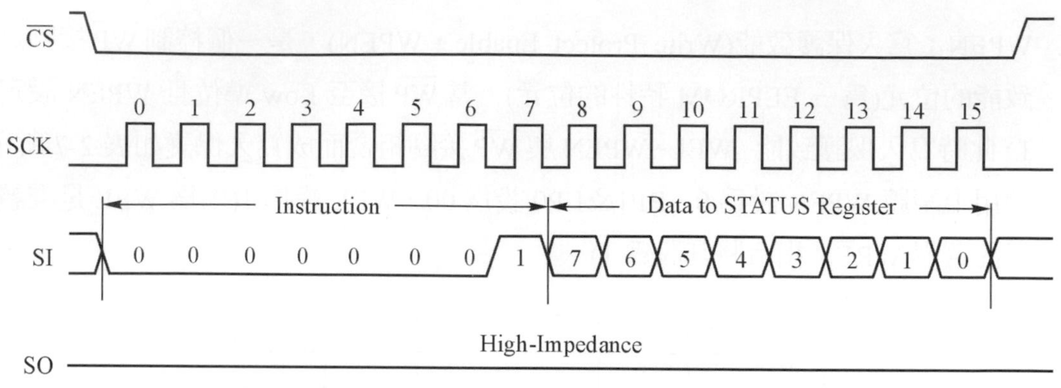

▲ 圖 2-76 寫入狀態暫存器指令(WRSR)時序圖(25LC640A 資料手冊)

讀取資料指令(READ)時序圖，如圖 2-77 所示，Master 先送出指令、16-bit 位址，再從 Slave 接收資料。

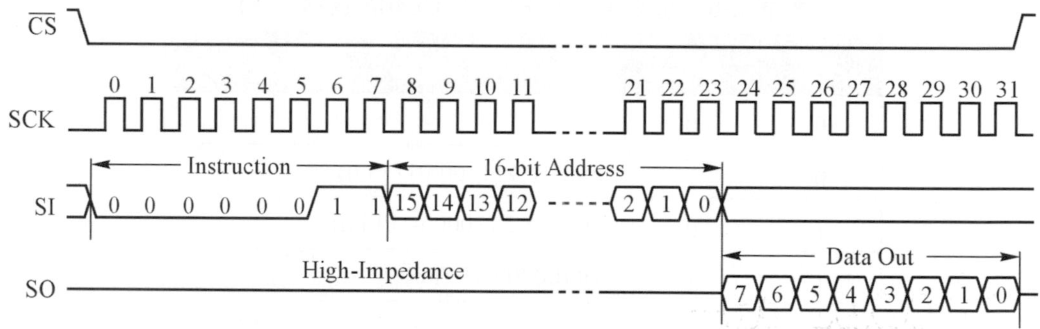

▲ 圖 2-77 讀取資料指令(READ)時序圖(25LC640A 資料手冊)

寫入致能閂鎖指令(WREN)時序圖，如圖 2-78 所示。下列情形將使得狀態暫存器內的寫入致能閂鎖位元被重置爲 0：

1. WRDI 指令成功執行
2. WRSR 指令成功執行
3. WRITE 指令成功執行

寫入資料指令(WRITE)時序圖，如圖 2-79 所示，Master 送出指令、16-bit 位址與待寫入資料。

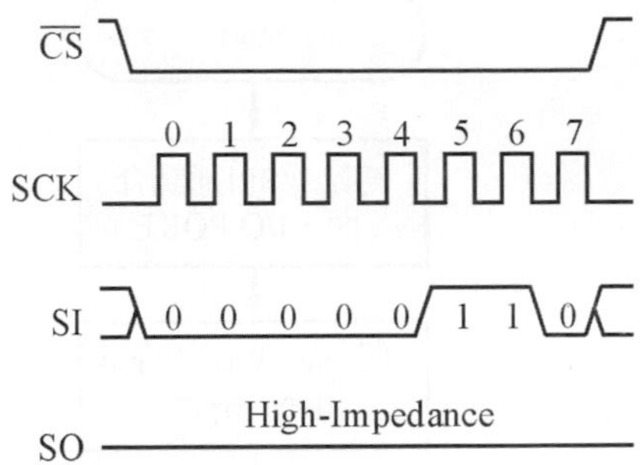

▲ 圖 2-78　寫入致能閂鎖指令(WREN)時序圖(25LC640A 資料手冊)

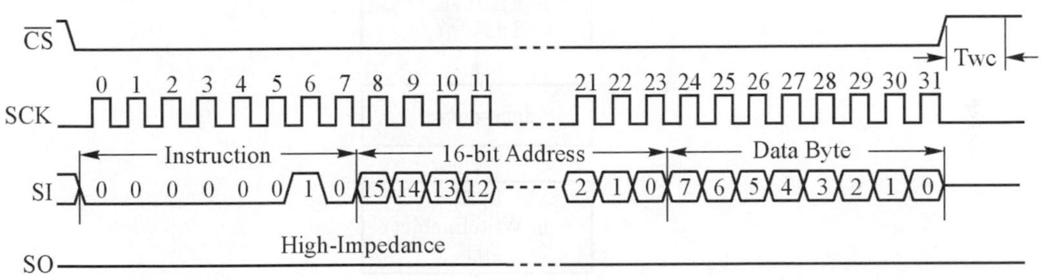

▲ 圖 2-79　寫入資料指令(WRITE)時序圖(25LC640A 資料手冊)

2-10-3　系統功能流程圖

進行軟體撰寫前，若能先將系統功能以流程圖繪出，對軟體設計將是非常大的助力。它提供系統功能大方向，使設計者清楚系統功能之脈絡，進而撰寫程式將功能完成。

SPI 通訊介面系統功能流程圖，如圖 2-80 所示。

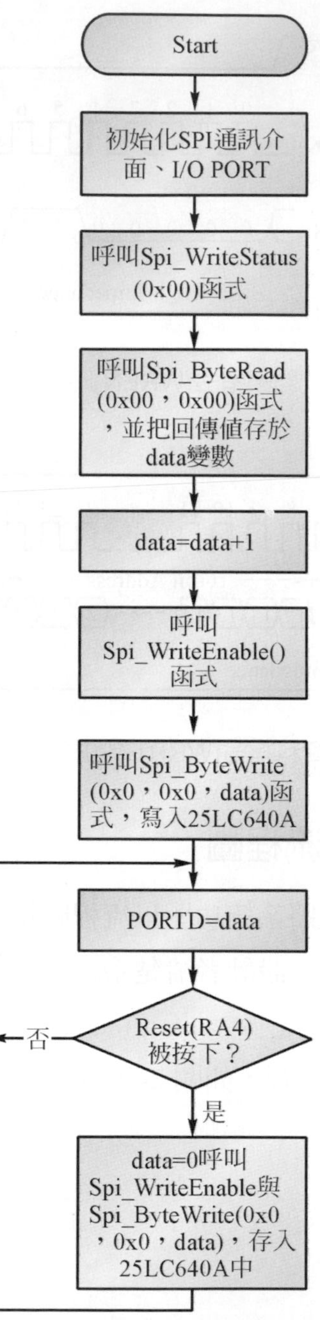

▲ 圖 2-80 SPI 通訊介面系統功能流程圖

2-10-4 MAIN.c 程式碼

```
#include <htc.h>        //引用 htc.h 標頭檔(實際上使用 pic18F4520.h)
#include "delay.h"     //引用 delay 標頭檔
//========常數腳宣告區==========
#define EEPROM 0xA0
#define ACK   0
#define NOTACK 1
/*========Pin Map Setting==========*/
static bit CS_        @ ((unsigned)&LATA*8+5); //CS bit
//========全域變數宣告區==========
char data;
//=======函式定義區======================
////////////////////////////////////////////////////
void Spi_Init(void)
{
  TRISC=0x10; //SDI(RC4)爲輸入，其餘爲輸出
  ADCON1=0x0F; //AN0~12 爲數位腳，非類比腳
  CMCON=0x07; //比較器功能關閉
  TRISA=0x10; //RA4 爲輸入，其餘爲輸出
  CS_=1;  //CS_設爲 High 準位
  SSPCON1=0x32; //No collision and overflow、致能 SPI、clock high Idle、Master Mode & clock = FOSC/64
  SSPSTAT=0x80; //抓取資料時間點爲資料輸出的結尾、clock 從 Idle 變爲 Active 時傳送資料
}
////////////////////////////////////////////////////
```

```
unsigned char Output(unsigned char outbyte)
{
  SSPBUF=outbyte; //將 outbyte 內容值，經由 SPI 介面的 SDO 腳位輸出
  while(!SSPIF)    //傳輸未完成，SSPIF=0
   continue;
  SSPIF=0;      //傳輸完成 SSPIF=1;
  return SSPBUF;  //回傳從 SDI 腳位接回來的資料
}

/////////////////////////////////////////////////
unsigned char Spi_ReadStatus(void)
{
  unsigned char data;
  CS_=0;             //致能選擇 25LC640A
  Output(0x05);    //Read Status command

  data=Output(0x00);  //clock keep out

  CS_=1;             //除能選擇 25LC640A

  return data;//回傳接收到的 STATUS
}
/////////////////////////////////////////////////
void Spi_WriteStatus(char status)
{

  CS_=0;        //致能選擇 25LC640A
  Output(0x01);    //Write Status command
  Output(status); //STATUS=0b00000000，WPEN 設爲 0、BP1&BP0 設爲 00
```

```

 CS_=1;  //除能選擇 25LC640A

}
/////////////////////////////////////////////////
void Spi_IdleCheck(void)
{
 unsigned char temp;

 do
 {
     temp=Spi_ReadStatus(); //讀取 25LC640A 的狀態
 }
 while((temp&0x01)==1); //等待 WIP==0 時，代表 25LC640A 不忙碌才可做下一個動作


}

//////////////////////////////////////////////////
void Spi_WriteEnable(void)
{
 Spi_IdleCheck(); //等待 25LC640A 不忙碌
 CS_=0;  //致能選擇 25LC640A
 Output(0x06);   //WriteEnable command
 CS_=1;  //除能選擇 25LC640A

}
//////////////////////////////////////////////////
void Spi_WriteDisable(void)
```

```
{
  Spi_IdleCheck();//等待 25LC640A 不忙碌
  CS_=0;  //致能選擇 25LC640A
  Output(0x04);    //Write disable command
  CS_=1;  //除能選擇 25LC640A
}
//////////////////////////////////////////////////
void Spi_ByteWrite(unsigned addrH,unsigned char addrL,unsigned char Data)
{
  Spi_IdleCheck();//等待 25LC640A 不忙碌
  CS_=0;            //致能選擇 25LC640A
  Output(0x02);     //Write command
  Output(addrH);    //High address
  Output(addrL);    //Low address
  Output(Data);     //Data OUT
  CS_=1;            //除能選擇 25LC640A
}
//////////////////////////////////////////////////
unsigned char Spi_ByteRead(unsigned char addrH,unsigned char addrL)
{
  unsigned temp;
  Spi_IdleCheck(); //等待 25LC640A 不忙碌
  CS_=0;            //致能選擇 25LC640A
  Output(0x03);     //Read command
  Output(addrH);    //High address
  Output(addrL);    //Low address
  temp=Output(0x00);   //Clock keeping out，等待 25LC640A 將資料輸出
```

```
  CS_=1;            //除能選擇 25LC640A
  return temp;
}
//=======函式定義區結束======================


//////////////C 語言執行的第一個函式 main////////////////////////
void main(void)
{
//=======初始值設定區===================
  Spi_Init(); //Spi 初始設定
  DelayMs(50); //延時 50mS
  TRISD=0x00; //PORTD 全為輸出

  Spi_WriteStatus(0x00);   //STATUS=0b00000000，WPEN 設為 0、BP1&BP0 設為 00
  data=Spi_ByteRead(0x0,0x0); //從位址 0x0000，讀出資料並儲存於 data
  data++; //data=data+1

  Spi_WriteEnable(); //致能寫入 25LC640A 功能
  Spi_ByteWrite(0x0,0x0,data); //將 data 的內容值回寫入位址 0x0000 中
//=========主程式區======================
  while(1)
  {
      PORTD=data;  //data 輸出至 PORTD
      if(RA4==0)  //若 Reset(RA4)被按下，做下列指令
      {
          data=0; //data 設為 0
          Spi_WriteEnable(); ////致能寫入 25LC640A 功能
```

```
141         Spi_ByteWrite(0x0,0x0,data); //將data的內容值回寫入位址0x0000中
142         DelayMs(50);//防彈跳延遲
143         }
144
145     }
146
147 }
```

主程式放置區(程式碼 013～147)：

第 013～116 行是 SPI 相關函式定義區。初始值設定區(程式碼 123～132)與主程式區(程式碼 134～145)。初始值設定區適合放置只做一次的動作，開機次數記錄便在此處做讀取與加 1 的動作；主程式區藉由第 134 行 while(1)程式碼，形成無窮迴圈，也就是在第 136 行至第 143 行內之程式碼，將會被重複執行，完全依照系統功能流程圖執行。

2-10-5 SPI 介面使用的 SFR

SPI_Init 與所有使用到 SPI 相關功能設定的函式，請參閱下列 SFR。SSPSTAT 暫存器為 SPI 介面的狀態位元，如暫存器 2-7 所示。SSPCON1 暫存器為設定 SPI 介面的控制位元，如暫存器 2-8 所示。程式中使用到 SPI 介面都是參考這兩個暫存器設定完成。

暫存器 2-7　SSPSTAT: MSSP STATUS REGISTER (SPI MODE)(PIC18F 資料手冊)

R/W-0	R/W-0	R-0	R-0	R-0	R-0	R-0	R-0
SMP	CKE(1)	$D/\overline{A}$	P	S	$R/\overline{W}$	UA	BF
bit 7							bit 0

Legend:			
R = Readable bit	W = Writable bit	U = Unimplemented bit, read as '0'	
-n = Value at POR	'1' = Bit is set	'0' = Bit is cleared	x = Bit is unknown

bit 7　**SMP:** Sample bit
SPI Master mode:
1 = Input data sampled at end of data output time
0 = Input data sampled at middle of data output time
SPI Slave mode:
SMP must be cleared when SPI is used in Slave mode.

bit 6　**CKE:** SPI Clock Select bit(1)
1 = Transmit occurs on transition from active to Idle clock state
0 = Transmit occurs on transition from Idle to active clock state

bit 5　**$D/\overline{A}$:** Data/$\overline{\text{Address}}$ bit
Used in I^2C mode only.

bit 4　**P:** Stop bit
Used in I^2C mode only. This bit is cleared when the MSSP module is disabled, SSPEN is cleared.

bit 3　**S:** Start bit
Used in I^2C mode only.

bit 2　**$R/\overline{W}$:** Read/$\overline{\text{Write}}$ Information bit
Used in I^2C mode only.

bit 1　**UA:** Update Address bit
Used in I^2C mode only.

bit 0　**BF:** Buffer Full Status bit (Receive mode only)
1 = Receive complete, SSPBUF is full
0 = Receive not complete, SSPBUF is empty

Note 1:　Polarity of clock state is set by the CKP bit (SSPCON1<4>).

暫存器 2-8 SSPCON1:MSSP CONTROL REGISTER 1 (SPI MODE)(PIC18F 資料手冊)

R/W-0	R/W-0	R/W-0	R/W-0	R/W-0	R/W-0	R/W-0	R/W-0
WCOL	SSPOV(1)	SSPEN(2)	CKP	SSPM3(3)	SSPM2(3)	SSPM1(3)	SSPM0(3)
bit 7							bit 0

Legend:			
R = Readable bit	W = Writable bit	U = Unimplemented bit, read as '0'	
-n = Value at POR	'1' = Bit is set	'0' = Bit is cleared	x = Bit is unknown

bit 7 **WCOL:** Write Collision Detect bit
1 = The SSPxBUF register is written while it is still transmitting the previous word (must be cleared in software)
0 = No collision

bit 6 **SSPOV:** Receive Overflow Indicator bit(1)
SPI Slave mode:
1 = A new byte is received while the SSPBUF register is still holding the previous data. In case of overflow, the data in SSPSR is lost. Overflow can only occur in Slave mode. The user must read the SSPBUF, even if only transmitting data, to avoid setting overflow (must be cleared in software).
0 = No overflow

bit 5 **SSPEN:** Master Synchronous Serial Port Enable bit(2)
1 = Enables serial port and configures SCK, SDO, SDI and $\overline{SS}$ as serial port pins
0 = Disables serial port and configures these pins as I/O port pins

bit 4 **CKP:** Clock Polarity Select bit
1 = Idle state for clock is a high level
0 = Idle state for clock is a low level

bit 3-0 **SSPM3:SSPM0:** Master Synchronous Serial Port Mode Select bits(3)
0101 = SPI Slave mode, clock = SCK pin, $\overline{SS}$ pin control disabled, $\overline{SS}$ can be used as I/O pin
0100 = SPI Slave mode, clock = SCK pin, $\overline{SS}$ pin control enabled
0011 = SPI Master mode, clock = TMR2 output/2
0010 = SPI Master mode, clock = FOSC/64
0001 = SPI Master mode, clock = FOSC/16
0000 = SPI Master mode, clock = FOSC/4

Note 1: In Master mode, the overflow bit is not set since each new reception (and transmission) is initiated by writing to the SSPBUF register.
2: When enabled, these pins must be properly configured as input or output.
3: Bit combinations not specifically listed here are either reserved or implemented in I^2C™ mode only.

2-11 電源管理 Idle 模式 (Power-managed modes)

本範例藉由 PIC18F4520 微控制器的電源管理模式(POWER-MANAGED MODES)，示範 PRI_IDLE 模式。主程式功能為 Led 閃爍，當 Idel 按鈕被按下時，進入 PRI_IDLE 模式且 Led 恆亮。當外部中斷 0(INT0 按鈕被按下)發生時，將離開

PRI_IDLE 閒置模式且 Led 回到主程式執行閃爍動作。遵循組合語言篇之硬體、軟體設計步驟。硬體設計如暫存器 2-81 所示，為使範例接線及使用元件愈少，使得學習 18F4520 愈單純，將重置腳位($\overline{\text{MCLR}}$)設定為 RE3 功能。

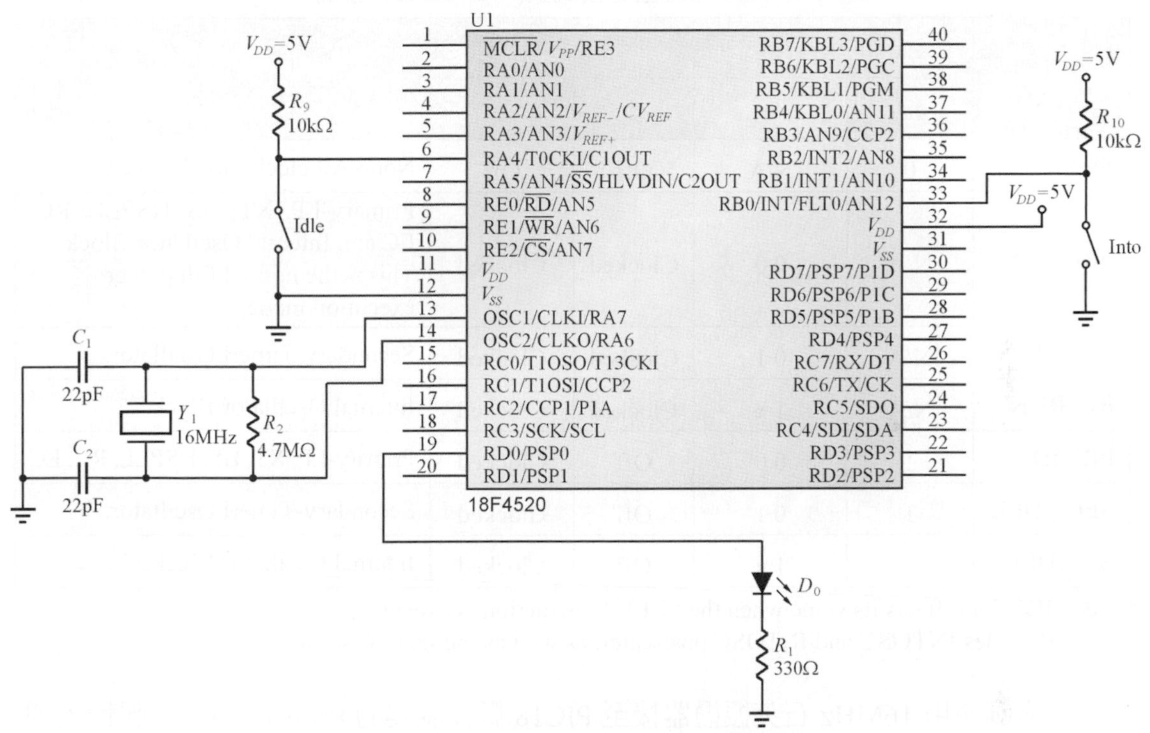

▲ 圖 2-81　電源管理 Idle 模式硬體電路

2-11-1　電源管理模式(POWER-MANAGED MODES)

現今許多可攜式電子設備都是以電池供電。因此為了提昇電子設備的使用時間及效率，許多微控制器發展出電源管理模式，以符合實際的需要。PIC18 微控制器運作時可分為下列三種模式：

1. 運作模式(Run modes)：CPU 與 Peripherals 的時脈都在運作。
2. 閒置模式(Idle modes)：CPU 時脈閒置、週邊時脈運作。此時最低消耗電流為 5.8μA。
3. 睡眠模式(Sleep modes)：CPU 與 Peripherals 時脈閒置。此時最低消耗電流為 0.1μA。

電源管理模式是由系統時脈與執行速度分類，運作、閒置與睡眠模式可選擇主要、次要、與內部振盪器當作系統的時脈來源。表 2-8 為電源管理模式表。本範例進入 PRI__IDLE 模式步驟為：

1. 設定 IDLEN=1，SSC1：SSC0=00
2. 執行 Sleep 指令，進入電源管理模式

▼ 表 2-8　電源管理模式表(PIC18F 資料手冊)

Mode	OSCCON <7,1:0> Bits		Module Clecking		Avallable Clock and Oscillator Source
	IDLEN[1]	SCS1:SCS0	CPU	Peripherals	
Sleep	0	N/A	Off	Off	None-All clocks are disabled
PRI_RUN	N/A	0 0	Clocked	Clocked	Primary-LP, XT, HS, HSPLL, RC, EC and Internal Oscillator Block (2) This is the normal full power execution mode.
SEC_RUN	N/A	0 1	Clocked	Clocked	Secondary-Timerl Oscillator.
RC_RUN	N/A	1 x	Clocked	Clocked	Internal Oscillator Block.(2)
PRI_IDLE	1	0 0	Off	Clocked	Primary-LP, XT, HS, HSPLL, RC, EC
SEC_IDLE	1	0 1	Off	Clocked	Secondary-Timerl Oscillator.
RC_IDLE	1	1 x	Off	Clocked	Internal Oscillator Block.(2)

Note 1. IDLEN reflects its vaiue when the SLEEP instruction is executed.
2. Includes INTOSC and INTOSC postscater, as well as the INTRC source.

本範例使用 16MHz 石英振盪器接至 PIC18 微控制器的 Primary 系統時脈輸入腳。所以會進入 PRI__IDLE 的模式下，此時 CPU 的時脈閒置，但週邊的時脈持續運作。這代表程式將暫停被執行且週邊元件會保持進入閒置前之狀態。此範例在進入 PRI__IDLE 前，Led 狀態是點亮(RD0=1)。所以進入 PRI__IDLE，Led 還是被點亮的。從圖 2-82 中可知，進入 PRI__IDLE 後 CPU 時脈被停止，且 Program Counter 的內容被保持在 PC＋2(注意此時 OSC1 仍有時脈)。

圖 2-83 爲進入 Sleep 模式時序圖，當進入 Sleep 模式後，所以的時脈都停止且 Program Counter 的內容被保持在 PC＋2。這代表程式將暫停被執行且週邊元件會保持進入閒置前之狀態。

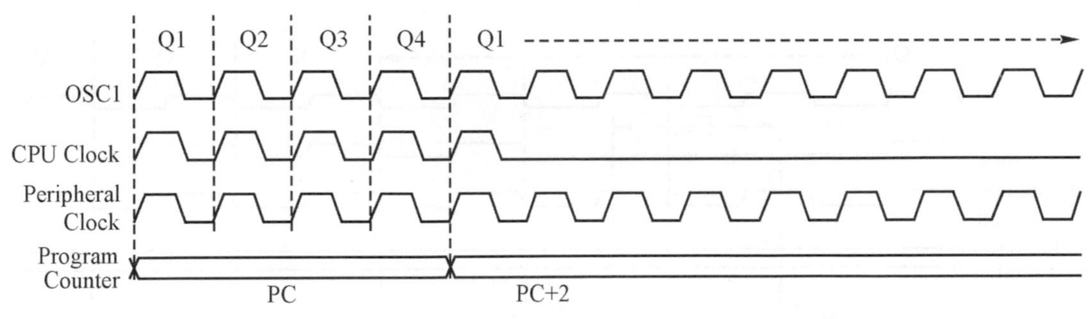

▲ 圖 2-82　進入 Idle 模式時序圖(PIC18F 資料手冊)

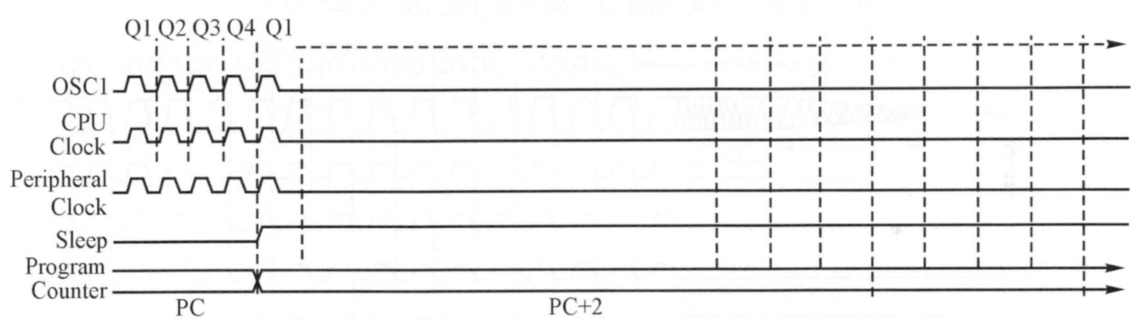

▲ 圖 2-83　進入 Sleep 模式時序圖(PIC18F 資料手冊)

進入 Idle 或 Sleep 電源管理模式後，可藉由下列三種方法跳離 Idle 或 Sleep 模式回到運作模式：

1. 中斷：任何一個中斷都可以跳離 Idle 或 Sleep 模式。若設定中斷致能位元後，中斷旗標也被設爲 1(請注意此時總中斷致能 GIE 設爲 0)，此時將會跳離 Idle 或 Sleep 模式，但不會執行中斷副程式；若也將總中斷致能 GIE 設爲 1，此時系統跳離 Idle 或 Sleep 模式時，會先跳到中斷副程式執行。
2. 重置：系統重置時將跳離 Idle 或 Sleep 模式。
3. 看門狗溢位：當看門狗(Watch Dog Timer，WDT)溢位時，將跳離 Idle 或 Sleep 模式。

本範例使用外部中斷 0 跳離 Idle 模式。圖 2-84 爲跳離 Idle 模式時序圖；圖 2-85 爲跳離 Sleep 模式時序圖。

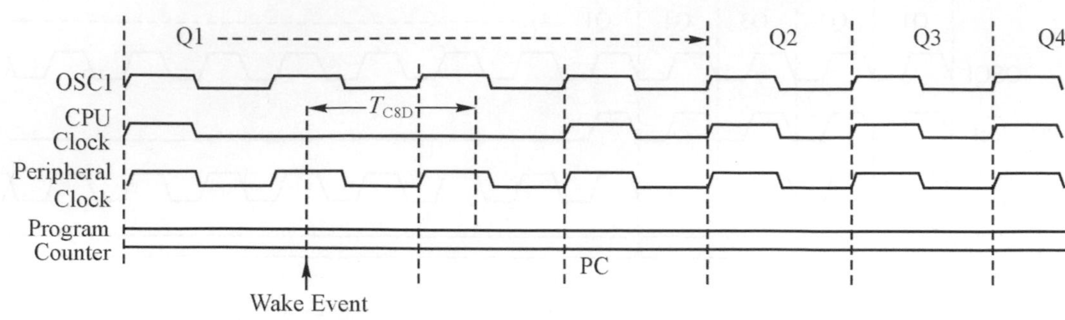

▲ 圖 2-84　跳離 Idle 模式時序圖(PIC18F 資料手冊)

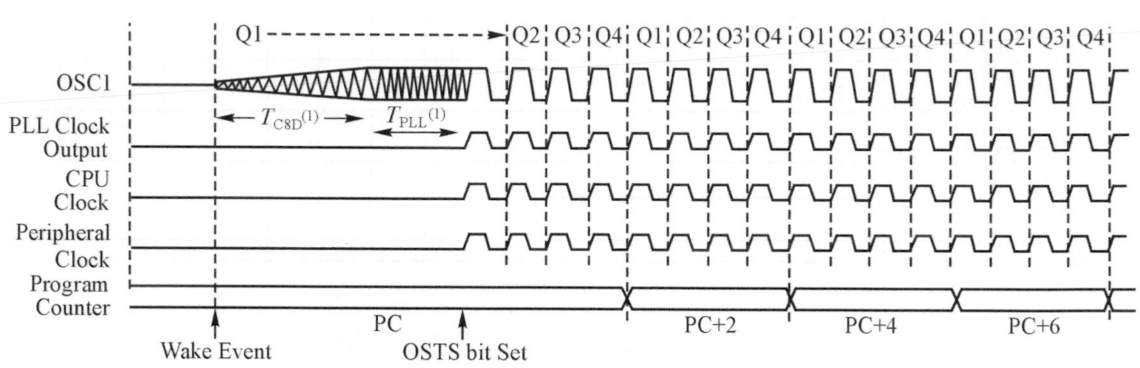

▲ 圖 2-85　跳離 Sleep 模式時序圖(PIC18F 資料手冊)

2-11-2　系統功能流程圖

進行軟體撰寫前，若能先將系統功能以流程圖繪出，對軟體設計將是非常大的助力。它提供系統功能大方向，使設計者清楚系統功能之脈絡，進而撰寫程式將功能完成。

電源管理 Idle 模式系統功能流程圖，如圖 2-86 所示。當 Idle 按鈕被按下時，CPU 將停止執行任何指令，進入閒置狀態。在本範例中使用外部中斷 0 將 CPU 喚醒。

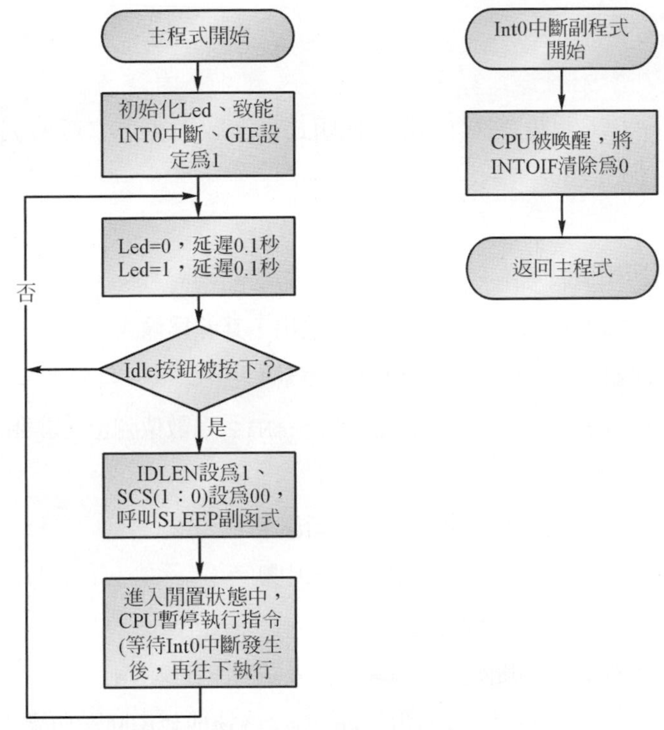

▲ 圖 2-86 電源管理 Idle 模式系統功能流程圖

2-11-3 MAIN.c 程式碼

```
#include <htc.h>         //引用 htc.h 標頭檔(實際上使用 pic18F4520.h)
#include "delay.h"       //引用 delay 標頭檔
//========常數及 I/O 腳宣告區==========
#define ONEMS 100 //在程式中的"ONEMS"字串，將代換成"100"
//========I/O 腳宣告區==========
static bit Led     @((unsigned)&LATD*8+0);//宣告 Led 的腳位爲 PORTD,0
//========全域變數宣告區==========
unsigned int i;   //宣告全域變數 i
/////////////////中斷服務程式 ISR/////////////////////////////
void interrupt  Int0_Isr(void)
{
 if(INT0IF==1)    //判斷是否爲 INT0 中斷
 {
   INT0IF=0;      //若是，將 INT0IF 設爲 0
```

```
  }
}
//////////////C語言執行的第一個函式main/////////////////////////
void main(void)
{
//=======初始值設定區====================
  TRISD=0b11111110;      //RD,0爲輸出，其餘爲輸入
  TRISA=0xff;            //PORTA全爲輸入
  ADCON1=0x0F;           //設定AN0～AN12爲數位腳位，非類比腳

  INT0IF=0;          //清除INT0中斷旗標
  INT0IE=1;          //致能INT0外部中斷
  GIE=1;             //致能總中斷
//=======主程式區==開始=====================
  while(1)               //使用while(1)達成無窮回圈功能
  {
      Led=0;             //將Led腳輸出高電位，點亮Led
      DelayMs(ONEMS);    //延時100ms=0.1s
      Led=1;             //將Led腳輸出低電位，熄滅Led
      DelayMs(ONEMS);    //延時100ms=0.1s

      if(RA4==0)         //當Idle按鈕被按下時，執行下列程式
      {
          IDLEN=1;       //Idle mode， CPU Off,Periphral ON
          SCS1=0;
          SCS0=0;        //Primary clock on;
          SLEEP();//進入Idle模式，CPU停止執行任何指令，PC暫停在此處
      }
  }
//=======主程式區==結束=====================
}
```

中斷服務函式(程式碼 010～016)：

中斷服務函式看起來不會被主程式呼叫執行，但是在中斷發生時，此函式將被呼叫執行。並將 INT0IF 清除爲 0(以免重複進入中斷服務函式)。請特別注意中斷服務函式必須在函式定義時，要使用 interrupt 關鍵字，如第 11 行所示。

主程式放置區(程式碼 018～044)：

第 18 行是 C 語言執行的第一個函式(Main)，在此函式內可將其分爲初始值設定區(程式碼 021～027)與主程式區(程式碼 029～043)。初始值設定區適合放置只做一次的動作；主程式區藉由第 29 行 while(1)程式碼，形成無窮迴圈，也就是在第 31 行至第 42 行內之程式碼將會被重複執行，其動作完全依照系統功能流程圖。當第 41 行爲 HI-TECH C COMPILER 提供的函式，被呼叫執行後，CPU 將進入閒置模式，停止執行指令，直到外部中斷 0 發生後，才能將微控制器喚醒繼續執行程式。

2-11-4 Idle 模式使用的 SFR

Power-managed modes 只使用到暫存器 2-9 之 IDLEN、SCS1、SCS0 位元。

暫存器 2-9　OSCCON: OSCILLATOR CONTROL REGISTER(PIC18F 資料手冊)

R/W-0	R/W-1	R/W-0	R/W-0	R[(1)]	R-0	R/W-0	R/W-0
IDLEN	IRCF2	IRCF1	IRCF0	OSTS	IOFS	SCS1	SCS0
bit 7							bit 0

Legend:			
R = Readable bit	W = Writable bit	U = Unimplemented bit, read as '0'	
-n = Value at POR	'1' = Bit is set	'0' = Bit is cleared	x = Bit is unknown

bit 7　**IDLEN:** Idle Enable bit
1 = Device enters an Idle mode on `SLEEP` instruction
0 = Device enters Sleep mode on `SLEEP` instruction

bit 6-4　**IRCF2:IRCF0:** Internal Oscillator Frequency Select bits
111 = 8 MHz (INTOSC drives clock directly)
110 = 4 MHz
101 = 2 MHz
100 = 1 MHz[(3)]
011 = 500 kHz
010 = 250 kHz
001 = 125 kHz
000 = 31 kHz (from either INTOSC/256 or INTRC directly)[(2)]

bit 3　**OSTS:** Oscillator Start-up Timer Time-out Status bit[(1)]
1 = Oscillator Start-up Timer (OST) time-out has expired; primary oscillator is running
0 = Oscillator Start-up Timer (OST) time-out is running; primary oscillator is not ready

bit 2　**IOFS:** INTOSC Frequency Stable bit
1 = INTOSC frequency is stable
0 = INTOSC frequency is not stable

bit 1-0　**SCS1:SCS0:** System Clock Select bits
1x = Internal oscillator block
01 = Secondary (Timer1) oscillator
00 = Primary oscillator

Note 1: Reset state depends on state of the IESO Configuration bit.
2: Source selected by the INTSRC bit (OSCTUNE<7>), see text.
3: Default output frequency of INTOSC on Reset.

2-12 KeyMatrix(I/O)

本範例藉由 PIC18F4520 微控制器 I/O 模組，完成掃瞄 4×4 的鍵盤，並將被按下的數值(0～F)轉成 ASCII 碼後寫入 LCD。遵循組合語言篇之硬體、軟體設計步驟。硬體設計如圖 2-87 所示，為使範例接線及使用元件愈少，使得學習 18F4520 愈單純，將重置腳位($\overline{MCLR}$)設定為 RE3 功能。

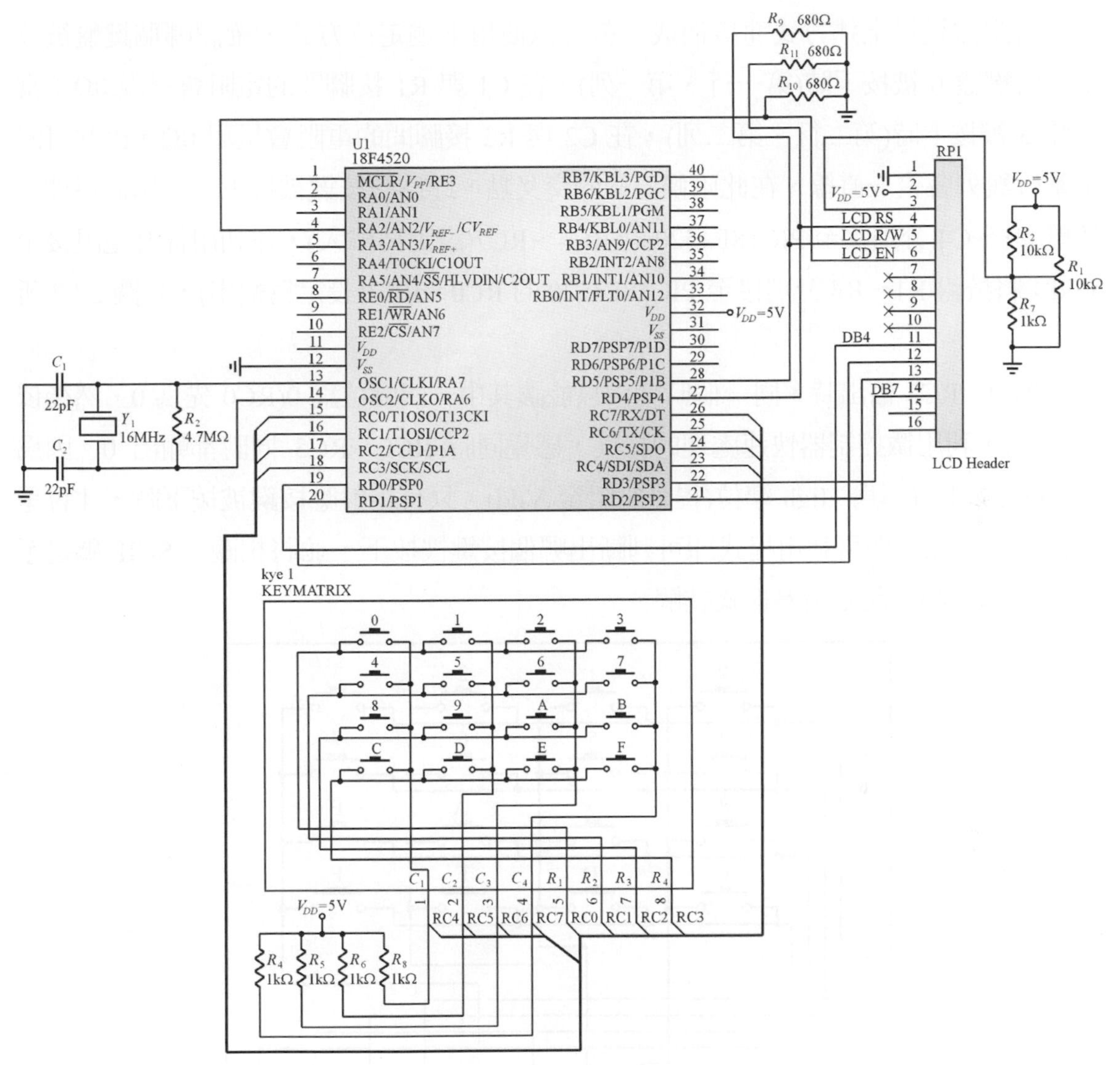

▲ 圖 2-87 KeyMatrix 硬體電路

2-12-1 4×4 鍵盤介紹

爲了使用上的方便將按鍵以行、列交錯配置而成，如圖 2-88 所示，其外觀圖也與示意圖相同。從左至右的腳位分別爲 C1～C4、R1～R4。其中 C 代表行將按鍵 0、4、8、C(第一行)的一端連接在一起；R 代表列將按鍵 0、1、2、3(第一列)的一端連接在一起。其餘的行與列依此類推。

當鍵盤是以上述方式連接而成，就可以使用下述定位方式，確認哪個鍵盤被按下。當鍵盤 0 被按下時(第一行、第一列)，在 C1 與 R1 接腳間的電阻會呈現 0Ω；當鍵盤 5 被按下時(第二行、第二列)，在 C2 與 R2 接腳間的電阻會呈現 0Ω，因此可歸納當行與列各畫一直線，在此兩條直線的交叉點，即爲該按鍵被按下。利用此特性將按盤 C1～C4 分別接至 PIC18F4520 的 RC4～RC7(設定爲輸入)，並利用提升電阻接至 Vdd；將按盤 R1～R4 分別接至 PIC18F4520 的 RC0～RC3(設定爲輸出)，如圖 2-87 所示。

RC0～RC3 輸出時，同一個時間內只能讓其中一個腳位爲 0(RC0 先爲 0，然後依序左移)，利用微控制器快速處理的特性，感覺同時 RC0～RC3 同時都輸出 0。因爲 RC4~RC7 平時都爲 High 準位(提升電阻至 Vdd)，只有相對應按鍵被按下時，才會呈現低準位。此時即可利用程式即可判斷出哪個按鍵被按下，並將相關 ASCII 碼送至 LCD 顯示，詳細設定請看程式註解。

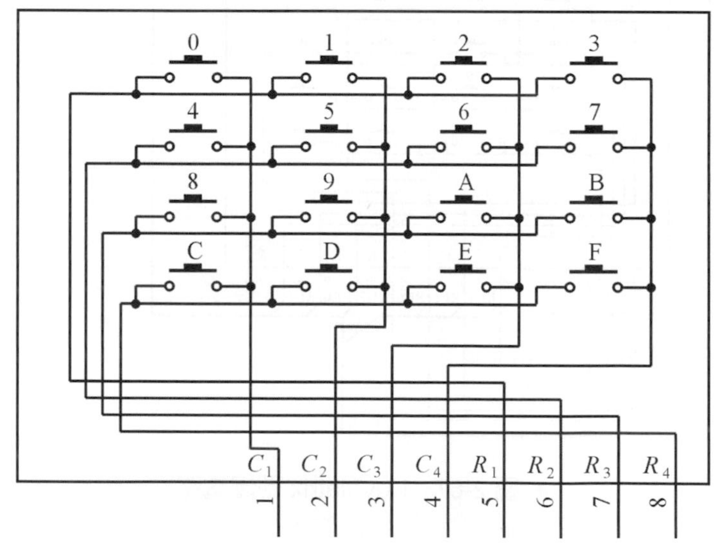

▲ 圖 2-88　4×4 鍵盤示意圖

2-12-2　系統功能流程圖

進行軟體撰寫前，若能先將系統功能以流程圖繪出，對軟體設計將是非常大的助力。它提供系統功能大方向，使設計者清楚系統功能之脈絡，進而撰寫程式將功能完成。

KeyMatrix 系統功能流程圖，如圖 2-89 所示。

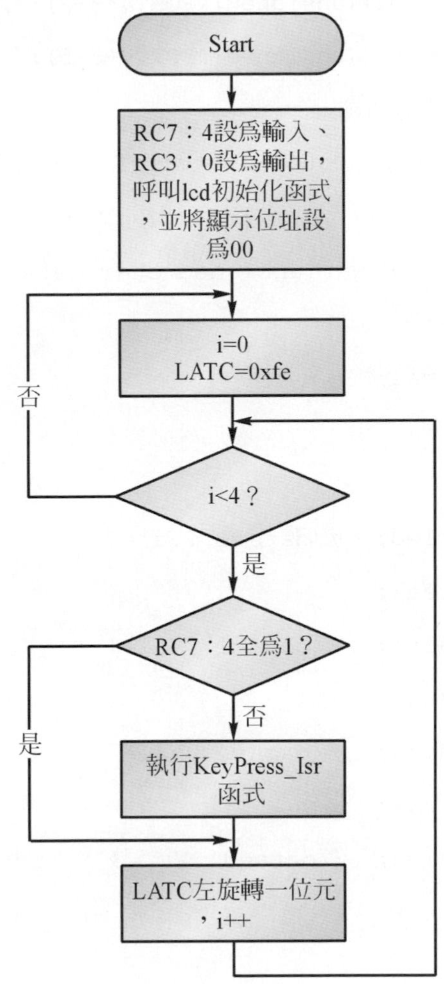

▲ 圖 2-89　KeyMatrix 系統功能流程圖

2-12-3　MAIN.c 程式碼

```
#include <htc.h>          //引用 htc.h 標頭檔(實際上使用 pic18F4520.h)
#include "lcd.h"          //引用 WH1602A LCD 標頭檔
#include "delay.h"        //引用 delay 標頭檔
//========常數腳宣告區==========
#define ONEMS 100         //在程式中的"ONEMS"字串，將代換成"100"
//========I/O 腳宣告區==========
```

```
static bit LCD_RS  @ ((unsigned)&PORTD*8+4);//LCD_RS 腳位接至 PORTD,4
static bit LCD_EN  @ ((unsigned)&PORTA*8+2);//LCD_EN 腳位接至 PORTA,2
static bit LCD_RW  @ ((unsigned)&PORTD*8+5);//LCD_RW 腳位接至 PORTD,5
//========全域變數宣告區==========
unsigned char temp,i,Count; //temp RC7~RC4 暫時的狀態
//////////////////////////////////////////////////////////////////
unsigned char Get2Power(unsigned char data) //回傳引數為 2 的幾次方
{
 unsigned char val; //次方值
 switch(data)
 {
      case 1: val=0;  //data=1 ,Val=0
              break;
      case 2: val=1;  //data=2 ,Val=1
              break;
      case 4: val=2;  //data=4 ,Val=2
              break;
      case 8: val=3;  //data=8 ,Val=3
              break;
 }
 return val; //回傳次方值
}
//////////////////////////////////////////////////////////////////
void  KeyPress_Isr(void) //當 RC7~RC4 不等於 1111 時，代表有按鍵被按下
{
 unsigned char a,b,temp2,Result;//使用方程式計算被按下的數值 Result=4a+b
                                //a 代表列數(從 0 開始)，b 代表行數(從 0 開始)
 DelayMs(50);//軟體防彈跳

```

```
  temp2=(~LATC)&0x0f; //temp 為 RC3~RC0 輸出閂鎖器的反相，temp7~4 都清為 0
  a=Get2Power(temp2); //若當 RC3~RC1 為 1 時，RC0 為 0 時，此時代表掃瞄
                      //第一列哪個按鍵被按下
                      //此時 a=0

  temp=~temp;         //temp=RC7~RC4 輸入狀態的反相
  temp=temp&0x0f;     //將 temp7~4 清為 0
  b=Get2Power(temp);  //若 temp=1，代表第一列的第一行按鍵 0 被按下
                      //此時 b=0
  Result=(4*a+b);     //此時 Result=4*0+0=0
  if(Result>=10)
      Result=(Result-9)|0x40; //若 Result>=10，將 16 進制 A~F 轉換成
                              //ASCII 碼 A~F
  else
      Result=Result|0x30;//若 Result<10，將數值 0~9 轉換成 ASCII 碼 0~9
  lcd_data(Result);//將 ASCII 碼，寫入 LCD

  if(Count<=15)
      Count++;      //當 Connt<=15,Count++
  if(Count>=16)
      lcd_cmd(0x7);//當 Count>=16,LCD 字元進入模式設定，讀寫 DDRAM 位址加 1，
                   //游標右移,整個 LCD 顯示左移

  while(temp!=0x0f)    //當按鍵持續被按住時，在此行程無窮迴圈，放開後跳離
      temp=(PORTC&0xf0)>>4; //清除 RC3：0 後，右移 4 位元
}
//////////////C 語言執行的第一個函式 main//////////////////////////
void main(void)
{
```

```
063 /*========main 區域變數宣告區==========*/
064
065 //=======初始值設定區=====================
066   LATC=0xff; //輸出閂鎖器全設為 1
067   TRISC=0xf0; //RC7：4 設為輸入，RC3：0 設為輸出
068   lcd_init(FOURBIT_MODE);  //呼叫 LCD 初始化函式(lcd.c)
069   lcd_cmd(0X80);   //設定 DDRAM 位址為 0x00，跳至 LCD 第一行
070 //=======主程式區==開始=======================
071   while(1)                 //使用 while(1)達成無窮回圈功能
072   {
073   LATC=0xfe; //從 LATC 先輸出 0
074   for(i=0;i<4;i++) //
075   {
076       temp=(PORTC&0xf0)>>4; //清除 RC3：0 後，右移 4 位元，觀察 RC7:4 的值
077       if(temp!=0x0f)   //若 temp 不等於 0x0f，代表有按鍵被按下，執行
                           //KeyPress_Isr 函式
078       {
079           KeyPress_Isr();
080       }
081       LATC = (LATC << 1) | (LATC >> 7); //LATC 左循環 1 位元，依序掃
                                             //瞄 LATC1、2、3
082   }
083 //=======主程式區==結束=====================
084   }//while(1)
085 }//main
```

主程式放置區(程式碼 013～085)：

第 061 行是 C 語言執行的第一個函式(Main)，在此函式內可將其分為初始值設定區(程式碼 066～069)與主程式區(程式碼 071～084)。初始值設定區適合放置只作一次

的動作；主程式區藉由第 071 行 while(1)程式碼，形成無窮迴圈，也就是在第 073 行至第 082 行內之程式碼將會被重複執行，其動作完全依照系統功能流程圖。

KeyPress_Isr 函式(程式碼 030～059)主要功能爲，判斷被按下的鍵盤爲何？並將數值轉換成 ASCII 碼後寫入 LCD 中。利用 4 個輸出(掃瞄線)與 4 個輸入位元搭配掃瞄模式就可完成 16 個按鍵的輸入系統。其概念在於同一時間內只能有一列的掃瞄線爲 0(從 RC0 先開始，依序爲 RC1、RC2、RC3 然後再回到 RC0)，此時若在此列掃瞄線中的按鍵被按下，就可利用此列掃瞄線與行輸入線判斷出哪個按鍵被按下。

此按鍵定位利用一個運算式完成，Result=4a+b。a 代表哪一列(列數從 0 到 3)、b 代表哪一行(行數從 0 到 3)。以按鍵 4 爲例，當 a=1、b=0 時，此時 Result 的數值爲 4。因爲掃瞄線的狀態同時只能一個爲 0，爲了符合 a 的範圍，所以將 LATC 反相並只保留 RC3:0，其餘都清除爲 0(程式碼 36 行)。反相後之 RC3：0 的值落在二進制 0001、0010、0100、1000，剛好可表示 0～3 列掃瞄線。Get2Power 就是將數值對應至掃瞄線的函式，回傳值存至 a 中(程式碼 37 行)，同理，將 RC7：4 行輸入線反相並將其於位元清除爲 0，呼叫 Get2Power 函數，回傳至 b 中(程式碼 40～42 行)，最終將被按下的數值計算出來(程式碼 44 行)。因爲寫入 LCD 顯示必須爲 ASCII 碼，所以將 0～9 的數值與 0x30 作 OR 運算(程式碼 48 行)；10～15 數值減去 9 後再與 0x40 作 OR 運算(程式碼 46 行)。

2-13 WDT

本範例將測試 PIC18F4520 微控制器看門狗計時器(Watch Dog Timer，WDT)機制，程式於初始值設定區中將 PORTD 的 LED 閃爍六次後致能 WDT 機制，進入主程式執行單顆 LED 閃爍(RD0)。當 RA4 按鈕被按下時，模擬進入錯誤之無窮迴圈，等待 WDT 溢位(約 4 秒時間)並重置 PIC18F4520。遵循組合語言篇之硬體、軟體設計步驟。硬體設計如圖 2-90 所示，爲使範例接線及使用元件愈少，使得學習 18F4520 愈單純，將重置腳位($\overline{\text{MCLR}}$)設定爲 RE3 功能。

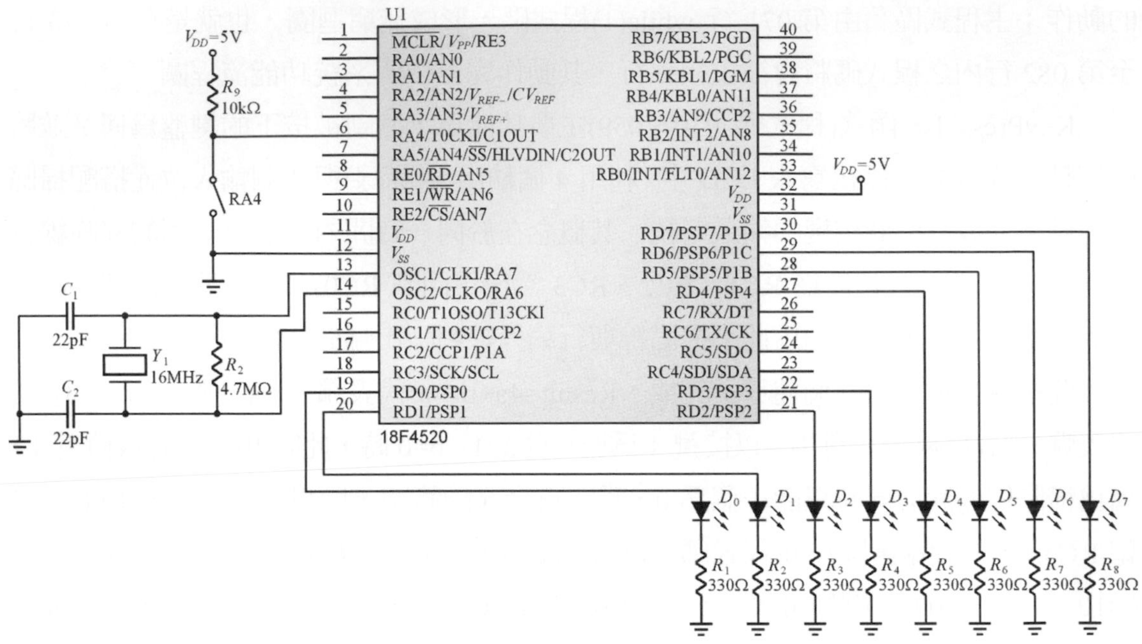

▲ 圖 2-90　WDT 硬體電路

2-13-1　WDT 介紹

看門狗計時器(Watch Dog Timer，WDT)是一種用來確保系統能正確運作的一種機制。當系統遭受干擾或不正確執行時，運用此種機制便能將系統重置，使其回到正常模式下運轉，大大提升了系統的可靠度。

圖 2-91 為 WDT 功能方塊圖，使用內部 RC(INTRC ＝ 31kHz)，當致能 WDT 時 INTRC 也同時被啓動。INTRC 的頻率將被 WDT Counter ÷ 128(若以時間來表示 $T_{INTRC} = 128\times\frac{1}{31k} = 4$ mS)，被送往 Programmable Postscaler 除頻，可選擇的除頻比例共有 16 種，如暫存器 2-10 所示，可使用的時間範圍從 4mS～131.072S(4ms×1～4ms×32768)。若在設定時間內未將 WDT 清除為 0，WDT 將會發生溢位而產生 WDT 重置信號將 PIC18F4520 重置。本範例將使用軟體設定 WDT 方式啓動 WDT 機制，如暫存器 2-11 所示，只要將 SWDTEN 設定為 1 即可，且於燒錄時將 WDTPS3:0 設定為 1010(比例為 1：1024)。

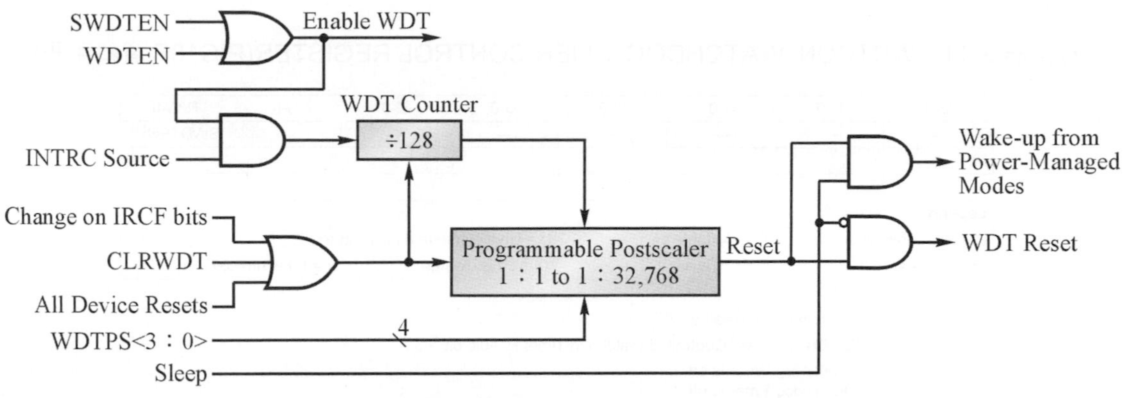

▲ 圖 2-91　WDT 功能方塊圖(PIC18F 資料手冊)

暫存器 2-10　CONFIG2H: CONFIGURATION REGISTER 2 HIGH (PIC18F 資料手冊)

U-0	U-0	U-0	R/P-1	R/P-1	R/P-1	R/P-1	R/P-1
—	—	—	WDTPS3	WDTPS2	WDTPS1	WDTPS0	WDTEN
bit 7							bit 0

Legend:		
R = Readable bit	P = Programmable bit	U = Unimplemented bit, read as '0'
-n = Value when device is unprogrammed		u = Unchanged from programmed state

bit 7-5　**Unimplemented:** Read as '0'

bit 4-1　**WDTPS3:WDTPS0:** Watchdog Timer Postscale Select bits

1111 = 1:32,768
1110 = 1:16,384
1101 = 1:8,192
1100 = 1:4,096
1011 = 1:2,048
1010 = 1:1,024
1001 = 1:512
1000 = 1:256
0111 = 1:128
0110 = 1:64
0101 = 1:32
0100 = 1:16
0011 = 1:8
0010 = 1:4
0001 = 1:2
0000 = 1:1

bit 0　**WDTEN:** Watchdog Timer Enable bit

1 = WDT enabled
0 = WDT disabled (control is placed on the SWDTEN bit)

暫存器 2-11 WDTCON: WATCHDOG TIMER CONTROL REGISTER(PIC18F 資料手冊)

U-0	U-0	U-0	U-0	U-0	U-0	U-0	R/W-0
—	—	—	—	—	—	—	SWDTEN(1)
bit 7							bit 0

Legend:			
R = Readable bit	W = Writable bit	U = Unimplemented bit, read as '0'	
-n = Value at POR	'1' = Bit is set	'0' = Bit is cleared	x = Bit is unknown

bit 7-1 **Unimplemented**: Read as '0'

bit 0 **SWDTEN:** Software Controlled Watchdog Timer Enable bit(1)
1 = Watchdog Timer is on
0 = Watchdog Timer is off

Note 1: This bit has no effect if the Configuration bit, WDTEN, is enabled.

2-13-2 系統功能流程圖

進行軟體撰寫前，若能先將系統功能以流程圖繪出，對軟體設計將是非常大的助力。它提供系統功能大方向，使設計者清楚系統功能之脈絡，進而撰寫程式將功能完成。

WDT 系統功能流程圖，如圖 2-92 所示。

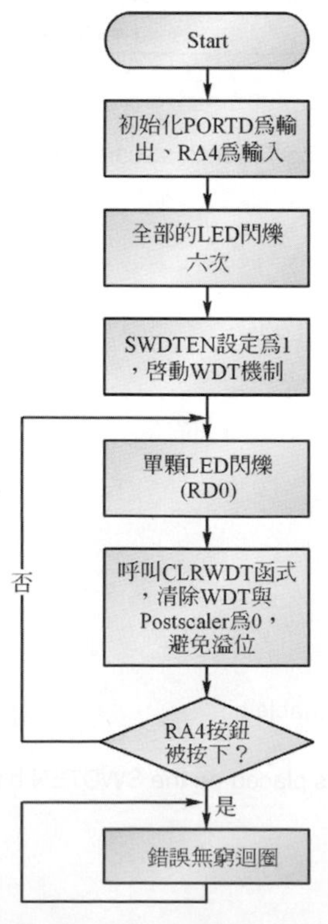

▲ 圖 2-92 WDT 系統功能流程圖

2-13-3　MAIN.c 程式碼

```
#include <htc.h>         //引用 htc.h 標頭檔(實際上使用 pic18F4520.h)
#include "delay.h"       //引用 delay 標頭檔
//========常數及 I/O 腳宣告區==========
#define ONEMS 100 //在程式中的"ONEMS"字串，將代換成"100"
//========I/O 腳宣告區==========
static bit Led@ ((unsigned)&LATD*8+0);//宣告 Led 的腳位為 PORTD,0
//========全域變數宣告區==========
unsigned int i;   //宣告全域變數 i
//////////////C 語言執行的第一個函式 main////////////////////////
void main(void)
{
//=======初始值設定區====================
  TRISD=0x00; //PORTD 全為輸出
  TRISA=0xFF; //PORTA 全為輸入
  ADCON1=0x0f; //AN12:0 全為數位腳

  for(i=0;i<=5;i++) //大刮號內程式碼執行六遍
  {
      LATD=0xff;        //將 PORTD 全部輸出高電位，點亮所有 Led
      DelayMs(ONEMS); //延時 100ms=0.1s
      LATD=0x00;        //將 PORTD 全部輸出低電位，熄滅所有 Led
      DelayMs(ONEMS); //延時 100ms=0.1s
  }
  SWDTEN=1;
//=======主程式區==開始=====================
  while(1)          //使用 while(1)達成無窮回圈功能
  {
      Led=1;          //將 Led 腳輸出高電位，點亮 Led
```

```
029         DelayMs(ONEMS); //延時 100ms=0.1s
030         Led=0;          //將 Led 腳輸出低電位，熄滅 Led
031         DelayMs(ONEMS); //延時 100ms=0.1s
032
033         CLRWDT(); //清除 WDT 及 Postscaler 為 0
034         if(RA4==0)
035         {
036
037             while(1);//若 RA4==0，代表按鈕被按下，進入錯誤無窮迴圈
038         }
039
040     }
041 //=======主程式區==結束======================
042 }
```

主程式放置區(程式碼 010～042)：

第 010 行是 C 語言執行的第一個函式(Main)，在此函式內可將其分為初始值設定區(程式碼 012～024)與主程式區(程式碼 025～042)。初始值設定區適合放置只作一次的動作，全部 LED 閃爍六次程式放置在此處；主程式區藉由第 026 行 while(1)程式碼，形成無窮迴圈，也就是在第 028 行至第 040 行內之程式碼將會被重複執行，其動作完全依照系統功能流程圖。

當 RA4 被按下時，程式進入錯誤無窮迴圈，此時無法跳離此迴圈，就如同無法預知的干擾與錯誤影響系統。但有了 WDT 機制後，當在設定的時間內，沒有將 WDT 的計數值清除為 0，將引發系統重置並重新執行程式，提高系統的可靠度。

3 篇

圖形化程式碼產生器 (MPLAB®XIDE Code Configurator, MCC)

第一章　MPLAB® X IDE 介紹

第二章　範例

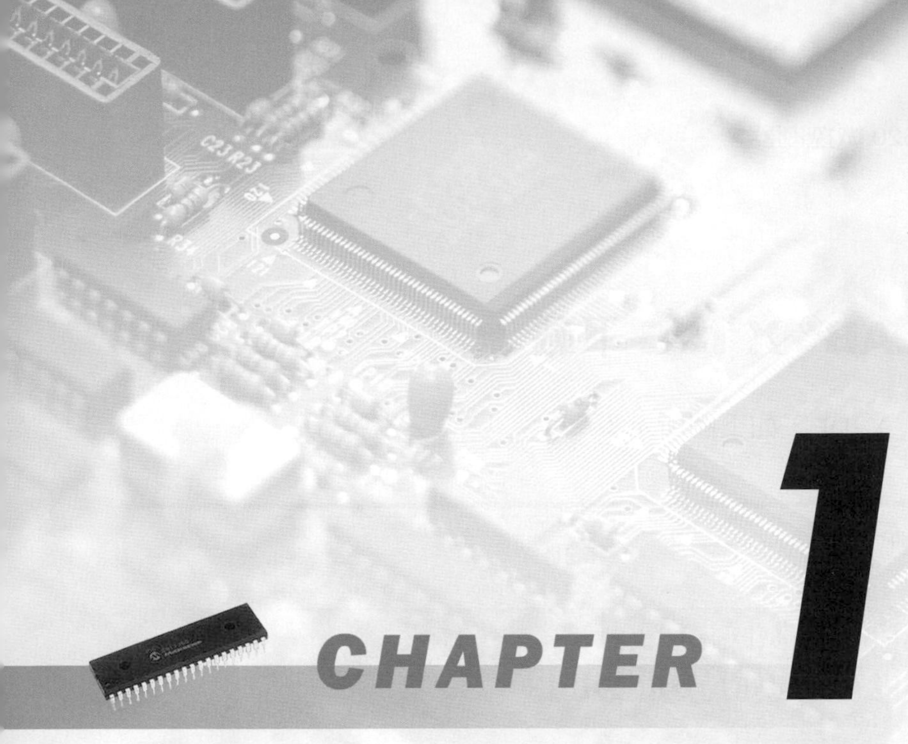

MPLAB® X IDE 介紹

MPLAB v8.x 因為下列幾種原因，轉而開發支援高階語言並可在 Windows®、Mac 和 Linux 平臺上執行的全新 MPLAB® X IDE。

MPLAB v8.x 缺點如下：

- 程式庫已經過時
- 加入一些所需功能較困難
- 協力廠商程式擴展比較困難
- 缺少一些高階語言開發所需的基礎架構
- 僅限用於 Windows® 平臺

1-1 MPLAB® X IDE 下載

首先下載 MPLAB® X IDE，如下圖所示：

▲ 圖 1-1　MPLAB® X IDE 下載

按下 Downloads Archive，如圖 1-2 所示

▲ 圖 1-2　MPLAB® X IDE Download

可依不同作業系統下載所需的檔案，筆者使用 win 7 開發程式，請下載 **Windows (x86/x64)**欄位下最新的 XIDE v3.05 版，如圖 1-3 所示：

www.microchip.com/pagehandler/en-us/family/mplabx/

Windows (x86/x64)	Mac (10.X)	Linux (32/64 bit)
MPLAB IDE X v1.00a	MPLAB IDE X v1.00a	MPLAB IDE X v1.00a
MPLAB IDE X v1.10	MPLAB IDE X v1.10	MPLAB IDE X v1.10
MPLAB IDE X v1.20	MPLAB IDE X v1.20	MPLAB IDE X v1.20
MPLAB IDE X v1.30	MPLAB IDE X v1.30	MPLAB IDE X v1.30
MPLAB IDE X v1.41	MPLAB IDE X v1.41	MPLAB IDE X v1.41
MPLAB IDE X v1.51	MPLAB IDE X v1.51	MPLAB IDE X v1.51
MPLAB IDE X v1.60	MPLAB IDE X v1.60	MPLAB IDE X v1.60
MPLAB IDE X v1.70	MPLAB IDE X v1.70	MPLAB IDE X v1.70
MPLAB IDE X v1.80	MPLAB IDE X v1.80	MPLAB IDE X v1.80
MPLAB IDE X v1.85	MPLAB IDE X v1.85	MPLAB IDE X v1.85
MPLAB IDE X v1.90	MPLAB IDE X v1.90	MPLAB IDE X v1.90
MPLAB IDE X v1.95	MPLAB IDE X v1.95	MPLAB IDE X v1.95
MPLAB IDE X v2.00	MPLAB IDE X v2.00	MPLAB IDE X v2.00
MPLAB X v2.05	MPLAB X v2.05	MPLAB X v2.05
MPLAB X v2.10	MPLAB X v2.10	MPLAB X v2.10
MPLAB X v2.15	MPLAB X v2.15	MPLAB X v2.15
MPLAB X v2.20	MPLAB X v2.20	MPLAB X v2.20
MPLAB X v2.26	MPLAB X v2.26	MPLAB X v2.26
MPLAB X v2.30	MPLAB X v2.30	MPLAB X v2.30
MPLAB X v2.35	MPLAB X v2.35	MPLAB X v2.35
MPLAB X v3.00	MPLAB X v3.00	MPLAB X v3.00
MPLAB X v3.05	MPLAB X v3.05	MPLAB X v3.05

▲ 圖 1-3　MPLAB® X IDE Windows 版本

1-2 MPLAB® XC Compilers

MPLAB® XC Compilers 是最新的編譯器，有 8 位元、16 位元、32 位元的差別，如圖 1-4 所示。本書使用 8 位元單晶片，需要下載免費 MPLAB® XC8。

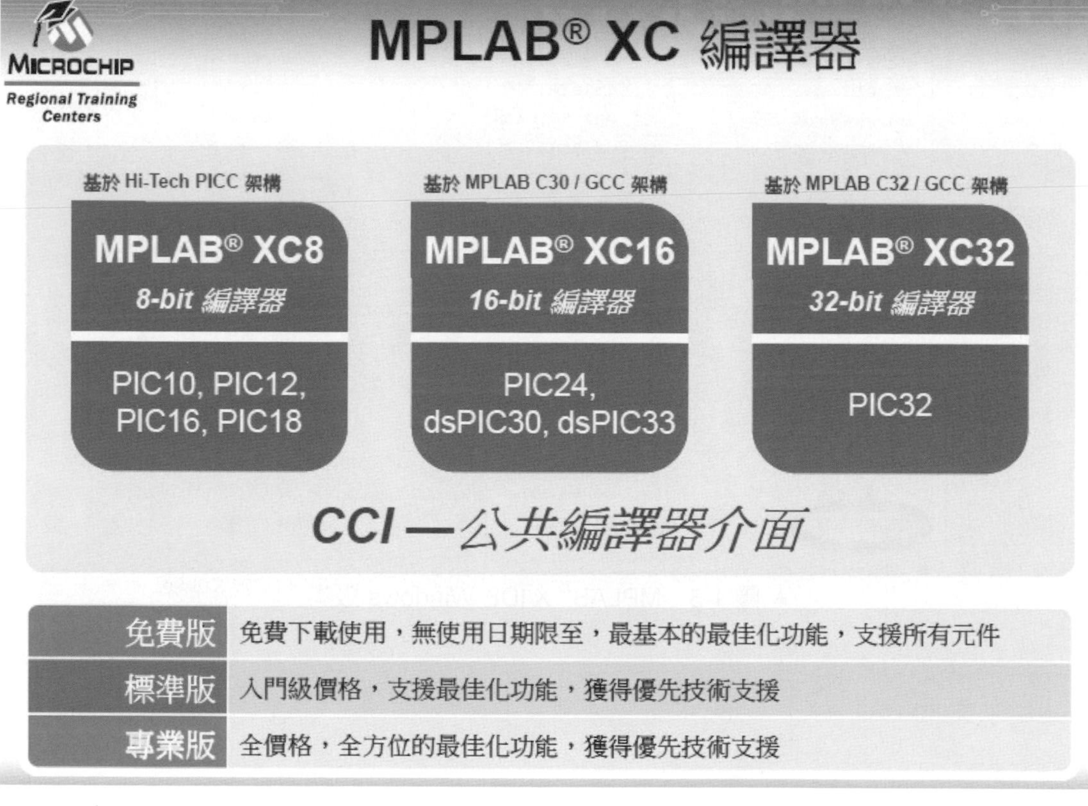

▲ 圖 1-4 MPLAB® X IDE(MPLAB X 課程手冊)

首先下載 MPLAB® XC8，如圖 1-5 所示：

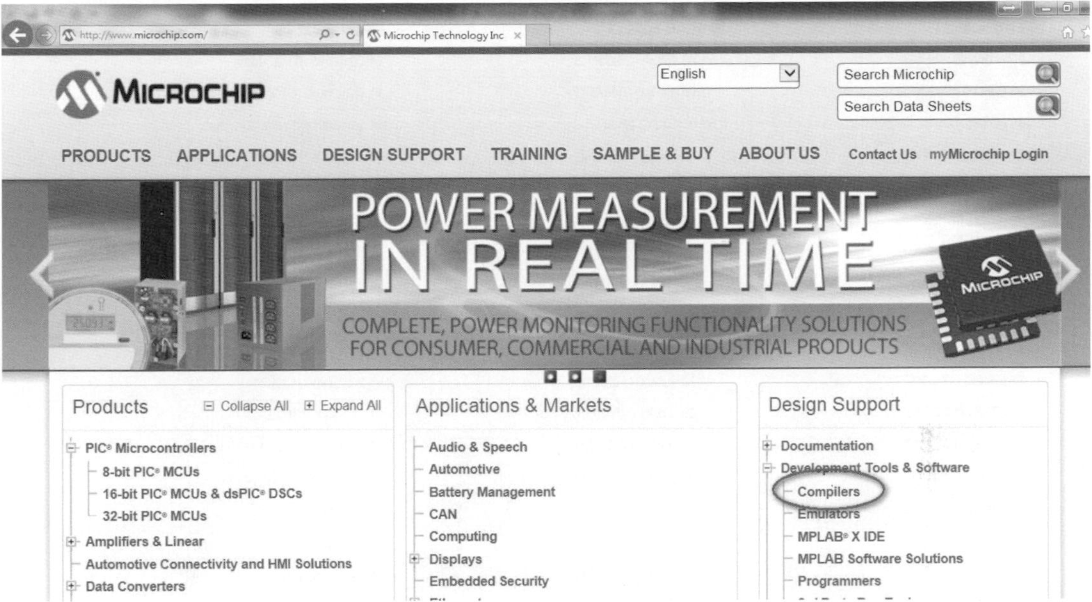

▲ 圖 1-5 編譯器介紹網頁

按下 Downloads Archive，如圖 1-6 所示

▲ 圖 1-6 編譯器檔案下載網頁

下載 MPLAB XC8 v1.34(win)最新版本，如圖 1-7 所示：

MPLAB XC8	MPLAB XC16	MPLAB XC32
v1.00 (WIN) (03/22/12)	v1.00 (WIN) (05/03/12)	v1.00 (WIN) (03/22/12)
v1.00 (Linux) (03/22/12)	v1.00 (Linux) (05/03/12)	v1.00 (Linux) (03/22/12)
v1.00 (OSX) (03/22/12)	v1.00 (OSX) (05/03/12)	v1.00 (OSX) (03/22/12)
v1.01 (WIN) (06/23/12)	v1.10 (WIN) (08/08/12)	v1.10 (WIN) (08/08/12)
v1.01 (Linux) (06/23/12)	v1.10 (Linux) (08/08/12)	v1.10 (Linux) (08/08/12)
v1.01 (OSX) (06/23/12)	v1.10 (OSX) (08/08/12)	v1.11 (OSX) (10/04/12)
v1.10 (WIN) (08/08/12)	v1.11 (WIN) (12/11/12)	v1.11 (WIN) (10/04/12)
v1.10 (Linux) (08/08/12)	v1.11 (Linux) (12/11/12)	v1.11 (Linux) (10/04/12)
v1.10 (OSX) (08/08/12)	v1.11 (OSX) (12/11/12)	v1.20 (OSX) (12/07/12)
v1.11 (WIN) (10/25/12)	v1.20 (WIN) (10/22/13)	v1.20 (WIN) (12/07/12)
v1.11 (Linux) (10/25/12)	v1.20 (Linux) (10/22/13)	v1.20 (Linux) (12/07/12)
v1.11 (OSX) (10/25/12)	v1.20 (OSX) (10/22/13)	v1.21 (OSX) (04/22/13)
v1.12 (OSX) (12/04/12)	v1.21 (WIN) (01/09/14)	v1.21 (WIN) (04/22/13)
v1.12 (WIN) (12/04/12)	v1.21 (OSX) (01/09/14)	v1.21 (Linux) (04/22/13)
v1.12 (Linux) (12/04/12)	v1.21 (Linux) (01/09/14)	v1.22 (OSX) (8/19/14)
v1.20 (OSX) (06/24/13)	v1.22 (Linux) (8/19/14)	v1.22 (WIN) (8/19/14)
v1.20 (WIN) (06/24/13)	v1.22 (WIN) (10/10/14)	v1.22 (Linux) (10/21/13)
v1.21 (Linux) (10/04/13)	v1.22 (OSX) (10/10/14)	v1.30 (OSX) (11/13/2013)
v1.21 (OSX) (10/04/13)	v1.23 (Linux) (9/25/14)	v1.30 (Linux) (11/13/2013)
v1.21 (WIN) (10/04/13)	v1.23 (WIN) (9/25/14)	v1.30 (WIN) (11/13/2013)
v1.30 (WIN) (01/13/14)	v1.23 (OSX) (9/25/14)	v1.31 (WIN) (12/20/2013)
v1.30 (OSX) (01/13/14)	v1.24 (Linux) (12/19/14)	v1.31 (OSX) (12/20/2013)
v1.30 (Linux) (01/13/14)	v1.24 (WIN) (12/19/14)	v1.31 (Linux) (12/20/2013)
v1.31 (WIN) (03/28/14)	v1.24 (OSX) (12/19/14)	v1.32 (WIN) (05/30/2014)
v1.31 (OSX) (03/28/14)		v1.32 (OSX) (05/30/2014)
v1.31 (Linux) (03/28/14)		v1.32 (Linux) (05/30/2014)
v1.32 (WIN) (06/05/14)		v1.33 (WIN) (07/22/14)
v1.32 (Linux) (06/05/14)		v1.33 (Linux) (07/22/14)
v1.32 (OSX) (06/05/14)		v1.33 (OSX) (07/22/14)
v1.33 (WIN) (08/25/14)		v1.34 (WIN) (02/16/15)
v1.33 (Linux) (08/25/14)		v1.34 (Linux) (02/16/15)
v1.33 (OSX) (08/25/14)		v1.34 (OSX) (02/16/15)
v1.34 (Linux) (02/16/15)		
v1.34 (OSX) (02/16/15)		
v1.34 (WIN) (02/16/15)		

▲ 圖 1-7 MPLAB XC8 v1.34(win)最新版本

下載完成後，先安裝 MPLABX-v3.05，再安裝 xc8-v1.34(安裝此兩個檔案，一直按下一步直到最後即可)，如圖 1-8 所示。

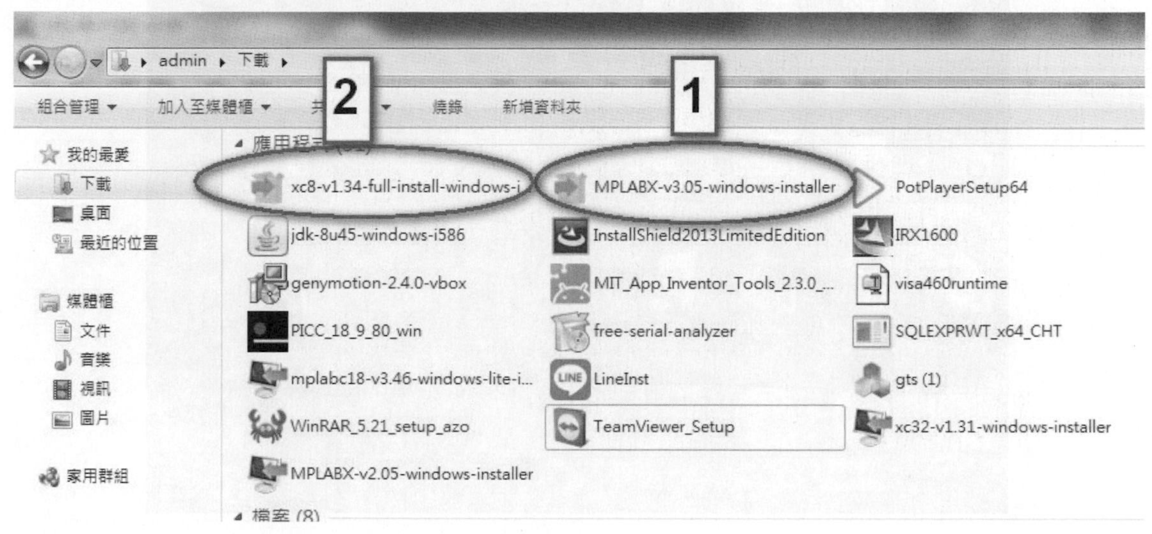

▲ 圖 1-8 依序安裝下載檔案

1-3 MPLAB® X IDE Code Configurator (MCC)

使用圖形化介面(GUI)來規劃週邊的設定及使用方式後，透過程式碼產生器來產生週邊的定義檔(.h) 及函數庫原始程式(.c) 取代 C 編譯器所提供的函數庫，這種方式有下列優點：

- 快速規劃週邊的設定及函數庫
- 圖形化的規劃設定，簡單迅速上手
- 有錯隨時修正，重新產生原始程式
- 產生的.h 檔及.c 檔可依所需加以更改

(節錄自 MCC 課程手冊)

以往若是選用不同型號的 PIC 單晶片，寫程式時需要查看資料手冊上特殊暫存器的名稱及使用方式，相當不方便。現今使用 MCC 的 GUI 介面來學習 PIC 單晶片，將大幅縮短點開發時間。

執行 MPLAX IDE V3.05，如圖 1-9 所示：

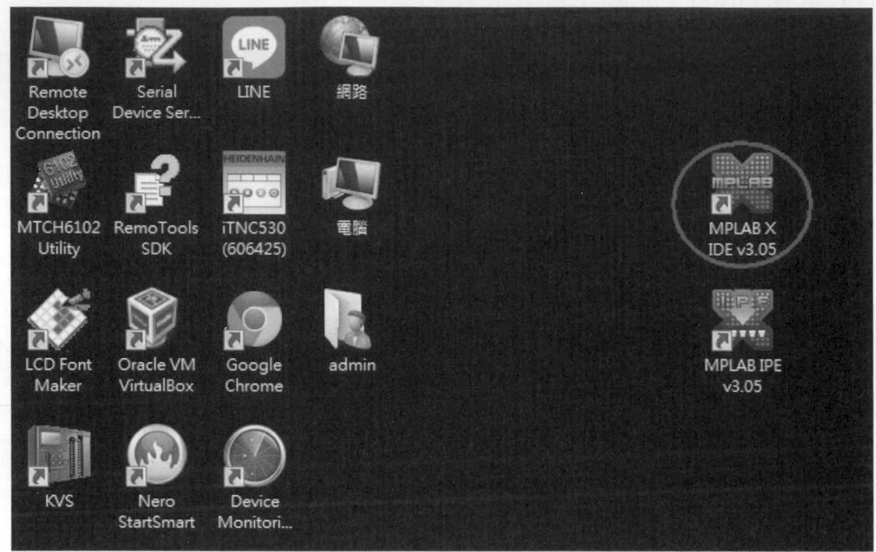

▲ 圖 1-9　執行 MPLAX IDE V3.05

點選 Tools 頁籤下的 Plugins，如圖 1-10 所示：

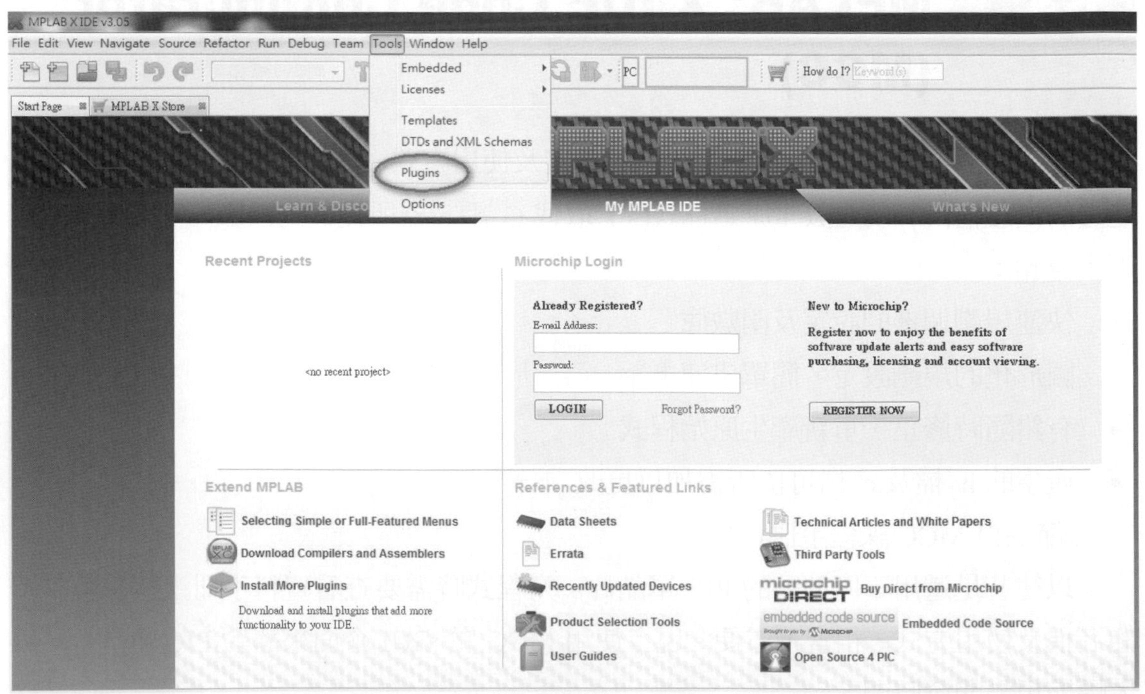

▲ 圖 1-10　Tools 頁籤下的 Plugins 功能

點選 Available Plugins 後，勾選 MCC 並按下 Install，如圖 1-11 所示：安裝完成後會重新開啓 MPLAB X。

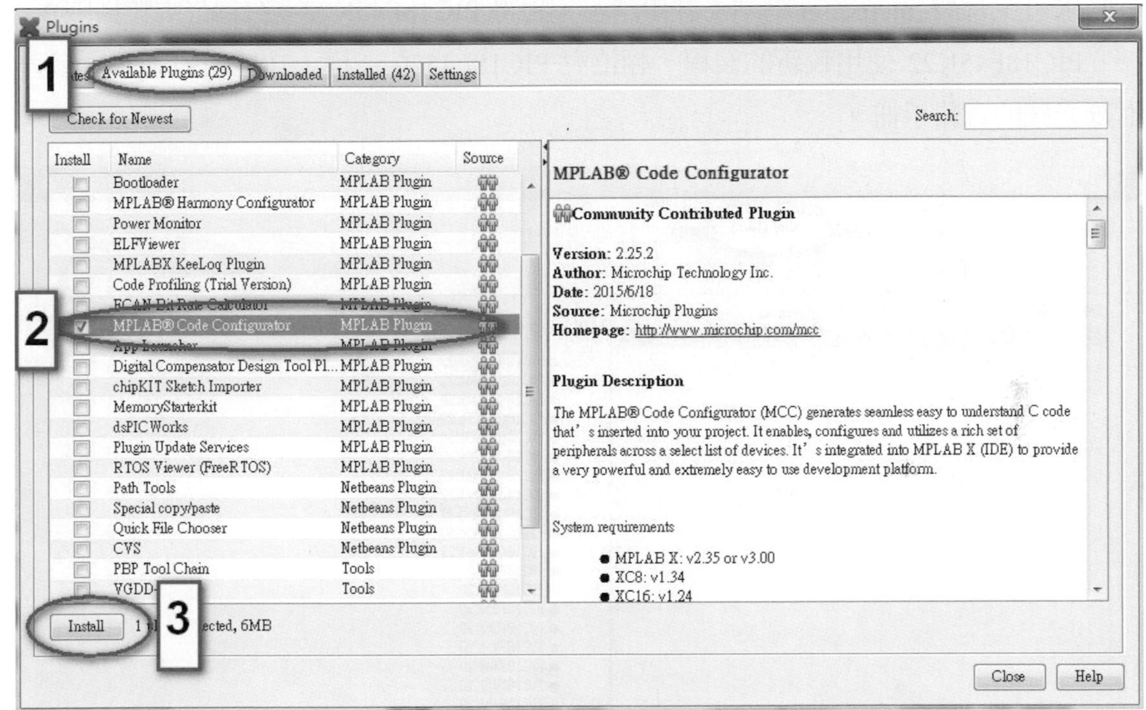

▲ 圖 1-11 安裝 MCC Plugin

MCC 並不是所有的單晶片都有支援，點選 Installed 後，就可看見支援的單晶片，在 Search 中輸入：45k22，如圖 1-12 所示。本章將使用 PIC18F45k22 完成所有範例(如有需求可至台灣 microchip 網站下載申請書，獲得 PIC18F45K22 之樣品(兩顆爲限))。

PIC18F45K22 使用較新的製程，腳位與 PIC18F4520 一樣，功能也較強，可參考附錄光碟的資料手冊。

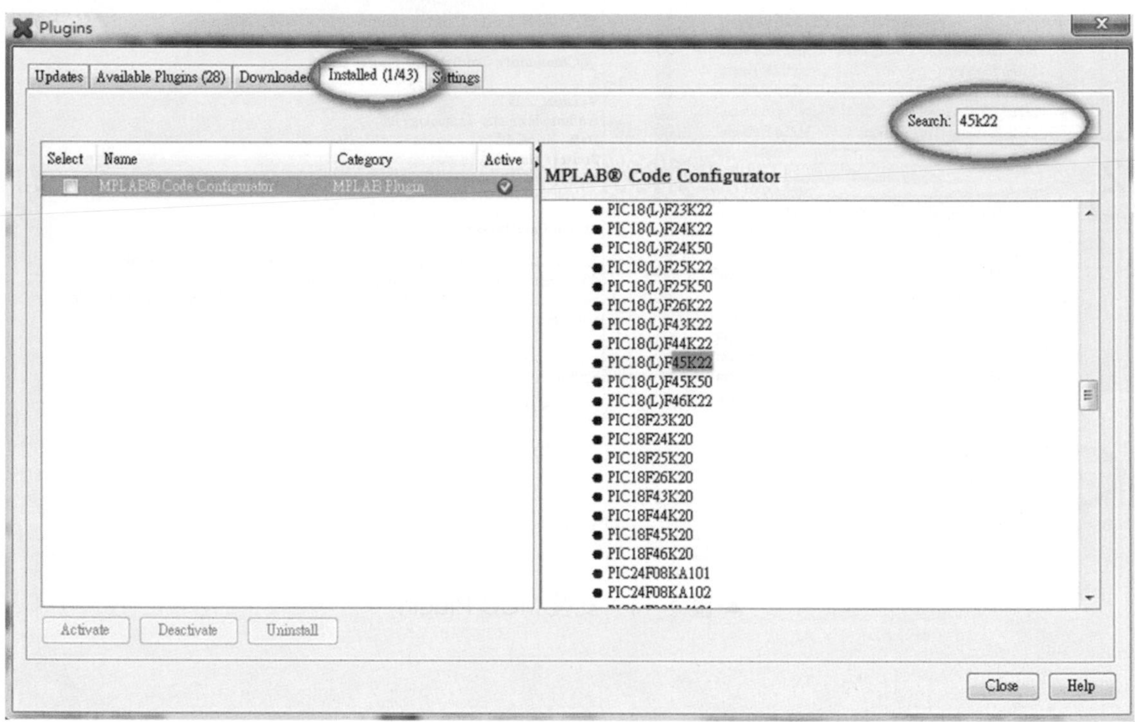

▲ 圖 1-12　MCC 支援 PIC18F45k22

1-4 PICkit3 與 APP001

本章的範例將使用 PICkit™ 3(如圖 1-13 所示)及 APP001 實驗板(如圖 1-14 所示)，與使用 MCC 來完成此範例。執行 MPLAB X IDE，開新專案如圖 1-15 所示。

- USB 2.0 相容於全速 (12MHz)，提供及時除錯/模擬功能，有全速執行、暫停、單步執行、斷點功能
- 透過 MPLAB® X IDE 可檢查版本韌體自動升級
- USB 2.0 全速通訊可快速載入程式碼
- 可直接開啟對外供電功能最高到 30mA
- V_{DD} range 3 - 5.5V
- V_{PP} range 3 - 13V
- CE and RoHS-compliant

▲ 圖 1-13 PICkit™ 3 燒錄/模擬器(節錄自 MCC 課程手冊)

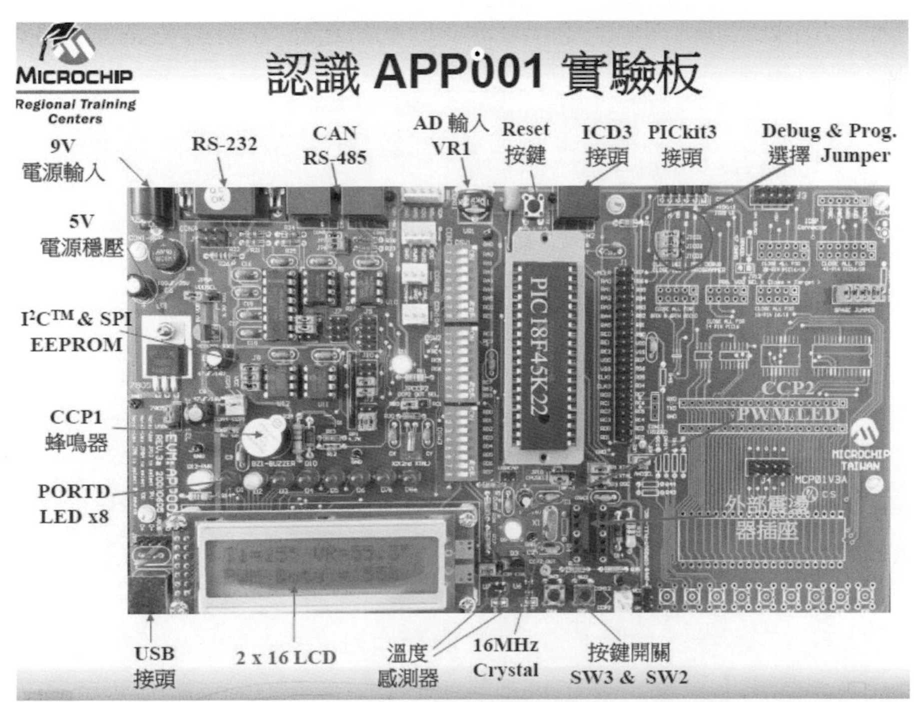

▲ 圖 1-14 APP001 實驗板(節錄自 MCC 課程手冊)

CHAPTER 2

範例

2-1 範例一 LED 閃爍(自建專案)

若使用 APP001 實驗板，請將所有 DSW1～3 全部切至 ON

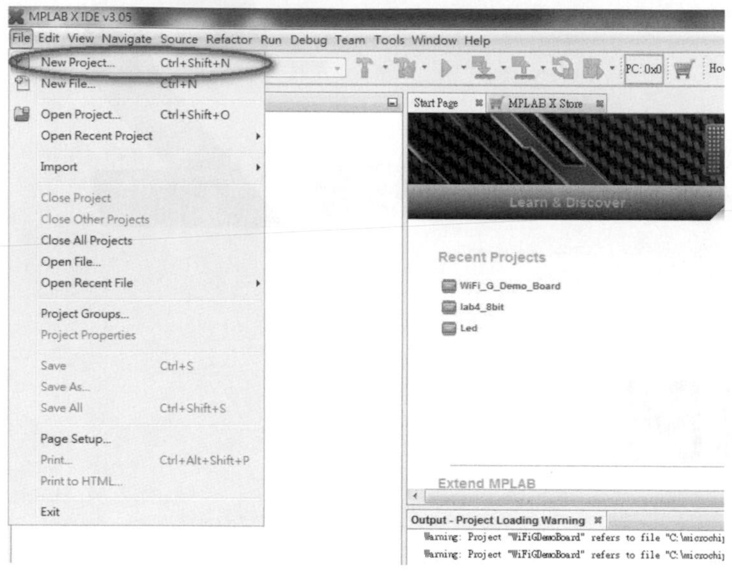

▲ 圖 2-1 開新專案

操作如圖 2-2 所示。

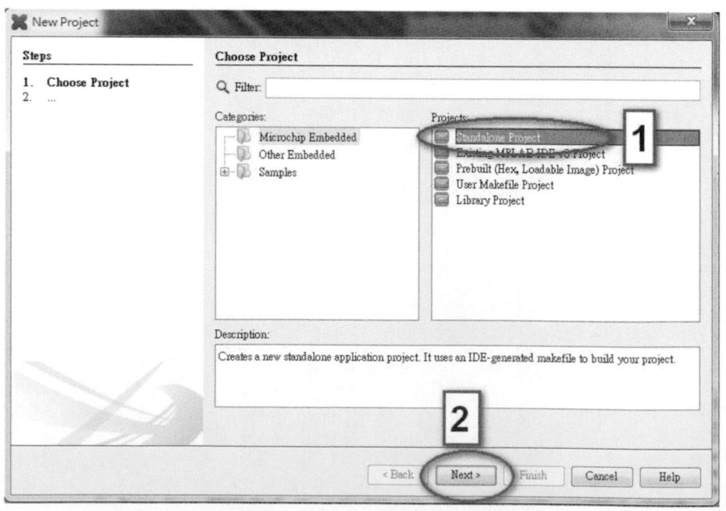

▲ 圖 2-2 Standalone 專案

在 Device 欄位中直接輸入“PIC18F45K22”並選擇它，最後按“Next”，如圖 2-3 所示。

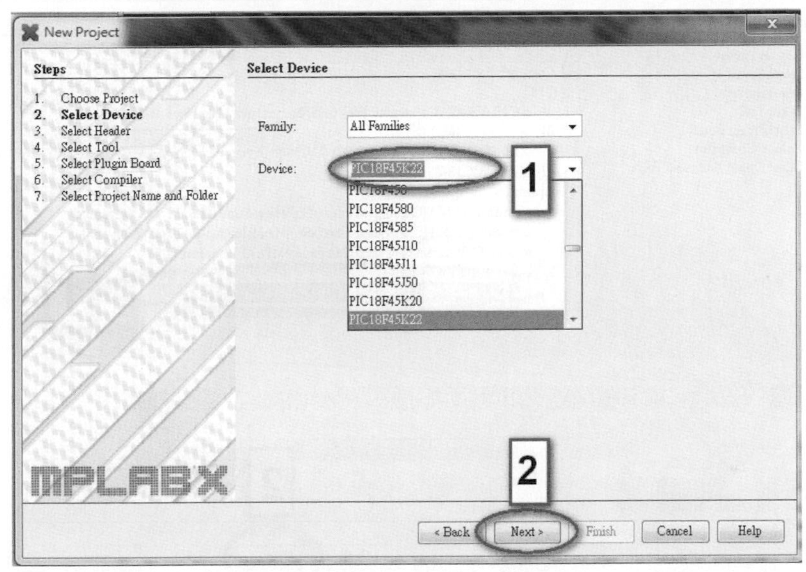

▲ 圖 2-3　選擇 PIC18F45K22

選擇“PICkit3”，如圖 2-4 所示。

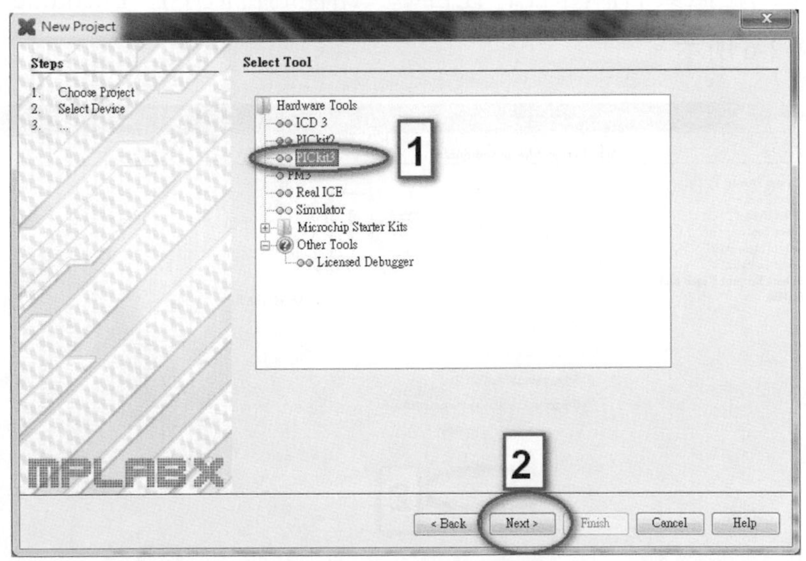

▲ 圖 2-4　選擇 PICkit3

選擇最新的 C 編譯器，如圖 2-5 所示。

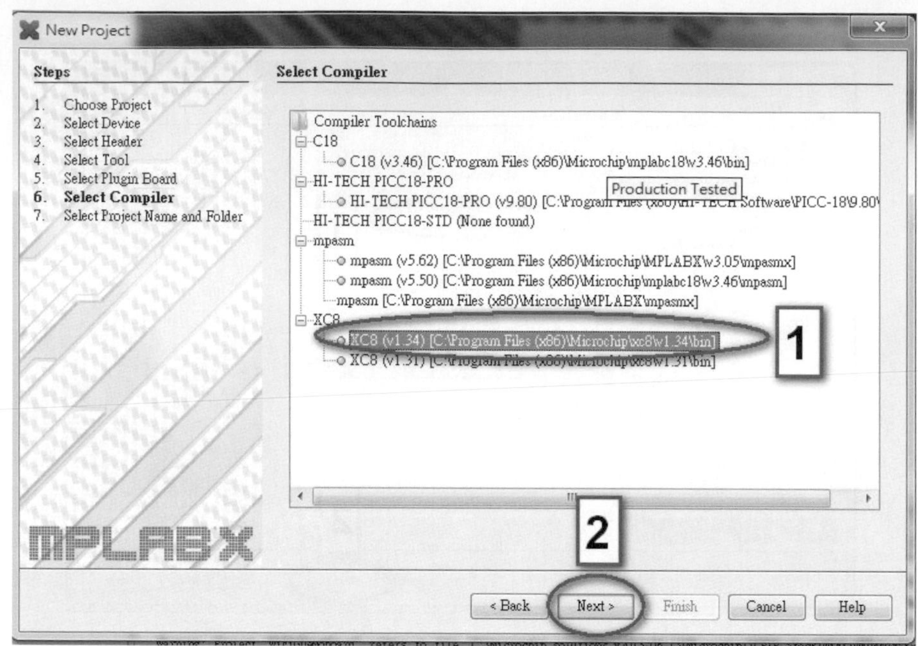

▲ 圖 2-5 選擇 XC8(v1.34)

選擇專案的位置與名稱(不能存在含中文路徑的位置中)，Encoding 使用中文的 UTF-8，如圖 2-6 所示。

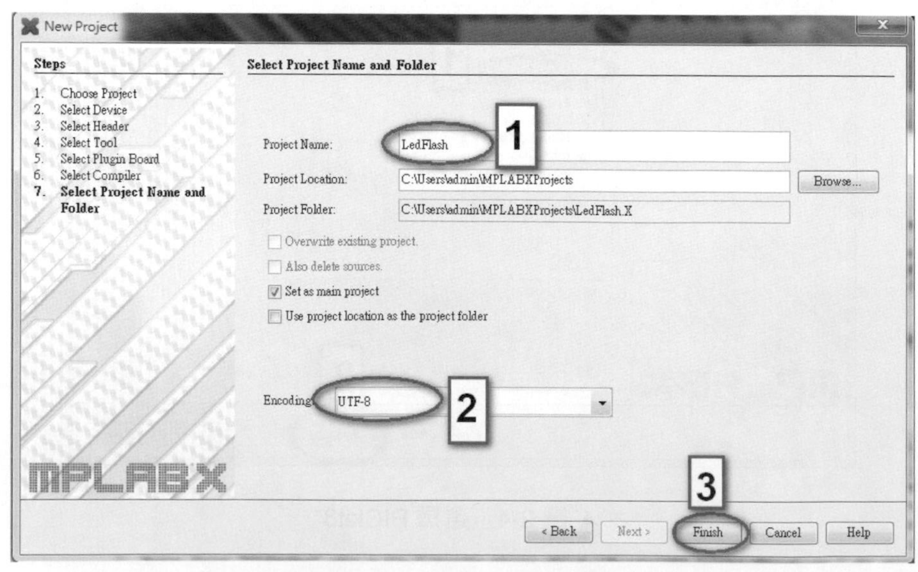

▲ 圖 2-6 選擇檔名與編碼方式

執行 MPLAB Code Configurator(MCC)圖形化工具，如圖 2-7 所示。

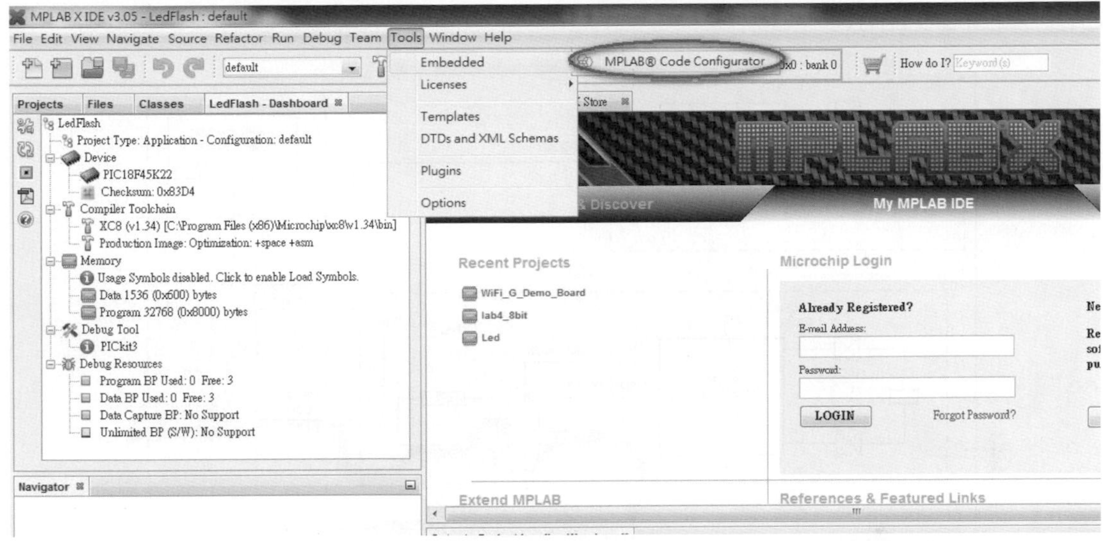

▲ 圖 2-7 執行圖形化 MCC 工具

點選 System 會跳出 Clock 相關設定，如圖 2-8 所示。

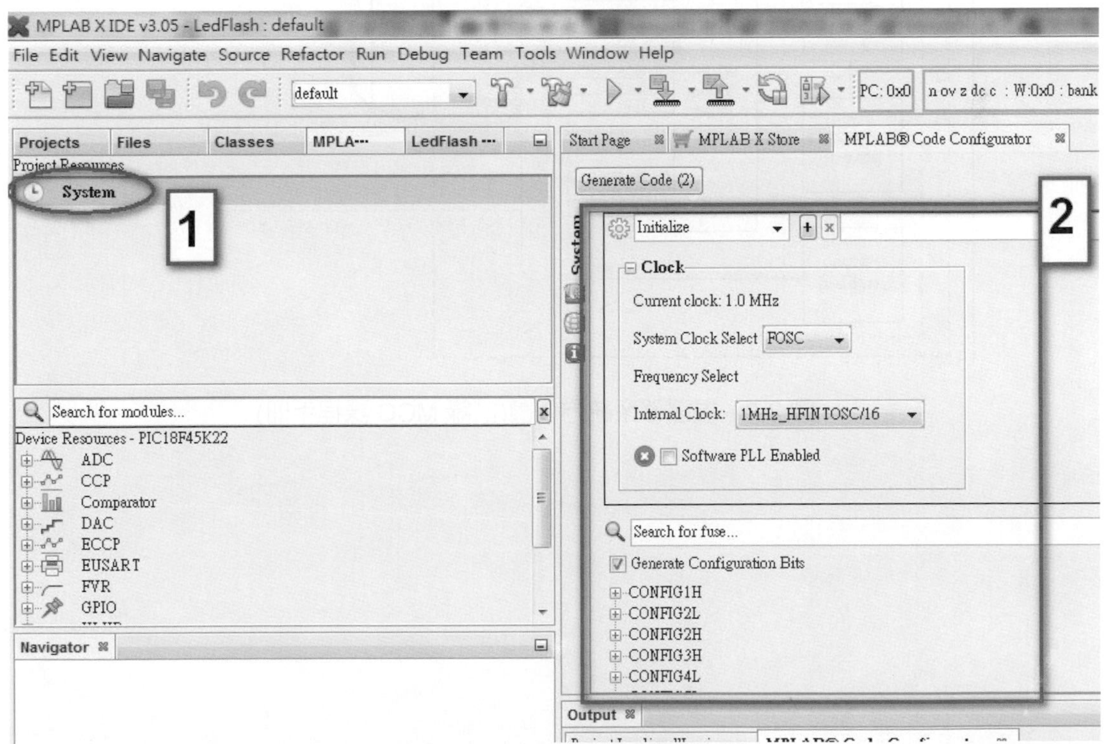

▲ 圖 2-8 System 相關設定

使用內部振盪器(HFINTOSC 16MHz)經過除頻器除以 16，得到 HF-1MHz 給系統使用，如圖 2-9 所示。

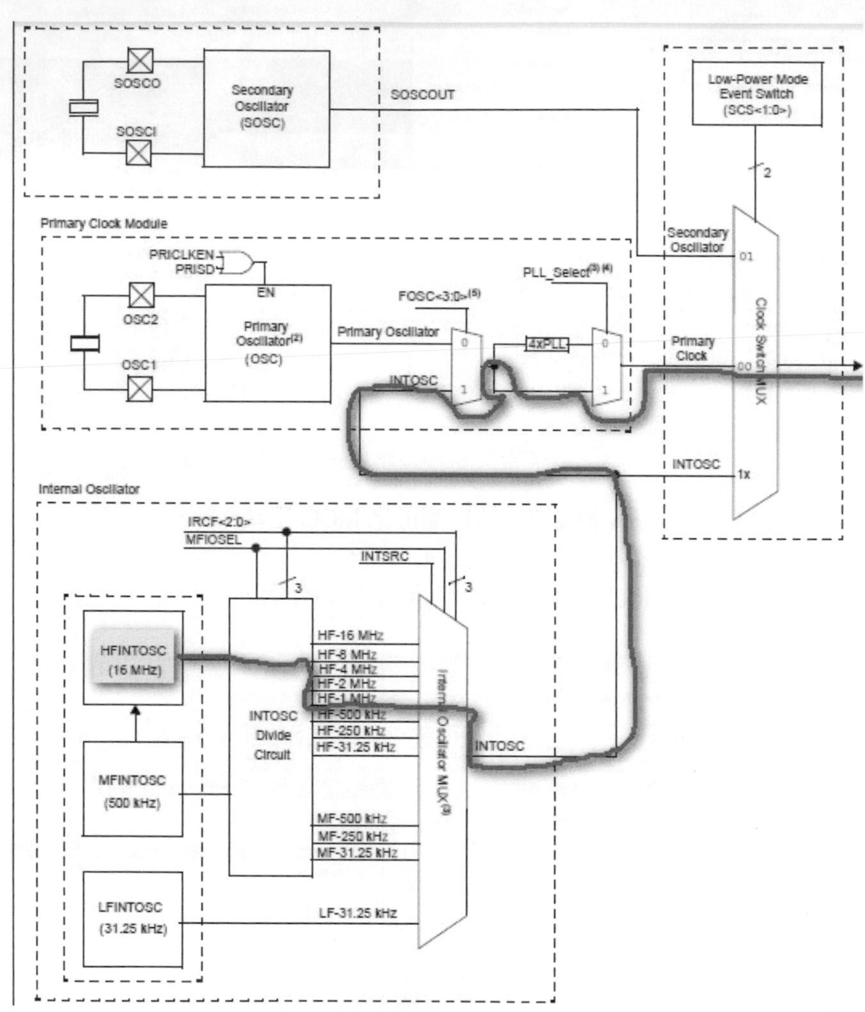

▲ 圖 2-9　振盪器系統方塊圖(節錄 MCC 課程手冊)

CONF1G1H 設定，如圖 2-10 所示。

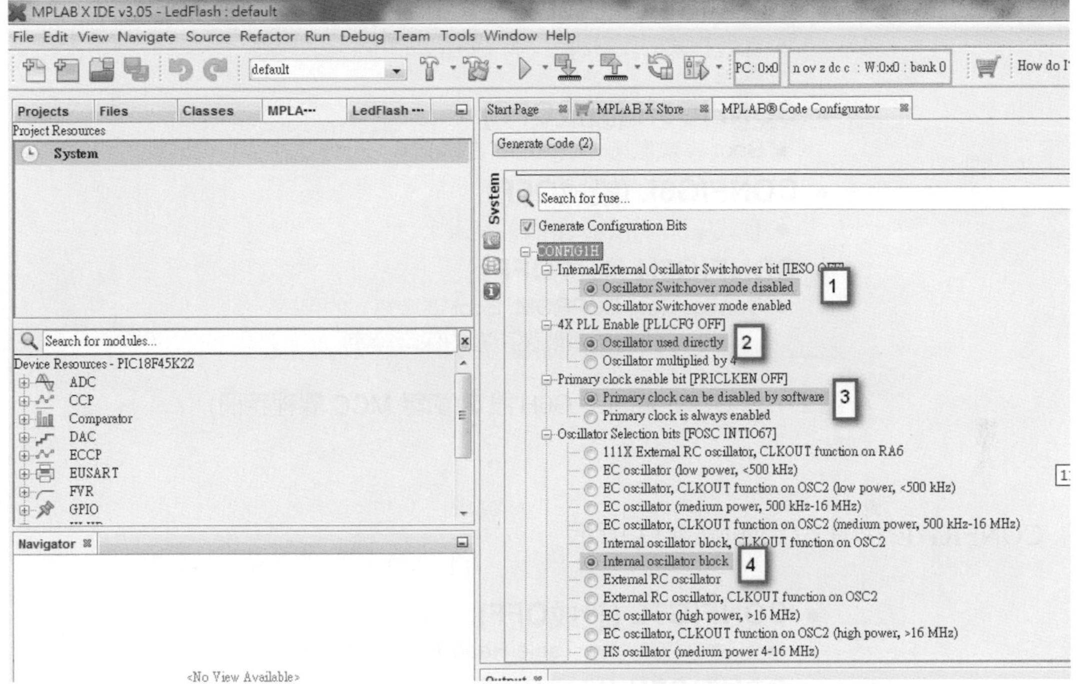

▲ 圖 2-10　CONF1G1H 設定

CONFIG2L～4L 設定如圖 2-11 所示。

- **CONFIG2L**
  - BOREN SBORDIS, BORV 285, PWRTEN ON
- **CONFIG2H**
  - WDTEN OFF (除錯時的必要選項）
- **CONFIG3H**
  - CCP2MX PORTC1, PBADEN OFF,
    MCLRE EXTMCLR (除錯模式下需使用 **MCLR** 腳)
- **CONFIG4L**
  - LVP OFF, STVREN ON, XINTST OFF
    - 如使用 **Lite** 版的 **XC8** 要將 **XINTST** 設成 **OFF**

▲ 圖 2-11　CONFIG2L～4L 設定(節錄 MCC 課程手冊)

CONFIG5L～G6H 設定如圖 2-12 所示。

- **CONFIG5L (設成OFF)**
  - ◆ 區塊程式碼保護設定，除錯階段關閉所有的保護設定
- **CONFIG5H (設成OFF)**
  - ◆ Boot 區塊保護，EEROM 資料保護
- **CONFIG6L (設成OFF)**
  - ◆ 程式區塊禁止程式執行的寫入
- **CONFIG6H (設成OFF)**
  - ◆ Config. Reg, EEPROM, Boot 區塊寫入的保護

除錯階段請關閉所有的保護設定

▲ 圖 2-12 CONFIG5L～G6H 設定(節錄 MCC 課程手冊)

CONFIG7L～7H 設定如圖 2-13 所示。

- **CONFIG7L (設成OFF)**
  - ◆ 程式碼區塊禁止 Table Read 指令讀取的保護
- **CONFIG7H (設成OFF)**
  - ◆ Boot 區塊禁止 Table Read 指令讀取的保護

除錯階段如請關閉所有的保護設定

▲ 圖 2-13 CONFIG7L～7H 設定(節錄 MCC 課程手冊)

接下來設定 GPIO 如圖 2-14 所示。這個是設定 IO 的腳位關係。

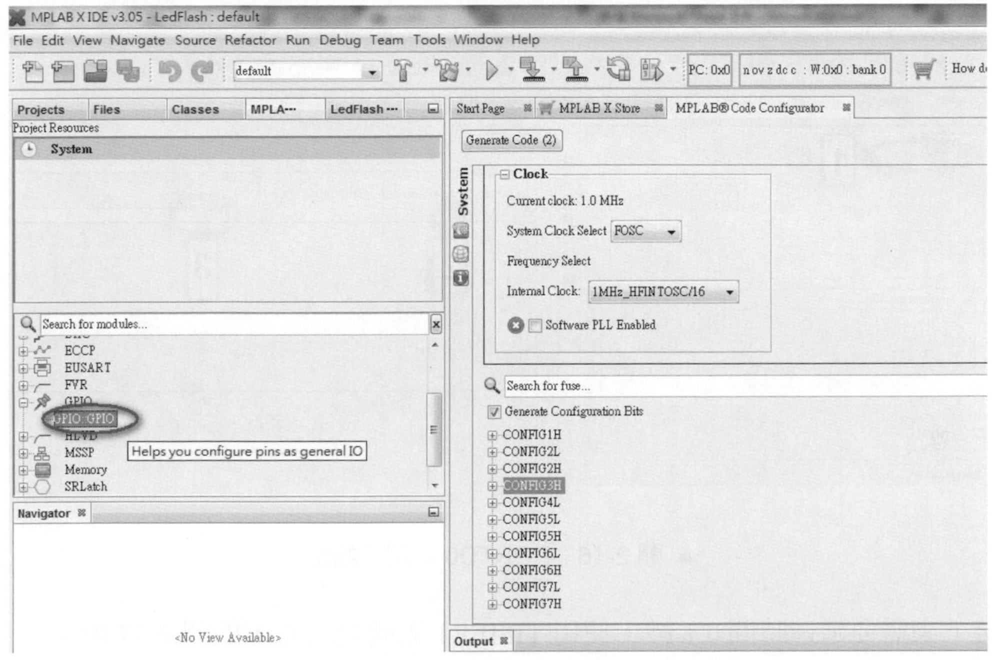

▲ 圖 2-14　GPIO 設定

找到右下角 PORTD 的第 0 隻腳，點選沒上鎖的圖示，如圖 2-15 所示。第 19 腳將會出現綠色圖示，代表即將設定此腳位的狀態。若包裝不同可由 Package 下拉選單選擇不同包裝。

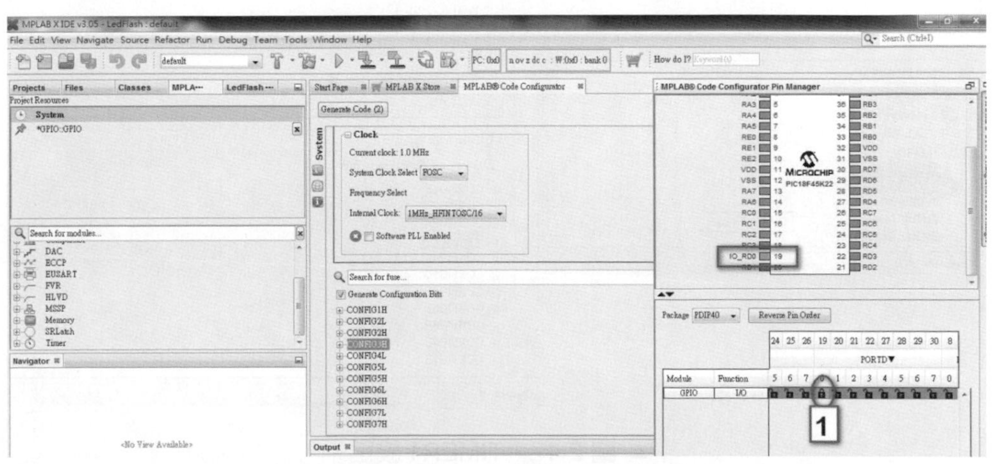

▲ 圖 2-15　PORTD0 設定

點選 GPIO，並將 Output 打勾，將 Custom Nmae 輸入“LED”，如圖 2-16 所示。

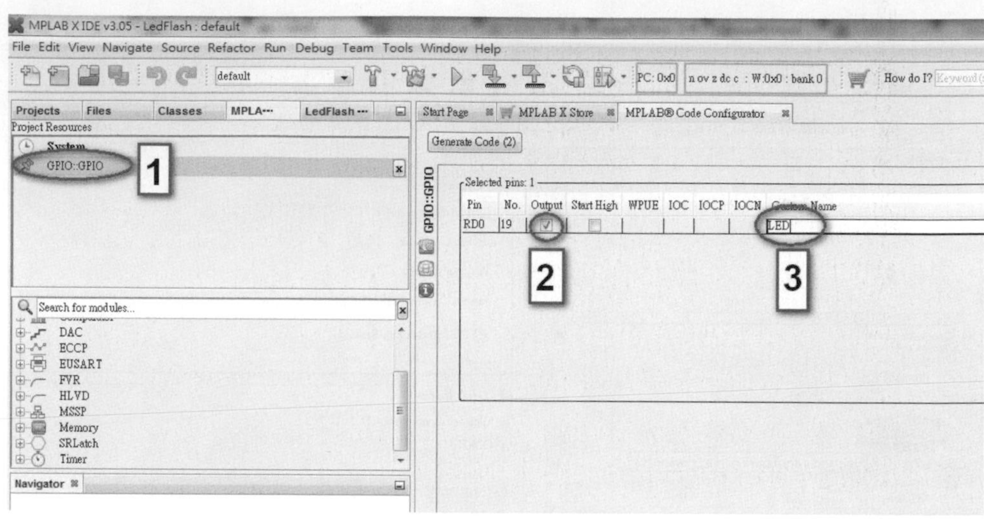

▲ 圖 2-16　PORTD0 設定為輸出

接下來需要延遲時間 0.1 秒，使用 TIMER1 完成此功能，如圖 2-17 所示。

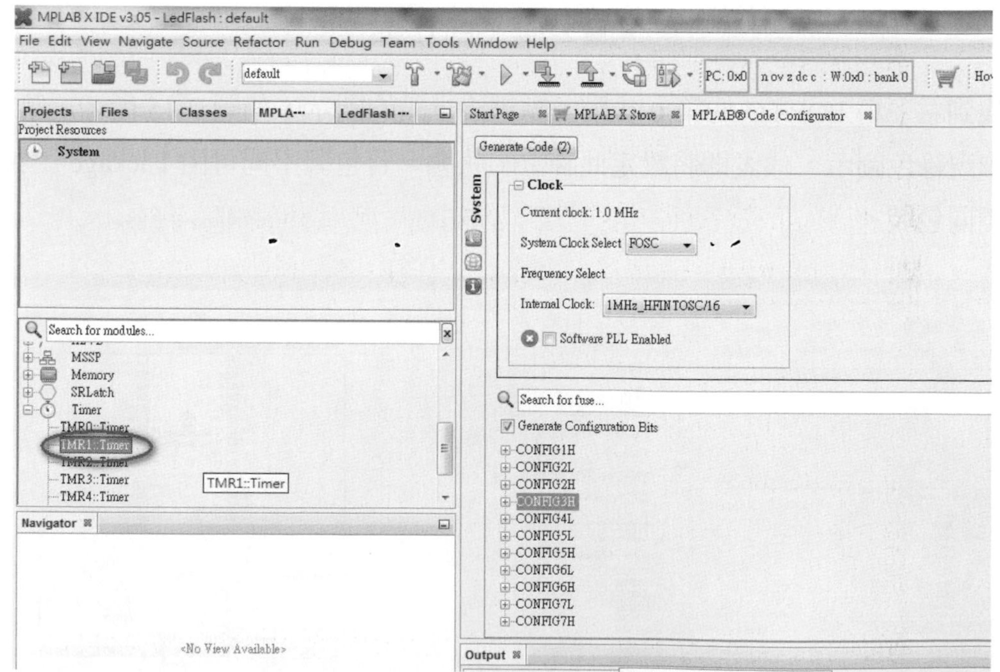

▲ 圖 2-17　TIMER1 設定

點選 TMR1 並將 Timer Period 設定爲“100ms”(0.1 秒)，如圖 2-18 所示。若需要的時間超過 262.144ms，可將 Prescaler(預先除頻器)設定爲 1：8，代表時間可延長至 2.0975 秒(圖中紅色方框下拉選單)。

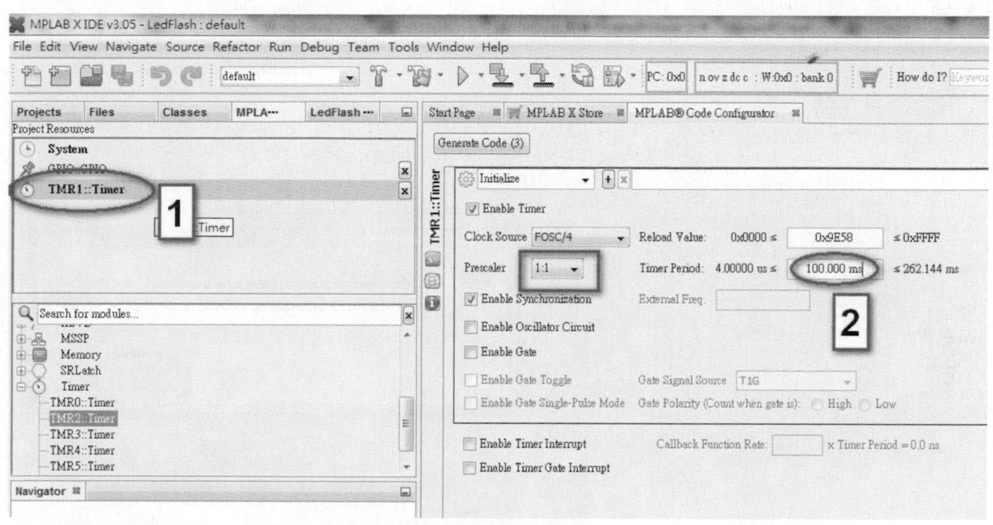

▲ 圖 2-18　TMR1 時間設定為 0.1 秒

最後按下 Generate Code，如圖 2-19 所示。

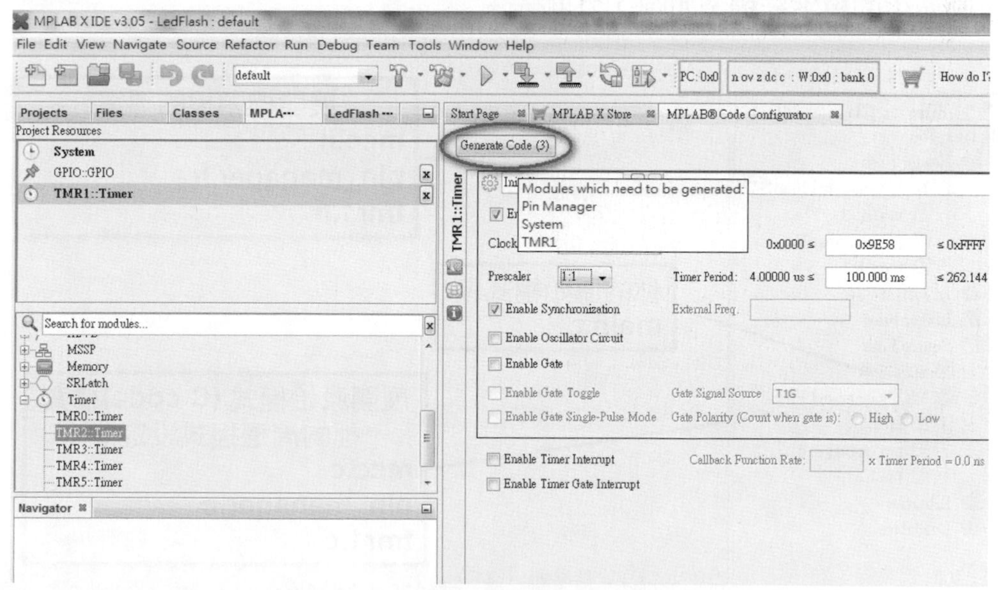

▲ 圖 2-19　自動產生程式碼

過程中會問你是否自動產生 main.c 程式碼，請按下“是”，如圖 2-20 所示。

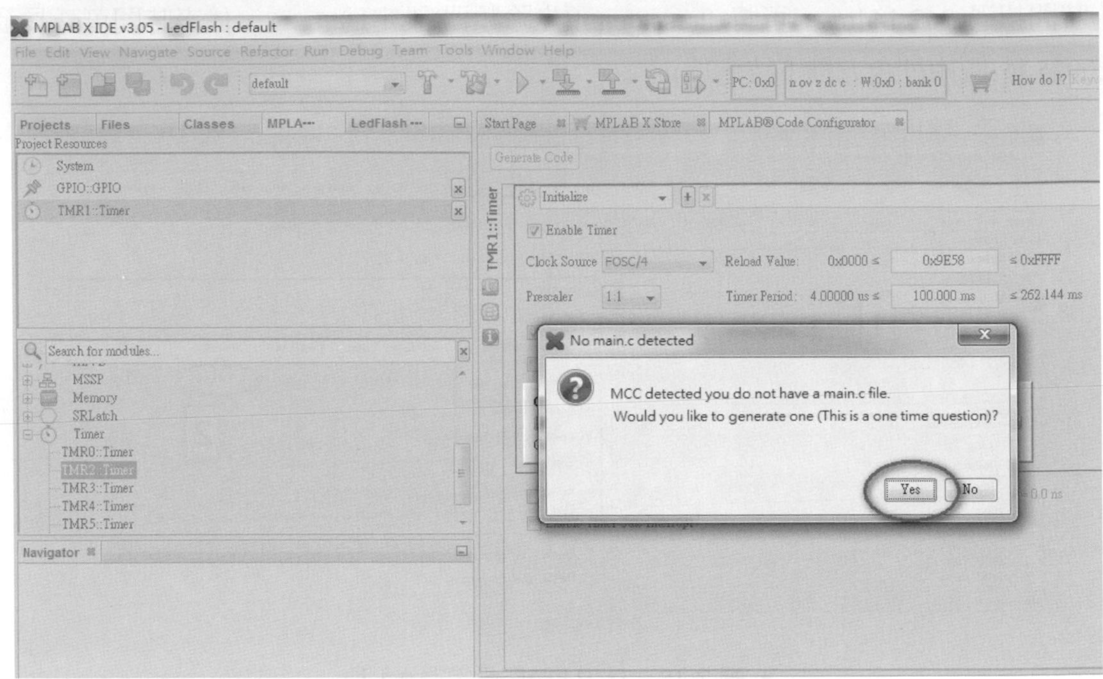

▲ 圖 2-20 自動產生 main.c 程式碼

自動產生的檔案結構，如圖 2-21 所示。

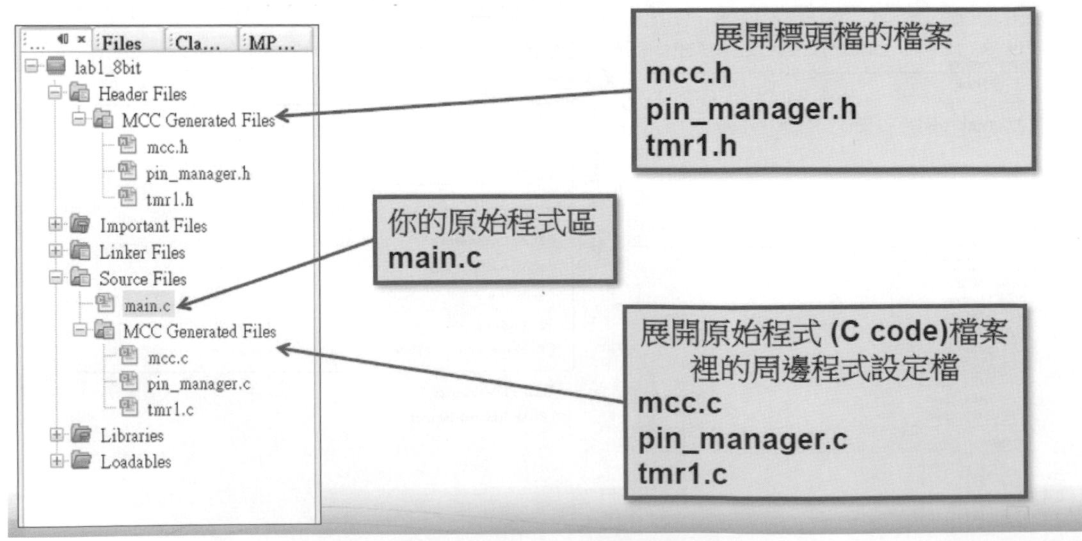

▲ 圖 2-21 檔案結構(節錄自 MCC 課程手冊)

快點兩下 main.c 的程式碼，在編輯區第 83 行輸入大寫 T 後，同時按下“ctrl+\”或“ctrl+alt+space”，將會出現智慧型顯示函式或變數，此時選擇 TMR1_StartTimer()，如圖 2-22 所示。

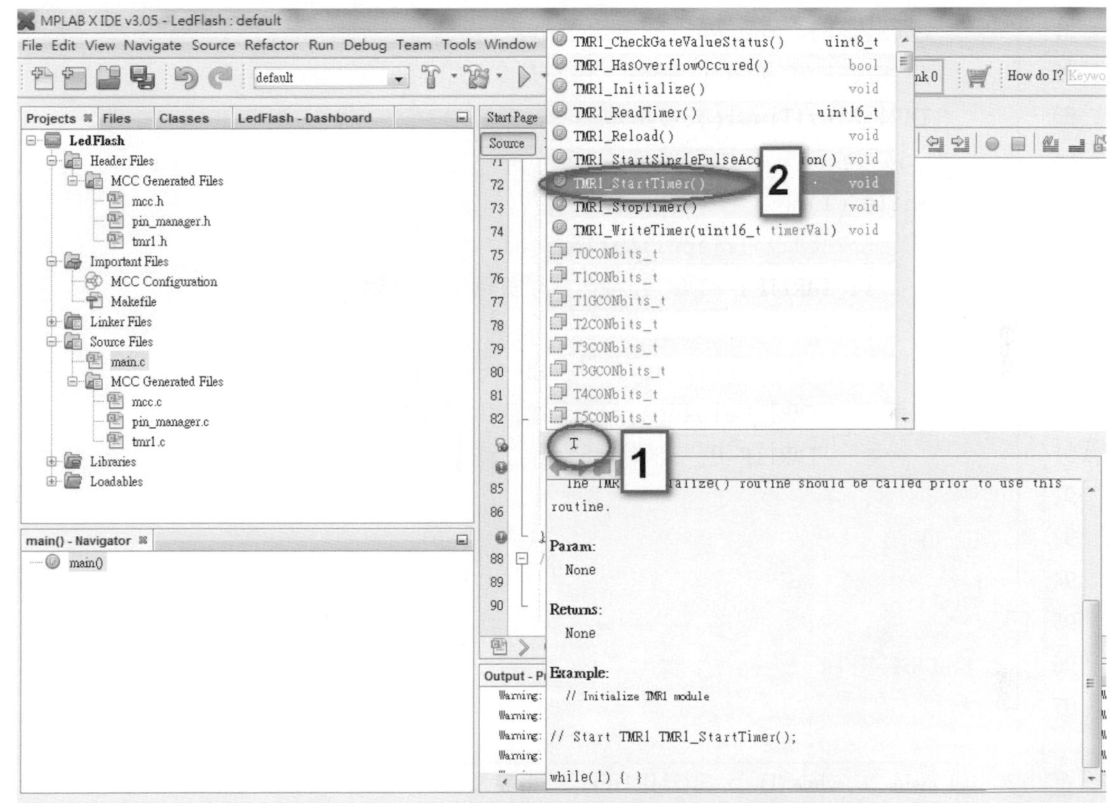

▲ 圖 2-22　智慧型顯示

依序完成程式，如圖 2-23 所示。(也可使用程式碼_ _delay_ms(100)達到延時 0.1 秒的功能)

```
    
        // Disable the Peripheral Interrupts
        //INTERRUPT_PeripheralInterruptDisable();
        TMR1_StartTimer();//啟動TMR1計時器

        while (1) {
            // Add your application code
            if(TMR1IF)//TMR1IF=1，代表計時0.1秒已到
            {
                LED_Toggle();//呼叫LED Toggle函式
                TMR1_Reload();//重新載入0.1秒的數值
                TMR1IF=0;//清除計時溢位旗標
            }
        }
}
/**
 End of File
 */
```

main > while (1) > if(TMR1IF) > then >

Output

▲ 圖 2-23　LEDFLASH 程式碼

若要使用中斷點進行除錯，快點兩下第 89 行程式碼(如圖 2-24 中橢圓編號 1 所示)，按下橢圓編號 2 開始進行除錯。方框 1 代表已插入 PICkit3 除錯器，若不想使用除錯功能，可以使用直接燒錄程式功能(方框 2 所示)。

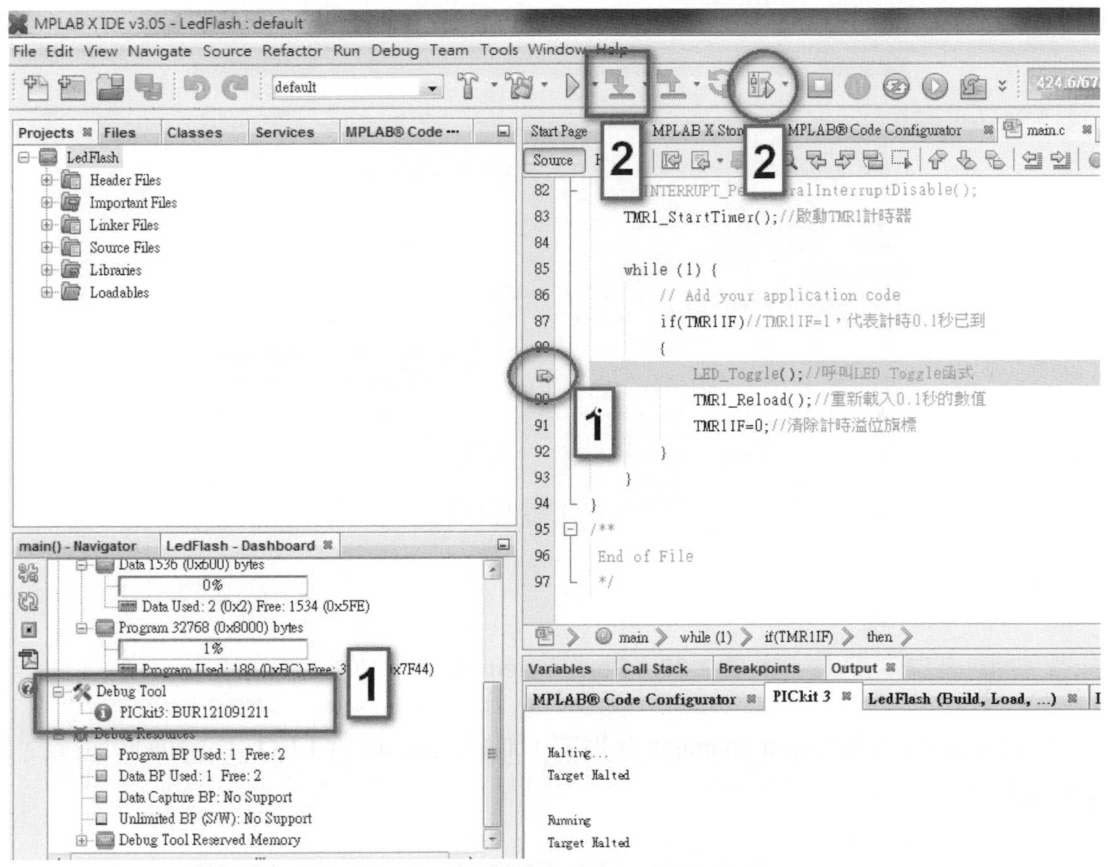

▲ 圖 2-24　Debug Project(專案除錯模式)

若想知道各函式的內容(以 LED_Toggle()為例)，可以將滑鼠移至 LED_Toggle()字串中任一點，按下滑鼠右鍵，點 Navigate 下的 Go to Implementation (或直接按下 Crtl+Alt+B)，如圖 2-25 所示。也可按住 Ctrl 鍵不放，將滑鼠移至函式後，按一下左鍵即可。

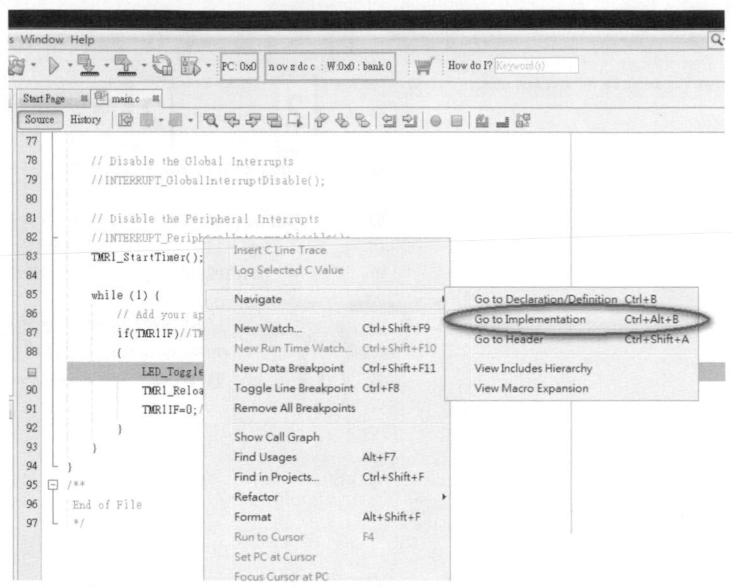

▲ 圖 2-25　Goto Implementation 功能

此時系統將會開啓 pin_manager.h 檔案，並跳至第 69 行 LED_Toggle()的定義，如圖 2-26 所示。

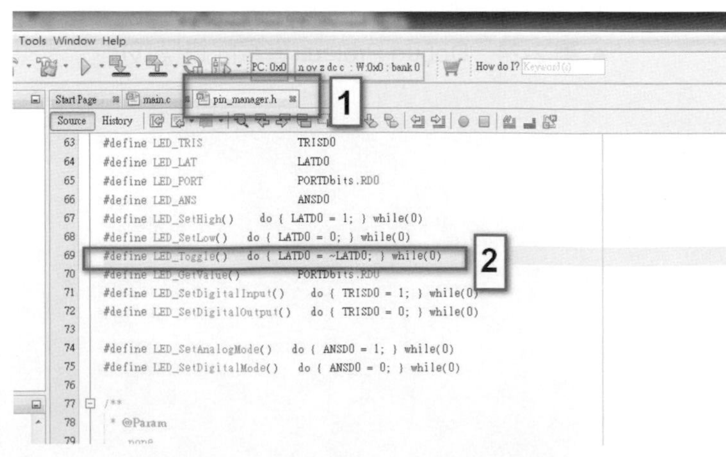

▲ 圖 2-26　LED_Toggle()的定義

若此時想要觀看 LATD0 的變化，可移至 LATD0 字串按下滑鼠右鍵，點 Navigate 下的 New Watch (或直接按下 Crtl+Shift+F9)，如圖 2-27 所示。

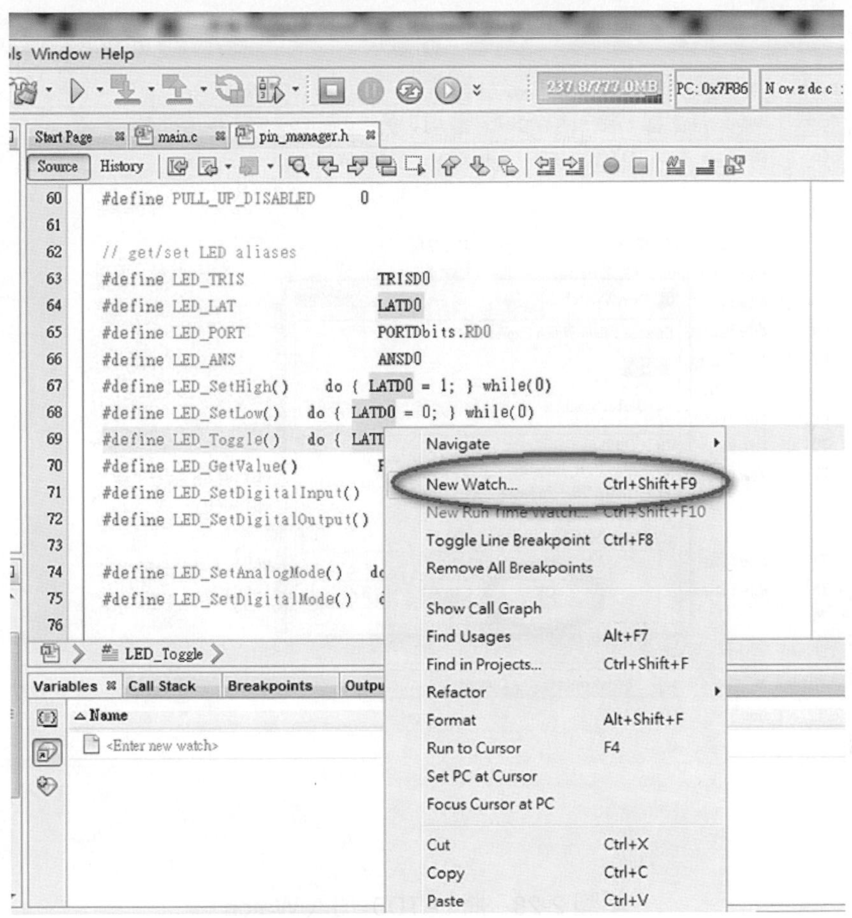

▲ 圖 2-27　New Watch 功能

按下 OK，如圖 2-28 所示。

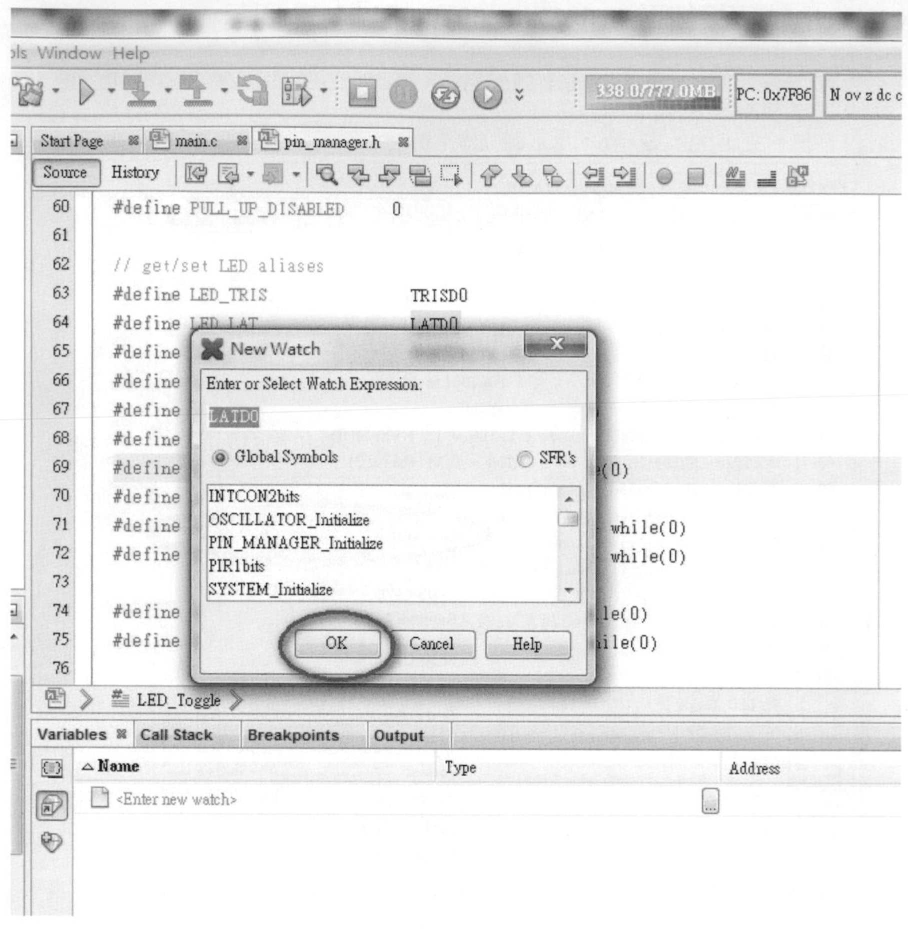

▲ 圖 2-28 將 LATD0 加入 Watch

可將中斷點設在第 89 行，觀看 Variables 頁籤內的 LATD0 的 Value，開始執行除錯功能，每當中斷時 LATD0 的值就會變換(0 與 1)，如圖 2-29 所示。

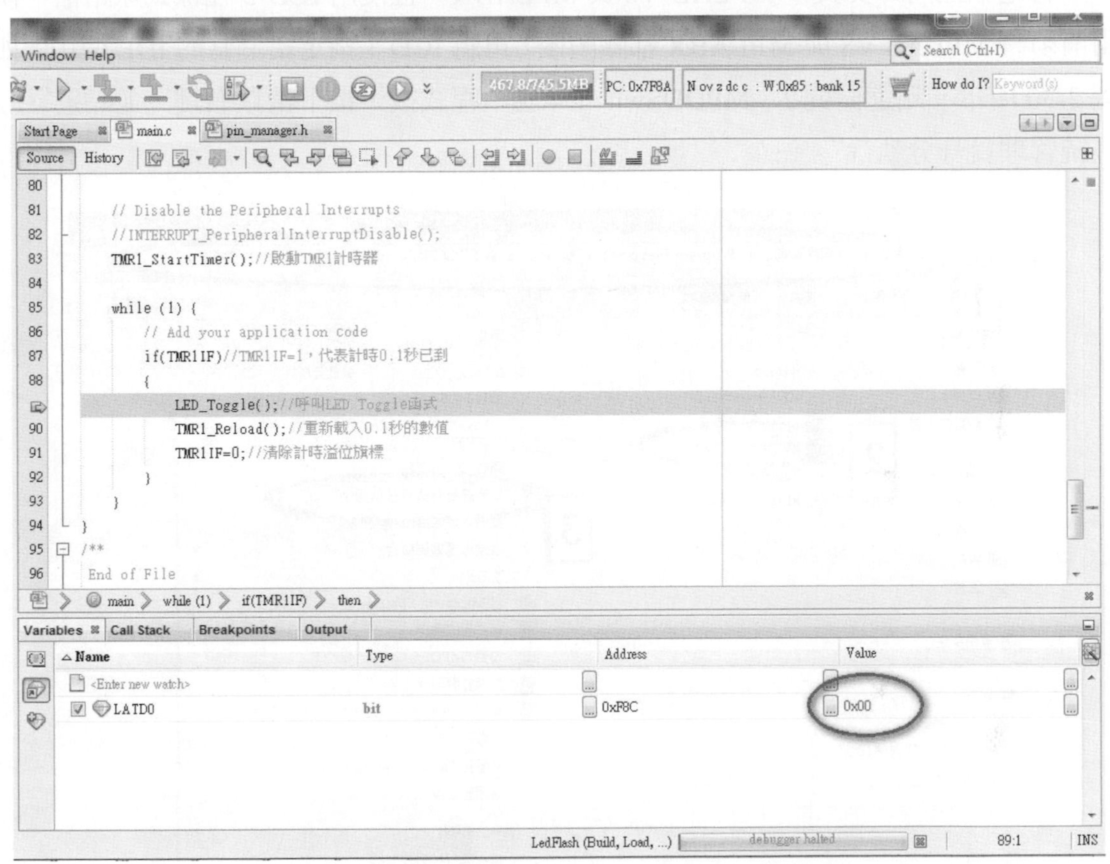

▲ 圖 2-29　LATD0 的內容值

2-1-1 ICD3 切換

若電腦上同時安裝了 MPLAB V8 與 MPLABX，且使用 ICD 3 在線式除錯器，使用前須將 MPLAB V8 與 MPLABX 都關閉後，再將 ICD 3 指定給適當的 IDE 使用，如圖 2-30 所示。點選編號 2 MPDDSwitch64 應用程式後，按下滑鼠右鍵，並點選”以系統管理員身分執行”。

▲ 圖 2-30 ICD 3 切換程式

如圖 2-31，依序點選編號 1～3，此範例是將 ICD 3 指定給 MPLABX 使用。觀察方框中的訊息，當出現沒有錯誤且切換成功，就可開啓 MPLABX 使用 ICD 3 發展程式。

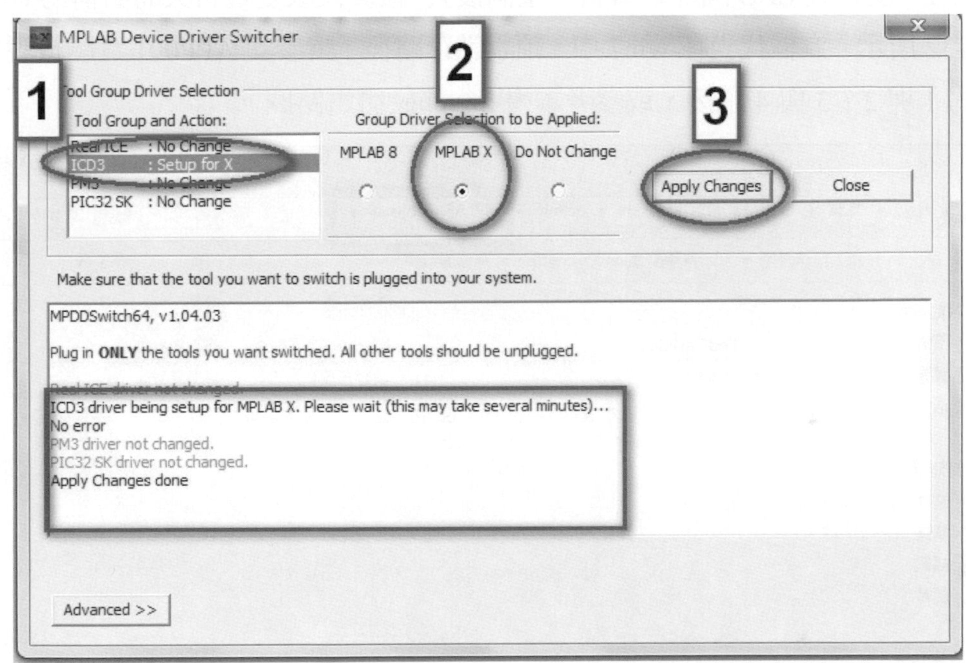

▲ 圖 2-31　ICD 3 切換給 MPLBAX IDE 使用成功

2-2 範例二 Usart 字串傳送(自建專案)

把第一個完成 LED 閃爍的資料夾整個複製，複製後改變資料夾的名稱爲 Usart.X，如圖 2-32 所示。方框代表在 win7 中，預設儲存路徑。請參閱 APP001 實驗板說明書，把 J6 的 1 與 2、3 與 4 短接，或參考本書 2-2 節硬體電路圖。

▲ 圖 2-32　Usart.X 資料夾複製

以 MPLABX 打開圖 2-32 路徑中的 Usart.X，發現專案名稱還是“LedFlash”，請點選它，並按下滑鼠右鍵使用 Rename 功能改成 Usart，操作如圖 2-33、圖 2-34 所示。改完後發現名稱沒有改變，請關閉並重啓 MPLABX，再開啓 Usart 就可看見新名稱。

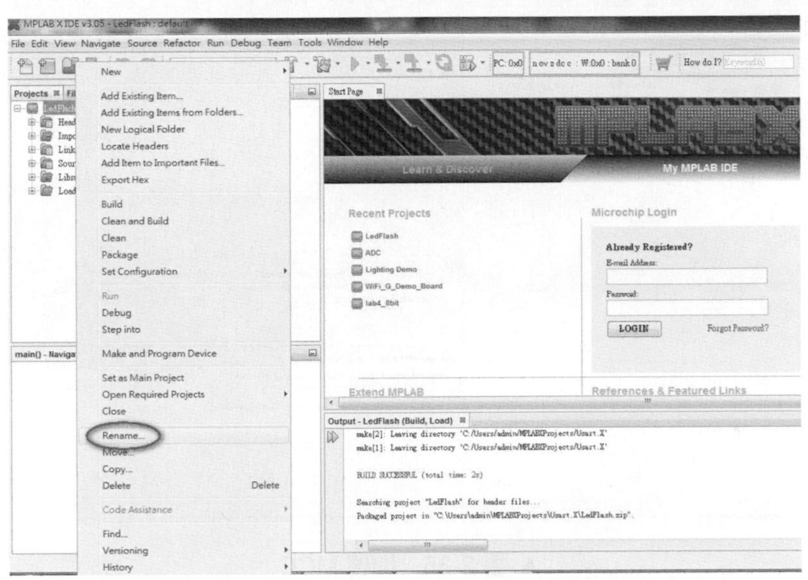

▲ 圖 2-33　使用 Rename 更改專案名稱

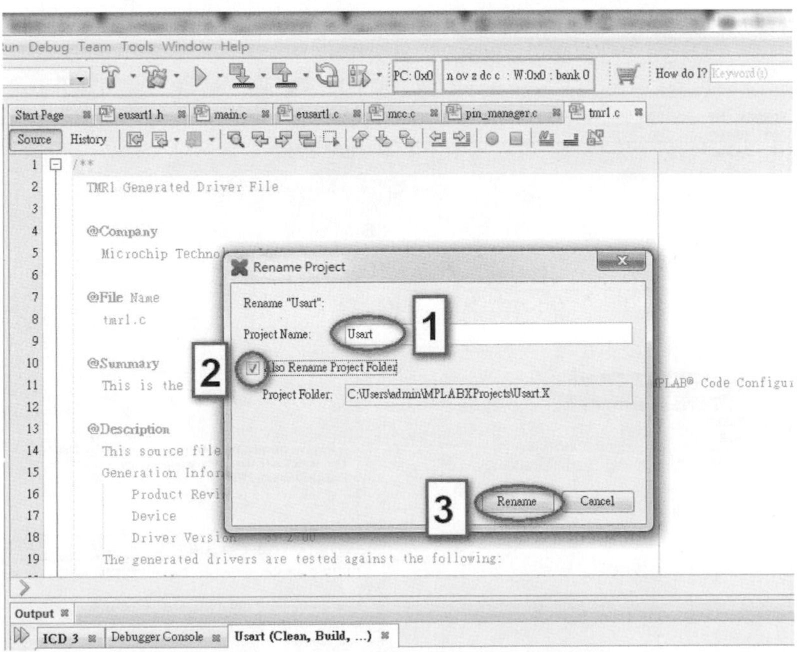

▲ 圖 2-34　使用 Rename 更改專案名稱

本範例只需叫出 MCC，即可以前一個範例繼續增加新功能，如圖 2-35 所示。

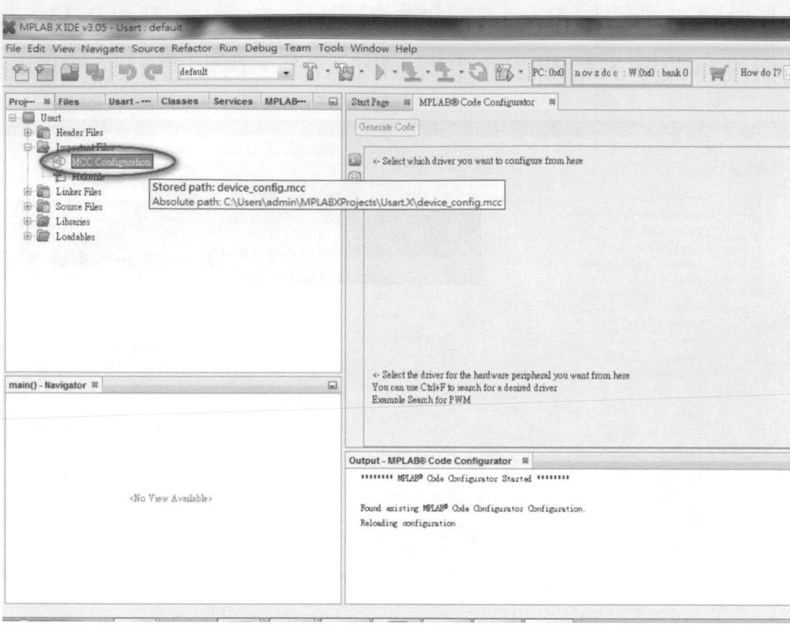

▲ 圖 2-35　開啓 MCC

選擇 USART1 進行非同步串列傳輸，如圖 2-36 所示。

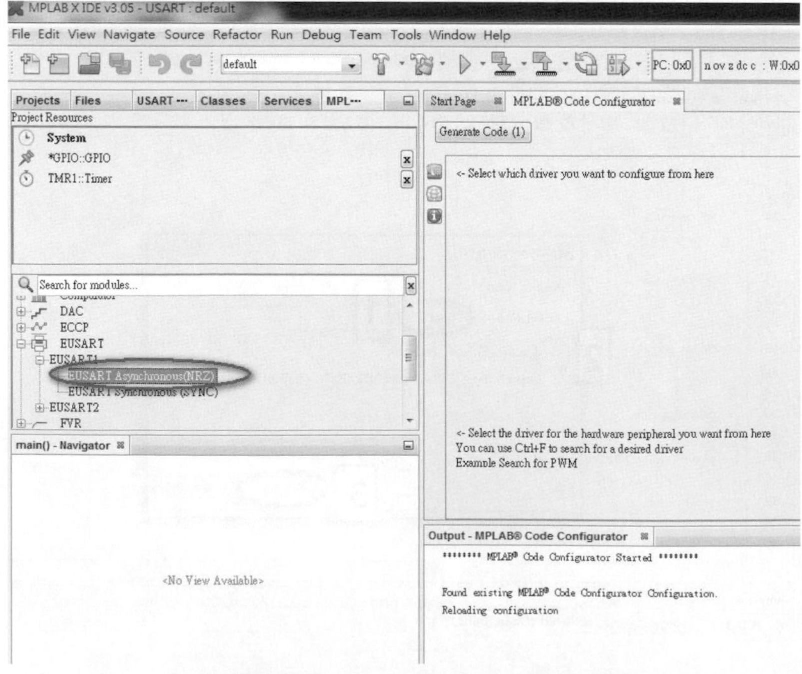

▲ 圖 2-36　MCC 選用 USART 功能

點選 Pin Manager，如圖 2-37 所示。

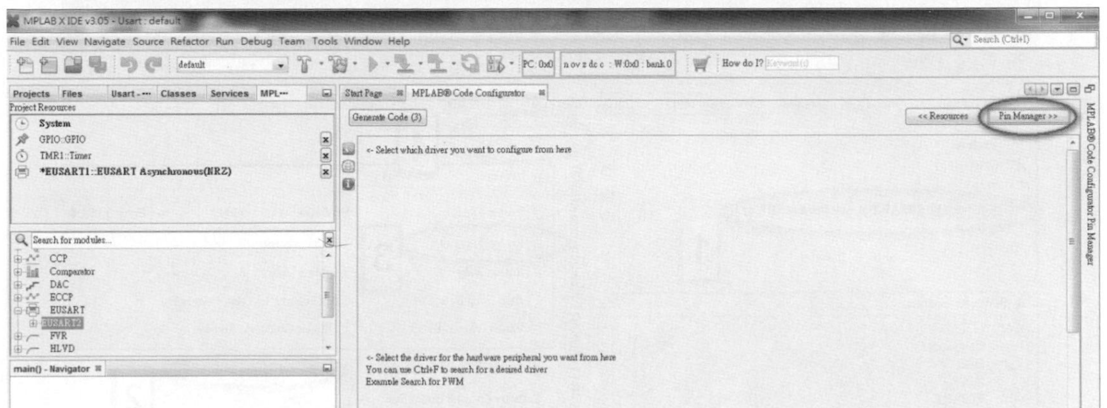

▲ 圖 2-37　開啓 Pin Manager

觀看圖 2-38 的方框，可發現 MCC 已自動處理 TX1 及 RX1。請點選 EUSART1

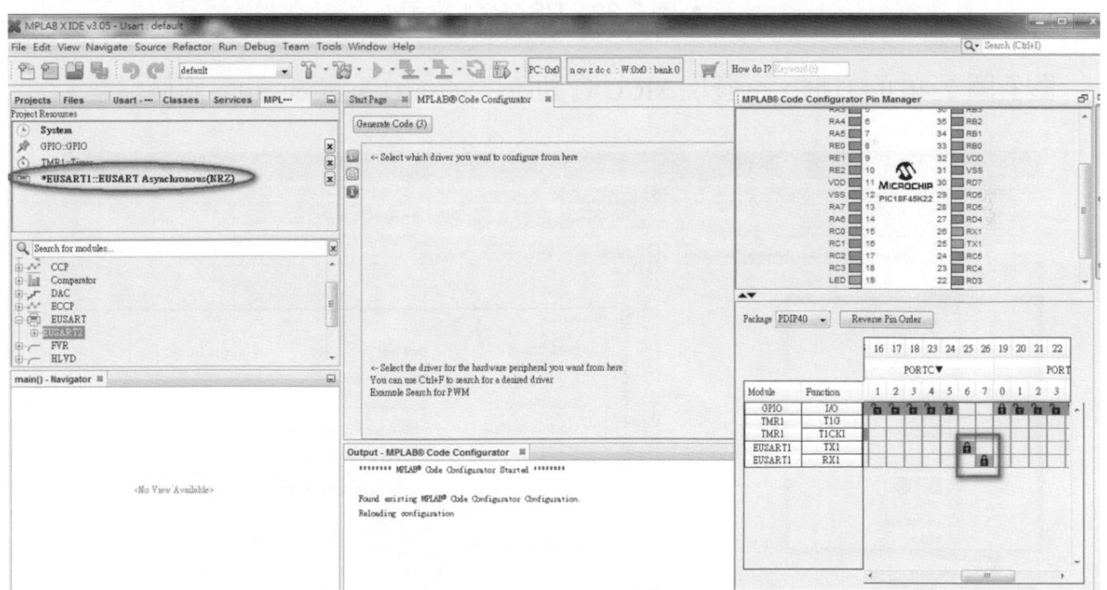

▲ 圖 2-38　Pin Manager 結果

UART 通訊格式 9600,N,8,1，依序點選操作，如圖 2-39 所示。

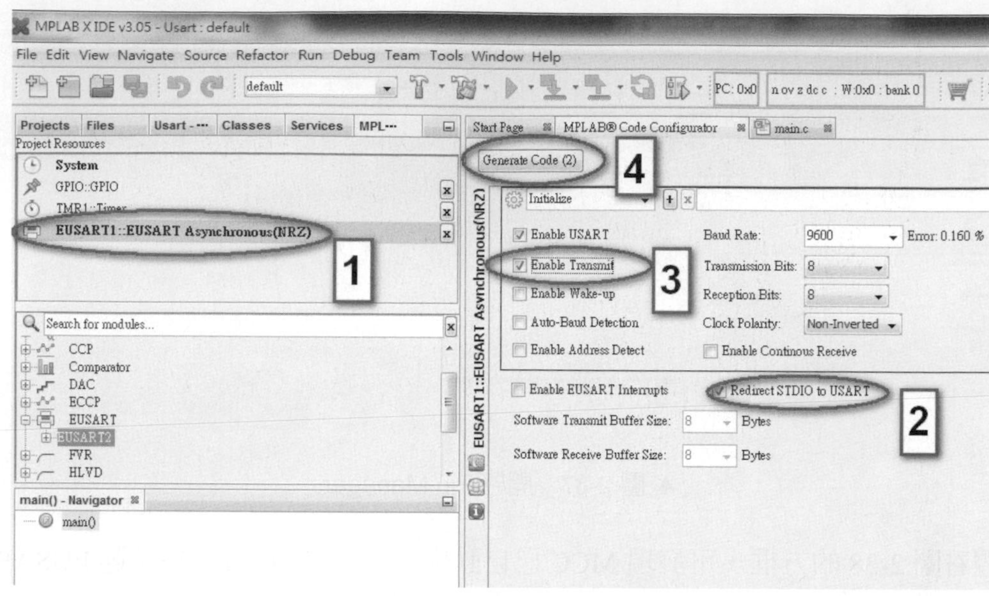

▲ 圖 2-39　USART1 設定

觀看圖 2-40 的方框，可發現 MCC 自動產生 eusart1.h 與 eusart.c 兩個檔案。

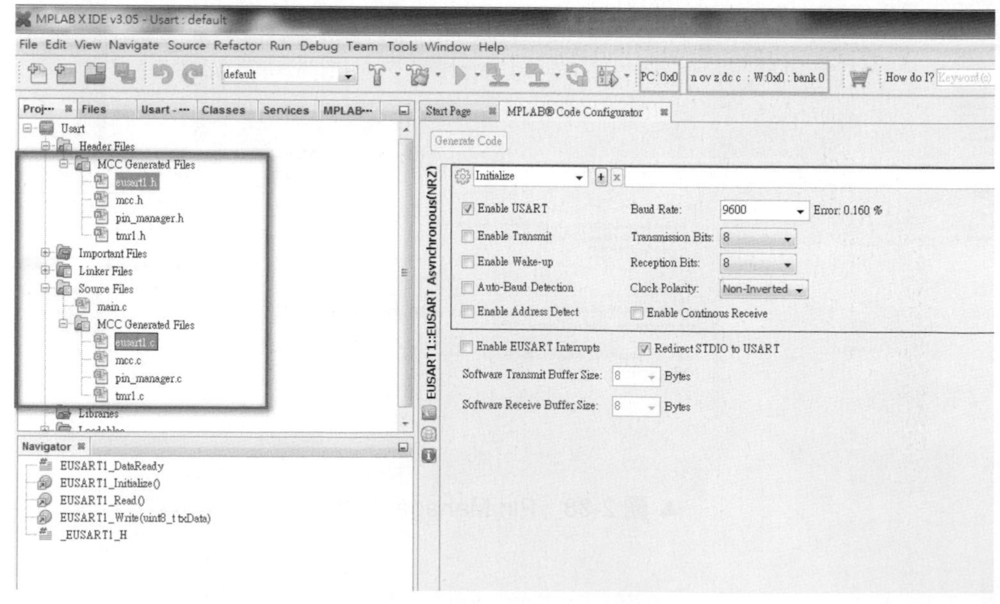

▲ 圖 2-40　自動產生 eusart1.h 與 eusart.c

使用智慧型顯示新增下列三行程式碼並進入線上除錯模式，如圖 2-41 所示。第 84 與 85 行的程式碼其實已由 MCC 在 SYSTEM_Initialize 函示中完成，在此新增只是爲了方便讀者理解要開啓相關功能，要先進行初始化與啓動。

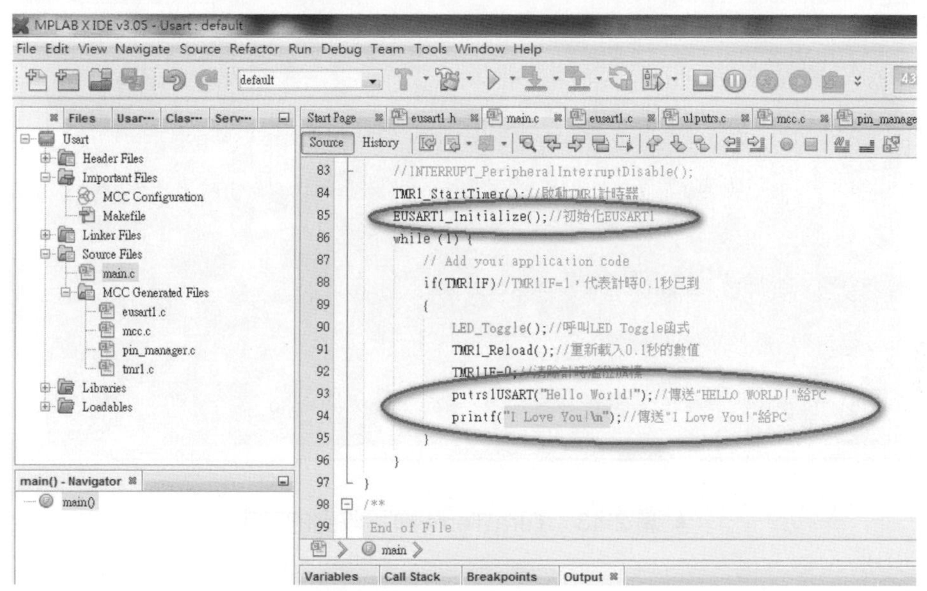

▲ 圖 2-41 USART1 程式碼

因爲 WIN 7 中已無超級終端機，可上網下載 tera term 程式(或安裝光碟內程式)。請先將 USB 轉 RS232 的連接埠插入電腦並完成驅動，如圖 2-42 所示。

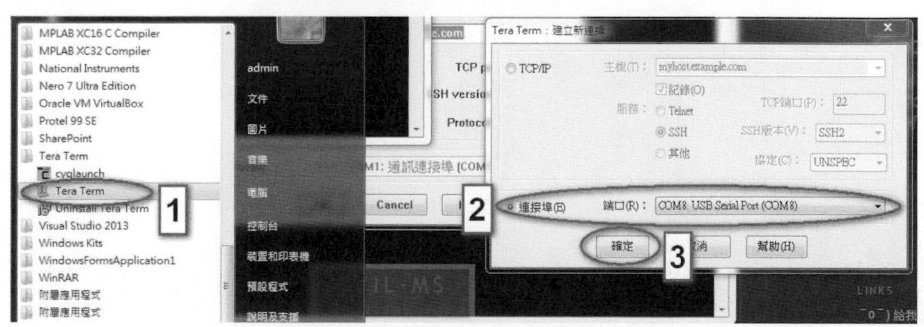

▲ 圖 2-42 Tera Term 設定方式

因為 tera term 預設 USART 格式為 9600,N,8,1，剛好符合程式端設定，能正確顯示，若要更改格式請進入“設定”下的“連接埠”。

▲ 圖 2-43 Tera Term 顯示收到的字串

2-3 範例三 ADC+USART(自建專案)

把範例二的資料夾複製並改爲 AdcUsart。使用 MCC 功能依序設定完成，如圖 2-44 所示。APP001 實驗板上可變電阻是接在 PORTA 的第 0 腳(使用時請將所有 DSW1～3 全部切至 ON，並將 JP11 ANOSEL 接至 VR1)，亦可參考本書第二篇 C 語言 2-3 節。

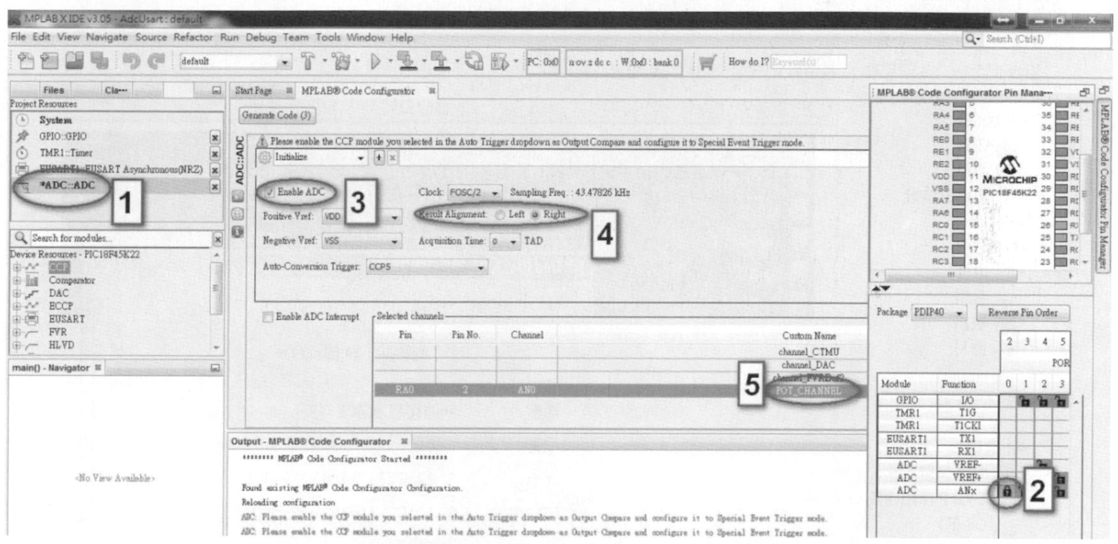

▲ 圖 2-44 Adc 使用 MCC 設定

把相關程式碼輸入完成後，其結果如圖 2-45 所示。(程式碼請自行參閱隨書光碟)

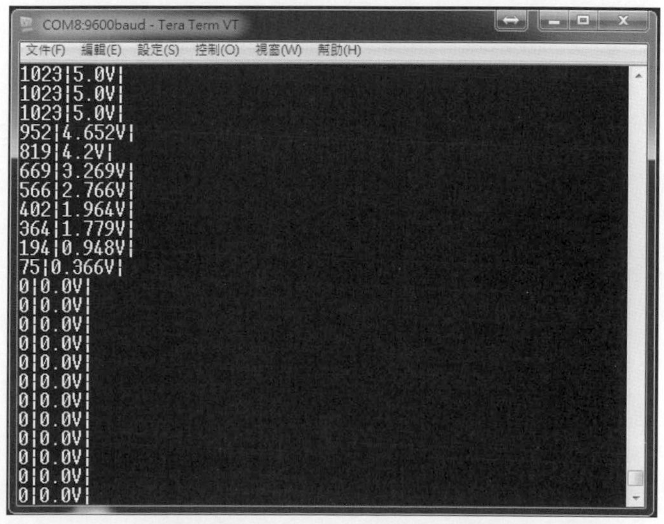

▲ 圖 2-45 Tera Term 結果圖

2-4 範例四 ADC+LCD(開啓專案)

將光碟內的範例程式複製到“C：\Users\admin\MPLABXProjects”(win7 系統)或不含中文檔名的自建目錄，並將所有資料夾的唯讀屬性取消，如圖 2-46 所示。

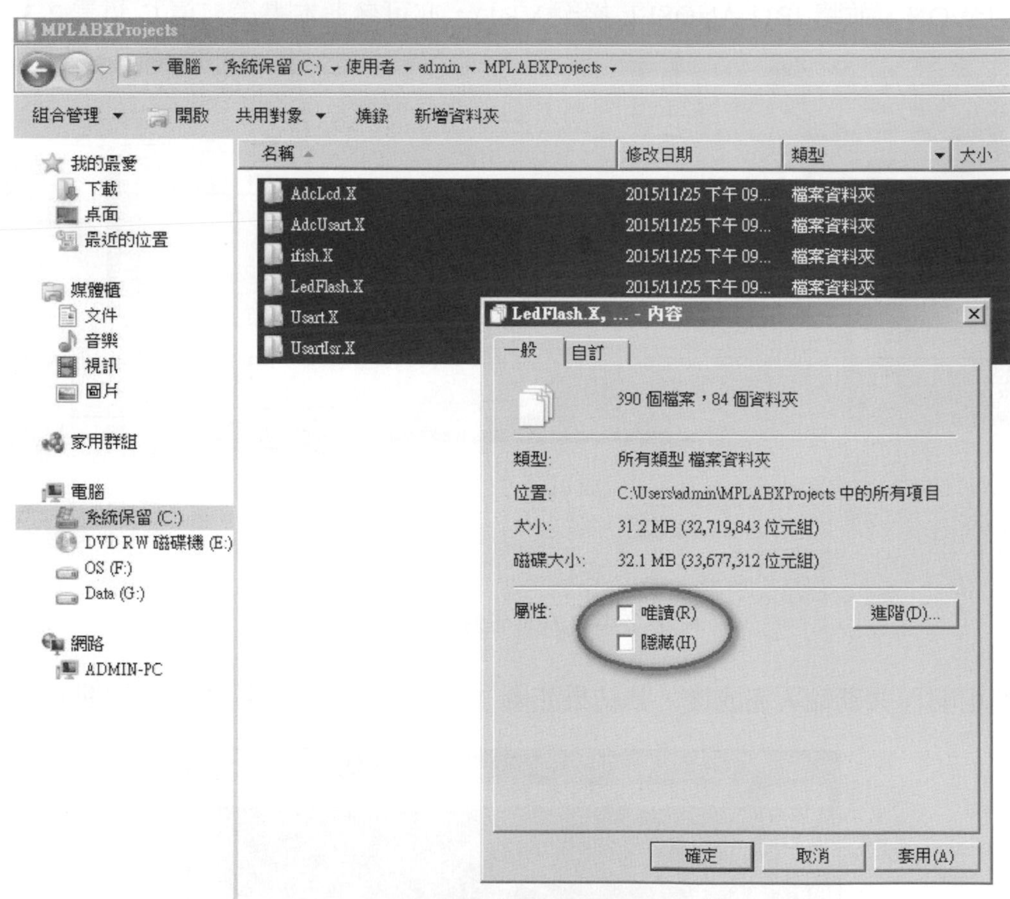

▲ 圖 2-46 MCC 唯讀與隱藏屬性取消

開啓 MPLAB X IDE 的“開啓專案”，如圖 2-47 所示。

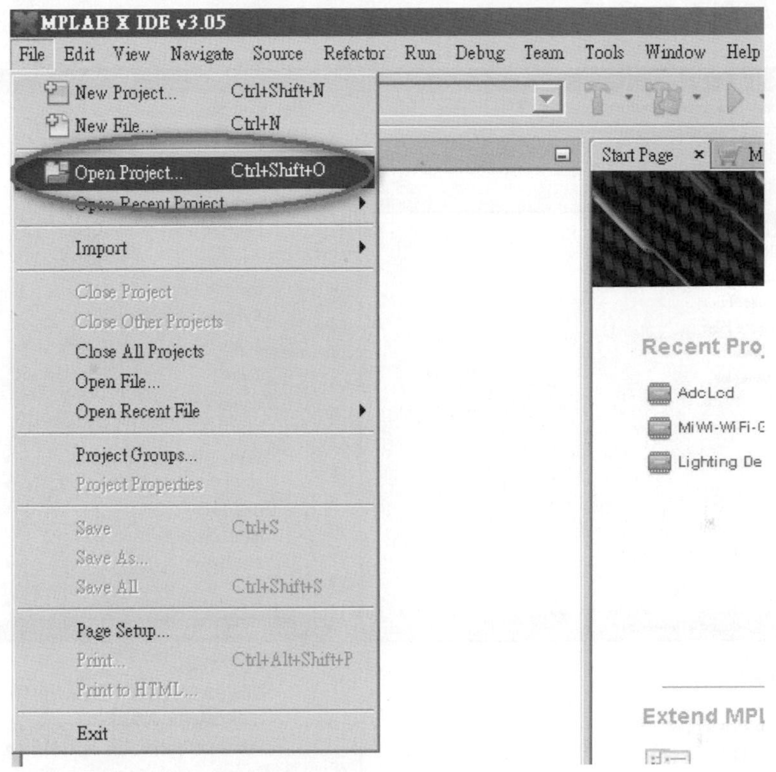

▲ 圖 2-47　開啓專案

此時會出現圖 2-48 所示，號碼 1 先確認是在“C:\Users\admin\MPLABXProjects”資料夾中，號碼 2 點選要開啓的專案檔，號碼 3 確定開啓。

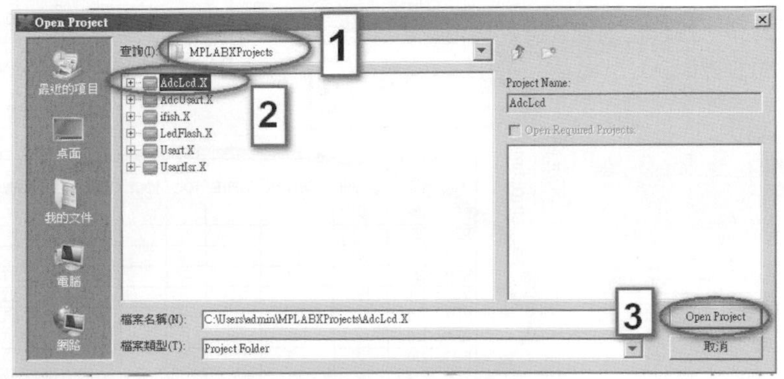

▲ 圖 2-48　開啓 AdcLcd 專案

當某些開發版面不小心被關閉或移位，若想回到預設值，只需按下“Reset Windows”，如圖 2-49 所示。

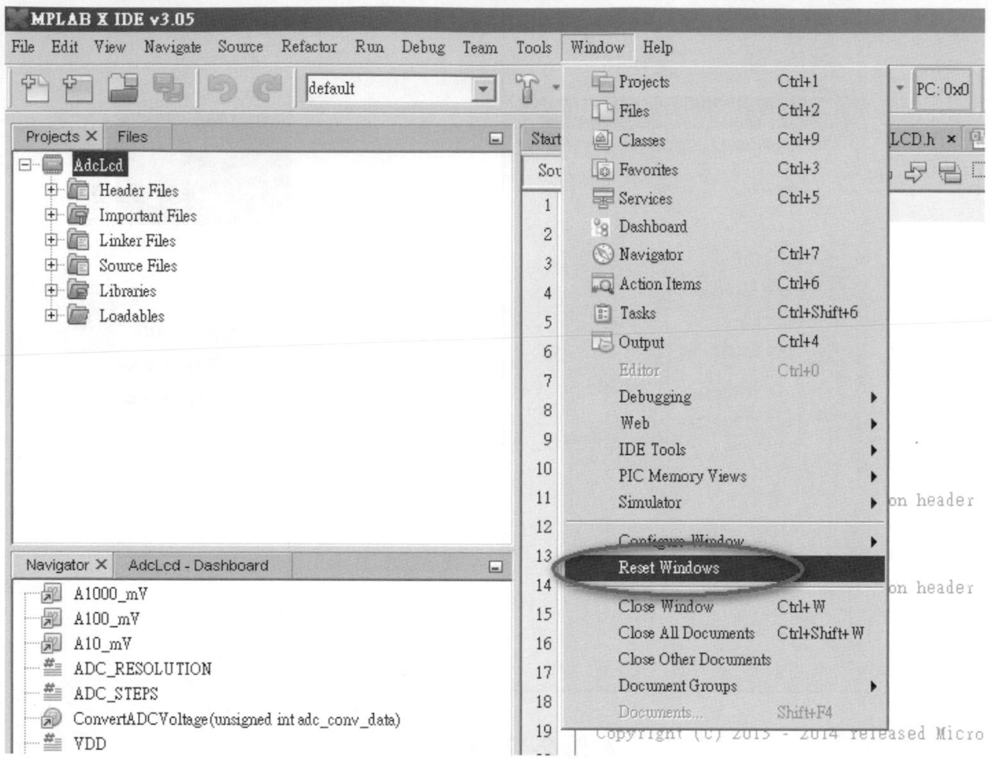

▲ 圖 2-49 重置開發版面

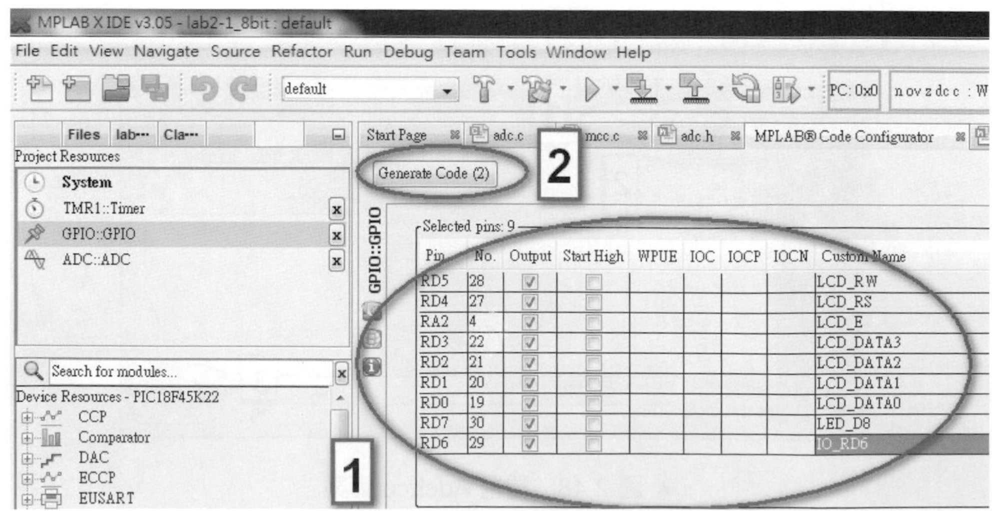

▲ 圖 2-50 MCC 設定 LCD 腳位

使用智慧型顯示完成 main.c 程式碼，如圖 2-51 所示。左邊方框的部分是借用 W402T 教育訓練的 LCD 函數來完成 LCD 顯示功能，main.c 程式碼中有各行指令的說明。

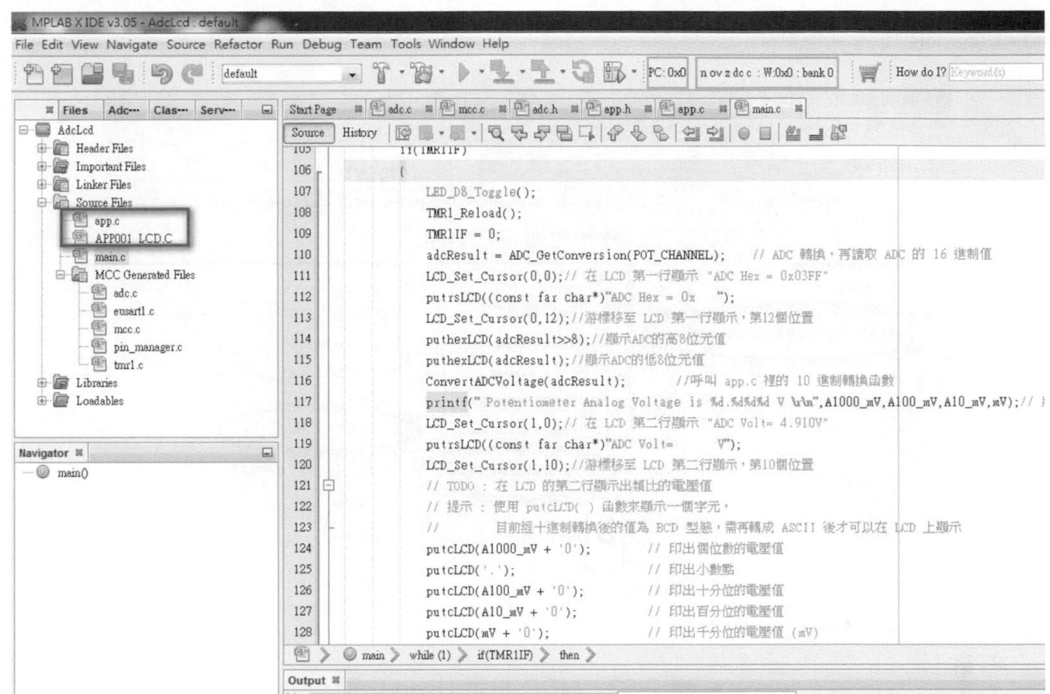

▲ 圖 2-51　完成 main.c 程式

2-5 範例五 Usart 接收中斷(自建專案)

把範例二的資料夾複製並改為 UsartIsr。使用 MCC 功能將 Usart 連續接收功能與中斷打開，如圖 2-52 所示。

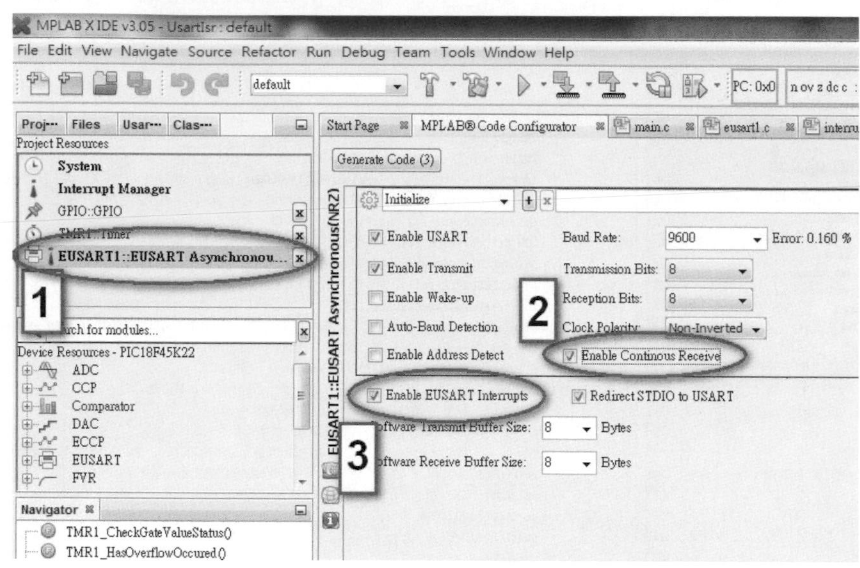

▲ 圖 2-52 MCC 設定 Usart 中斷

此時會增加中斷管理(Interrupt Manager)，如圖 2-53 所示。依序完成圖內的操作。方框中的提示是要使用者記得要去設定周邊與全域中斷。

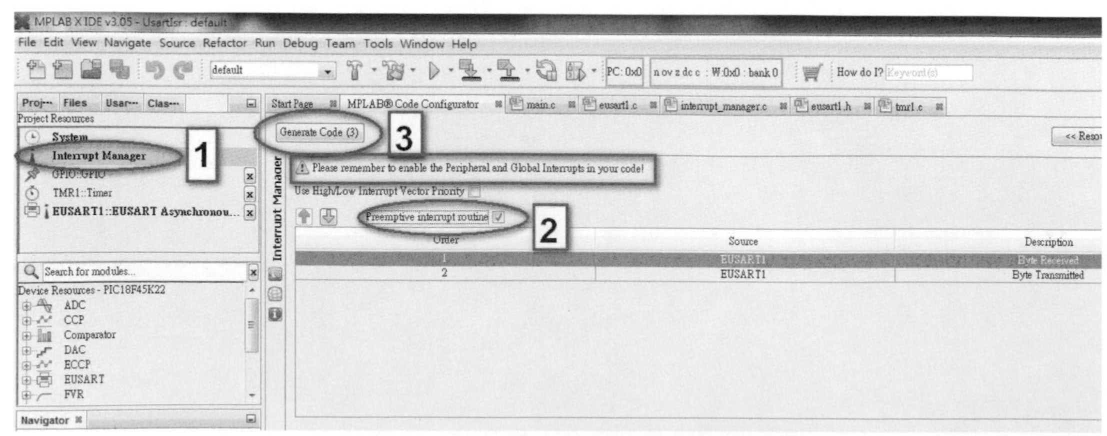

▲ 圖 2-53 MCC 設定 Preemptive 中斷模式

依提示將第 76 與 78 行的註解拿掉，致能週邊與全域中斷功能，如圖 2-54 所示。

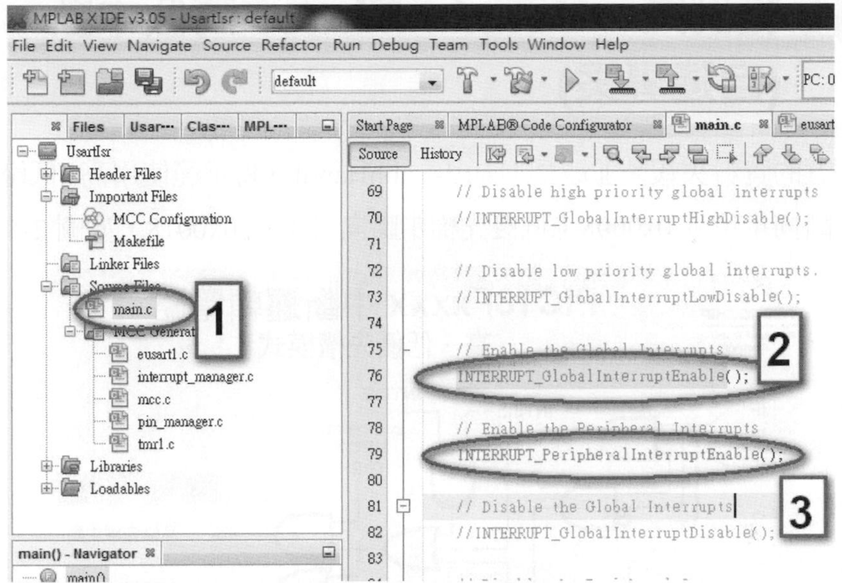

▲ 圖 2-54　main.c 中致能周邊與全域中斷功能

新增 1 與 2 的程式碼，如圖 2-55 所示。程式碼說明如註解。雖然 MCC 自動產生許多程式碼，使用者可以使用單步操作或設定中斷點去學習程式是如何運作，進而能設計出更好的程式。

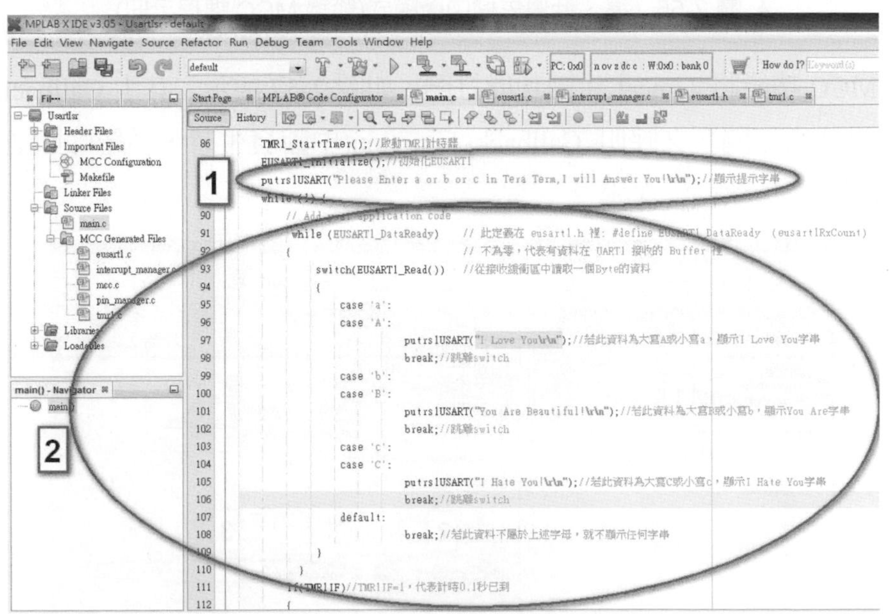

▲ 圖 2-55　新增字串回覆程式碼

2-6 範例六 Usart、Timer 高低中斷(自建專案)

把範例五的資料夾複製並改為 UsartIsrwithHandL，將示範使用高、低優先權中斷，高優先權中斷向量位址 0x0008；低優先權中斷向量位址 0x0018，如圖 2-56 所示。

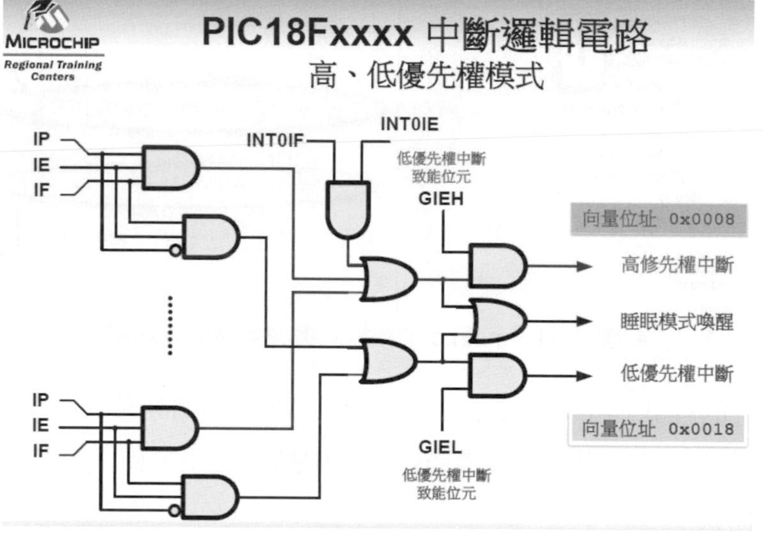

▲ 圖 2-56 高、低優先權中斷模式(節錄 MCC 課程手冊)

使用 MCC 功能將 Timer1 中斷功能打開，如圖 2-57 所示。其中 Callback Function Rate：1，是代表每隔多久呼叫 Callback Function(中斷發生時，系統呼叫並執行的函式)，本範例為每秒執行一次。

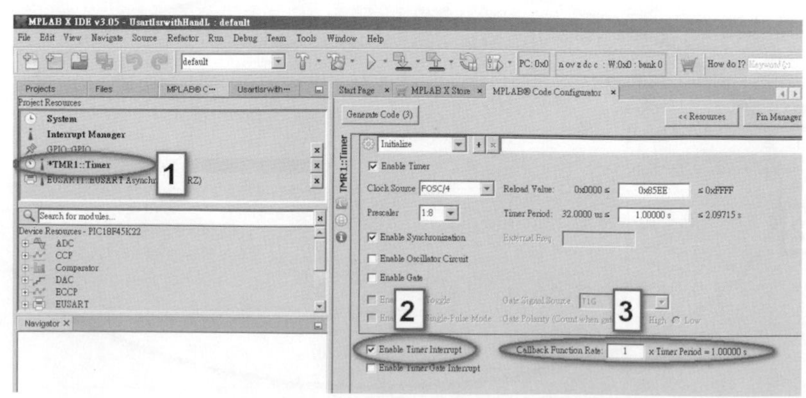

▲ 圖 2-57 Timer1 設定中斷功能

開啓中斷管理(Interrupt Manager)，如圖 2-58 所示。依序完成圖內的操作，其中左側方框代表高優先權；右側方框代表低優先權，利用數字 3 下方的左、右箭頭調整。

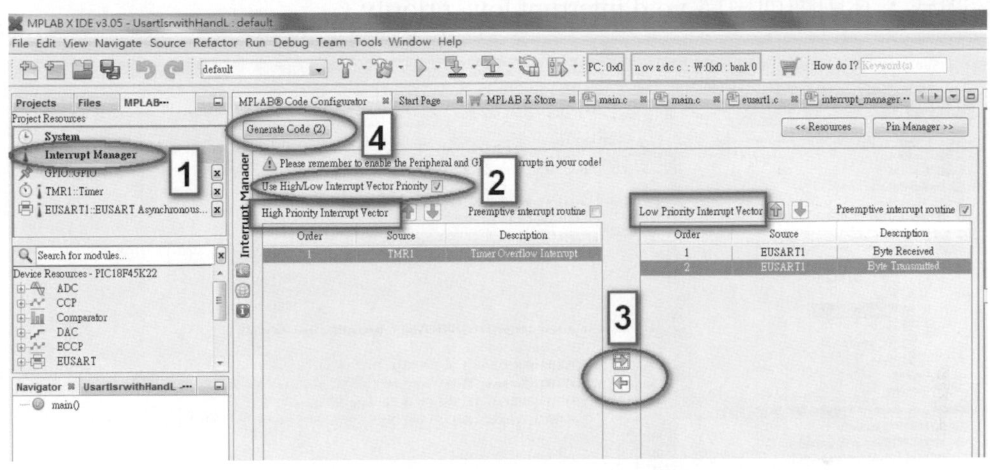

▲ 圖 2-58 MCC 設定 H/L 中斷模式

將 65 與 68 行的註解拿掉，分別致能高、低優先權中斷，如圖 2-59 所示，並增加 51 行程式碼，因爲 Task_T1_Flag 變數被定義在 tmr1.c 檔案內，這邊必須使用 extern 告訴編譯器此變數定義在本專案其他檔案中。且在高優先權中斷中，會使用此變數，必須使用 volatile 宣告此變數。52 行定義時間經過三秒旗標，用來將"H/L Interrupt Demo!\r\n"經過 Usart 介面傳送出去。

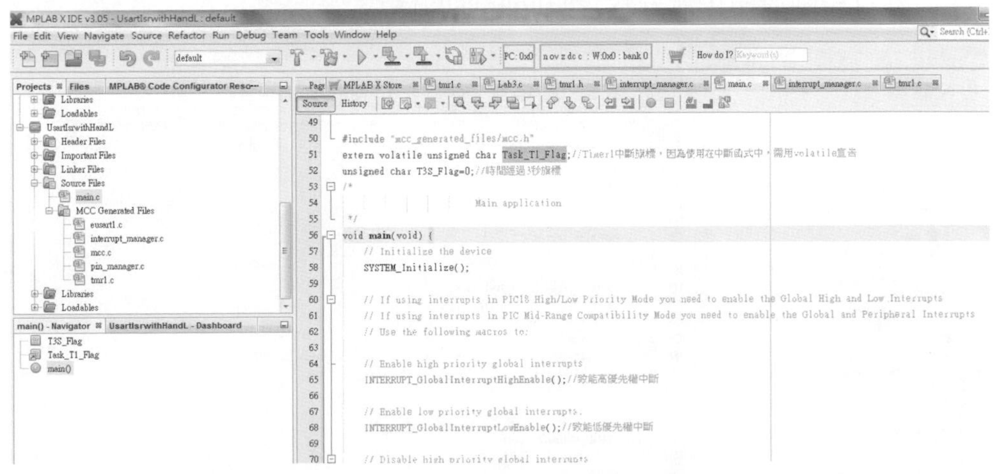

▲ 圖 2-59 致能高、低優先權中斷

選擇 interrupt_manager.c 檔案，如圖 2-60 所示，71～76 行是 MCC 產生的高優先權中斷服務函式，其中斷前綴為 void interrupt；78～87 行是 MCC 產生的低優先權中斷服務函式，其中斷前綴為 void interrupt low_priority。

```
70
71  void interrupt INTERRUPT_InterruptManagerHigh(void) {
72      // interrupt handler
73      if (PIE1bits.TMR1IE == 1 && PIR1bits.TMR1IF == 1) {
74          TMR1_ISR();//TMR1中斷發生，執行TMR1中斷服務函式，此專案中每秒中斷乙次
75      }
76  }
77
78  void interrupt low_priority INTERRUPT_InterruptManagerLow(void) {
79      // interrupt handler
80      if (PIE1bits.RC1IE == 1 && PIR1bits.RC1IF == 1) {
81          EUSART1_Receive_ISR();//Usart接收中斷發生，執行Usart接收中斷服務函式
82      } else if (PIE1bits.TX1IE == 1 && PIR1bits.TX1IF == 1) {
83          EUSART1_Transmit_ISR();//Usart傳送中斷發生，執行Usart傳送中斷服務函式
84      } else {
85          //Unhandled Interrupt
86      }
87  }
88  /**
89   End of File
90  */
```

▲ 圖 2-60　高、低優先權中斷服務函式

選擇 tmr1.c 檔案，如圖 2-61 所示，162～163 行是 MCC 產生的 TMR1_CallBack 函式，自行增加 164 與 165 行程式，因為在中斷服務函式中的程式碼越短越好，才不會影響其他低中斷優先權的程式執行。165 行程式將 Task_T1_Flag 設為 1，待回到主程式時，將執行中斷發生後需要較長時間處理的程式。

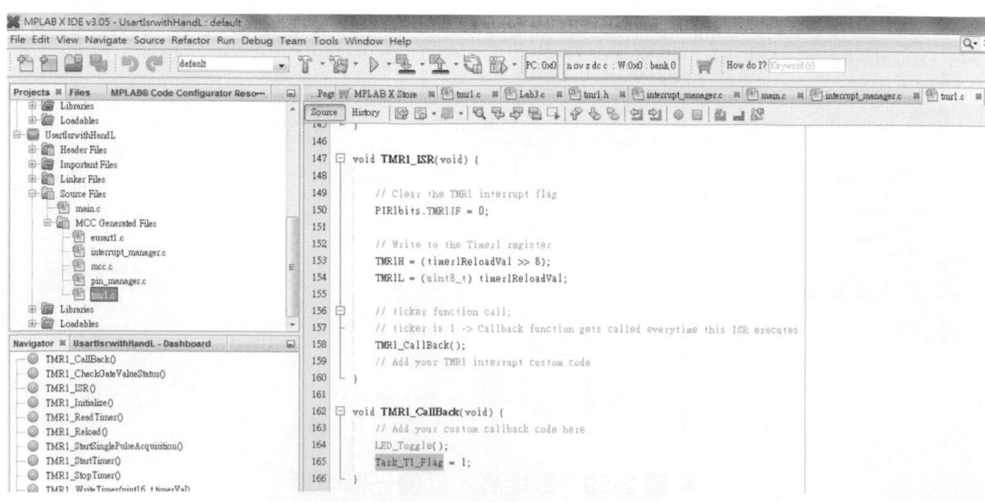

▲ 圖 2-61　TMR1_CallBack

選擇 main.c 檔案，如圖 2-62 所示，92～102 行的程式，就是當 Task_T1_Flag==1 時，代表 TMR1 中斷發生了(每秒)，此時將 T3S_Flag 遞增，當 T3S_Flag>=3 後，將"H/L Interrupt Demo!\r\n"字串傳出，每次結束時都須將 Task_T1_Flag 設定為 0，否則程式將發生錯誤。

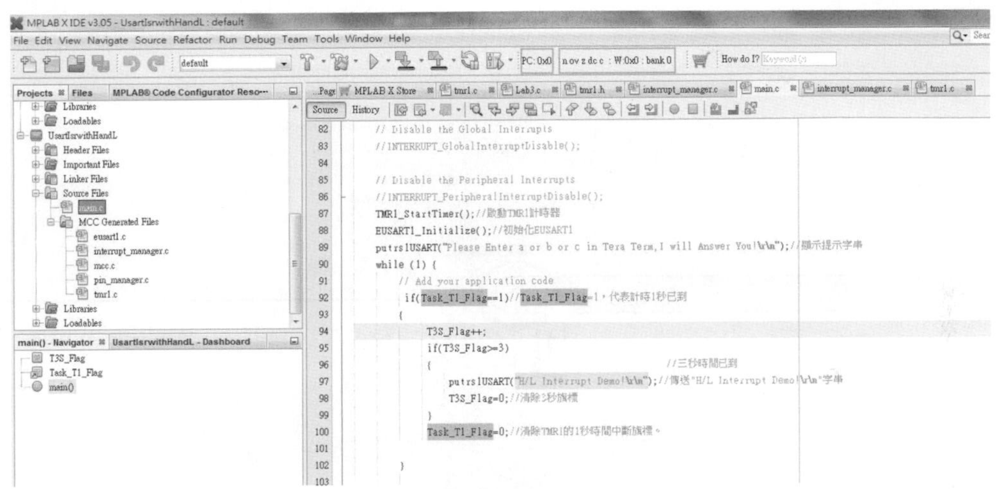

▲ 圖 2-62　中斷發生後需要較長時間處理的程式

若此時想要將 timer1 的時間改為 2 秒中斷乙次，按下產生程式碼，如圖 2-63 所示。

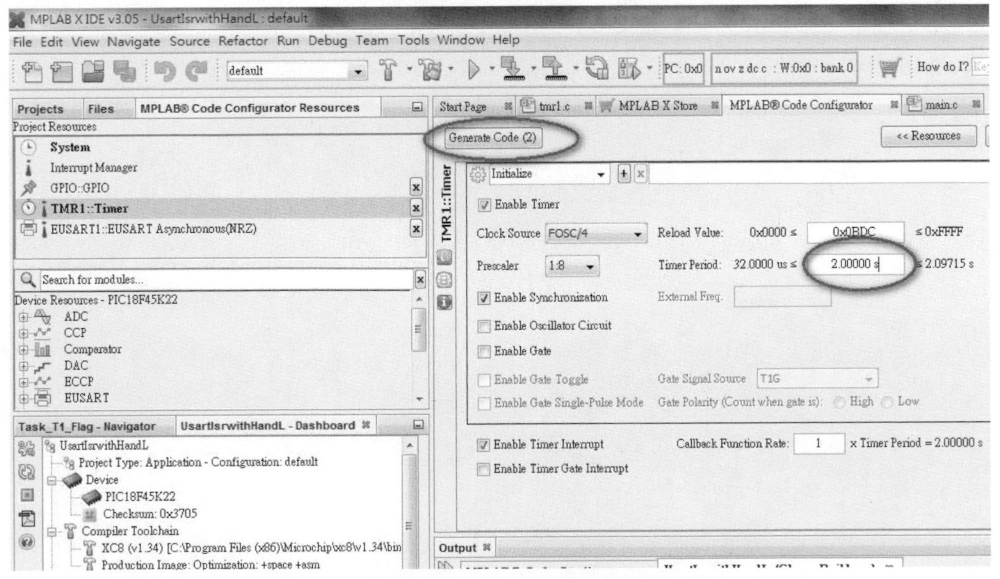

▲ 圖 2-63　timer1 的時間改為 2 秒中斷

如圖 2-64 左側 tmr1.c 是現有的檔案，右側是 MCC 重新產生的檔案。因爲左側 164、165 兩行是由程式設計者後來加上去的程式碼，MCC 並不知道程式設計者會如何撰寫程式，但 MCC 提供一個機制可以讓程式設計者把舊有的程式碼插入右側新的程式碼中，按下箭頭(如編號 1 所示)舊程式碼便會插入右側。

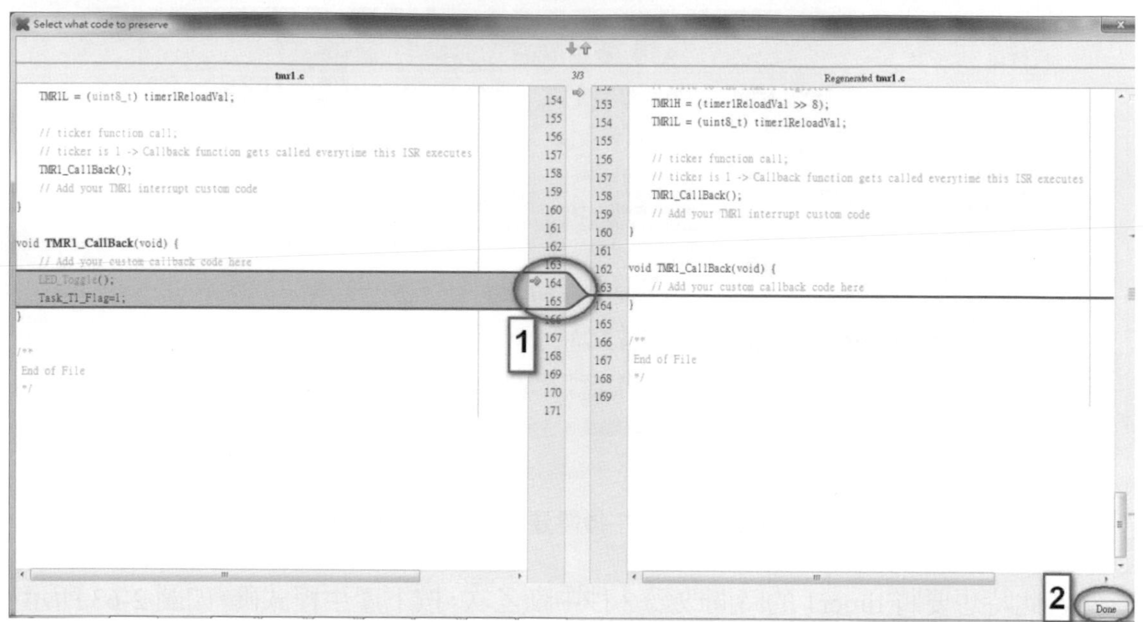

▲ 圖 2-64 選擇欲保留的程式碼

2-7 範例七　104 數位電子工科賽參考解答 (開啓專案)

104 學年度工業類科技藝競賽數位電子術科題目，如圖 2-65 所示。雖然要求的晶片是 PIC18F4550，但是 MCC 只支援 PIC18F45K50。本題目使用 PIC18F45K22 搭配 MCC 完成題目要求。

A、題目說明：

主題：超音波距離量測電路

本題爲一超音波距離量測電路，利用超音波測距模組 HC-SR04 做爲距離量測元件，使用 PIC 控制此模組，將距離量測結果顯示在七段顯示器上。分成兩塊電路板，PIC board 和 Task board。請依照電路圖、PCB 佈置圖，設計出符合功能要求的程式並燒錄到 PIC18F4550 上完成測試。

B、選手必須完成之工作項目如下：

一、設計要求：

1. 模式選擇：使用 S1 可依序切換四種模式 (TASK A～TASK D)，且 LED1 狀態正確、七段顯示器顯示對應工作模式的數值。操作不能有彈跳，如表一所示。

表一　工作模式、LED1 和七段顯示器的關係表

TASK	LED1	DS1
A	不亮	超音波距離 (000～099)
B	以 1Hz 頻率閃爍	PWM0 的工作週期 (000～100)
C	以 10Hz 頻率閃爍	RA1 的 ADC 數値 (000～999)
D	全亮	888

2. TASK A (超音波測距)：七段顯示器必須可即時顯示正確距離，偵測範圍 003～099 公分，誤差 3 公分內。

▲ 圖 2-65　104 數位電子術科題目說明

3. TASK B (蜂鳴器音量控制)：蜂鳴器音量可以由 S2 和 S3 控制，操作不能有彈跳。且七段顯示器顯示對應 PWM0 之工作週期的數值。(S3：每次加 10%，最大 100%，S2：每次減 10%，最小 0%)
4. TASK C (ADC 值顯示)：七段顯示器可即時顯示 RA1 的 ADC 數值 000～999，VR1 調到最左邊為 000，VR1 調到最右邊為 999。
5. TASK D (CNY70 控制七段顯示亮度)：七段顯示器固定顯示 888，亮度可由 CNY70 控制三種亮度。遮住 CNY70 時最暗，照光越強時七段顯示器亮度越亮。須能清楚分辨才給分。

二、功能測試：

1. 調整電源供應器輸出+12V，接至 PIC board 上的 X8 輸入電源。
2. PIC board 上的 X5 和 X7 要接上 jumper (pin1 and pin2)。
3. 量測 PIC board 上的 J33 和 J35 應有+5V。
4. 燒錄 PIC 時，TASK board 上的 J2 和 J3 必須開路。
5. TASK board 上的 jumper 設定，J1 短路，J2 和 J3 自行決定，J4 開路，J6 1-2 短路。
6. 依照表一和評分表測試。

▲ 圖 2-65 104 數位電子術科題目說明(續)

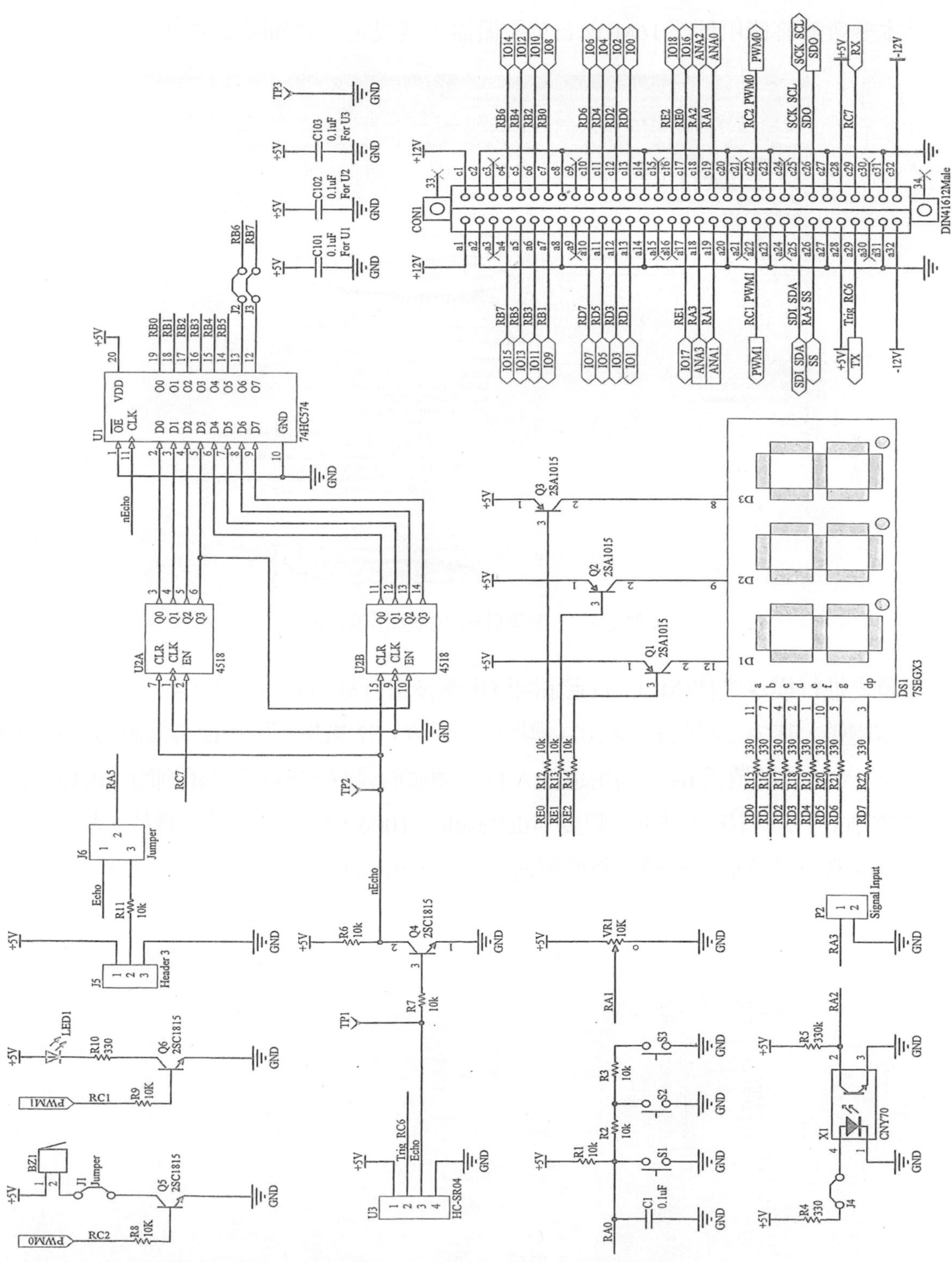

▲ 圖 2-66　104 數位電子術科電路圖

本參考解答使用外部 16MHz 石英振盪器，其設定方式如圖 2-67 所示。

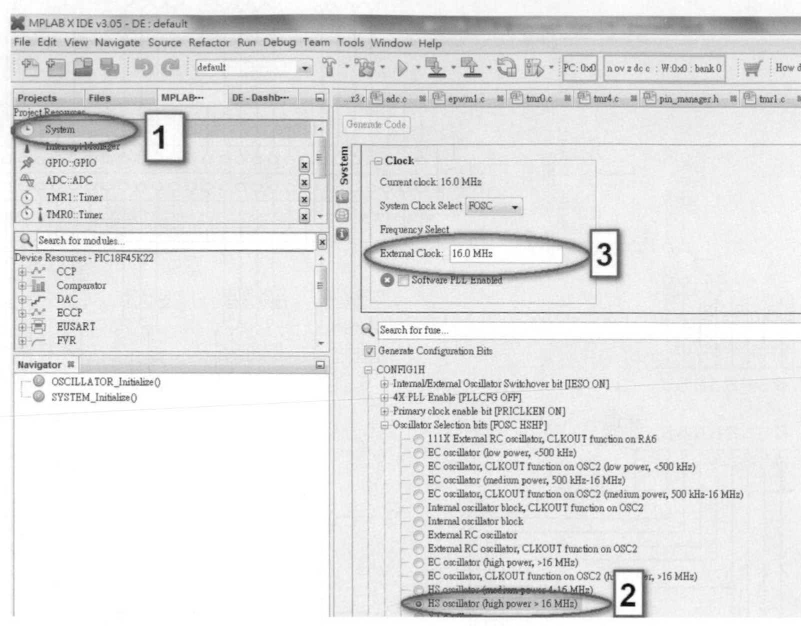

▲ 圖 2-67　選用外部 16Mz 石英振盪器

首先進行模式選擇(MCC 設定請開啓專案後自行觀看)，S1、S2 與 S3 經由 RA0 抓取電壓值，其中 S1 被按下，A/D 轉換值約爲 0；S2 被按下，A/D 轉換值爲 520；S3 被按下，A/D 轉換值爲 692。利用這些 A/D 轉換值的差異，讓程式持續判斷 AdcResult，若低於 700 代表有按鈕被下，只要 AdcResult<=1000，代表按鈕還沒釋放，持續抓取最低值。當有最低值出現時，將此值儲存在 AdcResultOld 中，如圖 2-68 第 97～110 行所示。

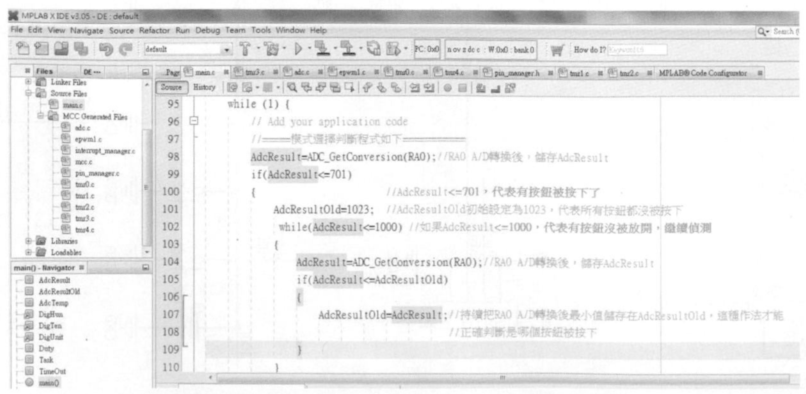

▲ 圖 2-68　RA0 抓取最低電壓程式碼

當 AdcResult>=1000，代表全部按鈕都被釋放，此時須先延遲一段時間，避開開關的彈跳現象，如模式選擇程式碼如 111～117 行所示。10>=AdcResultOld>=0，代表 S1 被按下；530>=AdcResultOld>=510，代表 S2 被按下；702>=AdcResultOld>=682，代表 S3 被按下。在 TASK B 模式中，S2 被按下把 Duty 減 10%；S3 被按下把 Duty 加 10%，其餘地方沒有使用到 S2 與 S3。

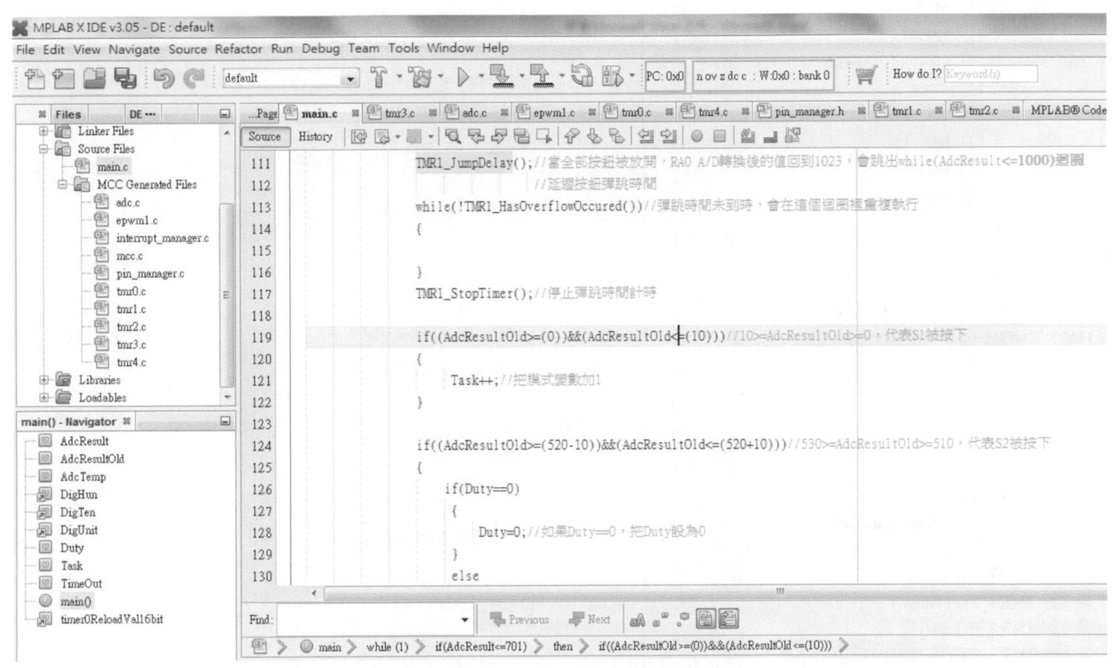

▲ 圖 2-69　模式選擇程式碼

LED1 閃爍利用 TMR0 的中斷完成，當中斷發生時把 LED1 輸出 Toggle，並清除 TMR0IF，此段程式碼在 tmr0.c 的第 187～192 行。在 TASK B 模式時，須將 TMR0 ReloadVal 設定為 0xE17C(代表 0.5 秒中斷一次)(main.c 第 203 行)；在 TASK C 模式時，須將 TMR0 ReloadVal 設定為 0xFCF3(代表 0.05 秒中斷一次)(main.c 第 226 行)。

七段顯示器的利用 TMR3 的中斷完成，每 2 毫秒中斷乙次，依序點亮百位、十位、個位的數值；每一位數的顯示數值分別放在 DigHun,DigTen,DigUnit 中。tmr3.c 模式 A、B、C 的七段顯示器程式碼在第 275～301 行(全亮)，如圖 2-70 所示。模式 D 的七段顯示器程式碼在第 168～272 行，模式 D 需要讀取 RA2 的 A/D 轉換值(main.c 中第 243 行)，當中斷發生時判斷 CNY70 目前所處環境的亮度，決定顯示哪種亮度，分別為全亮、半亮及四分之一亮。

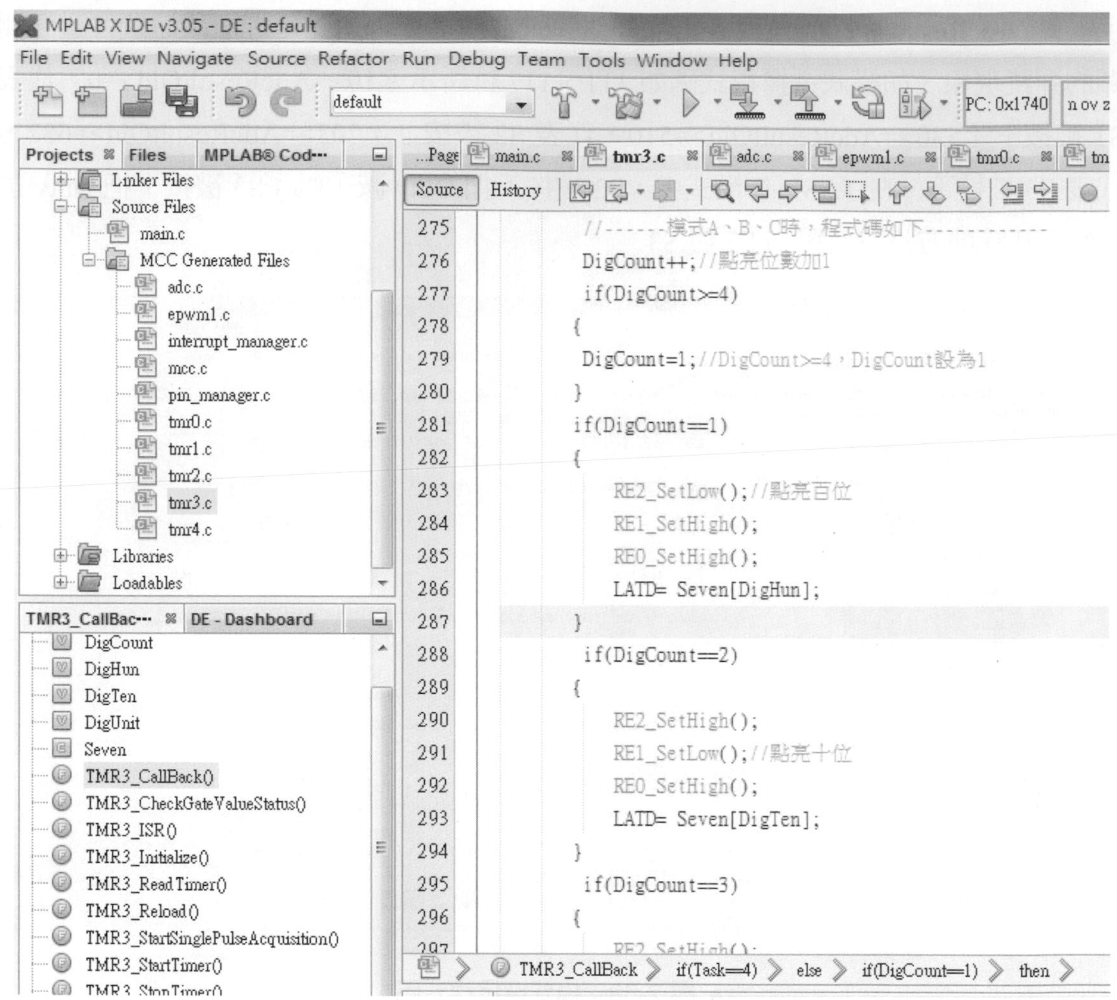

▲ 圖 2-70　七段顯示器顯示程式碼

模式 C 讀取 RA1 的 A/D 轉換值後，顯示 000～999 在七段顯示器上。因爲 RA1 爲 10 位元解析度可顯示 0～1023，所以須將其 A/D 轉換值乘以 999/1023(main.c 程式碼第 224～230 行)，如圖 2-71 所示。

main.c 程式碼第 232～236 行分別抽取百位數、十位數、個位數的數值，依序存至 DigHun、DigTen、DigUnit，當 TMR3 中斷發生時，依序點亮七段顯示器。

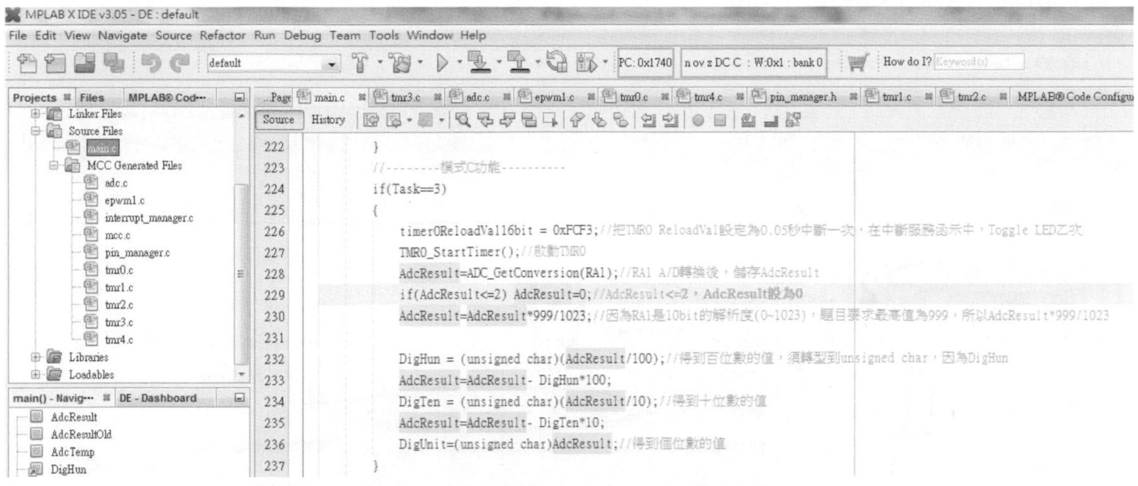

▲ 圖 2-71 TASK C A/D 轉換程式碼

模式 B 需先使用 MCC 設定 ECCP1，此時會自動帶出 TMR2。先設定 TMR2，如圖 2-72 所示。接下來設定 ECCP1，如圖 2-73 所示。其中 CCPR Value=49 時，Duty Cycle=50%，所以程式中只需要將 Duty 設定 0～100，就可得到從 RC2 腳位 0～100% PMW 輸出，(main.c 程式碼第 202 行)

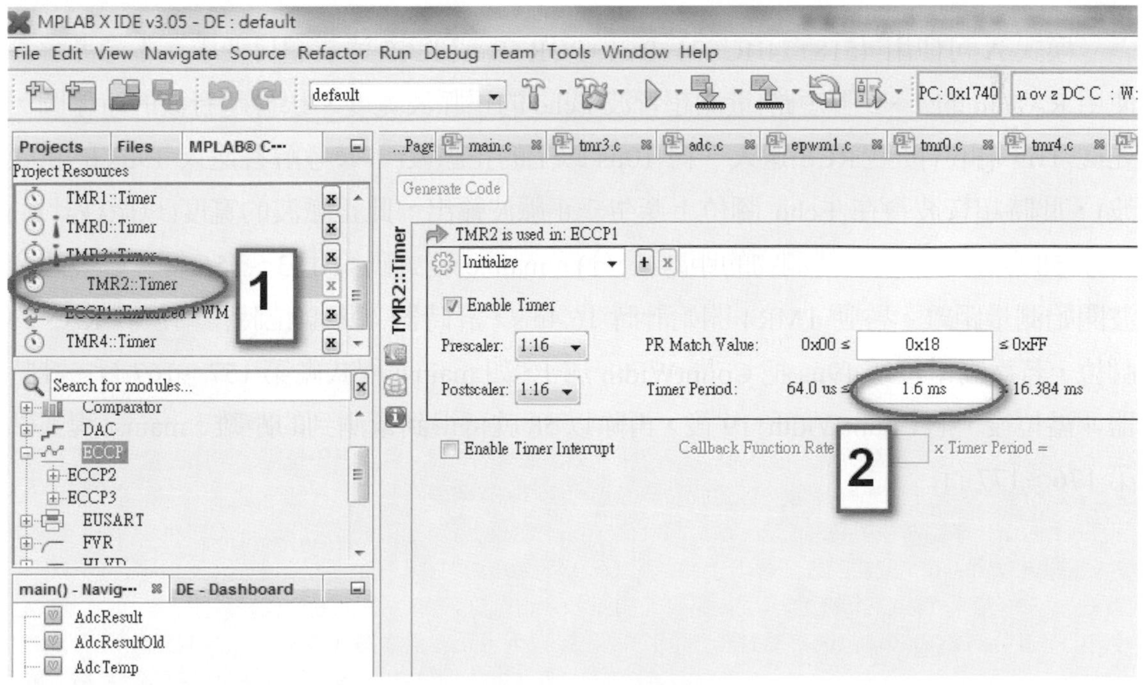

▲ 圖 2-72 TMR2 設定

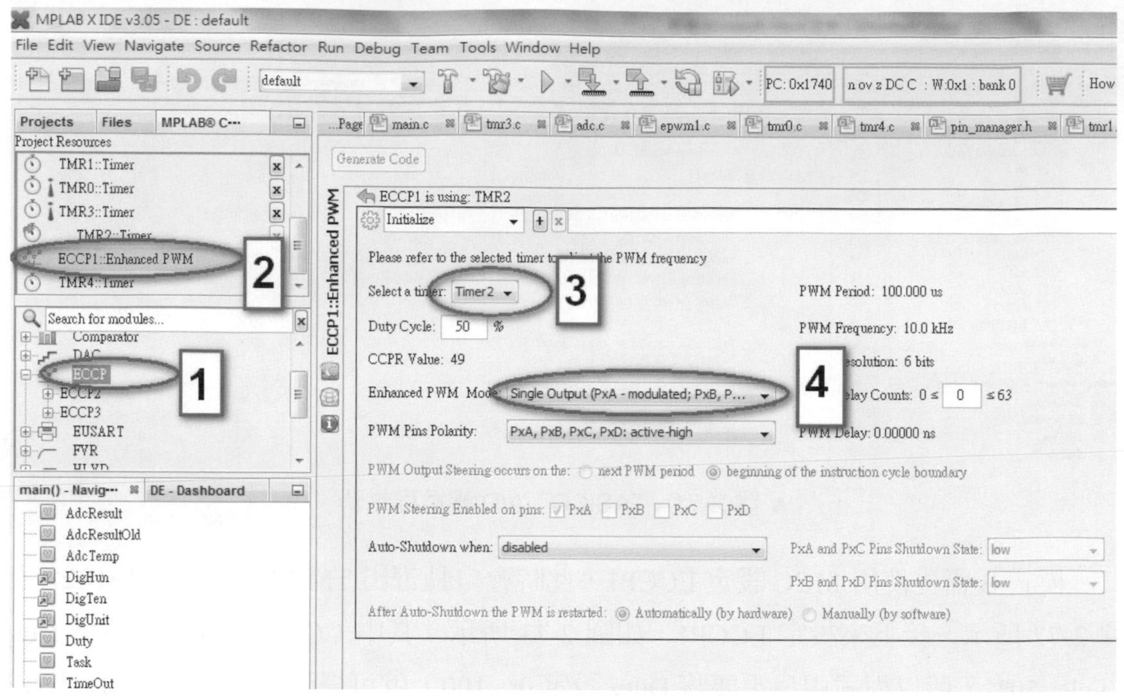

▲ 圖 2-73 設定 ECCP1

模式 A 可使用 4518+74HC574+RC7+PORTB 或 RA5 達成題目要求。本參考解答使用 RA5(J6 的 1、2 腳短路)量測超音波 Echo 的正脈波寬度。根據超音波的時序圖，先從 Trig 腳位(接至 RC6)送入一約 10μs 以上的正脈波(本參考解答送入 19μs 的正脈波)，此時超音波會在 Echo 腳位上產生一正脈波輸出，此正脈波的寬度(以微秒計算)除以 58 就是超音波與待測物的距離(公分)。main.c 程式碼第 153～156 行，觸發超音波開始測量距離。啓動 TMR4 開始計時 16.4ms，計時器 4 未溢位時持續偵測 RA5 的腳位，若為高電位每 19μs 把 CountWidth 加 1，如 main.c 程式碼第 157～167 行。計時器 4 溢位後，把 CountWidth*19 後，再除以 58 就可得到量測到的距離。main.c 程式碼第 176～177 行。

Start Page | main.c | tmr3.c | adc.c | epwm1.c | tmr0.c | tmr4.c | pin_manager.h | tmr1.c

Source History

```
if(Task==1)
{
    unsigned char i=0;
    unsigned char temp;
    unsigned long CountWidth=0;
    TMR0_StopTimer();//停止LED閃爍計時

     LED_SetLow();//LED不亮
     RC6_SetHigh();//超音波Trig腳位設為High
     for(i=0;i<=3;i++)//延遲約19uS
         Task=Task;//空指令，消耗時間
     RC6_SetLow();//超音波Trig腳位設為LOW，完成超音波測距觸發
     TMR4_StartTimer();//啟動TMR4，約每16.4毫秒溢位

        while(!TMR4_HasOverflowOccured())//16.4毫秒未溢味時，持續在此迴圈中執行
        {
            if(RA5_PORT==1)//記得把Task Board上J6的1、2短路，如果RA5為High繼續進行計時功能
            {
                 for(i=0;i<=3;i++)
                    Task=Task;
                 CountWidth++;//每19uS增加超音波回復正脈波寬度
            }
        }

         if(RA5_PORT==0)//RA5為LOW時
```

main > while (1) > if(Task==3) > then

▲ 圖 2-74　超音波測距程式碼

2-8 範例八　MPLAB IDE to MPLAB X IDE (自建專案)

想把 MPLAB 已經發展完成的專案，轉換至 MPLABX 中繼續開發，須符合圖 2-75 的要求。把第二篇 C 語言 2-9 節 I2C 的範例複製至“C：\Users\admin\MPLABXProjects”。

轉換的準備事項 (一)

- 確保專案在MPLAB® IDE v8中編譯
- 確保 IDE 的版本為 8.14.03A 或之後的版本
- 確保所有標頭檔都存在於專案樹中，不僅僅是透過 #include包含在程式中
- 若轉換是為了適用於 Linux 或 Mac 平臺：
  - 確保#include 檔案名採用正確的大小寫
    例如，“p24FJ128GA010.h” —— 不能寫作"p24fj128ga010.h"
  - 在相對路徑中使用 “/” 而不是 “\”
    例如，#include "Graphics/graphics.h"

▲ 圖 2-75　MPLAB To MPLABX(節錄 MPLABX IDE 中文版課程手冊)

開啓 MPLABX 並開新專案後，選擇開啓 MPLAB IDE V8 專案，如圖 2-76 所示。

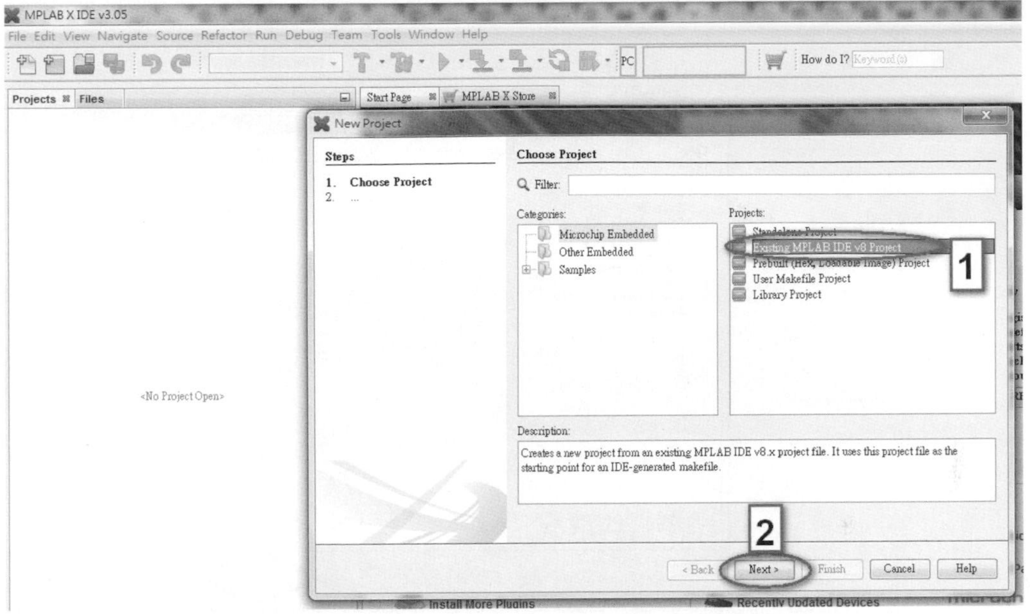

▲ 圖 2-76 開啓 MPLAB IDE V8 專案

瀏覽並找到 i2cnew.mcp 專案，如圖 2-77 所示。

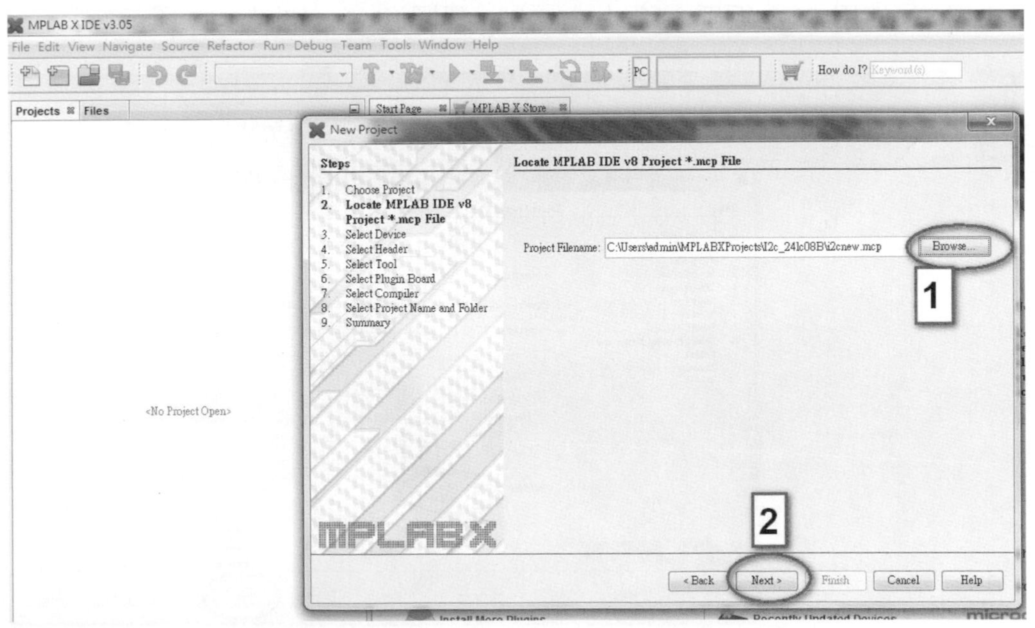

▲ 圖 2-77 找到 i2cnew.mcp 專案

選擇正確的微控制器，如圖 2-78 所示。

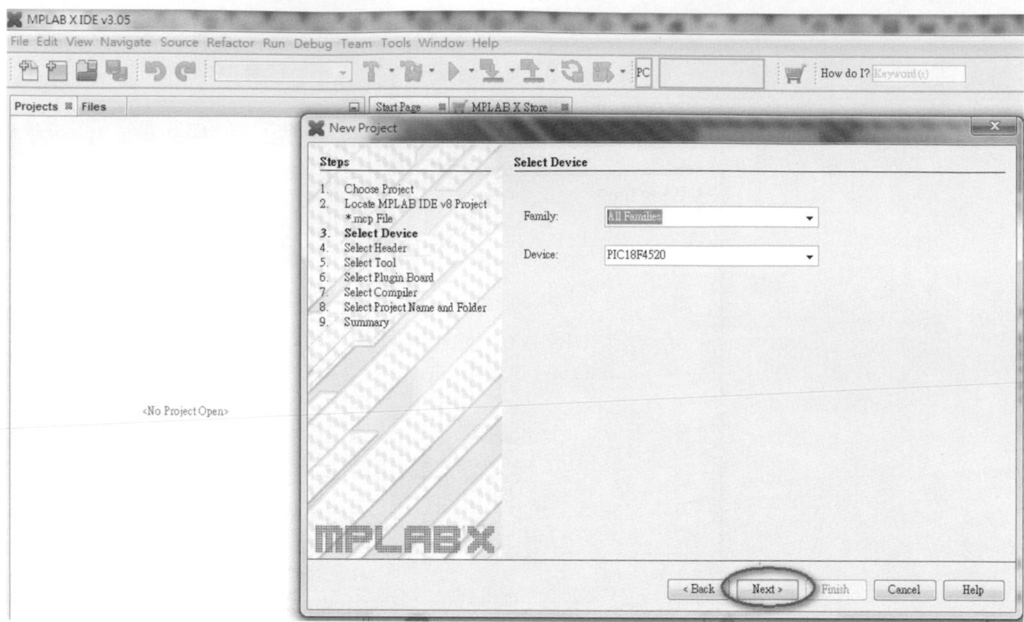

▲ 圖 2-78　選擇正確的微控制器

過程中選用適用工具和編譯器後，最終指定專案名稱(本範例使用預設值)，因爲 MPLAB V8 是使用 Big5 編碼，所以 Encoding 選擇 Big5，如圖 2-79 所示。

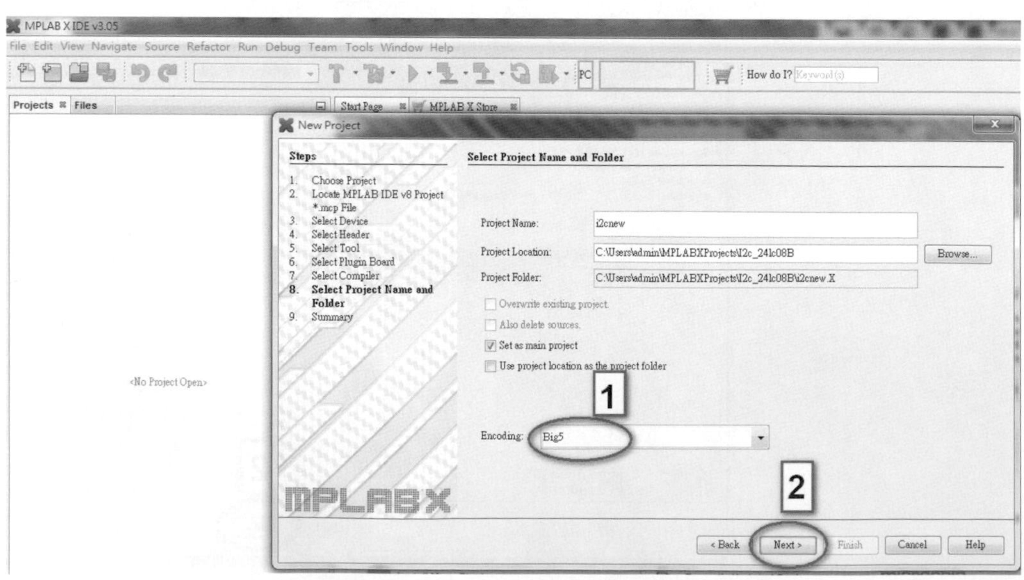

▲ 圖 2-79　指定專案名稱

最後顯示轉換成功相關資料，如圖 2-80 所示。

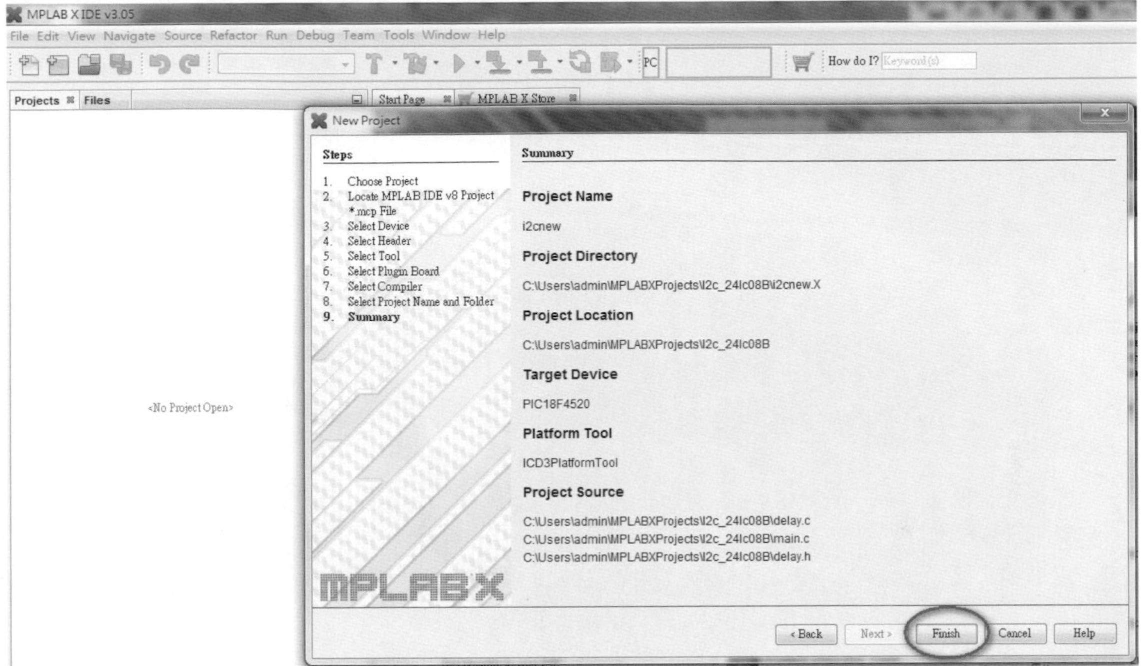

▲ 圖 2-80　轉換成功資訊

國家圖書館出版品預行編目資料

PIC 18F4520 微控制器 / 林偉政編著. -- 三版. --
新北市 : 全華圖書, 2016.03
面 ; 公分
ISBN 978-986-463-185-8(平裝附光碟片)
1.微處理機
471.516 105004080

PIC 18F4520 微控制器

作者 / 林偉政
發行人 / 陳本源
執行編輯 / 李文菁
出版者 / 全華圖書股份有限公司
郵政帳號 / 0100836-1 號
印刷者 / 宏懋打字印刷股份有限公司
圖書編號 / 06128027
三版二刷 / 2018 年 05 月
定價 / 新台幣 600 元
ISBN / 978-986-463-185-8 (平裝附光碟)
全華圖書 / www.chwa.com.tw
全華網路書店 Open Tech / www.opentech.com.tw
若您對書籍內容、排版印刷有任何問題，歡迎來信指導 book@chwa.com.tw

臺北總公司(北區營業處)
地址：23671 新北市土城區忠義路 21 號
電話：(02) 2262-5666
傳真：(02) 6637-3695、6637-3696

南區營業處
地址：80769 高雄市三民區應安街 12 號
電話：(07) 381-1377
傳真：(07) 862-5562

中區營業處
地址：40256 臺中市南區樹義一巷 26 號
電話：(04) 2261-8485
傳真：(04) 3600-9806

歡迎加入 全華會員

● 會員獨享

會員享購書折扣、紅利積點、生日禮金、不定期優惠活動…等。

● 如何加入會員

填妥讀者回函卡直接傳真（02）2262-0900 或寄回，將由專人協助登入會員資料，待收到 E-MAIL 通知後即可成為會員。

如何購買 全華書籍

1. 網路購書

全華網路書店「http://www.opentech.com.tw」，加入會員購書更便利，並享有紅利積點回饋等各式優惠。

2. 全華門市、全省書局

歡迎至全華門市（新北市土城區忠義路 21 號）或全省各大書局、連鎖書店選購。

3. 來電訂購

(1) 訂購專線：(02) 2262-5666 轉 321-324
(2) 傳真專線：(02) 6637-3696
(3) 郵局劃撥（帳號：0100836-1　戶名：全華圖書股份有限公司）
※　購書未滿一千元者，酌收運費 70 元。

全華網路書店 www.opentech.com.tw
E-mail: service@chwa.com.tw

※ 本會員制如有變更則以最新修訂制度為準，造成不便請見諒。

廣　告　回　信
板橋郵局登記證
板橋廣字第540號

行銷企劃部　收

23671
新北市土城區忠義路 21 號
全華圖書股份有限公司

讀者回函卡

填寫日期：　/　/

姓名：＿＿＿＿ 生日：西元＿＿年＿＿月＿＿日 性別：□男 □女

電話：（ ）＿＿＿＿ 傳真：（ ）＿＿＿＿ 手機：＿＿＿＿

e-mail：（必填）＿＿＿＿

註：數字零，請用 Φ 表示，數字 1 與英文 L 請另註明並書寫端正，謝謝。

通訊處：□□□□□

學歷：□博士 □碩士 □大學 □專科 □高中・職

職業：□工程師 □教師 □學生 □軍・公 □其他

學校 / 公司：＿＿＿＿ 科系 / 部門：＿＿＿＿

・需求書類：

□ A. 電子 □ B. 電機 □ C. 計算機工程 □ D. 資訊 □ E. 機械 □ F. 汽車 □ I. 工管 □ J. 土木

□ K. 化工 □ L. 設計 □ M. 商管 □ N. 日文 □ O. 美容 □ P. 休閒 □ Q. 餐飲 □ B. 其他

・本次購買圖書為：＿＿＿＿ 書號：＿＿＿＿

・您對本書的評價：

封面設計：□非常滿意 □滿意 □尚可 □需改善，請說明＿＿＿＿

內容表達：□非常滿意 □滿意 □尚可 □需改善，請說明＿＿＿＿

版面編排：□非常滿意 □滿意 □尚可 □需改善，請說明＿＿＿＿

印刷品質：□非常滿意 □滿意 □尚可 □需改善，請說明＿＿＿＿

書籍定價：□非常滿意 □滿意 □尚可 □需改善，請說明＿＿＿＿

整體評價：請說明＿＿＿＿

・您在何處購買本書？

□書局 □網路書店 □書展 □團購 □其他＿＿＿＿

・您購買本書的原因？（可複選）

□個人需要 □幫公司採購 □親友推薦 □老師指定之課本 □其他＿＿＿＿

・您希望全華以何種方式提供出版訊息及特惠活動？

□電子報 □ DM □廣告（媒體名稱＿＿＿＿）

・您是否上過全華網路書店？（www.opentech.com.tw）

□是 □否 您的建議＿＿＿＿

・您希望全華出版那方面書籍？＿＿＿＿

・您希望全華加強那些服務？＿＿＿＿

～感謝您提供寶貴意見，全華將秉持服務的熱忱，出版更多好書，以饗讀者。

全華網路書店 http://www.opentech.com.tw 客服信箱 service@chwa.com.tw

2011.03 修訂

親愛的讀者：

感謝您對全華圖書的支持與愛護，雖然我們很慎重的處理每一本書，但恐仍有疏漏之處，若您發現本書有任何錯誤，請填寫於勘誤表內寄回，我們將於再版時修正，您的批評與指教是我們進步的原動力，謝謝！

全華圖書 敬上

勘 誤 表

書 號		書 名	作 者
頁 數	行 數	錯誤或不當之詞句	建議修改之詞句

我有話要說：（其它之批評與建議，如封面、編排、內容、印刷品質等・・・）